Lehrbuch

der

rationellen Praxis

der

landwirthschaftlichen Gewerbe.

Lehrbuch

der

rationellen Praxis

der

landwirthschaftlichen Gewerbe,

enthaltend

die Bierbrauerei, Branntweinbrennerei, Hefefabrikation, Liqueur=
fabrikation, Essigfabrikation, Stärkefabrikation, Stärkezuckerfabrikation
und Runkelrübenzuckerfabrikation.

Zum Gebrauch
bei
Vorlesungen über landwirthschaftliche Gewerbe
und zum Selbstunterrichte
für
Landwirthe, Cameralisten und Techniker.

Von

Dr. **Fr. Jul. Otto,**

Professor der technischen Chemie am Collegio Carolino in Braunschweig
und Medicinal-Assessor.

Mit 5 Kupfertafeln.

Braunschweig,

Druck und Verlag von Friedrich Vieweg und Sohn.

1838.

Dem

Herrn Stadt-Director Bode,

Dr. jur., Präsidenten des Herzogl. Braunschweig-Lüneburgischen
Ober-Sanitäts-Collegii, Ritter ꝛc. ꝛc.

als ein Zeichen der innigsten Hochachtung

gewidmet

vom

Verfasser.

Vorrede.

Bei dem Erscheinen eines jeden Werkes dieser Art werden stets zwei Fragen aufgeworfen. Man fragt: »War das Erscheinen des Werkes nothwendig, wurde der Mangel desselben fühlbar?« und: »War der Verfasser befähigt, diesem Mangel abzuhelfen?«

Unbestritten ist gewiß, daß zu keiner früheren Zeit mehr als jetzt der Landwirth von seinen Producten zugleich den Nutzen zu ziehen sucht, welchen ehemals der Fabrikant von der weiteren Verarbeitung, man kann sagen von der Veredlung, dieser Producte zog.

Anstatt dies auffallend zu finden, muß man sich im Gegentheil wundern, wie der Landwirth so lange diese schöne Erwerbsquelle unberücksichtigt ließ. Die guten alten Zeiten waren die Ursache davon; die jetzigen Verhältnisse haben ihn zur Berücksichtigung derselben gedrängt.

Kein Anderer, als der Landwirth, kann mit so vielem Vortheil die Gewerbe betreiben, die unter dem Namen der landwirthschaftlichen Gewerbe allgemein bekannt sind. Die auf dem Lande wohlfeilere Lokal=

miethe, das billigere Tagelohn, der niedrigere Preis des Brennmaterials, die hohe Verwerthung der bei fast allen diesen Gewerben vorkommenden Abfälle und Nebenproducte, die, durch die Verarbeitung der Bodenproducte am Erzeugungsorte, herbeigeführte große Ersparniß an Fuhrlohn, erklären dies vollständig.

An allen landwirthschaftlichen Lehranstalten werden aus diesem Grunde besondere Vorträge über die landwirthschaftlichen Gewerbe gehalten. Wohl jedem Lehrer dieser Gewerbe ist der Mangel eines Buches fühlbar geworden, welches er seinen Vorträgen zu Grunde legen oder auf welches er bei denselben hinzeigen konnte, und eben so ist von den Schülern der Mangel eines Buches gefühlt worden, durch dessen Studium neben den Vorträgen sie diese letzteren ergänzen konnten. Aber nicht allein den angehenden Landwirthen auf den landwirthschaftlichen Anstalten, auch den bereits in voller praktischer Thätigkeit befindlichen Landwirthen, fehlte ein Werk, durch welches sie sich über den rationellen Betrieb der landwirthschaftlichen Gewerbe auf eine nicht zu schwierige Weise belehren konnten. Dies zur Beantwortung der Frage: »Ob das Erscheinen des vorliegenden Werkes nicht überflüssig sei?«

Was nun die zweite Frage betrifft, nemlich: »Ob der Verfasser dem Gegenstande des Werkes gewachsen ist?« so hofft er, dieselbe allerdings durch das Werk selbst bejahend beantwortet zu haben. Er bemerkt nur noch, daß er mehre Jahre in der allgemein und rühmlichst bekannten Gewerbeanstalt des Herrn Nathusius zu Althaldensleben als Chemiker fungirte, und als solcher die beste Gelegenheit hatte, die landwirthschaftlichen Gewerbe zu studiren und selbst zu betreiben, wobei Herr Nathusius mit nicht genug zu rühmender Freigebigkeit alle erforderlichen Versuche unterstützte.

Schon während seines Aufenthalts in Althaldensleben ergingen an ihn dringende, sehr ehrenvolle Aufforderungen, seine Erfahrungen über den Betrieb der landwirthschaftlichen Gewerbe zu veröffentlichen, und diese Aufforderungen sind fortwährend wiederholt worden, seitdem derselbe an der landwirthschaftlichen Lehranstalt zu Braunschweig als Lehrer der landwirthschaftlichen Gewerbe theoretisch und praktisch thätig ist.

Schon vor einigen Jahren hat der Verfasser, gleichsam als Vorläufer zu dem vorliegenden Werke, in dem vom Herrn Prof. Sprengel redigirten landwirthschaftschaftlichen Journale einige kleine Abhandlungen niedergelegt, und die so aufmunternde Anerkennung und Nachsicht, welche man denselben geschenkt hat, haben das Erscheinen des vorliegenden Werkes selbst gefördert. Möge man dasselbe eben so wohlwollend aufnehmen.

Der Verfasser erkennt mit wahrem Vergnügen an, daß er bei Bearbeitung seines Werkes schätzenswerthe Belehrungen aus den Werken geschöpft hat, welche ausgezeichnete Männer, die er an den gehörigen Orten zu

*

nennen nie versäumte, über einzelne landwirthschaftliche Gewerbe geschrieben haben.

Das Werk kann von Chemikern von Profession und von Praktikern beurtheilt werden. Ich glaube nicht, daß Erstere einen Verstoß gegen ihre Wissenschaft auffinden, wie man dies bei Werken ähnlicher Art so häufig antrifft; aber ich glaube, auch selbst Praktiker genug zu sein, um den billigen Anforderungen der Letzteren zu genügen. Der Titel des Buches zeigt deutlich, was der Praktiker zu erwarten hat; es soll ihm Licht über die bei den verschiedenen Gewerben vorkommenden Operationen verbreiten, und so veranlassen, dieselben rationell zu betreiben. Man ist, Gott sei Dank! ziemlich über die Zeit hinaus, in welcher man glaubte, daß von gewissen Geheimmitteln das günstigste Resultat zu erwarten sei; man erkennt jetzt allgemein an, daß nur eine gleichmäßig rationelle Ausführung aller dieser einzelnen Operationen den gewünschten Erfolg sichern kann.

Der Verfasser hätte mit größerem pecuniären Vortheil über jedes dieser im vorliegenden Werke aufgeführten Gewerbe ein besonderes Buch von beträchtlicher Stärke schreiben können; zwei Drittheile desselben nemlich als Einleitung, das andere Drittheil als Anwendung der in der Einleitung aufgestellten Grundsätze auf die speciellen Gewerbe. Aber weil alle die in dieses Werk aufgenommenen Gewerbe, mit Ausnahme der

Runkelrübenzuckerfabrikation, gleiche Materialien, nemlich besonders die Getreidearten, verarbeiten, so könnte im Wesentlichen für alle diese Gewerbe die Einleitung ziemlich dieselbe sein; sie wäre bald innerhalb engerer, bald innerhalb weiterer Grenzen zu halten. So würde das in der Einleitung für die Branntweinbrennerei Gesagte vollkommen auch für die Hefefabrikation, Bierbrauerei, Stärkefabrikation, Stärkezuckerfabrikation, Liqueurfabrikation, Essigfabrikation genügen; alle diese Gewerbe stehen man kann sagen in einem natürlichen Zusammenhange. Aus dem Getreide wird das Stärkemehl abgeschieden, das Stärkemehl giebt beim Meischen Zucker, die Meische bei der Gährung Weingeist, dieser wird zu Liqueur und Essig verwandt. Dies der Grund der leichten ungezwungenen Vereinigung der genannten Gewerbe in ein Werk, welches den nur einzelne Gewerbe betreibenden Fabrikanten nicht beträchtlich theurer zu stehen kommt, als ein besonderes Werk über dies Gewerbe.

Diejenigen Herren Recensenten, welche glauben, wichtige Entdeckungen gemacht zu haben, wenn sie die Reihenfolge der Gewerbe unrichtig finden, welche vielleicht den Anhang für überflüssig erachten, bitte ich, über diese Dinge das Wesentliche des Werkes nicht aus den Augen zu verlieren, und wenn sie zugestehen, daß das Werk in der Hauptsache zweckmäßig angelegt und ausgeführt sei, fühle ich mich hinlänglich belohnt.

Bei der Runkelrübenzuckerfabrikation besonders ist

der Verfasser den Werken von Schubarth und Krause gefolgt, weil seine Erfahrungen hier geringer waren; aber man wird nicht übersehen, daß auch hier dem Titel des Werkes vollkommen entsprochen ist. Die ausführlichen Erklärungen über die chemische Wirkung der Läuterungsmittel 2c. muß jedem Fabrikanten erwünscht sein.

Sollte das Buch eine freundliche Aufnahme finden, so wird der Verfasser in einem zweiten Bande die übrigen landwirthschaftlichen Gewerbe, wie Obstweinfabrikation, Kalk-, Gyps- und Ziegelbrennerei, Potaschefabrikation, Butter- und Käsebereitung, Oelbereitung und Raffination u. s. w. abhandeln, und demselben eine ausführliche Anleitung zur Anstellung chemischer Untersuchungen für die Gewerbtreibenden beigeben.

Braunschweig, im Juni 1837.

Die Bierbrauerei.

Das Bier ist ein gegohrener und noch in langsamer Gährung befindlicher, gewöhnlich gehopfter, Malzauszug.

Die Bereitung des Bieres wird das Brauen des Bieres genannt, woraus sich die Benennungen Bierbrauer, Bierbrauerei, Brauhaus von selbst erklären.

Die Kunst, Bier zu brauen, ist sehr alt; die Aegypter verstanden dieselbe; den Griechen und nach Tacitus den alten Teutschen und Galliern war das Bier bekannt. In früheren Zeiten wurde bei uns das Bier von den Hausfrauen nur für die eigene Familie gebraut, später vereinigten sich mehrere Familien, um ihren Bedarf für einander abwechselnd zu brauen; — daher das jetzt noch vorkommende Reihebrauen und die Braugerechtigkeit sehr vieler Häuser, — noch später endlich entstand das Gewerbe des Brauers.

Im Wesentlichen besteht die Kunst des Bierbrauens darin: Malz zu bereiten, das heißt, Getreidekörner auf zweckmäßige Art keimen zu lassen, davon mit warmen Wasser einen Auszug zu machen und diesen in Gährung zu bringen. Nach der Art des Malzes aber, nach der Menge des Wassers, welche man zum Ausziehen nimmt, nach dem Verfahren beim Ausziehen, nach der Leitung des Gährprocesses erhält man mannigfaltige Arten von Bier.

Wendet man das Malz nur getrocknet an, so erhält man das Weißbier; darrt man es vorher, das Braunbier. Nimmt man zum Ausziehen des Malzes weniger Wasser, so gewinnt man ein starkes Bier, das Doppelbier; nimmt man mehr

Wasser, ein schwächeres Bier, das einfache Bier oder Schmalbier. Läßt man die Gährung langsam verlaufen, so erzielt man ein wenig schäumendes, lange Zeit haltbares Bier, sogenanntes Lagerbier; läßt man die Gährung rasch verlaufen, so ist das Resultat ein stark schäumendes und nicht sehr haltbares Bier, das sogenannte Flaschenbier.

Der ganze Brauproceß, von der Malzbereitung an bis zur Gährung, ist eine lange Reihe von chemischen Processen, deren richtigen Verlauf man an, häufig leicht, sinnlich wahrnehmbaren Erscheinungen erkennen kann; um aber dem Leser eine genaue Einsicht in diese Processe verschaffen zu können, müssen die chemischen Eigenschaften der Bestandtheile der zum Brauen erforderlichen Materialien vorher so weit erörtert werden, als es für diesen Zweck nöthig ist.

Von den zum Bierbrauen erforderlichen Materialien.

Gerste oder Weizen*), Hopfen, Ferment und das als Auflösungsmittel dienende Wasser sind die zur Bereitung des Bieres nothwendigen Materialien.

Von dem Weizen und der Gerste.

Die Zusammensetzung der Gerste und des Weizens ist wie die der übrigen Cerealien qualitativ dieselbe; sie enthalten nemlich in einer Hülse einen mehligen Kern, an dessen einem Ende der sogenannte Keim, Embryo, das Rudiment der jungen Pflanze, dicht unter der Hülse liegt. Die Hülse des Samens (des Pflanzeneies) repräsentirt die Schale, der mehlige Kern das Eiweiß des Vogeleies; die erstere dient als Schutzmittel gegen äußere störende Einflüsse,

---

*) Es versteht sich, daß hier, wie im gewöhnlichen Leben, die Samen gemeint sind, also die Samen von mehreren Arten Triticum und Hordeum.

der letztere giebt dem sich entwickelnden Embryo die erste Nahrung.

Die **Hülse** besteht fast nur aus **Pflanzenfaser**, die den gewöhnlichen Auflösungsmitteln widersteht.

Der **mehlige Kern**, sowohl der des Weizens als der Gerste, enthält **Stärkemehl**, **Kleber** (Colla, Pflanzenleim), **Eiweißstoff**, etwas **Zucker**, **Gummi** und mehrere **Salze**, besonders **phosphorsaure**. Im Keime findet sich eine geringe Menge **fettes Oel**.

In dem Folgenden will ich die für uns wissenswerthen physischen und chemischen Eigenschaften derjenigen Bestandtheile des Kernes anführen, welche beim Bierbrauen vorzüglich in Betracht kommen:

Das Stärkemehl (Amylum, Satzmehl, Kraftmehl).

1) Es stellt im reinen Zustande ein blendend weißes Pulver dar, das aus rundlichen Körnern von geringer Größe besteht. Diese Körner werden durch schalenartig übereinander liegende Schichten gebildet, von denen die äußerste dichter ist, als die inneren. (Fritzsche) Nach Raspails älteren Angaben bestehen die Körner aus Hüllen (tegumens), welche die homogene Masse von Stärkemehlsubstanz einschließen.

2) Diese äußere dichtere Schicht der Stärkemehlkörner widersteht der Auflösung in Wasser, und sie schützt dadurch die darunter liegenden Schichten der Stärkemehlsubstanz, die für sich in Wasser auflöslich sind, vor der Auflösung in kaltem Wasser. Rührt man daher Stärkemehl in kaltes Wasser, so löst sich davon nichts auf, es sinkt unverändert zu Boden.

3) Zerreibt man aber das Stärkemehl in einem Mörser, so werden die Körner zerquetscht, und die nun blosgelegten inneren Schichten derselben lösen sich jetzt beim Uebergießen mit kaltem Wasser auf, oder sie quellen doch darin so auf und zertheilen sich so sehr, daß die so erhaltene Flüssigkeit als eine Auflösung angesehen werden kann.

4) Diese inneren in kaltem Wasser auflöslichen Schichten der Stärkemehlkörner werden zum Unterschied von der äußern mehr cohärenten Schicht häufig mit dem Namen Amidone oder Amidine bezeichnet, eine Benennung, die eigentlich überflüssig ist, denn die äußere Schicht ist nur durch größere Cohäsion ihrer Theilchen verschieden und beträgt auch nur $1/2$ Procent. Ich werde statt Amidone immer Stärkemehl schreiben.

5) Erhitzt man Stärkemehl mit Wasser, so werden die äußeren Schichten der Körner zersprengt, und es löst sich das Innere (Amidone) ziemlich klar auf. Wird nicht viel Wasser angewendet, so erstarrt die Auflösung zu sogenanntem Stärkekleister, einem Gemenge von aufgequollenem Amidone und zerrissenen Hüllschichten.

6) Die Auflösung des Stärkemehls, so wie das befeuchtete Stärkemehl werden durch Jod *) blau gefärbt.

7) Giebt man zu einer heißen Stärkemehllösung einen Aufguß von einem gerbestoffhaltigen Körper, z. B. von Galläpfeln oder von Hopfen, so bleibt die Auflösung klar, so lange sie warm ist; beim Erkalten aber setzt sich ein gelblicher Niederschlag ab, eine Verbindung von Stärkemehl mit Gerbestoff.

8) Läßt man eine Stärkemehllösung (Stärkekleister) längere Zeit stehen, so wird sie sauer, besonders schnell, wenn zugleich stickstoffhaltige organische Substanzen, wie z. B. Kleber oder Eiweiß dabei sind.

9) In Weingeist, kalten verdünnten Säuren und Alkalien löst sich das Stärkemehl nicht auf.

10) Erhitzt man trockenes Stärkemehl auf einer geheizten Platte bis es anfängt gelb-bräunlich zu werden, so ist es in Stärkegummi umgeändert, welches im Allgemeinen dem arabischen Gummi gleicht und sich

---

*) Siehe über dieses und die übrigen im Werke vorkommenden Erkennungs- und Scheidungsmittel den Artikel »Reagentien« im Wörterbuche.

Bierbrauerei. 5

wie dieses leicht in Wasser, selbst kalten, auflöst.
11) Läßt man Stärkemehlauflösung längere Zeit (einige
Stunden) bei einer Temperatur von 48 — 60° R.)
mit Malzschrot oder Malzaufguß in Berührung, so
wird das Stärkemehl (Amidone) erst in **Stärkegummi**, dann in **Stärkezucker** umgeändert. Diese
Umänderung erfolgt zwischen den genannten Tempera-
turgraden am vollkommensten, und immer um so un-
vollkommener, je mehr sich die Temperatur von diesen
entfernt. (Siehe unten Kleber.)
12) Die Elementar-Bestandtheile des Stärkemehls sind
Kohlenstoff, Wasserstoff und Sauerstoff. Bei 100°
getrocknet in 100 Gewichtstheilen:

44,90 Kohlenstoff,
48,97 Sauerstoff,
6,13 Wasserstoff,

100,00 Stärkemehl.

Sauerstoff und Wasserstoff sind darin in dem Verhältniß enthalten, wie im Wasser. Im lufttrocknen Zustande enthält es noch Wasser, das aber durch Erhitzen
entfernt werden kann. Vom Stärkezucker unterscheidet
sich die Zusammensetzung des Stärkemehles so, daß
letzteres durch chemische Verbindung mit Wasser oder
den Elementen desselben in ersteren umgewandelt werden kann. Von 100 Gewichtstheilen trocknen Stärkemehls können 107 Gewichtstheile trockner Stärkezucker
erhalten werden.
13) Der so entstandene Stärkezucker besteht in 100 Gewichtstheilen aus

40,46 Kohlenstoff,
52,93 Sauerstoff,
6,61 Wasserstoff,

100,00 Stärkezucker.

Nun bilden

Kohlenstoff.	Sauerstoff.	Wasserstoff.	
13,48	mit 35,29		= 48,77 Kohlensäure,
26,98	„ 17,64	u. 6,61	= 51,23 Alkohol,

Es ist aber 40,46   52,93   6,61 = 100 Stärkezucker,

so daß der Stärkezucker als eine Verbindung von Alkohol und Kohlensäure angesehen werden kann, und wir werden später finden, daß derselbe bei der Gährung auch wirklich in Alkohol und Kohlensäure zerlegt wird; in der Rechnung ist der Stärkezucker als vollkommen trocken aufgeführt, er enthält aber im gewöhnlichen Zustande etwas Wasser, welches bei dieser Zerlegung dann ausgeschieden wird; 100 Gewichtstheile geben dann

47,12 Alkohol,
44,84 Kohlensäure,
9,04 Wasser,
_____
100,00 krystallisirter Stärkezucker.

14) Aus dem quantitativen Verhältnisse der Elementar-Bestandtheile des Stärkemehls und des Stärkezuckers ergiebt sich ferner, daß das erstere sich in den letzteren auch umändern kann, wenn etwas Kohlenstoff ihm entzogen und Sauerstoff zugegeben wird, denn der Stärkezucker ist ärmer an Kohlenstoff und reicher an Sauerstoff, als das Stärkemehl. Es wird sich später zeigen, daß bei dem Malzen wahrscheinlich auf diese Weise Zucker entsteht.

15) Dieselbe Umänderung in Zucker wie durch Malzschrot erleidet das Stärkemehl auch durch anhaltendes Kochen seiner Auflösung mit verschiedenen Säuren.

Der Kleber *) (Colla, Pflanzenleim, vegeto-animalische Materie, Gluten).

---

*) Dieser interessante Stoff verdient eine wiederholte genaue Untersuchung, denn vieles ist bei ihm noch aufzuklären.

1) Er bildet im trocknen Zustande eine braune hornartige Substanz, im feuchten Zustande eine graue, sehr elastische und klebende Masse.

2) Der Kleber aus Weizen löf't sich weder in kaltem noch in kochendem Wasser auf. Der aus Gerste löf't sich etwas in Wasser und scheidet sich bei dem Verdampfen dieser Auflösung als eine zähe Masse aus. Dieselbe Ausscheidung erfolgt durch anhaltendes Kochen der Auflösung.

3) Weingeist löf't einen Theil des Klebers auf. Der ungelöf't bleibende Theil wird gewöhnlich für Pflanzeneiweiß gehalten, der aufgelöf'te für reineren Pflanzenleim. Von Kalilauge wird der Kleber aufgelöf't.

4) Läßt man Getreideschrot mit Wasser übergossen bei gewöhnlicher Temperatur längere Zeit stehen, so wird die Masse säuerlich, der Kleber verliert die ihm früher eigenthümliche Zähigkeit, er wird schmierig und endlich fast vollständig aufgelöf't.

5) Beim Keimen der Getreidesamen wird der Kleber auf ähnliche Weise verändert; es entsteht aus ihm wahrscheinlich die eigenthümliche Substanz der gekeimten Samen, welche die oben angeführte Umänderung des Stärkemehls in Zucker bewirkt, sie wird Diastase genannt und findet sich in den ungekeimten Samen nicht. Diese Substanz löf't sich in Wasser leicht auf, man kann sie daher durch Wasser aus dem Malze ziehen; sie löf't sich nicht in starkem Weingeist; giebt man zu einer wäff'rigen Auflösung der Diastase starken Weingeist, so wird dieselbe als eine graue zähe Masse ausgeschieden. Man kann sie auf folgende Weise darstellen: frisch gekeimte Gerste wird zerstoßen, mit der Hälfte ihres Gewichtes Wasser angerührt und diese Masse ausgedrückt. Die abgelaufene Flüssigkeit mische man mit so viel starkem Weingeist, als zur Zerstörung der Klebrigkeit und Abscheidung des größten Theiles der

stickstoffhaltigen Substanzen (Eiweiß, Kleber) erforderlich ist. Nachdem diese durch Filtriren entfernt sind, gebe man noch mehr Weingeist zu, wodurch die Diastase niedergeschlagen wird. Durch wiederholtes Auflösen in Wasser und Fällen mit Weingeist kann sie gereinigt werden. Die Diastase findet sich nur um den Keim herum, und das Malz enthält um so mehr, je gleichförmiger dasselbe gekeimt war. Gersten-Malz enthält in 1000 Theilen zwischen 1 — 2 Theile Diastase.

6) Nach älteren Angaben kommt die zuckerbildende Kraft auch dem Kleber an und für sich zu.

7) Der Kleber besteht aus Kohlenstoff, Wasserstoff, Stickstoff und Sauerstoff; er nähert sich durch den Stickstoffgehalt den thierischen Substanzen.

Der Eiweißstoff des Getreides gleicht in seinem chemischen Verhalten dem Eiweiße des Vogeleies.

1) Er ist in kaltem Wasser auflöslich und scheidet sich beim Erhitzen dieser Auflösung über 70° R. in geronnenem Zustande aus. In diesem Zustande wird er nur nach anhaltendem Kochen mit Wasser etwas aufgelös't. Ist seine Auflösung verdünnt, so erfolgt die Ausscheidung unvollständig beim Erhitzen.

2) Aus seiner wässrigen Auflösung wird er ebenfalls in geronnenem Zustande durch Weingeist und durch Säuren abgeschieden.

3) Die Elementarbestandtheile sind Kohlenstoff, Wasserstoff, Sauerstoff, Stickstoff, vielleicht auch Phosphor und Schwefel.

Der Zucker und das Gummi des Getreides sind in Wasser leicht auflöslich, ersterer auch in Weingeist. Siehe übrigens oben beim Stärkemehl.

Die Salze, welche in der Gerste und dem Weizen vorkommen, sind meist phosphorsaure; sie haben auf unsern Proceß des Bierbrauens keinen besondern Einfluß, eben so das fette Oel, welches sich im Embryo findet.

Bierbrauerei.

Wie schon oben erwähnt, zeigen Weizen und Gerste qualitativ ganz gleiche Zusammensetzung, aber das quantitative Verhältniß der Bestandtheile ist bei denselben verschieden.

Dies quantitative Verhältniß ändert sich aber auch bei derselben Getreideart nach dem Boden, auf welchem dieselbe gezogen wurde, nach dem Dünger, mit welchem dieser gedüngt war, und endlich nach der Witterung des Jahres. Namentlich ist es die zweite Ursache, welche eine außerordentliche quantitative Verschiedenheit der Bestandtheile bedingt. Aus den über diesen Gegenstand von Dubrunfaut und Hermbstädt angestellten Versuchen kann als Regel abgeleitet werden, daß die stickstoffhaltigen Bestandtheile des Getreides (Eiweiß und Kleber) in dem Maaße sich vermehren, als der Boden, auf welchem es gezogen wurde, mehr animalischen Dünger (hitzigen Dünger) erhielt, und daß in demselben Maaße dann die stickstofffreien Bestandtheile, namentlich das Stärkemehl, sich vermindern.

Folgende von Hermbstädt entworfene Tabelle wird das eben Gesagte erläutern und auch im Allgemeinen das quantitative Verhältniß der Bestandtheile des Weizens und der Gerste zeigen.

Bestandtheile von 10,000 Gewichtstheilen Weizen.

Gedüngt mit	Wasser.	Stärkemehl.	Kleber.	Hülsen.	Gummi.	Schleimzucker.	Eiweißstoff.	Oel.	Phosphorsaure Salze	Verlust.
Schafmist.	428	4282	3290	1396	156	130	130	108	72	8
Ziegenmist.	430	4250	3288	1428	156	156	132	90	70	8
Pferdemist.	434	6164	1368	1400	172	168	112	100	76	6
Kuhmist.	422	6234	1196	1498	190	198	100	104	50	8
Menschenkoth.	434	4144	3394	1400	160	160	130	110	60	8
Taubenmist.	430	6318	1220	1400	192	196	96	92	50	6
Menschenharn.	420	3990	3510	1424	160	140	148	108	90	10
Rindsblut.	430	4130	3424	1390	184	188	106	90	52	6
Pflanzenerde.	422	6594	960	1404	190	198	80	98	48	6
Ohne Dünger.	420	6666	920	1400	188	192	72	100	36	6

Bestandtheile von 10,000 Gewichtstheilen Gersten.

Gedüngt mit	Wasser	Stärkemehl	Kleber	Hülsen	Gummi	Schleim-zucker	Eiweißstoff	Oel	Phosphor-saure Salze	Verlust
Schafmist.	1036	5996	576	1356	444	464	40	40	36	12
Ziegenmist.	1020	5992	576	1354	452	460	46	44	44	12
Pferdemist.	1040	5976	570	1356	452	460	46	44	44	12
Kuhmist.	1080	6194	332	1360	458	480	20	30	30	16
Menschenkoth.	1036	5960	580	1358	436	450	56	50	60	14
Taubenmist.	1040	5990	566	1256	452	464	44	46	38	14
Menschenharn.	1036	5958	590	Die Versuche	mißglückt	442	56	40	68	12
Rindsblut.	1040	5994	572	1360	440	460	40	40	38	16
Pflanzenerde.	1080	6224	292	1364	478	496	18	20	12	16
Ohne Dünger.	1082	6248	288	1360	498	476	12	16	10	8

Wer also Weizen oder Gerste zum Bierbrauen kauft, der hat vorzüglich die Düngung des Bodens zu berücksichtigen, je mehr Stärkemehl das Getreide enthält, desto besser eignet es sich im Allgemeinen zum Bierbrauen.

Der Landwirth, welcher das Getreide selbst baut, muß aber natürlich den Ertrag von einer gewissen Fläche besonders im Auge haben, und es wäre die größte Thorheit, Gerste auf nicht gedüngten oder schlechten Boden zu ziehen, weil sie dann mehr Stärkemehl enthält.

Alle Erfahrungen stimmen darin überein, daß aus mit Hürdeschlag gedüngtem Getreide nur schwierig oder gar nicht ein gutes klares Bier gebraut werden kann.

Weizen von schwerem und stark gedüngtem Boden ist reich an Kleber und dickhülsig, man muß bei demselben das Malzen recht vorsichtig ausführen. Ging dem Weizen Raps vorher, so wird er dünnhülsiger und stärkemehlreicher. Recht guten Weizen liefert ein sandiger Thon= oder Lehmboden, den zum Bierbrauen geeignetsten aber der fruchtbare Kalk=

boden. Der davon gezogene Weizen ist sehr dünnhülsig, äußerst mehlreich und läßt sich vortrefflich malzen.

Für die Gerste gilt im Allgemeinen dasselbe. Auf schwerem Boden gezogen, liefert sie ein nicht sehr zuckerreiches Malz, und man muß das Keimen vorsichtig weit vorschreiten lassen, um den Zucker möglichst zu vermehren. Sandiger Lehm- und lehmiger Sandboden liefern die für unsern Zweck geeignetste Gerste. Man hüte sich besonders vor der feucht eingebrachten und dadurch rothspitzigen Gerste, und wähle eine solche, von welcher beim Uebergießen mit Wasser nur wenig Körner schwimmen; die vollkommen reifen und dichten Körner sinken nemlich zu Boden, und nur die unvollkommen ausgebildeten tauben Körner schwimmen.

Der rationelle Bierbrauer muß, vergleichender Versuche wegen, die Bestandtheile der anzuwendenden Getreidearten selbst bestimmen können, und ich will daher hier die Anweisung dazu geben.

Chemische Untersuchung des Weizens. Um den Gehalt an Wasser zu bestimmen, wägt man 100 Gran lufttrocknen Weizen ab und stellt dieselben in einer Tasse an einen mäßig (40 — 60° R.) warmen Ort. Nach ungefähr 8 — 12 Stunden wägt man wieder. Der Gewichtsverlust ist durch das Entweichen des Wassers veranlaßt.

Um den Gehalt an tauben Körnern zu ermitteln, wägt man 500 oder 1000 Gran des Weizens ab, rührt dieselben in kaltes Wasser und nimmt die oben auf schwimmenden Körner sorgfältig ab, man trocknet diese bei 20 — 30°, oder in gewöhnlicher Stubenwärme und wägt sie.

Zur quantitativen Bestimmung der Hülse und des Klebers wägt man sich 500 oder 1000 Gran des Weizens ab und übergießt sie in einer Schale mit Flußwasser. So läßt man sie stehen, bis sie leicht zerdrückbar sind. Man muß durch öfteres Erneuern des Wassers, oder durch eine niedrige Temperatur verhindern, daß dasselbe sauer oder übelriechend wird. Sind die Körner hinreichend erweicht, so zerstößt man sie in einem messingenen Mörser, bindet die entstandene breiartige

Masse in ein ziemlich dichtes leinenes oder baumwollenes Tuch lose ein und knetet sie mit den Händen in einem Becken oder Teller unter Wasser. Sobald dies stark milchicht geworden ist, füllt man es in ein hohes Glas oder in einen Glascylinder und wiederholt das Kneten mit neuem Wasser. Das Kneten wird so lange fortgesetzt, als das Wasser noch milchicht wird. Das Stärkemehl geht hierbei durch die Poren des Tuches unverändert hindurch, das Eiweiß, Gummi, der Zucker und die Salze lösen sich im Wasser auf. Im Tuche zurück bleibt eine zähe Masse von Kleber und die Hülsen. Um diese beiden zu trennen, nimmt man den Rückstand mittelst eines Messers möglichst sorgfältig vom Tuche, bildet daraus mit der Hand eine zusammenhängende Masse und knetet diese unter Wasser vorsichtig aus. Es werden dadurch die Hülsen von dem Kleber losgespült, und sie können durch schnelles Abgießen des Wassers von diesem getrennt werden. Bei einiger Vorsicht und Fertigkeit bleibt der Kleber im reinen Zustande zurück; man trocknet denselben bei sehr mäßiger Temperatur und wägt ihn. Die abgeschlemmten Hülsen sammelt, trocknet und wägt man ebenfalls. Sollte an denselben sich noch stärkemehlhaltige Substanz befinden, was der Fall sein wird, wenn man die Körner nicht genügend zerstoßen hatte, so muß man sie noch ein Mal zerstoßen und auskneten.

Anstatt die zerstoßenen Körner in ein Tuch gebunden unter Wasser auszukneten, kann man dieselben auch auf ein feines Haarsieb bringen, dies bis ein wenig über den Siebboden in Wasser stellen und so die Masse durch Rühren und Reiben auswaschen. Der Kleber und die Hülsen bleiben im Siebe zurück.

Aus der milchichten Flüssigkeit, welche von dem Kleber und den Hülsen abgelaufen ist, setzt sich nach mehrstündiger Ruhe das Stärkemehl zu Boden; man gießt die gewöhnlich trübe darüber stehende Flüssigkeit ab und spült das Stärkemehl mit etwas Wasser in eine flache Schale oder einen tiefen Teller. Sobald es sich hier festgesetzt hat, gießt man das Wasser ab und stellt den Teller zum Trocknen auf eine sehr gelinde erwärmte Stelle. Nach dem vollständigen Trocknen wird es gewogen. Das Trocknen des feuchten Stärkemehl muß sehr vorsichtigt bewerkstelligt werden, weil in höherer Temperatur Kleister entsteht, welcher nur sehr schwierig vollständig getrocknet werden kann.

Die von Stärkemehl abgegossene Flüssigkeit erhitzt man bis zum Kochen. Der Eiweißstoff gerinnt hierbei und setzt sich zu Boden; die Flüssigkeit gießt man, so weit es geht, klar ab; den gewonnenen Eiweißstoff spült man auf ein bei ohngefähr 40° getrocknetes und gewogenes Filter. Nachdem die Flüssigkeit vollständig abgelaufen, wäscht man das Filter mit etwas reinem Wasser nach, trocknet es dann und wägt es. Zieht man von diesem Gewichte das bekannte Gewicht des leeren Filters ab, so bleibt als Rest das Gewichts des Eiweißstoffes.

Die vom Eiweißstoff abgegossene Flüssigkeit enthält nun noch das Gummi, den Zucker und die Salze. Es ist für unsern Zweck selten oder nie von Interesse, die Menge derselben quantitativ zu bestimmen. Dampft man diese Flüssigkeit ein, so erhält man einen braunen Syrup, aus welchem 70 procentiger Weingeist den Schleimzucker auflößt, das Gummi und die meisten Salze ungelös't läßt.

Eben so wenig Interesse hat es für unsern Zweck, die Menge des fetten Oeles im Keime zu bestimmen. Man müßte hierzu von einer gewogenen Menge Weizen die Keime mit dem Federmesser trennen, sie in einer Digerirflasche mit Aether in sehr gelinder Wärme digeriren *), diesen nach einiger Zeit abgießen und auf einem Uhrschälchen verdampfen lassen. Das fette Oel würde zurückbleiben. Weniger gut würde es sein, die ganzen Weizenkörner auf angegebene Art mit Aether zu behandeln.

---

*) Digeriren nennt man, einen Körper bei erhöhter Temperatur längere Zeit mit einem Auflösungsmittel behandeln.

Das Verfahren zur chemischen Untersuchung der Gerste ist im Wesentlichen dasselbe, welches man bei der Untersuchung des Weizens befolgt. Der Gehalt an Stärkemehl läßt sich leicht genau bestimmen; die genaue quantitative Bestimmung der Hülse und des Klebers hat aber weit mehr Schwierigkeit, als beim Weizen. Während nemlich bei dem Weizen der Kleber vollständig oder fast vollständig bei den Hülsen im Tuche oder Siebe bleibt, löst sich der Kleber der Gerste, welcher viel weniger zusammenhängend und elastisch ist, zum großen Theil in dem Wasser, in welchem das Auskneten vorgenommen wurde. Hat sich aus diesem Wasser das Stärkemehl abgesetzt, hat man dann den Eiweißstoff durch Erhitzen zum Gerinnen gebracht, so dampft man die vom Eiweiß abgegossene und abfiltrirte Flüssigkeit zur Consistenz eines Syrups und behandelt diesen mit 70 procentigen Weingeist. Dieser löst hier nicht allein Zucker auf, wie bei dem Weizen, sondern zugleich Pflanzenleim oder Kleber. Die so erhaltene weingeistige Auflösung läßt man in gelinder Wärme verdämpfen, den Rückstand übergießt man mit wenig Wasser, welches nun den Zucker allein auflöst und den Pflanzenleim als zähe Masse ungelöst läßt.

Hermbstädt, welcher zur Untersuchung der Getreidearten im Allgemeinen den oben bei dem Weizen vorgezeichneten Weg befolgte, schlägt zur Bestimmung der Menge der Hülse und des Klebers die folgende Methode vor.

Eine gewogene Menge des Getreides wird in Wasser gehörig erweicht, und nun durch Hülfe eines Federmessers die Hülsen abgeschält; diese werden getrocknet und gewogen. Aus einer andern Quantität des Getreides werden, wie ich oben angegeben habe, die Hülsen und der Kleber von dem Stärkemehl und der auflöslichen Substanz durch Auskneten in einem Siebe befreit. Das im Siebe zurückbleibende Gemenge von Hülsen und Kleber trocknet man nun und wägt es dann. Zieht man von diesem Gewicht das Gewicht der durch Abschälen mittelst des Federmessers erhaltenen Hülsen ab, so zeigt der Rest die Menge des Klebers an. Hätte man z. B. durch Abschälen von 100 Gran Weizen 14 Gran Hülse erhalten, und von 1000 Gran desselben zerstoßenen Weizens beim Auswaschen im Siebe einen Rückstand von Hülsen und Kleber im getrockneten Zustande 450 Gran an Gewicht, so sind in diesem 140 Gran Hülsen, also 310 Gran Kleber enthalten.

Diesen Weg einzuschlagen wird besonders bei der Untersuchung der Gerste zweckmäßig seyn, weil hier die Trennung der Hülsen von dem Kleber, nach dem beim Weizen angegebenen Verfahren, wegen des geringen Zusammenhanges des Klebers, nicht gut gelingt; indeß kann man auch die folgende Scheidungsmethode anwenden. Das Gemenge aus Hülsen und Kleber trocknet man bei ohngefähr 30—40° R. und wägt es. Man weicht es dann in Wasser ein, dem man etwas Kalilauge (starke Seifensiederlauge) zugesetzt hat, und läßt es in diesem bei einer Temperatur von 60—70° R. einige Stunden stehen. Der Kleber wird von der Kalilauge zum Theil aufgelös't, zum Theil in eine gallertartige Substanz verwandelt; man bindet nun Alles in ein leinenes Tuch und knetet unter Wasser tüchtig aus, so lange dies noch braun gefärbt wird. Auf diese Weise wird die Kalilauge mit dem aufgelösten und aufgequollenen Kleber (und dem etwa dabei befindlich gewesenen Stärkemehl) weggespült und die Hülsen bleiben im Tuche sehr rein zurück. Zieht man deren Gewicht im getrockneten Zustande von dem Gewichte des Gemenges aus Kleber und Hülsen ab, so zeigt der Rest die Menge des Klebers an.

Vom Hopfen.

Das zweite der oben aufgeführten zum Bierbrauen erforderlichen Materialien war der Hopfen.

Der Hopfen ist die weibliche Blüthe von Humulus Lupulus L., einer bei uns wildwachsenden, zum Bedarf der Bierbrauer aber vielfach angebauten Pflanze.

Die Güte des Hopfens hängt sehr von dem Boden, der

Culturart und der Witterung des Jahres ab. Man sammelt ihn am zweckmäßigsten, wenn die Schuppen anfangen gelblich zu werden, und wenn sich unter denselben ein zartes gelbes Pulver zeigt. Diese gelbe körnige Substanz wird Lupulin genannt, und in ihm sind vorzüglich die wirksamen Stoffe des Hopfens enthalten; sammelt man den Hopfen zu früh, so ist nur wenig Lupulin vorhanden, läßt man ihn zu lange hängen, so fällt das Lupulin aus. Ein guter Hopfen muß eine grünlich-gelbe Farbe besitzen, glänzen, beim Reiben die Hände klebrig machen und einen starken balsamischen Geruch und Geschmack zeigen. Wird er locker aufgeschüttet aufbewahrt, so verliert er in sehr kurzer Zeit Geruch und Geschmack und damit die Wirksamkeit, man preßt ihn daher vor dem Aufspeichern sehr stark zusammen. Der englische, braunschweigische, baiersche und böhmische Hopfen sind sehr gut und gesucht.

Die für unsern Zweck wichtigen Bestandtheile des Hopfens sind: ein **flüchtiges Oel**, welches demselben den Geruch ertheilt, und durch Destillation des Hopfens mit Wasser abgeschieden werden kann, ferner ein **harziger** und ein **bitterer Stoff** und endlich **Gerbestoff**.

Vom Ferment.

Das dritte der aufgeführten Materialien, das **Ferment**, auch **Hefe, Bärme, Gest, Gescht** genannt, der Gährungsstoff, ist leider seiner Entstehung, Zusammensetzung, Natur und Wirkung nach nur wenig gekannt. Es besteht wahrscheinlich aus Kohlenstoff, Wasserstoff, Sauerstoff und Stickstoff.

Im feuchten Zustande (als sogenannte trockne Hefe) ist es eine weißliche Masse, die aus Körnern zu bestehen scheint, ähnlich den Stärkemehlkörnern.

Im Wasser und Weingeist ist das Ferment nicht auflöslich; mit trocknem Zucker zusammengerieben bildet es einen dicken Syrup, welcher sich, ohne zu verderben, ziemlich lange aufbewahren läßt. Mit Bier gemengt stellt es die gewöhnliche flüssige Hefe dar, welche leicht sauer wird, besonders wenn sie vom Weißbier erhalten, also mit diesem gemengt ist. Durch Auswaschen mit kaltem Wasser, dem man auch wohl etwas Potasche zusetzt, kann man die Säure entfernen.

Die wichtigste Eigenschaft des Fermentes ist, daß es bei Temperaturen zwischen ohngefähr $+6$ und $+30°R.$, mit zuckerhaltigen Flüssigkeiten zusammengebracht, den Zucker in denselben in Alkohol und Kohlensäure zerlegt (siehe oben S. 6.). Auf welche Weise diese Zerlegung vor sich geht, und welche Veränderung das Ferment selbst dabei erleidet, ist bis jetzt ganz unbekannt *).

Der Proceß dieser Zerlegung des Zuckers in Alkohol und Kohlensäure wird die Gährung oder der Gährungsproceß genannt. Bei demselben erzeugt sich stets von Neuem Ferment, das zum Theil auf die Oberfläche der gährenden Flüssigkeit kommt (Oberhefe), zum Theil zu Boden sinkt (Unterhefe). Die Gährung verläuft um so schneller, je mehr sich die Temperatur dem oben angegebenen Maximum, um so langsamer, je mehr sie sich dem angegebenen Minimum nähert.

Aetherische und brenzliche Oele, so wie eine große Menge Alkohol wirken der niederen Temperatur ähnlich, das heißt, sie machen die Gährung langsamer vorschreiten.

Es ist natürlich, daß die Menge des bei der Gährung entstehenden Alkohols in geradem Verhältnisse steht mit der Menge des Zuckers in der Flüssigkeit.

Von dem Wasser.

Ueber den Einfluß des Wassers auf das Bier ist sehr viel gefabelt worden; so hat man sogar oft behauptet, daß

---

*) In neuester Zeit hat man die Eigenschaft mancher Körper, chemische Verbindungen und Trennungen, ohne daß sie selbst verändert werden (also nur durch ihre Gegenwart), zu bewirken, einer besonderen Kraft zugeschrieben, und sie katalytische Kraft genannt.

ein Bier seine Eigenthümlichkeit nur dem dazu benutzten Wasser verdanke, daß man z. B. in Baiern wegen des guten Wassers vorzügliches Bier brauen könne. Wer nur irgend weiß, wie verschieden in sehr wenig von einander entfernten Brunnen das Wasser seyn kann, und wie ähnlich sich das im Allgemeinen zum Bierbrauen angewandte fließende Wasser ist, der wird einsehen, daß wo man in Baiern Brunnenwasser anwendet, dies ebenfalls sehr verschieden seyn wird, und wo man Flußwasser benutzt, dies dem Biere keine Eigenthümlichkeit ertheilen kann.

Sehr reines Wasser ist das Regen- oder Schneewasser. Man benutze aber nicht das zu Anfang des Regens fallende Wasser, weil es den in der atmosphärischen Luft schwebenden Staub von unorganischen und von organischen Stoffen mit sich niederreißt. Die letzteren gehen schnell in Fäulniß über und machen dadurch dies Wasser übelriechend und unbrauchbar.

Das aus der Erde kommende Wasser (Quellwasser, Brunnenwasser) enthält immer mehr oder weniger von den Substanzen aufgelöst, über die es im Innern der Erde geflossen ist. Diese aufgelösten Stoffe sind nun am häufigsten Salze von Alkalien, erdige Salze und Kohlensäure. Wässer, welche organische und andere als die angeführten Substanzen in namhafter Menge enthalten, sind schon seltener. Die Alkalisalze, welche in dem Wasser vorkommen, sind gewöhnlich Kochsalz (Natriumchlorid), Glaubersalz (schwefelsaures Natron) und schwefelsaures Kali. Von den erdigen Salzen finden sich gewöhnlich kohlensaure Kalk- und Talkerde (in Kohlensäure gelöst, oder richtiger, als doppeltkohlensaure Salze) und schwefelsaurer Kalk (Gyps), seltener Calciumchlorid und Talciumchlorid (salzsaure Kalk- und Talkerde). Die Kohlensäure entweicht, wenn das Wasser längere Zeit der Luft ausgesetzt ist und die Temperatur desselben erhöht wird, und da sie die kohlensauren erdigen Salze gleichsam in Auflösung erhält, so müssen diese beim Entweichen derselben niederfallen. Daher enthält das Flußwasser, welches bei seinem Laufe die Kohlensäure verliert, nur sehr wenig erdige Salze; es schmeckt wegen des Mangels an Kohlensäure aber auch fade, denn diese gasförmige Säure ist es, welche dem Brunnenwasser den erfrischenden Geschmack ertheilt.

Der Gehalt an alkalischen Salzen, wenn er nicht bedeutend ist, ertheilt dem Wasser keine nachtheiligen Eigenschaften, der Gehalt an erdigen Salzen macht dasselbe aber für manche Zwecke unbrauchbar. Ein Wasser, welches die letzteren Salze in namhafter Menge aufgelöst enthält, wird ein hartes Wasser genannt. Ein solches Wasser wirkt auf Seife zersetzend, man kann mit demselben nicht waschen, Hülsenfrüchte kochen sich in demselben nicht weich, weil, wie man angiebt, die beim Erhitzen des Wassers durchs Entweichen der Kohlensäure sich ausscheidenden erdigen Salze in die Poren der Hülsenfrüchte dringen und sie verstopfen *). Dies ist auch für den Brauproceß zu berücksichtigen; man wird mit hartem Wasser, wenn man dasselbe nicht vorher, wie bald gelehrt werden soll, verbessert, das Malz nicht so vollständig ausziehen, als mit weichem Wasser (fließendem Wasser). Aus dem Gesagten ergiebt sich, wie wichtig es ist, die Bestandtheile des Wassers ermitteln zu können.

Das Wasser ist um so reiner, je weniger es beim Verdampfen auf einem Uhrschälchen Rückstand läßt. Vollkommen reines Wasser wird gar nichts zurücklassen.

Je mehr ein Wasser beim Erhitzen sich trübt und beim Verkochen die Kochgeschirre mit Pfannenstein (einem Gemische von einfach kohlensaurem Kalk und Gyps, gewöhnlich irrig Salpeter des Wassers genannt) überzieht, desto härter ist es, desto mehr erdige Salze enthält es. Die Ausscheidung

---

*) Vielleicht aber, weil der Kalk und die Talkerde mit einem Bestandtheile der Hülsenfrüchte eine chemische Verbindung eingehen. Die Färber reinigen bekanntlich ihr Wasser dadurch, daß sie ihm etwas Stärkemehl zugeben, es zum Kochen erhitzen und abschäumen (Austreiben des Wassers).

derselben als Pfannenstein erfolgt theils durch das Entweichen der Kohlensäure (so beim kohlensauren Kalk), theils auch durch die Verminderung des Wassers, des Auflösungsmittels, beim Verkochen (so beim Gyps), denn es kann eine bestimmte Menge von Gyps sich nur in einer bestimmten Menge von Wasser in Auflösung erhalten.

Enthält ein Wasser viel Gyps, so trübt es sich beim Vermischen mit dem gleichen Volumen oder mehr starken Weingeistes. Der Gyps ist nemlich zwar in Wasser auflöslich, nicht aber in ziemlich viel Weingeist enthaltendem Wasser, er scheidet sich deshalb beim Vermischen der wässrigen Auflösung mit Weingeist aus und setzt sich nach einiger Zeit zu Boden.

Erdige Salze im Wasser erkennt man auch daran, daß das Wasser mit einer vollkommen klaren Auflösung von Seife in Branntwein oder Regenwasser vermischt, sogleich einen starken flockigen Niederschlag giebt; es entsteht nemlich eine unauflösliche erdige Seife. Das von dem Niederschlage klar abgegossene Wasser ist nun weich geworden, es ist durch die Seife von den erdigen Salzen befreit.

Wasser enthält **erdige Salze**, wenn es auf Zusatz einer Auflösung von **gereinigter Pottasche** oder von **kohlensaurem Natron** einen starken weißen, anfangs flockigen Niederschlag fallen läßt. Dieser besteht aus kohlensaurem Kalk und kohlensaurer Talkerde, wenn Talkerdesalze vorhanden waren. An die Stelle der erdigen Salze sind nun alkalische Salze von Kali oder Natron in das Wasser gekommen, und diese haben, wie schon oben erwähnt, keinen Nachtheil. Da das kohlensaure Natron und die gereinigte Potasche nicht theuer sind, so läßt sich durch dieselben oft vortheilhaft ein hartes Wasser weich machen.

Harte Wässer erleiden endlich durch **kleesaures Kali** und durch **Baryumchlorid** (beide in Auflösung angewandt) eine starke Trübung. Ersteres zeigt Kalk, letzteres die **Schwefelsäure** (im schwefelsauren Kalk, Gyps) an. (Siehe im Wörterbuche Reagentien.)

Ein Wasser enthält viel freie Kohlensäure, wenn es beim Einschenken perlt, moussirt, und einen angenehm prickelnden Geschmack besitzt.

Wird ein Wasser durch eine Auflösung von salpeter= saurem Silberoxyd stark getrübt oder gar in weißen käsigen Flocken niedergeschlagen, die am Lichte violett werden und sich auf Zusatz von einigen Tropfen Salpetersäure nicht wieder auflösen, so enthält dasselbe Chloride (salzsaure Salze). Ist das Wasser ein weiches, so ist es gewöhnlich Kochsalz (Chlornatrium, Natriumchlorid), welches durch Sil= berauflösung angezeigt wird, ist es ein hartes, so können zu= gleich Calcium = oder Talciumchlorid zugegen seyn.

Bisweilen findet sich eisenhaltiges Wasser. Kommt das Eisen in verhältnißmäßig bedeutender Menge im Wasser vor, so ertheilt es demselben einen tintenartigen Geschmack. Gallapfelaufguß färbt ein solches Wasser dunkelviolett oder tintenschwarz; und Blutlaugensalz giebt, wenn einige Tro= pfen Salzsäure zugesetzt werden, entweder sogleich oder nach einiger Zeit einen blauen Niederschlag von Berlinerblau oder doch eine blaue Färbung.

Das Eisen kann in dem Wasser in zweierlei Verbindun= gen vorkommen, nemlich als kohlensaures Eisenoxydul oder als schwefelsaures Eisenoxydul (Eisenvitriol). Im ersteren Falle verliert das Wasser beim Stehenlassen an der Luft oder beim Erhitzen seinen Eisengehalt gänzlich, indem ein gelber Niederschlag (Eisenocher, Eisenoxydhydrat) sich absetzt, in dem Maße, als die Kohlensäure entweicht; denselben Ocher setzt das Wasser auch bei seinem Laufe im Rinnsale ab. Kocht man ein solches Wasser, filtrirt man es nach dem Kochen und prüft man es dann mit Gallusaufguß oder Blut= laugensalz, so erhält man keine Anzeigen vom Eisen.

Enthält das Wasser aber Eisenvitriol (was indeß viel seltner der Fall ist, und nur etwa bei Torfwässern sich fin= det), so behält es seinen Eisengehalt, wenn er nicht zu un= bedeutend ist, selbst nach dem Kochen, man kann ihn aber durch Zusatz von gereinigter Potasche oder kohlensauren Na=

tron, wie den Kalk, entfernen. Durch dasselbe Mittel läßt sich auch das kohlensaure Eisenoxydul zersetzen, und das Eisen aus einem Wasser bringen, welches dasselbe in dieser Verbindung enthält. Zum Bierbrauen ist indeß eisenhaltiges Wasser zu verwerfen.

Eine der unangenehmsten und schädlichsten Verunreinigungen des Wassers ist die Verunreinigung mit organischen Substanzen (Stoffen aus Pflanzen oder Thieren ausgezogen). Dergleichen Substanzen kommen häufig aus Färbereien, Schlächtereien, Gerbereien, aus Düngerstätten, durch Flachsrotten oder durch Laub in das Wasser. Sie ertheilen ihm meist eine gelbliche Farbe und machen es nach kurzem Stehen übelriechend. Der beim Verdampfen bleibende Rückstand ist nicht weiß, sondern gelblich oder bräunlich, und zeigt beim Erhitzen einen brenzlichen Geruch. Mit einer Auflösung von salpetersaurem Silberoxyd versetzt, färbt sich ein solches Wasser selbst im Dunkeln violett oder braun, und es setzt sich ein schwarzer Niederschlag ab.

Die Reinigung eines Wassers, welches organische in Zersetzung begriffene Substanzen enthält, kann nur dadurch bewerkstelligt werden, daß man es in besonderen Filtrirapparaten durch eine Schicht gereinigten Flußsand und grob pulverisirte Kohle laufen läßt; aber man wird gewiß nur in höchst seltenen Fällen wegen Mangels an jedem andern brauchbaren Wasser nöthig haben, zu dieser Reinigung seine Zuflucht zu nehmen *).

Enthält ein Wasser, welches organische Substanzen aufgenommen hat, zugleich Gyps, so bildet sich durch Zersetzung des letzteren nach einiger Zeit Schwefelwasserstoff, und es riecht davon nach faulen Eiern; Bleizuckerauflösung wird dann durch dasselbe schwarz- oder braungefärbt. Selbst lange anhaltendes Kochen entfernt nicht leicht alles Schwefelwas-

---

*) In Paris wird das Seinewasser auf die angegebene Weise filtrirt und brauchbar gemacht.

serstoff, man verwerfe daher ein damit verunreinigtes Wasser gänzlich.

Im Allgemeinen eignet sich nun zum Bierbrauen ein Wasser um so besser, je reiner es ist, das heißt, je weniger es von frembartigen Stoffen aufgelöst enthält, daher ist ein klares weiches Flußwasser dem harten Brunnenwasser immer vorzuziehen. Am nachtheiligsten ist auf alle Fälle ein Wasser, welches organische Substanzen (in Auflösung und in Fäulniß begriffen) enthält, es trägt den Keim der Verderbniß ins Bier. Da während des Sommers das Wasser kleiner Bäche und Flüsse leicht auf diese Weise verunreinigt ist, so wird es zu dieser Jahreszeit oft weit gerathener seyn, ein, wenn auch hartes, Brunnenwasser oder Quellwasser anzuwenden, nur muß man dann die Vorsicht brauchen, dasselbe vor der Benutzung zum Einteigen und Einmeischen durch Aufkochen in der Pfanne oder dem Kessel von dem größten Theile der aufgelösten erdigen Salze zu befreien.

Diese gleichsam als Einleitung dienenden Betrachtungen der zum Bierbrauen erforderlichen Materialien werden den Leser befähigt haben, mir bei dem Brauprocesse selbst nun leicht folgen zu können.

Der ganze Proceß des Bierbrauens zerfällt in drei Hauptabtheilungen, nämlich:

A. In die Bereitung des Malzes,
B. in die Darstellung eines Auszuges (der Würze) aus demselben,
C. in die Gährung der Würze und weitern Behandlung des fertigen Bieres,

und es soll nun in dem Folgenden Anleitung zur rationellen Ausführung dieser von einander sehr verschiedenen Operationen gegeben werden.

A. Von der Bereitung des Malzes.

(Vom Malzen.)

Betrachtet man die oben angegebene Zusammensetzung des Weizens und der Gerste, so sieht man, daß dieselben nur eine sehr geringe Menge Zucker enthalten. Da aber dieser allein der gährungsfähige, also alkoholgebende Stoff ist, so leuchtet ein, daß man ein höchst schwaches, wenig geistiges Getränk erhalten würde, wenn man den Weizen und die Gerste schroten und mit erwärmtem Wasser ausziehen wollte. Auch würde die große Menge von Stärkemehl, die bei heißem Ausziehen in Auflösung käme, das Getränk ganz unhaltbar machen, da eine solche Auflösung schnell sauer wird.

Die erste Aufgabe ist es für den Brauer daher, die Menge des Zuckers in dem Weizen und der Gerste zu vermehren und die des Stärkemehles zu vermindern. Nun ist schon oben S. 5. u. f. der Weg dazu angedeutet worden. Stärkemehl wird nemlich durch die Diastase bei einer gewissen Temperatur in Zucker umgewandelt, und Diastase bildet sich beim Keimen der Samen. In dem gekeimten Weizen und der gekeimten Gerste sind also der zuckerbildende und der zuckergebende Stoff, Diastase und Stärkemehl vereinigt.

Das gekeimte Getreide wird bekanntlich Malz genannt, daher nennt man die zweckmäßige Einleitung und Ausführung des Keimungsprocesses das Malzmachen oder das Malzen.

Man unterscheidet, wie erwähnt, an dem Samen die Hülse, den mehligen Kern und den Keimpunkt oder Embryo. An dem Embryo unterscheidet man wieder zwei Theile, nemlich den, welcher später nach unten geht und die Wurzel der Pflanze bildet, er wird das Würzelchen (Radicula) genannt, und den, welcher sich zu der über der Erde befindlichen Pflanze ausbildet; er wird das Blattfederchen (Plumula) genannt.

Die Lebensthätigkeit ruht oder schläft gleichsam im Embryo; damit sie erwache, damit der Same keime, müssen folgende Bedingungen erfüllt werden:

1) Es muß eine hörige Menge Wasser vorhanden seyn; trockne Samen keimen nie.
2) Die Temperatur darf nicht unter dem Gefrierpunkte, ja im Allgemeinen nicht gern unter 6° R. und nicht wohl über 30° R. seyn.
3) Die atmosphärische Luft muß Zutritt zu dem Samen haben. Daher keimen Samen nicht, welche tief im Boden vergraben sind, oder im Wasser liegen, auf welches man eine Schicht Oel gegossen hat.

Werden diese drei Bedingungen erfüllt, so erwacht die Lebenskraft im Embryo; das Würzelchen entwickelt sich zuerst, das Stärkemehl des Mehlkörpers wird wahrscheinlich durch die entstandene Diastase theilsweis in Zucker umgeändert, welcher dem sich später ausbildenden Blattfederchen zur ersten Nahrung dient. Hieraus ergiebt sich für das Malzen die allgemeine Regel, daß man die Entwickelung des Blattfederchens möglichst zu verhindern suchen muß, um möglichst viel Zucker im Malze zu erhalten.

Bei der Bereitung des Malzes lassen sich drei verschiedene Operationen unterscheiden:

1) Das Einquellen oder Einweichen.
2) Das Wachsen oder Keimen.
3) Das Trocknen oder Darren.

1) Vom Einquellen oder Einweichen.

Das Einquellen hat die Erfüllung der ersten der vorhin angegebenen Bedingungen zum Zweck, nemlich den Samen mit der zum Keimen nöthigen Feuchtigkeit zu versehen; es geschieht in dem Quellbottiche oder weit zweckmäßiger in einer aus Sandsteinplatten zusammengefügten Cisterne, dem sogenannten Malzsteine. An der Seitenwand dicht über dem Boden befindet sich ein Hahn zum Ablassen des Wassers;

damit aber nicht zugleich das gequellte Getreide mit ablaufe, ist die Oeffnung in der Cisterne mit einem siebartig durchlöcherten Kupferbleche bedeckt. Die Oeffnung zum Abfließen des Wassers kann sich auch in dem Bodensteine befinden; man stellt dann über dieselbe einen etwa 8 — 10 Zoll weiten kupfernen, ebenfalls siebartig durchlöcherten Cylinder (einen Pfaffen) von der Höhe der Cysterne, und verschließt die Bodenöffnung durch einen unten mit Werg umwickelten hölzern Zapfen, der sich also im Innern des kupfernen Cylinders befindet und über demselben zum bequemen Herausziehen hervorragen muß.

Gewöhnlich schüttet man nun das einzuquellende Getreide in den Malzstein und übergießt es dann mit so viel Wasser, daß dies einige Zoll hoch darüber steht; man rührt dann tüchtig um und nimmt die obenaufschwimmenden tauben Körner sorgfältig ab. Indeß ist hier ein oft wiederholtes Aufrühren erforderlich, um alle tauben Körner und Unreinigkeiten an die Oberfläche zu bringen.

Zweckmäßiger giebt man daher zuerst das Wasser in den Stein und trägt dann in getheilten Portionen das Getreide ein. Nach dem Eintragen jeder Portion vertheilt man sie sorgfältig im Wasser und schöpft mit einem Siebe oder Schaumlöffel die schwimmenden Körner und Spreu ab.

Zum Einweichen muß das reinste Fluß= oder Regenwasser genommen werden, unreines Wasser ertheilt schon hier dem Getreide einen Beigeschmack, der sich auch bei den folgenden Operationen nicht verliert.

Bald nach dem Einweichen schwellen die Körner an, indem sie Wasser aufnehmen, und das Weichwasser wird gelblich von Extractivstoff, der sich aus der Hülse auflös't. Bei höherer Temperatur, also besonders im Sommer, wird das Weichwasser sehr bald riechend und säuerlich, dahin darf man es nie kommen lassen, es ist vielmehr das Wasser, namentlich im Sommer, oft (täglich zwei Mal) zu erneuen; nur bei niederer Temperatur, also im Winter, braucht das Wasser weniger häufig gewechselt zu werden. Das Ablassen des

Weichwassers geschieht durch den Hahn oder den Pfaffen; durch den letzteren kann der Malzstein auch wieder mit Wasser gefüllt werden.

Das Lokal, in welchen der Malzstein aufgestellt wird, muß am besten ein kellerartiges seyn, in welchem die Temperatur während des Winters und Sommers nicht sehr verschieden ist; ist es geräumig genug und mit Steinplatten ausgelegt, so kann es zugleich auch als Wachsplatz dienen. Es braucht wohl kaum erwähnt zu werden, daß die Temperatur in dem Lokale nicht unter den Gefrierpunkt sinken darf. Ist dazu die Möglichkeit vorhanden, so muß es mittelst eines Ofens erwärmt werden können.

Es ist keineswegs gleichgültig, wie stark man die Körner vom Weichwasser durchdringen läßt. Sind die Körner zu wenig erweicht, so trocknen sie leicht später zu sehr ab und der Keimproceß geht an vielen gar nicht vor sich; sind sie zu stark erweicht, so daß das Innere der Körner milchicht ist, so sind sie für eine regelmäßige Keimung verdorben, weil neben dem Keimprocesse, welcher dann sehr schnell vorschreitet, noch andere schädliche chemische Zersetzungen im Korn vorgehen.

Das gehörige Erweichtseyn erforscht man gewöhnlich auf folgende Weise: Man nimmt mehrere Körner aus der Mitte des Quellsteins, faßt sie zwischen den Daumen und Zeigefinger an den Spitzen und drückt sie gelinde; bleiben die Körner fest, bricht die Hülse nicht, so sind sie noch nicht gehörig erweicht; geben sie aber nach, so daß die Hülse bricht, und fühlt man das körnige Mehl zwischen den Fingern, so sind sie hinreichend gequellt. Ein anderes Kennzeichen ist, daß sich beim Drücken die Hülsen leicht vom Mehlkerne lösen und die Körner auf einem Brette einen kreibeartigen Strich geben.

Ueber die Zeit, während welcher das Einquellen vollendet ist, läßt sich nichts Bestimmtes sagen; sie ist sehr verschieden; beim Weizen kürzer, als bei der Gerste; sie hängt ab von der Beschaffenheit des Getreides, ob dieses nemlich dünn= oder dickhülsig, alt oder jung ist, besonders aber von der Temperatur des Weichwassers und des Lokales, in welchem das Quellen vorgenommen wird; sie ist folglich im Sommer weit kürzer, als im Winter. In der ersteren Jahreszeit sind zum Einquellen ohngefähr 40 — 48 Stunden, in der letzteren oft 4 — 6 Tage erforderlich.

Von großer Wichtigkeit ist es, wie sich aus dem eben Gesagten ergiebt, und sich später noch mehr ergeben wird, zu jedem Malzen Getreide von einerlei Beschaffenheit anzuwenden, nie altes und junges, dick= und dünnhülsiges zu vermengen, ja nicht einmal Getreide, was in sehr verschiedenen Gegenden gewachsen ist. Deshalb ist dem Brauer das Ankaufen kleiner Quantitäten von Getreide nicht anzurathen, er wird leicht beim Malzen von sehr gemischtem Getreide ein höchst ungleich gewachsenes Malz erhalten. Daß man überhaupt zum Malzen ein recht vorzügliches Getreide wähle, namentlich keine rothspitzige Gerste, ist schon oben erwähnt worden; ich lege noch ein Mal ans Herz, daß nur gute Materialien ein gutes Bier liefern können, deshalb entferne man vor dem Einquellen sorgfältig durch Klappern u. s. w. die fremden Samen, und nehme die beim Einschütten in den Quellstein obenaufschwimmenden tauben Körner möglichst sorgfältig ab, sie können zur Verstärkung des Bieres nichts beitragen, die Lebenskraft ist in ihnen erloschen, die anderen zersetzenden Kräfte wirken daher ungehindert in ihnen, sie werden auf der Wachstenne mulstrig und schimmlig und ertheilen der Würze und dem Biere einen schlechten Geschmack.

2) Vom Keimen oder Wachsen.

Sobald die Gerste oder der Weizen gehörig erweicht sind, zapft man das Weichwasser ab und läßt sie zum Abtropfen, im Sommer etwa noch eine Stunde, im Winter mehrere Stunden im Quellsteine stehen. Nach dieser Zeit werden sie sofort in das Lokal gebracht, in welchem sie keimen oder

wachsen sollen. Zu einem solchen Lokale (Wachskeller, Wachs=
tenne, Malztenne) eignet sich wegen der Gleichförmigkeit der
Temperatur ein Souterrain oder kellerartiges Gewölbe am
besten, und nur in einem solchen läßt sich während der hei=
ßen und kalten Jahreszeit ein gutes Malz erzielen, während
bei Frühjahrs= und Herbsttemperatur allerdings jedes sonst
dazu eingerichtete Lokal benutzt werden kann. Der Boden
des Wachskellers muß mit gebrannten Steinen oder mit
Sandsteinplatten belegt seyn, und vorhandene Fugen müssen
durch Kitt sorgfältig ausgefüllt werden, damit durch Ab=
schwemmen mit Wasser alle etwa liegen gebliebene Malzkör=
ner entfernt werden können. Geschieht dies nicht, so ver=
wesen die in den Fugen zurückgebliebenen Körner, sie ver=
unreinigen die Luft des Malzkellers und tragen den Keim
des Verderbens in das keimende Getreide. Die Beschaffen=
heit eines Wachskellers erkennt man am besten durch den
Geruch; die Luft muß in ihm rein und frisch seyn, nicht
dumpfig und verdorben.

Sollte das aus dem Quellsteine kommende Getreide noch
zu naß seyn, so breitet man es dünn aus und schaufelt es
einige Mal um, damit es durch Verdunsten etwas Feuchtig=
keit verliere, dann schichtet man es auf der Malztenne zu
einem 1 — 2 Fuß hohen Haufen und läßt es in Ruhe.
Die den Körnern nun noch anhängende Feuchtigkeit zieht
sich in dieselben hinein, so daß die in den Haufen gesteckte
Hand nicht merklich feucht wird. Nach einiger Zeit bemerkt
man, daß die Temperatur in dem Haufen sich etwas erhöht;
dies ist das Zeichen, daß die Lebensthätigkeit im Embryo
erwacht ist, und man hat nun die nöthige Entwickelung des=
selben mit aller Sorgfalt zu leiten. Sobald nach dieser
Temperaturerhöhung die Würzelchen des Embryo sich als er=
habene Punkte unter der Hülse zeigen, oder als weiße
Punkte hervortreten, muß sogleich ein neuer Haufen errich=
tet werden, um die Temperatur durch das Umstechen zu er=
niedrigen, dadurch das zu schnelle Keimen und dann statt=
findende baldige Welken des Keimes zu verhindern. Dieses

Umlegen des Malzhaufens (der Malzscheibe) wird das Ausziehen genannt, weil man den neuen Haufen immer um einige Zoll niedriger macht. Man nimmt es wenigstens so oft vor, als, besonders im Anfange des Keimens, die Temperatur des Haufens sich über 18—20° R. erhebt, was man durch Einstecken der Hand nach einiger Uebung bald beurtheilen lernt.

Auf der Fertigkeit im Ausziehen des Haufens beruht größtentheils die Geschicklichkeit des Malzers; es kommt hierbei nemlich darauf an, in dem neu zu errichtenden Haufen diejenigen Körner in die Mitte zu bringen, welche in dem früheren Haufen oben oder unten lagen, und die, welche in dem früheren in der Mitte lagen, in dem neuen Haufen oben und unten hin zu bringen; weshalb dies geschehen muß, ist leicht einzusehen. Die Temperatur wird nemlich im Innern des Haufens stets höher seyn, als oben oder unten, denn oben wird sie durch die darüberziehende atmosphärische Luft und durch Verdunstung, unten aber durch den Boden der Malztenne gemäßigt. Da nun der Keimproceß um so schneller vorschreitet, je höher die Temperatur ist, so würden die oberen und unteren Körner des Haufens gegen die inneren zurückbleiben, wenn man nicht zur Erlangung eines gleichförmig gewachsenen Malzes den obigen Handgriff anwendete. Niedriger aber, als der frühere Haufen, muß der neu aufzuführende deshalb gemacht werden, weil in dem Maaße, als der Keimungsproceß vorschreitet, die Temperatur immer mehr sich erhebt; sie würde daher bald zu hoch werden, wenn man nicht durch niedrigere Haufen die Oberfläche und Berührungsfläche mit dem Boden vergrößerte. Bei dem Umschaufeln und Ausziehen muß der Malzer reinliche Holzschuhe anziehen, und sich möglichst hüten, Körner zu zertreten, weil diese dann nicht mehr keimen, sondern vermodern und das gesunde Malz anstecken.

Es ist ganz unmöglich, durch eine Zahl anzugeben, wie oft der Malzhaufen ausgezogen werden muß; es muß, wie oben erwähnt, so oft geschehen, als die Temperatur in dem

Haufen sich über 18 — 20° R. erhebt; nur gegen das Ende des Malzprocesses kann man das Malz ein wenig wärmer werden lassen, so daß es mäßig zu schwitzen anfängt, immer aber möge man berücksichtigen, **daß der Malzer am besten arbeitet, der das Wachsen in der längsten Zeit vollführt,** und daß ein Niedrighalten der Temperatur wohl niemals Schaden bringt, während eine hohe Temperatur die Entwickelung des Blattfederchen begünstigt, oder wenn sie gar zu hoch steigt, die Keime welken und abfallen macht, das heißt, den Embryo tödtet und somit den Keimungsproceß unterbricht.

Der gute Verlauf des Malzens wird an dem gleichmäßig langsamen Fortwachsen der Wurzelkeime bemerkt, und daran, daß sich ein erquickender, fast geistiger Geruch in dem Malzhaufen zeigt.

Dieser Geruch wird durch das Entweichen von Kohlensäure verursacht. Durch den Sauerstoff der atmosphärischen Luft wird nemlich ein Antheil Kohlenstoff (wahrscheinlich des Stärkemehls) oxidirt, also gleichsam verbrannt, und es ist der Keimungsproceß in der That ein Verbrennungsproceß, bei welchem, wie bei jedem andern Verbrennungsprocesse, Wärme frei wird, die hier die Erhöhung der Temperatur in dem Malzhaufen verursacht, und die selbst bis zur Entzündung sich steigern könnte, wenn man dieselbe nicht fortwährend ableitete.

Der Malzproceß muß bei dem Weizen unterbrochen werden, wenn die Wurzelkörner ohngefähr die Länge des Kornes erreicht haben, und bei der Gerste, wenn dieselbe etwa $1\frac{1}{4}$ Mal so lang, als der Kern gewachsen sind. Würde man die Wurzelkeime noch länger wachsen lassen, so würden die grünen Blattkeime hervortreten, bei dem Weizen an derselben Stelle, an welcher der Wurzelkeim hervorgebrochen, bei der Gerste an der entgegengesetzten Spitze des Kernes, und das Malz würde für den Brauproceß verdorben seyn.

Gegen das Ende des Malzprocesses, wo die Wurzelkeime der Gerste schon eine ziemliche Länge erreicht haben, fangen diese an sich in einander zu wirren, es zeigt sich die Tendenz in ihnen sich irgendwo zu befestigen; dadurch entstehen Klumpen von zusammenhängendem Malz, welche man bei den letzteren Ausziehungen sorgfältig mit der Schaufel zu entwirren suchen muß, weil man sonst Gefahr läuft, daß diese Klumpen sich zu sehr erhitzen oder gar mulstrig werden.

Man unterbricht zu gehöriger Zeit den Keimproceß dadurch, daß man das Malz zuerst auf die Malztenne, dann nach einigen Stunden auf einem luftigen Boden dünn ausbreitet und öfters umschaufelt, wodurch es sich abkühlt und die zum Keimen nöthige Feuchtigkeit verliert.

Durch den Malzproceß ist das Gefüge der Körner loser geworden, sie lassen sich jetzt leicht zerdrücken, und der mehlige Kern ist weißer. Auch in der chemischen Zusammensetzung ist eine wesentliche Veränderung vorgegangen. Es hat sich in den Körnern ein neuer Stoff, die Diastase, gebildet, und wahrscheinlich durch deren Vermittlung hat sich ein Theil des Stärkemehls in Zucker und Gummi umgeändert. Der Kleber ist größtentheils verschwunden. Während also das ungemalzte Getreide nur sehr wenig in Wasser lösliche Bestandtheile, namentlich Zucker, enthielt, kann gut bereitetes Malz schon ziemlich reich an denselben genannt werden.

Alle diese Umänderungen werden in um so größerm Maße Statt gefunden haben, je langsamer das Keimen vor sich gegangen ist, je kälter also das Malz bei dem Malzprocesse gehalten wurde; daher empfehle ich noch einmal ein recht oft wiederholtes Ausziehen des Haufens, unter Berücksichtigung, die oben und unten liegenden Körner stets in die Mitte des neuen Haufens zu bringen, denn nur dadurch kann verhütet werden, daß man, anstatt eines gleichlang gewachsenen Malzes, ein Malz erhalte, was ein Gemenge aus gar nicht, oder aus zu stark gewachsenen Körnern ist. Zu stark darf das Malz deßhalb nicht gewachsen sein, weil dann das Blattkeim zu weit entwickelt ist, und dessen Entwickelung geschieht ja auf Kosten des Zuckers, also eines für uns so nöthigen

Bestandtheiles des Malzes; bei zu wenig gewachsenem Malze haben aber natürlich alle die oben angeführten, so wesentlichen Umänderungen nur in sehr geringem Grade Statt gefunden. Man erhält daher sowohl aus zu schwach als auch aus zu stark gekeimten Malze eine schwächere Würze, als aus gutem Malze; aus ersterem, weil in ihm noch nicht das Maximum von auflöslichen Stoffen sich gebildet hat, aus letzterem, weil in ihm ein Theil der auflöslichen Substanzen durch den Blattkeim wieder verzehrt worden ist.

Weil nur bei recht langsamen Keimen ein gutes Malz zu erzielen ist, so kann man während der heißen Sommermonate, die das Wachsthum so sehr beschleunigen, schwierig und nur in recht kühlen Kellern oder kellerartigen Gewölben Malz bereiten. Ist man dazu gezwungen, so muß auf den ganzen Proceß die äußerste Sorgfalt verwendet werden; man quelle nicht sehr stark, mache die Wachshaufen gleich von Anfang an sehr niedrig, versäume das öftere Ausziehen der Haufen selbst zur Nachtzeit nicht, und hat man einen Eiskeller, so mäßige man die Temperatur des Malzkellers durch Hineinstellen eines mit Eis angefüllten Gefäßes.

Die kalten Wintermonate eignen sich zur Malzbereitung schon deshalb nicht gut, weil das Malz auf den Böden nicht lufttrocken gemacht werden kann, sondern sogleich von der Malztenne auf die Darre gebracht werden muß; außerdem ist es auch nicht immer leicht, die Malztenne auf der zum Wachsen nöthigen Temperatur zu erhalten; man muß im Winter die Haufen höher halten und sie auch wohl noch mit Tüchern bedecken.

Am geeignetsten zum Malzen sind der Frühling und Herbst; in diesen Jahreszeiten sich einen Vorrath von Malz zu bereiten, ist jedem Brauer zu empfehlen; denn das hineingesteckte Capital trägt seine Zinsen reichlich.

3) **Vom Trocknen und Darren des Malzes**

Nachdem das hinreichend gewachsene Malz auf einen luftigen Boden dünn ausgebreitet worden ist, wird es zur

Beschleunigung des Trocknens recht oft umgeschaufelt. Man läßt es auf dem Boden (Schwelchboden) nun entweder vollkommen lufttrocken werden, dann wird es Luftmalz genannt, oder man trocknet es nur größtentheils ab und bringt es dann zur Darstellung von Darrmalz auf die Malzdarre. Doch geschieht es auch wohl häufig, daß man selbst das Luftmalz, um es recht vollständig zu trocknen, noch eine kurze Zeit auf die nur sehr wenig warme Darre bringt. Nachdem nun das Luftmalz auf irgend eine Weise hinlänglich getrocknet worden ist, wird es durch Treten mit Holzschuhen sogleich von den Keimen befreit, die etwa noch nicht während des Trocknens und Umschaufelns abgefallen sind. Durch mit Windflügeln versehene bekannte Reinigungsmaschinen oder schrägstehende Siebflächen schafft man die abgetretenen und abgefallenen Keime fort, und hebt das Luftmalz dann auf einem luftigen Boden in Haufen geschüttet auf, wobei man es von Zeit zu Zeit wie das Getreide umstechen muß. Damit das Malz, beim Trocknen sowohl, als auch beim Aufbewahren, nicht durch Sperlinge und andere Vögel verunreinigt werde, müssen die Luken des Bodens, welche man besonders während des Trocknens offen halten muß, mit Holz- oder Drahtgittern versehen seyn.

Im Allgemeinen wird aber nur wenig Luftmalz benutzt; das meiste Malz wird, ehe es zum Bierbrauen angewandt wird, noch einer andern wichtigen Operation, nemlich dem Darren, unterworfen. Das Darren (Dörren) besteht in einer gelinden Röstung des Malzes, durch welche eine für den Brauproceß sehr wünschenswerthe chemische Veränderung in dem Malze bewirkt wird; es wird auf der sogenannten Malzdarre ausgeführt.

Die Einrichtung einer Malzdarre ist im Allgemeinen aus Fig. 1. zu ersehen: Vier Mauern von ohngefähr 3 Fuß Höhe schließen einen länglich viereckigen Raum ein, der mit einer auf eisernen Querlagern und Pfeilern ruhenden Platte von durchlöcherten Eisen- oder Kupferblech (a) bedeckt ist. Dadurch wird eine Art niedriger Kammer gebildet. Auf die durchlöcherte Platte schüttet man das zuvor möglichst lufttrockene Malz, und heizt dann das Innere der Kammer durch irgend eine zweckmäßige Vorrichtung. Die erwärmte Luft steigt vermöge ihres geringern specifischen Gewichts in die Höhe, geht durch die Oeffnungen der Platte und das darauf liegende Malz, und entzieht diesem so die Feuchtigkeit. Es ergiebt sich von selbst, daß die Löcher der Platten nicht so groß seyn dürfen, daß die Malzkörner durch dieselben fallen können. Anstatt dieser durchlöcherten Platten wendet man jetzt fast allgemein Platten an, die aus ziemlich dicht neben einander liegenden starken Drahtstäben bestehen (Fig. 1. b.) (Drahtdarren). Die älteren Darren sind gewöhnlich überbaut; es sind nemlich die Seitenmauern über der Darrplatte noch höher (ohngefähr 6. Fuß) aufgeführt, und über die so entstehende Kammer eine Decke von Holz oder Stein gelegt, in deren Mitte zum Entweichen der mit Feuchtigkeit gesättigten Luft eine Oeffnung gelassen wird. Durch eine Seitenthür, die dicht über der Darrplatte sich befindet, wird das Malz auf die Darre und von der Darre gebracht. (Fig. 2. zeigt den Durchschnitt einer so eingerichteten Darre, a die Thür zum Ein- und Ausbringen des Malzes, b die Oeffnung zum Entweichen der mit Feuchtigkeit gesättigten Luft.)

Man sieht sogleich ein, daß der wichtigste Theil der Malzdarre die Heizung derselben ist. Diese muß nemlich so angelegt seyn, daß jede Stelle der Darrplatte durch dieselbe gleich stark erwärmt wird, ferner muß durch dieselbe die Temperatur gemäßigt und verstärkt werden können, und endlich soll sie diese Bedingungen mit dem möglichst geringen Aufwand an Feuermaterial erfüllen.

Die gebräuchlichste Heizung ist diejenige, bei welcher in der unter der Darre befindlichen Etage ein mäßig großer, mit Rosten und Aschenfall versehener, kuppelförmig gewölbter Feuerraum angebracht ist, aus welchem die durch den Rost eingetretene und von dem Feuer erhitzte Luft u. s. w., mit einem Worte der Rauch, in einem Canal unter die Darre geleitet wird. Dieser Canal mündet in den Schornstein.

Fig. 1 und 3 erläutern eine solche Canalheizung; c der Eingang des Rauches von der Feuerung unter die Darre, d der Ausgang in den Schornstein, eee in Fig. 3 zeigt nach hinweggenommener Darrplatte den Lauf des Canals von oben herabgesehen. In den meisten Brauereien und in den Branntweinbrennereien kann der Heizcanal mit der Feuerung der Braupfanne, des Dampfkessels oder der Blase in Verbindung gesetzt werden, wodurch man zuweilen die besondere Heizung der Darre erspart; es muß indeß für vorkommende Fälle bei jeder Darre auch ein besonderer Feuerraum vorhanden seyn. Wird die Darre nicht benutzt, so muß natürlich der von der Braupfanne, dem Dampfkessel u. s. w. abziehende Rauch sofort in den Schornstein geleitet werden; man verschließt dann den von der Pfanne oder dem Kessel in den Canal der Darre führenden Canal mit einem Schieber; eben so wird natürlich der von der besondern Heizung führende Canal durch einen Schieber geschlossen, wenn man die Darre durch die Feuerung der Pfanne oder des Kessels heizen will, und es muß dann auch der von dieser direct in den Schornstein führende Canal geschlossen werden. Fig. 1 wird das Gesagte erläutern; f der von der Darrheizung ausgehende Canal, g der von der Kessel- oder Blasenfeuerung kommende Canal, h der von diesen Feuerungen in den Schornstein gehende Canal. Wird f benutzt (also die Darre direct geheizt), so bleibt g durch einen Schieber geschlossen; wird g benutzt, so sperrt man f und h durch Schieber. Durch zweckmäßige Regulirung dieser Schieber wird es auch möglich, die Temperatur der Darre auf einem gewünschten Punkte zu erhalten.

Die unter der Darre laufenden Heizcanäle hat man aus verschiedenen Materialien angefertigt und von verschiedener Gestalt. Die älteren sind viereckig, von Dachsteinen oder Fließen erbaut, und darauf ist ein Dach von Dachsteinen gesetzt (Fig. 4. a.). Dies letztere ist nothwendig, damit die durch die Oeffnungen der Darrplatte fallenden Malzkeime nicht auf dem heißen Canale liegen bleiben und sich ent=

zünden können. Jetzt nimmt man die Heizcanäle aber gewöhnlich von Gußeisen oder von starkem Eisenblech und man giebt ihnen die Form b oder häufiger c Fig. 4.

Noch sind an einer Canaldarre die Oeffnungen i, i.... Fig. 1, 2 und 3 zu betrachten. Sie dienen dazu, die atmosphärische Luft eintreten zu lassen, welche dann erwärmt durch die Oeffnungen der Darrplatte und durch das Malz geht; mittelst Schieber oder vorliegender Steine läßt sich leicht der Luftzug reguliren. k ist die Thür, durch welche man in das Innere der Darre gelangt, wenn die Keime herausgeschafft und die Canäle gereinigt werden sollen.

Es ist einleuchtend, daß der Heizcanal da, wo der Rauch in denselben tritt, am stärksten erwärmt werden wird, und daß da, wo er in den Schornstein mündet, die Wärme am schwächsten seyn wird. Theils um die zu starke Erhitzung der erstgenannten Strecke und dadurch leicht mögliche Feuersgefahr zu beseitigen, theils um für die letztere Strecke Wärme aufzusparen, muß man den Anfang des Canals entweder ganz von Fließen oder Steinen, oder überhaupt von einem schlechteren Wärmeleiter erbauen, oder wenn er doch von Gußeisen oder Eisenblech genommen werden soll, muß man den obern Theil mit Lehm und Dachziegeln bedecken. Weil sich in einem so langen Canale sehr bald viel loser Ruß an die Wände absetzt, welcher als schlechter Wärmeleiter der Wärme den Durchgang nur schwierig gestattet, so muß zur Ersparniß an Brennmaterial auch zur Verhütung von Feuersgefahr eine recht häufige Reinigung vorgenommen werden, zu deren leichter Ausführbarkeit sich an geeigneten Stellen des Canals mit Lehm zu verklebende Thüren befinden müssen.

Ich kann im Interesse des Lesers nicht unterlassen, aus Prechtls technologischer Encyclopädie die Beschreibung und Abbildung einer Malzdarre zu liefern, die sich im Wesentlichen von der angegebenen nicht unterscheidet, welche aber im Betreff der Lage der einzelnen Theile namentlich für größere Brauereien zum Muster genommen werden kann.

Die Fig. 5, 6, 7 zeigen die Einrichtung derselben. Fig. 5 ist der Grundriß, Fig. 6 der senkrechte Durchschnitt, Fig. 7 der horizontale Durchschnitt in der Ebene der Darrplatte. Dieselben Buchstaben bezeichnen die nämlichen Theile. In der Mitte auf einem 4 Fuß hohen Mauerwerk, in welchem der Aschenfall für den Rost sich befindet, ruht ein gußeiserner, kuppelförmiger Ofen, in welchem das Feuer brennt, und aus welchem der Rauch durch zwei gleichmäßig vertheilte Röhren in den Rauchfang tritt. Dieser Ofen ist mit vier Pfeilern umgeben, auf welchen eine Steinplatte ruht. a ist der Rost, der 9 Zoll tiefer liegt, als die Sohle des Ofens b; c, c, c, c, sind die vier 9 Zoll starken Pfeiler aus Ziegeln, welche die Deckplatte m tragen; d, d, d, d, d, d, sind 9 Zoll starke Pfeiler aus Ziegeln, welche die Trag- und Querstangen tragen, auf denen die Darrplatte liegt; e bezeichnet die Gewölbebogen auf jeder der vier Seiten des Ofens, durch welche der unter der Platte zu erhitzende Raum in der Form eines umgekehrten abgestutzten Kegels eingeengt, auch der Raum unter denselben gewonnen wird; f ist der Raum zwischen dem Ofen und dem Seitengewölbe, in welchem der Arbeiter zur Aufsicht und zur Reinigung des Ofens herumgehen kann; g, g die Mauern auf jeder Seite des Ofens, auf welchen die Seitengewölbe ruhen; h der Raum für den Aschenfall; k die Heizthür des Ofens; l, l Röhrenansätze des Ofens, um daran die beiden Rauchröhren r, r zu befestigen, deren Anordnung die Fig. 7 zeigt. Diese Rauchröhren liegen etwa 3 Fuß unter der Darrplatte und eben so weit von den Seitenwänden: sie werden durch eiserne Träger gehalten, die in dem Seitengewölbe befestigt sind. In Fig. 6 bezeichnet u ihren Durchschnitt: bei s, s (Fig. 7) treten sie in den Rauchfang, der mit zwei Registern versehen ist, um den Zug durch beide Röhren gehörig zu reguliren. m (Fig. 6) ist die Deckplatte, welche dazu dient, daß die Hitze nach auswärts sich verbreite und nicht gegen die Mitte der Darrplatte ansteige, auch damit der von dieser fallende Staub nicht auf den Ofenkörper fallen könne; n, n die Träger von

Eifen oder auch von Holz für die Stangen o, o, auf welchen die Darrplatte p liegt; q die Dunſtröhre in der Mitte des Daches, welche den vom Malze aufſteigenden Dampf fortführt. Der Ofen kann mit Steinkohlen oder Holz geheizt werden. Die Größe dieſer Darre iſt auf 20 Fuß im Gevierte berechnet, ſie kann aber nach Verhältniß vergrößert oder verkleinert werden.

Eine andere Heizungsmethode der Darre wird auf den erſten Anblick der Figur 8 deutlich ſeyn. In der unter der Darre gelegenen Etage befindet ſich ein eiſerner Ofen, der mit einem ſtarken Mantel von Mauerſteinen auf allen vier Seiten umgeben iſt; der Abſtand des Mantels von dem Ofen wird ſo groß genommen, daß man zur Reinigung des letztern bequem um denſelben herumgehen kann. Durch die eine Seite des Mantels geht die Heizöffnung und das den Rauch aus dem Ofen führende Rohr, auf einer andern Seite (die in der Abbildung weggenommen iſt) befindet ſich eine Thür, um zu dem Ofen zu gelangen. Die Decke des Mantels iſt, wie die Abbildung zeigt, durchbrochen, und ſie bildet einen Theil von dem Boden der Darre. Wird nun der Ofen geheizt, ſo wird die, durch unten am Mantel befindliche Oeffnungen einſtrömende Luft erhitzt, und tritt wegen ihres geringeren ſpecifiſchen Gewichts durch die Oeffnungen des Mantels in der Decke unter die Darrplatte; damit aber die abfallenden Keime nicht auf den Ofen fallen können, ſind die Oeffnungen auf gezeichnete Weiſe dachartig bedeckt.

Die Darrplatte kann ohngefähr 6 — 8 Mal ſo viel Oberfläche haben, als die durchbrochene Decke des Mantels, und man kann den Mantel, um die Ausſtrömöffnungen zu vermehren, nach den Seitenwänden der Darre zu, oben erweitern.

Durch dieſe Heizung kann man mit Leichtigkeit dem auf der Darrplatte liegenden Malze die gewünſchte Temperatur geben, und da keine Rauchröhre unter die Darrplatte geht, ſo iſt ſie auch nicht feuergefährlich; man wird aber leicht einſehen, daß man den aus dem Ofen gehenden Rauch zur weitern Benutzung ebenfalls in Röhren unter die Darre leiten und von hier ab erst in den Schornstein treten lassen kann. Der gegründete Vorwurf, welchen man dieser Heizmethode macht, ist der, daß sie ziemlich viel Brennmaterial verzehrt.

Noch ist zu erwähnen, daß in England die hellen Sorten Malz, besonders das zur Ale verwandte, auf Darren gedarrt werden, deren Luft man mittelst Röhren heizt, die unter der Darrplatte liegen und durch welche man Wasserdämpfe leitet. Es muß hierbei Dampf von hoher Spannung angewandt werden. Nach dieser nöthigen Beschreibung verschiedener Malzdarren gehen wir zur Ausführung des Darrprocesses.

Sobald das vollkommen oder doch fast vollkommen lufttrockene Malz auf die Darrplatte geschüttet worden ist, wird die Darre auf irgend eine der angegebenen Arten geheizt, und zwar nur auf eine Temperatur von 25 — 30° R. Diese Temperatur erhält man so lange, bis das Malz ganz ausgetrocknet ist. Um dies recht bald zu erreichen, wird das Malz nur wenige Zoll hoch aufgeschüttet und von Zeit zu Zeit umgeschaufelt, je öfter desto besser. So getrocknet unterscheidet sich das Malz von dem Luftmalze nicht, es ist gelblich-weiß und hat, außer dem Verlust an Wasser, keine chemische Veränderung erlitten; es giebt, wie das an der Luft getrocknete Malz, Weißbier. Je nachdem man aber die Temperatur der Darre steigert, erleidet das Malz eine auch im Aeußern wahrnehmbare chemische Veränderung; es wird nemlich immer dunkler, und liefert bei dem spätern Ausziehen mit Wasser einen mehr oder weniger stark gefärbten Auszug. Die Temperatur also, welche man der Darre geben muß, richtet sich nach der mehr oder weniger dunkeln Farbe, welche man dem Malze und dadurch dem Biere ertheilen will; je höher sie gesteigert wird, desto dunkler wird das Malz.

In der Regel macht man drei Sorten von Darrmalz, **blaßgelbes**, **bernsteingelbes** und **braungelbes**. Das erstere wird erhalten, wenn man die Temperatur der

Darre bis ohngefähr 35⁰ R. erhebt; das zweite, wenn man sie auf 40 — 45⁰; das dritte, wenn man sie auf ohngefähr 50 — 55⁰ kommen läßt; indeß ist hierbei zu bemerken, daß man durch längeres Liegenlassen des Malzes bei einer niederern Temperatur, in vielen Fällen dieselbe Farbe erreichen kann, als durch eine stärkere, kurze Zeit anhaltende Hitze, und ersteres ist weit vorzüglicher. Erhitzt man das Malz über die angegebene Temperatur, so wird es braun, schwarzbraun, und fängt endlich an sich zu verkohlen, es schmeckt dann bitterlich und wird nur ausnahmweise, etwa als Zusatz, benutzt, um recht dunkles Bier darzustellen.

Sobald das Malz die gewünschte Farbe auf der Darre erlangt hat, läßt man das Feuer ausgehen, und beschleunigt durch Oeffnen der Luftlöcher das Abkühlen. Ein großer Theil der Keime ist beim Umschaufeln des Malzes abgerieben und durch die Oeffnungen der Darrplatte gefallen; die noch anhängenden Keime entfernt man nach dem Treten des Malzes durch die früher angegebenen Reinigungsmaschinen; das so gereinigte Malz wird wie Getreide in Haufen geschüttet aufbewahrt.

Will man das Feuer der Darrheizung nicht ausgehen lassen, sondern die Darrplatte sofort mit neu zu barrendem Malz beschütten, so muß man das heiß von der Darre genommene Malz auf einen Boden dünn ausbreiten, und hier erst vollkommen erkalten lassen, ehe man es in Haufen bringt, weil heiß aufgeschüttetes Malz sich bis zur Selbstentzündung erhitzen kann oder sich doch im Innern des Haufens verkohlt *).

Die chemischen Veränderungen, welche das Malz durch das Darren erlitten hat, sind die folgenden. Es hat sich durch die erhöhte Temperatur ein Theil des Stärkemehls in Stärkegummi umgewandelt (siehe Seite 4, 10.); es ist etwas

---

*) Diese große Erhitzung geschieht durch das Aufsaugen des Wassergases der atmosphärischen Luft, wobei die Wärme, welche diesem die Gasgestalt gab, frei wird.

Zucker gebildet worden, und endlich ist eine geringe Menge eines brenzlichen Aromas entstanden (wie wir ein ähnliches beim Rösten des Kaffees entstehen sehen), dem das Darrmalz seinen eigenthümlichen Geruch und Geschmack verdankt. Die Menge diese Aromas ist zwar um so größer, je dunkler das Malz gedarrt worden ist, indeß verliert es dabei immer mehr von dem **feinen** Geruch und Geschmacke.

Aus dem eben Gesagten geht hervor, daß, wenn man gleiche Gewichtstheile Luftmalz und Darrmalz mit der gleichen Menge Wassers auszieht, von letzterm eine stärkere Würze erhalten wird, weil es mehr auflösliche Stoffe enthält. Ganz dunkelbraun gedarrtes Malz aber giebt eine schwächere Würze, als bräunlich gedarrtes, weil in dem ersteren schon ein Theil der auflöslichen Substanzen eine anfangende Verkohlung erlitten hat und dadurch unauflöslich geworden ist; daher mischt man auch zur Darstellung von braun gefärbten Bieren gelb gedarrtes Malz mit einer sehr geringen Quantität braunen Malzes.

Es ist früher erwähnt (Seite 17.), daß ätherische Oele und manche andere aromatische Stoffe die Gährung langsam vorschreiten machen, dies thut nun auch das Aroma des Darrmalzes; zu den langsam gährenden Lagerbieren nimmt man deshalb fast immer Darrmalz.

In welchem Maaße alle die chemischen Veränderungen bei dem Darren bewirkt worden sind, hängt zwar, wie angegeben, theilsweis von der Höhe der dabei beobachteten Temperatur ab, aber noch mehr von der Dauer des Darrens; je längere Zeit das Malz bei dem Darren einer mäßigern Temperatur ausgesetzt wird, als die ist, durch welche es seine Farbe erlangt, desto mehr haben sich auflösliche Substanzen in demselben gebildet, und man kann, wie schon erwähnt, bei den hellen Farben durch **länger anhaltende niedere Temperatur** eine etwas dunklere Färbung erhalten.

So einfach der ganze Proceß des Darrens ist, und so gewiß man ein Mislingen nicht zu befürchten hat, wenn man, wie ich angegeben habe, verfährt, so will ich doch noch einige Vorsichtsmaßregeln anführen, aus deren Unterlassung bedeutender Nachtheil entstehen kann. Man bringt, wie angeführt, das Malz am besten so lufttrocken als möglich auf die Darre. Zur Zeit des Winters aber ist es gewöhnlich unmöglich, das Malz an der Luft zu trocknen, man muß es dann, nachdem es gehörig gekeimt hat und oberflächlich abgeschwelcht worden, noch ganz feucht auf die Darre bringen. In diesem Falle nun halte man im Anfange die Temperatur recht niedrig und beschleunige das Trocknen durch recht oft wiederholtes Umschaufeln. Erhöht man die Temperatur zu schnell, so entsteht aus dem feuchten Mehlkörper eine kleisterartige Masse, welche nach dem Trocknen hornartig wird; dergleichen hornartig gewordene Malzkörner widerstehen aber selbst nach dem Schroten der Einwirkung der Auflösungsmittel; sie sind für den Brauproceß verloren, denn man findet sie unverändert unter den Trebern auf. Oder wenn auch nicht die ganze Masse der Körner hornartig wird, so trocknet doch bei zu schnell erhöhter Temperatur die Oberfläche der Körner völlig aus, während das Innere noch feucht ist. Die so gebildete harte Schale verhindert aber das Entweichen des Wassers aus dem Innern, wenn sie nicht durch die Dämpfe zersprengt wird.

Da die obere Schicht des auf der Darre liegenden Malzes durch die Luft abgekühlt wird, so muß man, um gleichförmiges Malz zu erzielen, dasselbe fleißig wenden.

Auch bei einer noch so zweckmäßig angelegten Heizung der Darre, finden sich auf derselben doch häufig verschieden warme Stellen, und dies ist um so mehr der Fall, je weniger gut die Heizung angelegt ist. Zur Gewinnung eines gleich gefärbten Malzes muß man die stärker warmen Stellen der Darre etwas höher mit Malz beschütten, damit durch Verschließung der Oeffnungen der Darrplatte der Zug der warmen Luft nach dieser Gegend hin gemäßigt werde; auf die kälteren Stellen der Darre bringt man, um den entgegengesetzten Zweck zu erreichen, das Malz in einer dünneren Schicht. Wird das Malz auf einer wärmern Stelle früher fertig, so nimmt man es natürlich auch früher von der Darre, bedeckt aber den leergewordenen Raum sofort wieder mit Malz, weil sonst die erwärmte Luft fast alle nach dieser offenen Stelle sich ziehen würde.

Die Eigenschaften eines guten Malzes müssen die folgenden seyn:

> Es muß auf dem Wasser schwimmen.
>
> Es muß leicht zerbrechlich, auf dem Bauche weiß oder gelblich und mehlig, durchaus nicht hornartig seyn.
>
> Es muß einen angenehm süßen, eigenthümlich gewürzhaften Geruch und Geschmack besitzen *).

Eine Quantität von 100 Pfund Gerste giebt ohngefähr 80 Pfund trocknes Malz. Etwa zwölf Procent des Verlustes bestehen aus Feuchtigkeit, welche das lufttrockne Getreide enthält, und die auch ohne Malzen durch bloßes Trocknen sich entfernen läßt; 1½ Procent feste Stoffe hat das Weichwasser ausgezogen, die übrigen 6½ Procent Verlust sind durch die abgefallenen Keime, durch den Kohlenstoff, welcher beim Wachsen als Kohlensäure weggegangen ist, und durch das Entfernen der tauben Körner verursacht.

Während sich aber das Gewicht verringert hat, hat sich das Volumen vergrößert. Von 100 Scheffeln guter Gerste kann man bei recht vorsichtigem Arbeiten hundert und einige Scheffel Malz erlangen.

B. Von der Darstellung der Würze.

Die zweite Hauptabtheilung des Brauprocesses umschließt die Darstellung der Würze, das heißt die Darstellung eines möglichst zuckerreichen Auszuges aus dem Malze.

---

*) Das äußere Ansehn eines sehr vorsichtig behandelten Malzes weicht von dem der Gerste gar nicht ab; ich habe englisches Malz gesehen, das von der Gerste nicht zu unterscheiden war. In England verwendet man aber auf das Keimen 10 — 20 Tage Zeit.

Zur Erleichterung der Uebersicht kann man in dieser Abtheilung die folgenden Operationen unterscheiden:
1) Das Schroten des Malzes.
2) Das Einteigen und Einmeischen.
3) Das Kochen und Hopfen der Würze.

1) Vom Schroten des Malzes.

Die Schale des Malzes, so wie die Cohäsion der mehligen Theile desselben, würde der Einwirkung des auflösenden Wassers sehr hinderlich seyn. Das Malz muß deshalb zerkleinert, es muß geschroten, in Malzschrot verwandelt werden. Dies geschieht gewöhnlich auf einer Mahlmühle. Da in dem Maaße, als das Malz mehr zerkleinert wird, die Berührungspunkte mit dem Auflösungsmittel vermehrt werden, so könnte es scheinen, als sey eine Verwandlung des Malzes in Mehl sehr zweckmäßig. Dies ist aber nicht der Fall, denn obgleich das erst Gesagte richtig ist, so werden doch durch zu starke Zerkleinerung überwiegende Nachtheile herbeigeführt, die wir bei der Operation des Einteigens und Einmaischens näher werden kennen lernen. Es setzt sich nemlich in dem Meischbottig, wenn das Malz sehr fein geschroten worden, die auszuziehende Masse zu fest auf den Boden des Bottichs, sie läßt sich fast gar nicht bearbeiten und die Würze läuft sehr schwer durch dieselbe hindurch. Wollte man, um diese Uebelstände zu vermeiden, das Malz sehr grob schroten, so würde das Wasser die Stücken nicht vollständig durchdringen, es würde eine verhältnißmäßig schwache Würze erhalten werden.

Um das Festsetzen des Malzes in dem Meischbottich zu verhüten, sorgt man daher dafür, daß nur der mehlige Kern desselben, welcher doch allein die auflöslichen Substanzen enthält, recht vollständig zerkleinert oder in Mehl verwandelt werde, daß aber die Hülsen, welche nichts Auflösliches enthalten, möglichst wenig zerrissen werden; diese letzteren halten dann die ganze Masse im lockern Zustande.

Um diesen Zweck zu erreichen, macht man die schon an sich ziemlich zähe, und nur durch das Darren etwas zerbrechlicher gewordene Hülse durch Anfeuchten mit etwas Wasser noch zäher. Man nennt dies Anfeuchten des Malzes das Einsprengen oder Netzen. Es wird hierzu das Malz in einen langen schmalen Haufen gebracht. Zwei Personen, welche zu beiden Seiten desselben stehen, schaufeln das Malz vor sich hin, während eine dritte dasselbe mit Wasser besprengt. Das Umschaufeln wird zur gleichmäßigen Anfeuchtung noch ein paar Mal wiederholt, und dann der Haufen in Ruhe gelassen, bis die Feuchtigkeit vollständig aufgesogen worden ist. So genetztes Malz muß recht bald verarbeitet werden, weil es, besonders in Säcke gefüllt, leicht dumpfig wird und schimmelt. Die Menge des zum Einsprengen zu verwendenden Wassers läßt sich nicht genau angeben, indeß kann man auf 100 Pfund $2\frac{1}{2}$ — 5 Pfund (1 — 2 Quart) Wasser rechnen. Luftmalz bedarf viel weniger Wasser als Darrmalz, weil letzteres trockner ist; und überhaupt bringt zu wenig netzen nie wesentlichen Nachtheil, während zu stark genetztes Malz auf der Mühle schmierig werden kann. Das Einsprengen muß wenigstens 12 Stunden vor dem Schroten geschehen, damit die Feuchtigkeit recht vollständig vom Kerne aufgesogen werde. Sollte aus Versehen das Malz zu stark genetzt worden seyn, so muß man es vor dem Schroten dünn ausbreiten und etwas abtrocknen lassen. Außer dem Vortheile des Zäherwerdens der Hülse bringt das Netzen noch den Vortheil, daß bei dem Schroten vom Malze nichts verstäubt.

Das Schroten wird, wie schon erwähnt, gewöhnlich in den Mahlmühlen von den Müllern ausgeführt, und aus diesem Grunde häufig ganz nachlässig betrieben, und doch ist es ausgemacht, daß das best bereitete Malz durch Schroten verdorben werden kann. Geht nemlich das Schroten zu langsam von Statten, so erhitzt sich das Malz und bildet schmierige Klumpen, die sich im Wasser nicht zertheilen. Die Steine müssen zum Schroten deshalb sehr scharf seyn, und der Gang muß in einer Stunde wenigstens ¾ Wispel Schrot liefern.

Weit zweckmäßiger, als zwischen den Steinen, zerquetscht man das Malz zwischen zwei eisernen Walzen, und eine solche Quetschmaschine läßt sich mit geringen Kosten leicht in jeder Mühle anbringen, am besten in dem obern Theile, von dem aus man die Rumpfe der Gänge füllt. Fig. 9, 10, 11 zeigen die Einrichtung einer solchen Malzquetschmaschine nach Prechtls technologischer Encyclopädie. A ist der Trichter, durch welchen das Malz aus dem Malzboden in den Mühlentrichter ab herabgelassen wird (wenn nemlich die Schrotemaschine in dem Lokale des Brauers selbst befindlich ist, in der Mühle fällt dieser Trichter natürlich weg), von wo es nach und nach zwischen die Walzen BD gelangt. Diese Walzen sind von Eisen, vollkommen cylindrisch, und ihre Achsen ruhen in Zapfenlagern von Messing, die in eisernen Rahmen befindlich sind. Eine Schraube E geht durch das eine Seitenstück eines jeden Rahmens, und dient, die Zapfenlager vorwärts zu schieben, also die Walzen einander näher zu bringen. G ist die Welle, durch welche eine der Walzen ihre Umdrehung erhält, die andre erhält ihre Umdrehung durch ein paar Zahnräder H, welche an dem andern Ende der Achsen der Walzen angebracht sind. d ist ein kleiner Hebel, welcher zwischen die Zähne des einen der Zahnräder greift, und daher durch dieses Rad bei seiner Umdrehung abwechselnd gehoben wird. Dieser Hebel befindet sich an dem einen Ende einer Welle, welche durch das hölzerne Gestelle geht: in der Mitte dieser Welle ist ein Hebel c (Fig. 11.) angebracht, welcher den beweglichen Trog b trägt, der unter der Oeffnung des Trichters a hängt. Dadurch wird dieser Trog b immer geschüttelt, so daß das Malz ordentlich aus dem Trichter a zwischen die Walzen fällt. e (Fig. 10.) ist ein Schabeisen von Eisenblech, welches gegen die Oberfläche der Walzen durch ein Gewicht gedrückt wird, um die zerquetschten Körner, welche sich an die Walzen anhängen, zu entfernen.

Wird die Quetschmaschine im oberen Theile einer Mühle angebracht, so läßt man das zerquetschte Malz unter den Walzen in einen hölzernen Trichter fallen, der sich als ein viereckiger hölzerner Schlauch im untern Theile der Mühle endet; an diesen hängt man die Säcke zum Auffangen des Schrotes und vermeidet so allen Verlust. Ueber den Walzen kann ein auf leichte Weise in zitternde Bewegung zu versetzendes Drahtsieb angebracht seyn, auf welches die Körner aus dem Rumpfe fallen; man vermeidet dadurch, daß Steine zwischen die Walzen kommen können. Wenn die Maschine recht gut wirken soll, müssen die Walzen eine bedeutende Umdrehungsgeschwindigkeit erhalten; man bringt deshalb an der verlängerten Achse der einen Walze eine Scheibe an und läßt über diese einen Laufriemen gehen, der mit einer andern Scheibe an der Mühlradwelle oder an der Welle eines Göpelwerkes in Verbindung steht; so vorgerichtet liefert die Maschine in der Stunde über einen Wispel Schrot, ohne es bedeutend zu erhitzen.

Der Vorzüge, welche eine solche Quetschmaschine gewährt, sind mehrere recht wichtige, nemlich die folgenden: Das Malz kann sich auf derselben nicht sehr erhitzen (wegen der guten Wärmeleitung der eisernen Walzen), der Mehlkörper wird vollkommen zerquetscht, die Hülse aber nur einige Mal gespalten; diese hält deshalb das Schrot beim Meischen locker. Das zu schrotende Malz braucht nicht genetzt zu werden, was in einigen Ländern eine Ersparniß an Steuer zur Folge hat, nemlich da, wo das Malz in dem genetzten Zustande nach dem Gewichte versteuert wird (so z. B. in Preußen). Wegen der vollkommenen Zertheilung des Mehlkörpers zieht man von so gequetschtem Malze eine etwas stärkere Würze.

Das trocken gequetschte Malz läßt man vor der weitern Benutzung einige Tage stehen, es zieht begierig Feuchtigkeit aus der Luft und nimmt dann das Auflösungsmittel das Wasser leichter an.

2) Von dem Einteigen und Einmeischen.

Wenn schon durch das Keimen des Getreides und durch das Darren ein nicht unbeträchtlicher Theil von dem Stärkemehl desselben in Gummi und Zucker umgewandelt worden ist, so enthält doch das Malz noch immer eine sehr bedeutende Menge Stärkemehl in unverändertem Zustande; diese durch die Diastase noch möglichst vollständig in Zucker umzuändern, ist der Zweck der nun zunächst folgenden Arbeiten, des Einteigens und Einmeischens. Während aber die bei der Darstellung des Malzes vorkommenden Operationen in allen Brauereien im Wesentlichen ganz gleich ausgeführt werden, herrscht bei der Operation des Meischens eine große Verschiedenheit hinsichtlich ihrer Ausführung, und von dieser hängt die Beschaffenheit des Bieres gar sehr ab. Um die Vorzüge oder Nachtheile der einen oder andern Meischmethode richtig beurtheilen zu können, muß der Leser sich ins Gedächtniß zurückrufen, was ich S. 5. über die Umwandlung des Stärkemehls in Zucker gesagt habe, daß nemlich diese Umwandlung nur innerhalb bestimmter Temperaturen recht vollkommen vor sich gehe, etwa zwischen 48—58° R.

Wollte man daher das Malzschrot mit kälterem Wasser behandeln, so würde kein Zucker entstehen, sondern nur der Zucker und das Gummi ausgezogen werden, welche beim Keimen und Darren gebildet worden sind, es würde nur eine sehr schwache Würze erhalten werden. Wollte man im Gegentheil das Schrot sogleich mit Wasser von höherer Temperatur behandeln, so würde ebenfalls keine Zuckerbildung vor sich gehen; es würde die Würze das Stärkemehl in unverändertem Zustande enthalten, was schnelle Säuerung derselben nach sich zieht. Das Meischen kann also definirt werden als ein längeres Behandeln des Malzschrotes mit Wasser bei der zur Zuckerbildung erforderlichen Temperatur. Ist einmal die Zuckerbildung erfolgt, so schadet nachher ein stärkeres Erhitzen der Meische nicht, man erhält dadurch eine recht klare Würze.

Zwei Arten des Meischverfahrens unterscheiden sich sehr wesentlich von einander, nemlich das Verfahren, bei welchem in dem sogenannten Meischbottiche gemeischt wird, und das, bei welchem man in der Braupfanne oder in dem Kessel einmeischt. Das erste Verfahren wird in den meisten Ländern, so namentlich in England, angewendet; das zweite kann man das baiersche Verfahren nennen, weil es in Baiern das gebräuchlichste ist; es hat sich mit den sogenannten baierschen Bieren jetzt sehr verbreitet.

Das Meischen im Meischbottiche soll uns zuerst beschäftigen. Der Meischbottich ist ein runder, etwa 4 Fuß hoher Bottich, oben und unten gleich weit, oder nach unten sich ein wenig erweiternd. Vor der Operation des Meischens wird der Boden desselben mit recht reinem langen Roggenstroh bedeckt, darüber legt man 3 — 4 dünne Latten, und auf diese einen zweiten Boden, den sogenannten falschen Boden, Sieb- oder Seihboden, der siebartig durchlöchert ist und aus 5 — 7 Stücken zusammengesetzt werden kann. Die Entfernung des Siebbodens von dem Boden des Bottichs kann 3 — 4 Zoll betragen; an die Wände des Bottichs muß er recht genau anschließen, und damit er nach Einfüllen des Wassers in den Bottich nicht schwimmen kann, wird er durch darüber gelegte und an den Dauben des Bottichs befestigte Latten, die sogenannten Spannstöcke, festgehalten. Zwischen dem Siebboden und dem wirklichen Boden befindet sich dicht über dem letztern ein großer Hahn zum Ablassen der Würze aus dem Bottiche in eine unter dem Hahne in die Erde gegrabene Cisterne von Stein oder Holz, den Unterstock, Würzstock oder Würzbrunnen, aus welchem die Würze in die Pfanne gebracht wird. Man wendet auch zum Ablassen der Würze einen Pfaffen an, ähnlich dem bei dem Einquellen des Malzes beschriebenen, aber nicht von Kupfer und siebartig durchlöchert, sondern einen hölzernen, aus Brettern zusammengefügten, etwa 1 Fuß im Quadrate weit; dieser tritt bis auf den untern Boden, ist unten etwas ausgeschnitten und wird dort besonders dicht mit Stroh umlegt. Innerhalb dieses Pfaffens befindet sich das etwa 2 Zoll weite Bohrloch im Boden des Bottichs, durch welches der über den Pfaffen hervorragende Zapfen gesteckt wird. Fig. 12 zeigt, von oben herabgesehen, den mit Stroh belegten Boden des Bottichs und die darüber gelegten Latten, auch den Pfaffen, Fig. 13 den Bottich mit eingelegten und durch die Spannstöcke festgehaltenen Seihboden; Fig. 14. a und b zeigt, wie die Spannstöcke an den Dauben des Bottichs befestigt werden können.

Während der Meischbottich auf angegebene Weise vorgerichtet worden ist, hat man die Braupfanne mit Wasser gespeist und dasselbe durch starkes Feuer erwärmt. Sobald es die Temperatur von 45 — 50° R. im Winter, oder von 35 — 45° R. im Sommer, erlangt hat, läßt man davon mittelst einer Rinne, durch den Pfaffen, wenn dieser vorhanden, in den Meischbottich so viel laufen, daß es einige Zoll über den Seihboden steht. Dann schüttet ein Mann das schon in Säcken bereit stehende Malzschrot nach und nach in den Meischbottich, während andere Arbeiter dasselbe sofort mit Rührhölzern, Meischhölzern, Fig. 15. a. b, in dem Wasser vertheilen. Die Menge des Wassers, welche man in den Meischbottich gebracht hat, muß so viel betragen, daß nach dem Einschütten des Schrotes ein dicker Brei entsteht; sie richtet sich bei ein und demselben Bottiche natürlich nach der Menge des einzumeischenden Malzes, muß aber für jeden Meischbottich durch Versuche gefunden werden, weil die Größe des Abstandes des Seihbodens von dem wirklichen Boden nicht gleich ist *). Sobald alles Malzschrot

---

*) In Althaldensleben waren zum Einteigen von 70 Scheffeln Schrot 25 Tonnen, von 60 Scheffeln 22 Tonnen, von 30 Scheffeln 12 Tonnen Wasser nöthig. Man sieht, daß die Zahlen der Tonnen in einem andern Verhältniß zu einander stehen, als die Zahlen der Scheffel; die Menge des zum Einteigen nöthigen Wassers wird nemlich verhältnißmäßig größer, je weniger Schrot im Bottiche befindlich ist. Man sieht leicht ein, daß die Ursache davon der sich gleichbleibende Raum zwischen dem Siebboden und dem wirklichen Boden ist; ich

eingeschüttet ist, wird die Masse mit den erwähnten Meisch=
hölzern und Rührhölzern eine halbe Stunde recht tüchtig
durchgearbeitet. Zur Erleichterung der Arbeiten sind um
den Bottich Bänke angebracht, auf welche sich die Arbei=
ter, deren man nicht zu viele nehmen kann, stellen. Sobald
diese Arbeit, welche man das Einteigen nennt, beendet ist,
deckt man den Bottich zu und läßt die Masse in Ruhe, bis
das Wasser in der Braupfanne, die man nach dem Ablassen
des Einteigwassers wieder gefüllt hat, bis zum Sieden er=
hitzt ist; dies ist gewöhnlich nach einer oder einer und einer
halben Stunde der Fall.

Die Operation des Einteigens hat den Zweck, das Malz=
schrot vollständig mit Wasser zu benetzen; es dürfen nach
Beendigung derselben in der Masse keine Klumpen vorhan=
den seyn, in deren Mitte sich trocknes Malz befindet.
Chemische Veränderungen gehen dabei im Malze nicht vor.
Wollte man das Schrot, ohne es einzuteigen, sogleich mit
Wasser von höherer Temperatur behandeln, so würden sich
kleisterartige Massen bilden, die sich nur sehr schwierig oder
gar nicht zertheilen lassen. Das Wasser muß im Winter
zum Einteigen deshalb wärmer genommen werden, als im

---

nenne diesen Raum gewöhnlich den schädlichen Raum, und wegen
ihm allein kann ich das Meischen im Seihbottiche nicht so sehr empfehlen, als ich es sonst würde. Aus der angegebenen Anzahl der
Tonnen für die verschiedenen Mengen Malz ersieht man, daß der
schädliche Raum in dem Meischbottiche 2 Tonnen Wasser wegnahm;
denn 23, 20, 10 stehen in demselben Verhältniß zu einander, als
70, 60 und 30, so daß also 3 Scheffel Malz zum Einteigen immer
1 Tonne Wasser nöthig haben. Hiernach erhalten also 10 Scheffel
Malz $3\frac{1}{3}$ Tonnen Einteigwasser, wegen des schädlichen Raumes
muß man aber über 5 Tonnen nehmen; nun denke man sich den
Unterschied zwischen 25 Tonnen auf 70 Scheffel und $5\frac{1}{3}$ Tonnen
auf 10 Scheffel. Wo man daher im Seihbottiche meischt und sehr
verschieden große Gebräue darstellt, muß man einen größern und
einen kleinern Seihbottich haben, wenn man nicht Gefahr laufen
will, trübes Bier bei kleinen Gebräuen oder bei leichtern Bieren
zu erhalten.

Sommer, weil in der erstern Jahreszeit der Bottich eine größere Menge Wärme absorbirt. Luftmalz wird gewöhnlich etwas kälter eingeteigt, als Darrmalz, aus Gründen, die ich bald angeben werde. Zum Einteigen wähle man ein reines weiches Wasser; ist man genöthigt, Brunnenwasser anzuwenden, so erhalte man es längere Zeit hindurch in der Pfanne in einer erhöhten Temperatur, oder koche es, was noch zweckmäßiger ist, zuvor auf, um möglichst vollständig die erdigen Salze zu entfernen; zu dem Einteigen muß es sich natürlich wieder auf die erforderliche Temperatur abgekühlt haben.

Sobald das Wasser in der Pfanne den Siedepunkt erreicht, und bei Anwendung von Brunnenwasser einige Zeit gekocht hat, setzt man ein paar Eimer kaltes Wasser hinzu, um das Sieden und die dadurch bewirkte Dampfbildung aufhören zu machen. Von dem so abgeschreckten Wasser, welches in der Regel eine Temperatur von 78 — 79° R. zeigt, giebt man nun die erforderliche Menge, am besten durch den Pfaffen von unten herauf zu dem eingeteigten Schrote, unter fortwährendem und anhaltendem Durcharbeiten mit den früher angeführten Meisch- und Rührhölzern. Diese Operation wird das Einmeischen genannt; nach ihrer Beendigung deckt man den Meischbottich zu.

Da das Einmeischen die S. 5. erwähnte Umänderung des Stärkemehls in Gummi und Zucker durch die Diastase bewirken soll, so muß nach dem Zugeben des Wassers zum geteigten Schrote die Masse diejenige Temperatur besitzen, bei welcher diese Umänderung am schnellsten und vollständigsten vor sich geht, also eine Temperatur von 48 — 60° R.; hiernach richtet sich also mit die Menge des zum Meischen zu verwendenden Wassers.

Die Umwandlung des Stärkemehls in Zucker durch die Diastase erfolgt aber nicht plötzlich, sondern es ist eine gewisse Zeit dazu erforderlich, daher muß man die Masse nothwendig einige Zeit stehen lassen. Läßt man aber Zucker, Stärkemehl und stickstoffhaltige Substanzen enthaltende Massen in heißem Zustande längere Zeit der Luft ausgesetzt stehen, so werden sie sauer, es bildet sich in ihnen Essigsäure oder wahrscheinlicher Milchsäure. Eine solche Masse ist die Meische, und auch sie wird deshalb nach längerm Stehen sauer, treber= oder seihsauer. Man hat daher zwei Klippen zu vermeiden; wollte man nemlich, um Säuerung zu verhüten, die Meische nur kurze Zeit stehen lassen, so würde sich nur wenig Zucker gebildet haben, man würde eine schwache Würze ziehen; wollte man aber, um der Zuckerbildung recht viel Zeit zu lassen, die Meische lange stehen lassen, so würde sie seihsauer, und man zöge eine Würze, die kein haltbares Bier liefern kann. Es hängt aber von verschiedenen Umständen ab, wie lange die Meische im Meischbottiche bleiben kann, ohne daß sie säuert. Arbeitet man mit stark braunem Malze, so ist die Meische weit weniger zum Sauerwerden geneigt, als wenn man Luftmalz zu Weißbieren verarbeitet, weil das erste brenzliches Oel enthält. Dies aromatische brenzliche Oel des Malzes wirkt conservirend, ohngefähr eben so, wie das brenzliche Oel des Rauches conservirend wirkt. Ueberdies bedarf das Darrmalz nicht so lange Zeit zur Zuckerbildung, als das Luftmalz, weil es weniger unverändertes Stärkemehl, als das letztere enthält, weil also nicht so viel Stärkemehl in Zucker umzuwandeln ist.

Sehr schnell wird die Meische seihsauer, wenn die Temperatur der Luft hoch ist, also im Sommer viel eher als im Winter, und dies ist mit die Ursache, weshalb man Lager= bier im Sommer nicht gern braut. Auch scheint ein eigenthümlicher, wahrscheinlich electrischer Zustand der Atmosphäre das Sauerwerden der Meische an gewissen Tagen sehr zu begünstigen.

Da die Säuerung durch den Sauerstoff der atmosphärischen Luft bewirkt wird, so bedeckt man auch wohl, um denselben abzuhalten, nach beendetem Einmeischen, die Meische mit einer Schicht Spreu oder Hecksel.

Die Menge des zum Meischen zu verwendenden Wassers

ist keineswegs gleichgültig. Es ist weit zweckmäßiger, zum ersten Meischen verhältnißmäßig wenig Wasser zu nehmen und einen wiederholten Aufguß zu machen, als die zu verwendende Quantität Wasser auf Einmal auf das Schrot zu geben. Giebt man nemlich nur eben so viel Wasser auf das eingeteigte Schrot, daß die zur Zuckerbildung geeignete Temperatur entsteht, so werden die Substanzen nicht durch eine große Schicht Flüssigkeit von einander getrennt, sie können also besser auf einander einwirken, als im entgegengesetzten Falle, wo die Verdünnung eine kräftige Einwirkung hindert. Auch ist es bekannt, daß concentrirte Auflösungen mancher Stoffe häufig Substanzen auflösen, welche verdünnte Auflösungen derselben Stoffe nicht aufzunehmen fähig sind.

Die Erfahrung hat es hinreichend bestätigt, daß man bei dickem Einmeischen eine klare und eine mehr als nach Verhältniß der Concentration süße Würze erhält, und daß man bei dünnem Einmeischen sehr leicht eine trübe und eine weniger süße Würze zieht.

Die Menge des zum ersten Einmeischen (zum ersten Gusse) zu verwendenden Wassers kann aber hier nicht nach Maaßzahl angegeben werden; sie richtet sich nach der beabsichtigten Stärke und nach der Art des Bieres, ferner darnach, ob die Würze lange oder nicht lange Zeit gekocht werden soll, und ob man von der Maische eine oder zwei Sorten Bier darstellen will.

Will man starkes, den englischen Bieren ähnliches Bier bereiten, so ziehe man eine sehr starke erste Würze, und verwende die spätern Aufgüsse zu Nachbier; will man aber eine einzige Sorte Bier bereiten, so mache man einen stärkern Aufguß, um weniger zum zweiten Aufguß nöthig zu haben; dies letztere muß auch geschehen, wenn man die Meische, wie später gelehrt werden wird, in die Pfanne bringt und kocht.

Ist die Masse beim Einmeischen tüchtig und anhaltend durchgearbeitet worden, und hatte sie die zur Zuckerbildung erforderliche Temperatur, so wird nach einer Stunde die

Zuckerbildung so weit vorgeschritten seyn, als es ohne Säure zu befürchten hier geschehen kann. Die Umänderung des Stärkemehls in Zucker giebt sich dann im Aeußeren der Meische zu erkennen; diese ist nemlich jetzt dünnflüssig geworden, während sie zu Anfang des Meischens kleisterartig dick war; der anfangs fade schleimige Geschmack ist verschwunden und an seine Stelle ein intensiv süßer getreten. Um die Zuckerbildung zu befördern, wird es nicht unzweckmäßig seyn, die Meische während dieser Stunde ein bis zwei Mal umzurühren.

Man öffnet nun den Hahn oder man zieht den Zapfen und läßt den Malzauszug, der Würze oder Werth genannt wird, in den erwähnten Würzbrunnen. Die zuerst ablaufende Würze fängt man in Eimern auf, sie ist trübe und besteht zum Theil aus der zwischen den beiden Böden (im schädlichen Raume) befindlich gewesenen Flüssigkeit; man muß sie so lange in den Bottich zurückgießen, bis sie vollkommen klar abläuft, oder man setzt sie beim zweiten Aufgusse zu. Der Würzbrunnen ist selten oder nie so groß, daß er die sämmtliche ablaufende Würze fassen kann; man bringt diese daher in Brauereien, wo nur ein Kessel oder eine Pfanne vorhanden ist, in einen wohlgereinigten Bottich, entweder durch Ueberschöpfen oder durch eine am Würzbrunnen stehende Druckpumpe. In Brauereien aber, welche zwei Pfannen besitzen, wird die Würze aus dem Würzbrunnen sofort in die eine wohlgereinigte Pfanne gebracht, und dies ist von entschiedenem Vortheil, weil die Würze bei der Temperatur, welche sie besitzt (35 — 45° R.), ungemein leicht zur Säuerung disponirt ist, nicht aber, wenn sie in der Pfanne kocht.

Das in dem Meischbottiche nach Ablaufen der Würze zurückbleibende Schrot enthält begreiflicherweise eine Quantität Würze von derselben Stärke, als die abgelaufene, aufgesogen; der Centner des angewandten Schrotes etwas mehr als eine halbe Tonne (das Schrot von 10 Scheffeln Gerstenmalz ohngefähr $2\frac{2}{5}$ — 3 Tonnen, von 70 Scheffeln also 18⅔ — 21 Tonnen, eine sehr beträchtliche Menge!). Theils um diese zu gewinnen, theils um wo möglich noch einen Antheil Stärkemehl in Zucker umzuändern, wird das Schrot von Neuem mit Wasser übergossen und gemeischt. Die Menge des zum zweiten Aufgusse zu verwendenden Wassers richtet sich nach dem Gehalte der ersten Würze, und darnach, ob man noch einen dritten Aufguß zu machen beabsichtigt. Zeigt die erste Würze ein specifisches Gewicht von 1,060 am Sacharometer (wo dann das Schrot Würze von demselben Gehalt zurückhält), so kann mehr Wasser dazu verwendet werden, als wenn sie nur 1,030 zeigt, vorausgesetzt, daß man nicht im ersteren Falle weniger gießen will, um die zweite dann noch ziemlich starke Würze mit der ersten zum starken Biere zu benutzen, wo man dann stets noch einen dritten Aufguß macht.

Die Temperatur, welche das Wasser zum zweiten Gusse haben soll, wird sehr verschieden angegeben. Glaubt man noch Stärkemehl in Zucker durch das zweite Meischen umändern zu können, so richtet sich die Temperatur des zuzugebenden Wassers begreiflich nach der Temperatur, welche das Schrot im Meischbottiche nach dem Ablassen der ersten Würze besitzt; es muß nemlich beim zweiten Meischen die Masse wieder auf die der Zuckerbildung günstigste Temperatur gebracht werden; sie muß also wieder 48 — 58° R. heiß werden. Zeigt das Schrot eine Temperatur von 45° R., so kann man zum zweiten Meischen Wasser von 65 — 70° R. je nach der Quantität verwenden; zeigte es aber eine Temperatur von 50° R., so dürfte Wasser von höchstens 60 — 65° R. auf dasselbe gebracht werden. Einige Brauer aber glauben nicht, daß man durch heißes zweites Meischen eine stärkere Würze bekomme, wenigstens keine um so viel stärkere Würze, daß der Aufwand an Brennmaterial sich bezahlt mache, und sie erwärmen das Wasser daher nur auf 45 — 50° R.; in diesem Falle kann wegen der zu niederen Temperatur eine bedeutende chemische Veränderung in der Meische nicht mehr erwartet werden, und man gewinnt nur die vom

Schrote aufgesogene Würze, wie wohl kaum bemerkt zu werden brauchte, aber doch nur theilweis; denn angenommen, das Schrot hielte 10 Tonnen Würze von 1,060 spec. Gew. zurück, und es würden 10 Tonnen Wasser zum zweiten Gusse verwandt, so werden nach dem Ziehen des Zapfens wieder 10 Tonnen, aber nur von 1,030 spec. Gew. ablaufen, und 10 Tonnen Würze von 1,030 spec. Gew. bleiben zurück. Es wird also durch auch noch so vielen Aufguß immer nur eine Verdünnung stattfinden, nicht aber eine Erschöpfung. Da aber sehr verdünnte Würzen lange Zeit gekocht werden müssen, um das erforderliche specifische Gewicht zu erlangen, wobei der Aufwand an Brennmaterial bald den Werth derselben übersteigt, und da bei öfterm Aufgießen das Schrot kaum vor Säuerung bewahrt werden kann, so begnügt man sich in der Regel mit zwei Aufgüssen, und nur bei Bereitung sehr starker Biere macht man noch einen dritten, der zu Nachbier verwandt wird *).

Nur zu häufig wird in den Brauereien bei einem schlecht geleiteten zweiten Meischen die vortrefflichste erste Würze verdorben, und aus diesem Grunde möchte ich anrathen, nur die erste Würze zur Darstellung von Lagerbier zu benutzen, die zweite aber zu Schmalbier zu verwenden.

In dem Folgenden will ich eine Anleitung zu einer rationellen Ausführung des zweiten Meischens geben, wodurch man nicht allein die noch mögliche Umwandlung des Stärkemehls in Zucker erreichen, sondern auch die in dem Schrote zurückgehaltene Würze fast vollständig erlangen kann.

Sobald die erste Würze vom Schrote abgelaufen ist, oder

---

*) In Althaldensleben machte man bei gewöhnlichem Biere den zweiten Aufguß, im Sommer wenigstens, mit Wasser von gewöhnlicher Temperatur. Es war dies Verfahren früher wegen eigenthümlicher Steuerverhältnisse eingeführt worden. Bei starken Bieren, wie bei dem Porter, wurde der zweite Aufguß mit Wasser von 50° R. gemacht, und dann noch ein dritter mit kaltem Wasser; die letzten beiden zu Schmalbier oder den letzten zu Covent.

noch besser, wenn sie spärlich zu laufen anfängt *), wird der Zapfen zugeschlagen, und durch Hinzugeben von etwa 70° R. heißen Wassers das im Meischbottiche zurückbleibende Schrot wieder auf die zur Zuckerbildung erforderliche Temperatur gebracht. Dann wird, wie beim ersten Meischen, die Masse tüchtig durchgearbeitet, darauf eine halbe Stunde in Ruhe gelassen. Nun ebnet man die Oberfläche der Masse, stampft diese mit einem runden, an einem Stocke befestigten Brette, vorzüglich am Rande des Bottichs fest ein, und bringt recht vorsichtig, ohne daß die Masse aufgerührt wird, in drei oder vier Portionen getheilt, so viel Wasser darauf, als die in der Meische enthaltene Würze beträgt, was sich leicht ohngefähr berechnen läßt. Auf diese Weise vermischt sich die concentrirte Würze nicht mit dem aufgegossenen Wasser, sondern dies treibt die erstere vor sich her, und es bleibt nur Wasser oder doch nur eine höchst verdünnte Würze in dem Schrote zurück. Sobald man die erste Portion des Wassers aufgebracht hat, öffnet man den Zapfen oder Hahn ein wenig, damit die Würze nur langsam ablaufe; man wird durch den Sacharometer finden, daß sie sehr concentrirt ist; dasselbe Instrument wird anzeigen, wenn alle Würze verdrängt ist und daß das ein wenig Würze enthaltende aufgegebene Wasser abzulaufen anfängt. Zum Gelingen dieses Verdrängungsprocesses ist ein vorsichtiges Aufgeben des verdrängenden Wassers durchaus erforderlich. Es würde recht zweckmäßig seyn, auf das Schrot einen dem untern gleichen Seihboden zu legen und auf diesen das aufzugebende Wasser mit Eimern langsam zu gießen. Sollte dies zu umständlich gefunden werden, so muß man wenigstens auf die Stelle

---

*) Die letzten Antheile der Würze entläßt das Schrot sehr langsam, und es würde, um diese zu gewinnen, das Schrot lange Zeit dem Sauerstoff der Luft ausgesetzt seyn; deshalb ist es weit gerathener, schon früher den Zapfen zu schließen und das Schrot bald wieder mit Flüssigkeit zu bedecken. Die zurückgebliebene Würze ist ja nicht verloren.

des Schrotes, wo man das Wasser aufgießen will, ein Brett, etwa einen Faßdeckel, oder auch einen Korb bringen, damit dasselbe nicht aufgerührt wird, weil sich sonst eine Vertiefung bildet, durch welche allein das Wasser geht. Das Aufgeben einer neuen Portion Wasser wird nicht eher vorgenommen, als bis die letzt aufgegebene vollständig in das Schrot gedrungen ist, und wer mit dem Sacharometer in der Hand arbeitet, kann das Aufgießen so oft wiederholen, als die Würze noch concentrirt genug abläuft, ohne sich an eine Maaßzahl zu binden.

Hat man das zweite Meischen, wie früher beschrieben, ausgeführt, so öffnet man nach einer halben oder ganzen Stunde den Zapfen oder Hahn und läßt die zweite Würze ebenfalls in den Würzbrunnen; es hängt von deren Concentration ab, ob man sie zu der ersten geben und noch einen dritten auf ganz gleiche Weise vorzunehmenden Guß machen will, oder ob man sie zu einem besondern schwächern Biere benutzen will. Würze, die 2½ Procent und weniger zeigt, kann man nur noch zu Nachbier (Covent) verwenden.

Das im Meischbottiche zurückbleibende, von auflöslichen Theilen möglichst befreite Schrot wird der Seih oder die Trebern genannt und zur Fütterung, besonders der Schweine, benutzt. War das Malz gut geschroten, und der Meischproceß richtig ausgeführt, so sind die Trebern ziemlich trocken und leicht, während sie im Gegentheil eine kleisterartige schwere Masse bilden.

Malzschrot, zwischen Walzen zerquetscht, wird immer gut ausgezogene Trabern hinterlassen, es ist bei dem Meischen viel leichter zu bearbeiten, als zwischen Steinen geschrotenes, setzt sich nicht fest und läßt die Würze schnell ablaufen; Vorzüge genug, um dasselbe allgemein einzuführen *).

---

*) In Althaldensleben will man auch eine stärkere Würze von gequetschtem Malze gezogen haben, und zwar in dem Verhältnisse, daß man 21 Tonnen zog, wo man bei anderm Schrote 20 Tonnen gezogen hatte. Ich selbst habe keine Erfahrung darüber, denn als ich in Althaldensleben war, wurde nur von zerquetschtem Schrote gebraut.

Das Meischverfahren wird keineswegs allgemein so ausgeführt, als ich es beschrieben habe; es erleidet in verschiedenen Brauereien verschiedene Modificationen, von denen ich die wichtigsten anführen will.

In vielen Brauereien benutzt man zum Meischen und Ablassen der Würze zwei Bottiche. In dem einen ganz gewöhnlichen Bottiche wird eingeteigt und gemeischt, nach einstündigem Stehen aber wird die Meische in den mit doppelten Boden u. s. w. versehenen Seihbottich übergeschöpft, damit hier die Würze ablaufe. Der Seihbottich hat im Allgemeinen die Einrichtung, wie ich es S. 50. beschrieben habe; auf den Seihboden schüttet man gewöhnlich noch etwas Spreu oder Heckfel, damit die Würze recht klar ablaufe. Fast nothwendig erscheint diese Modification des Meischwassers, wenn man Malz verarbeitet, daß zwischen Steinen und zwar sehr fein geschroten worden ist. Ein solches Malz entläßt, wenn es im Seihbottiche gemeischt worden, die Würze nur sehr langsam, und dieser Uebelstand wird durch das Ueberschöpfen vermindert. Das unreinliche Ueberschöpfen der Meische würde sich recht gut dadurch vermeiden lassen, daß man den Meischbottich ziemlich hoch anbrächte, damit die eingemeischte Masse durch einen weiten Hahn in den Seihbottich gelassen werden könnte, nur ist man dann genöthigt, den zweiten Guß im Seihbottich zu machen, was überhaupt gewöhnlich geschieht. Wo die Bottiche zweckmäßig gestellt sind, kann ich von dieser Modification des eben beschriebenen Meischverfahrens nicht abrathen, weil man mit dem schädlichen Raum zwischen dem Seihboden und wirklichen Boden, in welchem sich leicht eine ungare Würze sammelt, die zum Verderben des Bieres beitragen kann, nichts zu schaffen hat. Außer dem Zeitverluste und der Abkühlung ist mir kein Nachtheil bekannt, welchen dies Meischverfahren nach sich zieht.

In einigen Gegenden beschleunigt man die Trennung der Würze von dem Schrote dadurch, daß man, während die Würze durch das Zapfloch abläuft, geflochtene Körbe in die Meische drückt und die in dieselben dringende Würze ausschöpft. Zuvor bestreut man die Meische ein paar Zoll hoch mit Spreu, um die Würze klar zu erhalten.

Eine andere Abänderung des Meischverfahrens besteht darin, daß man das Malz in dem Seihbottiche anschwellt. Zu diesem Behufe schüttet man auf den Seihboden etwas Spreu oder Hecksel, und darauf das Malzschrot. Durch den Pfaffen, welcher zwischen den beiden Böden ausmündet, giebt man so viel kochendes Wasser, daß dasselbe den Raum zwischen diesen Böden ohngefähr zu $1/3$ ausfüllt. Die von dem heißen Wasser aufsteigenden Dämpfe durchdringen das Malzschrot und erweichen vorläufig die auflöslichen Theile. Nach einiger Zeit giebt man auf demselben Wege, im Sommer kaltes, im Winter lauwarmes Wasser nach, und läßt es darauf, bis das Malz gehörig durchweicht ist, dann zapft man dies Wasser ab und meischt auf gewöhnliche Weise. Das abgelassene Anschwellwasser bringt man in die Pfanne und verwendet es zum zweiten Meischen (Prechtl).

Ein sehr gewöhnliches, obgleich ganz unzweckmäßiges Meischverfahren ist das folgende: Man teigt und meischt wie gewöhnlich, und zapft die erste Würze ab. Diese bringt man nun sofort in die Pfanne zum Kochen und gießt sie kochend wieder über das Schrot. Nachdem sie zum zweiten Male abgelaufen ist, macht man den zweiten Guß. Es läßt sich nicht absehen, welchen Vortheil ein solches Verfahren haben könnte, hingegen wird es offenbar nachtheilig wirken müssen, daß das Malzschrot so lange Zeit der Einwirkung der atmosphärischen Luft ausgesetzt worden ist, wenn man auch nicht zugeben will, daß bei einem so heißen Aufgusse eine bedeutende Menge Stärkemehl in Auflösung kommt. Ich habe nur schlechte Resultate von diesem Verfahren gesehen.

Es ist mir nun noch übrig, das, von dem Meischen im Meischbottiche sich sehr wesentlich unterscheidende, **Meischen in der Pfanne** zu erwähnen, das sogenannte **baiersche Meischverfahren**, welches sich seit der Zeit, als die baierschen Biere Mode geworden sind, überall eingebürgert hat, wo man diese Art Biere nachzuahmen versucht. Wenn man die vor=

trefflichen baierschen Biere betrachtet, so muß man einge=
stehen, daß dies Meischverfahren nicht die großen Nachtheile
haben kann, die ihm von den Chemikern fast allgemein vor=
geworfen werden, vorausgesetzt, daß es nicht so verkehrt
ausgeführt wird, als es häufig geschieht.

Die Idee, das Schrot in der Pfanne zu meischen, ist
gewiß aus dem Kopfe eines rationellen Brauers hervorge=
gangen; es hat durch eine Digestion bei geeigneter Tempe=
ratur die Zuckerbildung vermehrt werden sollen, und eine
solche Digestion wird noch jetzt von den Chemikern zu dem=
selben Zwecke empfohlen; gewiß erst später ist man darauf
gekommen, die Meische bis zum Kochen zu erhitzen, um
schnell eine recht klare Würze zu gewinnen.

Auf folgende Weise wird man das baiersche Meischver=
fahren am besten ausführen. In einem gewöhnlichen Bot=
tiche wird das Malzschrot mit Wasser von oben angegebener
Temperatur (48° R.) eingeteigt *), dann mit der ganzen zu
dem gewinnenden Biere erforderlichen Menge Wassers von
78° R. übergossen und eine halbe Stunde tüchtig durchgear=
beitet; darauf schöpft man die ganze Meische in die mit
etwas Wasser angeheizte Pfanne und arbeitet sie, ohne das
Feuer sehr zu verstärken, mit Rührhölzern anhaltend durch.
Nach einer Viertelstunde verstärkt man nach und nach das
Feuer und läßt sie unter fortwährendem Umrühren zum Ko=
chen kommen, worin man sie, bis sie klar ist, etwa 10—
20 Minuten erhält **). So gekocht wird die Meische nun
aus der Pfanne in den auf oft erwähnte Weise vorgerichteten
Seihbottich gebracht, wo man die Würze durch Ziehen des
Zapfens sogleich von dem Schrote trennt.

Ist die Pfanne nicht groß genug, um sämmtliche Mei=
sche auf einmal zu fassen, so muß die Meische in zwei Abtheilun=
gen gekocht werden; nur den einen Theil zu kochen, den andern
aber ohne zu kochen in den Seihbottich zu geben, ist lächerlich.

---

*) Einige teigen kalt ein.
**) In einigen Gegenden Baierns wird die Würze eine halbe bis ganze
Stunde gekocht.

Von der gekochten Meische läuft die Würze sehr schnell und ganz klar ab; sollte die zuerst ablaufende Würze etwas trübe seyn, so muß man so lange dieselbe auf das Schrot zurückgießen, bis sie vollkommen klar erscheint. Auf das zurückbleibende Schrot kann man noch etwas warmes oder auch kaltes Wasser bringen, um noch eine schwächere Würze für Schmalbier oder zu Covent, je nach der Concentration der gezogenen Würze, zu gewinnen.

Bei diesem baierschen Meischverfahren ist es besonders zu beachten, daß die Meische, während sie sich im Kessel oder der Pfanne befindet, fortwährend mit den Rührhölzern aufgerührt werde, wenigstens ehe sie kocht, weil sich das Schrot sonst an den Boden der Pfanne ansetzt und anbrennt, wodurch die Würze einen sehr unangenehmen Geschmack bekommt. Arbeitet man mit ziemlich dunkelm Malze, so kann das Kochen noch etwas fortgesetzt werden, nachdem die klare Würze in der Pfanne durch die entstandene Decke von Schrot zum Vorschein gekommen. Hat man aber helles Malz zu verarbeiten, so muß man nur eben bis zum Kochen erhitzen, und hat man Luftmalz vor sich, so darf man die Meische nur auf 75° R. erhitzen. Im letzten Falle nimmt man auch zum Einmeischen das Wasser nur 75° R. warm, und zum Einteigen wendet man ebenfalls Wasser von ziemlich niederer Temperatur an, etwa von 36 — 40° R., was schon früher erwähnt ist. Würde man diese Vorsichtsmaßregeln nicht befolgen, so hätte man wegen des bedeutenden Gehaltes an Stärkemehl in dieser Art Malz, zu befürchten, daß eine kleisterartige Meische entstände, von welcher die Würze nur sehr langsam und trübe abliefe.

Das Meischen ist bei dem Brauprocesse eine der wichtigsten Operationen, und es kann eine möglichst sorgfältige Ausführung desselben dem Brauer nicht dringend genug ans Herz gelegt werden. Im Allgemeinen wird der Brauer am besten arbeiten, welcher diesen Proceß ohne bedeutenden Verlust an Malzertract am schnellsten ausführt, und man muß gestehen, daß er dies nach der baierschen Methode des Meischens am ehesten wird erreichen können. Dieser Umstand gerade und der, daß man nicht nöthig hat, die gezogene Würze noch lange zu kochen, empfehlen das baiersche Verfahren, welches ich selbst als unzweckmäßig früher verwarf. Wird das Verfahren so ausgeführt, als ich gelehrt habe, so erhält man eine Würze, die nicht mehr unverändertes Stärkemehl enthält, als jede durch ein anderes Meischverfahren gewonnene Würze; nur hüte man sich vor zu langem Kochen, wodurch die Würze leicht den feinen aromatischen Geschmack verliert, indem sie wahrscheinlich aus den Hülsen einen Stoff aufnimmt, der ihr einen unangenehmen Beigeschmack ertheilt.

Man glaube aber ja nicht, daß zur Erzielung eines dem baierschen ähnlichen Bieres durchaus das Meischen in der Pfanne erforderlich sey. Ich selbst habe durch Meischen in dem Bottiche eine Würze gezogen, die bei gehöriger Behandlung ein baiersches Bier gab, das nichts zu wünschen übrig ließ.

In einigen Brauereien wird der Meischproceß ganz in der Pfanne ausgeführt; man teigt in derselben ein, meischt und kocht in derselben. Erhält man die Meische einige Zeit hindurch in der zur Zuckerbildung erforderlichen Temperatur, und verhindert man durch fortwährendes Rühren das Ansetzen des Schrotes, so läßt sich dagegen nichts einwenden; es gehören aber, um eine irgend bedeutende Menge Bier darzustellen, große Pfannen oder Kessel dazu. Sind zwei Kessel vorhanden, so ist dies Verfahren noch besser ausführbar, weil man dann in dem einen das Meischwasser erhitzen kann.

Am rationellsten würde das Meischen in einem Bottiche vorgenommen, in welchem die Meische durch einen vollkommen schließenden Deckel vor der Einwirkung der atmosphärischen Luft geschützt wäre, etwa in einem Bottiche, der einer großen Branntweinblase gliche. Mittelst eines durch den Deckel gehenden Rührwerkes könnte die Meische fortwährend gerührt und dadurch die Zuckerbildung beschleunigt werden; wobei ich bemerke, daß man schon seit langer Zeit in den großen englischen Brauereien mit dergleichen durch Dampfmaschinen getriebenen Rührwerken meischt.

Die atmosphärische Luft ist zu der Zuckerbildung ganz unnöthig; ihre Gegenwart ist nur nachtheilig bei dem Meischprocesse, weil ihr Sauerstoff eine schon erwähnte chemische Veränderung in der Meische hervorbringt, nemlich eine Säure erzeugt, die, wenn sie auch in noch so geringer Menge vorhanden ist, doch nie ein vollkommen gutes haltbares Bier aus der Würze gewinnen läßt; daher kann ich nicht genug empfehlen, namentlich während des Sommers und bei Verarbeitung von Luftmalz, den Meischproceß so sehr als möglich zu beschleunigen, und nur die erste Würze zu Lagerbieren, die andere aber zu den Bieren zu verwenden, welche bald getrunken werden.

Ehe ich zu dem Kochen der Würze übergehe, muß ich noch des Instruments erwähnen, dessen man sich zur Bestimmung der Menge des in der Würze aufgelös'ten Malzextractes bedient. Dies Instrument wird Sacharometer, Würzwaage, Bierwaage genannt, und ist ein Aräometer für Flüssigkeiten, die schwerer als Wasser sind, das heißt, die ein größeres specifisches Gewicht haben, als das Wasser. Da das Instrument nicht direct die Menge von festen Substanzen anzeigt, welche in der Würze enthalten ist, sondern nur das specifische Gewicht der Würze, so wird folgende Tabelle (nach Prechtl) erwünscht seyn, welche den Gehalt an Extract für die vorkommenden specifischen Gewichte der Würze in Procenten angiebt *). (Bei 12° R.)

---

*) Vergleiche eine ähnliche Tabelle weiter unten.

Bierbrauerei.

Specifisches Gewicht.	Extract in Procenten.	Specifisches Gewicht.	Extract in Procenten.
1,003	0,66	1,060	14,32
1,004	0,88	1,070	16,48
1,005	1,09	1,080	18,78
1,006	1,31	1,090	21,03
1,007	1,52	1,100	23,13
1,008	1,75	1,110	25,31
1,009	1,96	1,120	27,31
1,010	2,17	1,130	29,51
1,020	4,45	1,140	31,73
1,030	7,06	1,150	33,88
1,040	9,58	1,160	35,95
1,050	11,97	1,170	37,94

Eine Würze von 1,040 specif. Gewicht wird also beim Verdampfen einen festen Rückstand, 9,58 Procent, an Gewicht hinterlassen. Da aber das Malz, je nach seiner Bereitung und Behandlung beim Meischen, eine verschiedene Menge Extract giebt, so kann aus dem specif. Gewichte der Würze und deren Maaßzahl wenigstens nicht genau die zu derselben angewandte Menge Malz berechnet werden. Durchschnittlich kann man annehmen, daß das Darrmalz 65 — 75 Procent auflösliche Substanz giebt. Will man den Gehalt an Malzextract in einer Tonne berechnen, so hat man den durch obige Tabelle gefundenen Gehalt in Gewichtsprocenten mit dem Gewichte eines preuß. Quartes der Würze zu multipliciren. Das Gewicht eines Quarts Würze kann man zu 2½ Pfund annehmen, richtiger aber wird man dasselbe finden, wenn man das Gewicht eines Quarts Wasser mit dem specifischen Gewichte der Würze multiplicirt.

Angenommen, man verarbeite 15 Centner Malzschrot (30 Scheffel), so sind in denselben à 70% 1155 Pfund auflösliche Substanz enthalten. Durch wiederholtes Meischen sind von dem Schrote 24 Tonnen Würze von 1,055 specifischem Gewicht und 16 Tonnen von 1,035 specifischem Gewicht gezogen worden. Da die Trebern ohngefähr 8 Tonnen Würze von dem letzten specifischen Gewichte aufgesogen zurückbehalten, so müssen statt 16 Tonnen 24 Tonnen der letzten Würze in Rechnung gebracht werden. Würze von 1,055 specifischem Gewicht, enthält nach der obigen Tabelle, ohngefähr 13 Procent Malzextract, die Tonne also $13 \cdot 2\frac{1}{2}$ = 32,5 Pfund; 24 Tonnen 780 Pfund Malzextract. Die Würze von 1,035 specifischem Gewichte enthält 8,3 Procent feste Substanz; die Tonne $8,3 \cdot 2\frac{1}{2}$ = 20,7 Pfund; 24 Tonnen 496 Pfund Malzextract.

Die Rechnung hat also im Ganzen 1276 Pfund auflösliche Substanz angezeigt; berechnet man hieraus die Menge des angewandten Malzes, so bekommt man $16\frac{1}{2}$ Centner, was ziemlich gut stimmt.

Auf der Scala der gewöhnlichen Bierwaagen sind die specifischen Gewichte nicht vollständig ausgeschrieben, sondern ihre Scala ist nur in 10 Grade getheilt, 0, 1, 2, 3 u. s. w. Der erste Grad entspricht dem specifischen Gewichte von 1,010, der zweite dem von 1,020 u. s. w., der zehnte dem von 1,100. Es ist dies also nur eine Abkürzung der Schreibart; aber es rührt hiervon her, daß man von einer 2, 3, 5, 8 grädigen oder procentigen Würze spricht, wobei man leicht in den Irrthum verfallen könnte, daß z. B. eine 5 procentige oder 5 grädige Würze 5 Procent Extract enthielt, was durchaus nicht der Fall ist, sie enthält (siehe Tabelle) fast 12 Procent Extract.

3) Das Kochen und Hopfen der Würze.

Eine durch zweckmäßiges Meischen erhaltene Würze stellt eine Auflösung von Stärkezucker und Stärkegummi in Wasser dar, die noch Eiweißstoff, Kleber (Diastase) und etwas Stärkemehl enthält, und von einer Säure schwach sauer reagirt. Theils um Waſſer zu entfernen, alſo die Auflöſung concentrirter zu machen, theils um den Eiweißſtoff und Kleber durch Gerinnen (Zuſammenziehen) zu ſcheiden, theils endlich, um die Würze mit dem Bitterſtoff und dem Aroma des Hopfens zu imprägniren, wird dieſelbe gekocht.

Auch bildet ſich durch anhaltendes Kochen noch ein Antheil Zucker aus dem Gummi und Stärkemehl durch Vermittlung der Diaſtaſe und des ſchon vorhandenen Stärkezuckers, ſo wie durch die in dem Malzauszuge befindlichen Säuren, Aepfelſäure, Phosphorſäure (Seite 6. 15.), und der Gerbeſtoff des Hopfens geht mit dem noch unverändert vorhandenen Stärkemehl eine Verbindung ein, die ſich ſpäter beim Erkalten ausſcheidet (Seite 4. 7.). Dadurch und durch den bittern und aromatiſchen Stoff deſſelben wird die Haltbarkeit des Bieres vorzüglich bedingt.

Das Kochen geſchieht entweder in kupfernen, länglich viereckigen Braupfannen oder in halb kugelförmigen Braukeſſeln, deren Größe ſich natürlich nach der Größe der darzuſtellenden Gebräue richtet. Die Pfannen ſind zwar viel gewöhnlicher, als die Keſſel, wenigſtens in unſerer Gegend, aber man glaube deshalb nicht, daß ein Keſſel weniger zweckmäßig ſey. Die Breite der Pfanne beträgt $2/3$ der Länge, und die Tiefe $2/3$ der Breite *).

Die Pfanne wird entweder auf eiſerne Querſtangen gelegt, die in den Seitenmauern des Ofens befeſtigt ſind, oder man ſtellt ſie auf gemauerte Pfeiler; erſteres iſt vorzuziehen, weil die Pfeiler viel Hitze abſorbiren und leicht mürbe werden. Bei der Anlegung des Feuerraums iſt nicht ſo ſehr

---

*) Bezeichnet man den Kubikinhalt mit J, und die Länge mit x, ſo iſt $x = \sqrt[3]{3/2\, J}$. Eine Pfanne von 125 Kubikfuß Inhalt hat hiernach eine Länge von $7½$ Fuß, eine Breite von 5 Fuß und eine Tiefe von $3⅓$ Fuß. Auch bei größeren Pfannen vermehrt man die Tiefe nicht über $3½$ Fuß, weil ſonſt der Boden zu ſtark gedrückt und eine Unterſtützung ſchwierig würde. Es wird dann $x = \sqrt[3]{5/7\, J}$, alſo für 224 Kubikfuß die Länge 9,8 Fuß, die Breite 6,53 Fuß. (Prechtl.)

auf die möglichste Brennmaterialersparniß hinzuwirken, sondern dahin, daß der Inhalt der Pfanne recht schnell zum Kochen gebracht werden kann; man muß deshalb den Rost bedeutend groß nehmen und eine große Fläche der Pfanne von dem Feuer umspielen lassen. Um letzteres zu erreichen, läßt man auch die Seitenwände bis zur halben Höhe der Pfanne von Mauerwerk frei, damit die Flamme dieselben umspielen kann, oder man leitet den Rauch von der, der Heizöffnung entgegengesetzten Seite des Heizraums ab, in zwei Zügen vertheilt um die Wände der Pfanne nach vorn, und hier erst in den Schornstein.

Es ist wegen der ömöglichst schnellen Beendigung des Brauprocesses und der dadurch mit bedingten Güte des Bieres von großem Vortheil, zwei Pfannen zu haben. Die zweite derselben kann zum Theil mit der Feuerung der erstern geheizt werden, wodurch zugleich Ersparniß an Brennmaterial bewirkt wird, und sie kann bedeutend kleiner, als die erste seyn*).

Hat man nur eine Pfanne, so muß die aus dem Würzbrunnen kommende erste Würze, wie schon oben erwähnt, in einen Bottich gegeben werden, und man kann sie nicht eher weiter verarbeiten, als bis das Wasser zum letzten Aufgusse aus der Pfanne entfernt ist. Während dieses Stehenbleibens aber fällt die Temperatur der Würze sehr, und sie kann leicht sauer werden. Diesem Uebelstande glaubt man dadurch etwas abhelfen zu können, daß man auf die Oberfläche der Würze etwas Hopfen streut.

Sind aber zwei Pfannen vorhanden, so kommt die Würze sofort aus dem Würzbrunnen in die eine Pfanne zum Verkochen, während in der andern das Wasser zum zweiten Gusse schon erwärmt worden ist und noch erwärmt wird. Bei der hohen Temperatur, welche auf diese Weise die

---

*) In der vortrefflich eingerichteten Brauerei zu Althaldensleben befinden sich zwei ausgezeichnet schöne kupferne, halb kugelförmige Kessel von 40 und 23 Tonnen Capacität.

Würze behält, findet keine Säuerung derselben Statt, und da sie natürlich schneller ins Kochen kommt, als eine abgekühlte Würze, so ergiebt sich auch hier wieder eine Ersparniß an Brennmaterial.

Wie nun auch die Einrichtung in der Brauerei getroffen seyn mag, es gelte als Regel, daß die Würze so bald als möglich aus dem Brunnen in die Pfanne kommen und durch lebhaftes Feuer schnell zum Sieden gebracht werden muß. Den hierbei an die Oberfläche kommenden Schaum nimmt man sorgfältig mit dem flachen durchlöcherten Schaumlöffel ab. War die Meische nicht gekocht worden, so gerinnt das Eiweiß, sobald die Würze dem Siedpunkte nahe ist, und wird durch das Aufwallen in großen Klumpen an die Oberfläche geführt, welche man ebenfalls schnell und möglichst vollständig entfernt, damit sie nicht durch die von dem Sieden verursachten Strömung zertheilt werden. Sobald die Würze den Siedpunkt erreicht hat, wird das Feuer durch Verschließung der Zuglöcher oder durch im Schornsteine oder in den Zügen angebrachte Schieber so gemäßigt, daß die Würze nur an einer Seite der Pfanne mäßig aufwallt. An dieser werden alle ausgeschiedenen Stoffe emporgetrieben, sie sammeln sich an der entgegengesetzten Seite auf der Oberfläche und werden hier mit dem Schaumlöffel abgeschöpft. Die Würze wird dann so lange gekocht, bis sie gar ist, das heißt, bis in einer mit einem Löffel herausgeschöpften Probe die darin schwimmenden Theilchen sich schnell zu Boden senken und die Würze darüber klar erscheint. Die Zeit, in welcher dieser Punkt erreicht wird, ist für jede Art Würze immer verschieden. War die Meische gekocht worden, oder die Würze sehr concentrirt, so reichte gewöhnlich ein anderthalb bis zweistündiges Kochen hin, um sie klar zu machen. Hat man aber dünne Würze, so ziehen sich die trübenden Substanzen (Kleber, Eiweißstoff) erst bei einer gewissen Concentration in Flocken zusammen, und man muß oft 4 — 8 Stunden kochen.

Im Allgemeinen ist es gut, die Würze sogleich aus dem

Kessel zu bringen, nachdem sie klar geworden ist; indeß muß das Kochen noch fortgesetzt werden, wenn dieselbe nicht die gehörige Concentration haben sollte. Dieser Fall kann aber nicht leicht eintreten, wenn man eine der gewünschten Concentration entsprechende starke Würze von dem Meischbottiche zieht. Bisweilen verlängert man die Zeit des Kochens, um die Würze dunkler zu machen; dies erreicht man besonders, wenn man sie bei sehr gemäßigtem Feuer, so daß kaum Aufwallen zu bemerken ist, längere Zeit hindurch in der Pfanne behält. Das süße Braunschweigische Schmalbier läßt man zu diesem Zwecke 10 — 14 Stunden in der Pfanne; man unterhält das Feuer durch ein paar an der Heizöffnung angezündete Splittern, und läßt die Würze die auf derselben künstlich gebildete Decke nur an einer einzigen Stelle etwas durchbrechen. So erhält man eine ganz dunkle und eine sehr süße Würze, indem in derselben noch eine bedeutende Menge Zucker entstanden ist. Hieraus geht von selbst hervor, daß man zur Darstellung von Weißbieren schon vom Meischbottiche eine starke Würze ziehen muß, wenn man eine schön helle Färbung derselben erzielen will. Man koche die Würze zu diesem bei lebhaftem Feuer ein, um das Wasser schnell zu verdampfen, weil lange anhaltendes Kochen die Würze verdunkelt, starkes Kochen sie aber nicht mehr färbt, als schwaches Kochen.

Entweder bald nach eingetretenem Kochen oder, wenn die Würze wegen großer Verdünnung lange kochen muß, ohngefähr anderthalb bis eine Stunde vor der Zeit, zu welcher man sie aus der Pfanne entfernen will, wird der Hopfen zugesetzt. Man schüttet denselben auf die Oberfläche der Würze, läßt ihn hier einige Minuten von dem Dampfe erweichen, dann erst rührt man ihn in die kochende Flüssigkeit.

Die Menge des Hopfens richtet sich nach der Art des Bieres, nach der Gewohnheit der Trinker; sie ist aber auch sehr von der Güte desselben abhängig, man kann zwischen ½ — 2 Pfund auf die Tonne (das Nachbier ungerechnet) nehmen.

In einigen Brauereien bringt man den Hopfen erst mit ein wenig Würze in die Pfanne, kocht diese einige Zeit lang und füllt dann die Pfanne mit der übrigen Würze. Auch übergießt man wohl den Hopfen in einem dazu vorhandenen Gefäße mit etwas heißer Würze oder auch mit heißem Wasser, und läßt ihn darin einige Zeit bedeckt stehen, dann schüttet man den ganzen Inhalt des Gefäßes in die kochende Würze.

Man hat auch vorgeschlagen, den Hopfen in einer Destillirblase auszukochen, und das Destillat, nebst dem wässrigen Auszuge, der Würze, sobald sie von dem Kühlschiffe kommt zuzusetzen. Dies Verfahren ist nicht zu billigen, weil das Aroma und der Bitterstoff des Hopfens sich nicht innig mit der Würze vereinigen, das Bier wird immer wie Hopfenwasser und Hopfenabkochung schmecken, auch geht die chemische Wirkung des Hopfens auf das Stärkemehl dabei verloren.

Man mache sich zur Regel, den Hopfen nicht zu lange mit der Würze kochen zu lassen, weil sonst der größte Theil seines ätherischen Oeles sich verflüchtigt; eine Stunde bis anderthalb Stunden sind zu genügender Ausziehung völlig hinreichend. Gegen das Ende des Kochens der Würze schüttet man, in einigen Brauereien, etwas Salz in dieselbe, auch wohl noch einige unschädliche aromatische Substanzen, wie Citronen= oder Orangenschalen, Orangenfrüchte, Coriander u. s. w., was keineswegs zu tadeln ist, wenn man die Menge derselben nicht zu bedeutend nimmt. Verwerflich aber sind alle Surrogate für den Hopfen, z. B. Wermuth, Bitterklee, Enzianwurzel, Quassia. Das Hopfenaroma und Hopfenbitter ist so eigenthümlicher Art, daß jeder andre Bitterstoff leicht davon unterschieden werden kann, und keiner von diesen ist so angenehm, als der des Hopfens. Außerdem ersetzt auch keines der aufgeführten Surrogate den Hopfen hinsichtlich seiner chemischen Wirkung beim Kochen der Würze und bei der Gährung.

Welche Concentration die Würze nach dem Kochen be=

ſitzen muß, dies hängt von Lokalverhältniſſen, namentlich von dem Preiſe des zu verkaufenden Bieres, ab. Hat man auf die Concentration, wie erforderlich, ſchon beim Meiſchen Rückſicht genommen, ſo wird ohngefähr $1/7 - 1/6$ von der auf die Pfanne kommenden Würze zu verdampfen ſeyn; indeß muß in jeder gut eingerichteten Brauerei nach dem Sacharometer die Concentration genau beſtimmt werden; wobei zu berückſichtigen iſt, daß die Würze ſpäter auf den Kühlſchiffen noch etwa $1/8$ Waſſer durch Verdunſtung verliert, alſo, nach dieſem Verhältniß, ſtärker wird.

Für gewöhnliche Biere bringt man die Würze auf ein ſpecifiſches Gewicht von 1,040 — 1,050, für mittelſtarke auf 1,060 — 1,070, für ſtarke auf 1,080 — 1,100, wobei zu bemerken iſt, daß ſie durch Einſtellen in kaltes Waſſer bis auf die am Sacharometer bemerkte Temperatur von 12 oder $12\frac{1}{2}°$ R., vor der Prüfung mit dieſem Inſtrumente, abgekühlt werden muß.

Iſt die Pfanne nicht geräumig genug, um ſämmtliche zu einer Sorte Bier kommende Würze auf einmal faſſen zu können, ſo füllt man davon nach, in dem Maaße, als die Pfanne durch Verdampfen entleert wird; indeß iſt dies Nachfüllen möglichſt zu vermeiden, weil man Gemiſche von mehr oder weniger garer und ungarer Würze in die Pfanne bekommt.

Es iſt gebräuchlich, daß man die Würze zu leichten Weißbieren, welche ſchnell vertrunken werden und ſehr ſüß bleiben ſollen, nicht mit Hopfen kocht; um daher die klärende Wirkung des Hopfens zu erſetzen, wirft man wohl einige Kälberfüße in die kochende Würze, deren Gallerte die trübenden Subſtanzen entfernt. Dies thut man auch wohl bei gehopften Weißbier=Würzen, die man, um Färbung durch langes Kochen zu vermeiden, vom Meiſchbottiche ſehr ſtark gezogen hat, und die man deshalb zur Erreichung der erforderlichen Concentration nicht lange zu kochen nöthig hat.

Sobald nun der Hopfen gehörig ertrahirt iſt, die Würze die erforderliche Concentration erreicht hat und vollkommen klar iſt, wird ſie aus der Pfanne gebracht und durch einen

Bierbrauerei.

75

mit Stroh ausgelegten Korb, den Hopfenkorb, gegeben, in welchem der Hopfen und etwa noch vorhandene Unreinig=
keiten zurückbleiben. Der Hopfenkorb wird über den zuvor wohl gereinigten Meischbottich gehängt, damit aus diesem die Würze in den Würzbrunnen gelassen und von hierab durch die Pumpe auf die Kühlschiffe gepumpt werden kann; um das Zapfloch des Meischbottichs legt man etwas Stroh, damit die noch durch den Hopfenkorb gegangenen trübenden Substanzen bei dem Ablassen zurückgehalten werden und die Würze vollkommen klar auf die Kühlschiffe gelange. In die leere Pfanne wird nun die Würze zum Nachbier ge=
bracht, und diese auf dieselbe Weise, wie die erste Würze, bis zur erforderlichen Concentration und bis zur Klarheit gekocht.

Der in dem Hopfenkorbe bleibende Hopfen hält eine beträchtliche Menge Würze zurück und besitzt noch einen ziemlich stark bitteren Geschmack; man kocht ihn mit dem Nachbiere, welches dadurch hinreichend bitter und etwas stär=
ker wird. Braut man kein Nachbier, so kann der Hopfen, um die aufgesogene Würze nicht zu verlieren, ausgedrückt oder ausgepreßt werden.

C. Von der Gährung der Würze.

Während durch alle bis hieher ausgeführten Operationen eine Vermehrung des Zuckers beabsichtigt wurde, bezweckt man durch die Gährung einen Theil des Zuckers in Alkohol und Kohlensäure zu zerlegen, um ein haltbares und geistiges Getränk zu erhalten. Es ist schon früher erwähnt worden, daß der Gährungsproceß bei den Temperaturen zwischen $+6$ und $+30^\circ$ R. vor sich gehen könne, und daß er um so schneller beendet werde, je mehr sich die Temperatur dem angegebenen Maximo nähere. Je mehr sich aber die Tem=
peratur bei dem Gährungsprocesse diesem Maximo nähert, desto mehr wird der entstehende Alkohol disponirt, mit Hülfe

des Sauerstoffs der atmospärischen Luft, sich in Essigsäure umzuwandeln. Hat sich aber einmal, wenn auch nur eine geringe Menge von dieser Säure in der gegohrenen Flüssigkeit gebildet, so trägt diese den Keim zur fortschreitenden Essigsäurebildung in sich, und sie verwandelt sich mit der Zeit in Essig, ganz besonders schnell, wenn die Gährung beendet ist, das heißt, wenn aller Zucker durch das Ferment in Alkohol und Kohlensäure zerlegt worden ist. Dies findet bei so hoher Temperatur sehr bald Statt.

Würde man aber die Gährung der Würze nicht eher unterbrechen, als bis aller Zucker durch das Ferment zerlegt wäre, so würde man ein schwach geistiges, weinartiges Getränk erhalten; kein Bier, denn dieses soll noch unzersetzten Zucker und Kohlensäure enthalten; daher muß man die Gährung zu einer passenden Zeit unterbrechen, oder sie vielmehr so in die Länge zu ziehen suchen, daß selbst nach Jahren dieselbe noch nicht beendet ist. Während dieser verzögerten, man kann sagen unmerklichen Gährung wird das Bier getrunken, durch diese erhält es sich mit kohlensaurem Gase imprägnirt, durch diese wird es vor der Umwandlung in Essig geschützt, und hat sie aus irgend einer Ursache aufgehört, so hat auch das Bier aufgehört trinkbar zu seyn.

Um daher ein haltbares Bier zu erzielen, muß die Gährung der Würze bei einer niederen Temperatur vor sich gehen, und bei einer um so niederern, je längere Zeit das Bier trinkbar bleiben soll.

Ehe die Würze daher durch das Ferment in Gährung gebracht wird, muß sie bis zu der erforderlichen niederen Temperatur abgekühlt werden. Wenn man sich erinnert, daß die Würze zwar bei einer dem Siedepunkte nahen Temperatur keine nachtheilige Veränderung erleidet, daß sie aber 40° R. heiß, längere Zeit der Luft ausgesetzt, sehr bald sauer wird, so sieht man leicht ein, daß das Abkühlen so sehr als möglich beschleunigt werden muß, wenn man nicht eine schon verdorbene Würze in den Gährungsbottich bringen will.

Das Abkühlen der Würze wird allgemein auf den soge=

Bierbrauerei.

nannten Kühlschiffen oder Kühlstöcken vorgenommen, auf welche man sie sogleich bringt, nachdem sie von dem Hopfen getrennt worden ist.

Die Kühlschiffe sind große, flache, vierseitige Gefäße, aus starken Bohlen zusammengesetzt. Ihr Rand ist ohngefähr 6 Zoll hoch, und sie müssen so viel Bodenfläche haben, daß die sämmtliche Würze eines Gebräues, bei einer Höhe von 2 — 4 Zoll, in denselben Platz hat. Die Tonne Würze (zu 3½ Kubikfuß gerechnet) erfordert also für 2 Zoll Höhe $3½ : ⅙ = 21$ Quadratfuß; für 3 Zoll Höhe $3½ : ¼ = 14$ Quadratfuß; für 4 Zoll Höhe $3½ : ⅓ = 10½$ Quadratfuß Bodenfläche. 20 Tonnen (75 Kubikfuß) für 3 Zoll Höhe $75 : ¼ = 300$ Quadratfuß Fläche; dies wäre ein Kühlschiff von 20 Fuß Länge und 15 Fuß Breite.

Man stellt die Kühlschiffe am zweckmäßigsten an einem Orte auf, wo die atmosphärische Luft über dieselben hinwegstreichen kann, daher gewöhnlich im obern Theile des Braulokales zwischen gegenüberliegenden Fenstern, oder auch in einem andern luftigen Lokale, ja sogar außerhalb des Gebäudes unter einem leichten hölzernen Dache. Stehen die Kühlschiffe in demselben Lokale, wo die Pfanne sich befindet, so muß über derselben ein hölzerner Mantel und Schlauch (ein Brodenfang) zum Ableiten der entweichenden Wasserdämpfe angebracht seyn, da eine trockne Atmosphäre eine Hauptbedingung zum schnellen Abkühlen der Würze auf den Kühlschiffen ist.

Die Würze kommt mit einer Temperatur von ohngefähr 75^0 R. auf die Kühlschiffe, und sie kann sich auf denselben auf 16 bis 6^0 R., bei günstigen Verhältnissen, abkühlen.

Diese Abkühlung erfolgt nicht auf die Weise, wie eine in einem bedeckten Gefäße stehende heiße Flüssigkeit, durch die Wände des Gefäßes hindurch ihre Wärme nach und nach der umgebenden Luft mittheilt, und so bis auf deren Temperatur erkaltet, verhältnißmäßig um so schneller, je niedriger diese ist. Die Wände der Kühlschiffe müßten viel bessere Wärmeleiter seyn, wenn die Würze auf diese

Weise Wärme verlieren sollte, auch kühlt sich die Würze nicht um so schneller ab, je kälter die umgebende Luft ist, und sie kühlt sich unter günstigen Umständen mehrere Grade unter die Temperatur der atmosphärischen Luft ab, was bei der in einem bedeckten Gefäße befindlichen Flüssigkeit niemals geschehen kann.

Die Würze verliert auf den Kühlschiffen den größten Theil ihrer Wärme durch die Statt findende Verdampfung eines Theils von ihrem Wasser. Wasserdampf ist anzusehn als flüssiges Wasser mit Wärmestoff verbunden, theils mit freiem, theils mit latenten. Wo daher Wasser verdampft, muß der Umgebung Wärme entzogen werden, es muß also Kälte entstehen, wenn man nicht, wie es bei dem Kochen geschieht, Wärmestoff immer von Neuem durch Feuer zuführt. Beweise dafür finden sich in großer Menge; so empfindet man Kälte, wenn man mit feuchtem Körper in die freie Luft geht; so besprengt man an warmen Tagen den Fußboden mit Wasser, um die Luft der Zimmer abzukühlen; so wird die Schwüle eines Sommertages durch Regen sogleich gemildert. In allen diesen Fällen entsteht Kälte durch Verdampfen des Wassers.

Da aber durch Verdampfen einer bestimmten Quantität Wassers die Temperatur nur um eine bestimmte Anzahl von Graden erniedrigt wird, weil diese Quantität Wasser stets eine und dieselbe Quantität Wärmestoff zum Verdampfen nöthig hat, so muß natürlich von der Würze stets eine bestimmte Menge verdampfen, um die zurückbleibende Würze auf eine gewisse Temperatur zu bringen. Diese Menge beträgt ohngefähr $1/8$, so daß 16 Tonnen heiße Würze nach dem Abkühlen nur 14 Tonnen betragen.

Da also die schnelle Abkühlung der Würze auf den Kühlschiffen von der schnellen Verdampfung abhängig ist, so muß man diese letztere so sehr als möglich zu beschleunigen suchen; dies geschieht nun dadurch, daß man die Oberfläche der Würze vergrößert, weil bei jeder Verdampfung unter dem Siedpunkte und in freier Luft die Menge der verdampften

Flüssigkeit mit der Größe ihrer Oberfläche im geraden Verhältnisse steht. Bietet die Würze der Luft 1000 Quadratfuß Oberfläche dar, so wird gerade noch einmal so viel verdampfen, es versteht sich, in derselben Zeit, als wenn sie ihr 500 Quadratfuß Oberfläche zeigt; darum eben nimmt man die Kühlschiffe so geräumig, daß die Würze in denselben nur 2 — 3 Zoll hoch zu stehen kommt.

Die Schnelligkeit des Verdampfens richtet sich aber besonders auch nach der Menge von Wasserdampf, welche in der Atmosphäre schon enthalten ist. Je weniger nemlich Feuchtigkeit in der Luft sich befindet, je trockner diese ist, desto leichter nimmt sie Wasserdampf auf, desto schneller verdampft also das Wasser. Die Menge des in der Luft stets enthaltenen Wasserdampfs ist nun ungemein verschieden, im Allgemeinen aber um so bedeutender je wärmer diese ist, weil mit der Temperatur die Menge des entstehenden Wasserdampfes wächst, sie ist daher im Sommer am größten. Hiernach wird im Sommer, wegen der Menge des schon in der Luft befindlichen Wasserdampfes, die Verdampfung sehr langsam vor sich gehen, oder was dasselbe heißt, die Würze sich sehr langsam abkühlen, und ganz besonders langsam vor einem Gewitter, wo die Luft gewöhnlich am feuchtesten ist. Im Winter ist die Menge des in der Atmosphäre befindlichen Wasserdampfes im Allgemeinen am kleinsten, und man könnte glauben, daß in dieser Jahreszeit die Abkühlung am schnellsten vor sich ginge; dies ist nicht der Fall, denn eben weil sich überhaupt nur sehr wenig Wasserdampf bei niederer Temperatur in der Atmosphäre aufhalten kann, wird an kalten Wintertagen Wasser ebenfalls nur langsam verdampfen. Daher sind sowohl die warmen Sommertage als auch die sehr kalten Wintertage dem Abkühlen der Würze nicht günstig. Am geeignetsten sind die Frühlings- und Herbstmonate, namentlich wenn trockene Winde, also bei uns Ostwinde herrschen *), und dies ist vorzüglich Ursache,

---

*) Die Instrumente, mit denen man den Feuchtigkeitszustand der Luft

daß in diesen Jahreszeiten die vortrefflichsten Biere gebrauet werden. Weil in einer sehr feuchten Luft wenig oder fast keine Verdampfung Statt findet, muß auch über den Kühlschiffen fortwährend ein Luftstrom unterhalten werden, welcher die von demselben aufsteigenden Wasserdämpfe sogleich wegführt, daher eben muß man sie an einem möglichst freien Orte aufstellen, z. B. zwischen gegenüberliegenden Fenstern, und aus diesem Grund ist es überhaupt gut, wenn das Brauhaus nicht zu sehr mit Gebäuden umgeben ist, oder wenn es eine sehr hohe Lage hat.

Da in hellen Nächten die irdischen Körper gegen den Himmelsraum eine bedeutende Menge Wärme ausstrahlen, so kann man hiervon zur Abkühlung der Würze einen guten Gebrauch machen, wenn man die Kühlschiffe im Freien anbringt und sie mit einem beweglichen Dache versieht, welches man in hellen und klaren Nächten entfernt. In England geschieht dies *).

Weil überhaupt die Verdampfung des Morgens gegen Aufgang der Sonne am stärksten ist, so benutzt man gewöhnlich die Nächte zum Abkühlen der Würze; und bei einer irgend hohen Temperatur der Luft ist es allein während der Nacht möglich, die Würze auf die erforderliche Temperatur zu bringen.

Es ist schon oben erwähnt worden, wie wichtig es ist, die Abkühlung der Würze in möglichst kurzer Zeit zu Wege zu bringen, weil sie während langem Stehen bei einer Temperatur von 20 — 40° R. sauer wird und verdirbt; man hat sich daher vielfach bemüht, die Abkühlung auf künstliche Weise zu beschleunigen. So hat man einen

---

mißt, nennt man bekanntlich Hygrometer (Feuchtigkeitsmesser). Keinem Brauer sollte ein solches Instrument fehlen.

*) Der durchs Ausstrahlen entstehende Wärmeverlust ist so bedeutend, daß die Indianer während einer Nacht bei einer Temperatur von + 4 bis 8° eine Schicht Eis auf Wasser erzeugen, welches sie in einem flachen Geschirre auf einer Unterlage von Stroh ins Freie stellen.

starken Luftzug über dem Kühlschiffe mit Hülfe von mit Windflügeln versehenen Maschinen hervorgebracht, man hat die Würze durch in kaltem Wasser befindliche Schlangenröhren geleitet, oder umgekehrt, kaltes Wasser durch Schlangenröhren geleitet, welche in mit Würze gefüllten Gefäßen standen; auch hat man den Wagenmannschen Kühlapparat dazu benutzt (siehe Branntweinbrennerei), und dieser Apparat allein hat, wenigstens in Deutschland, auf die Dauer Anwendung gefunden; vielleicht wird eine zweckmäßigere Vorrichtung zum Abkühlen der Würze noch erdacht. Außer dieser bekannten Wagenmannschen Vorrichtung scheint diejenige die zweckmäßigste, bei welcher kaltes Wasser durch ein Schlangenrohr geleitet wird, welches in der Würze steht, weil es leichter ist, das Rohr im Aeußern rein zu erhalten, als im Innern.

Da die Würze auf dem Kühlschiffe sich bis auf ungefähr 40° ziemlich schnell abkühlt, und bei der hohen Temperatur während dieser Periode der Abkühlung kein Sauerwerden zu befürchten ist, so wird man am zweckmäßigsten die Würze auf den Kühlschiffen zuerst bis zu der genannten Temperatur abkühlen und dann erst durch künstliche Mittel die weitere Abkühlung bewirken, welche auf den Kühlschiffen immer langsamer vorschreitet, je mehr die Temperatur der Würze der Temperatur der Luft näher kommt. Ist indessen die Jahreszeit nicht ganz ungünstig, so kann die Abkühlung, ohne Nachtheil für die Würze, auf dem Kühlschiffe angefangen und vollendet werden, wenn die Würze selbst von guter Beschaffenheit ist *). Ist aber die Würze schlecht gekocht oder schon beim Meischen verdorben, enthält sie noch zu viel unverändertes Stärkemehl und stickstoffhaltige Substanzen (Eiweiß, Kleber), und ist sie nicht mit Hopfen gekocht, oder waren endlich die Kühlschiffe nicht

---

*) Die letzteren Grade von Wärme kann man, wo man einen Eiskeller hat, der Würze durch Hineinwerfen einiger Eisstücke entziehen; ich habe dies in Althaldensleben mit Nutzen ausgeführt.

vollkommen gereinigt, so hält es schwer eine tadellose Würze in den Gährungsbottich zu bringen. Hieraus ergiebt sich, daß die Würzen zu Weißbieren dem Verderben auf den Kühlschiffen am meisten ausgesetzt sind, weil diese gewöhnlich noch viel Stärkemehl enthalten und nicht gehopft werden. Je concentrirter die Würzen sind, aus je dunklern Malze sie gezogen wurden, und je mehr Hopfen sie erhalten haben, desto weniger hat man für sie zu fürchten, weil das brenzliche Oel des Darrmalzes und das ätherische Oel des Hopfens conservirend, Säurung verhindernd, wirken.

Man erkennt schon im Aeußeren, ob die auf den Kühlschiffen stehende Würze von guter Beschaffenheit ist, sie ist dann vollkommen klar und erscheint als ein schwarzer Spiegel, selbst wenn sie Weißbierwürze ist. Ist sie aber trübe, wie Lehmwasser, so erscheint sie gelblich, und man wird nie ein gutes Bier davon erhalten.

Während des Abkühlens auf den Kühlschiffen setzt die Würze noch einen geringen gelblichen Bodensatz ab, der theils aus noch in ihr suspendirt gewesenen kleinen Flocken von geronnenem Eiweißstoff und Kleber besteht, theils aber die in der Wärme auflösliche, in der Kälte unlösliche Verbindung des Gerbestoffs (vom Hopfen) mit Stärkemehl ist. Dieser Bodensatz haftet so fest am Boden des Bottichs, daß die Würze vollständig von ihm ablaufen kann, wenn man die Vorsicht braucht, das in Kühlschiffen befindliche Zapfloch nicht zu weit zu öffnen.

Es ist nun zu erörtern, bis zu welcher Temperatur die Würze auf den Kühlschiffen sich abkühlen muß, ehe sie durch Ferment in Gährung gebracht wird. Diese Temperatur ist sehr verschieden, und richtet sich darnach, ob man ein schnell zu vertrinkendes oder ein Lagerbier bereitet, und darnach, welche Temperatur der Raum besitzt, in welcher die Gährung der Würze vor sich gehen soll. Je höher diese ist, desto kühler muß die Würze in den Gährungsbottich kommen, und Würze zu Lagerbier, welches lange Zeit sich halten soll, muß bei niedriger Temperatur die Gährung durchlaufen, als die Würze zu Bier, welches bald trinkbar seyn soll. Je niedriger nemlich die Temperatur während der Gährung ist, desto langsamer schreitet diese vor sich und desto weniger kann sich aus dem entstandenen Alkohol Essigsäure bilden.

Ich will nun zuerst von der Gährung der zu Lagerbier bestimmten Würze sprechen. Zeigt das Lokal, in welchem die Gährung einer Würze zu Lagerbier vor sich gehen soll, eine Temperatur von $+5°$ R., so muß die Würze auf $+12° - 10°$ R. gekühlt werden, je nachdem die Gährung rascher (Obergährung) oder langsamer (Untergährung) verlaufen soll. Zeigt das Lokal eine Temperatur von $+6$, so muß die Würze auf $+10° - +9°$ abgekühlt werden; zeigt es endlich eine Temperatur von $+8$ bis $+9$, so darf die Würze nicht wärmer als $+8° - 6°$ R. seyn. Ist das Lokal wärmer als $+10°$ R., so eignet es sich nicht gut mehr zur Gährung der Lagerbierwürze. Daraus ergiebt sich, daß man zu einem solchen Gährungslokale einen Keller, Souterrain, oder ein kellerartiges Gewölbe wählen muß, welches im Sommer kühl genug, im Winter warm genug ist, denn ein Lokal, welches unter $+4°$ R. kalt ist, eignet sich ebenfalls nicht gut zur Gährung, und wenn die Temperatur in demselben unter den Gefrierpunkt sinken kann, so ist es ganz untauglich dazu. Die zweckmäßigste Temperatur des Lokals ist zwischen $6 - 8°$ R. Im Winter muß man daher das Gährungslokal vor Frost schützen, durch Bedecken der Oeffnung mittelst reinen Strohes (nicht Mist), im Sommer muß man dasselbe durch Sprengen mit Wasser, Hineinstellen von kalten Wasser oder noch besser von Eis auf die erforderliche niedere Temperatur zu bringen suchen, so wie es überhaupt recht vortheilhaft ist, wenn man die Temperatur des Gährungsraumes auf eine zweckmäßige Weise, etwa durch Oeffnen oder Verschließen von Zuglöchern, erhöhen oder erniedrigen kann, um einer zu langsamen Gährung zu Hülfe zu kommen und einer zu schnellen Einhalt zu thun. Man unterscheidet eine Obergährung und eine Untergährung, Namen, welche die Erklärung in sich schließen. Bei der Obergährung werden nemlich die Substanzen, welche sich ausscheiden, durch die heftig sich entwickelnde Kohlensäure an die Oberfläche der Würze geführt, und bilden hier eine feste Decke, die Oberhefe, während bei der Untergährung diese Stoffe am Boden des Gährungsbottiches sich festsetzen, Unterhefe, weil die hier entweichenden kleineren Bläschen von kohlensauren Gas diese nicht in die Höhe zu heben im Stande sind. Im Allgemeinen entsteht Obergährung allemal wenn die Würze bei höherer Temperatur angestellt wird, etwa über 10° R., während die bei einer niedern Temperatur angestellte Würze immer Untergährung giebt; indeß kommt doch hierbei auch etwas auf das Ferment an. Die Hefe nemlich, welche sich bei einer Gährung erzeugt, hat die Eigenschaft, in der Würze, welcher sie zugesetzt wird, eine ähnliche Gährung hervorzubringen, als die war, bei der sie entstanden ist. Bei der Obergährung entstandene Hefe leitet daher gern die Obergährung ein, wenn man nicht die Temperatur der Würze niedrig hält; bei einer Untergährung entstandenen Hefe disponirt die Würze zur Untergährung, selbst wenn die Temperatur 10° R. beträgt. Daher die Regel, daß man zum Anstellen (Hefe zugeben) einer Würze, immer von ähnlichen Bieren entstandene Hefe nehmen muß.

Hat man eine Hefe, welche zur Obergährung disponirt (Oberhefe), so kann man sie nach und nach in eine zur Untergährung disponirende Hefe (Unterhefe) machen, wenn man mit derselben eine Würze bei einer einen Grad niedrigeren Temperatur anstellt, als man es sonst that; die bei dieser Gährung entstandene Hefe setzt man einer zweiten Würze, bei einer Temperatur, die wieder um einen Grad niedriger als vorher ist, zu; so erlangt man endlich einen vollkommene Untergährung und eine Hefe, welche Untergährung, selbst bei ziemlich hoher Temperatur, giebt. Man kann auch bei diesem Verfahren jedesmal etwas von der Quantität der zuzugebenden Hefe abziehen. Will man umgekehrt eine Unterhefe zur Obergåhrung geschickt machen, so setzt man immer wärmerer Würze, etwas mehr wie gewöhnlich, von ihr zu, bis man endlich nach und nach eine reine Obergåhrung bekommt.

Beide Gährungsarten liefern bei gehöriger Vorsicht ein gutes Bier, indeß sind nicht beide Arten für alle Sorten Bier gleich gut. Sehr concentrirte Würzen (bei denen also viel Zucker zu zerlegen ist) aus sehr dunkelm Malze, besonders wenn sie stark gehopft sind, so die Würzen zu den schweren englischen Bieren, wie zum Porter, eignen sich besonders zur Obergåhrung; denn die Untergåhrung schläft bei diesen zu leicht ein, weil zu viel die Gährung hemmende Substanzen (brenzliches Oel des Malzes und Aroma des Hopfens) vorhanden sind. Die Würzen zu den mehr weinartigen nicht so substanziösen Bieren, wie zu den baierschen Bieren, aber läßt man am besten die Untergåhrung durchlaufen, weil sie bei höherer Temperatur gährend und überhaupt bei der Obergåhrung sich leicht zu stark erhitzen und dann Säure in denselben gebildet wird.

Die Gefäße, auf welchen man die Gährung der Lagerbierwürze vor sich gehen läßt, sind Bottiche von angemessener Größe. Anstatt eines sehr großen Bottiches nimmt man aber lieber zwei kleinere, weil bei zu großen Massen leicht die während der Gährung Statt findende Erwärmung zu stark wird; man muß auf diesen Umstand selbst bei dem Abkühlen der Würze Rücksicht nehmen, nemlich bei der Gährung von großen Massen dieselben etwas kühler in den Gährungsbottich bringen.

Will man Obergåhrung haben, so dürfen die Gährungsbottiche nur etwas über die Hälfte angefüllt seyn, damit der hochsteigende Schaum genügenden Raum habe; bei der Untergåhrung kann man dieselben bis einige Zoll vom Rande anfüllen.

Welche Gährung man nun auch einleiten will, so geschieht das Zugeben der Hefe auf folgende Weise. Sobald die Würze auf dem Kühlschiffe die Temperatur von 20° — 18° R. erreicht hat, nimmt man ohngefähr 6 — 12 Eimer (à 10 Quart) davon, bringt sie in das Gährungslokal in einen besonders dazu vorhandenen Kübel, und vermischt sie in diesem durch starkes Umrühren mit der zur Gährung der ganzen vorhandenen Würze erforderlichen Menge Hefe. In diesem Gefäße, welches man bedeckt stehen läßt, fängt die Gährung bei der hohen Temperatur recht bald an sich zu zeigen; sobald sich eine ziemliche Decke gebildet hat, und eine lebhafte Gährung bemerkbar ist, rührt man den Inhalt des Gefäßes tüchtig durcheinander, und schüttet ihn zu der während der Zeit auf die erforderliche Temperatur abgekühlte und in den Gährbottich gebrachten Würze des ganzen Gebräues, wobei man Sorge zu tragen hat, durch Umrühren dieselbe recht innig mit der Würze zu vermischen.

Ist die Würze auf diese Weise angestellt, so tritt die Gährung nach 7 — 9 Stunden unter folgenden Erscheinungen ein: Am Rande des Bottiches bildet sich auf der Oberfläche der Würze ein fingerbreiter Reif von weißem Schaum, man sagt dann, die Würze setzt an. Dieser Reif wird nun immer breiter, überzieht endlich die ganze Oberfläche der Würze, eine zarte weiße Decke bildend, die Würze rahmt. Vom Boden des Bottichs steigen Bläschen empor, welche an der Oberfläche mit einem eigenthümlichen knisternden Geräusche zerplatzen; die Würze wird trübe, es scheiden sich Stoffe aus, welche zum Theil zu Boden sinken, zum Theil durch die Bläschen von Kohlensäure nach oben geführt werden und hier eine starke, leichte, schaumige Decke bilden, die sich oft einen Fuß hoch erhebt (Obergährung), und die das Ansehen von blendend weißer Wolle oder von Schnee hat, die Würze erhöht sich. Ein in den Bottich gehaltenes Licht erlischt, und es zeigt sich ein stechender Geruch, Beweise, daß die entweichenden Gasbläschen Kohlensäure sind; zugleich erhebt sich die Temperatur in dem Maaße, als die Gährung vorschreitet, und sie ist am höchsten, oft 4 — 6° über die Temperatur des

Lokales, wenn die Gährung den höchsten Punkt erreicht hat *): Das specifische Gewicht der Würze vermindert sich immer mehr, der süße Geschmack verschwindet, und es tritt eine erfrischend geistiger an seine Stelle. Nach und nach wird die Entwicklung von Kohlensäure schwächer, die Decke sinkt ein und wird an ihrer Oberfläche braun gefärbt von den Sauerstoff der Atmosphäre, welcher nun nicht mehr durch die entwickelte Kohlensäure verhindert ist einzuwirken, die Decke löst sich vom Rande des Bottiches ab, sie tritt ab, und die Temperatur der Flüssigkeit setzt sich mit der des Lokales ins Gleichgewicht. Die erste Gährung, die rasche, wie man sie nennen kann, ist nun beendet, das Bier ist reif zum Fassen, auf Fässer gefüllt zu werden.

Bei der Untergährung treten im Wesentlichen dieselben Erscheinungen auf, es bildet sich aber keine starke schaumige Decke von Hefe, sondern nur eine dünne, oft zerrissene Haut von ausgeschiedenen Substanzen, und die Temperatur der gährenden Masse erhebt sich ohngefähr um $3 - 4°$ über die Temperatur des Lokales.

Die Dauer einer gehörig verlaufenden Gährung ist verschieden und kann $4 - 12$ Tage betragen, immer aber wird das Bier um so haltbarer, je langsamer dieselbe regelmäßig, das heißt ohne ins Stocken zu kommen, verläuft. Im Allgemeinen währt die Untergährung längere Zeit als die Obergährung, indeß kann man bei gehöriger Vorsicht auch die letztere $10 - 12$ Tage anhaltend machen.

Ueber die Menge der zur Gährung erforderlichen Hefe sind sehr verschiedene Angaben vorhanden, sie wird fast allgemein zu groß angegeben. Die Menge der zuzugebenden Hefe wird, natürlich bei gleicher Güte derselben, verhältnißmäßig immer kleiner, je mehr Würze in Gährung zu bringen ist, denn je größer die gährende Masse, desto mehr

---

*) Es ist bekannt, daß bei allen chemischen Processen Wärme frei wird, so auch hier.

erhöht sich bei der Gährung die Temperatur, und eine erhöhte Temperatur wirkt ähnlich einer größern Menge Ferment, daher muß man auch bei höherer Temperatur des Gährungslokales in der Würze die Quantität der Hefe vermindern, bei niederer Temperatur sie etwas vermehren.

Für 20 Tonnen einer Würze von 1,060 — 1,090 specifischen Gewicht sind 2 — 3 Quart guter Hefe auf oben angeführte Weise der Würze zugegeben vollkommen hinreichend, ja man kommt oft mit noch weniger aus *). Aber die Hefe muß gut seyn, sie muß dickflüssig, weißlich seyn und einen erfrischend angenehmen Geruch besitzen, nicht aber sauer riechen, und dünne seyn.

Man hat oft vorgeschlagen, zum Anstellen der Bierwürze ein künstliches Gährungsmittel anstatt der Bierhefe anzuwenden, indeß gute Hefe von einem ähnlichen Biere ist durch kein anderes Mittel zu ersetzen, und diese läßt sich auch ziemlich lange Zeit aufbewahren, wenn man das über derselben sich ansammelnde Bier abgießt, oder noch besser abpreßt. Die so trocken aufbewahrte Hefe weicht man einige Zeit vor ihrer Anwendung mit etwas guter gehopfter Bierwürze auf.

Sollte die Hefe durch langes Stehen etwas sauer geworden seyn, so rührt man sie in Wasser, dem man etwas Potasche zugesetzt, läßt sie absetzen, gießt die darüber stehende Flüssigkeit ab, und wäscht die am Boden liegende Hefenmasse mit reinem Wasser aus. Dann rührt man sie mit gehopfter Bierwürze und etwas Zucker an, und setzt sie der in Gährung zu bringenden Würze auf oben beschriebene Weise zu. Eine so verbesserte Hefe wirkt etwas schwä-

---

*) Wenn Hermbstädt und nach ihm Prechtl angeben, auf 100 Maß Würze 1 Quart Hefe zu nehmen, so ist dies offenbar zu viel. Hermbstädt machte bekanntlich seine Versuche mit Quantitäten von 20 — 30 Maaß, zu dieser Menge setzt er eine Obertasse voll Hefe, und berechnete hieraus die für größere Massen erforderliche Menge.

cher, aber sie giebt eine gute regelmäßige Gährung, es muß aber, wenn sauer gewordene Hefe einer solchen Verbesserung fähig seyn soll, die Säurung nicht zu weit vorgeschritten seyn.

Es ist noch zu erwähnen, wie man sich bei einem nicht ganz regelmäßigen Verlaufe der Gährung zu helfen hat. Sollte die Gährung zu stürmisch werden, die Würze zu hoch steigen und sich zu sehr erwärmen, so muß man sie dadurch abkühlen, daß man die entstandene Decke mittelst eines Schaumlöffels entfernt, einige Stücken Eis in die Würze bringt, oder auch nur das Gährungslokal durch Sprengen mit Wasser oder durch hineingestelltes Eis oder kaltes Wasser um einige Grade kühler machen. Sollte hingegen die Gährung zu träge vorschreiten oder gar ins Stocken kommen, so muß etwas von der Würze erwärmt werden, oder man muß die Temperatur des Lokals um einige Grade erhöhen. Sieht man schon vorher, daß wegen zu hoher Temperatur des Lokals, oder der Würze, eine stürmische Gährung erfolgen würde, so kann man dem Hefenansatze, einige Löffel Branntwein, einige Gewürznelken, oder einige Tropfen Gewürznelkenöl zusetzen. Die Gährung wird dann minder stürmisch seyn, weil sowohl Alkohol als auch ätherische Oele die Wirkung des Ferments schwächen, aus letzterem Grunde tritt eine stürmische Gährung weit eher bei hellen und nicht gehopften Würzen als bei dunkeln und stark gehopften ein.

Es giebt übrigens keinen Proceß beim Bierbrauen, auf welchen sich so wenig unmittelbar wirken läßt, als auf die Gährung, und doch hört man so oft das Gegentheil behaupten. Der einzige Punkt, den man genau zu beachten hat, ist die richtige Temperatur, bei welcher die Würze gestellt werden muß. Ist dies geschehen, und hat man gute Hefe genommen, so ist ein guter Verlauf der Gährung stets eine natürliche Folge der zweckmäßigen Ausführung aller vorhergegangenen Operationen, ein schlechter Verlauf die Folge der unzweckmäßigen Ausführung derselben. Ob man aber Ober- oder Untergährung hat, dies hängt im Wesentlichen von der Temperatur beim Anstellen ab.

Sobald nun die Gährung sich, wie angegeben, als beendet zeigt, sobald sich nemlich die Decke gesenkt und vom Rande gelöst hat, ein brennendes Licht über die Würze gehalten nicht mehr verlischt, wird (wenn es Obergährung war) die Decke mit dem Schaumlöffel abgenommen. Sie stellt die Oberhefe dar, und wird zum Anstellen von Bierwürze, Branntweinmeische oder auch von den Bäckern zur Gährung des Teiges benutzt. Für letztere Anwendung entfernt man die beim Anfang der Gährung zuerst emporkommende Hefe, weil diese das auf der Oberfläche der Würze sich befindende Häutchen von ätherischem Hopfenöl enthält und davon sehr bitter schmeckt.

Durch einen einige Zoll über dem Boden des Gährungsbottichs angebrachten Hahn, zapft man das junge Bier auf mäßig große Fässer (etwa 3 Tonnen fassend), und füllt diese damit völlig an. Der am Boden liegende Bodensatz wird ebenfalls herausgenommen, er stellt die Unterhefe dar, die im Ganzen unreiner als die Oberhefe ist, sich nicht zum Backwerk eignet und besonders von den Branntweinbrennern benutzt wird.

Auf diesen Fässern, welche man in einem kühlen Keller auf einen Trog legt, fängt nach ohngefähr 24 Stunden die Gährung von Neuem an, es beginnt die sogenannte Nachgährung, man kann sagen der zweite Grad der Gährung. Aus dem Spundloche des Fasses wird etwas Hefe gestoßen, die an dem Fasse herab nebst zugleich ausgetriebenem Bier in den darunter liegenden Trog fließt, aus dem man sie in ein etwas hohes Gefäß schöpft, um das sich unter der Hefe ansammelnde Bier abzapfen zu können. Anstatt die Fässer auf einen Trog zu legen, kann man sie auch auf ein gewöhnliches Lager bringen, und unter jedes derselben ein kleines Gefäß zum Auffange der ablaufenden Hefe stellen. Dies ist sogar besser, weil die Hefe in dem Troge bei nicht sehr streng gehandhabter Reinlichkeit sauer wird, und dadurch wie auch der Keller eine schlechte Beschaffenheit erlangt. Damit die Hefe vollständig ausgestoßen werden könne, müssen die Fässer voll erhalten werden, man füllt sie deshalb täglich auf, entweder mit dem unter der Hefe sich sammelnden Biere, oder mit einem alten ähnlichen Biere, oder auch mit ausgekochtem und wieder erkaltetem weichen Wasser, und legt zur Erleichterung des Abfließens der Hefe die Fässer so, daß das Spundloch etwas seitwärts kommt. Sobald keine Hefe mehr ausgestoßen wird, sondern sich am Spundloch nur noch ein rahmartiger Schaum zeigt, wird dies von der anhängenden Hefe vollkommen gereinigt (was auch bei dem Auffüllen täglich geschieht), das Faß aufgefüllt abgewaschen und nun fest verspundet. Die Nachgährung ist stärker bei obergährigem als bei untergährigem Biere, ist sie sehr heftig, so wird man nicht leicht ein sehr haltbares Bier erhalten, während wenn sie recht ruhig vorschreitet und nur wenige Hefe auswirft, sicher ein vortrefflich haltbares Bier erzielt wird. Das nun fertige Bier bleibt bis zum Verkauf auf den bei der Nachgährung sich ausgeschieden habenden und fest am Boden sitzenden Hefen. Weil es nicht gut ist, diese aufzurühren, so läßt man die Nachgährung gewöhnlich in dem Lagerkeller selbst vor sich gehen, um das ausgegohrne Bier nicht durch Transportation in ein anderes Lokal zu stören. Sehr substanziöse englische Biere, welche durch Obergährung gewonnen werden, zapft man auch wohl von den Fässern, auf welchen die Nachgährung vorgegangen ist, auf sehr große Lagerfässer von den Unterhefen rein ab. Die Fässer, auf welchen die Biere lagern, werden zur besseren Conservation des Bieres vorher häufig ausgepicht. Das Holz, als sehr poröser Körper, verstattet der Luft den Zutritt zu dem Inhalte des Fasses, das Pech aber, ein nicht poröser Körper, verhindert denselben; außerdem ist das Pech ein schlechter Leiter der Wärme und Nichtleiter der Electricität, es schützt dadurch das Bier vor schnellen Abwechslungen der Temperatur und vor electrischen Einwirkungen, auch trägt das brenzliche Oel des Harzes, von dem sich immer etwas in den Bieren auflös't, zur Haltbarkeit desselben bei.

Die chemischen Veränderungen, welche die Würze bei der Gährung erleidet, sind zum Theil schon beim Ferment und im Eingange dieses Abschnittes angedeutet worden. Ein Theil von dem in der Würze enthaltenen Zucker wird nemlich durch das Ferment in Alkohol und Kohlensäure zerlegt; ersterer bleibt in der Flüssigkeit aufgelös't, letztere ebenfalls theilweise, ein anderer Antheil derselben aber entweicht in Gasgestalt. Außerdem haben sich in dem Maaße, als sich Alkohol bildete, die stickstoffhaltigen Bestandtheile der Würze als neu erzeugtes Ferment, als neu gebildete Hefe ausgeschieden, so daß also, wie früher schon erwähnt, bei der Gährung immer neues Gährungsmittel gebildet wird. Welche Veränderungen das zum Anstellen verwandte Ferment erlitten hat, und wie überhaupt dies bei der Gährung wirkt, darüber weiß man nichts mit Bestimmtheit; indeß scheint ausgemacht, daß es dabei wirklich zersetzt werde, daß es also nicht durch katalytische Kraft (S. 17) allein wirksam ist, und daß eine bestimmte Menge des Ferments stets nur eine bestimmte aber sehr bedeutende Menge Zucker zu zerlegen im Stande ist.

Anstatt der Entstehung des Ferments bei dem Gährungsprocesse, kann man auch eine bloße Ausscheidung desselben annehmen. Es kann nemlich das Ferment schon in dem Getreide enthalten und bis jetzt der Beobachtung entgangen seyn, oder es kann sich aus dem Kleber bei dem Keimprocesse gebildet haben; oder das Ferment kann selbst veränderter Kleber, oder gar kein eigenthümlicher Stoff, sondern ein Gemenge von stickstoffhaltigen und stickstofffreien Substanzen seyn. Daß sich Ferment in der Natur findet, ist bekannt, die Säfte der Trauben und des Obstes kommen von selbst in Gährung; aber auch die Würze, namentlich die zu Weißbieren, kann unter geeigneten Umständen ohne Zusatz von Hefe in geistige Gährung gerathen. Man sieht wie dunkel uns noch der Gährungsproceß ist!

Es ist schon früher erwähnt, daß sich die Gährung der Bierwürze von der Gährung der Flüssigkeiten, aus denen man Branntwein bereiten will, wesentlich dadurch unterscheidet, daß man bei ihr nur einen Theil des Zuckers zersetzt, einen andern Theil aber in der gegohrnen Masse unzersetzt erhält, und daß man diesen Zweck durch eine geringere Menge Ferment und durch eine niedere Temperatur erreicht. Der in dem Biere zurückbleibende Zucker, und die geringe Menge von Ferment, welche dasselbe aufgelös't enthält, unterhalten nun auf den Lagerfässern, fortwährend die Gährung, aber in einem höchst geringen Grade. Durch diese Gährung, die man die unmerkliche oder den dritten Grad der Gährung nennen kann, wird das Bier stets mit Kohlensäure versehen, und sie muß so lange anhalten, als das Bier trinkbar seyn soll.

Das Bier gleicht einem lebenden Wesen, welches zur Nahrung des Alkohols und der Kohlensäure bedarf. Die langsame Gährung ist der Lebensproceß, welche die zur Erhaltung des Bieres erforderlichen Substanzen, den Alkohol und die Kohlensäure, schafft. Erlischt daher dieser Lebensproceß, das heißt, hört diese Gährung auf, so ist das Bier gleichsam todt, es walten in ihm bald andere chemische Kräfte, es wird erst schal (arm an Kohlensäure) und dann sauer, es bildet sich aus dem Alkohol Essigsäure.

Hieraus ergibt sich, daß es für die Güte des Bieres keine Periode des Stillstandes giebt. Während die langsame Gährung auf den Fässern oder auch auf den Flaschen vorschreitet, wird das Bier immer besser und geistiger, sobald aber dieselbe nachläßt, fängt es sofort an sich zu verschlechtern. Da nun die langsame Gährung um so länger anhält, das heißt, um so langsamer verlaufen wird, je niedriger die Temperatur des Lokals ist, in welchem das Bier lagert, so ergiebt sich hieraus von selbst die Nothwendigkeit für Lagerbiere kühle Keller zu haben; daher der große Nutzen der Felsenkeller.

Selbst in dem besten Keller aber muß die langsame Gährung ihr Ende erreichen, und zwar, entweder wenn kein Ferment mehr vorhanden ist, oder nachdem der Zucker vollständig zersetzt ist. Nähert sich das Bier diesem Punkt, so schmeckt es hart, wie man sagt, es wird der geistige bittere Geschmack durch den Geschmack des Zuckers nicht mehr gemildert. Liegt das Bier auf Fässern, so verliert es dann bald die aufgelös'te Kohlensäure, es wird schal, endlich sauer.

Da in Flaschen die Kohlensäure nicht entweichen kann, so wird ein auf diesen lagerndes Bier reicher an Kohlensäure, es wird stärker moussirend, und da dies meist geliebt wird, zieht man die Lagerbiere vor ihrem Ausschenken auf Flaschen, auf diesen schreitet die Gährung ebenfalls fort, und ist die Temperatur des Aufbewahrungsortes zu hoch, die Gährung zu stark, so zersprengt die heftig sich entwickelnde Kohlensäure die Flaschen.

Abgesehen von der niedern Temperatur, wird die langsame Gährung um so länger anhalten können, je mehr Zucker vorhanden ist, welcher zersetzt werden kann, daher muß man die Würze zu Lagerbieren immer stärker machen als zu anderen Bieren, und die Lagerbiere selbst werden um so älter werden können, je stärker dieselben sind.

Alle die Substanzen, welche auf die schnelle Gährung hemmend wirken, als das ätherische Oel des Hopfens, das brenzliche Aroma des Malzes, verzögern auch die langsame Gährung, deshalb werden die Lagerbiere stark gehopft, und die aus stark gedarrtem Malz dargestellten Biere sind fast in der Regel haltbarer, als die aus schwachgedarrtem Malze bereiteten. Aus Luftmalz dargestellte Biere können nur dann gelagert werden, wenn sie eine bedeutende Stärke haben, so daß die Menge des vorhandenen Alkohols und des Zuckers selbst dann zur Erhaltung beitragen *). Ein

---

*) Es ist bekannt, daß concentrirte Zuckrrlösungen nicht leicht verder=

solches sehr haltbares Bier aus Luftmalz, noch dazu größtentheils aus Weizenmalz bereitet, ist das Ale der Engländer.

Es ist nun noch übrig, über die Gährung der Würze zu den sogenannten Schmalbieren, zu den Bieren, welche schnell weggetrunken werden, zu sprechen. Diese Biere, welche bei zweckmäßiger Bereitung und Behandlung einen gesunden und angenehmen Haustrunk gewähren, trifft man häufig von so schlechter Beschaffenheit, daß der bloße Anblick derselben Ekel erregt.

Die Würze zu diesen Bieren erhält man, wie früher gezeigt, entweder dadurch, daß man beim Meischen starke Güsse macht, oder daß man bei der Darstellung von Lagerbieren den zweiten auch wohl noch den dritten Guß dazu verwendet. Das specifische Gewicht derselben kann 1,035 bis 1,050 betragen. Nimmt man sie noch leichter, so erhält man ein wässeriges schlechtes Getränk, den Convent oder Covent.

Die Würze wird auf den Kühlschiffen nur auf 20° bis 14° R. abgekühlt, je nach der Temperatur der Luft; im Winter um so näher der ersten Zahl, je kälter diese ist, im Sommer um so näher der letzten, je wärmer dieselbe ist. Sobald die Würze die erforderliche Temperatur erreicht hat, bringt man sie von den Kühlschiffen in den Gährungsbottich, der sich in dem Gährungskeller befindet, bei günstiger Jahreszeit aber auch wohl in einen in dem Brauhause stehenden Bottich, und versetzt sie in diesen mit der Hefe, die man auf oben S. 86 beschriebene Weise mit einigen Eimern wärmerer Würze, etwa eine Stunde vorher, gemischt hat.

Die Gährung beginnt wegen der höhern Temperatur und wegen der größern Menge von Hefe, welche man zu nehmen pflegt, sehr schnell, und der erste Grad derselben, die rasche Gährung ist gewöhnlich schon nach 10—16 Stunden beendet. Man nimmt dann die obenauf schwimmenden

---

ben, daher macht man Früchte u. s. w. in Zucker ein; Alkohol wirkt auf ähnliche Weise conservirend.

Hefen ab (diese schnelle Gährung ist immer Obergährung) und verzapft das junge Bier, das noch ganz süß wie reine Würze schmeckt, an die Käufer, welche in ihrer Behausung die Nachgährung auf Fässern oder unzweckmäßig auf Flaschen vor sich gehen lassen.

Wird das Bier nicht von dem Stellbottich weg verkauft, so bringt man es auf Fässer, legt diese in dem Keller etwas schräg auf ein Lager und läßt hier die Nachgährung verlaufen, mit derselben beim Lagerbier angegebenen Vorsicht, die Fässer täglich aufzufüllen, um das Ausfließen der Hefe zu erleichtern. Sobald keine Hefe mehr ausgetrieben wird, verkauft man es nun schnell vom Fasse weg, oder man spundet die Fässer zu, läßt sie einen oder zwei Tage in Ruhe, zapft das Bier dann auf Flaschen, auf welchen es wegen der hier rasch vorschreitenden langsamen Gährung nach einigen Tagen stark moussirend wird, und sich auf denselben 8 Tage bis 4 Wochen lang trinkbar erhält. In einigen Brauereien läßt man auch die erste Gährung auf Fässern vorgehen; man bringt dann die in einem Bottiche mit dem Hefensatze vermischte Würze sogleich auf die Fässer und legt diese in den Keller auf einen Trog; es wird dann natürlich eine sehr bedeutende Menge Hefe ausgestoßen, und man muß um so mehr darnach sehen, daß die Fässer durch Nachfüllen voll erhalten werden.

Man sieht, daß die Gährung der Schmalbierwürze sich von der Gährung der Lagerbierwürze durch ihren raschen Verlauf unterscheidet, dieser wird durch die höhere Temperatur beim Anstellen, und durch das größere Verhältniß des Ferments zum Zucker herbeigeführt. Wegen des geringen Gehaltes an Zucker und des vielen Ferments wird auch die langsame Gährung auf Flaschen bald beendet, das heißt, es wird sehr bald aller noch vorhandener Zucker in Alkohol und Kohlensäure zerlegt. Bei der Schnelligkeit der Gährung und der hohen Temperatur sammelt sich in diesen Bieren, während sie auf Fässern liegen, nur sehr wenig Kohlensäure an, sie besitzen einen faden süßlichen, nicht angenehmen Geschmack; man trinkt sie daher nie vom Fasse weg, sondern läßt sie stets auf Flaschen moussirend werden.

Man wird leicht erkennen, daß es ganz in der Macht des Brauers liegt, Bier von irgend einer beliebigen Haltbarkeit zu erzielen; er hat nur nöthig, die Gährung langsam vorschreiten zu lassen. Wodurch dieser Zweck erreicht wird, ist hinlänglich erörtert. Daher kann derselbe bei vorsichtiger Behandlung und bei Anwendung von etwas Hopfen recht gut ein Schmalbier darstellen, was 4 — 6 Wochen, selbst noch länger, trinkbar bleibt. Die Gewohnheit an einem Orte muß, wenn sie eine auch noch so schlechte ist, leider aber den Brauer oft bestimmen, ein Bier zu brauen, was nach einigen Tagen schon in Essig sich umwandelt, und in vielen Gegenden wird das beste vom Brauer dargestellte Bier durch die Behandlung in den Privathäusern verdorben.

Anstatt nemlich das nach Beendigung der ersten Gährung aus dem Brauhause geholte Bier auf Fässern im Keller gehörig aufstoßen, das heißt nachgähren zu lassen, wie vorhin angegeben ist, und dann es auf Flaschen zu ziehen, füllt man das junge, eben aus dem Brauhause kommende Bier sogleich auf Flaschen, verkorkt diese entweder sofort oder läßt sie erst einige Zeit offen stehen (oft auf dem Feuerheerde oder in der Sonne), damit die Hefe ausgestoßen werde. Auf den Boden der Flaschen setzt sich hierbei aber ebenfalls eine bedeutende Menge Hefen ab, welche nun die Gährung fortwährend mit Heftigkeit unterhält und das Bier nach einigen Tagen sauer macht. Oeffnet man eine solche Flasche mit Bier, so reißt die in großer Masse sich entwickelnde Kohlensäure den Bodensatz von Hefen empor, und man hat ein trübes widriges Getränk, das wegen des Bodensatzes nur zur Hälfte trinkbar ist. Oft muß man sich sogar beim Einschenken durch einen im Halse der Flasche sitzenden Propf von Oberhefen und Unreinigkeiten durcharbeiten, ehe das Bier zum Ausfließen aus der Flasche gebracht werden kann *).

Die Bestandtheile des fertigen Bieres, sey es nun Lagerbier oder einfaches Bier, sind vorzüglich Alkohol (Weingeist), Zucker, Gummi, Kohlensäure; ferner noch etwas Eiweiß, Kleber und Ferment, Bitterstoff und Aroma des Hopfens und die früher schon erwähnten Salze der Getreidekörner. Während alle die verschiedenen Biere qualitativ im Wesentlichen dieselbe Zusammensetzung haben, unterscheiden sich dieselben aber ungemein in Hinsicht der Quantität der Bestandtheile. Ein je größeres specifisches Gewicht die Würze vor der Gährung zeigte, desto mehr Alkohol enthalten sie bei regelmäßig verlaufener Gährung nach derselben, und da der Alkohol das berauschende Princip ist, so nennt man die alkoholreichen Biere, starke Biere. Hierher gehören die Lagerbiere, deren Haltbarkeit eben mit durch die größre Menge des Alkohols bedingt wird. Die Menge des Alkohols ist im Allgemeinen um so bedeutender, je älter die=

---

*) Man sollte kaum glauben, daß ein solches unzweckmäßiges Verfahren noch irgendwo ausgeübt werde, und doch ist es so. Im Braunschweigischen und in einigen Gegenden Preußens findet man in Privathäusern nun so auf Flaschen aufgestoßenes, noch dazu mit gleichen Theilen Wasser versetztes Bier, das entweder so widrig süß schmeckt, ohne zu moussiren, oder stark moussirt und dann gewöhnlich schon säuerlich ist, und sich nicht länger als 3 — 4 Tage trinkbar erhält. Nur bei Brauern habe ich gut behandelte Schmalbiere gefunden. In Sachsen aber läßt jede Hausfrau das nach der beendeten schnellen Gährung ihr in Fässern ins Haus gebrachte Bier im Keller auf einem Lager vollkommen ausgähren, aufstoßen, wobei sie Sorge trägt, täglich das Faß aufzufüllen. Erst nachdem das Aufstoßen aufhört, wird das Bier auf sorgfältig gereinigte Flaschen gefüllt, worauf es dann nach Verlauf von 6 — 8 Tagen trinkbar wird und dann 8 — 14 Tage trinkbar bleibt. So behandeltes Bier ist bis auf den letzten Tropfen klar.

Bierbrauerei.

selben geworden sind, ohne verdorben zu seyn, und je größer die Menge desselben wird, desto kleiner wird natürlich das specifische Gewicht des Bieres. So gut man daher auch durch einen Aräometer die Stärke der Würze bestimmen kann, so wenig kann man durch denselben (durch das specifische Gewicht) die Stärke eines Bieres beurtheilen; denn ein starkes vollkommen ausgegohrnes Bier kann dasselbe specifische Gewicht zeigen, wie ein schwaches unvollkommen ausgegohrnes Bier. Um genau den Alkoholgehalt eines Bieres zu erforschen, muß eine gewogene Menge desselben der Destillation unterworfen und aus dem specifischen Gewichte des Destillates der Alkoholgehalt desselben berechnet werden (Tabelle hierüber siehe Branntweinbrennerei.).

Wie viel Alkohol sich bei der Gährung in einer Würze von bestimmten specifischem Gewicht bildet, wird aus folgender, von Schubarth entlehnten Tabelle hervorgehen *).

Am Sacharometer zeigt

Würze im Kühlschiffe Procent	Bier nach der Gährung im Bottich Procent	Nach 6 Monaten auf den Lagerfässern Procent
28,4	13,4	9,2
25,12	11,1	7,2
22,14	9,4	6,2
17,8	8,2	3,25

Da nun einige von den bei der Gährung verschwundenen Procenten der festen Bestandtheile für die ausgeschiedene Hefe und Unreinigkeiten gerechnet werden müssen, und da der entstandene Alkohol das specifische Gewicht etwas verkleinert, so wird man ohngefähr ¾ derselben als durch die

---

*) Die Tabelle, welche die diesen Procenten entsprechenden specifischen Gewichte angiebt, siehe oben Seite 67.

Gåhrung zerlegten Zucker in Rechnung bringen können, und da ein Procent Zucker ziemlich ½ Procent Alkohol giebt, so läßt sich leicht aus dem verringerten specifischen Gewichte der Alkoholgehalt ermitteln.

Umgekehrt wird man leicht berechnen können, wie stark man die Würze machen muß, um Bier von einem bestimmten Alkoholgehalt darzustellen; man darf nur, wie obige Tabelle zeigt, berücksichtigen, daß bei der Bottichgåhrung ohngefähr $4/5$ von dem Procentgehalte der Würze auf den Kühlschiffen verschwinden, und von den noch übrigen Procenten nach sechsmonatlichem Lagern etwa noch der vierte oder dritte Theil.

3. B. Die Würze, welche auf dem Kühlschiffe 22,14 Procent an Malzertract (ohngefähr 1,095 specifisches Gewicht am Sacharometer) zeigt, und nach voriger Tabelle durch die Bottichgåhrung über 12,5 Procent verliert, wird dann $\frac{12,5 \times 3/4}{2}$, also 4,7 Procent Alkohol, nach 6 Monaten ohngefähr 6 Procent Alkohol enthalten. Zu einem Biere, welches 3½ — 4 Procent Alkohol enthalten soll (wie die gewöhnlich baierschen Biere), muß also die Würze auf dem Kühlschiffe ohngefähr 15 Procent oder 1,055 — 1,065 am Sacharometer zeigen. In den starken englischen Bieren kommen gegen 9 Procent Alkohol, in den gewöhnlichen Lagerbieren 3½ — 5½ Procent, in den einfachen Bieren 1½ — 3 Procent Alkohol vor.

So verschieden der Gehalt an Alkohol in den verschiedenen Arten des Bieres ist, so verschieden ist auch ihr Gehalt an Kohlensäure. Die ruhig und vollkommen ausgegohrenen Lagerbiere, besonders die untergährigen, enthalten nur eine mäßige Quantität dieser gasförmigen Säure, während die auf Flaschen gezogenen einfachen Biere oft eine sehr bedeutende Menge enthalten. Wegen dieses großen Gehaltes an Kohlensäure blähen diese moussirenden Biere den Magen auf; man vermischt sie deshalb vor dem Trinken häufig mit Zucker, durch welchen ein großer Theil der Kohlensäure ent=

wickelt wird, wonach sie natürlich weniger aufblähend wirken können.

Eine andere Verschiedenheit der Biere wird durch die Quantität des in denselben unzersetzt gebliebenen Malzextracts bedingt. In je größerer Menge sie dies enthalten, desto dickflüssiger sind sie, desto mehr sättigen sie. Dergleichen an Malzextract reiche Biere nennt man gewöhnlich substanziöse Biere, es gehören hierher die starken englischen Biere, Porter und Ale, und die weltbekannte braunschweigische Mumme kann als vorzügliches Muster dieser Art von Bieren dienen. Auch unter den einfachen Bieren, welche man nicht gehörig hat ausgähren lassen, findet man substanziöse Biere; so gehört das dunkelbraune braunschweigische Süßbier, bei welchem man, um es süß und dick (kraftvoll, wie die Leute sagen) zu erhalten, die Gährung bald unterbricht, zu dieser Classe von Bieren.

Die Menge des Malzextracts, welches man durch Abdampfen der substanziösen Biere erhält, beträgt zwischen 8 bis 15 Procent.

Die nach vollendeter Gährung nur wenig Malzextract enthaltenden Biere nennt man gewöhnlich trockne Biere; sie sind in der Regel heller und sättigen nicht sehr. Die baierschen Biere gehören zu dieser Classe. Beim Abdampfen erhält man 4 — 6 Procent feste Substanz.

Starke, das heißt alkoholreiche, und zugleich substanziöse Biere erfordern, wie leicht einzusehen, die größte Menge Malz; starke und nicht substanziöse Biere erfordern aber nicht mehr als schwache und substanziöse Biere. So macht man zu dem dicken braunschweigischen Schmalbiere die Würze fast eben so schwer, als zu den baierschen Bieren. In den Privathäusern verdünnt man dieses Bier aber oft mit gleichen Theilen Wasser.

So wie man in älteren Zeiten den substanziösen Bieren den Vorzug einräumte, hat sich in neuerer Zeit die Mode, zum Vortheil der Bierwirthe, zu den trocknen, man kann sagen weinartigen Bieren gewendet.

Um die Menge des in einem Biere enthaltenen Malz=
extracts zu bestimmen, kann man eine gewogene Menge des=
selben eindampfen und den vollkommen trocknen Rückstand
wägen, indeß kann man denselben Zweck auf noch leichtere
Weise erreichen. Man wäge oder messe sich eine bestimmte
Quantität des Bieres ab, koche es zur völligen Verflüchti=
gung der Kohlensäure und des Alkohols bis ohngefähr zur
Hälfte ein, und verdünne es dann mit so viel reinem Was=
ser, daß man das abgewogene Gewicht oder abgemessene
Volumen wieder erhält. Man hat nun gleichsam eine Bier=
würze, welche mit dem Sacharometer auf das specifische Ge=
wicht geprüft werden kann, woraus man dann nach der
S. 67. aufgeführten Tabelle den Gehalt an Extract in Pro=
centen findet.

Zenneck hat eine besondere Tabelle für diese Art der
Bestimmung des Malzextracts gegeben, die ich hier ebenfalls
im Auszuge mittheile.

Procentgehalt des von Kohlensäure und Alkohol befreiten
und auf sein ursprüngliches Volumen zurückgebrachten
Bieres an Masse. Bei 10° R.

Specifisches Gewicht.	Procentgehalt.
1,0114.	3,0.
1,0134.	3,5.
1,0155.	4,0.
5,0176.	4,5.
1,0197.	5,0.
1,0219.	5,5.
1,0241.	6,0.
1,0261.	6,5.
1,0282.	7,0.
1,0303.	7,5.

Eine der vorzüglichsten Eigenschaften eines guten Bieres
ist vollkommene Klarheit. Trübes Bier hat schon durch sein

unangenehmes Aeußere den Geschmack des Trinkers zu seinem Nachtheile gestimmt. Wenn sämmtliche beim Brauprocesse vorkommenden Operationen zweckmäßig ausgeführt worden sind, und die Umstände nicht ganz ungünstig waren, so wird das Bier nach beendeter Nachgährung vollkommen klar. Sollte dies indeß nicht der Fall seyn, so muß man zu Klärungsmitteln seine Zuflucht nehmen. Unter diesen verdient die Hausenblase *) den Vorzug. Man arbeitet mit ihr auf folgende Weise: Sie wird, um sie leicht zerschneidbar zu machen, ohngefähr 24 Stunden in weiches Wasser gelegt, nachdem sie vorher breit geklopft worden, wenn sie hufeisenförmig war. Nach dieser Zeit zerschneidet man sie in kleine Stücken, giebt diese in einen reinen Steintopf, übergießt sie mit etwas Wein oder sehr schwachen Branntwein, und läßt sie in gelinder Wärme sich auflösen, was bei öfterm Quirlen oder Rühren nach einigen Tagen geschieht. Auf 2 Loth Hausenblase kann man 1—2 Maaß des Auflösungsmittels rechnen, weniger, wenn die Auflösung bei höherer Temperatur vorgenommen wird, wo sie dann beim Erkalten zu einer Gallerte gerinnt.

Zu der zum Klären erforderlichen Menge dieser Auflösung mischt man, nachdem sie erwärmt worden, nach und nach in einem geräumigen Gefäße mittelst eines Schaumbesens oder Quirls einige Maaß des zu klärenden Bieres, giebt dann dies Gemisch zu dem übrigen zu klärenden Biere und vereinigt es durch Schütteln und Rollen der Fässer recht innig mit diesem. Nach einiger Zeit wird sich die Hausenblase in Verbindung mit den trübenden Stoffen zu Boden gesenkt haben, man zapft dann das klare Bier sogleich ab. Die trüben Rückstände aus mehreren Fässern kann man zusammen auf ein kleines Faß bringen und von

---

*) Die Hausenblase ist die getrocknete Schwimmblase mehrerer Störarten, namentlich des gemeinen Störs und des Hausens, Fische, die sich besonders im schwarzen und kaspischen Meere und in den sich in diese ergießenden Flüssen finden.

diesen nach einigen Tagen noch etwas klares Bier erhalten.

Die zum Klären erforderliche Menge Hausenblase richtet sich nach der Stärke der Trübung; man kann auf 3 Tonnen Bier 1 — 3 Loth derselben rechnen.

Ueber die Wiederherstellung eines verdorbenen Bieres läßt sich nicht viel sagen. Ist das Bier schal geworden, was, wie oben bemerkt, darin seinen Grund hat, daß entweder durch große Kälte, oder durch Mangel an Ferment die langsame Gährung aufgehört hat, so soll man durch einen wärmern Lagerort oder durch Hineinwerfen einiger Weizenkörner dieselbe wieder beginnen machen. Wahrscheinlich würde das Beste seyn, ein solches Bier einem andern eben vom Gährungsbottiche kommenden Biere zuzusetzen.

Sauer gewordenes Bier soll dadurch verbessert werden können, daß man atmosphärische Luft mittelst eines Rohres und eines Blasebalges durch dasselbe treibt; diese soll sich nemlich bei dem Durchgange durch das Bier mit der Essigsäure desselben beladen. Zweckmäßiger ist es, ein solches Bier zu Bieressig zu benutzen. Eine Spur Säure (ein Stich) läßt sich durch Ausspühlen der Fässer und Flaschen mit verdünnter Potaschenlösung (auf das Quart Wasser 1 Loth Potasche) entfernen. Aber alle durch künstliche Mittel verbesserten Biere halten sich nicht lange, und müssen deshalb so schnell als möglich getrunken werden.

Sollte sich, während die Würze noch auf dem Kühlschiffe steht, wegen ungünstiger Umstände beim Meischen oder Abkühlen, befürchten lassen, daß sie ein leicht säuerndes Bier geben wird, so bereite man sich eine Abkochung von Hopfen, setze derselben auf das Maaß 1 Loth Potasche zu und gebe von diesem Gemische der von dem Kühlschiffe kommenden Würze, also vor der Gährung derselben, auf die Tonne $\frac{1}{4}$ — $\frac{1}{2}$ Quart zu.

Ehe ich nun die specielle Anweisung zum Brauen einiger Biersorten gebe, will ich noch einmal zur bessern Uebersicht, und da manches Frühere erst durch das Spätere verständlich geworden, in gedrängter Kürze Alles das anführen, worauf man zur Gewinnung eines guten Bieres besonders Rücksicht nehmen muß.

Man nehme zum Brauprocesse nur das gesundeste, beste, dünnhülsige Getreide, reinige es vor dem Einquellen sorgfältig von fremden Sämereien, und entferne die beim Einquellen schwimmenden Körner und die Spreu. Man erneuere das Weichwasser lieber öfter, als zu selten, besonders im Sommer, und lasse die Körner eher etwas zu wenig, als zu viel weichen.

Die auf der Wachstenne befindlichen Malzhaufen werden recht oft umgeschaufelt und ausgezogen, man lasse die Temperatur in derselben nie sehr bemerkbar hoch werden, denn es bringt nur Nachtheil, wenn die Temperatur zu hoch in demselben sich steigert, aber keinen Nachtheil, wenn man die Haufen umsticht, ohne daß bemerkbare Temperaturerhöhung sich zeigt, und man erreicht dann, daß die Keime in der möglich längsten Zeit die erforderliche Länge erhalten, was wegen vermehrter Zuckerbildung vortheilhaft ist.

Das gehörig gewachsene Malz mache man, wenn es die Jahreszeit gestattet, immer lufttrocken, ehe man es auf die Darre bringt; kann dies aber nicht geschehen, so halte man die Temperatur der Darre anfangs recht niedrig, und suche das Trocknen des Malzes durch oft wiederholtes Umschaufeln und durch dünnes Aufstreuen möglichst zu befördern. Bei dem Darren gilt dasselbe, was bei dem Wachsen empfohlen wurde; man lasse nemlich das Malz in recht langer Zeit die gewünschte Farbe auf der Darre erlangen, es entsteht dann bei weitem mehr Gummi und Zucker, als wenn man die Farbe durch kurze Zeit anhaltende stärkere Hitze hervorbringt. Man mache sich zur Regel, das Malz im Allgemeinen nicht dunkler als bernsteinfarbig zu darren, und zu sehr dunkeln Bieren die Farbe durch Zusatz von etwas stark gedarrtem Malze hervorzubringen, wie man überhaupt aus Gemischen von verschiedenfarbigen Malzen die schönsten Biere erhält. Das gedarrte Malz reinige man von den noch anhängenden Keimen durch Abtreten u. s. w. recht sorgfältig.

Das vorher mit nicht zu viel Wasser genetzte Malz lasse man zwischen scharfen Steinen oder weit zweckmäßiger zwischen Walzen schroten, und sehe dahin, daß dasselbe sich dabei so wenig als möglich erwärme.

Bei dem Einteigen sowohl als bei dem Meischen wende man besondere Aufmerksamkeit auf die Temperatur des Wassers. Dies muß zum Einteigen im Winter ohngefähr 50°, im Sommer 42°, durchschnittlich aber 48° R. warm seyn. Nach dem Meischen muß die Temperatur der Masse ohngefähr 54° R. betragen. Hat man daher einen starken Guß zu machen, so teige man etwas kälter ein, und kühle das kochend heiße Meischwasser durch einige Eimer kaltes Wasser auf 75° R. ab. Für Weißbierwürze (von Luftmalz) halte man die Temperatur stets um einige Grade niedriger, weil bei diesem die Meische leicht kleisterartig wird. Zu dem Meischprocesse selbst stelle man so viel Arbeiter an, als irgend ohne gegenseitige Störung Platz haben, damit die Masse recht tüchtig durchgearbeitet werde.

Kocht man die Meische, so verfahre man ganz so, wie ich früher beschrieben; man teige und meische erst in dem Bottiche, bringe dann die Meische in die Pfanne, halte sie hier einige Zeit in der der Zuckerbildung günstigsten Temperatur und lasse sie dann 10 — 20 Minuten gelinde aufkochen.

Bei dem Meischprocesse ist im Allgemeinen Schnelligkeit zu empfehlen; man bringe die Würze schnell von den Trebern und sobald als möglich in die Pfanne zum Kochen, daher ist es von dem größten Vortheil, zwei Pfannen zu haben. Zu Lagerbieren benutze man nur die erste Würze, die übrige zu Schmalbieren, welche bald vertrunken werden. Das Kochen setze man nicht länger fort, als es eben nöthig ist, die Würze klar zu machen, nur sehr dunkle Biere erfordern ein etwas längeres Kochen; man bedenke aber immer, daß durch sehr anhaltendes Kochen von den sich anfangs ausscheidenden Substanzen wieder etwas gelöst wird.

Das Abkühlen werde so viel als möglich beschleunigt,

man bringe deshalb die Würze nicht höher als 2 — 3 Zoll hoch in die Kühlschiffe, und wähle die Nachtstunden oder die frühesten Morgenstunden dazu; das Kühlschiff stelle man aber an dem günstigsten Platze auf, der sich dafür finden läßt.

Man beachte genau die Temperatur, bei welcher die Würze gestellt werden muß, gewöhnlich ist dieselbe für oberjährig Lagerbier 10 — 11°, für unterjähriges Lagerbier 8 — 9° R., und nehme vollkommen gute säurefreie Hefe von einem ähnlichen Biere und bei einer ruhigen Gährung entstanden, wo dann ebenfalls eine ruhige Gährung zu erwarten ist. Das Gährungslokal und der Lagerkeller sey trocken und nicht dumpfig, sie dienen nicht zugleich als Aufbewahrungsort für Kartoffeln, Gurken, saurem Kohl oder Käse.

Die Fässer, in denen das Bier gähren oder lagern soll, reinige man vor ihrer Anwendung aufs sorgfältigste; man lasse den einen Boden des Fasses herausnehmen und bürste die Wände mit reinem Wasser, dem man etwas Kalkwasser zusetzen kann; sauer und dumpfig riechende Fässer müssen mit Holzkohle, etwas Asche und reinen Sand gereinigt werden.

Ueberhaupt ist pedantische Reinlichkeit ein Haupterforderniß zur Darstellung eines guten Bieres. Sämmtliche Bottiche, Pfannen und Kühlschiffe sind nach jedesmaligem Gebrauch mit heißem Wasser und etwas Kalkwasser auszuscheuern; die Arbeiter müssen bei dieser Arbeit mit reinlichen Holzschuhen in die zu reinigenden Gefäße treten, und mittelst eines stumpfen Besens alle Ecken und Fugen ausfegen und auskratzen; zuletzt werden dieselben mit reinem kaltem Wasser ausgespühlt.

Der steinerne Boden des Brauhauses muß etwas schräg seyn, damit er mit vielem Wasser förmlich ausgeschwemmt werden kann und keine Pfützen stehen bleiben. Besondere Sorgfalt ist auf den Würzbrunnen zu verwenden, bei dem wegen seiner tiefen Lage die Reinigung ziemlich beschwerlich ist. Daher findet sich zweckmäßig neben demselben noch eine

Oeffnung in der Erde, deren Boden etwa einen Fuß tiefer, als der des Würzbrunnens liegt, so daß man nun bequem dicht über dem Boden des Würzbrunnens einen Hahn anbringen und das Ausspühlwasser in der Oeffnung in Eimern auffangen kann.

Es gehört in das Gebiet der landwirthschaftlichen Baukunst, die zweckmäßigste Anlage einer Brauerei zu lehren. Wenn nicht ein eigenes Gebäude dazu errichtet wird, läßt sich nur sehr Allgemeines über diese Anlagen sagen. Vor allen Dingen sorge man dafür, daß das Wasser ganz in der Nähe sey und mittelst Pumpen nach allen Theilen der Brauerei gebracht werden kann. Die Pfannen lege man etwas hoch an, damit man durch Rinnen das heiße Wasser derselben in die Bottiche leiten kann. Ueberhaupt sorge man dafür, daß man nicht nöthig hat, die Flüssigkeiten zu tragen, sondern daß diese mittelst zweckmäßig angebrachter Pumpen und Rinnen überall hingebracht werden können. Auf diese Weise z. B. die Würze aus dem Würzbrunnen in die Pfanne und auf die Kühlschiffe, aus den Kühlschiffen nach dem Gährungsbottiche. Welche Beschaffenheit das Wachslokal, der Gährungs= und Lagerkeller haben müssen, ist schon früher genügend gelehrt worden.

Man will vielfach die Erfahrung gemacht haben, daß durch das Aufführen oder Abreißen eines in der Nähe der Brauerei gelegenen Gebäudes, oder überhaupt durch eine wesentliche Veränderung der Umgebung in Brauereien nicht mehr so gutes Bier gebraut werden konnte, als vorher, und daß man die, manchen Städten eigenthümlichen Sorten Biere, nicht eben so gut in anderen Städten brauen könne. Die meisten dieser Erfahrungen datiren sich aber aus sehr alten Zeiten, in denen man dergleichen Behauptungen leichter Glauben schenkte, als es jetzt geschieht. Viele dieser Erfahrungen können indeß recht wohl begründet seyn; so kann leicht durch Aufführung eines hohen Gebäudes in der Nähe der Brauerei der Luftzug gehemmt und dadurch die Abkühlung langsamer geworden seyn, und oft kann die Nähe großer steinerner Gebäude einen Luftzug bewirkt haben, der die Abkühlung beschleunigte. Nun ist es aber bekannt, daß schnelle Abkühlung vom größten Einfluß auf die Beschaffenheit des Bieres ist *).

Daß übrigens die Lage eines Orts der Erzielung eines guten Bieres weit günstiger ist, als die eines andern, leidet keinen Zweifel; so ist z. B. München durch seine bedeutende Höhe über dem Meere, also den niederen Barometerstand, und durch die Nähe erkältender Gebirge zum Bierbrauen ganz besonders geeignet, und so werden alle hochliegenden gebirgigen Orte es mehr seyn, als niedere, weil der Mangel an guten Kellern in den letzteren der Aufbewahrung der Lagerbiere ein fast unübersteigliches Hinderniß entgegensetzt. Auch die zum Bierbrauen erforderlichen Materialien können nach der Gegend, in welcher sie gewachsen, dem Biere eine Eigenthümlichkeit geben, vielleicht so, wie die Lage des Weinberges und der Boden den Trauben eine eigenthümliche Beschaffenheit zu ertheilen im Stande ist; und auch die Zusammensetzung des Wassers kann eine, wenn auch nicht beträchtliche Wirkung auf die Beschaffenheit des Bieres haben.

Im Allgemeinen aber wird man zugestehen müssen, daß, wenn anders die Verhältnisse nicht ganz eigenthümlicher ungünstiger Art sind, an jedem Orte ein gutes Bier dargestellt werden kann, und daß die Eigenthümlichkeit der Biere von den manchen Gegenden oder mancher Brauerei eigenthümlichen Verfahrungsarten beim Malzen, Meischen, Gähren u. s. w. abhängig ist **).

---

*) Wenn ich in die geräumigen steinernen, der Gesundheit gefährdenden Kirchen getreten bin, ist mir oft der Gedanke aufgestiegen, welch vortreffliches Lokal zum Abkühlen der Bierwürze; ja schon in der Nähe der Mauer eines solchen massiven Gebäudes herrscht eine zum Abkühlen höchst geeignete Temperatur und ein vortrefflicher Luftzug. Die Bauart der Klöster kann leicht die Ursache gewesen seyn, daß man in diesen in früheren Zeiten so vortreffliche Biere braute.
**) Ist doch das Brot von zwei Bäckern fast niemals im Geschmack sich gleich.

Auch in Braunschweig wird ein ehemals sehr berühmtes Bier eigenthümlicher Art gebraut, nemlich die **Mumme**. Ich wüßte aber keinen Umstand, der hinderlich seyn könnte, daß dies substanziöse Bier nicht auch an anderen Orten eben so gut gebraut werden könnte. Aber die Mumme muß aus Braunschweig seyn, so gut wie der **Duckstein** aus Königslutter, oder **Kurz** von Nürnberg und der **Bock** von München kommen muß.

Es ist schon oben oft erwähnt worden, daß die für den Brauproceß günstigste Temperatur eine nicht zu hohe und nicht zu niedere ist, daher ist das Bier kein Getränk der wärmeren und sehr kalten Gegenden; und die günstigsten Jahreszeiten zum Brauen sind das Frühjahr und der Herbst. In diesen Jahreszeiten malzt sich das Getreide am besten (weil sie die von der Natur bestimmten Zeiten des Keimens sind), die Würze kühlt am schnellsten und die Gährung verläuft am regelmäßigsten, deshalb benutzt man auch allgemein dieselben zur Darstellung von Malz und der besten Biere.

Zum Beschlusse mögen die speciellen Angaben zur Bereitung verschiedener **Biersorten** folgen, damit der Leser für das Quantitative der Materialien einige festere Anhaltspunkte bekomme *).

Gewöhnliches Braunbier. 22 Tonnen Wasser in die Pfanne. 5 Centner (10 Scheffel) braungelbes Gerstenmalzschrot mit 5½ Tonnen Wasser von 48° geteigt; nach einer Stunde der erste Guß mit 10 Tonnen Wasser von 78° R., nach ⅝ Stunden die erste Würze gezogen, dann der zweite Guß mit 6 Tonnen Wasser von 60° R. (das Wasser in der Pfanne war wegen Entfernung des Feuers nach dem ersten Gusse auf diese Temperatur herabgekommen). Die erste Würze, welche fast 1,045 zeigte, in der Pfanne

---

*) Fast alle diese Biere, bis auf das baiersche, wurden, als ich in Althaldensleben war, daselbst gebraut. 1 Tonne = 100 preuß. Quart.

zum Kochen; nach einiger Zeit die zweite Würze abgelassen, sie zeigte nicht ganz 1,030, ebenfalls in die Pfanne, zu der ersten Würze; 5 Pfund Hopfen und 2 Pfund Salz zugegeben und bis auf 1,045 gekocht, wo 15 Tonnen auf die Kühlschiffe gebracht wurden (die Würze hatte im Ganzen etwa 3 Stunden gekocht). Nachdem die Temperatur auf 24° R. gesunken, wurde eine Tonne mit 2 Maaß Hefen angestellt, und dies bald in Gährung gekommene Gemisch der übrigen Würze bis + 16° R. zugesetzt.

Weißbier (in Althaldensleben unter dem Namen Breihahn). 23 Tonnen Wasser in den Kessel. 5 Centner Schrot, aus 4½ Scheffel hellem Weizenmalz und 4 Scheffel hellem Gerstenmalz bestehend, mit 6 Tonnen Wasser von 40° R. geteigt; sobald das Wasser kochte, der erste Guß mit 10 Tonnen Wasser von 78° R.; nach einer Stunde die Würze abgelassen, dann der zweite Guß mit 7 Tonnen Wasser von 48° R. Die erste Würze von 1,040 specifischem Gewicht in die Pfanne, nach einer halben Stunde auch die zweite Würze von 1,025 specifischem Gewicht, 2 Pfund Salz zugegeben; nach dreistündigem Kochen zeigte die Würze in der Pfanne ein specifisches Gewicht von 1,040; es waren 16 Tonnen, welche auf die Kühlschiffe gepumpt wurden. Bei 18° R. (wegen bedeutender Kälte), wie beim Braunbier gegeben, mit 2 Maaß gestellt.

Porter. Beide Pfannen (oder Kessel) mit Wasser gespeis't. 30 Centner Schrot von braungelbem Gerstenmalz mit 22 Tonnen Wasser von 48° R. geteigt; nachdem das Wasser kochte der erste Guß mit 25 Tonnen Wasser von 78° R., tüchtig gemeischt; nach 1½ Stunden der Zapfen gezogen, um die erste Würze abzulassen; sie zeigt 1,070 specifisches Gewicht. Diese sogleich in die erste gereinigte Pfanne gebracht (31 Tonnen), langsam angewärmt und gekocht. Aus der zweiten Pfanne der zweite Guß mit 28 Tonnen Wasser von 48° R.; nach einer Stunde die zweite Würze gezogen (1,040 specifisches Gewicht), nach der zweiten Pfanne gebracht und erhitzt. 7 Tonnen kaltes Wasser auf die Trebern gegeben zum Covent. Nachdem die Porterwürze 4 Stunden in der ersten Pfanne zugebracht, 4 Pfund Salz zugegeben, dann nach einer Stunde 55 Pfund Hopfen, mit diesen noch 3 Stunden gekocht (im Ganzen war die Porterwürze also 8 Stunden in der Pfanne), wonach sie das erforderliche specifische Gewicht von 1,095 besaß und 22 Tonnen betrug. Das Nachbier auf 1,050 specifisches Gewicht eingekocht, wo es dann 24 Tonnen waren. Damit dies nicht zu bitter werden sollte, wurde nur die Hälfte davon durch den schon gebrauchten Hopfenkorb gelassen. Die Nachbierwürze nach gehörigem Abkühlen auf gewöhnliche Weise gestellt. Die Porterwürze auf 10° R. abgekühlt und im Keller im Gährungsbottiche mit 3 Maaß guter Hefe angestellt. Nach 8 Tagen war das Bier zum Fassen reif. Erhalten wurden 18 Tonnen Porter, 19 Tonnen Nachbier.

Schwächern Porter. Beide Pfannen mit Wasser gespeis't. 15 Centner Schrot (30 Scheffel) von braungelbem Gerstenmalz mit 12 Tonnen Wasser von 48° R. geteigt; der erste Guß mit 20 Tonnen Wasser von 78° R., nach einer guten Stunde die erste Würze gezogen und in die erste Pfanne gebracht; sie zeigt 1,050 specifisches Gewicht und betrug 22 Tonnen, langsam angewärmt und gekocht. Der zweite Guß mit 24 Tonnen von 49° R.; nach einer Stunde die zweite Würze (25 Tonnen) von ohngefähr 1,030 specifischem Gewicht in die zweite Pfanne gebracht und gekocht, und wegen des zu geringen specifischen Gewichts 2 Tonnen starker Würze aus der ersten Pfanne zugegeben. Die Porterwürze erhielt ¼ Centner Hopfen und 2 Pfund Salz, sie kochte im Ganzen 5 Stunden, wonach sie 1,065 specifisches Gewicht zeigte und auf 16 Tonnen reducirt war, diese kamen auf die Kühlschiffe. Das Nachbier kochte im Ganzen 6 Stunden, wonach es 1,040 specifisches Gewicht zeigte, es wurde durch den zum Porter gebrauchten Hopfen gehopft, 18 Tonnen auf die Kühlschiffe gebracht. Die Nachbierwürze mit 2 Maaß Hefen auf gewöhnliche Weise angestellt. Die

Porterwürze in dem Gährungskeller im Bottiche bei 10° R. gestellt; nach 7 Tagen reif zum Fassen.

Ale (englisch Oel). Wasser in beide Pfannen. 15 Centner Schrot von 8 Scheffel hellem Weizen= und 20 Scheffel hellem Gerstenmalze mit 12 Tonnen Wasser von 40° R. geteigt; der erste Guß mit 16 Tonnen Wasser von 70° R.; nach 1¼ Stunden (es wurde des Nachts gearbeitet) die erste Würze gezogen und in die erste Pfanne gebracht; sie betrug 20 Tonnen und zeigte ein specifisches Gewicht von 1,050, wurde allmählig erhitzt und unter fleißigem Schäumen zum Kochen gebracht. Der zweite Guß geschah mit 22 Tonnen Wasser, nach einer Stunde die zweite Würze gezogen (zu Weißbier, Broihahn) und in die zweite Pfanne gebracht. Die Würze zur Ale kochte im Ganzen 5 Stunden, erhielt 2 Pfund Salz und ¼ Centner Hopfen, zeigte ein specifisches Gewicht von ziemlich 1,080 und kam dann auf die Kühlschiffe. Das Nachbier wurde auf fast 1,050 specifisches Gewicht gekocht und 18 Tonnen auf die Kühlschiffe gebracht. Die Würze zur Ale, 10 Tonnen, bei 10° R. mit 2 Maaß Hefen im Bottiche gestellt, das Nachbier mit 2 Maaß Hefen bei 16° R. gestellt.

Starker Porter, schwacher Porter und Schmalbier. Beide Pfannen mit Wasser gespeist. 35 Centner Schrot von braunem und bernsteinfarbigem Gerstenmalze (2 Wispel 22 Scheffel) mit 25 Tonnen Wasser von 48° R. geteigt. Sobald das Wasser kochte, der erste Guß mit 25 Tonnen von 78° R. gemacht, tüchtig gemeischt; nach 1½ Stunden die erste Würze gezogen und in die erste Pfanne gebracht, es waren 30 Tonnen von 1,064 specifischem Gewicht. Der zweite Guß geschah mit 26 Tonnen Wasser von 70° R., nach einer Stunde die zweite Würze gezogen und in die zweite Pfanne gebracht; sie betrug 27 Tonnen und zeigte ein specifisches Gewicht von 1,050. Der dritte Guß mit 16 Tonnen kaltem Wasser, nach einer Stunde die Würze gezogen; es wurden 16 Tonnen zu ohngefähr 1,035 erhalten. Diese Würze kam, weil beide Pfannen gefüllt

8

waren, bis zur weitern Verarbeitung in einen kleinen Bottich. Die erste Würze (zum starken Porter) erhielt 2 Pfund Salz und ³/₄ Centner Hopfen; die zweite Würze 2 Pfund Salz und ¼ Centner Hopfen. Als die erste Würze 1,095 specifisches Gewicht zeigte, wurde sie, 19 Tonnen betragend, auf die Kühlschiffe gebracht, die zweite Würze, als sie 1,064 specifisches Gewicht zeigte, wo sie 21 Tonnen betrug. Die Nachbierwürze wurde auf 1,045 specifisches Gewicht gebracht, wo sie 13 Tonnen betrug. Abkühlung und Anstellung wie gewöhnlich.

Baiersches Bier. 15 Centner Schrot von bernsteinfarbigem Gerstenmalze mit 10 Tonnen Wasser von 48° R. geteigt; der erste Guß mit 28 Tonnen Wasser von 78° R., eine halbe Stunde gemeischt, dann in die Pfanne übergeschlagen, darin wieder tüchtig gemeischt, endlich bis zum Sieden erhitzt und 10—20 Minuten gekocht; in den Seihbottich geschlagen, und sogleich die Würze gezogen, diese in die Pfanne gebracht, 25 — 30 Pfund Hopfen dazu, etwa 2 Stunden gekocht, zuletzt mit ½ — 1 Pfund Orangenschalen oder Orangenfrüchten, und die Würze ohngefähr 22 24 Tonnen von 1,055 specifischem Gewicht zum Abkühlen gebracht. Bei 8° R. mit 2 Maaß guter Hefe auf oft erwähnte Weise angestellt (Untergährung). Auf das Schrot im Seihbottich 12—15 Tonnen Wasser zur Würze für das Nachbier.

Bei allen der angeführten Biersorten, mit Ausnahme des baierschen Bieres, wurde das Meischen im Seihbottiche vorgenommen, wo man daher in einem gewöhnlichem Bottiche meischt, kann man zum Einteigen ohngefähr 2 Tonnen Wasser weniger anwenden. Die Gährung war bei allen Obergährung. Uebrigens braucht wohl kaum bemerkt zu werden, daß alle Zahlenangaben nur als annähernd zu betrachten sind, genau genug aber, um sie für die Praxis benutzen zu können.

Man hat zur Darstellung von Bier sehr verschiedene andere Substanzen zu verwenden versucht; so namentlich Runkelrüben, Kartoffeln, Stärkezucker. Alle die aus diesen Substanzen dargestellten Getränke verhalten sich aber zum Biere ohngefähr wie der Cichorienaufguß zum Kaffee. Als Zusatz zur Würze könnte man, wenn es von pecuniärem Vortheil wäre, den Stärkezucker oder auch andern Zucker benutzen, und beim Einmeischen könnte man gemahlne Kartoffeln oder Runkelrüben zusetzen.

Die Branntweinbrennerei.

Man bezeichnet mit dem Namen Branntwein ein Gemisch von Wasser und ohngefähr 40 Gewichtsprocenten Alkohol, das von den Substanzen, aus denen es dargestellt worden, eine geringe Menge eines ätherischen Oeles enthält, von welchem seine Verschiedenheit im Geschmacke und Geruche bedingt wird.

Die Darstellung des Branntweins im Großen wird das Branntweinbrennen genannt, daher die Ausdrücke: Branntweinbrenner, Brantweinbrennerei.

Gewöhnlich ist die Gewinnung von zum Getränk bestimmten Branntwein der Hauptzweck der Branntweinbrennerei; aber dieselbe schließt doch die Darstellung alkoholreicherer ähnlicher Flüssigkeiten, die man zu anderen Zwecken in Menge benutzt, nicht aus, weil diese leicht mit der Branntweinbrennerei verbunden werden kann. Dergleichen Flüssigkeiten sind: der sogenannte rectificirte Weingeist oder Spiritus (Spiritus Vini rectificatus), aus ohngefähr 60 Procent Alkohol und 40 Procent Wasser bestehend, der zur Bereitung von Liqueuren, zur Darstellung von Arzneimitteln u. s. w. benutzt wird; und der höchstrectificirte Weingeist oder Spiritus (Spiritus Vini rectificatissimus), 70 — 80 Procent Alkohol und 30 — 20 Procent Wasser enthaltend, welchen man ebenfalls zu den genannten Zwecken, ferner zum Brennen, zur Darstellung von Weingeistlacken, von Parfümerien u. s. w. in großer Menge verwendet.

Branntweinbrennerei.

Die Darstellung aller dieser genannten Gemische von Alkohol und Wasser gründet sich im Wesentlichen darauf, daß, wenn man eine Alkohol enthaltende Flüssigkeit erhitzt, die entweichenden Dämpfe immer alkoholreicher, als die zurückbleibende Flüssigkeit sind, und zwar im Anfange des Erhitzens am alkoholreichsten. Wenn daher die Hälfte oder zwei Drittheile einer solchen Flüssigkeit verdampft sind, enthält die zurückbleibende Hälfte oder das zurückbleibende Drittheil fast gar keinen Alkohol mehr.

Das Erhitzen nimmt man nun in Apparaten vor, in denen man die Dämpfe wieder verdichten und das Verdichtete auffangen kann, mit einem Worte, in Destillirapparaten, und die so erhaltene Flüssigkeit, das Destillat genannt, enthält um so mehr Alkohol, je reicher schon die erhitzte Flüssigkeit an diesem war. So erhält man z. B. durch Destillation des Weines, Branntwein; des Branntweins, den rectificirten Weingeist; und durch Destillation des rectificirten Weingeistes, den höchstrectificirten Weingeist.

Die letzten Antheile Wassers lassen sich aus diesen Gemischen nicht durch bloße Destillation trennen, nur auf ohngefähr 90 Procent Alkoholgehalt kann man dieselben durch diese Operation bringen. Es gelingt aber auch, die letzten 10 Procent Wasser zu entfernen, wenn man bei der Destillation eine Substanz zusetzt, die sich begierig mit Wasser verbindet, die das Wasser gleichsam von dem Alkohol losreißt und festhält. Dergleichen Substanzen sind vorzüglich **gebrannter Kalk** und **Calciumchlorid** (geglühter salzsaurer Kalk), durch deren Hülfe man sich also den vollkommen **wasserfreien Weingeist**, den **Alkohol** (Alcohol absolutum), darstellen kann. Dieser ist eine farblose, dünnflüssige, sehr brennbare, angenehm erquickend riechende, brennend schmeckende und berauschende Flüssigkeit.

Das specifische Gewicht desselben ist bei $+ 16^0$ R. 0,791 (Meißner), bei $+12^0$ R. 0,7947, bei $14\frac{2}{5}^0$ R. 0,7925 (Dumas und Boullay).

Er siedet unter 28 Zoll Barometerstande bei $+62\frac{1}{5}^0$ R.

bei — 49° R. wird er noch nicht fest (gefriert er noch nicht).

Vermischt man Alkohol mit Wasser, so findet eine Volumenverminderung Statt, das heißt, das Volumen des Gemisches ist nicht mehr so groß, als das Volumen des Alkohols plus dem des Wassers; zugleich zeigt sich beträchtliche Erwärmung und Entwicklung von vielen Luftbläschen.

Der Alkohol besteht in 100 Theilen aus

52,658 Kohlenstoff,
12,896 Wasserstoff,
34,446 Sauerstoff,

100,000 Alkohol.

Er findet sich nicht in der Natur gebildet, sondern ist stets ein Product des Gährungsprocesses, bei welchem durch das Ferment der Zucker in Alkohol und Kohlensäure zerlegt wird (siehe Bierbrauerei S. 5.).

100 Gewichtstheile (z. B. Pfund) vollkommen trockner Stärkezucker geben dabei 51,23 Pfund Alkohol.

100 Pfund krystallisirter (wasserhaltiger) Stärkezucker 47,12 Pfund Alkohol (a. a. O.).

100 Pfund Rohrzucker nehmen bei der Gährung 5,025 Pfund Wasser auf und bilden dabei 53,727 Pfund Alkohol.

Außer der Abscheidung des Alkohols aus gegohrenen Massen durch Destillation ist daher die Aufgabe des Branntweinbrenners, zuckerhaltige Massen in Gährung zu bringen, und zwar in eine Gährung, bei welcher möglichst aller vorhandene Zucker zerlegt wird. Da aber Substanzen, welche in beträchtlicher Menge Zucker enthalten, in einigen Ländern sich nicht finden, so stellt man sich in diesen aus stärkemehlhaltigen Substanzen, durch Hülfe der Diastase des Malzes (S. 5.), zuckerhaltige Massen dar.

Man kann daher unterscheiden: die Darstellung von Branntwein aus in der Natur vorkommenden zuckerhaltigen Substanzen, und die Darstellung von Branntwein aus stärkemehlhaltigen Substanzen.

Da in unseren Gegenden fast ausschließlich die letzteren zur Branntweinfabrikation verwendet werden, so soll uns deren Verarbeitung auch vorzugsweise beschäftigen, und nur anhangsweise wird etwas über die Branntweinfabrikation aus natürlichen vorkommenden zuckerhaltigen Substanzen anzuführen seyn.

Von den Materialien zur Branntweinbereitung.

Unter den stärkemehlhaltigen Körpern sind es die Getreidearten (Weizen, Roggen, Gerste, seltner Hafer) und die Kartoffeln, welche man auf Branntwein verarbeitet.

Alles was S. 2 u. f. über den Weizen und die Gerste und deren Bestandtheile gesagt worden ist, findet auch bei dem Processe des Branntweinbrennens seine Anwendung, und da Roggen und Hafer im Wesentlichen dieselbe chemische Zusammensetzung haben, so gilt auch für diese das dort Angeführte. Die chemische Untersuchung derselben wird auf dieselbe Weise, wie die der Gerste, vorgenommen, und ihre Zusammensetzung variirt eben so sehr nach dem Boden, auf welchem sie gewachsen, und nach der Düngung, welche derselbe erhalten. So gaben

10,000 Gewichtstheile Roggen

Gedüngt mit	Wasser.	Stärkemehl.	Kleber.	Hülsen.	Gummi.	Schleimzucker.	Eiweißstoff.	Oel.	Phosphorsaure Salze.	Verlust.
Schafmist.	1000	5232	1196	1088	608	360	340	108	60	8
Ziegenmist.	1002	5224	1198	1088	600	348	340	98	86	12
Pferdemist.	1000	5120	1198	1074	460	400	280	98	358	12
Kuhmist.	1000	5430	1080	1040	570	392	200	90	182	16
Menschenkoth.	1000	5240	1196	1072	626	356	320	90	90	10
Taubenmist.	1000	5220	1160	1050	476	376	370	96	238	8
Menschenharn.	1010	5020	1200	1080	460	320	356	108	418	12
Rindsblut.	1008	5224	1200	1040	620	360	360	100	80	8
Pflanzenerde.	998	5512	880	1072	520	480	260	90	176	12
Ohne Dünger.	1000	5628	860	1010	540	472	258	90	130	12

10,000 Gewichtstheile Hafer

Gedüngt mit	Waſſer.	Stärkemehl.	Kleber.	Hülſen.	Gummi.	Schleim-zucker.	Eiweißſtoff.	Oel.	Phosphor-ſaure Salze.	Verluſt.
Schafmiſt.	1260	5400	400	1728	550	520	48	30	46	18
Ziegenmiſt.	1292	5320	430	1704	570	540	44	36	44	20
Pferdemiſt.	1310	5452	400	1600	560	520	48	36	56	18
Kuhmiſt.	1170	5480	310	1510	734	680	32	28	36	20
Menſchenkoth.	1210	5338	460	1924	540	384	44	36	50	22
Taubenmiſt.	1230	5310	320	1832	684	500	36	30	30	20
Menſchenharn.	1300	5316	440	1700	568	500	50	44	60	22
Rindsblut.	1200	5310	500	1930	550	380	40	30	40	20
Pflanzenerde.	1082	5992	200	1300	698	638	24	26	20	20
Ohne Dünger.	1080	5998	194	1302	700	640	22	28	16	20

Da nun das Stärkemehl derjenige Beſtandtheil iſt, welcher wegen ſeiner Umwandlung in Zucker bei der Branntweinfabrikation vorzüglich zu berückſichtigen iſt, ſo muß der Branntweinbrenner, eben ſo wie der Bierbrauer, dem an Stärkemehl reichſten Getreide den Vorzug geben. Aber ich erinnere noch einmal daran, daß der Landwirth, welcher das Getreide ſelbſt baut, den Ertrag an Stärkemehl immer pro Morgen berechnen, alſo den Procentgehalt an Stärkemehl mit dem von einem Morgen geernteten Gewichte des Getreides multipliciren muß.

Die Kartoffeln ſind die Wurzelknollen von Solanum tuberosum L., einer Pflanze, welche in die natürliche Familie der Solaneen, der nachtſchattenartigen Pflanzen, gehört. Alle Pflanzen dieſer Familie ſind verdächtig, und auch die Kartoffelpflanze enthält einen narkotiſchen Stoff das Solanin; er kommt aber in den reifen Knollen in ſo geringer Menge vor, daß bei mäßigem Genuß derſelben für die Geſundheit davon nichts zu fürchten iſt, beſonders da ſich der thieriſche Organismus bei fortgeſetztem Gebrauch an giftige organiſche Subſtanzen gewöhnt. Für uns iſt bemerkenswerth, daß das

Branntweinbrennerei.

Solanin nicht flüchtig ist. Die Bestandtheile der Kartoffeln, welche für unsern Zweck in Betracht kommen, sind **Stärkemehl**, **stärkemehlartige Faser**; ferner Zucker, Gummi, Salze und Wasser.

Es ist bekannt, daß es sehr viele Varietäten der Kartoffeln giebt; diese enthalten sämmtlich die angeführten Bestandtheile, aber die verhältnißmäßige Menge derselben ist bei ihnen sehr verschieden. Die Menge des **Stärkemehls** differirt von 12 — 20 Procent; ja man hat noch stärkemehlreichere, aber auch noch stärkemehlärmere angetroffen. Der **Faserstoff** beträgt zwischen 6 — 9 Procent; der **Wassergehalt** schwankt zwischen 70 — 80 Procent und wird durchschnittlich zu 75 Procent angenommen, so daß man gewöhnlich in den Kartoffeln den vierten Theil ihres Gewichts als trockne Substanz berechnet.

So wie aber bei den verschiedenen Sorten der Kartoffeln das Verhältniß ihrer Bestandtheile ein verschiedenes ist, so ändert sich dasselbe auch bei einer und derselben Sorte nach der Art des Bodens und seiner Düngung; und es gilt für die Kartoffeln dasselbe, was öfter schon hinsichtlich der Getreidearten bemerkt wurde, daß nemlich in dem Verhältnisse, als der Boden weniger schwer ist und weniger animalischen Dünger enthält, der Stärkemehlgehalt sich vergrößert.

Von schwerem nicht lockerm Boden erhält man, besonders in feuchten Jahren, sehr wässrige Kartoffeln; die stärkemehlreichsten gewinnt man von einem leichten, mäßig gedüngten Lande.

Da auf gleichem Boden der Ertrag der verschiedenen Kartoffelsorten sehr verschieden ist, so hat der Landwirth, welcher Kartoffeln behufs der Branntweinfabrikation baut, auf diesen ganz besonders mit zu achten, und der Ertrag einer Sorte pro Morgen, multiplicirt mit dem Procentgehalte an Stärkemehl, entscheidet über ihren Werth.

Versuche hierüber sind auf dem Versuchsfelde des landwirthschaftlichen Vereins in Braunschweig angestellt.

Branntweinbrennerei.

Es gaben 1000 ☐Fuß Bodenfläche:

	Pfund Kartoffeln.	Enthielt Stärkemehl in Proc.
1) Schoorkartoffel	554.	18.
1) Liverpool Kartoffel	471.	16.
3) Große engl. weiße Zuckerkartoffel	762.	$20\frac{2}{3}$.
4) Kleine engl. Zuckerkartoffel	501.	$19\frac{3}{4}$.
5) Schwarze engl. Kastanienkartoffel	327.	$18\frac{1}{2}$.
6) Gelbe ital. Kartoffel	578.	$21\frac{1}{2}$.
7) Early codney	366.	$20\frac{1}{4}$.
8) Early forsing	521.	$24\frac{3}{4}$.
9) Englisch quebe	625.	$21\frac{3}{4}$.
10) English manly	381.	$20\frac{1}{8}$.
11) Rothe Tannzapfenkartoffel	436.	$14\frac{1}{4}$.
12) Engl. Nierenkartoffel	400.	$13\frac{3}{4}$.
13) Dänische platte Kartoffel	590.	14.
14) Schwarze oder Negerkartoffel	312.	$18\frac{3}{4}$.
15) Scotsh Pink	580.	$20\frac{1}{4}$.
16) Red Cyed	442.	$19\frac{1}{4}$.
17) Baireuther Buschkartoffel	686.	$15\frac{1}{8}$.
18) Engl. Champion	513.	$16\frac{1}{8}$.
19) Irish Cap.	518.	$15\frac{1}{8}$.
20) Späte Dauerkartoffel	450.	15.

Versuche, angestellt auf im Herbste 2 Fuß tief rejolten Boden, der mit Seifensiederasche und Lehm von alten Wänden gedüngt worden.

Es gaben 1000 ☐Fuß Bodenfläche:

	Pfund Kartoffeln.	Enthielt Stärkemehl in Proc.
1) Dänische platte Kartoffel	1023.	$13\frac{3}{4}$.
2) English shaw	809.	14.
3) Große engl. weiße Kartoffel	780.	$14\frac{1}{2}$.
4) Wess Cyed	768.	$14\frac{1}{4}$.
5) Early forsing	762.	15.
6) Schoorkartoffel	745.	$12\frac{2}{3}$.

Branntweinbrennerei.

	Pfund Kartoffeln.	Enthielt Stärkemehl in Proc.
7) Baireuther Buschkartoffel	740.	13½.
8) Algiersche Kartoffel	736.	12.
9) Neue westamerikanische Kartoffel	360.	16¾.
10) Preis von Holland	310.	13.
11) Mandelkartoffel	155.	11¾.
12) Blaue Nierenkartoffel	72.	11½.

Man sieht, daß nach der ersten Tabelle die große englische Zuckerkartoffel den Vorzug verdienen würde; sie zeigte zwar nicht den größten Gehalt an Stärkemehl, aber sie gab einen ungemein hohen Ertrag. 1000 Quadratfuß lieferten 762 Pfund Kartoffeln, welche 20¾ Procent Stärkemehl enthielten; die 1000 Quadratfuß Bodenfläche gaben also $\frac{762 \cdot 20¾}{100} = 158{,}11$ Pfund Stärkemehl. Die gelbe italienische Kartoffel enthielt 21½ Procent Stärkemehl; ihr Ertrag war aber nur 576 Pfund pro 1000 Quadratfuß, wonach diese Fläche also nur $\frac{578 \cdot 21½}{100} = 124{,}27$ Pfund Stärkemehl geliefert hat. Hierbei darf indeß nicht unerwähnt bleiben, daß vielleicht eine Sorte Kartoffeln einen verhältnißmäßig günstigen oder weniger günstigen Ertrag giebt, je nachdem sie auf dieses oder jenes Land kommt, wie es auch die zweite Tabelle zeigt; mit anderen Worten, daß man für seinen Boden eine, man kann sagen passende Sorte zu wählen hat. Es ist zu bedauern, daß man noch nicht ausgedehntere Versuche angestellt hat, inwiefern der Stärkemehlgehalt der Kartoffeln, oder was vielleicht dasselbe sagen will, die Branntweinausbeute, von der Cultur, Vorfrucht u. s. w., überhaupt von den Umständen abhängig ist, welche auf den Zuckergehalt der Runkelrüben von so großem Einflusse sind.

Aus den beiden angeführten Tabellen scheint wenigstens hervorzugehen, daß der Stärkemehlgehalt ein und derselben

Sorte sich verringert in dem Maaße, als ihr Ertrag von der Bodenfläche sich vermehrt, und hinsichtlich des Zuckergehalts der Runkelrüben findet etwas Aehnliches Statt.

Wenn man nun auch schon aus der Festigkeit der rohen und besonders der mehligen Beschaffenheit der gekochten Kartoffeln den Gehalt an fester Substanz, und namentlich Stärkemehl annähernd, beurtheilen kann, so kann doch erst die chemische Untersuchung Gewißheit über das Verhältniß ihrer Bestandtheile verschaffen. Diese wird auf folgende Weise ausgeführt:

Zur Bestimmung des Wassergehalts reinigt man eine mittelgroße Kartoffel durch Abwischen und Abbürsten von der etwa anhängenden Erde, und wägt sie genau. Dann zerschneidet man dieselbe in dünne Scheiben, welche man auf einen flachen Teller ausbreitet und an eine mäßig warme Stelle des Ofens stellt. Sobald die Scheiben so trocken sind, daß sie sich leicht zerbrechen lassen, wägt man sie wieder. Der Gewichtsverlust zeigt den Wassergehalt an.

Um die Menge des Stärkemehles und des stärkemehlartigen Faserstoffs zu bestimmen, wägt man eine oder mehrere vollkommen gereinigte Kartoffeln und zerreibt dieselben auf einem gewöhnlichen blechernen Reibeisen. Die geriebene Masse, von der man die an der Reibe hängenden Theile sorgfältig sammelt und losspühlt, bindet man lose in ein nicht zu dichtes leinenes Tuch, und knetet sie, wie bei der Untersuchung des Weizens gelehrt (S. 11.), unter oft erneutem Wasser so lange aus, als dies von dem durch das Tuch gehenden Stärkemehl noch milchig wird. Die im Tuche zurückbleibende Faser, welche noch Stärkemehl enthält, zerstampft man in einem messingenen Mörser und wiederholt das Auswaschen in dem Tuche. Was dann in demselben zurückbleibt, wird als stärkemehlartige Faser in Rechnung gebracht. Aus den vereinigten milchigen Flüssigkeiten setzt sich nach einiger Zeit das Stärkemehl ab; man entfernt die darüberstehende, gewöhnlich bräunlich gewordene Flüssigkeit, bringt das feuchte Stärkemehl auf einen flachen Teller,

Branntweinbrennerei.

trocknet es auf diesen in sehr gelinder Wärme und wägt es dann.

Aus der vom Stärkemehl abgegossenen Flüssigkeit erhält man den Eiweißstoff im geronnenen Zustande durch Erhitzen derselben; man sammelt ihn auf einem gewogenen Filter und bestimmt so sein Gewicht. Seine Menge beträgt ohngefähr 1 Procent.

Was nach Addition des Wassers, Faserstoffs, Stärkemehls und Eiweißstoffs am Gewicht der zur Untersuchung genommenen Quantität Kartoffeln fehlt, ist für Gummi, Zucker und Salze in Rechnung zu bringen, welche von einander zu scheiden selten oder nie nothwendig ist. Ihre Menge beträgt zusammen genommen 5 — 10 Procent.

Man sieht, daß die chemische Zusammensetzung der Kartoffeln der der Getreidearten sehr ähnlich ist, nur der Kleber fehlt gänzlich und die Kartoffelfaser verhält sich nicht wie die Hülse des Getreides; sie widersteht nemlich nicht so hartnäckig den Auflösungsmitteln, gleicht vielmehr einem verhärteten, cohärenterem Stärkemehle und bildet gleichsam den Uebergang von Holzfaser zum Stärkemehl, daher ihr Name stärkemehlartige Faser. Es ist gewiß, daß ein großer Theil derselben (vielleicht nur die Schale der Kartoffeln abgerechnet) ebenfalls der Umwandlung in Zucker fähig ist, daß sie also auf die Branntweinausbeute Einfluß hat. Das Stärkemehl der Kartoffeln ist in seinen chemischen Eigenschaften dem Stärkemehl aus Getreide ganz ähnlich, nur im Aeußern erscheint es grobkörniger, die Körner gleichsam glasartig durchsichtig, und mit heißem Wasser giebt es einen durchscheinenden Kleister.

Von dem Fermente, welches bei der Branntweinbrennerei benutzt wird, gilt ebenfalls Alles, was darüber bei der Bierbrauerei mitgetheilt wurde; es ist auch ganz dasselbe, und der Bierbrauer liefert es gewöhnlich dem Branntweinbrenner, wenn dieser sich nicht, wie später gelehrt werden wird, trocknes Ferment, sogenannte Preßhefe, bereitet oder als Ferment einen Theil in Gährung befindlicher Meische benutzt.

Auch hinsichtlich des Wassers kann ich auf S. 17. verweisen. Es ist aber zu bemerken, daß zum Verdünnen der heißen Meische ein an kohlensauren Kalk reiches Wasser sich recht gut eignet, wenn es nicht zugleich viel Gyps enthält. Der Kalk im kohlensauren Kalke kann die etwa entstandene Säure neutralisiren und dadurch unschädlich machen, der Gyps aber wird bei der Gährung leicht zerlegt, es entsteht Schwefelwasserstoff, welcher dem Branntwein einen höchst unangenehmen Geruch ertheilt. — Man will die Erfahrung gemacht haben, daß eisenhaltiges Wasser sich ganz besonders zum Brennereibetriebe eigne. Dies ist nicht unwahrscheinlich, denn es ist bekannt, daß Eisensalze sehr conservirend (der Säurung und Fäulniß entgegen) wirken; es kann daher wohl eisenhaltiges Wasser die Bildung von Essigsäure bei der Gährung verhindern oder doch verringern. Einige Brenner setzen aus diesem Grunde der Meische vor der Gährung Eisenvitriol allein oder besser Eisenvitriol und Potasche zu*). — Zum Einteigen und Einmeischen ziehe man ein weiches Wasser vor, oder man nehme dazu durch Kochen von dem größten Theile der erdigen Salze befreites Wasser, z. B. Wasser aus dem Dampfkessel. Am schädlichsten für den Proceß des Branntweinbrennens ist ein mit leicht faulenden organischen Substanzen verunreinigtes Wasser, diesem ziehe man selbst das härteste Wasser vor.

Nach diesen einleitenden Erörterungen wird der Leser in den Stand gesetzt seyn, mir durch die verschiedenen Processe, welche zusammen die Branntweinfabrikation ausmachen, ohne Schwierigkeit zu folgen.

---

*) Im erstern Falle hat man daher schwefelsaures Eisenoxydul in der Masse, im letztern Falle kohlensaures Eisenoxydul, entstanden durch gegenseitige Zersetzung des Vitriols und der Potasche.

Man kann das ganze Verfahren der Branntweinfabrikation in zwei Hauptabschnitte theilen. Es umfaßt nemlich:

A. Die Darstellung einer gegohrenen Masse, einer weingahren Meische.
B. Die Ausscheidung des Branntweins aus derselben durch die Destillation.

A. Darstellung der weingahren Meische.

Es ist schon früher erwähnt, daß wir hier die Darstellung einer weingahren Meische aus Stärkemehl enthaltenden Substanzen, und zwar aus dem Getreide und aus den Kartoffeln im Auge haben. Wenn nun auch das Verfahren der Darstellung einer solchen Meische aus diesen beiden genannten Substanzen viel Aehnliches hat, so zeigen sich doch dabei so viel Verschiedenheiten, daß wir zweckmäßiger ein jedes derselben für sich betrachten.

a. Aus Getreide.

Wenn man sich erinnert, daß bei dem Brauprocesse die Darstellung einer möglichst zuckerhaltigen Flüssigkeit aus dem Getreide bezweckt wurde, die man dann in Gährung brachte, oder was dasselbe sagt, in welcher man dann Alkohol bildete, so ergiebt sich ungezwungen, daß man zum Behuf der Branntweingewinnung denselben Weg einschlagen kann. Dies geschieht nun auch in der That in England; man malzt, teigt und meischt, kocht die Würze und bringt sie in Gährung, die man aber natürlich so leitet, daß kein Zucker unzersetzt bleibt, während bei der Gährung der Würze zum Bier die Erhaltung eines Antheils Zucker bekanntlich wesentlich nothwendig war. Auch bei uns befolgt man im Wesentlichen denselben Weg, aber mit den Abweichungen, die, ohne Nachtheil für unsern Zweck, zur Ersparung an Arbeit und Zeit zulässig sind.

Von den Getreidearten werden vorzüglich Weizen, Roggen und Gerste benutzt, entweder gemalzt oder als Gemenge von Malz und nicht gemalztem Getreide, keine aber für sich allein, sondern immer in Vermengung mit einer andern; am gewöhnlichsten Roggen gemengt mit Gersten- oder Weizenmalz, oder Weizen gemengt mit Gerstenmalz. Die Erfahrung hat nemlich gelehrt, daß aus einem Gemenge von verschiedenartigem, ungemalzten und gemalzten Getreide die größte Ausbeute an Branntwein gewonnen wird.

Wenn man gleiche Gewichte Gerste mit dem erforderlichen Malzzusatze und reines Gerstenmalz verarbeitet, so erhält man zwar von dem letzteren eine größere Ausbeute an Branntwein, aber diese ist nur scheinbar; denn man hat zu berücksichtigen, daß bei dem Malzen die Gerste 20 Procent am Gewichte verliert, daß also 100 Pfund Gerstenmalz 125 Pfund Gerste gleich sind. Beträgt nun auch die Ausbeute dieser Verhältnisse mehr, so sind doch nun noch die Kosten der Malzbereitung in Anschlag zu bringen. Daß man ohne Zusatz von Malz aus rohem Getreide wenig Branntwein gewinnt, leuchtet ein, wenn man die Wirkung der beim Malzen entstehenden Diastase berücksichtigt, und da das Gerstenmalz vorzüglich zuckerbildend wirkt, der Roggen aber sich nicht gut malzen läßt, so wendet man eben vorzüglich das erstere, oft mit Weizenmalz gemengt, als Zusatz zu ungemalztem Roggen an, auch hält die strohartige Hülse der Gerste die Masse bei dem Meischen locker, zu welchem Zwecke man auch wohl Haferschrot zusetzt, dessen lockere Beschaffenheit das Meischen sehr erleichtert, seiner alleinigen Verarbeitung aber gerade hinderlich ist..

Das quantitative Verhältniß des Malzes zu dem ungemalzten Getreide wird zwar sehr verschieden angegeben, aber in der Regel nimmt man auf drei Theile rohes Getreide einen Theil Malz, oder auf zwei Theile rohes Getreide einen Theil Malz.

Zur bessern Uebersicht kann man bei der Darstellung der

weingahren Meische aus dem Getreide die folgenden Operationen und Processe unterscheiden:

1) Das Malzen und Schroten.
2) Das Einteigen und Einmeischen.
3) Das Abkühlen und Zukühlen der Meische.
4) Das Anstellen und die Gährung der Meische.

1) Das Malzen und Schroten.

Die Darstellung des Gersten- und Weizenmalzes, behufs der Benutzung zur Branntweinfabrikation, geschieht ganz auf dieselbe Weise, wie es oben S. 24. in dem Artikel von der Bierbrauerei gelehrt worden ist. Man quellt ein, läßt wachsen und trocknet das Malz auf dem Boden oder auf der Darre. Das Weichwasser erneuert man recht oft, um möglichst alle extractiven Stoffe aus der Hülse zu entfernen, weil diese dem Branntwein einen unangenehmen Geschmack ertheilen, und die Keime läßt man etwas länger werden, als es bei der Bereitung des Malzes zum Bierbrauen gelehrt worden. Das zur Branntweinbrennerei verwandte Malz muß stets nur getrocknet, also Luftmalz, nie Darrmalz seyn, denn da bei dem Darren ein eigenthümliches brenzliches Oel entsteht, so erhält man aus Darrmalz einen Branntwein, der dies Oel enthält.

Sowohl das Malz als auch das ungemalzte Getreide muß vor der fernern Verarbeitung geschroten werden. Da es nun nicht der Zweck ist, aus dem Schrote eine klare Würze zu ziehen, so wird sehr fein geschroten; denn man erhält, je feiner das Getreide geschroten, eine desto größere Ausbeute an Branntwein. Aber je feiner das Schrot, desto schwieriger läßt sich die Masse beim Meischen behandeln, eine desto größere Sorgfalt ist auf den Meischproceß zu verwenden. Wenn man nicht aus speciellen Gründen, wie z. B. wegen gleichzeitiger Bereitung von Preßhefe, ein sehr feines, gebeuteltes Schrot anwenden muß, so kann man das ungemalzte Getreide fein schroten und beuteln, das Gerstenmalz aber zwischen den beim Bierbrauen erwähnten Walzen zerquetschen lassen, wodurch man ein beim Meischen leicht zu bearbeitendes Gemisch erhält.

In neuerer Zeit hat man hie und da angefangen, das Malz, nachdem es gehörig gewachsen, sogleich mit den Keimen, ohne es zu trocknen, zwischen eisernen Walzen zu zerquetschen, und diese zerquetschte Masse einzuteigen; es ist mir aber nicht bekannt geworden, daß durch dies Verfahren eine Erhöhung des Ertrags bewirkt worden ist.

2) Das Einteigen und Einmeischen.

Der Zweck dieser Operationen ist, wie bei dem Brauprocesse, die Umwandlung des Stärkemehls in Zucker durch die Diastase, und sie werden im Allgemeinen ganz so ausgeführt, wie bei dem Bierbrauen gelehrt worden.

Die Gefäße, in welchen man das Einteigen und Einmeischen vornimmt, werden Vormeischbottiche genannt. Um die Arbeit zu erleichtern, dürfen sie nicht sehr groß seyn, und man nimmt sie deshalb auch mehr flach als hoch, und oval, damit man der in denselben befindlichen Masse von allen Seiten leicht beikommen kann.

In den Vormeischbottich bringt man die erforderliche Quantität Wasser von 48° R. (nach Einigen 30 — 40° R.), indem man kochendes Wasser, gewöhnlich aus dem Dampfkessel, mit kaltem Wasser auf diese Temperatur abkühlt, schüttet in dasselbe, unter fortwährendem Umrühren mit den Meischhölzern, das einzuteigende Schrot, gewöhnlich ein Gemisch von drei Theilen Roggenschrot und einem Theil Gerstenmalzschrot, und arbeitet die Masse so lange durch, bis sich keine Klumpen von trocknem Schrote mehr wahrnehmen lassen, sondern ein gleichartiger dicker Brei entstanden ist. Die Temperatur der Masse beträgt nun noch ohngefähr 34° R., man läßt sie eine halbe Stunde stehen. Nach dieser Zeit bringt man dieselbe auf die zur Zuckerbildung erforderlichen Temperatur, und zwar, der Erfahrung nach, am zweckmä=

Branntweinbrennerei.

ßigsten auf 49 — 52° R., gewöhnlich durch Zugabe von siedend heißem Wasser, unter fortwährendem starken Durchrühren mit den Meischhölzern. Diese Operation nennt man gewöhnlich das Garbrennen des Schrotes. Sobald die Masse die erforderliche Temperatur durch den Zusatz des siedenden Wassers erlangt hat, wird das Durcharbeiten derselben von möglichst vielen Arbeitern noch einige Zeit fortgesetzt, dann wird dieselbe zur Zuckerbildung in Ruhe gelassen. Ueber die Menge des zum Einteigen und Einmeischen zu verwendenden Wassers wird am besten erst unten die Rede seyn.

Anstatt das mit Wasser von obiger Temperatur eingeteigte Schrot durch Zugießen von siedendem Wasser auf die zur Zuckerbildung erforderliche Temperatur zu bringen, geschieht dies zweckmäßiger durch Dämpfe, welche man in die geteigte Masse treten läßt. Dies Meischen mit Dampf, das sich natürlich nur da mit Vortheil anwenden läßt, wo man die Destillation mit Wasserdämpfen betreibt; wo man also einen Dampfkessel hat, geschieht auf folgende Weise:

Man läßt durch ein zollweites kupfernes Rohr die Wasserdämpfe aus dem Dampfkessel an der Seite in den Vormeischbottich treten, während man unausgesetzt die an dieser Stelle erwärmte Masse durch Meischkrücken und Rührhölzer mit der übrigen Masse vermengt. Sobald der ganze Inhalt des Vormeischbottichs, nach sorgfältigem Durcharbeiten, die Temperatur von 48 — 52° R. zeigt, werden die Wasserdämpfe abgesperrt und die Masse zur Zuckerbildung dann ebenfalls in Ruhe gelassen *).

---

*) Ich muß bei dem Einmeischen mit Dampf auf eine Vorsichtsmaßregel aufmerksam machen, deren Unterlassung bedeutende Nachtheile herbeiführen kann. Wenn nämlich die Meische aus dem Vormeischbottiche entfernt ist, muß man durchs Rohr, welches die Wasserdämpfe in diesen Bottich leitet, einige Minuten lang die Wasserdämpfe streichen lassen, um die im Rohre sitzen gebliebene Meische herauszutreiben. Es ist in hiesiger Gegend der Fall vorgekommen, daß die Meische im Rohre eingetrocknet ist, und dadurch den Dämpfen der

Das Garbrennen mit Wasserdampf hat mehrere recht wichtige Vortheile, die es rathsam machen, dasselbe häufiger anzuwenden, als es bis jetzt geschehen ist. Brennt man nemlich mit kochendem Wasser gar, so ist davon eine sehr bedeutende Menge erforderlich. Die Quantität der Masse wird also dadurch sehr vermehrt, und man muß entweder einen besonderen Kessel haben, in welchem man das Wasser siedend macht, oder man muß die Meischblase, Weinblase, oder den Dampfkessel dazu benutzen. Im ersteren Falle erleidet man großen Verlust an Brennmaterial, in den letzteren Fällen Verlust an Zeit, weil die Destillation aufgehalten wird. Wegen der großen Menge von latenter Wärme, welche der Wasserdampf enthält *), kann man mit einer sehr geringen Menge Dampf, oder was dasselbe sagt, mit dem Dampfe von einer sehr geringen Menge Wassers, eine sehr bedeutende Quantität einer Masse erhitzen; es wird also die Quantität nur sehr wenig vergrößert, und diese geringe Menge von Wasserdampf kann der Dampfkessel recht gut entbehren, ohne daß die Destillation der Meische unterbrochen wird, wenn irgend seine dem Feuer ausgesetzte Fläche nicht zu klein ist.

Die Physik lehrt, daß man mit einem Pfunde Wasserdampf, oder was dasselbe ist, mit dem Dampfe von einem Pfunde Wasser, wenn dieser wieder tropfbar flüssig wird, ohngefähr $5\frac{1}{3}$ Pfund Wasser von $0°$ bis zum Siedpunkte ($100°$ Cels. $80°$ R.) erhitzen kann, oder daß ein Pfund Wasserdampf 530 Pfund Wasser um $1°$ Cels., oder 424 Pfund Wasser um $1°$ R. erwärmen kann. Hat man daher z. B. 100 Maaßtheile (Quart) Wasser oder Meische **)

Ausgang verschlossen worden ist, die sich denselben dann durch Zersprengen des Rohrs verschafft haben, wodurch die Umstehenden nicht unbedeutende Verletzungen davon trugen.

*) Das heißt, Wärme, die vom Dampf innig gebunden, die nicht durchs Gefühl und Thermometer wahrnehmbar ist, und die nur frei wird, wenn der Dampf wieder zu tropfbar flüssigem Wasser wird.

**) Deren specifische Wärme der des Wassers gleich gerechnet.

von 30° R., und man wollte diese auf 50° R., also um 20° erwärmen, so ist dazu der Dampf von ohngefähr 5 Maaß Wasser erforderlich, und man erhält im Ganzen 105 Maaß Meische von 50° R. Wollte man die 100 Maaß Meische von 30° R. mittelst siedenden Wassers auf 50° R. erhitzen, so sind dazu 67 Quart erforderlich, und man erhält also 167 Quart Meische *). Wie vortheilhaft aber es ist, nur wenig heiße Meische zu haben, wird später, wenn von dem Zukühlen die Rede ist, klar werden.

Um diesen letztern Zweck zu erreichen, umgeht man auch in einigen Gegenden das Einteigen; man bringt nemlich in den Vormeischbottich das zum Einmeischen bestimmte Wasser, im Sommer mit einer Temperatur von 58° R., im Winter von 65° R. (indem man kochendes Wasser mit kaltem Wasser vermischt), und schüttet nun nach und nach das Malz- und Getreideschrot unter fortwährendem Umrühren hinzu, wonach man mit den Rührhölzern noch eine Zeit lang tüchtig durcharbeitet, bis eine ganz gleichförmige Masse entstanden ist. Die Temperatur muß nach vollendeter Meische, wie oben, zwischen 48 — 52° R. betragen. Wenn man bei einem Verhältniß von einem Theil trockner Substanz auf 8 Theile Wasser zum Einteigen und Einmeischen fast die

---

*) Wenn man Wasser von einer niedern Temperatur durch Wasser von einer höhern Temperatur auf eine mittlere Temperatur bringen will, so subtrahirt man die gesuchte Temperatur von der höhern, und erhält als Rest die Menge Wasser von niederer Temperatur, die zu nehmen ist; dann subtrahirt man die niedere Temperatur von der gesuchten, und erhält dadurch die Menge Wasser von höherer Temperatur. Z. B. Man hat Wasser von 30° R. und Wasser von 80° R., man will Wasser von 50° R.; so hat man 80 — 50 = 30 Maaß Wasser von 30° R. mit 50 — 30 = 20 Maaß Wasser von 80° R. zu vermischen. Hat man eine bestimmte Menge von Wasser, so läßt sich hieraus die nöthige Menge des Wassers von der andern Temperatur berechnen. Bei obigem Beispiele, wo man 100 Maaß hat, ist die Rechnung: 30 Maaß Wasser von 30° R. erfordern 20 Maaß Wasser von 80° R.; wie viel 100 Maaß Wasser von 30° R. $= 66\frac{2}{3}$ Maaß.

Hälfte, also 4 Theile Wasser nöthig hat (besonders wenn man sehr kühl teigt), so reicht man bei dem zuletzt angeführten Einmeischen mit ohngefähr 3 Theilen Wasser aus, so daß noch fast 5 Theile Wasser zum Zukühlen übrig bleiben.

Mag man nun gemeischt haben, nach welcher Methode man wolle, so hat man vorzüglich dahin zu sehen, daß das Schrot ganz gleichförmig zertheilt sey, daß keine Klumpen sich wahrnehmen lassen; ferner, daß die Meische die Consistenz eines Breies besitze und die oft erwähnte Temperatur zeige. Nach der Erfahrung fast aller Branntweinbrenner ist von der Temperatur, welche beim Meischprocesse Statt findet, ganz vorzüglich die Ausbeute an Branntwein abhängig, und die meisten Erfahrungen stimmen darin überein, daß es vortheilhafter sey, die Temperatur der Massen nur auf 48 — 49° R., als auf 50 — 52° R. zu bringen *). Sollte beim Meischen das Entstehen von Klumpen nicht vermieden seyn, so müssen die entstandenen Klumpen mit einem Drahtsiebe, das an einem Stiele befestigt ist, herausgefischt und vollständig zerkleinert werden.

3) Das Abkühlen und Zukühlen der Meische.

Die dicke Beschaffenheit der Meische würde die Gährung derselben nur sehr unvollkommen verlaufen lassen, sie muß daher nothwendig vor dem Anstellen mit Wasser verdünnt werden. Man sieht leicht ein, daß bei Anwendung einer großen Menge von kaltem Kühlwasser zugleich die Meische auf die für die Gährung erforderliche Temperatur würde gebracht werden können, daß man also nicht nöthig hätte, dieselbe, wie die Bierwürze, in Kühlschiffen oder künstlichen

---

*) Einer der rationellsten Branntweinbrenner in Braunschweig, Herr Müller, dessen Ausbeute von Branntwein die größte ist, die mir je vorgekommen, läßt die Temperatur nie über 48° R. steigen, im Sommer nicht über 47° F.

Kühlapparaten abzukühlen. Dadurch würden natürlich alle Nachtheile vermieden, die eine langsame Abkühlung nach sich zieht. Die Menge des der Meische zuzusetzenden Kühlwassers kann aber nicht ohne anderweitige bedeutende Nachtheile, welche besonders durch die Steuerverhältnisse herbeigeführt werden, beliebig vermehrt werden, und die anzuwendende Menge ist nur unter gewissen beschränkten Umständen zur gehörigen Abkühlung hinreichend, daher ist eine Abkühlung der Meische vor dem Zugeben des Kühlwassers gewöhnlich nicht zu umgehen. Es muß also die Meische so weit abgekühlt werden, daß sie nach dem Zugeben der erforderlichen Menge Wassers (nach dem Zukühlen) genau die zum Anstellen nothwendige Temperatur besitzt. Dies Abkühlen der Meische wird nun entweder herbeigeführt durch bloßes Stehenlassen derselben in dem Vormeischbottiche, indem man bisweilen umrührt, oder aber schneller dadurch, daß man die Meische, nachdem die Zuckerbildung als vollendet anzunehmen, also etwa nach anderthalb Stunden, in ein Kühlschiff bringt und auf demselben fortwährend mit den Rührhölzern durchrührt, wodurch natürlich, wegen vermehrter Oberfläche, die Abkühlung beschleunigt wird.

So wie aber die zum Biere bestimmte Meische, wenn sie warm längere Zeit der Luft ausgesetzt ist, sauer wird, so geht auch unsere Meische in Säurung über, und zwar noch leichter als die Biermeische, weil zu ihr stets Luftmalz verwandt wird. Da die Säure aus dem Stärkemehl und dem Zucker sich bildet, so leuchtet ein, daß schon deshalb ein Verlust an Branntwein entstehen muß, aber dieser Verlust wird dadurch noch vergrößert, daß wenn irgend eine sehr merkliche Menge Essigsäure in der Meische entstanden ist, diese bei der Gährung als Essigferment wirkt, das heißt, die Umwandlung des Alkohols in Essigsäure einleitet. Es braucht wohl kaum erwähnt zu werden, daß die Neigung der Branntweinmeische sauer zu werden nicht immer gleich ist; es gilt für dieselbe was beim Bierbrauen S. 53 erwähnt wurde, daß die Säurung derselben nemlich um so eher eintritt, je höher die Temperatur der Atmosphäre ist, und vielleicht bei einem eigenthümlichen electrischen Zustande derselben. Indeß läßt sich hier die etwa eingetretene Säurung durch einen geringen Zusatz von gereinigter Potasche, kohlensauren Natron, kohlensauren Ammoniak, Kreide oder Kalk leicht entfernen, und zur Bereitung von Preßhefe läßt man absichtlich die Meische im Vormeischbottiche ein durch den Geschmack erkennbare Säure annehmen, durch welche der Kleber gelöst und eine ziemlich klare, sehr schleimige, Meische gebildet wird *).

Um die Nachtheile einer Säurung ganz zu vermeiden, wird das Abkühlen der Meische, besonders während der warmen Jahreszeit, durch künstliche Kühlapparate bewerkstelligt; von dieser ist der bekannteste und jetzt am häufigsten angewandte der Wagenmannsche, Fig. 16 giebt die Seitenansicht, Fig. 17 die Ansicht von oben. Dieser Kühlapparat befindet sich in einem Bottiche von der Größe der Meischbottiche und läßt sich in der Pfanne a um seine Achse drehen, was man durch einen gewöhnlichen Hebel oder durch die aus der Figur 16 deutliche Rädervorrichtung bewerkstelligen kann.

Im Wesentlichen besteht der Apparat aus zwei langen Zellen ll und ii, welche durch 16 ähnliche kürzere perpendiculare Zellen kk mit einander verbunden sind. Die Zellen sind von Kupferblech, die Durchschnitte der beiden langen horizontalen ist planconvex und die Planseiten stehen einander gegenüber, um das Ansetzen der Zwischenzellen zu erleichtern, deren Durchschnitt convex convex ist, wie ss in Fig. 17 zeigt. f ist ein Becken von Blech, welches das nöthige Abkühlwasser aus den Zuleitungsrohr g aufnimmt, und durch die zwei Röhren hh in die untere Zelle ii leitet, aus

---

*) Hierbei bedeckt sich häufig die Oberfläche mit sogenannten Puppen von Schaum, entstanden durch eine entweichende Gasart; es tritt schon hier, mit andern Worten, Gährung ein, ein Beweiß, daß Ferment im Getreide enthalten war oder sich gebildet hat.

Branntweinbrennerei.

der es durch den Druck der Wassersäule in den Röhren durch die Zwischenzellen k k erst nach der obern Zelle l l und von hier ab durch zwei Röhren m m, die sich bei n in eine Röhre vereinigen, in das blecherne ringförmige Becken o gedrängt wird, aus welchem es durch das Rohr p abläuft. Das ringförmige Becken o ist durch zwei Träger an den über dem Bottiche liegenden Balken r befestigt; ringförmig muß dasselbe seyn, weil sich das obere Becken f und die beiden von ihm ausgehenden Röhren h natürlich mit dem ganzen Apparate umdrehen müssen, während das ringförmige Becken feststeht. Es ist leicht einzusehen, auf welche Weise der Apparat kühlend wirkt. Ist der Bottich mit heißer Meische gefüllt, so beladet sich das durch die Röhre h einfließende kalte Wasser beim Durchgang durch die dünnen Zellen des Apparats mit der Wärme der die Zellen umgebenden Meische, und geht erwärmt oben durch m. n. o. p. aus dem Apparate. Selbst bei ziemlich raschem Zuflusse des Wassers, fließt dasselbe fast mit derselben Temperatur ab, welche die Meische besitzt, vorausgesetzt, daß der Apparat fortwährend gedreht wird, was geschehen muß, um die Zellen mit einer neuen Schicht warmer Meische zu umgeben. Es ist klar, daß sich die Menge des zur Kühlung erforderlichen Wassers nach der Temperatur desselben und nach der Temperatur der Meische vor und nach dem Kühlen richtet. Nennt man die Differenz zwischen den Temperaturen der abzukühlenden Masse vor und nach dem Kühlen $= d$, und die Differenz zwischen der Temperatur des Kühlwassers und dem Mittel der Temperaturen der ungekühlten und gekühlten Masse $= D$, so verhält sich die Menge des Kühlwassers zu der Menge der zu kühlenden Masse wie $d : D$ (die specifische Wärme bei beiden gleich gerechnet). Sollen z. B. 2400 Pfund Meische mit Kühlwasser von 10° von 50 auf 30° abgekühlt werden, so ist $d = 50 - 30 = 20$ und $D = \left(\dfrac{50 + 30}{2}\right) - 10 = 40 - 10 = 30$; folglich $d : D = 20 : 30 = 2 : 3$, das heißt, man hat 1600

Pfund Wasser von 10° nöthig, um die 2400 Pfund Meische von 50° auf 30° abzukühlen. Man sieht hieraus, daß der Apparat nur da anwendbar ist, wo man an kaltem Wasser keinen Mangel hat. Noch ist zu bemerken, daß an dem untern Theile des Apparats eine mit einer Schraube verschließbare Oeffnung sich befinden muß, um denselben von dem Wasser zu entleeren, was besonders im Winter zu Vermeidung des Gefrierens und dadurch möglichen Zersprengtwerdens geschehen muß*) (Zeller in Dingl. polyt. Journal).

Es ist schon oben erwähnt, daß die Meische so weit abgekühlt werden muß, daß nach dem Zugeben des Wassers das Gemisch die zum Anstellen erforderliche Temperatur besitzt. Man sieht leicht ein, daß der Punkt, bis zu welchem man abkühlen muß, nicht immer derselbe seyn wird; er ist abhängig 1) von der Menge des zuzusetzenden Wassers; je mehr kaltes Wasser ich zugießen darf, desto weniger braucht vorher die Meische gekühlt zu seyn; 2) von der Temperatur des Zukühlungswassers, je kühler dasselbe ist, desto weniger braucht ebenfalls die Meische gekühlt zu seyn; 3) von der Temperatur, welche das Gemisch beim Anstellen zeigen soll; je höher diese seyn kann, desto weniger hat man wieder nöthig die Meische vor dem Zugeben des Wassers abzukühlen. Sehr stark wird man also die Meische kühlen müssen, wenn man nur wenig Wasser zusetzen darf, das Wasser nicht sehr kalt ist und die Temperatur beim Anstellen sehr niedrig seyn soll; nicht sehr stark wird man zu kühlen nöthig haben, wenn man viel Wasser zusetzen darf, dies sehr kalt ist und die Temperatur beim Anstellen nicht sehr niedrig seyn muß. Im Sommer, wo die Temperatur des Zukühlungswassers in der Regel wärmer ist, und wo die Temperatur beim Anstellen niedriger seyn muß, als im Winter, wird man daher bei Anwendung gleicher Quantitäten Zukühlwassers die Meische vorher auf eine weit nie-

---

*) Ein Wagemannscher Kühlapparat kostet nach seiner Größe 110 bis 200 Thaler, beim Kupferschmidt Heckmann in Berlin.

drigere Temperatur bringen müssen, als im Winter, da aber dies ohne Anwendung von künstlichen Kühlapparaten nicht leicht ohne Nachtheil für die Meische geschehen kann, so nimmt man gewöhnlich im Sommer mehr Zukühlwasser als im Winter, damit man nicht nöthig hat vorher die dicke Meische sehr stark abzukühlen.

Es drängt sich nun die Frage auf, welches ist das zweckmäßigste Verhältniß des Schrotes, das heißt, der trockenen Substanz zu dem Wasser? Man sieht leicht ein, daß bei Anwendung eines kleineren Verhältnisses Wasser, an Feuermaterial und Zeit erspart wird, indem weniger Masse abzudestilliren ist; ferner, daß man in den Ländern, wo die Steuer nach der Größe der Gährungsbottiche berechnet wird, bei einem solchen Verhältnisse außerdem bedeutend an Steuer erspart, denn die Steuerbehörde fragt hier nicht darnach, ob in demselben Gährungsbottig 2000 oder 3000 Pfund Schrot befindlich sind, und man hat in dem letzten Falle für den Branntwein aus 3000 Pfund Getreide dieselbe Steuer zu bezahlen, wie für den Branntwein aus 2000 Pfund Getreide. Es würde also am vortheilhaftesten seyn, möglichst viel Schrot im Verhältniß zum Wasser zu nehmen, wenn bei einer solchen dicken Einmeischung die Ausbeute an Branntwein sich nicht verminderte. Alle Erfahrungen haben aber gezeigt, daß die Gährung einer zu dicken Meische nicht vollkommen vor sich geht, mit anderen Worten, daß man aus zu dicker Meische verhältnißmäßig weniger Branntwein erhält, als aus dünner. Dadurch ist also eine Grenze in dem Verhältnisse des Schrotes zum Wasser gesetzt, die man ohne Gefahr eines Verlustes an Branntwein nicht überschreiten darf. Auch muß bei Anwendung eines Destillationsapparats mit directem Feuer, die Meische dünner seyn, als bei Benutzung eines Dampfapparats, weil in dem ersten dicke Meische leicht anbrennt. Indeß könnte man hier die gegohrne dicke Meische vor der Destillation mit Wasser verdünnen, wodurch man doch die Ersparniß an Steuer genösse.

In früheren Zeiten wurde fast allgemein das Verhältniß von 1 Theil Schrot auf 8—9 Theile Wasser genommen, und zwar ersteres im Winter, letzteres im Sommer; in der neuern Zeit nimmt man aber wegen der bedeutenden Ersparniß an Steuer und selbst mit Aufopferung eines diese Ersparniß nicht überwiegenden Antheils Branntwein, und weil das unzersetzte Stärkemehl dem Vieh zu Gute kommt, ein Verhältniß von 1 Theil Schrot auf 6 — 7 Theile Wasser, ja man hat schon das Verhältniß von 1 : 5 angewandt.

Da 100 Pfund Schrot nach dem Einmeischen den Raum von 75 Pfund oder 30 Quart Wasser einnehmen, so geben 100 Pfund Schrot dem Maaße nach an Meische bei einem Verhältniß von 1 : 9, 1 : 8, 1 : 7, 1 : 6, 1 : 5.

Preuß. Quart *)   390,   350,   310,   270,   230.

Es läßt sich hiernach leicht berechnen, wie viel Quart Meische man von dem Scheffel des angewandten Getreides bekommt, wenn man berücksichtigt, daß

Ein Preuß. Scheffel	wiegt Pfund
Weizen	85
Roggen	80
Gerste	69
Gerstenmalz	55 — 60

Da die nicht künstlich getrockneten Getreidearten durchschnittlich 12 Procent Wasser enthalten, so sind die oben angegebenen Verhältnisse, streng genommen, nicht die Verhältnisse der trocknen Substanz zum Wasser. Malz, welches eben von der Darre kommt, kann als vollkommen trocken angesehen werden, es nimmt aber sehr bald wieder 5—10 Procent Feuchtigkeit auf, ohne bedeutend sein Volumen zu vermehren. Es hängt von mehreren sich aus dem oben Gesagten leicht erklärlichen Umständen ab, ob man dünn oder dick wird einmeischen müssen, und ein Paar Versuche werden jedem Branntweinbrenner das für seine Brennerei pas-

---

*) 1 Preuß. Quart 2½ Pfund Wasser.

Branntweinbrennerei.

sendste Verhältniß lehren. Hat man sehr kaltes Abkühlwasser, oder wendet man künstliche Kühlapparate an, so kann man stets mehr Schrot in den Gährbottich bringen, als wenn man wenig kaltes Kühlwasser und keine Kühlmaschine hat, wo man also die Meische vor dem Zukühlen durch Stehenlassen im Bottiche oder auf den Kühlschiffen müßte abkühlen lassen. Daher ist es auch in jeder Brennerei Regel, während der heißen Jahreszeit mehr Kühlwasser anzuwenden, das heißt, die Meische mehr zu verdünnen, als im Winter. Um in dem Falle, wo man eine dicke Meische zur Gährung bringen will, doch noch möglichst viel kaltes Zukühlwasser zusetzen zu können, muß man von der ganzen Wassermenge einen möglichst kleinen Theil zum Einmeischen anwenden. Man muß daher mit Dampf einmeischen oder doch das Einteigen umgehen, und so läßt sich, wie oben S. 133 gelehrt, direct eine sehr starke Meische darstellen. Hierbei ist aber ein lange anhaltendes tüchtiges Durcharbeiten ganz unerläßlich, wenn die Zuckerbildung so genügend vor sich gehen soll, daß man nicht einen bedeutenden Verlust an Branntwein erleidet. Ich will hier noch bemerken, daß man schon im Vormeischbottiche bemerkt, ob der Meischproceß gut ausgeführt worden. Die Meische muß in demselben nicht weißlich trübe, sondern bräunlich klar seyn, keinen mehlig faden, sondern einen reinen süßen Geschmack besitzen, nicht kleisterartig fade, sondern süßlich dem frischen Brote oder getrocknetem Kleber ähnlich riechen.

Die Temperatur, bei welcher die Hefe gegeben werden muß, richtet sich nach der Temperatur des Gährungslokals, je höher diese ist, desto niedriger muß jene seyn, sie richtet sich aber auch nach der Dauer der Gährung, ob man nemlich 3 oder 4tägige Gährung haben will; im ersten Falle muß, wie leicht einzusehen, etwas wärmer als in dem letzten Falle gestellt werden. Durchschnittlich kann man annehmen, daß man bei sogenannter 3tägiger Gährung, das heißt, wenn man die Meische nach 36 — 48 Stunden destilliren will, also richtiger, bei 2tägiger Gährung, im Winter mit

19 — 22° R., im Sommer mit 17 — 19° R., bei so=
genannter 4tägiger Gährung (richtiger 3tägiger Gährung),
das heißt, wenn man die Meische nach 60 — 70 Stunden
destilliren will, im Winter mit 17 — 19° R., im Sommer
mit 15 — 17° R. die Hefe zusetzen muß. Gewöhnlich
muß ein Versuch über die zweckmäßigste Temperatur ent=
scheiden, und man hat dieselbe nach der Art des Einmeischens
und nach der Güte des Gährungsmittels abzuändern.

Das Wasser, welches man zum Zukühlen anwendet, hat,
wenn es Brunnenwasser ist, eine Temperatur von 6 —
10° R.; Flußwasser aber ist bedeutend größerm Temperatur=
wechsel unterworfen, im Allgemeinen von 1 — 20° R.
Wenn in der warmen Jahrszeit das Flußwasser eine sehr
hohe Temperatur besitzt, wird es immer vortheilhafter seyn,
das kältere Brunnenwasser anzuwenden; im Winter aber,
wo das Flußwasser kälter ist, als das Brunnenwasser, wird
ersteres den Vorzug verdienen, denn man wird, wie oft er=
wähnt, immer um so weniger nöthig haben, die Meische vor
dem Zukühlen abzukühlen, je kälter das Zukühlwasser ist.

Es sind Tabellen entworfen worden, welche angeben,
bis zu welcher Temperatur die Masse durch Umrühren u. s. w.
abgekühlt werden muß, damit durch das Zugießen von Zu=
kühlwasser von verschiedenen Temperaturen die zum Anstellen
erforderliche Temperatur entsteht. Es ist klar, daß für jedes
verschiedene Verhältniß der festen Substanz zum Wasser, und
für jede verschiedene Temperatur, welche die Meische beim
Anstellen haben muß, auch diese Tabellen verschieden seyn
müssen; ein einziger Versuch belehrt den Branntweinbrenner
sogleich über diesen Gegenstand, damit aber der Leser doch
einen Anhaltspunkt habe, will ich zwei der bekannten Ta=
bellen von Pistorius und Gall anführen.

Branntweinbrennerei.

Tabelle von Pistorius.

(Verhältniß des Schrotes zum Wasser, ohngefähr 1:8. Temperatur beim Anstellen 19—21° R.)

Ist die Temperatur des Kühlwassers	so muß die Meische vor dem Zukühlen gebracht werden auf
14° R.	29,5° R.
13°	30,3°
12°	31,7°
11°	32,9°
10°	34,1°
9°	35,3°
8°	36,5°
7°	37,7°
6°	38,9°
5°	40,1°
4°	41,3°
3°	42,5°
2°	43,7°
1°	44,9°

Tabelle von Gall.

(Verhältniß der festen Substanz zum Wasser, ohngefähr 1 : 6. Temperatur beim Anstellen 16 — 18° R.)

Ist die Temperatur des Kühlwassers	so muß die Meische vor dem Zukühlen gebracht werden auf
16° R.	19° R.
15°	20°
14°	21°
13°	22°
12°	23°
11°	24°
10°	25°
9°	26°
8°	27°

Ist die Temperatur des Kühlwassers	so muß die Meische, vor dem Zukühlen gebracht werden auf
7° R.	28° R.
6°	29°
5°	30°
4°	31°
3°	32°
2°	33°
1°	34°

Sobald also die Meische vor dem Zukühlen die erforderliche Temperatur erreicht hat, wird dieselbe mit einem Theile des Zukühlwassers verdünnt und in die Gährungsbottiche gebracht; mit dem noch übrigen Zukühlwasser spült man dann den Vormeischbottich, das Kühlschiff und die Kühlmaschine, wenn diese benutzt wurden, nach, und bringt dieses Spülwasser dann ebenfalls zu der im Gährungsbottiche befindlichen Meische.

Es braucht wohl kaum bemerkt zu werden, daß das Zukühlwasser nie gemessen wird, sondern daß man von demselben so lange der Meische zugiebt, bis dieselbe die gehörige Höhe im Gährungsbottiche erreicht hat, und nach diesem Raume wird vorher die erforderliche Menge von Schrot für ein bestimmtes Verhältniß der trocknen Substanz zum Wasser nach Seite 140. leicht berechnet. Angenommen, man hat einen Gährbottich von 3000 Quart Rauminhalt, so kommen in denselben, wenn man $1/10$ Steigraum läßt, 2700 Quart Meische; bei einem Verhältnisse des Schrotes zum Wasser, wie 1 : 6, würden in diesen Raum daher 1000 Pfund Schrot gemeischt werden; (a. a. O.) denn 1000 Pfund Schrot nehmen den Raum von 300 Quart Wasser ein, es bleiben also 2400 Quart Raum für Wasser, und diese wiegen 6000 Pfund. — Wie viel Schrot würde ich in den Raum von 2700 Quart meischen dürfen, wenn das Verhältniß zum Wasser wie 1 : 7 seyn sollte? Am angeführten Orte ist gezeigt, daß bei einem solchen Verhältnisse

310 Maaß Meische 100 Maaß Schrot enthalten. Es ist nun 310 : 100 = 2700 : 871, also würden 871 Pfund Schrot einzumeischen seyn.

4) **Das Anstellen und die Gährung der Meische.**

Während es bei der Gährung der Bierwürze Zweck war, nur einen Theil des in derselben befindlichen Zuckers durch das Ferment in Alkohol und Kohlensäure zu zerlegen, damit das gegohrene Getränk nicht allein geistig, sondern zugleich nährend sey, muß man, wie leicht einzusehen, bei der Gährung der Branntweinmeische möglichst allen Zucker derselben zu zerlegen suchen, weil ja dadurch ein größerer Ertrag an Branntwein gewonnen wird.

Daher nimmt man zum Branntweinbrennen niemals das die Gährung verzögernde Darrmalz, und deshalb wendet man eine beträchtlich große Quantität Hefe an und läßt die Gährung bei höherer Temperatur vor sich gehen. Indeß darf diese letzte, welche bekanntlich vorzüglich auf die Gährung beschleunigend wirkt, eine gewisse Grenze nicht überschreiten, wenn man nicht bedeutenden Verlust an Alkohol erleiden will. Läßt man nemlich die Gährung bei zu hoher Temperatur vor sich gehen, so verflüchtigt sich mit der heftig sich entwickelnden Kohlensäure bei dieser hohen Temperatur eine große Menge Alkoholdampf, und außerdem wird durch diese Temperatur der in der Meische aufgelös'te Alkohol disponirt, in Essigsäure sich zu verwandeln.

Es ist schon oben S. 141. gesagt worden, daß man die Gährung entweder nach 36 — 48 Stunden oder nach 60 — 70 Stunden beendet seyn läßt, daß die Meische also entweder am zweiten oder dritten Tage (dreitägige und viertägige Gährung oder Meische) nach dem Einmeischen reif, das heißt, destillirbar ist, und daselbst wurde auch angegeben, bei welcher Temperatur das Ferment zugesetzt werden müßte, um den einen oder andern Zweck zu erreichen. Bemerkt muß hier noch werden, daß eine bedeutende Vermeh=

rung des Fermentes lange nicht den Einfluß auf die Dauer und Heftigkeit der Gährung hat, als eine Temperaturerhöhung von auch nur einem Grade.

Die Gährung der Branntweinmeische läßt man in Bottichen vor sich gehen, die mit den Gährungsbottichen für die Bierwürze sehr viel Aehnlichkeit haben. Man hat sie von Eichenholz rund oder oval, oder auch viereckig von Sandsteinplatten zusammengesetzt, in welchem letztern Falle gewöhnlich eine Wand zwei Bottichen gemeinschaftlich ist; indeß haben die steinernen Platten den Nachtheil, daß aus den Poren derselben die Säure schwer zu entfernen ist, und daß die in ihnen befindliche Meische mehr dem Temperaturwechsel ausgesetzt ist, weil Stein ein besserer Leiter für Wärme als Holz ist; man muß bei Anwendung von steinernen Gährungsgefäßen gewöhnlich die Meische etwas wärmer anstellen.

Sehr häufig werden die Gährbottiche in demselben Raume aufgestellt, in welchem sich der Destillationsapparat u. s. w. befinden, also in einem über der Erde befindlichen Lokale, in welchem die Temperatur nach der Temperatur der Atmosphäre sehr verschieden ist. Weit zweckmäßiger aber hat man ein besonderes kellerartiges Gährungslokal, weil für die Gährung der Branntweinmeische dasselbe gilt, was in dieser Beziehung über die Gährung der Bierwürze S. 83. gesagt worden ist.

Ueber die Größe der Gährungsbottiche ist viel gesprochen worden. Am zweckmäßigsten nimmt man sie 2000 — 3000 Quart fassend. In zu großen Bottichen erhöht sich die Temperatur der Meische beim Gähren leicht zu sehr, in zu kleinen ist die Meische sehr dem Temperaturwechsel der Atmosphäre ausgesetzt, und die Meische erhält sich nicht gut auf der zum regelmäßigen Fortgange der Gährung erforderlichen Temperatur, weil die Oberfläche des Bottichs nicht in demselben Maaße abnimmt, als sein Cubikinhalt; daher muß man bei Anwendung sehr großer Bottiche etwas kälter, bei

Branntweinbrennerei.

Anwendung kleiner Bottiche etwas wärmer anstellen. Die Höhe der Gährbottiche beträgt zwischen 3 und 4 Fuß.

Da während der Gährung die Meische in den Bottichen steigt, weil die in große Blasen sich entwickelnde Kohlensäure ihr Volumen vergrößert, so dürfen dieselben nur so weit mit Meische angefüllt werden, daß diese bei ihrem höchsten Stande den Bottich gerade ausfüllt; wollte man die Bottiche höher anfüllen, so würde ein Theil der Meische während der Gährung aus dem Bottich fließen (übersteigen), was Verlust an Branntwein nach sich zöge, da die Steuerbehörden das Auffangen des überlaufenden Theiles nicht gestatten.

Da die Steuerbehörde einen gewissen Raum des Bottichs (im Königreich Preußen $1/10$ seines Inhalts) als Steigraum unversteuert läßt, so gewinnt man natürlich sehr an Steuer, wenn man diesen Raum möglichst klein nimmt, damit man in den Meischbottich eine größere Quantität Schrot bringen kann, als die Steuerbehörde annimmt.

Es hängt von mancherlei Umständen ab, wie stark die Meische während der Gährung steigt. War das Getreide sehr reich an Kleber (auf stark gedüngtem Boden gewachsen), nimmt man viel ungemalztes Getreide im Verhältniß zum Malze, hat man warm angestellt und ist das Gährungsmittel stark wirkend, oder hat man davon viel zugesetzt, so steigt die Meische sehr hoch, und man reicht oft mit dem gesetzlich angenommenen Steigraum nicht aus; man muß denselben auf $1/8$ — $1/7$ vom Inhalte des Bottichs vergrößern, so z. B. bei der Darstellung der Preßhefe. In den, den angeführten entgegengesetzten Fällen steigt die Meische oft nur ein paar Zoll hoch, und es genügt $1/14$ — $1/16$ Steigraum; daher kann man in der Regel, bei sogenannter viertägiger Gährung, denselben weit kleiner lassen, als bei dreitägiger Gährung. Sollte durch irgend einen unvorhergesehenen Zufall die Meische so hoch steigen, daß Ueberlaufen derselben zu befürchten ist, so bestreicht man den Rand des Bottichs mit Talg, auch wohl mit fettem Rahm, und tröpfelt auf dieselbe, da wo sie steigt, etwas Oel oder geschmolzenen Talg, wodurch die mit Kohlensäure angefüllten Blasen schnell zerplatzen.

Als Ferment benutzte man in früherer Zeit nur die Bierhefe, und auch jetzt noch wird dieselbe an den Orten, wo sie billig und gut zu haben ist, mit Vortheil angewandt. Am häufigsten wird die Bierhefe von den Bierbrauern im flüssigen Zustande, das heißt, mit etwas Bier angerührt, verkauft, und man muß sich dann, hinsichtlich ihrer Güte, auf die Rechtlichkeit des Brauers verlassen. Ueber die Menge der zur Gährung der Branntweinmeische erforderlichen Bierhefe läßt sich nur sehr Allgemeines sagen; sie wird, wie es auch bei dem Biere der Fall ist, nicht in demselben Verhältnisse vermehrt, in welchem die Menge der Meische sich vermehrt; denn wenn man auf 1000 Quart Meische 8 — 10 Quart Hefe braucht, reicht man auf 3000 Quart Meische mit 15 — 20 Quart Hefe aus.

Anstatt der flüssigen Bierhefe nimmt man auch die sogenannte Preßhefe, die Hefe im trocknen Zustande, wie man sie durch Abpressen der Bierhefe oder durch Abpressen der bei der Gährung der Branntweinmeische obenauf kommenden Hefe, die letztere namentlich in unserer Gegend in großen Quantitäten darstellt. Diese Preßhefe, welche sich zum Transport besser eignet, als die flüssige, und welche sich bei mittlerer Lufttemperatur 2 — 3 Wochen unverändert erhält, wird vor ihrer Anwendung in lauwarmen Wasser zerrührt. Auf 1000 Quart Meische kann man 1 Pfund, auf 3000 Quart 2 Pfund dieser trocknen Hefe verwenden.

Das Zugeben der Hefe zu der gekühlten Meische, das Anstellen, geschieht auf eine ähnliche Weise, wie das Anstellen der Bierwürze. Wenn nemlich die Meische vor dem Zukühlen auf ohngefähr 36 — 40° R. abgekühlt ist, nimmt man 4 — 6 Eimer derselben, bringt diese in einen kleinen Bottich oder in ein aufrechtstehendes Faß, das Hefenfaß, kühlt sie durch Zugießen von Wasser auf 22 — 24° R. ab und setzt dann die für die ganze Meische erforderliche Menge der flüssigen Bierhefe oder der in lauwarmes Wasser gerührten Preßhefe zu. Wegen der hohen Temperatur und der Menge der vorhandenen Hefe beginnt in dieser Masse die Gährung sehr schnell; sobald diese recht kräftig zu werden anfängt, wird die Masse durchgerührt, der indeß in den Gährungsbottich gebrachten und zugekühlten Meische zugesetzt und mit dieser durch anhaltendes Rühren innig vermischt.

Um aber die Ausgabe für Bierhefe oder Preßhefe ganz oder theilweis zu ersparen, und weil diese auch nicht an allen Orten stets gut zu haben sind, stellt man sich in vielen Brennereien die sogenannten **künstlichen Gährungsmittel** dar.

Diese bestehen im Allgemeinen aus einer noch gährenden oder einer gegohrenen Masse, welche nun selbst als Gährungsmittel wirkt, weil bei jeder Gährung neues Ferment aus den stickstoffhaltigen Substanzen gebildet wird. So stellt man z. B. die in Gährung zu bringende Meische mit einigen Eimern der des Tages vorher angestellten und daher in voller Gährung begriffenen Meische an, die man von der Oberfläche abschöpft, weil sich auf dieser vorzüglich die Hefe befindet (Oberhefe). Man mischt diese gährende Masse der Meische entweder direct im Meischbottiche zu, oder, was besser ist, man stellt etwas wärmere Meische in dem Hefenfasse, wie oben gelehrt, einige Zeit vor dem Zukühlen der Meische mit dieser gährenden Masse an, wo dann sehr bald eine lebhafte Gährung eintritt, und setzt dann diese Mischung der ganzen anzustellenden Meische zu.

Dieses Gährungsmittel wirkt sehr gut, wenn man den rechten Zeitpunkt trifft, in welchem von der gährenden Masse abgeschöpft werden muß, nemlich den Zeitpunkt, wo die Hefe vorzüglich an die Oberfläche der gährenden Meische kommt. Bei einiger Uebung wird man denselben leicht treffen; die Entwicklung der Kohlensäure ist dann heftig geworden und die Hefe erscheint als eine weißlich zähe Masse auf der Meische. Sollte man genöthigt seyn, lange zuvor, ehe man anstellen will, von der gährenden Masse das Gährungsmit=

tel abzunehmen, so gießt man das Abgeschöpfte in ein Faß und unterdrückt die Gährung durch einen Eimer kaltes Wasser, den man zugießt, und dies so oft, als die Gährung von Neuem anfangen will, bis zu dem Zeitpunkte, wo man die Masse mit der wärmeren Meische vermischt, um das Ferment für die Meische des Tages abzugeben.

In dem Folgenden will ich, nach Förster, noch einige der bekannt gewordenen Gährungsmittel mittheilen. Zu dem Kittel'schen Gährungsmittel sind zwei Gefäße erforderlich, deren Größe sich nach dem Inhalte der Meischbottiche richtet. Das eine dieser Gefäße dient zum Aufbewahren der Schlempe und kann ausserhalb der Brennerei stehen, das zweite findet seinen Platz in dem Gährungskeller nahe bei den Gährungsbottichen und wo möglich an einem dem Luftzuge ausgesetzten Punkte. Auf 4 Centner Schrot, welche man meischt, werden von der ersten Meischblase, die gewöhnlich den dünnsten Spühlicht (Schlempe) liefert, nachdem derselbe abgelassen, 6 Eimer (zu 12 Quart) von der dünnen Flüssigkeit weggenommen und in das erste der erwähnten Gefäße gegossen. Wenn am folgenden Morgen eingemeischt und das Gut mit Bierhefen gestellt ist, so werden 6 Eimer Wasser mehr als gewöhnlich zugelassen. Dann nimmt man in derjenigen Periode, wo die Meische zu rahmen anfängt und die Oberfläche derselben mit einem dünnen weißen Schaum bedeckt ist, 6 Eimer der frischen Meische oben ab und gießt sie zu dem Spühlicht des vorigen Tages. Das Abnehmen der Meische geschieht am besten mit einem Heber, damit die Gährung durch Bewegung der Masse nicht gestört werde. Die Mischung von dieser abgeschöpften Meische und der Schlempe vom vorigen Tage bildet das Gährungsmittel für den folgenden Tag, wo man dann die Bierhefe nicht mehr braucht. Wird nur alle 2 — 3 Tage gemeischt, so muß man dahin sehen, daß die Gährung in diesen Hefengefäßen, welche nach 10 — 12 Stunden, und wenn der Spühlicht lauwarm war, früher beginnt, unterbrochen wird, damit das Gährungsmittel später noch hinlänglich stark wirke. Man bewirkt dies dadurch, daß man täglich 2 — 3 Mal einen halben oder ganzen Eimer kaltes Wasser zugiebt, wodurch die Gährung unterbrochen wird. Um die zu starke Säure abzustumpfen, setzt man auch wohl täglich ¼ Pfund Potasche zu. Man wendet dieses Gährungsmittel, nach Förster, unausgesetzt in Nordhausen an, welche Stadt, ihres guten Branntweins wegen, bekanntlich einen Ruf erlangt hat.

Pistorius, als intelligenter Techniker hinlänglich bekannt, läßt mit dem folgenden Gährungsmittel anstellen: Man meischt in einem besondern Gefäße, ohngefähr eine halbe Stunde vor dem Einmeischen in den Bottich, einen Scheffel von demselben Schrot, welches man zur Branntweinfabrikation benutzt, und läßt diese Meische bis auf 36° R. sich abkühlen. Dann werden drei Eimer kaltes Wasser und ein Eimer kalte dünne Schlampe, welche vom vorigen Tage steht, hinzugegossen, durchgerührt, 7 — 8 Quart gute Bierhefe zugesetzt und abermals durchgerührt, bis die Temperatur auf 25° R. gesunken ist. Nach einer Stunde fängt die Masse an zu gähren, man schüttet dann 2 — 3 Eimer kalte Schlempe hinzu, wonach die Gährung unterbrochen wird, aber bald von Neuem beginnt, und sich gerade am besten zeigt, wenn die Meische des Tages zum Anstellen fertig ist, zu welcher man nun von dieser gährenden Masse, statt der Bierhefe, auf einen Scheffel Getreide 12 — 13 Quart zugiebt. Man sieht, daß bei der Bereitung dieses Gährungsmittels die Bierhefe nicht ganz erspart wird.

Die Anzahl dieser künstlichen Gährungsmittel kann von jedem Branntweinbrenner, der einsieht, worauf es bei Bereitung derselben ankommt, durch Abänderungen der Gewichts- und Maaßverhältnisse und anderer unwesentlichen Umstände vermehrt werden.

Es ist bekannt, daß sich bei jeder Gährung neues Ferment in großer Masse bildet; man hat also nur eine kleine Portion einer zuckerhaltigen und stickstoffhaltigen Masse auf irgend eine Weise in Gährung zu versetzen, bei welcher sich dann bald eine zur Gährung einer größeren Masse hinreichende Menge Ferment bildet; sobald dies geschehen, rührt man diese kleine gegohrene Masse um und setzt sie der größern in Gährung zu bringenden Masse zu. Man erinnere sich, daß selbst bei Anwendung guter Bierhefe, und nicht allein beim Branntweinbrennen, sondern auch beim Bierbrauen, vor dem Anstellen der ganzen in Gährung zu bringenden Masse, ein kleinerer, etwas wärmerer Theil derselben in einem besondern Gefäße angestellt, und dieser, wenn er in vollkommner Gährung begriffen, das heißt, wenn sich schon neugebildetes Ferment abgeschieden hat, der größern Masse zugesetzt wird. Ich empfehle noch einmal, das Ferment mehr zu berücksichtigen, welches sich bei der Gährung der Branntweinmeische ohngefähr 10 — 15 Stunden nach dem Anstellen auf der Oberfläche derselben abscheidet, und dessen Reindarstellung ja bekanntlich die Fabrikation der trocknen Hefe oder Preßhefe ausmacht, wovon ich weiter unten sprechen werde.

Außer dem zur Gährung erforderlichen Ferment hat man der Branntweinmeische noch hier und da Substanzen oder Gemische von Substanzen zugesetzt, welche die Ausbeute an Branntwein vermehren sollen, entweder weil sie die Gährung recht regelmäßig verlaufen machen, oder die Umänderung des entstandenen Weingeistes in Essigsäure verhindern sollen. Ein solches von Reusch eingeführtes, von Gall in neuerer Zeit empfohlenes Gemisch ist das folgende. Man kocht 2 Pfund Hopfen eine Stunde lang mit 40 Quart Wasser anhaltend, seiht durch, giebt die Flüssigkeit wieder in den Kessel und setzt 5 Pfund gereinigte Potasche, 1 Pfund grünen Vitriol (reinen Eisenvitriol) und ½ Pfund Salmiak hinzu, vorher in 10 Quart Wasser aufgelös't, worauf man noch ¼ Stunde kochen läßt. Nach dem Erkalten füllt man die Flüssigkeit in ein reines Faß, das man gut verspundet. Auf 1000 Quart Meische setzt man vor der Gährung 1 Quart von dem Gemische zu, indem man dasselbe ins Hefenfaß zu der behufs des Anstellens vorbereiteten Hefenmasse gießt, aber nicht eher, als diese der ganzen Meische zugegossen werden soll.

Branntweinbrennerei.

Die wirkſamen Beſtandtheile in dieſer Miſchung ſind: das kohlenſaure Kali und das entſtandene kohlenſaure Eiſenoxydul und Oxyd; den Salmiak kann man weglaſſen oder man muß das Kochen unterlaſſen, weil das aus demſelben freigewordene Ammoniak durch das Kochen verflüchtigt wird. Auch gerbeſtoffhaltige Subſtanzen, ſo z. B. Abkochungen von Eichenrinde, hat man der Meiſche zugeſetzt, um die Ausbeute an Branntwein zu vermehren. Die Wirkung, welche ſich davon ableiten läßt, kann nur die ſeyn, daß der Gerbeſtoff ebenfalls, wie die Eiſenſalze, das Sauerwerden der Meiſche während der Gährung verhindert, und ſo kann dies Mittel allerdings die Ausbeute an Branntwein vermehren. Ich ſelbſt habe bei vielen Verſuchen kein ſolches Reſultat von der Eichenrinde gezogen, daſſelbe muß ich auch von der Schwefelſäure ſagen, welche man ihrer toniſchen Wirkung wegen ebenfalls als Zuſatz angewandt wird.

Iſt nun die auf die erforderliche Temperatur abgekühlte und zugekühlte Meiſche auf oben beſchriebene Weiſe mit dem Fermente vermiſcht worden, ſo beginnt die Gährung im Ganzen unter denſelben Erſcheinungen, welche ſich bei der Gährung der Bierwürze zeigen, aber wegen der bedeutend höheren Temperatur und der größern Menge des zugeſetzten Fermentes viel ſchneller, gewöhnlich ſchon nach 1 — 3 Stunden. Es bildet ſich ebenfalls anfangs ein weißlicher Ring am Rande des Bottichs von den hier zuerſt ſich entwickelnden Bläschen der Kohlenſäure, bald aber zeigen ſich dieſe Bläschen an der ganzen Oberfläche der Meiſche, und ſie reißen, ſobald ihre Anzahl größer wird, die feſten Subſtanzen der Meiſche an die Oberfläche, wodurch eine ſtarke Decke entſteht, durch welche hie und da die Kohlenſäure ſich einen Ausweg verſchafft, aus kleinen Oeffnungen, die den Kratern der Vulkane gleichen. Jede dieſer Oeffnungen iſt mit einem erhöhten Ringe von weißem Schaume umgeben, wodurch die Oberfläche mit kleinen Hügeln bedeckt erſcheint (Puppengährung); die aus den Kratern hervorbrechenden und zerplatzenden Blaſen von Kohlenſäure verurſachen ein eigen=

thümliches Geräusch, es zeigt sich ein stechend geistig säuerlicher Geruch, und die Temperatur der Meische erhöht sich um 4 — 6° R. Alle diese Erscheinungen haben den höchsten Grad erreicht, wenn die Gährung den höchsten Punkt erreicht hat, sie werden schwächer, wenn die Gährung ihrem Ende naht, und hören zuletzt auf, wenn diese beendet ist. Die Meische ist dann weingahr, das heißt, es ist in derselben aller Zucker in Alkohol und Kohlensäure zerlegt worden, sie ist zur Abscheidung des Branntweins reif. Die Oberfläche der ausgegohrnen Meische ist gewöhnlich noch mit der starken Decke bedeckt, unter welcher, wenn man sie durchbricht, eine klare, geistige, sauer riechende und schmeckende Flüssigkeit hervorquillt.

Wenn auch bei der Gährung jeder Branntweinmeische sich im Wesentlichen die beschriebenen Erscheinungen zeigen, so treten doch häufig auch andere auf; denn diese Erscheinungen sind abhängig von der Temperatur beim Anstellen, Art und Menge des Gährungsmittels, Zusammensetzung und Mischung der angewandten Getreidearten u. s. w. So bildet sich bald nur eine sehr geringe Decke, bald eine sehr starke Decke, welche an keiner Stelle durchbrochen wird, bald erhöht sich der Schaum nur wenig, bald will die Meische überfließen, bald bleibt die Oberfläche ruhig, bald wälzt sich über dieselbe der Schaum von einem Ende des Bottichs zum andern. Im Allgemeinen ist die ruhige Gährung die beste, und die Gährung um so ruhiger, bei je niederer Temperatur angestellt worden ist, daher bei sogenannter viertägiger Meische weit ruhiger, als bei dreitägiger.

War die zum Anstellen verwendete Hefe nicht gut, so tritt die Gährung erst längere Zeit nach dem Anstellen ein, sie geht schwach vorwärts und hört bald, oft plötzlich auf, man muß dann durch Umrühren und durch Zugeben von guter Hefe und etwas warmen Wassers die Gährung wieder in Gang zu bringen suchen; aber bei irgend einiger Aufmerksamkeit wird dies in einer Brennerei in Jahren nicht vorkommen.

Man hat viel darüber gesprochen, ob es zweckmäßig sey, die Gährbottiche während der Gährung zu bedecken oder nicht. Dies ist leicht zu entscheiden. Sobald die Meische gestellt ist, halte man die Bottiche bedeckt, damit die Temperatur derselben nicht sinke, bis die Gährung im Gange ist, dann entferne man die Bedeckung, um eine zu starke Erwärmung zu vermeiden; hört die Gährung bald auf, so lege man die Bedeckung wieder auf, um die atmosphärische Luft abzuhalten, deren Sauerstoff in dieser Periode leicht eine bedeutende Quantität Alkohol in Essigsäure umwandelt.

Ich erwähnte schon früher, daß, wie sich auch aus allem Gesagten ergiebt, die Darstellung der weingahren Meische aus dem Getreide, im Wesentlichen auf denselben Grundsätzen beruht, wie die Darstellung von Bier, nur daß man bei ersterer möglichst allen beim Meischen entstandenen Zucker in Alkohol umzuwandeln trachten müsse; ich verweise deshalb hinsichtlich der theoretischen Entwicklung noch Einmal auf den Artikel Bierbrauerei, in dem man das Nöthige darüber finden wird. Wenn ich mich auch bemüht habe, im Vorhergehenden möglichst ins Detail einzugehen, und namentlich die vorkommenden Temperaturen nach Erfahrung genau anzugeben, so konnten doch natürlich nur meistens allgemeine Andeutungen gegeben werden; aber jeder denkende Brenner wird nach einem einzigen Versuche das für seine Brennerei Zweckmäßigste ausfinden, er wird z. B. sogleich ersehen, bei welcher Temperatur in seinem Gährungskeller die Meische gestellt werden müsse u. s. w.

b. Darstellung der weingahren Meische aus Kartoffeln.

Der Unterschied zwischen der Darstellung einer weingahren Meische aus Kartoffeln und der Darstellung derselben aus Getreide, liegt in den vorbereitenden Arbeiten des Kochens und Zerkleinerns der Kartoffeln, und dann besonders darin, daß diese keine Diastase enthalten, daß in ihnen also die zuckerbildende Substanz fehlt, obgleich sie den zuckergebenden Stoff, das Stärkemehl, wie früher gezeigt, in namhafter Menge enthalten.

Hieraus ergiebt sich, daß man nur sehr wenig Branntwein gewinnen würde, wenn man die Kartoffeln für sich so behandeln wollte, wie es oben bei dem Getreide gelehrt worden; es würde nemlich durch das Einmeischen kein Zucker entstehen können, und bei der Gährung würde nur der Zucker zerlegt, welcher in den Kartoffeln in geringer Menge schon gebildet vorkommt.

Es liegt nun aber sehr nahe, daß man den Kartoffeln beim Einmeischen nur einen Diastase enthaltenden Körper zuzusetzen hat, um das Stärkemehl derselben in Zucker umzuändern, also den bei der Gährung Alkohol gebenden Stoff zu bilden. Dies geschieht nun auch allgemein, man setzt den Kartoffeln beim Einmeischen Gerstenmalz, auch wohl Gerstenmalz und etwas Weizenmalz zu, deren Diastase hinreichend ist, eine weit größere Menge Stärkemehl in Zucker umzuwandeln, als sie selbst enthalten.

Zur bequemeren Uebersicht kann man bei der Darstellung der weingahren Meische aus den Kartoffeln die folgenden Operationen unterscheiden:

1) Das Kochen und Zerquetschen der Kartoffeln.
2) Das Einmeischen.
3) Das Abkühlen und Zukühlen der Meische.
4) Das Anstellen und die Gährung der Meische.

Von diesen Operationen werden nur die unter 1) und 2) näher zu beschreiben seyn, denn die Operationen unter 3) und 4) werden ganz auf dieselbe Weise ausgeführt, als dies oben bei der Verarbeitung von Getreide gelehrt wurde, ich werde also im Allgemeinen dahin verweisen können.

1) **Von dem Kochen und Zerquetschen der Kartoffeln.**

Wie das Getreide vor dem Einmeischen zerkleinert, ge=

Branntweinbrennerei.

schroten werden muß, damit das Auflösungsmittel, das Wasser, einwirken kann, müssen auch die Kartoffeln zerkleinert werden. Auf drei verschiedene Arten läßt sich diese Zerkleinerung bewerkstelligen:

1) Man kann die Kartoffeln in Scheiben schneiden, diese trocknen und dann auf gewöhnlichen Mühlen zermahlen.
2) Man kann die Kartoffeln roh zerreiben, etwa durch die bei der Runkelrübenzuckerfabrikation zum Zerreiben der Rüben angewandte Maschine von Thierry.
3) Man kann die Kartoffeln kochen und dann durch geeignete Vorrichtungen, wie durch Walzen, zerquetschen.

Von diesen drei genannten Zerkleinerungsmethoden wird nur die letzte jetzt allgemein von den Brantweinbrennern befolgt. Es würde von dem entschiedensten Vortheile nicht allein für die Branntweinbrennerei, sondern auch in anderer Beziehung seyn, wenn die erste der aufgeführten Methoden mit Leichtigkeit ausgeführt werden könnte; der Werth der Kartoffeln würde dadurch unendlich erhöht, weil man die getrocknete Substanz dann mit bedeutender Ersparniß und in alle Länder verfahren und Jahre lang aufbewahren könnte. Aber die in Scheiben zerschnittenen rohen Kartoffeln trocknen, selbst wenn die Scheiben sehr dünn sind, nur schwierig, weil sie Eiweiß und zerfließliche Salze enthalten, welche Feuchtigkeit aus der Luft anziehen; man muß sie durch Einweichen und Auslaugen mit Wasser zuvor von diesen befreien, wonach sie auf einer Darre sehr leicht trocknen, und zermahlen ein weißes Mehl geben, daß sich, ohne zu verderben, aufbewahren läßt und als Zusatz zum gewöhnlichen Brote zu Zeiten mit Vortheil benutzt werden kann. Ich werde beim Brotbacken hierauf zurückkommen, und daselbst einen Apparat zum Auslaugen der Kartoffelscheiben beschreiben.

Das auf diese Weise erhaltene Kartoffelmehl läßt sich, wie wohl kaum erwähnt zu werden brauchte, gleich dem Getreideschrote, mit einem Zusatz von Malz einmeischen. Aber so leicht dies Trocknen der Kartoffelscheiben im Kleinen ausführbar ist, so bedeutende Schwierigkeiten stellen sich der

Ausführung im Großen in den Weg. Abgesehen von den Maschinen, welche zum Zerschneiden der Kartoffeln erforderlich wären, und den nöthigen Auslaugapparaten, müßten ganz ausgedehnte Trockenanstalten, Darren, vorhanden seyn, wenn man nur eine mäßige Quantität Kartoffeln, täglich z. B. einen Wispel, auf Branntwein verarbeiten wollte, denn die Temperatur der Jahreszeit gestattet das Trocknen der Kartoffeln auf luftigen Böden nicht.

Die zweite der angeführten Zerkleinerungsarten, nemlich die, die Kartoffeln roh zu reiben, scheint durch Hülfe der angegebenen Maschine leichter ausführbar; der erhaltene Brei wäre durch Auswaschen oder Auspressen, wenigstens von dem größten Theile des eiweißhaltigen Wassers zu befreien, und dann durch Dampf bis zur Kleisterbildung zu erhitzen.

Ich habe etwas ausführlich über diesen Gegenstand mich ausgesprochen, weil die jetzige in den Branntweinbrennereien gebräuchliche Zerkleinerungsmethode, nemlich das Kochen und Zerquetschen, gewiß nicht sehr gut ist, und die Ausbeute an Branntwein, welche man, der Theorie nach, aus den Kartoffeln erhalten kann, geringer macht.

Es ist bekannt, daß reines Stärkemehl beim Erhitzen mit Wasser kleistert, und daß sich in diesem Kleister das aufgelös'te Stärkemehl leicht durch Diastase in Zucker umwandeln läßt. Bei dem Kochen der Kartoffeln aber kann kein Kleister entstehen, weil das dabei gerinnende Eiweiß die Stärkemehlkügelchen einschließt, und deshalb kann auf diese die Diastase nur sehr schwierig wirken. Soll daher die Umwandlung des Stärkemehls in Zucker beim Einmeischen irgend vollständig erfolgen, so muß zuvor das Eiweiß entfernt seyn. Siemens hat es, wie später angegeben werden wird, durch Kali unschädlich zu machen gesucht.

Wie schon erwähnt, werden in allen Brennereien bis jetzt die Kartoffeln gekocht und dann zerkleinert. Sind die Kartoffeln gehörig abgetrocknet und auf nicht zu thonigem Boden gewachsen, so ist ein vorhergehendes Waschen derselben nicht nöthig, die anhängende Erde wird durch das

Umschaufeln und bei dem Transport größtentheils abgerieben, und eine geringe Menge derselben bringt bei keiner der folgenden Operationen Nachtheil, sie setzt sich im Gährbottiche oder in dem Schlempebehälter ab.

Sind aber die Kartoffeln auf sehr schwerem Boden gewachsen, oder bei sehr schmutzigem Wetter eingebracht, so ist es unerläßlich, dieselben vor dem Kochen zu waschen. Man hat hierzu mehrere Vorrichtungen: So benutzt man dazu einen gewöhnlichen flachen Bottich, der einige Zoll über seinem Boden einen zweiten, aus Latten gebildeten, sogenannten falschen Boden hat. Auf diesen Lattenboden werden die zu reinigenden Kartoffeln geschüttet, dann der Bottich bis etwas über die Kartoffeln mit Wasser angefüllt und diese dann mit Schaufeln und stumpfen Besen umgerührt. Die abgeriebene Erde geht durch den falschen Boden und fließt nach vollendeter Reinigung durch ein über dem untern Boden angebrachtes Zapfloch mit dem Wasser ab.

Eine andere bekannte Vorrichtung zum Waschen der Kartoffeln ist ein aus Latten gebildeter Cylinder, der mit einer Thür, zum Ein- und Ausfüllen der Kartoffeln, versehen ist. Durch den Cylinder geht eine eiserne Achse, an deren einem Ende sich eine Kurbel befindet. Um diese Achse wird der mit Kartoffeln etwa zur Hälfte angefüllte Cylinder in einem mit Wasser angefüllten vierseitigen Troge gedreht, bis durch das Reiben der Kartoffeln aneinander und an die Latten alle Erde entfernt und in das Wasser des Troges gegangen ist, welches daher öfters erneut werden muß.

Nicht so bekannt, als diese einfache Reinigungsmaschine, ist ein Mechanismus, durch welchen das Ausleeren des gefüllten Cylinders mit Leichtigkeit bewerkstelligt wird, während dies ohne diesen Mechanismus, bei irgend bedeutender Größe des Cylinders, eine höchst anstrengende Arbeit ist. Dicht hinter den Stellen der eisernen Achse nemlich, an denen sich diese in den Pfannen des Troges dreht, also außerhalb des Troges, sind an der Achse kleine gezähnte Räder angebracht. In gleicher Entfernung dieser beiden Räder von einander befinden sich an den Seiten des Troges, von den Pfannen ab bis etwas über den Trog hinaus, gezähnte schiefe Flächen, deren Höhe mindestens dem Halbmesser des Cylinders gleichkommen muß. Hebt man, nachdem die Kartoffeln durch Umdrehen des Cylinders gereinigt sind, die Achse desselben aus den Pfannen des Troges, so greifen die Zahnräder in die gezähnten schiefen Flächen ein, und der Cylinder wird mit seinem Inhalte leicht auf denselben über den Trog hinaus gedreht. Am obern Ende dieser schiefen Flächen sind die dieselben bildenden eisernen Stangen etwas nach Innen zu Pfannen gebogen, so daß daselbst die Räder den gezähnten Theil der Stangen verlassen und sich nun wieder die runde Achse in dieser Pfanne dreht. Nach Entleerung des Cylinders wird er auf demselben Wege zurückgerollt. Fig. 18 und 19. werden sogleich das Gesagte vollkommen deutlich machen.

In sehr großen Brennereien kann man die der beschriebenen ähnliche Waschmaschine für Runkelrüben von Champonnois anwenden, bei der die zu waschenden Substanzen an dem einen Ende des Cylinders durch einen Rumpf in denselben gelangen und am andern Ende gereinigt von selbst herausfallen. Bei der Runkelrübenzuckerfabrikation wird dieselbe gezeichnet und beschrieben werden.

Das Kochen der Kartoffeln wird allgemein durch Wasserdampf bewerkstelligt, selbst in den Brennereien, wo man die Destillation nicht durch Dämpfe betreibt. Man schüttet die Kartoffeln in ein fast cylindrisches, stehendes Faß durch eine im oberen Boden angebrachte Oeffnung, welche mittelst eines keilförmig zulaufenden, in dieselbe passenden Stück Holzes, das durch Gewichte beschwert oder durch eine passende Vorrichtung fest gehalten werden muß, dampfdicht verschlossen wird. Einige Zoll über dem untern Boden des Fasses befindet sich ein durchlöcherter Boden, ein Siebboden, oder ein von eisernen Stäben gebildeter Rost, auf welchem die Kartoffeln zu liegen kommen, und dicht über diesen ist eine Thür angebracht, durch welche die gahr gekochten Kartoffeln

Branntweinbrennerei.

heraus und auf die Quetschmaschine geharkt werden. Diese Thür ist durch Keile, Querriegel oder andere Vorrichtungen während des Kochens dampfdicht zu verschließen. Außerdem befindet sich dicht über dem untern wirklichen Boden des Fasses ein etwa zollweites Loch, durch welches das Wasser, welches aus den zu Anfange des Kochens condensirten Dämpfen entsteht, ausfließt; und über dem Siebboden befinden sich übereinander, in einer Entfernung von ohngefähr einem Fuß, noch 3 — 4 ähnliche Löcher, durch welche man mittelst eines spitzen eisernen Stabes untersucht, ob die Kartoffeln gahr gekocht sind. Diese letzteren Löcher sind während des Dämpfens durch passende Zapfen geschlossen. Von dem Dampfkessel ab geht in die Mitte des untern Dritttheils des Fasses ein ohngefähr zollweites kupfernes Rohr, durch welches die Dämpfe aus dem Dampfkessel einströmen, und welches durch einen Hahn von diesem abgesperrt werden kann.

Sobald nun das Faß mit Kartoffeln ganz angefüllt worden, und alle Oeffnungen gut verschlossen sind, läßt man die Wasserdämpfe aus dem Dampfkessel in dasselbe strömen, wo dann nach 1½ — 2 Stunden die Kartoffeln gahr gekocht sind, wenn das Faß 1 — 1½ Wispel enthielt und die Kartoffeln nicht zu kalt oder schon gefroren waren. Wegen des geringen specifischen Gewichts der Wasserdämpfe werden die Kartoffeln im obern Theile des Fasses zuerst gahr, und man darf daher das Einströmen der Dämpfe erst dann unterbrechen, wenn man mittelst des erwähnten spitzen eisernen Stabes durch das dicht über dem Roste befindliche Loch die dort liegenden Kartoffeln weich gekocht gefunden hat. Wegen des geringen specifischen Gewichts der Dämpfe muß aber auch das Zuleitungsrohr vom Dampfkessel im untern Theile des Dampffasses ausmünden; und wegen des Druckes, welchen das Faß abzuhalten hat, wenn alle Oeffnungen gut verschlossen sind, muß dasselbe aus starken Stäben angefertigt und mit eisernen Reifen wohl versehen seyn.

Sobald die Kartoffeln gahr gekocht sind, werden die Dämpfe mittelst des Hahnes entweder ganz abgesperrt, oder man läßt nur eine sehr geringe Menge derselben noch einströmen, um die Temperatur immer gleich hoch zu erhalten; dann öffnet man die über dem Roste befindliche Thür und bringt die Kartoffeln durch eiserne Harken in den Rumpf der Quetschmaschine. Es brauchte wohl kaum erwähnt zu werden, daß das Kartoffelfaß seinen Stand so hoch hat, daß die aus demselben geharkten Kartoffeln auf einer schiefen Fläche sogleich in den Rumpf der darunter stehenden Quetschmaschine fallen.

Die Quetschmaschine ist höchst einfach, und besteht aus zwei hölzernen oder besser steinernen Walzen von 1 — 1½ Fuß Durchmesser und 1½ — 2 Fuß Länge, die durch zwei Kurbeln, welche an den entgegengesetzten Seiten an den Achsen angebracht sind, gegen einander gedreht werden. Durch sogenanntes Vorlegezeug kann man das Umdrehen der Walzen zwar sehr erleichtern, aber natürlich auf Kosten der Geschwindigkeit, und im vorliegenden Falle ist gerade die größte Geschwindigkeit anzuempfehlen, damit die Kartoffeln ganz heiß gemahlen und gemeischt werden, weil sie erkaltet schließig zähe werden und sich nicht vollständig zerkleinern und zertheilen lassen. Ueber den Quetschwalzen ist ein Rumpf angebracht, der entweder oben am Gestelle der Maschine, wenn dies hoch ist, befestigt ist, oder, auf den untern Theil desselben aufgestellt, die Walzen ganz einschließt, und in diesem Falle nur mit Oeffnungen für die Achsen versehen ist; übrigens braucht dieser Rumpf nicht sehr hoch zu seyn. Findet die erstere Befestigungsart Statt, so kann der spitze Theil des Rumpfes, welcher in den Winkel zwischen die Walzen eintritt, nach Aufziehen eines Riegels zurückgeklappt werden, um durch die entstehende Oeffnung mittelst eines kleinen Hakens etwa zwischen die Walzen gekommene Steine und andere feste Körper zu entfernen. Fig. 20. zeigt eine Kartoffelquetschmaschine nach eben beschriebener Einrichtung. Fig. 21. das Vorlegezeug, welches an den Achsen der Walzen befestigt werden kann. Die zerquetschte Masse fällt unter den Walzen entweder auf eine schiefe Fläche, auf welcher sie nach vorn herabrutscht, und von hier mittelst Schaufeln in den Meischbottich gebracht wird; oder in einen Kasten, in welchem man sie, wenn er gefüllt ist, nach dem Meischbottiche trägt. Die an den Walzen klebende Masse wird durch zwei Messer von der Länge der Walzen, die an dem Gestelle der Maschine befestigt sind und die durch einen Hebel und Gewicht an dieselben gedrückt werden, abgestrichen. An Fig. 20. ist diese Vorrichtung zu sehen. Als bewegende Kraft benutzt man bei der Quetschmaschine allgemein Menschenhände, und sie lassen sich auch nicht gut durch eine andere Kraft ersetzen, weil das Vorkommen von Steinen in den Kartoffeln öfteres Anhalten zur Entfernung derselben nothwendig macht. Unter anderen hierzu etwa brauchbaren Vorrichtungen würde ein von einem Hunde in Bewegung gesetztes Tretrad die einfachste und wohlfeilste seyn. Hat man aber andere bewegende Kräfte, z. B. einen Göpel, in der Anstalt, so kann man natürlich die Quetschwalzen mit diesen in Verbindung setzen, nur muß man immer auf leichte und schnelle Hemmung bedacht seyn.

In Frankreich hat man anstatt der beschriebenen einfachen Quetschwalzen hohle Cylinder aus geflochtenem Eisendraht angewandt, deren Maschen eine halbe Linie im Viereck haben, und die sich mit ungleicher Geschwindigkeit gegen einander drehen und dabei einander beinahe berühren. Durch diese Cylinder werden die gekochten Kartoffeln gleichsam zerrieben, und der Brei wird durch das metallne Sieb in das Innere derselben gedrückt, wo er auf einer etwas geneigten Fläche, an der Seite der Cylinder, in das untergestellte Gefäß fällt.

Es ist nicht zu leugnen, daß unsere jetzigen Quetschvorrichtungen noch höchst unvollkommene Apparate sind; denn wenn dieselben auch Kartoffeln von sehr mehliger Beschaffenheit so zerdrücken, daß die Masse ein gröbliches Pulver darstellt, so zerkleinern sie doch Kartoffeln, welche schliesig oder durch Erkalten etwas zähe geworden sind, nur sehr unvollständig, sie bilden Bänder und zusammengequetschte Massen, die sich beim Einmeischen nicht zertheilen lassen und deren Inneres also der Einwirkung der Diastase entgeht. Dasselbe geschieht, wenn die Walzen zu nahe an einander gestellt sind; da die Entfernung der Walzen für verschiedene Kartoffelsorten verschieden seyn muß, so müssen dieselben durch Schrauben gestellt werden können. Eine Maschine, durch welche die Kartoffeln mehr zerrieben oder zerrissen, als zerquetscht würden, ist für die Branntweinfabrikanten ein höchst wünschenswerther Apparat, denn man kann annehmen, daß durch unzulängliche Zerkleinerung oft ein Viertheil der Kartoffelmasse unverändert in die Schlempe geht und also nur dem Viehe zu Gute kommt. Man würde sich gewiß des schon oben erwähnten, mit Sägeblättern armirten Cylinders von **Thierry** mit großem Nutzen zum Zerreiben der gekochten Kartoffeln bedienen (siehe Runkelrübenzuckerfabrikation), oder man könnte die vorläufig zerquetschten Kartoffeln in einem siebartig durchlöcherten Bottiche zugleich mit dem Malze bearbeiten und durch den Siebboden mittelst eines Läufers drücken.

Siemens, der Sohn, hat diese Idee auf eine gewiß recht zweckmäßige Art realisirt. Bei dem Einmeischen wird sein Apparat beschrieben werden, durch welchen er mit geringem Kostenaufwande eine gute Zerkleinerung der Masse zu bewerkstelligen sucht.

Siemens, der Vater, welcher den Nachtheil der gebräuchlichen Zerkleinerungsmethoden ebenfalls einsah, gab einen Apparat an, die gekochten Kartoffeln, unter gleichzeitiger chemischer Einwirkung von Kalilauge, welche das durch Kochen geronnene Stärkemehl auflöste und so die Stärkemehlkügelchen in Freiheit setzte, aufs feinste zu zermalmen. Die Kartoffeln werden nach ihm in einem dem oben beschriebenen ähnlichen, dicht zu verschließenden Fasse mit höher gespannten Dämpfen gekocht, und dann in diesem Fasse mittelst eines an einer langen Schraube befestigten, mit Messern und Drahtbürsten besetzten Kreuzes, das durch eine Vorrichtung herumgedreht und auf und nieder bewegt werden kann, zerrissen. Ist auf diese Weise schon ziemlich vollständige Zerkleinerung erfolgt, so wird Kalilauge hinzugegeben und mit dieser die Masse aufs Neue verarbeitet, worauf die dünne Masse durch den Siebboden fließt, während die Schalen auf diesem liegen bleiben, und mittelst eines an der Schraube befindlichen Bürstwerkes abgerieben werden. Die abgelaufene Masse wird nun mit Malzschrot gemischt, und dann sehr schnell gekühlt, weil sie ungemein leicht sauer wird und verdirbt. Aus diesem letzten Grunde hat man dies Siemens'sche Verfahren in den meisten Brennereien, so auch in Althaldensleben, verlassen müssen. Es ist sehr wahrscheinlich, daß die heftig einwirkende Kalilauge nicht allein auf das geronnene Eiweiß auflösend wirkt, sondern auch einen Theil Stärkemehl zersetzt, vielleicht in Milchsäure oder Kleesäure (?) umändert, denn das Verfahren giebt eine der feinen Zertheilung der Masse gar nicht entsprechenden Menge Branntwein, und so viel mir bekannt, hat Siemens selbst dies Verfahren jetzt aufgegeben. Indeß kann dasselbe mit einigen Abänderungen bei sofortiger Neutralisation des Kali's durch Schwefelsäure vielleicht noch mit Vortheil angewandt werden. Zweckmäßiger dürfte es indeß seyn, in dem Fasse durch das angegebene Rühr= und Schneidewerk die Kartoffeln zu zerschneiden, und dann in demselben Fasse bei der geeigneten Temperatur mit dem Malzschrote zu verarbeiten. Fig. 22 zeigt den Siemens'schen Apparat im Durchschnitte. W der durchlöcherte Siebboden, welcher von Gußeisen ist, und dessen Löcher von $1/8 - 1/10$ Zoll Durchmesser sich nach unten erweitern. M ist das mit Messern und einer Drahtbürste besetzte Kreuz, das Fig. 23 besonders abgebildet ist. G ist das Rohr, durch welches die Dämpfe in das Faß strömen, das mit Kartoffeln bis auf 1 Fuß vom obern Boden gefüllt wird. Bei der Füllung hat das Kreuz den auf der Fig. angegebenen Stand, es liegt nemlich auf dem Siebboden auf. Nach Beendigung des Kochens wird es durch die Schraubenvorrichtung a b in die Höhe geschraubt, wobei es die Kartoffeln zerkleinert. Noch ist das

Rohr F zu berücksichtigen, welches mit dem einen verlängerten Schenkel ins Wasser taucht; von der Tiefe des Eintauchens ist, aus leicht einzusehenden Gründen, die Spannung der Dämpfe abhängig, bei je höherer Temperatur man die Kartoffeln kochen will, desto tiefer muß der Schenkel dieses Rohres ins Wasser tauchen *). Sobald die gahrgekochten Kartoffeln gehörig durch die Messer zerkleinert sind, wird der unter dem Siebboden befindliche Hahn geöffnet, um das condensirte Wasser abzulassen. Diesem setzt man nun die schon vorher bereitete ätzende Potaschenlauge (Kalilauge) zu, und pumpt sie dann in das Dampffaß. Hierauf giebt man in dieses noch so viel heißes Wasser, daß auf 100 Pfund Kartoffeln etwa 30 Pfund Wasser kommen, während man unausgesetzt die Dämpfe einströmen läßt, und auch bisweilen die Schraube in Bewegung setzt. Nach einer halben Stunde werden die Dämpfe abgesperrt, die Flüssigkeit, wie vorhin beschrieben, abgelassen, und weiter bearbeitet.

Die Aetzlauge wird dadurch bereitet, daß man 1 Pfund gute Potasche in heißem Wasser auflös't, dann 1 Pfund guten zu Brei gelöschten Kalk zurührt, und nach einiger Ruhe die klare Flüssigkeit abgießt. Auf den Wispel Kartoffeln nimmt man 1 — ½ Pfund Potasche.

Schwarz hat ebenfalls einen Verkleinerungsapparat vorgeschlagen. Fig. 24 zeigt denselben. Es besteht aus einem, um seine Achse drehbaren, mit eisernen Bändern gebundenem Fasse, durch dessen Seitenwände und Boden lange eiserne Nägel eingeschlagen sind. Man kocht die Kartoffeln wie gewöhnlich mit Dampf, und bringt sie dann in dieses Faß, das nur etwa zu ⅔ damit angefüllt wird. Durch Umdrehen desselben werden die Kartoffeln zerrissen. Man kann mit diesem Apparat auch das Siemens'sche Verfahren verbinden, nemlich nach erfolgter Zerkleinerung Aetzlauge und kochendes Wasser in das Faß bringen, und dann noch einige

---

*) Ein gehörig belastetes Ventil würde wohl dem Zwecke besser entsprechen.

Branntweinbrennerei.

Zeit umdrehen. Durchbohrt man die eine Achse des Fasses und befestigt man an derselben das Dampfrohr mittelst einer Stopfbüchse (wie dies die Abbildung zeigt), so kann man in dem Fasse selbst auch die Kartoffeln kochen. — Die Wichtigkeit des Gegenstandes wird entschuldigen, daß ich mich so lange bei demselben aufgehalten habe.

Ehe ich nun zu dem Einmeischen übergehe, sey es erlaubt einige Worte über die Veränderungen zu sprechen, welche bei dem Kochen in den Kartoffeln vorgegangen sind.

Die rohen Kartoffeln enthalten die Kügelchen von Stärkemehl in Zellen, die vom Faserstoff gebildet sind, und die zugleich eine eiweißstoffhaltige Flüssigkeit umschließen. Bei dem Kochen zerplatzen die Stärkemehlkügelchen, ihr Inhalt, das Amidon (siehe Seite 3) quillt zum Theil heraus, und würde Kleister bilden, wenn nicht das gleichzeitig in den Zellen gerinnende Eiweiß die zerplatzten Kügelchen umhüllte. Außerdem verlieren die Kartoffeln beim Kochen ein oder mehrere Procent an Gewicht, ein Verlust, der theils durch etwas außer Verbindung tretendes Wasser verursacht wird, theils dadurch, daß von den Dämpfen aus der Schale der Kartoffeln etwas Gummi, Eiweiß und Farbestoff aufgelöst wird, die sich in dem condensirten Wasser auffinden lassen. Die gekochten Kartoffeln bestehen also im Wesentlichen aus einem Aggregat von zerplatzten Stärkemehlkügelchen, die durch geronnenes Eiweiß und durch Zellenfaser zusammengehalten werden.

2) Das Einmeischen.

Da bekanntlich nur Zucker der Gährung fähig, also alkoholgebend ist, und da die Kartoffeln nur eine sehr geringe Menge gebildeten Zucker enthalten, so würde nur eine höchst schwache Gährung erfolgen, und eine sehr geringe Ausbeute an Branntwein erhalten werden, wenn man die zerquetschten Kartoffeln mit Wasser anrühren, und diese Masse mit Hefen versetzen wollte. Selbst wenn man die zerquetschten

Kartoffeln mit Wasser längere Zeit bei einer Temperatur von 48 — 52° R. stehen lassen wollte, wie dies bei dem Getreideschrot geschah, würde kein, oder doch nur höchst wenig Zucker entstehen, weil der zuckerbildende Stoff, die Diastase, in den Kartoffeln sich nicht findet, und die stickstoffhaltigen Substanzen der Kartoffeln, Zucker, entweder gar nicht, oder doch nur in höchst geringer Menge aus dem Stärkemehle bilden können. Es müssen daher, wie dies schon oben erwähnt wurde, die zerquetschten Kartoffeln bei der zur Zuckerbildung geeigneten Temperatur mit dem, Diastase enthaltenden, Malze längerer Zeit in Berührung gelassen werden; sie müssen mit dem Malzschrot eingemeischt werden.

Das Verhältniß des Malzschrotes zu den Kartoffeln, wird sehr verschieden angegeben. Es leuchtet ein, daß eine bestimmte Menge Diastase, nur eine bestimmte Menge Stärkemehl in Zucker umzuwandeln fähig ist; die Erfahrung hat gelehrt, daß die geringste Menge Malze, welche man anwenden darf, eine halbe Metze für den Scheffel Kartoffeln ist. Indeß ist es weit vortheilhafter, diese Menge zu vermehren, und auf den Scheffel Kartoffeln (100 Pfund) 4 — 6 Pfd. Gerstenmalzschrot anzuwenden. Wollte man das zur Zuckerbildung erforderliche Minimum von Malzschrot zusetzen, so würde zum Zuckerbildungsprocesse lange Zeit gehören, was wegen mehrerer Ursachen vermieden werden muß; je mehr man aber Malz im Verhältniß zu den Kartoffeln nimmt, desto schneller ist die Zuckerbildung vollendet; und außerdem ist ja der Mehraufwand an Malz nicht verloren, denn man erhält stets von dem Malze allen Branntwein, welchen dasselbe, wenn es für sich verarbeitet wird, der Erfahrung nach giebt.

Das Einmeischen wird nun auf folgende Weise vorgenommen. Etwa eine halbe Stunde zuvor ehe die Kartoffeln gahr sind, werden in den Vormeischbottich, auf den Wispel der zu verarbeitenden Kartoffeln, ohngefähr 20 Eimer (à 10 Quart) Wasser von 20° R. gebracht, und in diese das fein=

Branntweinbrennerei.

geschrotene Gerstenmalz (100 — 175 Pfund) gehörig vertheilt. Das Schrot muß aus Gründen, die Seite 129 erörtert sind, stets von Luftmalz, und möglichst frisch seyn.

In dem Maaße nun, als die gahrgekochten Kartoffeln unter den Walzen hervorkommen, werden dieselben in das eingeteigte Malzschrot eingetragen, (weshalb, wie leicht einzusehen, der Vormeischbottich in der Nähe der Quetschmaschine sich befinden muß) und durch mehrere Arbeiter sogleich mit diesem tüchtig durchgearbeitet. Im Anfange, wo sehr viel Flüssigkeit im Verhältnisse zu fester Substanz vorhanden ist, ist dies Durcharbeiten eine leichte Arbeit, aber in dem Maaße, als man mehr Kartoffelnmasse in den Vormeischbottich bringt, wird diese Operation wegen der steifen Consistenz der Masse immer schwieriger ausführbar. Sollte wegen zu dicker Beschaffenheit der Meische das Durcharbeiten gar nicht mehr möglich seyn, so darf man dieselbe nur einige Minuten ruhig stehen lassen, wonach dann durch erfolgte Gummi= und Zuckerbildung die Masse dünner geworden ist, und sich nun wieder leicht bearbeiten läßt.

Ist so nach und nach alle Kartoffelnmasse in den Vormeischbottich eingetragen, so unterstützen die Arbeiter, welche bei der Quetschmaschine angestellt waren, jene, welche am Meischbottiche beschäftigt sind, um eine recht gut verarbeitete klumpenlose Meische zu erhalten. **Die Temperatur der Meische muß 49 — 52° R. betragen.**

Diese Temperatur ist, aus früher angegebenen Gründen, genau inne zu halten, und man hat, um sie zu bekommen, bisweilen einige Abänderungen in dem Einmeischverfahren vorzunehmen. Wenn z. B. die Temperatur des Malzschrotes und des Vormeischbottiches ziemlich hoch ist, wie im Sommer, und die Kartoffeln sehr heiß zerquetscht und schnell in den Vormeischbottich gebracht werden, so kann es leicht geschehen, daß, nachdem alle Kartoffeln eingetragen worden sind, die Meische eine Temperatur besitzt, die weit höher als die oben angegebene ist, und dies ist stets nachtheilig. Man muß daher während des Eintragens der heißen Kartoffel=

masse das Thermometer bei der Hand haben, die Temperatur der Masse einige Male untersuchen, und wenn dieselbe zu hoch seyn sollte, etwas kaltes Wasser zusetzen, ehe man fortfährt die heiße Kartoffelmasse in den Bottich zu bringen, oder aber man muß zum Einweichen des Schrotes, mehr Wasser, und Wasser von etwas niederer Temperatur, ja selbst ganz kaltes Wasser anwenden. Jeder Branntweinbrenner wird in solchen Fällen aus einem Versuche sogleich die für seine Lokalität günstigste Temperatur des Einteigwassers ersehen, berücksichtigt er aber die Temperatur nicht, so kann das Schrot verbrannt, oder verbrüht werden, wie man es nennt, es kann nemlich die Temperatur der Masse so hoch steigen, daß die Diastase des Malzschrotes zur Zuckerbildung untauglich ist.

Das eben beschriebene Meischverfahren ist das jetzt gebräuchlichste, und ist auch in seinem Erfolge sicher; es erleidet aber dies Verfahren in verschiedenen Brennereien verschiedene Modifikationen, die ich in dem Folgenden beschreiben will. So wird z. B. die unter der Quetschmaschine vorkommende Kartoffelmasse in den Vormeischbottich gebracht, in welchem sich nur das zum Einmeischen erforderliche Wasser von ohngefähr 20° R. befindet, und mit diesem tüchtig durchgearbeitet, so daß eine möglichst gleichartige dicke Masse entsteht. Während der Zeit ist die nöthige Menge Malzschrote in einem besonderen Gefäße mit Wasser von 40 bis 50° R. zu einem dünnen Breie angerührt worden. Sobald alle Kartoffeln in dem Vormeischbottich eingetragen sind, wird das eingeteigte Schrot ebenfalls in den Vormeischbottich gebracht und mit der Kartoffelmasse tüchtig verarbeitet. Bei diesem Meischverfahren ist die Hauptsache ebenfalls nur die gehörige Berücksichtigung der Temperatur. Die Meische muß, wenn sie mit dem Schrote gemengt ist, die Temperatur von 48 — 52° zeigen. Sollte daher die Kartoffelmasse vor dem Zugeben des Schrotes zu warm seyn, so muß dieselbe zuvor durch kaltes Wasser etwas abgekühlt werden. Zu kalt wird die Masse wohl niemals werden, sollte dieser Fall indeß

Branntweinbrennerei.

eintreten, so muß man ihre Temperatur durch heißes Wasser erhöhen.

Das Verfahren, das Malzschrot vor dem Zugeben zu der Kartoffelmasse mit Wasser von höherer Temperatur (40 — 50° R.) zu behandeln, hatte seine Entstehung der Ansicht zu verdanken, daß das Malzschrot zuvor gahr gebrüht, das heißt, daß es zuvor selbst auf die zur Zuckerbildung erforderliche Temperatur gebracht werden müsse. Deshalb hat man auch das Malzschrot erst mit lauwarmem Wasser eingeteigt, und dann nach einiger Zeit durch kochendes Wasser, auf 48 — 52° R. gebracht, gahr gebrannt. Dies ist indeß nicht nöthig; selbst ganz kaltes Wasser löst mit Leichtigkeit aus dem Malzschrote die Diastase auf, und dies ist zum Gelingen des Meischprocesses das Nöthige. Mit Vortheil hat man dem Einteigwasser Potasche, ½ — ¾ Pfd. auf den Wispel Kartoffeln zugesetzt.

Auch das folgende Meischverfahren hat man an mehreren Orten empfohlen. Auf einen 1000 Quart fassenden Bottich werden eingemeischt 1100 Pfund Kartoffeln, 60 Pfund Gerstenmalzschrot, 30 Pfund Haferschrot, 5 Pfund Haferspreu.

Ohngefähr eine halbe Stunde zuvor, ehe die Kartoffeln gahr werden, wird das Gerstenmalzschrot in dem Vormeischbottich an einer Seite desselben mit 30 Quart Wasser von 35° R. eingeteigt, und dann das Haferschrot mit der Spreu in demselben Bottiche, aber an einer abgesonderten Stelle, mit 20 Quart kochenden Wassers gebrüht.

Hierauf werden von den gahrgekochten Kartoffeln ohngefähr 350 Pfund gemahlen und mit dem Schrote tüchtig ohne allen Zusatz von Wasser durchgearbeitet, bis ein steifer, klumpenloser Brei entstanden ist. Diesen läßt man ruhig stehen, bis er flüssig zu werden anfängt, was nach 4 — 6 Minuten erfolgt; dann werden auf's Neue 350 Pfund Kartoffeln gemahlen, und zu der im Vormeischbottiche befindlichen Masse gebracht, u. s. w. So fährt man fort, bis alle Kartoffeln verarbeitet sind. Während des Stehenlassens der Meische und des Zermahlens, muß man die Kartoffeln im Dampffasse dadurch heiß erhalten, daß man fortwährend eine geringe Menge Wasserdämpfe in dasselbe strömen läßt *).

Ich führe nun noch das, von Siemens, dem Sohne, erdachte und schon oben erwähnte Einmeischverfahren an, welches durch Hülfe eines Zerkleinerungsapparates eine Meische giebt, die von Kartoffelstücken ganz frei ist. Dieser Apparat ist Fig. 25 abgebildet. A B C D ist ein runder Kübel, 3½ Fuß im Durchmesser, 2 Fuß hoch, welcher unten einen Siebboden E E von starkem Eisenblech hat, dessen Löcher oben gut ⅛ Zoll Durchmesser haben, und nach unten zu sich etwas erweitern. Der Kübel ist durch einen Deckel geschlossen. Durch die Mitte desselben geht eine perpendikuläre Welle F., deren unterer Zapfen so mit dem Siebboden verbunden ist, daß die Welle sich drehen, aber nicht emporheben kann. Oben ist sie mit einer Kurbel G versehen. Unten an der Welle ist ein liegender hölzerner Kegel J mittelst Zapfen, und durch den eisernen Bügel H so befestigt, daß sich derselbe beim Umdrehen der Welle rollend mit bewegt. An der dem Kegel entgegengesetzten Seite ist eine Stahlfeder K angebracht, welche dazu dient, beim Drehen der Welle, die Löcher des Siebbodens offen zu halten. Der Kübel hat im Deckel seitwärts eine Oeffnung L, durch welche mittelst einer Rinne oder Röhre das Meischgut einfließen kann. Der Kegel J hat an der Basis 6 Zoll, an der Spitze 2½ Zoll Durchmesser.

Die Anwendung dieses Apparates geschieht nun folgendermaßen. Die Hälfte des anzuwendenden Malzschrotes, wozu sich am besten ⅔ Gerstenmalz und ⅓ Roggenmalz eignen, wird in dem Vormeischbottiche mit Wasser von 32° R. zu einem steifen Teige geschlagen, und ¼ Stunde lang der Ruhe überlassen, darauf mit gleichen Theilen Wasser verdünnt.

In dieser Schrotbrühe werden die zerquetschten Kartof-

---

*) Dies Meischverfahren wurde schon vor 5 Jahren von Gall angewandt, in neuerer Zeit ist es von Krause in einer kleinen Schrift bekannt gemacht worden.

feln nach und nach zerrührt. Sind die Kartoffeln sehr heiß, so steigt die Temperatur bald bis auf einige 50° R., bei welcher Temperatur die Masse während der ganzen Operation durch kaltes und kühles Wasser erhalten werden muß. (Nach Siemens kann die Temperatur ohne Nachtheil bis auf 58° R. steigen, wo die Zerkleinerung der Klumpen am leichtesten vor sich geht.) Durch die stattfindende Zuckerbildung wird die Masse immer dünnflüssiger. Ist nach und nach die ganze Kartoffelmasse mit dem Schrote vereinigt, so wird der Vormeischbottich zugedeckt. Nun stellt man die beschriebene Siebvorrichtung über einen Bottich in der Nähe des Vormeischbottiches, am bequemsten so, daß die Masse aus diesem in das Sieb fließen kann. Geht dies aber nicht an, so läßt sich im Nothfall die Masse auch durch eine Pumpe in die Höhe bringen.

In dem Bottiche, über welchen die Siebvorrichtung gestellt ist, wird die andere Hälfte des Malzschrotes, wie oben angegeben, mit Wasser vermischt, nur mit dem Unterschiede, daß die zweite Hälfte des Wassers statt 32° R., 60° R. warm seyn muß.

Während nun die mit Schrot gemischte Kartoffelnmasse in das Sieb fließt, dreht ein Mann, mittelst der Kurbel, den Kegel, wodurch sämmtliche zusammengeballte Kartoffelklumpen zerdrückt, und so bei einer günstigen Temperatur der Einwirkung der Diastase dargeboten werden; zur vermehrten und beschleunigten Zuckerbildung befindet sich in dem Bottiche, welcher die abfließende Brühe aufnimmt, der andere Theil des Malzschrotes. Nach einiger Zeit, und nach einige Male wiederholtem Umrühren erscheint die Masse in diesem Bottiche als ein dünner bräunlicher Syrup. In dem Siebe bleiben die Schalen der Kartoffeln zum größten Theile zurück, sie müssen beim Durchreiben, von einem Wispel Kartoffeln, 3 — 4 Mal herausgenommen werden, nachdem man sie zuvor mit heißem Wasser abgespühlt hat. Das Durchreiben erfordert bei der angegebenen Quantität, und wenn der Arbeiter einige Uebung erlangt hat, eine halbe Stunde Zeit.

Der Apparat ist ursprünglich für eine Kartoffelnmasse bestimmt, die man schon vorläufig in dem von Siemens, dem Vater, construirten, oben beschriebenen Dampffasse, zerkleinert hat, weil sich in dieser Masse, sobald sie zur Einmeischung an die Luft kommt, doch noch Klumpen bilden, die sich durch gewöhnliches Meischen nicht genügend zertheilen lassen, aber es brauchte wohl kaum erwähnt zu werden, daß man eben so gut eine durch Quetschwalzen gewonnenen Kartoffelnmasse mit Vortheil in dieser Siebvorrichtung wird bearbeiten können.

Bei dem ganzen Processe ist, wenn derselbe vollkommen gelingen soll, immer daran zu denken, daß die mit Schrot gemengte Masse sich stets auf der zur Zuckerbildung erforderlichen Temperatur von 48 — 52° R. befinden muß.

Mag man nun das Einmeischen auf irgend eine der gewöhnlichen Methoden ausführen, so ist stets ein recht anhaltendes Durcharbeiten der Kartoffelnmasse mit dem Schrote, und eine genaue Beobachtung der Temperatur zum guten Gelingen des Processes durchaus erforderlich. In allen den Brennereien, welche sich durch einen hohen Ertrag an Branntwein besonders auszeichnen, wird stets auf die angeführten Umstände die größte Sorgfalt verwendet; man stellt oft 6 Arbeiter an den Vormeischbottich, und nimmt sich zu dem ganzen Meischprocesse 2 — 3 Stunden Zeit, wobei man fortwährend mit dem Thermometer die Temperatur der Meische untersucht.

Sobald das Einmeischen beendet ist, muß man, weil, wie oft erwähnt, die Zuckerbildung nicht plötzlich, sondern nur nach und nach erfolgt, die Masse einige Zeit, gewöhnlich 1 bis 1½ Stunden, in Ruhe lassen. Es gilt hier ganz dasselbe, was über das Stehenlassen der Biermeische und der Getreidemeische gesagt worden ist, so wie von jetzt an überhaupt die fernere Behandlung der Kartoffelnmeische von der Behandlung der Getreidemeische sich fast gar nicht unterscheidet. So wird

Branntweinbrennerei. 175

3) das Abkühlen und Zukühlen der Meische

ganz auf dieselbe Weise ausgeführt, wie dies oben Seite 134 ausführlich angegeben worden ist, und ich verweise deshalb auf das dort Gesagte; nur über das Verhältniß der Kartoffelnmasse zur Flüssigkeit wird noch etwas hinzuzufügen erforderlich seyn.

Es ist oben Seite 121, als von den Bestandtheilen der Kartoffeln die Rede war, angeführt worden, daß dieselben 70 — 75 Procent Wasser, also nur 25 — 30 Procent trockne Substanz enthalten. Wollte man daher das Verhältniß von trockner Substanz zu dem Wasser in dem Gährbottich wie 1 : 7 haben, so darf man nicht auf 100 Pfund Kartoffelnmasse 700 Pfund Wasser zum Zukühlen nehmen, man hätte dann auf 25 — 30 Pfd. trockne Substanz 770 Pfund Wasser, was ein Verhältniß wie 1 : 30, oder 1 : 25 wäre. Man hat also nur die trockne Substanz der Kartoffeln in Rechnung zu bringen, und man hat ihren Wassergehalt dem Zukühlwasser zuzurechnen.

Die Rechnung ist sehr einfach. Angenommen, man wollte 1000 Pfund (10 Scheffel) Kartoffeln, die 30 Procent trockner Substanz enthalten, nach dem Verhältnisse von 1 : 7 einmeischen, so hat man 300 als die Zahl der Pfunde der trocknen Substanz zu multipliciren mit 7, und erhält so 2100, die Menge des erforderlichen Wassers in Pfunden. Von dieser Menge sind in den 1000 Pfund Kartoffeln 700 Pfund enthalten, es bleiben also 2100 — 700 = 1400 Pfund Einmeischwasser und Zukühlwasser. Für das zuzusetzende Schrot berechnet man natürlich besonders die Menge des erforderlichen Wassers. Gesetzt, man hätte der obigen Quantität Kartoffeln 60 Pfund Schrot zugegeben, so hätte man noch $60 \times 7 = 420$ Pfund Wasser mehr zu rechnen.

Es fragt sich nun, welchen Raum erfüllt die aus dieser Quantität Kartoffeln nach angegebenen Verhältnissen dargestellte Meische. Das in den 1000 Pfund Kartoffeln enthaltene 700 Pfund Wasser, und die 1400 Pfund für dieselben erforderliches Einmeisch- und Zukühlwasser, zusammen also 2100 Pfund betragend, sind gleich $2100 : 2\frac{1}{2}$ oder $\frac{2100 \times 2}{5} = 840$ Preuß. Quart (à $2\frac{1}{2}$ Pfund) *). Früher, (Seite 140) ist angegeben, daß die trockene Substanz in der Meische nur $\frac{3}{4}$ ihres Raumes einnimmt, es würden also die 300 Pfund trockener Kartoffelsubstanz nur den Raum von $300 \times \frac{3}{4} = 225$ Pfund $= 90$ Quart Wasser ausfüllen. Die ganze eingemeischte Kartoffelmasse wird daher $840 + 90 = 930$ Quart Raum in dem Gährbottich einnehmen. Für das zugesetzte Schrot ist die Berechnung eben so.

Die 60 Pfund Schrot erfüllen den Raum von $60 \times \frac{3}{4} = 45$ Pfund $= 18$ Quart Wasser; die für dasselbe erforderlichen 420 Pfd. Wasser betragen $\frac{420 \times 2}{5}$ Preuß. Quart; die Schrotmeische bedarf also den Raum von $168 + 18 = 186$ Quart.

1000 Pfund Kartoffeln mit 60 Pfund Schrot in dem Verhältnisse wie $1 : 7$ eingemeischt, nehmen also im Gährbottiche den Raum von $930 + 186 = 1116$ Quart Wasser ein.

Dorn hat zur bequemen Uebersicht Tabellen über den Rauminhalt berechnet, den die Kartoffeln nach ihrem verschiedenen Gehalte an trockner Substanz, und nach den verschiedenen Verhältnissen der trocknen Substanz zum Wasser, einnehmen; desgleichen ähnliche Tabellen für die als Zusatz gebräuchlichsten Quantitäten Schrot.

---

*) Um die Pfunde Wasser in Quart umzuwandeln, hat man nemlich dieselben mit dem Gewichte eines Quarts Wassers, also mit $2\frac{1}{2}$ zu dividiren. Anstatt mit $2\frac{1}{2}$ kann man auch mit $\frac{5}{2}$ dividiren, wo man nur nöthig hat mit 2 zu multipliciren und das Produkt mit 5 zu dividiren.

Branntweinbrennerei.

Der von einem Scheffel (100 Pfund) Kartoffeln erfüllte Raum beträgt:

bei 30% trockner Substanz

mit 9facher Gewichtsmenge Wasser 117 Quart.
» 8 » » » 105 »
» 7 » » » 93 »
» 6 » » » 81 »
» 5 » » » 69 »

bei 29% trockner Substanz

mit 9facher Gewichtsmenge Wasser 113 $2/5$ Quart.
» 8 » » » 101 $4/5$ »
» 7 » » » 90 $1/5$ »
» 6 » » » 78 $3/5$ »
» 5 » » » 67 »

bei 28% trockner Substanz

mit 9facher Gewichtsmenge Wasser 109 $4/5$ Quart.
» 8 » » » 98 $3/5$ »
» 7 » » » 87 $2/5$ »
» 6 » » » 76 $1/5$ »
» 5 » » » 65 »

bei 27% trockner Substanz

mit 9facher Gewichtsmenge Wasser 106 $1/5$ Quart.
» 8 » » » 95 $2/5$ »
» 7 » » » 84 $3/5$ »
» 6 » » » 73 $4/5$ »
» 5 » » » 62 $1/10$ »

bei 26% trockner Substanz

mit 9facher Gewichtsmenge Wasser 102 $2/5$ Quart.
» 8 » » » 92 $1/5$ »
» 7 » » » 81 $4/5$ »
» 6 » » » 76 $2/5$ »
» 5 » » » 61 »

bei 25% trockner Substanz
mit 9facher Gewichtsmenge Wasser 99 Quart
» 8 » » » 89 »
» 7 » » » 77 3/7 »
» 6 » » » 67 1/2 »
» 5 » » » 59 »

Der von 6 Pfund Malzschrot erfüllte Raum beträgt
bei 9facher Gewichtsmenge Wasser 23 5/8 Quart
» 8 » » » 22 »
» 7 » » » 18 3/10 »
» 6 » » » 16 1/5 »
» 5 » » » 13 4/5 »

Der von 5 Pfund Schrot erfüllte Raum beträgt
bei 9facher Gewichtsmenge Wasser 19 7/16 Quart
» 8 » » » 18 »
» 7 » » » 15 1/4 »
» 6 » » » 13 1/2 »
» 5 » » » 11 1/2 »

Der von 4 Pfund Schrot erfüllte Raum beträgt
bei 9facher Gewichtsmenge Wasser 15 3/4 Quart
» 8 » » » 14 »
» 7 » » » 12 1/5 »
» 6 » » » 10 4/5 »
» 5 » » » 9 1/5 »

Der Gebrauch dieser Tabellen bedürfte wohl keiner Erläuterung: Gesetzt, man wolle einen Wispel Kartoffeln, welche 30 Procent trockner Substanz enthalten, täglich verarbeiten, das Verhältniß der trocknen Substanz zum Wasser wie 1:6, und auf 100 Pfund Kartoffeln 4 Pfund Schrot nehmen, wie groß muß der Gährungsbottich seyn? Nach der Tabelle erfüllen 100 Pfund Kartoffeln bei dem angegebenen Verhältnisse 81 Quart Rauminhalt, der Wispel, (2400 Pfund) also 1944 Quart, da $100 : 81 = 2400 : 1944$; die erforderlichen 96 (24×4) Pfund Schrot erfüllen den Raum von $10 \, 4/5 \times 24 = 259 \, 1/5$ Quart, beide zusammen also

Branntweinbrennerei.

brauchen 1944 + 259 $\frac{1}{5}$ = 2203 $\frac{1}{5}$ Quart Meischraum. Rechnet man $\frac{1}{10}$ Steigraum, so muß der Gährungsbottich ohngefähr 2450 Quart Rauminhalt haben. In der Regel rechnet man auch auf je 1000 Quart Capacität des Gährbottiches 1000 Pfund Kartoffeln mit dem nöthigen Schrotzusatze, während des Sommers etwas weniger, während des Winters selbst noch etwas mehr, aus Gründen, die oben Seite 138 weitläufig erörtert worden sind.

Eine andere, durch obige Tabelle, leicht zu erledigende Frage, kann die folgende seyn: Man hat einen Gährbottich, und will wissen wie viel in demselben nach diesem oder jenem Verhältnisse u. s. f. eingemeischt werden könne? Z. B. der Bottich habe 2500 Quart Capacität, er dürfe aber wegen des Steigens nur mit 2250 Quart Meische gefüllt werden, wie viel Kartoffeln und Schrot können in diesem Raum gemeischt werden, wenn man das Verhältniß der trocknen Substanz zu dem Wasser wie 1 : 6 haben will, und wenn die Kartoffeln 28 Procent trockner Substanz enthalten, und man auf 100 Pfund Kartoffeln 4 Pfund Schrot nehmen will? In der für 28% trockner Substanz berechneten Tabelle wird gezeigt, daß bei dem Verhältniß wie 1 : 6 76 $\frac{1}{5}$ Quart Rauminhalt von 100 Pfd. (einen Scheffel) Kartoffeln erfüllt werde. Die für 4 Pfund Schrot berechnete Tabelle giebt an, daß bei demselben Verhältnisse 10 $\frac{4}{5}$ Quart Rauminhalt von diesen erfüllt werde. 76 $\frac{1}{5}$ + 10 $\frac{4}{5}$ = 87 Quart Rauminhalt können also 104 Pfd. Kartoffeln und Schrot, nemlich 100 Pfund von den erstern und 4 Pfund von dem letztern, aufnehmen, und man erhält durch einfache Regeldetri die Menge von Kartoffeln und Schrot, welche in den Raum von 2250 Quart gebracht werden können, nemlich 87 : 104 = 2250 : x. x = 2690, also 2690 Pfund von beiden, und zwar in dem Verhältnisse, daß 104 Pfund dieser Mischung 100 Pfund Kartoffeln und 4 Pfund Schrot enthalten, woraus man leicht die in 2690 Pfund enthaltene Menge von Kartoffeln und

Schrot berechnet, es ist nemlich $104 : 100 = 2690 : x$. wo $x = 2590$ ist. Es sind also zu nehmen 2590 Pfund Kartoffeln (fast 1 Wispel und 2 Scheffel), und $2690 - 2590 = 100$ Pfund Schrot.

Wie viel kann in denselben Raum gebracht werden, wenn das Verhältniß der trocknen Substanz zum Wasser wie $1 : 7$ seyn soll, und die übrigen Verhältnisse wie vorhin sind? Man hat hier $12\frac{1}{5} + 87\frac{2}{5} = 99\frac{3}{5} : 104 = 2250 : x$. $x = 2350$. Dies ist die erforderliche Menge von Kartoffeln und Schrot in Pfunden. Da in 104 Pfund dieser Masse 100 Pfund Kartoffeln enthalten seyn müssen, so hat man $104 : 100 = 2350 : x$. $x = 2260$ nemlich Pfunde Kartoffeln, wo dann also für Schrot 90 Pfund bleiben.

Wie viel können in demselben Raume gemeischt werden bei dem Verhältnisse der trocknen Substanz zum Wasser wie $1 : 6\frac{1}{2}$, wenn man auf 100 Pfund Kartoffeln 6 Pfund Schrot nehmen will, und die Kartoffeln 30 Procent trockner Substanz enthalten. Das Verhältniß von $1 : 6\frac{1}{2}$ ist in den Tabellen nicht aufgeführt, man sieht aber, daß die, für dasselbe nöthige Zahl leicht gefunden werden kann; man hat nemlich nur das Mittel der bei den Verhältnissen von $1 : 7$ und $1 : 6$ stehenden Zahl zu nehmen. Für die Kartoffelnmasse ist dieselbe also in unserm Falle $\frac{93 + 81}{2} = 87$; für das Schrot $\frac{18\frac{3}{10} + 16\frac{2}{10}}{2} = 17\frac{1}{4}$. Die Berechnung ist nun $87 + 17\frac{1}{4} = 104\frac{1}{4} : 106 = 2250 : x$. $x = 2287$ nemlich Pfunde. Davon sind 2157 Pfund Kartoffeln, denn $106 : 100 = 2287 : 2157$, also 130 Pfund Schrot.

Wie bei der Getreidemeische, ist auch bei der Kartoffelnmeische das nach beendigtem Einmeischen zur Verdünnung erforderliche Zukühlwasser nicht hinreichend, die Masse auf die zum Anstellen nothwendige Temperatur herabzubringen, sie muß zuvor entweder auf einem flachen Bottiche durch Umrühren, oder durch Abkühlungsmaschinen, z. B. durch den

Branntweinbrennerei. 181

Wagenmann'schen Apparat abgekühlt werden, bis zu welcher Temperatur, zeigen die Seite 143 aufgeführten Tabellen. Ich will hier noch anführen, daß man diese Temperatur auch leicht durch Rechnung finden kann. Man multiplicire die Zahl der Quarte des gesammten Meischquantums mit der Zahl der Grade, welche sie erhalten soll (Q T); dann multiplicire man die Zahl der Quarte des Zukühlwassers ebenfalls mit der Zahl seiner Temperaturgrade (q t); dieses letzte Produkt wird von dem erstern abgezogen, und die gefundene Differenz (Rest) durch die Quartzahl (q') der im Vormeischbottich eingemeischten Masse dividirt. (Also $\frac{QT - qt}{q'} = x$. x die Zahl der Temperaturgrade, bis auf welche die Meische vor dem Zukühlen gebracht werden muß.) Benutzen wir als Beispiel die letzt aufgeführte Mischung. Das gesammte Meischquantum betrug 2250 Quart, es soll beim Anstellen 20° R. zeigen, so haben wir Q T 2250 × 20 = 45000. Die Menge des Zukühlwassers beträgt, wie leicht aus der im Vormeischbottiche befindlichen Quartzahl gefunden werden kann, 1300 Quart, es soll 8° R. zeigen, so ist (q t) 1300 × 8 = 10400. Die Differenz beider Produkte daher 45000 — 10400 = 34600. Die im Vormeischbottiche befindliche Meische beträgt 955 Quart (q'), nemlich

    119 Quart Einteigwasser des Schrotes,
    603 Quart Wasser der Kartoffeln,
    233 Quart Raum, welchen die trockne Substanz
        der Kartoffeln und das Schrot einnehmen.

Summa 955 Quart.

Nun ist $\frac{34600}{955} = 36{,}2$. Die Meische muß also vor dem Zukühlen auf $36\,^{2}/_{10}°$ R., durch Rühren oder Kühlapparate, gebracht werden. Soll die Temperatur beim Anstellen + 15° R. seyn, so muß dieselbe auf ohngefähr 24° R. abgekühlt werden.

In einigen Brennereien setzt man beim Zukühlen mit dem Zukühlwasser mehr oder weniger von der dünnen Schlempe des vorigen Tages hinzu, die man zu diesem Behufe auf einem besondern Kühlfasse stehen läßt. Es läßt sich kein Grund auffinden, nach welchem durch diesen Zusatz die Ausbeute an Branntwein vermehrt werden sollte; eine gewisse Vergrößerung des Ertrags hat mir dadurch auch nie nachgewiesen werden können, und sehr rationelle Brenner haben dasselbe gefunden.

Sobald nun die vorher auf die gehörige Temperatur abgekühlte Meische, die hellbräunlich klar seyn und einen angenehmen süßen Geschmack haben muß, mit der nöthigen Menge Zukühlwasser in den Gährbottich gespühlt worden ist, kann zum Anstellen derselben geschritten werden.

4) Das Anstellen und die Gährung.

Auch hier kann ich auf das, bei der Darstellung der weingahren Meische aus Getreide, unter derselben Ueberschrift Gesagte verweisen. Das Zugeben der Hefen geschieht ganz auf die dort beschriebene Weise, nemlich man versetzt etwas der Meische in einem besondern Gefäße bei ohngefähr 24° R. mit dem Fermente, und giebt diese bald in lebhafte Gährung gerathende Masse der zugekühlten Meische im Gährbottiche hinzu.

Unter den Gährungsmitteln steht auch hier die gute Bierhefe oben an, man nimmt auf den Wispel Kartoffeln 12 — 18 Quart; aber man kann, wenn dadurch Kosten gespart werden, ohne geringere Ausbeute an Branntwein zu befürchten, gute trockne Hefe oder Preßhefe, und zwar auf den Wispel Kartoffeln ohngefähr 1½ — 2 Pfund, anwenden, oder sich der Gährungsmittel bedienen, die oben beschrieben sind, und die man für den vorliegenden Zweck etwas abändert.

So kann man von der in Gährung begriffenen Meische, sobald die Hefen an die Oberfläche kommen, 6 — 8 Eimer (à 10 Quart) herausnehmen, in das Hefenfaß bringen, und wie vorhin erwähnt, einen Theil der reinen Meische zuschütten, wonach bald eine lebhafte Gährung in diesem Gemische eintritt, das dann der übrigen Meische als Gährungsmittel dient. Sollte man von der gährenden Meische lange Zeit vor dem Anstellen abschöpfen müssen (man darf nemlich den günstigen Moment nicht vorübergehen lassen, wo sich die Hefe an die Oberfläche begiebt), so muß man in der abgeschöpften Masse die Gährung durch einen Eimer kaltes Wasser unterbrechen, man muß die Gährung schrecken.

In einigen Brennereien setzt man sogar, ohne ein Hefenfaß zu benutzen, der im Gährungsbottich befindlichen anzustellenden Meische direct 10 — 12 Eimer von der in voller Gährung begriffenen Meische des vorigen Tages hinzu; indeß ist das vorige Verfahren vorzuziehen.

Es ist auch zweckmäßig, von Zeit zu Zeit der im Hefenfasse befindlichen Masse etwas Bierhefe zuzusetzen, oder ihr etwas gahrgebrühtes Roggenschrot und Gerstenmalzschrot zuzugeben, um die Menge der stickstoffhaltigen Substanzen zu vermehren.

Es ist über die künstlichen Gährungsmittel bekanntlich ungemein viel geschrieben worden, die Sache ist indeß höchst einfach. Man denke an die Gährung der Bierwürze, bei welcher, wie Jedermann weiß, eine große Quantität Ferment (Ober- und Unterhefe) ausgeschieden wird. Ganz dasselbe geschieht auch bei der Gährung der Branntweinmeischen, nur fällt das ausgeschiedene Ferment nicht so in die Augen, weil sich viel feste Substanzen in der Masse befinden; wer aber genau acht giebt, der wird die Hefe als eine zähe gelblichweiße Masse auf die Oberfläche der gährenden Meische kommen sehen, und diese kann als Ferment für andere Meische dienen, so gut wie die Bierhefe; wer feste Hefen darstellen will, muß ja auch, wie weiter unten gezeigt werden wird, diese an die Oberfläche kommende Hefen abschöpfen. Da die Kartoffelnmeische nicht so viel stickstoffhaltige Stoffe enthält, als die Getreidemeische, und doch gerade aus dieser höchſt wahrſcheinlich das Ferment entſteht, ſo iſt eben der vorhin erwähnte Zuſatz von Roggenſchrot und Gerſtenmalzſchrot in das Hefenfaß recht zweckmäßig, man bringt gleichſam etwas Getreidemeiſche hinzu, es bildet ſich dann bei der Gährung dieſer Maſſe mehr Ferment, und deshalb wirkt dieſelbe kräftiger auf die übrige anzuſtellende Meiſche.

Ueber den Verlauf der Gährung und über die Erſcheinungen bei derſelben, iſt ebenfalls dem früher Seite 153 Geſagten nichts hinzuzufügen. Man hat dreitägige und viertägige Gährung, je nachdem bei der höhern oder niedern der Seite 141 angegebenen Temperatur die zugekühlte Meiſche mit dem Gährungsmittel verſetzt wird.

Ich empfehle noch einmal, jedesmal vor dem Hefengeben die Temperatur der Meiſche genau zu erforſchen, und wenn ſie nicht die erforderliche ſeyn ſollte, durch heißes oder kaltes Waſſer oder Eis auf dieſe zu bringen; denn ſtellt man zu kalt an, ſo hat die Meiſche, wenn die Zeit der Deſtillation da iſt, noch nicht ausgegohren, ſtellt man zu warm an, ſo iſt die Gährung zu heftig, und lange Zeit vor dem Beginn der Deſtillation beendet, wobei immer ein Theil des Alkohols der Meiſche ſich in Eſſigſäure umwandelt.

B. Darſtellung des Branntweins aus der weingahren Meiſche.

Die Meiſche iſt, wie erwähnt, weingahr, das heißt, die Gährung iſt beendet, wenn ſie im Bottiche ruhig iſt, die Decke von entweichender Kohlenſäure nicht mehr durchbrochen wird, die unter der Decke ſtehende Flüſſigkeit nicht ſchleimig trübe, ſondern klar erſcheint, und ſich von den feſten Subſtanzen leicht beim Ausdrücken trennt.

Während die Meiſche vor dem Anſtellen im Weſentlichen eine Auflöſung von Stärkezucker, Stärkegummi und Amidin in Waſſer darſtellt, gemengt mit Schrothülſen und mit Kartoffelſtücken, wenn ſie aus Kartoffeln dargeſtellt

Branntweinbrennerei.

war, enthält sie nach beendeter Gährung anstatt des Stärzuckers, Alkohol; ferner etwas kohlensaures Gas und etwas Essigsäure, die aus einem Theile Alkohol durch den Sauerstoff der atmosphärischen Luft entstanden ist; neu gebildetes Ferment, und endlich ein eigenthümliches ätherisches Oel, das sogenannte Fuselöl, welches dem Branntweine den eigenthümlichen Geruch und Geschmack ertheilt *).

Von diesen Bestandtheilen der weingahren Meische sind

---

*) Es wird schon hier der passende Ort seyn, etwas über dieses Oel zu sprechen. Entweder ist dasselbe schon gebildet in den Getreidesaamen und den Kartoffeln enthalten, vielleicht in der Hülse und in der Schale, oder es ist durch die Gährung entstanden. Letzteres ist durch das von Büchner dargestellte Fermentol recht wahrscheinlich geworden. Dieser Chemiker fand nemlich, daß, bei Gährung von im Wasser eingeweichten Tausendgüldenkraut (Erythraca Centaureum) ein eigenthümlich riechendes ätherisches Oel sich bilde, und es ist wohl möglich, daß bei der Gährung von verschiedenen zuckerhaltigen Substanzen immer ein verschiedenes sogenanntes Fuselöl entsteht, ja man bekommt selbst bei der Gährung von reinem Zucker oder von Zuckersyrup ein solches Oel. (Der Geruch und Geschmack des Rums ist von diesem abhängig.) Für die mit Chemie vertrauten Leser will ich noch anführen, daß die von Liebig neulichst gefundene Umwandlung des Amygdalins (eines in den bittern Mandeln vorkommendes Stoffes) in Bittermandelöl, Blausäure, Zucker und eine andere Säure, beim Zusammenkommen mit Wasser und Emulsin (dem eiweißähnlichen Stoffe der Mandeln) viel Aehnlichkeit hat mit der Umwandlung des Stärkemehls in Zucker durch die Diastase; und es ist wohl möglich, daß dabei zugleich dies Fuselöl entsteht.

Wenn das Fuselöl schon in dem rohen Getreide und den Kartoffeln enthalten ist, so ist es höchst eigenthümlich, daß man durch Destillation derselben kein dem Fuselöle ähnliches Oel erhält. Auf den Geruch desselben soll auch, was noch zu erwähnen ist, ganz besonders die Substanz von Einfluß seyn, aus welcher die Destillirapparate bestehen, nemlich nur von kupferner und zinnerner Apparaten soll es so übelriechend werden, als es gewöhnlich ist. Später werde ich noch einmal auf diesen Gegenstand zurückkommen.

einige flüchtig, das heißt, sie lassen sich in Dämpfe *) verwandeln, andere sind nicht flüchtig. Zu den ersteren gehören der Alkohol, die Essigsäure, das Fuselöl und das als Auflösungsmittel dienende Wasser. Die Kohlensäure, welche ebenfalls sehr flüchtig ist, kommt hier nicht in Betracht, weil sie aus dem Destillirapparate als Gas entweicht, und keinen Einfluß auf das Destillat ausübt. In Hinsicht auf die Leichtigkeit, mit welcher sich diese Körper verflüchtigen, das heißt, in Hinsicht auf die Menge von Dampf, welche sich bei ein und derselben Temperatur aus jedem derselben bildet, herrscht unter denselben eine große Verschiedenheit, weil der Siedpunkt derselben sehr verschieden hoch liegt. Am flüchtigsten ist der Alkohol, dann folgt das Wasser, dann die Essigsäure, zuletzt das Fuselöl.

Man sieht leicht ein, daß man alle die genannten flüchtigen Substanzen von den nicht flüchtigen dadurch trennen kann, daß man sie in Dämpfe verwandelt, und diese Dämpfe wieder durch Abkühlung verdichtet. Diese Operation wird Destillation genannt, und die Apparate, in denen man sie ausführt, heißen Destillirapparate.

Jeder Destillirapparat besteht im Wesentlichen aus zwei Theilen, nemlich aus dem Theile, in welchem man durch Wärme die flüchtigen Substanzen in Dämpfe verwandelt, und aus dem Theile, in welchem sich die Dämpfe durch Abgabe von Wärmestoff wieder verdichten. Der erste wird bei den großen Destillirapparate die Blase genannt, er besteht aus einem kesselförmigen kupfernen Gefäße, das mit einem Abzugrohr für die Dämpfe, dem Helme, versehen ist; der zweite heißt der Kühlapparat, er besteht gewöhnlich aus

---

*) Obgleich, streng genommen, kein Unterschied zwischen Gas und Dampf ist, so nennt man doch Dämpfe gewöhnlich diejenigen Gase, welche sich schon durch mäßige Erkältung wieder zu tropfbaren Flüssigkeiten oder festen Körpern verdichten; daher Wasserdampf — Kohlensaures Gas. Wir können Dämpfe betrachten als Flüssigkeiten, verbunden mit latentem Wärmestoff. (Siehe oben S. 78.)

Branntweinbrennerei.

einem kupfernen, in kaltem Waſſer ſtehenden Schlangenrohre.

Wird nun die weingahre Meiſche in einer Deſtillirblaſe erhitzt, ſo verflüchtigt ſich aus derſelben Alkohol, Waſſer, Eſſigſäure und Fuſelöl in Dampfgeſtalt; die Dämpfe werden in dem Schlangenrohre zur tropfbaren Flüſſigkeit verdichtet, und dieſe, das Deſtillat, iſt ein Gemenge von den genannten Subſtanzen; es wird Lutter oder Läuter genannt. Werden von dieſem Lutter ohngefähr $2/3$ abdeſtillirt, ſo erhält man ein Deſtillat, welches weniger Waſſer, Eſſigſäure und Fuſelöl in Verhältniß zum Alkohol enthält, und ſo kann man durch wiederholte Deſtillationen die letzten drei Körper immer mehr entfernen, nemlich, endlich ein Deſtillat erhalten, welches neben Alkohol, nur wenig Waſſer und auch ſehr wenig Eſſigſäure und Fuſelöl enthält; aber es gelingt ſo nicht, ein von dieſen Körpern ganz freies Deſtillat, das heißt, reinen Alkohol, zu erhalten, weil ſtets etwas von denſelben mit überdeſtillirt. Wenn man nemlich ein Gemiſch von mehr und weniger flüchtigen Subſtanzen zum Kochen erhitzt, ſo verflüchtigen ſich gleichzeitig alle dieſe Subſtanzen, aber nicht in gleicher Menge, ſondern von der flüchtigſten Subſtanz (deren Siedpunkt, wie oben erwähnt, am niedrigſten liegt) verdampft verhältnißmäßig das meiſte, von den übrigen nur eine von der Höhe des Siedpunktes des Gemiſches abhängige, und der Menge des verdampfenden flüchtigeren Körpers entſprechende Menge. Angenommen, man erhitze ein Gemiſch von Alkohol, Waſſer, Eſſigſäure und Fuſelöl bis zum Sieden, und die Temperatur des ſiedenden Gemiſches (welche natürlich von dem Verhältniſſe dieſer bei ſehr verſchiedenen Temperaturen ſiedenden Flüſſigkeiten abhängig iſt) ſey 70° R., ſo wird von dem Alkohol die größte Menge in Dampfgeſtalt entweichen, weil deſſen Siedpunkt der niedrigſte iſt; von dem Waſſer, deſſen Siedpunkt bei + 80° R. liegt, wird nur ſo viel verdampfen, als wenn durch 70° heißes Waſſer einen Strom von atmoſphäriſcher Luft geleitet würde, denn der entweichende Alkoholdampf verhält ſich hierbei ganz wie die atmosphärische Luft, er beladet sich bei dem Durchgange durch die Flüchtigkeit mit einer von der Temperatur abhängigen Menge Wasserdampf. Da aber die Menge des Dampfes, welche aus einer Flüssigkeit entweicht, um so größer ist, je höher die Temperatur der Flüssigkeit ist, so muß die Menge des in unserem Beispiel in gleicher Zeit entstehenden Wasserdampfes immer verhältnißmäßig größer werden, je mehr sich der Siedpunkt des Gemisches erhöht, und dies geschieht in dem Maaße, als aus demselben der Alkohol entweicht. Daher wird im Anfange der Destillation, wo der Siedpunkt des Gemisches der niedrigste ist, viel Alkohol und wenig Wasser überdestilliren, die Menge des Wassers wird sich im Verlaufe der Destillation fortwährend vermehren, bis das Destillat endlich aus sehr wenig Alkohol enthaltendem Wasser, oder fast reinem Wasser, besteht.

Alles was so eben von der Menge des beim Entweichen des Alkoholdampfes gleichzeitig entstehenden Wasserdampfes gesagt worden ist, gilt auch für die Essigsäure und das Fuselöl, nur ist die gleichzeitig von diesen gebildete Menge von Dampf noch weit geringer, weil der Siedpunkt dieser beiden Flüssigkeiten noch höher als der des Wassers liegt, und weil auch von denselben überhaupt nur eine sehr geringe Menge in dem Gemische vorkommt.

Man kann also, wie hiernach der Leser leicht erkennen wird, durch Destillation zwar flüchtige Substanzen von nicht flüchtigen trennen, aber es kann dadurch die Trennung flüchtigerer von minder flüchtigen nicht vollständig bewerkstelligt werden, weil selbst bei sehr niedriger Temperatur eine dieser entsprechende Menge von den minder flüchtigen mit überdestillirt; wohl aber kann man durch die Destillation von minder flüchtigen einige flüchtigere vollständig abscheiden, wenn sie zur gehörigen Zeit unterbrochen wird, es wird dann das Destillat die ganze Menge des flüchtigeren Körpers nebst einem Theile von den minderflüchtigen, der Rückstand in der Blase gar nichts von den flüchtigeren und den anderen Theil von den minderflüchtigen Substanzen enthalten. So gelangt man z. B. bei der Destillation des Lutters auf einen Punkt, wo aller Alkohol im Destillate sich befindet, und die in der Blase noch befindliche Flüssigkeit fast keine Spur desselben mehr enthält, bei diesem Punkte kann man natürlich die Destillation unterbrechen, da ja die Gewinnung des Alkohols der Zweck der Destillation war.

Diese Gesetze für das Verdampfen der Flüssigkeiten erleiden dadurch einige Modifikationen, daß, wenn zwei verschieden flüchtige Flüssigkeiten gemengt erhitzt werden, die minder flüchtige oft die letzten Antheile der flüchtigeren hartnäckig zurückhält, mit einer Kraft, die stärker ist, als das Bestreben des Körpers, die Dampfgestalt anzunehmen. Wir müssen hier eine Art von innigerer, chemischer Verbindung zwischen diesen beiden Körpern annehmen. So hat man auch die Erfahrung gemacht, daß beim Erhitzen der Branntweinmeische auf 60° — 70° R. sich aus derselben fast nur Wasserdämpfe entwickeln, und nicht, wie man glauben sollte, vorzüglich Alkoholdämpfe; erst bei der Siedhitze der Meische beginnt schnelles Entweichen der letzteren. Es muß also der Alkohol in der Meische mit einer Kraft zurückgehalten werden, die stärker ist als die Kraft der 60° — 70° hohen Temperatur, den Alkohol zu verflüchtigen, das heißt, als die Kraft, welche in den gewöhnlichen Fällen den Alkohol bei 60° — 70° R. in Dampf verwandeln kann, die aber nicht so stark als diese Kraft beim Siedpunkt, 80° — 82° R. ist.

Es ist vorhin erwähnt, daß man durch Destillation eines Gemenges von einer minder flüchtigen, und einer flüchtigeren Substanz, die erstere von der letzteren nicht vollständig trennen kann, daß man also durch diese Operation sich nicht von Wasser, Essigsäure und Fuselöl ganz freien Alkohol darstellen kann. Nun ist es aber bekannt, daß selbst die flüchtigsten Körper bei ihrer chemischen Verbindung mit anderen Körpern oft so gebunden werden, daß sie sich entweder aus dieser Verbindung durch Erhitzen gar nicht, oder doch erst bei sehr hoher Temperatur verflüchtigen lassen. Schon oben Seite 117 ist angeführt worden, daß man nur auf diesem

Wege dahin gelangen kann, den Alkohol vom Wasser vollkommen zu befreien. Derselbe Weg muß auch eingeschlagen werden, wenn man aus dem Branntwein u. s. w. die Essigsäure oder, was nothwendiger ist, das Fuselöl entfernen will; man muß demselben Körper zusetzen, die die Essigsäure und das Fuselöl so binden, daß diese bei der Destillation sich nicht mit verflüchtigen können. Doch hierüber wird bei der Liqueurfabrication ausführlicher gesprochen werden. — Da der Werth aller Gemische aus Alkohol und Wasser, die, unter den Namen Branntwein, rectificirter und höchst rectificirter Spiritus in den Handel kommen, vorzüglich durch den Gehalt derselben an Alkohol bestimmt wird, so leuchtet es ein, daß es für den Käufer sowohl, als für den Verkäufer von großer Wichtigkeit seyn muß, diesen Gehalt genau und schnell ermitteln zu können. Geruch und Geschmack, Brennbarkeit, und einige andere früher hiezu benutzte Mittel sind trügerisch, und können nur annähernde Resultate gewähren. Jetzt benutzt man allgemein das specifische Gewicht dieser Flüssigkeiten als Erkennungsmittel ihres Alkoholgehaltes.

Der ganz wasserfreie Alkohol besitzt bei $12^{4/9}{}^\circ$ R. ($15^{5/9}$ Cels. 60° Fahr.) ein specifisches Gewicht von $0{,}7930$, wenn das specifische Gewicht des Wassers bei seiner größten Dichtigkeit $= 1{,}0000$ gesetzt wird.

Die specifischen Gewichte der Gemische aus Alkohol und Wasser, und dergleichen Gemische sind der Lutter, Branntwein und Spiritus müssen also natürlich zwischen jenen Zahlen liegen, und zwar der ersteren um so näher, je mehr sie Alkohol, der letzteren um so näher, je mehr sie Wasser enthalten.

Da man nun für Gemische von allen Procentgehalten an Alkohol die specifischen Gewichte erforscht hat, und Tabellen dafür vorhanden sind, so ist es klar, daß man z. B. bei einem käuflichen Branntwein nur das specifische Gewicht auszumitteln hat, neben welchem man auf der Tabelle den Procentgehalt finden wird. Das etwa zugleich vorhandene

Fuselöl und die Essigsäure haben, da ihre Menge immer nur sehr gering ist, auf das Resultat in der Regel keinen Einfluß.

Zur Ausmittlung des specifischen Gewichts kann man sich nun jedes Aräometers bedienen, daß, für Flüssigkeiten, die leichter als Wasser sind, construirt ist; und es wird das Instrument um so tiefer einsinken, je mehr Alkohol in dem zu prüfenden Gemische enthalten ist. Da sich bekanntlich das specifische Gewicht eines Körpers mit seiner Temperatur verändert, nemlich, um so geringer wird, je höher dieser letztere wird, so muß man bei Erforschung des specifischen Gewichts, um richtige Resultate zu erhalten, dem zu prüfenden Gemische die Temperatur geben, für welche die Tabelle berechnet ist, oder man müßte Correctionen in dieser Beziehung vornehmen.

Um aber die angegebenen Tabellen ganz unnöthig zu machen, construirt man sich für unseren speciellen Zweck Aräometer, an deren Scala man, an die Stelle des specifischen Gewichtes, sogleich den, diesem specifischen Gewichte entsprechenden Alkoholgehalt in Procenten schreibt, so daß also durch bloßes Ablesen an der Scala der Alkoholgehalt gefunden wird. Dergleichen Aräometer nennt man dann Alkoholometer, Spiritus- oder Branntweinwagen.

Der Procentgehalt an Alkohol kann aber aus zwei verschiedenen Gesichtspunkten betrachtet werden. Man kann nemlich fragen: wie viel Pfunde Alkohol sind in 100 Pfunden eines Branntweins enthalten? oder wie viel Maaße Alkohol sind in 100 Maaßen des Branntweins enthalten? Jenes sind die Gewichtsprocente, dieses die Maaß- oder Volumenprocente, und es leuchtet ein, daß beide sehr verschieden seyn müssen, weil das specifische Gewicht des Alkohols von dem des Wassers sehr verschieden ist. Sie würden gleich seyn, wenn das specifische Gewicht des Alkohols gleich wäre dem des Wassers. Ein Beispiel wird das Gesagte noch deutlicher machen. Vermischt man 100 Maaßtheile, z. B. 100 Quart, Wasser mit 100 Quart Alkohol, so wird begreiflicherweise das Gemisch 50 Volumprocente Alkohol enthalten, das heißt in 100 Quart des Gemisches werden 50 Quart Alkohol enthalten seyn. Die 100 Quart Wasser wiegen etwa 250 Pfund; die 100 Quart Alkohol werden aber natürlich weit weniger, nemlich nur ohngefähr 198½ Pfund wiegen *), und es ist nun klar, daß in 100 Pfunden der Mischung nicht 50 Pfund Alkohol enthalten seyn können, sondern nur ohngefähr 44 Pfund, denn 250 + 198,5 das ist 448,5 : 198,5 = 100 : 44,2 **).

Da alle Mischungen aus Alkohol und Wasser in der Regel nach dem Maaße und nicht nach dem Gewichte verkauft werden, so ist es bequemer, den Alkoholgehalt in Procenten des Volumens zu wissen, man rechnet deshalb gewöhnlich nach Volumprocenten. Tralles hat eine genaue Tabelle geliefert, welche den Gehalt an Alkohol in den erwähnten Mischungen in Volumprocenten für jedes specifische Gewicht derselben anzeigt; **daher heißen die Volumprocente in der Praxis gewöhnlich Procente nach Tralles.** Die Tabelle folgt hier.

---

*) Nemlich 250 multiplicirt mit dem specifischen Gewichte des Alkohols, also 250 × 0,7939 dies ist 198,47.

**) Ich bemerke, daß dieser Weg, die Gewichtsprocente aus Volumprocenten zu berechnen, nicht der richtige ist, der richtige wird bald angegeben werden; das Beispiel ist nur zur Erläuterung aufgeführt. 50 Volumprocente sind gleich 42,5 Gew.=Procenten.

Branntweinbrennerei.

Tabelle
welche

für Mischungen aus Alkohol und Wasser, den ihren bei 12⁴/₉°R. gefundenen specifischen Gewichten entsprechenden Gehalt an Alkohol in Volumprocenten angiebt.

(Spec. Gew. des Wassers bei seiner größten Dichtigkeit = 10000, bei + 60° Fahr. oder 12⁴/₉° R. = 9991.)

100 Maße der Flüssigkeit enthalten Maße Alkohol.	Specifisches Gewicht bei 60° F.	Unterschiede der specifischen Gewichte.	100 Maße der Flüssigkeit enthalten Maße Alkohol.	Specifisches Gewicht bei 60° F.	Unterschiede der specifischen Gewichte.
0	9991		34	9596	13
1	9976	15	35	9583	13
2	9961	15	36	9570	13
3	9947	14	37	9556	14
4	9933	14	38	9541	15
5	9919	14	39	9526	15
6	9906	13	40	9510	16
7	9893	13	41	9494	16
8	9881	12	42	9478	16
9	9869	12	43	9461	17
10	9857	12	44	9444	17
11	9845	12	45	9427	17
12	9834	11	46	9409	18
13	9823	11	47	9391	18
14	9812	11	48	9373	18
15	9802	10	49	9354	19
16	9791	11	50	9335	19
17	9781	10	51	9315	20
18	9771	10	52	9295	20
19	9761	10	53	9275	20
20	9751	10	54	9254	21
21	9741	10	55	9234	20
22	9731	10	56	9213	21
23	9720	11	57	9192	21
24	9710	10	58	9170	22
25	9700	10	59	9148	22
26	9689	11	60	9126	22
27	9679	10	61	9104	22
28	9668	11	62	9082	22
29	9657	11	63	9059	23
30	9646	11	64	9036	23
31	9634	12	65	9013	23
32	9622	12	66	8989	24
33	9609	13	67	8965	24

100 Maße der Flüssigkeit enthalten Maße Alkohol	Specifisches Gewicht bei 60° F.	Unterschiede der specifischen Gewichte.	100 Maße der Flüssigkeit enthalten Maße Alkohol.	Specifisches Gewicht bei 60° F.	Unterschiede der specifischen Gewichte.
68	8941	24	85	8488	30
69	8917	24	86	8458	30
70	8892	25	87	8428	30
71	8867	25	88	8397	31
72	8842	25	89	8365	32
73	8817	25	90	8332	33
74	8791	26	91	8299	33
75	8765	26	92	8265	34
76	8739	26	93	8230	35
77	8712	27	94	8194	36
78	8685	27	95	8157	37
79	8658	27	96	8118	39
80	8631	27	97	8077	41
81	8603	28	98	8034	43
82	8575	28	99	7988	46
83	8547	28	100	7939	49
84	8518	29			

Hat man also einen Weingeist, der bei der angeführten Temperatur (12 4/9° R. 15 5/9° C. 60° F.) das specifische Gewicht von 8941 besäße, so zeigt die links danebenstehende Zahl 68 an, daß in demselben 68 Volumprocente, das heißt in 100 Maaß 68 Maaß wasserfreier Alkohol enthalten sind. Die dritte Columne dieser Tafel enthält die Unterschiede der specifischen Gewichte, sie geben für den Fall, daß das specifische Gewicht nicht genau in der Tafel vorkommt, den Nenner des Bruches, dessen Zähler der Unterschied zwischen dem aufgesuchten specifischen Gewicht und dem in der Tafel stehenden nächst größeren ist. Z. B. der Weingeist besitzt das specifische Gewicht von 8947, der Procentgehalt liegt also zwischen 67 und 68, so ist die Differenz von der nächst größeren Zahl, nemlich von 8965 = 18, neben 8965 findet sich in der dritten Columne die Zahl 24, der Bruch ist also 18/24 = 3/4, der Procentgehalt 67 3/4. In 100 Maaß eines Weingeistes von 8947 specifischem Gewichte sind daher 67 3/4 Maaß Alkohol enthalten.

Branntweinbrennerei.

Diese Tabelle dient auch dazu, um den Alkoholgehalt in Gewichtsprocenten zu berechnen. Man darf nemlich nur das specifische Gewicht des wasserfreien Alkohols also 7939 durch das specifische Gewicht des gerade vorliegenden Weingeistes dividiren, und den Quotient mit dem Volum=Procentgehalt dieses Weingeistes multipliciren. Z. B. wie viel Gewichtsprocente Alkohol sind in Weingeist von 40 Volumprocent, also von 9510 specifischem Gewicht, enthalten? $\frac{7939}{9510} \times 40 = 33{,}39$ also 33,39 Gewichtsprocente, das heißt 100 Pfunde eines Weingeistes von 9510 specifischem Gewicht oder 40 Volumprocenten Alkohol enthalten 33,39 Pfunde Alkohol. Es kann auch so verfahren werden: Man multiplicirt die Anzahl der Maaße Alkohol, welche die Tabelle für das specifische Gewicht des vorliegenden Weingeistes angiebt, mit dem specifischen Gewicht des reinen Alkohols, also mit 7939; man multiplicirt ferner das vorliegende specifische Gewicht mit 100. Die erst erhaltene Zahl zeigt die Anzahl der Pfunde Alkohol, die in so viel Pfunden Weingeist, als die letzt erhaltene Zahl angiebt, enthalten ist. Bei vorigem Beispiel hat man also $7939 \times 40 = 317560$ und $9510 \times 100 = 951000$. Das heißt in 951000 Pfunden des Weingeistes sind 317560 Pfunde Alkohol enthalten. In 100 Pfunden also 33,39 Pfunde denn $951000 : 317560 = 100 : 33{,}39$.

Es ist schon oben erwähnt, daß das Alkoholometer nur für eine bestimmte Temperatur construirt werden kann. Bei dem Gebrauche dieses Instrumentes ist es daher durchaus nothwendig, das zu prüfende Gemisch auf die, auf dem Instrumente bemerkte Temperatur, gewöhnlich 60° F. 12,44° R., zu bringen, weshalb bei den besseren Alkoholometern sich stets zugleich ein Thermometer befindet. Um aber dieser Mühe überhoben zu sein, ist nach Tralles eine Tabelle berechnet worden, welche unmittelbar den wirklichen Procentgehalt (das heißt den Procentgehalt bei der Normaltemperatur von 12,44° R.), nach den bei anderen Temperatu=

ren von einem gläsernen Alkoholometer angegebenen Procentgehalten, anzeigt.

(Siehe beiliegende Tabelle.)

Diese Tabelle bedarf kaum einer Erläuterung. Einige Beispiele mögen ihren Gebrauch anschaulich machen. — Man findet durch das Alkoholometer den Procentgehalt eines Branntweins zu 46¾ (46,75) Procent; die Temperatur desselben ist aber nur 8° R. wie viel enthält derselbe Alkohol bei der Normaltemperatur? Man sucht in der Columne für die Temperatur 8° R. (50° F.) die Zahl 46,75, da sich diese nicht findet, nimmt man die ihr am meisten nahekommende, also hier 46,7. Für diese findet man in der ersten Columne die Zahl 49; sie zeigt an, daß in dem Branntwein bei der Normaltemperatur 49 Procent Alkohol enthalten sind. Sollte sich auch die Temperatur nicht genau in der Tabelle finden, so nimmt man ebenfalls die nächst kommende, oder man bringt den Branntwein auf eine in der Tabelle angegebene Temperatur. — Erhält man bei der Prüfung mit dem Alkoholometer einen Procentgehalt, welcher zwischen zwei in der Tafel stehenden Zahlen ziemlich genau in der Mitte liegt (das arithmetische Mittel davon ist), so liegt natürlich auch der Alkoholgehalt zwischen den zu diesen gehörenden Zahlen der ersten Columne. Z. B. ein Branntwein zeigt bei 21⅕° R. 53 Procent Alkohol, wie viel enthält er bei der Normaltemperatur Alkohol? Die Zahl 53 findet sich in der Columne für die angegebene Temperatur nicht, aber sie liegt zwischen den aufgeführten Zahlen 52,5 und 53,5 genau in der Mitte, $\frac{52,5 + 53,5}{2} = 53$, also muß auch der wahre Alkoholgehalt zwischen den, diesen Zahlen entsprechenden Gehalten, nemlich zwischen 48 und 49 in der Mitte liegen, er muß also 48½ Procent betragen. Der aufmerksame Leser wird leicht die Tabelle jeder vorkommenden Temperatur und jedem Alkoholgehalte anpassen können. Ich wiederhole noch einmal, daß sämmtliche Procente Volum-

(Zu Seite 196.)

wahrer Alkoholgehalt bei 55° C. 44° R.	Angabe des gläsernen Alkoholometers bei										
	30° F. −1.11° C. −0.89° R.	35° F. +1.67° C. +1.33° R.	40° F. 4.44° C. 3.56° R.	45° F. 7.22° C. 5.78° R.	50° F. 10° C. 8° R.	55° F. 12.78° C. 10.22° R.	65° F. 18.33° C. 14.67° R.	70° F. 21.11° C. 16.89° R.	75° F. 23.89° C. 19.11° R.	80° F. 26.67° C. 21.33° R.	85° F. 29.44° C. 23.56° R.
0	−*) 0.2	− 0.4	− 0.4	− 0.5	− 0.4	− 0.2	0.2	0.6	1.0	1.4	1.9
5	4.6	4.5	4.5	4.5	4.6	4.8	5.3	5.8	6.2	6.7	7.3
10	9.1	9.0	9.1	9.2	9.3	9.7	10.4	11.0	11.6	12.3	13.0
15	13.0	13.1	13.3	13.6	14.1	14.5	15.6	16.3	17.1	18.0	19.0
16	13.7	13.8	14.1	14.4	15.0	15.4	16.6	17.4	18.2	19.2	20.2
17	14.4	14.5	14.9	15.3	15.9	16.3	17.6	18.5	19.3	20.4	21.4
18	15.1	15.3	15.7	16.2	16.8	17.2	18.7	19.6	20.5	21.6	22.6
19	15.8	16.0	16.5	17.0	17.6	18.2	19.7	20.7	21.7	22.8	23.8
20	16.5	16.9	17.4	17.9	18.5	19.2	20.8	21.8	22.9	23.9	25.0
21	17.1	17.6	18.2	18.8	19.4	20.0	21.8	22.8	23.9	25.0	26.1
22	17.8	18.3	19.0	19.6	20.3	20.8	22.8	23.9	25.0	26.1	27.3
23	18.4	19.0	19.8	20.5	21.2	21.6	23.8	24.9	26.1	27.2	28.4
24	19.1	20.7	20.6	21.3	22.1	22.4	24.8	26.0	27.2	28.3	29.5
25	19.8	20.5	21.3	22.2	23.0	24.1	25.9	27.1	28.3	29.5	30.7
26	20.5	21.3	22.1	23.1	23.9	25.0	26.9	28.1	29.3	30.5	31.7
27	21.2	22.1	23.0	23.9	24.8	25.9	28.0	29.2	30.3	31.5	32.7
28	21.9	22.9	23.8	24.8	25.7	26.8	29.0	30.2	31.4	32.5	33.8
29	22.6	23.6	24.7	25.7	26.6	27.9	30.1	31.2	32.4	33.5	34.8
30	22.3	24.3	25.5	26.5	27.5	28.8	31.2	32.3	33.5	34.6	35.9
31	24.2	25.2	26.2	27.5	28.6	29.8	32.2	33.3	34.5	35.6	36.9
32	25.1	26.1	26.9	28.5	29.6	30.8	33.2	34.3	35.5	36.6	37.9
33	26.0	27.0	27.6	29.5	30.6	31.8	34.2	35.4	36.5	37.6	38.9
34	26.9	27.9	28.4	30.5	31.6	32.8	35.2	36.4	37.5	38.6	39.9
35	27.7	28.9	30.2	31.4	32.6	33.8	36.3	37.5	38.6	39.7	40.9
36	28.7	29.9	31.2	32.4	33.6	34.8	37.3	38.5	39.6	40.7	41.9
37	29.6	30.9	32.2	33.4	34.6	35.8	38.3	39.5	40.6	41.7	42.9
38	30.6	31.9	33.2	34.5	35.7	36.9	39.3	40.4	41.5	42.6	43.8
39	31.4	32.9	34.2	35.5	36.7	37.9	40.2	41.4	42.5	43.6	44.8
40	32.5	33.8	35.1	36.5	37.7	38.9	41.2	42.4	43.5	44.6	45.8
41	33.6	34.9	36.1	37.5	38.7	39.9	42.2	43.4	44.5	45.6	46.8
42	34.6	35.9	37.1	38.5	39.7	40.9	43.2	44.4	45.5	46.6	47.8
43	35.7	36.9	38.2	39.5	40.7	41.9	44.2	45.3	46.5	47.6	48.8
44	36.7	38.0	39.2	40.5	41.7	42.9	45.2	46.3	47.5	48.6	49.8
45	37.8	39.1	40.3	41.5	42.7	43.8	46.2	47.3	48.5	49.6	50.8
46	38.9	40.1	41.3	42.5	43.7	44.8	47.2	48.3	49.5	50.6	51.8
47	39.9	41.1	42.3	43.5	44.7	45.8	48.2	49.3	50.5	51.6	52.7
48	41.0	42.1	43.3	44.6	45.7	46.9	49.1	50.2	51.4	52.5	53.7
49	42.1	43.2	44.4	45.6	46.7	47.9	50.1	51.2	52.4	53.5	54.6
50	43.1	44.2	45.4	46.6	47.7	48.9	51.1	52.2	53.4	54.5	55.6
51	44.1	45.2	46.4	47.6	48.7	49.9	52.1	53.2	54.4	55.5	56.6
52	45.2	46.2	47.5	48.6	49.7	50.9	53.1	54.2	55.4	56.5	57.6
53	46.2	47.3	48.5	49.6	50.7	51.9	54.1	55.2	56.3	57.4	58.6
54	47.2	48.3	49.5	50.6	51.8	52.9	55.1	56.2	57.3	58.4	59.5
55	48.3	49.4	50.5	51.6	52.8	53.9	56.1	57.2	58.3	59.4	60.5
56	49.3	50.4	51.5	52.6	53.8	54.9	57.1	58.2	59.3	60.4	61.5
57	50.3	51.4	52.5	53.6	54.8	55.9	58.1	59.2	60.3	61.4	62.5
58	51.3	52.4	53.5	54.6	55.8	56.9	59.1	60.2	61.3	62.4	63.5
59	52.3	53.4	54.5	55.6	56.8	57.9	60.1	61.2	62.3	63.4	64.5
60	53.4	54.5	55.6	56.7	57.8	58.9	61.1	62.2	63.3	64.4	65.5
61	54.4	55.5	56.6	57.7	58.8	59.9	62.1	63.2	64.3	65.4	66.5
62	55.4	56.5	57.6	58.7	59.8	60.9	63.1	64.2	65.3	66.4	67.5
63	56.4	57.5	58.6	59.7	60.8	61.9	64.0	65.1	66.2	67.3	68.4
64	57.4	58.5	59.6	60.7	61.8	62.9	65.0	66.1	67.2	68.3	69.4
65	58.4	59.5	60.6	61.7	62.8	63.9	66.0	67.1	68.2	69.3	70.4
66	59.4	60.5	61.6	62.7	63.8	64.9	67.0	68.1	69.2	70.3	71.4
67	60.4	61.5	62.6	63.7	64.8	65.9	68.0	69.1	70.2	71.3	72.4
68	61.4	62.5	63.6	64.7	65.8	66.9	69.0	70.1	71.2	72.3	73.4
69	62.4	63.5	64.6	65.7	66.8	67.9	70.0	71.1	72.2	73.3	74.4
70	63.5	64.6	65.7	66.8	67.9	69.0	71.0	72.1	73.2	74.3	75.4
71	64.5	65.6	66.7	67.8	68.9	70.0	72.0	73.1	74.2	75.3	76.4
72	65.5	66.6	67.7	68.8	69.9	71.0	73.0	74.1	75.2	76.3	77.4
73	66.5	67.6	68.7	69.8	70.9	72.0	74.0	75.1	76.2	77.2	78.4
74	67.5	68.6	69.7	70.8	71.9	73.0	75.0	76.1	77.2	78.2	79.3
75	68.6	69.7	70.7	71.8	72.9	74.0	76.0	77.1	78.2	79.2	80.3
76	69.6	70.7	71.7	72.8	73.9	75.0	77.0	78.1	79.2	80.2	81.3
77	70.6	71.7	72.7	73.8	74.9	76.0	78.0	79.1	80.2	81.2	82.3
78	71.6	72.7	73.7	74.8	75.9	77.0	79.0	80.1	81.1	82.1	83.3
79	72.6	73.7	74.7	75.8	76.9	78.0	80.0	81.1	82.1	83.1	84.2
80	73.7	74.8	75.8	76.9	78.0	79.0	81.0	82.1	83.1	84.1	85.2
81	74.7	75.8	76.8	77.9	79.0	80.0	82.0	83.1	84.1	85.1	86.2
82	75.7	76.8	77.8	78.9	80.0	81.0	83.0	84.1	85.1	86.1	87.1
83	76.7	77.8	78.8	79.9	81.0	82.0	84.0	85.0	86.0	87.0	88.1
84	77.7	78.8	79.8	80.9	82.0	83.0	85.0	86.0	87.0	88.0	89.0
85	78.8	79.8	80.9	81.9	83.0	84.0	86.0	87.0	88.0	89.0	90.0
86	79.8	80.8	81.9	82.9	84.0	85.0	87.0	88.0	89.0	90.0	90.9
87	80.8	81.8	82.9	83.9	85.0	86.0	88.0	89.0	90.0	90.9	91.8
88	81.9	82.9	83.9	84.9	86.0	87.0	89.0	90.0	90.9	91.8	92.7
89	82.9	84.0	85.0	86.0	87.0	89.0	90.0	91.0	91.8	92.7	93.6
90	84.0	85.1	86.1	87.1	88.1	89.1	91.0	91.9	92.8	93.7	94.6

*) Das Zeichen — zeigt an, daß das Alkoholometer hier unter 0 sinkt; es gilt nur für die Zahlen, vor denen es steht.

Anmerkung. Tralles hat die Tabelle nur von 5 zu 5 Procent berechnet; ich habe dieselbe, um sie anwendbarer zu machen, ergänzt.

Branntweinbrennerei.

procente, oder Procente nach Tralles sind, und es ist schon oben erwähnt, daß man den Gehalt der spirituösen Flüssigkeiten am zweckmäßigsten nach diesen Procenten bestimmt, weil sie nach dem Maaße verkauft werden. Ein anderer Grund dafür ist aber auch der Umstand, daß richtige Gewichtsprocent = Alkoholometer bis jetzt nicht vorkommen.

Die Procente der Richter'schen Scala, welche man auf den gebräuchlichen guten Alkoholometern neben den Procenten nach Tralles noch findet, die sogenannten Procente oder Grade nach Richter, sollten zwar ursprünglich Gewichtsprocente sein, aber sie sind es nicht, wenigstens nicht ohne Correction, die Rechnungen nach denselben sind ganz unrichtig, und man verbannt die Richter'schen Alkoholometer daher mit Recht immer mehr. Folgende Tabelle wird den Unterschied zwischen den Richter'schen Procenten und den wirklichen Gewichtsprocenten zeigen.

Temperatur 12,44° R.

Procente nach Tralles. Volumprocente.	Gewichtsprocente.	Richter'sche Procente.
0	0	0
5	4,00	4,60
10	8,05	7,50
15	12,15	10,58
20	16,28	13,55
25	20,46	16,60
30	24,69	19,78
35	28,99	23,50
40	33,39	27,95
45	37,90	32,30
50	42,52	36,46
55	47,29	41,00
60	52,20	45,95
65	57,25	51,40
70	62,51	57,12
75	67,93	62,97
80	73,59	69,20
85	79,50	75,35
90	85,75	81,86
95	92,46	89,34
100	100,00	100,00

Der Unterschied beträgt an manchen Stellen gegen 6 Procent. In Sachsen wurde in früheren Zeiten fast nur nach Richter'schen Procenten gerechnet; Stoppani in Leipzig war der Hauptverfertiger der Alkoholometer nach dieser Scala, daher nennt man die Richter'schen Procente auch wohl Procente nach Stoppani.

In Frankreich ist das Alkoholometer von Gay-Lussac gesetzlich eingeführt, es gleicht dem von Tralles, da es wie dieses ein Volumprocent-Alkoholometer ist. Häufig rechnet man aber daselbst auch nach dem früher sehr gebräuchlichen Alkoholometer von Cartier. Zum Vergleiche der Grade desselben mit den Volumprocenten führe ich folgende Tabelle auf:

Grade nach Cartier.	Volumprocente.	Grade nach Cartier.	Volumprocente.	Grade nach Cartier.	Volumprocente.
15	31,6	23	61,6	31	80,5
15,5	34,5	23,5	63,0	31,5	81,5
16	37,0	24	64,3	32	82,5
16,5	39,5	24,5	65,5	32,5	83,5
17	41,6	25	66,9	33	84,4
17,5	43,7	25,5	68,1	33,5	85,3
18	45,5	26	69,4	34	86,2
18,5	47,5	26,5	70,6	34,5	87,1
19	49,2	27	71,8	35	87,95
19,5	50,9	27,5	73,0	35,5	88,8
20	52,5	28	74,1	36	89,6
20,5	54,1	28,5	75,2	36,5	90,4
21	55,7	29	76,3	37	91,17
21,5	57,2	29,5	77,4	37,5	92,0
22	58,7	30	78,5	38	92,7
22,5	60,1	30,5	79,5		

Man benennt auch wohl in Frankreich die Branntweinsorten nach der Stärke also: Eau-de-vie preuve d'Hollande, specifisches Gewicht = 0,9462 (ohngefähr 43% Tralles; 18° nach Baumés Aräometer), und Eau-de-vie preuve d'huile, specifisches Gewicht = 0,9151 (ohngefähr 59% Tralles, 23° B.). Die stärkeren Weingeistsorten bezeichnet man durch folgende Bruchzahlen, welche, die Menge des Weingeistes andeuten, die nöthig ist, um, mit Waſſer verdünnt, einen Theil Branntwein nach der holländiſchen Probe zu liefern: ⁵/₆ ⁴/₅, ³/₄, ²/₃, ³/₅, ⁴/₇, ⁵/₉, ⁶/₁₁, ³/₆ (80 — 81% Tralles) ⁵/₇ (88,5% Tr.) ³/₈ (91% Tr.) ³/₉ —. Weingeiſt von ³/₇ iſt alſo ſolcher, von welchen 3 Theile gemengt werden müſſen mit 4 Theile Waſſer (³/₇ + ⁴/₇), um Branntwein von der holländiſchen Probe (0,9462 ſpecifiſches Gewicht) zu geben.

So oft in dem Folgenden der Alkoholgehalt in Procenten angegeben wird, ſind darunter Volumprocente oder Procente nach Tralles zu verſtehen. Weil auf den Alkoholometern die Entfernung der Grade bei den niedern Zahlen ſehr gering iſt, und dadurch das Ableſen unſicher wird, hat man für den Lutter, als einer Flüſſigkeit von geringen Alkoholgehalt, beſondere kleine Alkoholometer conſtruirt, um größere Grade auf denſelben zu erlangen; man nennt ſie Lutterwagen, ſie müſſen mit den größeren Alkoholometern correſpondiren. Um dem Leſer eine leichte Ueberſicht zu verſchaffen, ſind auf Fig. 26 die Scalen von Tralles und Richter neben einander geſtellt, ſo als wären ſie gleichzeitig auf einem Alkoholometer angebracht. Fig. 27 giebt auf ähnliche Weiſe eine Anſicht der Thermometerſcalen nach Reaumur, Celſius und Fahrenheit, von denen mehr im Wörterbuche.

Nach dieſen einleitenden Bemerkungen, welche den rationellen Branntweinbrenner intereſſiren müſſen, und zum Verſtehen des Folgenden nothwendig zu wiſſen ſind, kann ich zu der näheren Beſchreibung der Deſtillation der Meiſche übergehen.

Es giebt eine ſo große Menge mehr oder weniger von einander verſchiedener Branntweindeſtillirapparate, daß die Beſchreibung derſelben allein ein voluminöſes Werk liefern würde.

Sämmtliche Apparate laſſen ſich eintheilen, in Apparate, welche erſt Lutter liefern, und in Apparate, durch welche man ſogleich Branntwein oder Spiritus erhält. In dieſen Apparaten kann die Meiſche nun entweder durch unter der Blaſe angebrachtes Feuer, directes Feuer, erhitzt werden, oder man kann sie durch, in einem Dampfkessel entwickelte Wasserdämpfe erhitzen, woraus also eine andere Verschiedenheit hervorgeht.

Ohne jetzt über diese verschiedenen Apparate etwas Allgemeines zu sagen, will ich, von den einfacheren zu den complicirteren übergehend, einige derselben beschreiben, und an diese Beschreibungen die mannichfaltigen Betrachtungen über ihr Princip, über Zweckmäßigkeit u. s. w. anknüpfen.

Aelterer einfachster Destillirapparat. Fig. 28 giebt eine Ansicht von demselben. A die Blase; b der Helm, welcher bei cc auf die Blase gesteckt wird; d das Schlangenrohr, welches in dem mit kaltem Wasser gefüllten Fasse e steht. Dergleichen einfache Apparate finden sich noch in einigen Städten, die durch die Güte ihres Branntweins einen bedeutenden Ruf erlangt haben; so namentlich in Nordhausen und Quedlinburg. Man erzielt in diesem Apparat erst Lutter, welcher dann durch wiederholte Destillation entweder aus derselben Blase, oder aus einer besondern Blase, der Weinblase, in Branntwein verwandelt wird. Die Lutterblase wird auch zum Erhitzen des zum Einmeischen erforderlichen Wassers benutzt. Ich will den Betrieb einer mit solchen Apparaten versehenen Brennerei nach Förster hier mittheilen.

In den genannten Städten enthält die Blase durchschnittlich zwischen 700 — 800 Quart. Die Meische, welche täglich abdestillirt (abgetrieben) wird, beträgt 3500 bis 4000 Quart, so daß also außer dem Wasserkochen zum Einmeischen, und außer der Darstellung des Branntweins aus dem Lutter (dem Weinmachen) fünf Blasen mit Meische abgetrieben werden müssen. Man arbeitet daher in diesen Brennereien Tag und Nacht ohne Unterbrechung. Für jede Blase sind 2 Menschen angestellt.

Nachdem des Nachts über Branntwein aus dem Lutter gemacht worden, und der Nachlauf abdestillirt ist, wird gegen 4 — 5 Uhr des Morgens der Helm abgenommen, und zu dem in der Blase befindlichen Weinwasser so viel heißes Was-

Branntweinbrennerei.

fer aus dem Kühlfasse gegeben, daß die Blase völlig gefüllt ist. Während durch starkes Feuer das Wasser ins Sieden gebracht wird, legen die Arbeiter die Schrotsäcke und die Wasserrinnen auf den Rand des Meischbottichs; dann bringen sie etwas kaltes Wasser in denselben, und darauf so viel von dem kochenden Wasser, daß es die zum Einteigen der 12 — 16 Scheffel Getreide erforderliche Temperatur erhält. Die nun theilweis entleerte Blase wird wieder mit Wasser gefüllt, das Feuer verstärkt, und während das Wasser sich zum Siedpunkte erhitzt, das Schrot eingeteigt. Dies Geschäft ist nach einer halben Stunde beendet, wo dann das Wasser in der Blase bereits kocht; es wird mit demselben das eingeteigte Schrot gahr gebrüht, und dann tüchtig bearbeitet.

Von dem Abstoßen des Helmes bis zur beendeten Einmeischung ist eine Stunde Zeit verflossen, so daß zwischen 5 — 6 Uhr Morgens die Blase zum ersten Male mit abzutreibender Meische, und zwar bis ohngefähr 6 Zoll von der Halsmündung, gefüllt wird.

Während sich die Meische in der Blase erwärmt, wird sie mit einem hölzernen Ruder öfter umgerührt, damit die festen Bestandtheile derselben sich nicht zu Boden senken und anbrennen, erst wenn die Meische bald anfangen will zu sieden, wird der Helm aufgesetzt und die Fugen zwischen der Blase und dem Kühlrohre mit Lehmteig oder mit einem Teige aus Schrot verstrichen. Von der Füllung der Blase mit kalter Meische, bis zum Kochen derselben, vergeht eine Stunde Zeit.

Die Destillation beginnt, wenn der der Mündung des Helmschnabels zunächst befindliche Theil des Schlangenrohres so heiß geworden ist, daß man die Hand, ohne sie zu verbrennen, nicht daran halten kann; das Feuer wird dann durch Schieber u. s. w. gemäßigt.

1¼ Stunde nach dem Anfange des Kochens ist die Destillation beendet; es finden sich in der Vorlage (dem Gefäße, in welches das verdichtete Destillat fließt) 120 — 140 Quart Lutter. Der Helm wird nun abgestoßen, und der Rückstand in der Blase (der Spühlicht, die Schlempe) ausgeschöpft. Dies Ausschöpfen und das Füllen der Blase mit neuer Meische dauert 15 Minuten, so daß zusammengenommen das Abtreiben jeder Blasenfüllung von 650 — 750 Quart in 2½ — 3 Stunden vollendet ist. Fünf Blasenfüllungen erfordern daher 12½ bis höchstens 15 Stunden Zeit.

Nachdem die Schlempe der letzten Blase ausgeschöpft worden, muß diese mit Wasser gekühlt, und im Innern spiegelblank gescheuert werden. Wenn dann auch das Schlangenrohr und der Hut durch Schlempe und Wasser gereinigt sind, wird der gewonnene Lutter, ungefähr 600 Quart betragend, nebst dem Nachlaufe von der vorigen Destillation des Lutters auf die Blase gebracht. Sammt der Füllung des Kühlfasses mit neuem kaltem Wasser, nehmen alle diese Arbeiten 2 Stunden Zeit in Anspruch, und um den Lutter ins Kochen zu bringen bedarf es einer Stunde, so daß also 15½ bis 18 Stunden nach der Füllung der ersten Blase die Destillation des Branntweins beginnt, und am Morgen beendet ist, wo dann das Einmeischen u. s. w. von Neuem beginnt.

Zum Abtreiben erfordert eine Weinblase zwar nicht mehr als die doppelte Zeit einer Lutterblase, doch läßt der Brenner gewöhnlich den Nachgang, Nachlauf, so lange in die Vorlage laufen, bis er am andern Morgen den Helm abnimmt. Am ersten Tage wird **halber Wein** gemacht, und deshalb das ganze Destillat in einer Vorlage gesammelt. Am andern Abende wird der halbe Wein mit dem an diesem Tage gewonnenen Lutter wieder auf die Blase gebracht, und nunmehr **ganzer**, oder **guter Wein**, das heißt **Branntwein**, bereitet. Die Destillation muß dann natürlich unterbrochen werden, wenn das Destillat in der Vorlage die erforderliche Stärke (52 — 55 Procent Tralles) zeigt; dann wird ein anderes Gefäß vorgelegt, in welches der Nachgang läuft.

Der beschriebene Apparat ist der einfachste Destillirapparat, und aus ihm sind die unzähligen mehr oder weniger zweckmäßigen Apparate nach und nach entstanden.

Da, wie leicht einzusehen, die Menge der in einer gewissen Zeit aus der Blase verdampften Flüssigkeit, oder was dasselbe ist, die Menge des Destillats abhängig ist von der Größe derjenigen Fläche der Blase, welche dem Feuer ausgesetzt ist, so lag es sehr nahe, den Blasen einen sehr großen Durchmesser zu geben, um die vom Feuer bestrichene Fläche derselben recht groß zu haben. Ueber die zweckmäßigste Höhe, welche bei gleichem Durchmesser den Blasen zu geben ist, sind sehr verschiedene Angaben gemacht worden.

Man hat die Blasen oft so flach gemacht, daß dieselben bei einem Durchmesser von 5 — 8 Fuß nur einige Zoll Höhe erhielten, um, wie man glaubte, in der kürzesten Zeit die größte Menge Meische abzutreiben, da dies in einigen Ländern, wie in Schottland, wegen der Steuerverhältnisse Vortheil brachte. Hierbei ist aber wohl zu berücksichtigen, was Prechtl bemerkt, daß nemlich die geringere Höhe der Blase bei gleicher verdampfender (dem Feuer ausgesetzter) Fläche die Schnelligkeit des Betriebes nicht befördert, und auch keine Ersparniß an Brennmaterial nach sich zieht, denn eine Blase von z. B. 10 Quadratfuß erhitzter Fläche und 2 Fuß Höhe der Flüssigkeit, verdampft bei gleicher Feuerung in gleicher Zeit genau eben so viel, als eine Blase mit derselben verdampfenden Fläche und 1 Fuß Höhe. Hieraus ergiebt sich, daß die Blasen von geringerer Höhe nicht nur keinen Vortheil zeigen, sondern den Nachtheil haben, daß man sie für gleiche Menge des Destillates öfterer füllen muß, was offenbar Verlust an Zeit und Brennmaterial nach sich zieht. Außerdem besitzen sehr flache Blasen eine geringe Haltbarkeit, sie biegen und werfen sich leicht, und sie gestatten neben dem Erhitzen der Bodenfläche das Erhitzen der Seitenwände nicht, was tiefere Blasen gestatten, und was Ersparniß an Brennmaterial nach sich zieht; und endlich setzt sich die Meische bei geringer Höhe in der Blase viel leichter fest und brennt an, als bei größerer Höhe, wo sie von den am Boden sich entwickelnden Dampfblasen fortwährend stark aufgerührt wird. Das zweckmäßigste Verhältniß scheint daher zu sein, den Durchmesser der Blase 2½ — 3 Mal so groß als die Höhe zu nehmen, so daß also dieselbe auf 2 Fuß Höhe 5 — 6 Fuß Durchmesser erhält. Die weitere Form der Blase ergiebt sich aus Fig. 29 man wölbt den Boden etwas nach außen, desgleichen den obern Theil derselben, in welchem sich die Oeffnung für den Helm befindet, und vermeidet möglichst alle scharfen Ecken, in welchen sich die Meische leicht festsetzt und anbrennt.

Zum Ableiten der geistigen Dämpfe wäre schon ein dünnes Rohr vollkommen hinreichend; man setzt aber ganz gewöhnlich auf die Blase einen ziemlich geräumigen Helm, theils um das Uebersteigen der Meische in das Kühlrohr zu vermeiden, was namentlich zu Anfang der Destillation durch das vom plötzlichen Entweichen der kohlensauren Gase bewirkte Aufschäumen, oder bei schleimiger Beschaffenheit der Meische leicht geschehen könnte; theils aber auch um ein geistigeres Destillat zu erzielen. Bei einer großen, der kalten Luft ausgesetzten Oberfläche des Helmes erleiden die durch denselben gehenden Dämpfe eine Abkühlung, wodurch vorzugsweise die Wasserdämpfe verdichtet werden, und als tropfbarflüssiges Wasser in die Blase zurückfallen, dadurch werden natürlich die in das Kühlrohr gelangenden Dämpfe geistiger, und man erhält, wie schon erwähnt, ein geistigeres Destillat. Um diesen Zweck noch besser zu erreichen, umgab man den Helm mit mehr oder minder kaltem Wasser, wodurch gleichsam eine Rectification in demselben bewirkt wurde, wie später deutlich werden wird.

Ehe ich zu den verbesserten Destillationsapparaten übergehe, muß ich noch einige Worte über Kühlapparate sprechen. Man bedient sich, wie schon früher erwähnt, fast ganz allgemein des Schlangenrohres zum Condensiren der Dämpfe, und dasselbe erfüllt in der That seinen Zweck auf sehr befriedigende Weise. Außer diesem sind aber noch unzählige

Vorrichtungen zum Abkühlen angewandt worden, die alle die Aufgabe, mit der kleinsten Menge Wassers die größte Menge Dampf zu verdichten, erfüllen sollten. Bei der Würdigung der verschiedenen Kühlapparate ist das Folgende zu berücksichtigen. Weil bei der Anlage einer Brennerei stets ganz besonders dahin zu sehen ist, daß sich Wasser in hinreichender Menge ganz in der Nähe findet, so hat man in der Regel nicht nöthig mit dem Wasser geizig zu sein, aber es können doch Fälle vorkommen, wo es wegen Wassermangel willkommen ist, eine möglichst kleine Menge Kühlwasser nöthig zu haben. In diesen Fällen ist der Kühlapparat der zweckmäßigste, bei welchem das zum Abkühlen benutzte Wasser mit der höchsten Temperatur abläuft. Dies ist unstreitig derjenige, bei welchem das Rohr, durch welches die zu condensirenden Dämpfe streichen, von einem zweiten Rohre umgeben ist, durch das, in entgegengesetzter Richtung, kaltes Wasser fließt, Fig. 30 zeigt diesen einfachen Kühlapparat; auch der Gedda'sche Kühlapparat Fig. 31 erfüllt den erwähnten Zweck sehr vollkommen, er hat nur den Fehler, daß er sich schwierig reinigen läßt. Die Abbildungen sind ohne weitere Erklärung leicht verständlich. Man sieht, daß zu beiden fließendes Wasser erforderlich ist, hat man dies nicht, so muß das Wasser in ein hochstehendes Reservoir gepumpt und von dort ab in die Kühlapparate geleitet werden.

Bei Mangel an hinreichendem Kühlwasser kann man auch die Dämpfe, ehe sie in den eigentlichen Kühlapparat, z. B. in das Schlangenrohr des Kühlfasses treten, erst durch ein System von Röhren leiten, in welchen durch die niederere Temperatur der atmosphärischen Luft schon theilweise Abkühlung und Verdichtung erfolgt, und wie bald gezeigt werden wird, benutzt man auch ganz allgemein die kalte Meische zur theilweisen Abkühlung der geistigen Dämpfe.

Der Durchmesser der Röhren, oder überhaupt der innere Raum des Kühlapparates (Condensators), muß sich gegen die Ausflußöffnung zu in dem Verhältnisse verändern, als die Condensation der Dämpfe vorschreitet, sonst entsteht in demselben theilweis ein dampfleerer Raum, in welchen durch die Ausflußöffnung die Luft eindringt, diese beladet sich dann mit geistigen Dämpfen, und kann die Verwandlung des Alkohols in Essigsäure bewirken, welche beide Ursachen natürlich Verminderung des Branntweinertrages nach sich ziehen. Daher sperrt man auch wohl die Ausflußöffnung mit der destillirten Flüssigkeit, wie später gelehrt werden wird.

Die kühlende Fläche des Kühlapparats (Condensators) kann natürlich nicht von beliebiger Größe sein; sie ist vorzüglich abhängig von der Menge des in einer gewissen Zeit zu verdichtenden Dampfes, also von der Größe der dem Feuer ausgesetzten Fläche der Blase; ferner von der Temperatur des Kühlwassers und der Dämpfe. Man kann nach Prechtl die Temperatur der mit Kühlröhren in Berührung stehenden Wasserschichten für unsern Zweck zu etwa 45°, und die Temperatur der eintretenden Dämpfe zu 65° R. annehmen, also den Temperaturunterschied zu 20° R.; folglich condensiren 10 Quadratfuß Fläche 1½ Pfund der Flüssigkeit in einer Minute; wofür in Betracht, daß die Condensirung schon in dem oberen Theile des Condensators erfolgen muß, damit der untere Theil die condensirte Flüssigkeit noch abkühlen könne, nur ein Pfund gesetzt werden darf. Nun verdampfen 10 Quadratfuß dem Feuer ausgesetzte Fläche in der Minute 1 Pfund, folglich darf die condensirende Fläche des Kühlapparates nicht weniger betragen, als die dem Feuer ausgesetzte Fläche der Blase, zur völligen Sicherheit nimmt man aber diese Fläche in der Praxis noch einmal so groß (Prechtl's Encyclopädie). Bei den neuen Apparaten mit Vorwärmer, braucht natürlich diese Fläche bei weitem kleiner zu sein, sie beträgt dann ohngefähr ½ — ¾ von der dem Feuer ausgesetzten Fläche.

Wie schon erwähnt, wendet man fast allgemein als Condensator ein Schlangenrohr an, und es gilt für dieses alles eben Gesagte. Da das Wasser, in welchem das Schlangenrohr liegt, beim Erwärmtwerden specifisch leichter wird, und daher an die Oberfläche des Kühlfasses tritt, so muß durch

Branntweinbrennerei.

einen Pfaffen fortwährend kaltes Wasser auf den Boden des Kühlfasses geleitet werden, damit dies erwärmte Wasser oben abfließe. Hat man aber nicht Wasser, welches so hoch steigt, in welchem Falle man also das Kühlfaß durch Pumpen mit dem nöthigen kalten Wasser versehen muß, so muß das Kühlfaß höher, als die Spirale des Kühlrohres sein, damit dieses fortwährend ganz von kaltem Wasser umgeben bleibt. Man pumpt dann gewöhnlich nach dem Abtreiben einer Blase, so viel kaltes Wasser in das Kühlfaß, bis alles erwärmte Wasser oben abgeflossen ist. Man hat dem Schlangenrohre fast immer den Vorwurf gemacht, daß eine Reinigung desselben nicht möglich wäre. Mir scheint dieser Vorwurf nicht so ganz begründet, eine mechanische Reinigung ist allerdings schwierig, aber man kann dasselbe dadurch, daß man einige Zeit dünne Schlempe, oder Kalkwasser, oder Aschenlauge darin stehen läßt, und es dann mit vielem Wasser nachspühlt, eben so vollkommen, ja vollkommener reinigen, als es bei Kühlapparaten mit scharfen Ecken selbst durch sorgfältiges Ausbürsten geschehen kann. Wer aber doch aus erwähntem Grunde das Schlangenrohr verwirft, der kann die dem Schlangenrohre ähnliche Fig. 32 abgebildete Kühlvorrichtung anwenden, bei welcher alle Theile leicht mit Bürsten u. s. w. gereinigt werden können. a a a sind Kniestücke, durch welche die geraden Kühlröhren die bei b b b zusammgelöthet und mittelst eines Ringes an im Kühlfasse befindliche Häckchen befestigt sind, mit einander verbunden werden. Die obere Oeffnung des Kniestückes muß über die Röhre fassen, die untere aber muß in die Röhre treten, aus der leicht einzusehenden Ursache, daß an den Verbindungsstellen, die man mit einem Teige aus Leinmehl oder groben Roggenmehl und Wasser verstreicht, nichts von dem Destillat herauströpfeln kann. Auch bei diesem Kühlapparate ist dahin zu sehen, daß die Röhren nach unten zu sich verengen. Um beim Röhrenapparat, z. B. einem Schlangenrohre, die kühlende Fläche zu berechnen, hat man nur nöthig den Durchmesser der Röhren mit 3,141 und das Product mit der

Länge der Röhre zu multipliciren (d.π.l). Ist die Röhre ungleich dick, so nimmt man den mittlern Durchmesser. Z. B. ein Schlangenrohr ist oben 3½ Zoll, unten 1½ Zoll weit, so ist der mittlere Durchmesser $\frac{3,5 + 1,5}{2} = 2,5$ Zoll. Die Länge 20 Fuß = 240 Zoll betragend, ist die Fläche 2,5 $\times$ 3,141 $\times$ 240 = 1876 Quadrat Zoll oder $\frac{1876}{144} = 13$ Quadratfuß.

Einfacher Destillationsapparat mit Vorwärmer. Beim Gebrauche des eben beschriebenen einfachen Destillationsapparates machte sich bald bemerkbar, daß bedeutend an Zeit und Brennmaterial erspart werden würde, wenn man durch das Feuer der Blasenfeuerung während der Destillation einen andern Theil Meische erhitzte, und diese vorgewärmte Meische dann in die Blase zur Destillation brächte. Auf zwei Wegen war dieser Zweck erreichbar. Man brachte entweder neben die Destillirblase ein metallenes Gefäß, das man mit kalter Meische füllte, und unter welches man den vom Feuer der Blase abziehenden heißen Rauch leitete, oder man leitete die aus der Blase entweichenden Dämpfe durch kupferne Röhren oder Zellen, welche in einem mit Meische angefüllten Behälter befindlich waren. Diese letztere Art, die Meische zu erwärmen, ist die gebräuchlichste, und sie bewirkt neben der Ersparniß an Zeit und Brennmaterial, noch außerdem Ersparniß an Kühlwasser, weil, wie leicht einzusehen, die Meische gleichsam einen Theil des Kühlwassers vertritt. Fig. 33 und 34 zeigen zwei Vorwärmer der zuletzt erwähnten Art. Sie bedürfen kaum einer Erläuterung. Die aus der Meischblase kommenden Dämpfe treten bei a in das kupferne Schlangenrohr oder das ringförmige kupferne Becken, geben hier einen Theil ihres Wärmestoffs an die kalte Meische, die sich in dem hölzernen, auch wohl mit Kupfer ausgeschlagenen Gefäße befindet, worin das Schlangenrohr oder Becken befestigt ist, und erwärmen sie auf ohngefähr 60° R. Ist die Destillation einer Blase beendet, so wird aus dieser durch den Hahn a Fig. 29 die Schlempe abgelaſſen, und nun durch b Fig. 33 u. 34 die Blaſe mit der erwärmten Meiſche aus dem Vorwärmer gefüllt; durch c wird dieſer wieder mit kalter Meiſche aus dem Gährungsbottich verſehen. Weil die warme Meiſche ſpecifiſch leichter als die kalte iſt, daher immer den obern Theil des Vorwärmers einnehmen und hier zu ſtark erhitzt werden würde, während die unten ſtehende Meiſche kalt bliebe, ſo muß im Vorwärmer das abgebildete Rührwerk vorhanden ſein, um die Meiſche von Zeit zu Zeit durcheinander zu rühren. Fig. 35 a zeigt einen Vorwärmer der erſt erwähnten Art, nemlich ein Vorwärmer, welcher durch den von der Meiſchblaſe abziehenden heißen Rauch erwärmt wird, er muß natürlich ganz von Kupfer oder Eiſen ſein. Der bei c von der Blaſe b abziehende Rauch kann, wie die Abbildung zeigt, entweder direct in den Schornſtein, oder zuvor um den Vorwärmer herum geleitet werden, je nachdem die an einem eiſernen Stabe beweglich befeſtigte Klappe d die Oeffnung zu dieſem oder jenem verſchließt. Wie ſie in der Abbildung ſteht, muß der Rauch erſt den Vorwärmer umſpielen, und er tritt dann bei e in den Schronſtein. Die Erſparniß an Feuermaterial, welche man durch Anwendung eines Vorwärmers erzielt, beträgt ohngefähr $1/6$ des ganzen Quantums.

Auch bei dieſem ſehr gebräuchlichen verbeſſerten einfachen Apparate, bei welchem die Dämpfe aus der Meiſchblaſe in den Refrigerator des Vorwärmers gehen, und von hier ab zugleich mit der etwa verdichteten Flüſſigkeit in das Kühlrohr gelangen, wird nur Lutter gewonnen. Der zu Anfange der Deſtillation einer Blaſe übergehende Lutter zeigt einen Gehalt von $40 - 50^{\circ}$ Tr., je geringer aber der Alkoholgehalt der Meiſche wird, deſto mehr Waſſer geht mit über. Man ſetzt die Deſtillation ſo lange fort, bis das ablaufende Deſtillat $2 - 4$ Procent am Alkoholometer zeigt; die dann noch in der Meiſche enthaltene ſehr geringe Menge Alkohol würde das Feuermaterial nicht bezahlt machen. Der gewonnene Lutter wird durch eine wiederholte Deſtillation aus einer zweiten Blase, der Weinblase, in Branntwein umgewandelt. Man füllt diese Blase, welche der Meischblase gleicht, nur kleiner als diese, und natürlich auch mit dem erforderlichen Schlangenrohr versehen ist, bis auf einige Zoll von der Oeffnung mit dem Lutter an, und destillirt bei gemäßigtem Feuer. Das zu Anfang der Destillation Uebergehende ist weit stärker als der gewöhnliche Branntwein; sobald es durch das später übergehende schwächere Destillat bis zu der Stärke des Branntweins (48° Tr. 36° R.) verdünnt ist, nimmt man das untergelegte Gefäß weg, und sammelt das nun noch Uebergehende (den Nachlauf) in einem besondern Gefäße, es wird zum Lutter gegeben, und also mit diesem noch einmal destillirt. Die Destillation wird beendet, wenn das Uebergehende sich durch den Alkoholometer als Wasser zeigt, oder doch nur 2 — 3 Procent zeigt.

Destillationsapparat mit Rectificator. Allen Destillationsapparaten, welche bei der Destillation erst Lutter liefern, den man durch eine wiederholte Destillation in Schenkbranntwein umwandeln muß, kann man den Vorwurf machen, daß sie bedeutenden Aufwand an Brennmaterial verursachen. Der Grund davon ist leicht einzusehen. Die geistigen Dämpfe werden durch den Refrigerator und das Kühlrohr nicht allein zur Flüssigkeit verdichtet, sondern diese wird auch noch bis zur Temperatur des Kühlwassers abgekühlt, bei der wiederholten Destillation muß aber diese kalte Flüssigkeit wieder bis zum Sieden erhitzt und verdampft werden. Man war daher bald darauf bedacht, diesen Uebelstand zu vermindern, und Apparate darzustellen, welche sofort aus der Meische verkäuflichen Branntwein lieferten. Um wenigstens einen Theil des Brennmaterials zu ersparen, lag es sehr nahe, den condensirten Lutter nicht vollkommen abzukühlen, sondern ihn mit einer Temperatur von ohngefähr 50° R. sogleich in die Weinblase treten zu lassen, und dann sofort wiederzudestilliren; indeß sind Apparate dieser Art nicht sehr gebräuchlich geworden. Der erwähnte Zweck wird auf andere Weisen erreicht.

Die Verstärkung der alkoholhaltigen Flüssigkeiten durch wiederholte Destillationen gründet sich, wie S. 187 gesagt worden, darauf, daß alkoholhaltige Flüssigkeiten sich nicht unverändert verflüchtigen, sondern daß stets zuerst eine an Alkohol reichere Flüssigkeit übergeht, worauf dann eine an Alkohol ärmere, und zuletzt fast nur Wasser folgt. Die aus einer solchen Flüssigkeit zu Anfange entweichenden Dämpfe sind natürlich um so reicher an Alkohol, je reicher diese Flüssigkeit schon selbst daran war.

Leitet man zum Beispiel die aus einer mit Meische gefüllten Blase A. Fig. 36 entweichenden geistigen Dämpfe in das ebenfalls zum Theil mit Meische gefüllte Gefäß B, so werden diese Dämpfe Anfangs hier verdichtet werden, und die Meische in diesem Gefäße wird **alkoholreicher**; diese Meische wird nun nach und nach durch das fortwährende Einströmen von Dämpfe so stark erhitzt, daß aus derselben Dämpfe nach dem ebenfalls mit etwas Meische gefüllten Gefäße C treten; und diese Dämpfe sind, wie aus Früherem leicht einzusehen, geistiger als die aus A kommenden Dämpfe, weil sie aus einer an Alkohol reicheren Flüssigkeit sich entwickeln. In dem Gefäße C werden diese Dämpfe anfangs wieder verdichtet, und die hier befindliche Meische muß dadurch noch alkoholreicher, als die in B befindliche werden; aus ihr entwickeln sich bald auch Dämpfe, die nun schon sehr reich an Alkohol sind, und in den Kühlapparat D übergehen, wo sie zu alkoholreicher Flüssigkeit verdichtet werden.

Ganz ähnlich würde es sich verhalten, wenn die kupfernen Gefäße B und C nicht mit Meische gefüllt, sondern leer wären. Es würden sich die aus A entweichenden Dämpfe anfangs in dem Gefäße B zu einer wenig alkoholreichen Flüssigkeit verdichten, aus der aber bald alkoholreichere Dämpfe nach C übergingen, von wo aus endlich noch alkoholreichere in das Schlangenrohr gelangten. Würde man bei diesen wiederholten Destillationen die Temperatur in den Gefäßen A, B und C untersuchen, so würde man finden, daß sie in B niedriger als in A, und in C wieder niedriger als in B ist*), weil, wie früher erwähnt, der Siedpunkt eines Gemisches aus Alkohol und Wasser um so niedriger liegt, je mehr dasselbe von ersterem enthält; und es folgt hieraus, daß bei einer bestimmten Temperatur stets Dämpfe von bestimmten Alkoholgehalt entweichen werden. Setzen wir den Siedpunkt des Wassers gleich 80° R., so liegt der des Alkohols ohngefähr bei 61° R.; die Siedpunkte der Mischungen aus Alkohol und Wasser, und dergleichen Gemische sind doch Lutter, Branntwein und Spiritus, werden also zwischen diesen Graden liegen, und zwar dem Kochpunkte des Alkohols um so näher, je mehr sie von diesem enthalten, dem des Wassers um so näher, je wasserreicher sie sind. Hieraus ergiebt sich, daß aus den Gefäßen B und C noch weit alkoholreichere Dämpfe entwickelt werden können, wenn man dieselben während der Destillation auf einer etwas niedrigen Temperatur hält; dies geschieht nun auch auf die Weise, daß man diese Gefäße, die man Rectificatoren, Dephlegmatoren nennt, weil in ihnen eine Rectification der alkoholischen Flüssigkeit vorgeht, in einen mit Meische angefüllten Behälter bringt, sie also zugleich als Vorwärmer benutzt, oder mit Wasser von einer bestimmten Temperatur umgiebt. Auf diese Weise wird es möglich mit einem einzigen oder mit zwei dieser Rectificatoren denselben Zweck zu erfüllen, den man sonst nur mit bedeutenden Aufwand an Brennmaterial (wegen der Ableitung der Wärme durch die vergrößerte Oberfläche) durch mehrere Rectificatoren erreichen könnte.

Eine von Gröning entworfene Tabelle wird das Gesagte noch deutlicher machen. Sie lehrt uns den Siedpunkt der Gemische aus Alkohol und Wasser von

---

*) Es versteht sich, daß hier immer der Zeitpunkt angenommen wird, wo in der Flüssigkeit aller Gefäße, oder doch in B und C, noch Alkohol enthalten ist, denn, setzt man die Destillation lange genug fort, so muß aus A und B, und endlich auch aus C aller Alkohol entweichen.

Branntweinbrennerei.

bestimmten Procentgehalt, so wie den Procentgehalt der beim Sieden aus diesen entweichenden Dämpfe, da diese, wie oft erwähnt, immer alkoholreicher sind, als es die siedende Flüssigkeit ist.

Alkoholgehalt der siedenden Flüssigkeit.	Siedpunkt derselben.	Alkoholgehalt der entweichenden Dämpfe.
92	$61^3/_4^o$ R.	93
90	62	92
85	$62^1/_4$	91
80	$62^1/_2$	$90^1/_2$
75	63	90
70	$63^1/_4$	89
65	64	87
50	65	85
40	66	82
35	67	80
30	68	78
25	69	76
20	70	71
18	71	68
15	72	66
12	73	61
10	74	55
7	75	50
5	76	42
3	77	36
2	78	28
1	79	13
0	80	0

Der Alkoholgehalt ist bei der Normaltemperatur von $12^1/_2^o$ R. nach Tralles' Alkoholometer bestimmt. Zu bemerken ist noch, daß der Siedpunkt nur für einen bestimmten Barometerstand (28″) gültig ist, da derselbe, wie überhaupt der Siedpunkt einer jeden Flüssigkeit von diesem abhängt, nemlich höher liegt, wenn das Barometer hoch steht, niedriger, wenn dies niedriger steht. Auch brauchte wohl kaum erwähnt zu werden, daß der Alkoholgehalt der siedenden Flüssigkeit, und dadurch deren Siedpunkt und der Alkoholgehalt der Dämpfe nicht einen Augenblick derselbe bleibt, sondern sich in jedem Augenblicke ändern muß.

Der Nutzen dieser Tabelle zur Erklärung des früher Gesagten ist augenscheinlich. Destillirt man z. B. aus einer Blase eine geistige Flüssigkeit, welche 15 Procent Alkohol enthält, etwa Lutter von dieser Stärke, deren Siedpunkt also bei 72° R. liegt, und leitet man die entweichenden Dämpfe durch einen Rectificator, welcher auf einer Temperatur von 65° R. durch Umgebung von Wasser oder Meische erhalten wird, so werden sich aus diesem Rectificator, wie die Tabelle zeigt, nur Dämpfe von 85% Tr. verflüchtigen und in den Kühlapparat gelangen, eine Flüssigkeit von 50% Tr. wird sich bei der genannten Temperatur verdichten, und im Rectificator zurückbleiben, man erhält also durch eine Destillation aus 15procentigem Weingeist sogleich 85procentigen. Destillirt man aus der Meischblase Meische, und leitet man die entweichenden Dämpfe in einen Rectificator, der fortwährend auf eine Temperatur von 75° R. erhalten wird, so wird als Destillat eine geistige Flüssigkeit von 50% Tr. das ist, gewöhnlichen Schenkbranntwein, erhalten werden, und eine Flüssigkeit von 7% Tr. wird sich im Rectificator verdichten, diese kann durch ein Rohr zur wiederholten Destillation in die Meischblase zurückgeführt werden.

Man wird sich erinnern, daß schon oben Seite 204 erwähnt worden ist, daß die Alten von diesem Rectificirungsprincipe Gebrauch machten, indem sie dem Blasenhelme einen sehr großen Umfang ertheilten, oder ihn gar mit Wasser umgaben. Der Helm wirkte hier ganz wie ein Rectificator, er kühlte nemlich die Dämpfe ab, wodurch geistigere Dämpfe entwichen, und eine weniger geistige Flüchtigkeit in die Blase zurücktropfte. Daher macht man, obgleich, auch noch aus anderen Gründen selbst jetzt noch, bei einfachen Apparaten den Helm der Blase sehr groß.

Auf den genannten physikalischen Principien beruht nun die Construction der großen Menge, oft mit vielem Scharfsinne ersonnenen und zweckmäßig angeordneten Destillationsapparate, die sogleich aus der Meische Branntwein oder gar Spiritus liefern. Ohne viele Erörterungen zu machen, wird

Branntweinbrennerei.

es das Beste sein, einige der bewährtesten Apparate dieser Art abzubilden und zu beschreiben, um die Einführung dieser Principe in die Praxis dem Leser anschaulich zu machen. Zuvor erlaube ich mir nur die folgende Bemerkung. Der immerfort rege Erfindungsgeist des Menschen, mit dem Bestehenden nie zufrieden, hat an dem einfachsten oben beschriebenen Destillationsapparate sehr viele mehr oder weniger zweckmäßige Abänderungen angebracht, je nachdem er eins von den physikalischen Gesetzen mehr oder weniger richtig in der Praxis in Anwendung brachte, dadurch sind nach und nach, indem das weniger Gute oder gar Schlechte von dem Guten gesondert wurde, die jetzt vorkommenden oft vortrefflichen Apparate entstanden, deren Construction auf den ersten Anblick so complicirt erscheint, daß der Laie es für kaum glaublich hält sich durchzufinden. Wer zuerst einen, auf irgend eine Weise modificirten Apparat anwandte, oder an einen schon bekannten Apparat eine oft höchst unbedeutende Abänderung anbrachte, die der individuellen Ansicht des Mannes als zweckmäßig erschien, der benannte den Apparat nach sich, oder nach dem wurde der Apparat benannt. Dadurch ist nun häufig die Ungerechtigkeit begangen worden, daß der Name des Mannes, der einen sehr wesentlich verbesserten Apparat einführte, durch den Namen desjenigen verdrängt worden ist, der an diesem Apparate eine oft unwesentliche Veränderung, vielleicht selbst oft nur eine Veränderung in der Stellung der Gefäße ausführte, indem nun der Apparat nicht mehr nach jenem, sondern nach diesem benannt worden ist.

Man sei versichert, daß ich bei dieser Aeußerung das Ei des Columbus nicht vergessen habe, und es freut mich bekennen zu müssen, daß einige der besten Apparate den Namen derjenigen Männer fort und fort tragen, die sie im Wesentlichen auf diese Stufe der Vollkommenheit gebracht haben, so z. B. der vortreffliche Apparat, welcher zur Ehre seines Erfinders der Pistorius'sche genannt wird.

Betrachtet man den Fig. 33 abgebildeten Vorwärmer,

so sieht man leicht ein, daß das kupferne Becken desselben, welches in der Abbildung nur als Refrigerator (Abkühler der Dämpfe) und als Erwärmer der Meische dient, sogleich in einem Rectificator umgewandelt werden kann, wenn man das Abführungsrohr nach dem Kühlfasse nicht dicht über dem Boden anbringt, sondern am oberen Theile desselben, so daß nur Dämpfe, aber keine Flüssigkeit in das Schlangenrohr des Kühlfasses gelangen kann. Das Becken würde dann etwa die Einrichtung bekommen, wie sie Fig. 37 zeigt. Daß in diesem Becken nun eine Rectification der geistigen Dämpfe vor sich geht, ist nach früher Gesagtem klar. Die zuerst aus der Meischblase in das Becken tretenden Dämpfe werden hier, weil dasselbe mit kalter Meische umgeben ist, zur tropfbaren Flüssigkeit verdichtet, die sich am Boden des Beckens ansammelt. In dem Maaße aber, als die Meische erhitzt wird, kommt die Flüssigkeit durch die fortwährend einströmenden Dämpfe ins Sieden, und giebt nun geistigere Dämpfe aus, die durch das Rohr in das Schlangenrohr des Kühlfasses treten. Sobald sich zu viel Flüssigkeit (Phlegma) in dem Becken ansammelt, wird dasselbe durch das mit einem Hahn versehenen Rohr s in die Meischblase zurückgeleitet.

Ein Apparat dieser Art, ist der sogenannte Dorn'sche Apparat, der (Fig. 38) aus Dorn's Anleitung zum Bierbrauen und Branntweinbrennen abgebildet ist. Dieser Apparat ist einfach und empfehlungswerth. Die meisten Theile desselben sind aus der Abbildung ohne Erläuterung leicht verständlich. Der Vorwärmer ist durch eine horizontale Scheidewand in die obere Abtheilung C und die untere Abtheilung D getheilt.

Man arbeitet mit diesem Apparate auf folgende Weise. Nachdem sämmtliche Hähne bis auf m geschlossen, wird die obere Abtheilung des Vorwärmers durch das Rohr l mittelst einer Pumpe mit Meische so weit gefüllt, bis dieselbe aus dem Hahn m abzufließen anfängt. Diese Menge Meische ist die zu einer Füllung der Blase erforderliche Menge, man läßt dieselbe durch den Hahn e in die Blase fließen, damit dies vollständig geschieht, ist die Scheidewand im Vorwärmer schräg befestigt. Nachdem der Hahn e geschlossen, wird sofort lebhaftes Feuer unter die Meischblase gemacht, und dann der Vorwärmer von Neuem bis zur angegebenen Höhe mit Meische gefüllt; ist dies geschehen, wird der Hahn m ebenfalls verschlossen. Sobald die Destillation beginnt, gehen die Lutterdämpfe durch das von der kalten Meische umgebene, im Vorwärmer befindliche Schlangenrohr g, sie werden hier verdichtet, und sammeln sich als tropfbare Flüssigkeit in der untern Abtheilung des Vorwärmers D, dem Lutterbehälter. Ist die Meische im Vorwärmer genügend erhitzt, so werden die Dämpfe im Schlangenrohre nicht mehr verdichtet, sondern treten heiß in den Lutter und bringen denselben zum Sieden. Nun findet natürlich hier eine zweite Destillation Statt, wobei geistigere Dämpfe durch das vom oberen Theile des Lutterbehälters ausgehende Rohr in das Schlangenrohr p des Kühlfasses treten, und daselbst verdichtet und abgekühlt werden. Man gewinnt so Branntwein von ohngefähr 60 Procent. Die Destillation wird so lange fortgesetzt, bis das Destillat nur noch 40 — 30 Procent enthält, dann prüft man, ob aus der Meische aller Alkohol entfernt ist, indem man den Hahn r öffnet, wonach die Dämpfe aus dem Helme in die kleine Kühlvorrichtung q gelangen und verdichtet ablaufen. Zeigt sich in dieser Flüssigkeit durch die Lutterwage kein Alkohol, so ist die Destillation beendet. Man mäßigt nun das Feuer unter der Blase, indem man den Schornstein mit einem Schieber verschließt, und öffnet den Hahn a, um die Schlempe (Spühlicht) aus der Blase zu entfernen. Ehe noch dieser ganz abgeflossen, öffnet man auch den Hahn d, der am Kühlfasse befindlich ist, damit durch das Rohr c etwas Wasser in die Meischblase fließt, um diese abzukühlen, weil sonst die letzten Antheile der abfließenden Schlempe und die ersten Antheile der aus dem Vorwärmer in die Blase kommenden Meische leicht anbrennen könnten. Sobald alle Schlempe abgeflossen ist, wird der Hahn a geschlossen, und der Hahn e sogleich geöffnet, um die Blase mit der erhitzten Meische aus dem Vorwärmer zu versehen, dann schließt man auch den Hahn d. Ist die Füllung der Blase beendet, so wird die im Lutterbehälter befindliche Flüssigkeit durch Oeffnen des Hahns f ebenfalls in die Meischblase gelassen, dann alle Hähne bis auf m verschlossen, der Schieber im Schornstein aufgezogen, der Vorwärmer mit kalter Meische gefüllt, worauf bald die Destillation von Neuem beginnt. Treibt man die letzte Meische des Tages ab, so kann der Vorwärmer mit Wasser gefüllt werden, er kann aber auch leer bleiben. Der nach der letzten Destillation des Tages im Lutterbehälter bleibende Lutter kann entweder bis zur ersten Destillation des folgenden Tages in demselben, und dann wieder in die Meischblase gelassen werden, oder man kann so lange destilliren bis kein Alkohol mehr übergeht, wo man dann die letzten Antheile des Destillats besonders auffängt.

Noch bedürfen die Vorrichtung am Ende des Schlangenrohres des Kühlfasses und die gebogene Röhre n im Vorwärmer einige Worte der Erläuterung. Ehe das Destillat aus dem Rohre v ausfließen kann, müssen natürlich die Röhren t t mit demselben angefüllt sein; in der einen sich oben trichterförmig erweiternden Röhre t befindet sich ein Alkoholometer, um den Gehalt des Destillats immer genau wissen zu können, dasselbe kann mit einer Glasglocke bedeckt werden, wie es die punktirte Linie anzeigt. Das krumme Rohr x dient der aus dem Destillationsapparate entweichenden atmosphärischen Luft und Kohlensäure zum Ausweg. Die Röhre n, im Innern des Vorwärmers, von der Form der bekannten Sicherheitsröhren, füllt sich im herabgebogenen Theil beim Anfange der Destillation mit Flüssigkeit; dadurch wird verhindert, daß Dämpfe aus dem Schlangenrohre durch dieselbe entweichen können. Sollten sich aber bei starker Erhitzung aus der Meische des Vorwärmers geistige Dämpfe entwickeln, so finden dieselben durch diese Röhre den Ausweg aus dem Vorwärmer ins Schlangenrohr. Damit die

Blafe und der Helm gereinigt werden können, ohne daß letzterer abgenommen zu werden braucht, ist in dem Helm eine Art Thür angebracht, wie es Fig. 39 zeigt, durch diese kann die Reinigung leicht bewerkstelligt werden.

Der Piſtorius'ſche Deſtillationsapparat ist, wie ſchon oben erwähnt, einer der vortrefflichſten und empfehlungswürdigsten. Fig. 40 zeigt eine Abbildung und Beſchreibung deſſelben nach Schubarth's Elementen der techniſchen Chemie. a iſt die Brennblaſe (erſte Meiſchblaſe); b der Helm, welcher mittelſt Schrauben auf derſelben befeſtigt wird; c ein aus dem Helme hervortretendes Rohr mit einem nach Innen ſich öffnenden Sicherheitsventile, damit durch daſſelbe nach Beendigung der Deſtillation und erfolgter Condenſation der im Apparate befindlichen Dämpfe die atmoſphäriſche Luft eintreten könnte, widrigenfalls der Helm oder die Blaſe zuſammengedrückt werden würde. Von dieſem Rohre c geht an der einen Seite ein mit einem Hahne verſehenes Schlangenrohr d aus, das ſich in dem kleinen Kühlfaſſe e befindet, man erkennt durch daſſelbe, ob der Inhalt der Blaſe a von Alkohol frei iſt oder nicht. f iſt ein Rührwerk, oben in einer Stopfbüchſe ſich drehend. g der Helmſchnabel, welcher in die zweite Meiſchblaſe h mittelſt des damit verſchraubten Rohres i hinabreicht; k der Helm der zweiten Blaſe. Der Helmſchnabel l dieſer zweiten Blaſe ſteht mit dem Rohre m in Verbindung, welches bis in die Meiſche hinabreicht. Davon geht ſeitwärts ein Knierohr n ab, durch welches die Dämpfe aus dem Rohre m nach dem Vorwärmer abziehen; das Sicherheitsrohr o, welches damit verbunden iſt, hat bei p eine Oeffnung, um die in ihm befindliche Flüſſigkeit ablaſſen und das Rohr reinigen zu können.

Der Vorwärmer hat einen doppelten Boden, durch den derſelbe in zwei Abtheilungen getheilt wird, in eine untere q und eine obere r r r, letztere enthält die Meiſche, erſtere die Dämpfe. Dieſe ſtrömen zur Oeffnung des Rohres s unter der darüber geſtürzten Kappe t aus, müſſen alſo im Zwi=

schenraum zwischen s und t herabsteigen, und durch die Schicht am Boden angesammelten Lutters hindurchgehen, um weiter durch den Apparat zu streichen. Sie gehen nun aus dieser untern Abtheilung durch den engen Zwischenraum u u zwischen der äußern Wand des Vorwärmers und der Wand der zweiten Abtheilung des Vorwärmers, die gleichsam aus einem eingehängten kupfernen Cylinder besteht, und zur Aufnahme der zu erwärmenden Meische dient; aus diesem engen Raume treten sie in zwei Röhren v v, die sich bei w zu einem Rohre vereinigen, in dem Beckenapparat *). Es ist ersichtlich, daß auf diesem Wege die Lutterdämpfe gekühlt werden müssen, theils von Außen durch die den Vorwärmer umgebende Luft, theils von Innen durch die in r befindliche kalte Meische; das dadurch niedergeschlagene Phlegma fließt nach q, und wird durch das Rohr x, welches mit einem Hahne y versehen ist, in die zweite Blase abgeführt; z ist ein horizontal gelagerter Rührapparat, ein Rahmen, der durch eine Kurbel pendelartig hin und her gedreht werden kann.

Der Beckenapparat a' besteht aus zwei gegen einander gerichteten, mit einander verbundenen, sehr stumpfen Kegeln aus Kupferblech, obenauf ein flaches Wassergefäß b' tragend. Im Innern dieses scheibenförmigen hohlen Apparates ist eine dünne Scheidewand c' angebracht, ringsum von der Peripherie etwas abstehend, so daß die aus dem Rohre w aufsteigenden Dämpfe, unter der Scheidewand sich ausbreitend, über diese ansteigen, und sich unter der oberen durch Wasser abgekühlten Decke nach der Oeffnung des Ausmündungsrohr d' hinziehen müssen, wo sie in ein zweites dem

---

*) Man bemerke wohl, daß v v Röhren sind; aus der Durchschnittszeichnung giebt sich dies nicht zu erkennen; man könnte vielmehr glauben, daß die oberen r r einen von dem untern r abgesonderten Raum bilden, dies ist nun aber nicht der Fall, beide bilden einen zusammenhängenden Raum, durch den die Röhren v v schräg hindurchgehen.

Branntweinbrennerei.

beschriebenen ganz gleich construirtes Becken treten, das auf der Abbildung weggelassen ist; aus diesem gelangen endlich die Dämpfe in das Kühlrohr e', f' ist das Kühlfaß, g' ein Rohr, welches aus dem untern Theile des Kühlfasses kaltes Wasser nach dem Wassergefäße b' leitet, und das mit einem Hahne versehen ist; h' ist ein kurzes Rohr, welches kaltes Wasser in den Vorwärmer führt.

Am Ende des Schlangenrohres ist die Vorrichtung i' angebracht, um die atmosphärische Luft zuverhindern, während der Destillation in den Apparat zu bringen, um jeden Verlust an Alkoholdämpfen zu vermeiden, ferner das specifische Gewicht des Destillats fortwährend beobachten zu können, und endlich den Abfluß des Destillats selbst beobachten zu können, ohne daß eine Veruntreuung durch die Arbeiter stattfinden kann. Fig. 41 zeigt diese Vorrichtung vergrößert; das ungleichschenklige Rohr k' taucht mit dem längeren Schenkel $1/4$ — 1 Zoll tief in Wasser; das gleichschenklige Rohr m' muß natürlich sich erst anfüllen, ehe das Destillat abfließen kann; in dem einen Schenkel schwimmt das Alkoholometer n'. Das Ausflußrohr mündet in einen kupfernen Trichter, der auf dem zur Aufnahme des Destillats bestimmten Fasse steckt; der Trichter ist mit einem Deckel versehen, in welchem ein großes Uhrglas eingesetzt ist. An diesem Deckel befindet sich ein Ueberwurf, der über eine auf dem Ausflußrohre angebrachten Kramme gelegt, und so durch ein Vorhängeschloß verschlossen wird. Ueber dem Rohre, in welchem der Alkoholometer schwimmt, und das eine Krämpe mit drei Ausschnitten hat, liegt eine kupferne Platte, gleichfalls mit einer Krämpe und drei Ausschnitten, und in ihrem Mittelpunkte mit einem runden Loche versehen, durch welche die Scala des Alkoholometers geht. Diese Platte ist auch mit einem Charnier und einem Ueberwurfe versehen, den man ebenfalls über die Kramme des Ausflußrohres legt und so mit verschließt. Der Arbeiter kann bei dieser Vorrichtung fortwährend durch das Uhrglas den Gang der Destillation beobachten und am Alkoholometer die Stärke des geistigen

Destillates erkennen, ohne doch zu demselben selbst gelangen zu können. p' Fig. 40 ist der Meischbehälter im Kellerraum, in den die Meische aus dem Meischbottiche entleert wird, um sie durch die Pumpe q' in den Vorwärmer zu pumpen. r' ist die Heitzöffnung, s' der Rost, t' der Aschenfall, u' die schräg vorsteigende Feuerbrücke, v' eine Zunge, welche die Züge theilt, w' der Schieber zum Dämpfen des Zuges, x' der Schornstein; y' y' sind eiserne Röhren, welche durch die Feuerung der ersten Blase hindurchgehen; sie dienen zur Erwärmung der Luft, welche man der im oberen Stocke befindlichen Darre zuführt, und münden in senkrechte in der Wand ausgesparrte Kanäle, in denen die heiße Luft aufsteigt, z' z, gemauerte Bedeckung der Blase, α, α Umfangsmauer derselben. Man sieht hieraus, daß die zweite Blase eigentlich ein Vorwärmer ist, die durch die Feuerung der ersten Blase erwärmt wird. Der von Feuerung der ersten Blase abziehende Rauch tritt über w' unter die zweite Blase, vertheilt sich bei v' in zwei Canäle, die um die zweite Blase herum zurück, dann herab um die erste Blase gehen, und von hier ab in den Schornstein treten.

Auf welche Weise mit dem Apparate gearbeit wird, ergiebt sich im Allgemeinen schon aus der Beschreibung, das Folgende möge zur Vervollständigung dienen. Nachdem die beiden Blasen und der Meischvorwärmer mit weingahrer Meische gefüllt sind, werden alle Hähne geschlossen, und durch lebhaftes Feuer die Meische der ersten Blase unter öfterem Umrühren zum Sieden gebracht, was nach $1/2 - 3/4$ Stunden geschehen kann, worauf man die Wirksamkeit des Feuers durch theilweises Verschließen des Schornsteins mittelst des Schiebers mäßigt, um das Uebersteigen der Meische zu verhindern. Die aus der ersten Blase entweichenden Dämpfe treten in die zweite Blase und werden hier anfangs condensirt; bald aber kommt auch in dieser Blase die Meische ins Kochen, worauf die sich hier entwickelnden Dämpfe unter der Kappe t t hervor in die untere Abtheilung des Vorwärmers treten, wo sich durch die kalte Meische und die

Branntweinbrennerei.

den Vorwärmer umgebende Luft abermals condensirt werden; die condensirte Flüssigkeit, der Lutter, sammelt sich bei q an. Durch die fortwährend nachströmenden Dämpfe wird der Lutter ebenfalls bald ins Sieden gebracht, und die aus ihm sich verflüchtigenden schon viel geistigeren Dämpfe gehen durch den engen Raum n (wo sie wieder einen Theil ihres Phlegmas verlieren, das in den Lutterbehälter zurückläuft) in die beiden Röhren v v in den Beckenapparat, wo sie sich ausbreiten müssen, und durch das auf dem Becken befindliche Kühlwasser so weit abgekühlt werden, daß sich wieder ein Theil der wässerigen Dämpfe verdichtet, und nur die sehr geistigen Dämpfe in das Schlangenrohr des Kühlfasses gelangen können.

Man wird sogleich bemerken, daß erst längere Zeit nachdem die erste Blase ins Kochen gekommen, Destillat abfließen kann, dies geschieht, wenn das vom oberen Becken in das Kühlfaß gehende Rohr so heiß geworden, daß man die Hand auf demselben nicht ohne sich zu verbrennen halten kann, zu diesem Zeitpunkte erst läßt man durch die Röhre g' auf die Becken Wasser, und zwar anfangs nur einen sehr dünnen Strahl fließen, weil der kalte Apparat selbst abkühlend genug wirkt, und die zuerst entweichenden sehr geistigen Dämpfe keine hohe Temperatur haben, also nicht viel Abkühlung brauchen. Würde man gleich im Anfange, und zwar viel kaltes Wasser auf den Beckenapparat leiten, so würde die Destillation ungemein verzögert werden. Der Zufluß des Wassers wird vermehrt, sobald das Destillat stark abzulaufen anfängt. Beim Anfange der Destillation entweicht durch das vom Wasser abgesperrte Rohr die atmosphärische Luft des Apparats, und die in der Meische befindliche Kohlensäure oft mit solcher Heftigkeit, daß das Wasser umhergeschleudert wird, man hat deshalb dahin zu sehen, daß dies Rohr stets $1/4 — 3/4$ Zoll ins Wasser tauche. Hat die Destillation nach der Größe des Apparats $1/2 — 1$ Stunde gedauert, so wird der Hahn, welcher zu dem neben der ersten Blase stehenden Schlangenrohre führt, geöffnet, und die aus demselben hervortretende Flüssigkeit geprüft, ob aller Alkohol aus der Meische der ersten Blase entfernt ist; sobald dies der Fall ist, wird das Feuer durch den Schieber ganz gedämpft, die Schlempe der ersten Blase abgelassen; die erste Blase mit der Meische der zweiten Blase gefüllt, indem man den Stöpsel β in die Höhe hebt; der Lutter aus dem Lutterbehälter wird durch das Rohr x und den Hahn y in die zweite Blase gelassen, desgleichen die im Vorwärmer befindliche Meische durch das Rohr γ und den Hahn δ; und frische Meische in den Vorwärmer gepumpt. Nach 10 bis 15 Minuten beginnt die Destillation von Neuem, so daß regelmäßig alle 1 — 1½ Stunden die erste Blase abgetrieben ist. Nachdem 3 — 4 Blasen abgetrieben worden, wird kaltes Wasser durch einen Pfaffen in das Kühlfaß gepumpt, so lange noch warmes Wasser von demselben abläuft. Wöchentlich einmal werden die Blasenhelme abgenommen, und der ganze Apparat gereinigt.

Durch den eben beschriebenen sogenannten großen Pistorius'schen Apparat erzielt man Weingeist von 75 bis 85% Tr., je nachdem man schneller oder langsamer destillirt, und mehr oder weniger kaltes Wasser auf den Beckenapparat leitet, was aus früher erörterten Umständen einleuchtet.

Der einfachere Pistorius'sche Apparat besteht nur aus einer Blase, dem Vorwärmer und einem Becken; der Betrieb desselben ist ganz gleich; man erhält durch denselben aber nur Weingeist von 50 — 60% Tr.

Bei allen den Destillationsapparaten, welche beschrieben worden sind, ist angenommen, daß die erste Blase durch eine unter derselben angebrachte Feuerung (durch directes Feuer) erhitzt wird; aber man bewirkt in einigen Gegenden jetzt sehr allgemein durch Dampf die Destillation Dadurch werden nun im Wesentlichen die beschriebenen Apparate nicht verändert, aber es ergeben sich doch einige Modificationen, die hier erwähnt werden müssen.

Zur Destillation mittelst Dampf bedarf man zuerst eines

Branntweinbrennerei.

Gefäßes, in welchem der Wasserdampf erzeugt wird; dies Gefäß wird der Dampferzeuger, der Dampfkessel oder die Dampfblase genannt. Es gleicht oder nähert sich hinsichtlich seiner Form entweder den zum Betriebe der Dampfmaschinen gebräuchlichen Dampfkessel, oder es hat die Gestalt einer gewöhnlichen, nicht sehr flachen Meischblase ohne Helm, siehe Fig. 42. Die Feuerung zu einer solchen Dampfblase ist dann von der einer Meischblase nicht verschieden, nemlich der heiße, vom Roste entweichende Rauch wird um dieselbe nach einer Seite herum nach hinten in den Schornstein geleitet, oder man läßt denselben durch eine Zunge sich theilen, und so an beiden Seiten der Blase nach vorn zurück und in den Schornstein treten, wie es bei den Pistorius'schen Blasen gezeigt worden ist.

Ist der Dampfkessel ein liegender Cylinder Fig. 43, so geht häufig durch das untere Drittheil desselben ein etwas plattgedrücktes Rohr, um die dem Feuer dargebotene Fläche zu vermehren; der vom Roste unter dem Kessel nach hinten abziehende Rauch wird durch eine Zunge getheilt, in zwei Canälen an den Seitenwänden des Cylinders nach vorn zurückgeführt, er tritt hier in das im Cylinder liegende Rohr, und geht aus diesem hinten in den Schornstein.

Um das aus dem Dampfkessel verdunstende Wasser zu ersetzen, versieht man denselben mit einer Vorrichtung, durch welche dasselbe in dem Maaße immer zufließt, als es verdampft, so daß der Stand des Wassers im Kessel immer derselbe bleibt. Ein auf dem Wasser des Kessels schwimmender Körper (der Schwimmer), welcher mit einem Hahne, oder mit einer ventilartigen Klappe communicirt, die sich in der Zuflußröhre des Wassers befinden, stellt diese Vorrichtung dar. Fig. 44 α macht dieselbe ganz deutlich. So wie das Wasser im Kessel verdampft, sinkt der Schwimmer a (eine hohle kupferne Kugel), dadurch öffnet sich das in b befindliche Ventil, und läßt aus der Röhre c so lange Wasser in den Kessel fließen, bis dadurch der Schwimmer so hoch gestiegen ist, daß das Ventil sich wieder schließt. Die Zuflußröhre des Wassers muß ziemlich hoch sein, damit die Wassersäule den Druck des Wasserdampfes im Kessel überwinden kann, sie geht von einem in der Höhe angebrachten Bassin aus, das mittelst einer Pumpe mit dem warmen Wasser des Kühlfasses versehen werden kann.

Häufiger aber als diese Selbstspeisung des Kessels benutzt wird, ersetzt man das aus dem Dampfkessel entwichene Wasser immer nur erst nach dem Abtreiben einer Blase, indem man dann vom oberen Theile des Kühlfasses durch eine Röhre wieder so viel Wasser in denselben leitet, als während der Destillation verdampft ist, was man an dem Ausfließen des Wassers aus einem in gehöriger Höhe des Kessels angebrachten Hahne erkennt. Dieser Hahn muß auch schon deshalb geöffnet werden, weil sonst die Spannung der Dämpfe im Innern des Kessels das Eindringen des Wassers verhindern könnte. Durch diese Art der Speisung des Kessels erspart man die complicirtere Vorrichtung der Selbstspeisung, welche fortwährende Aufmerksamkeit erfordert, da sie leicht in Unordnung gerathen kann. Es braucht wohl kaum erwähnt zu werden, daß, wenn durch den Kessel das oben erwähnte Rohr geht, der Kessel so viel Wasser fassen muß, daß nach Beendigung einer Destillation dieses noch immer mit Wasser bedeckt bleibt; und daß auch der Wasserspiegel nie so tief sinken darf, daß die um den Kessel gehenden Kanäle nicht immer unter Wasser befindlich wären.

Eine der wichtigsten Vorrichtungen am Dampfkessel ist die, welche bei zu stark werdender Spannung der Dämpfe diesen den Ausgang aus dem Kessel gestattet, und so das außerdem leicht erfolgende Zerspringen desselben verhindert, sie wird das Ventil genannt. Man denke sich aus dem Dampfkessel ein mehr oder weniger großes Stück schräg herausgeschnitten, und in die dadurch entstandene Oeffnung das herausgeschnittene Stück lose eingelegt, so wird dasselbe, sobald das Wasser in dem Dampfkessel siedet, sogleich abgeworfen werden; belastet man dies herausgeschnittene Stück aber mit einem mehr oder weniger schweren Gewichte, so werden die Dämpfe in dem Kessel erst eine mehr oder weniger große Spannung annehmen müssen, um das Ventil, denn ein solches ist diese Vorrichtung, aufzuheben, und diese Spannung wird für ein bestimmtes aufgelegtes Gewicht immer gleich groß sein. Mit vermehrter Spannung ist aber gleichbedeutend höhere Temperatur des Dampfes, und es wird also die Temperatur im Kessel sich erst um eine gewisse Anzahl von Thermometergraden über 80° R. erheben müssen, ehe das Ventil abgeworfen wird. Ist das Ventil gar nicht belastet, so wird es nur durch den Druck der Atmosphäre gedrückt, und diesem Druck kommt der Druck des Wasserdampfes schon beim Sieden in offenen Gefäßen also bei 80° R. gleich, er beträgt auf jeden Quadratzoll Fläche ohngefähr 14 Pfund; jede Belastung des Ventiles vergrößert also diesen Druck um so viel als die Belastung beträgt. Um die Fläche des kreisrunden Ventils zu berechnen, hat man nur das Quadrat seines Durchmessers mit 0,785 zu multipliciren ($d^2 \cdot 0{,}785$). Angenommen also, der Durchmesser des Ventils sei 3 Zoll, so ist das Quadrat von 3 = 9 zu multipliciren mit 0,785, und dies giebt ohngefähr 7; das Ventil hat also 7 Quadratzoll Fläche; wird dasselbe mit 49 Pfund belastet, so ist der Druck dann auf jedem Quadratzoll 7 Pfund über den Druck der Atmosphäre, bei 21 Pfd. Belastung 3 Pfund über den Druck der Atmosphäre. Beträgt der Durchmesser des Ventils 2½ Zoll = 30 Linien, so ist die Fläche $900 \cdot 0{,}785 = 706$ Quadratlinien; da 144 Quadratlinien einen Quadratzoll geben, so hat man $\frac{706}{144} = 4{,}9$, also ohngefähr 5 Quadratzoll Fläche, bei 21 Pfund Belastung des Ventils wäre hiernach der Druck mehr als 4 Pfund über den Druck der Atmosphäre. In der Regel stellt man nun nicht das Gewicht auf das Ventil, sondern man läßt einen Hebel auf einen, auf dem Ventile befestigten Stift drücken, Fig. 44 β, und hängt nur an den Hebel die Gewichte; hierbei ist zu erinnern, daß der Druck des

Gewichts sich vergrößert in dem Maaße, als dasselbe auf dem Hebel weiter von dem Ventile weggerückt wird, daß man also mit einem kleinen Gewichte und langen Hebel denselben Druck auf das Ventil ausüben kann, als mit einem größeren Gewichte und kürzeren Hebel. Die gebräuchlichen Uenzelwagen sind Beispiele, die man täglich vor Augen hat. Die Vermehrung des Druckes durch den Hebel geht nach ganz einfachen Verhältnissen vor sich; ist das Gewicht 4 mal weiter entfernt, so ist auch der Druck 4 mal größer, und man braucht bei dieser Entfernung für das letzt aufgeführte Beispiel von 21 Pfund Belastung des Ventils nur ein Gewicht von $5\frac{1}{4}$ Pfund; ist die Entfernung 7 mal so groß, nur von 3 Pfund. Die Einheit um die Entfernung des Gewichtes zu messen, ist die Entfernung vom Befestigungspunkte des Hebels bis zu dem Punkte, wo derselbe auf dem Stift des Ventiles drückt, also von a bis b. Angenommen, von a bis b wären 2 Zoll Entfernung, so wird 2 Zoll von b bei c ein Gewicht von 4 Pfunden 2×4 also 8 Pfund Druck ausüben, noch 2 Zoll weiter 12 Pfund, noch 2 Zoll weiter 16 Pfund.

Nach dem Gesagten wird es klar, daß bei dem Mangel eines Ventils und dem vollständigen Verschlossensein des Kessels die Temperatur, und dadurch die Spannung der Dämpfe so stark würde, daß die Wände des Kessels selbst zersprengt werden würden.

Das eben beschriebene Sicherheitsventil, welches fast an jedem Dampfkessel sich befindet, kann recht zweckmäßig durch ein sogenanntes Sicherheitsrohr ersetzt werden. Dies ist eine senkrechte, oben und unten offene Röhre, die in das Wasser des Kessels taucht, Fig. 44 γ, sie ist unten umgebogen, damit kein Dampf von dem Boden des Kessels in dieselbe aufsteigen kann, und das untere Ende öffnet sich einige Zoll unter dem Wasser. Die Wirksamkeit des Rohres ist leicht einzusehen. Erlangt der Dampf im Kessel eine Spannung, die größer ist als der Druck der Atmosphäre, so wird Wasser durch den Druck in der Röhre in die Höhe getrieben, und zwar um so höher, je stärker dieser Druck wird. Wäre das Rohr ohngefähr 32 Fuß hoch, so würde das Wasser in demselben auf diese Höhe getrieben werden, wenn der Druck des Wasserdampfes eine Atmosphäre über den Druck der Atmosphäre wäre, was, wie sich aus Früherm ergiebt, gleich ist, einer Belastung des Ventils von 14 Pfund auf jeden Quadratzoll Fläche desselben, wonach also für jedes Pfund Belastung ohngefähr $2\frac{1}{2}$ Fuß Höhe der Röhre zu rechnen sind. Wollte man daher im Kessel keine größere Spannung der Dämpfe als 4 Pfund auf den Quadratzoll haben, so müßte dies Rohr 10 Fuß hoch genommen werden; sobald dann der Druck größer würde, würde zuerst Wasser, zuletzt Dampf aus dem Rohre getrieben werden. Um das Umherspritzen des siedenden Wassers zu vermeiden, ist oben am Rohre ein Ausflußrohr angebracht, aus welchem das etwa ausgetriebene Wasser in einen Behälter oder eine Rinne fließt.

Neben diesen Vorrichtungen, welche das Zersprengtwerden des Kessels verhindern, wenn die Dämpfe eine zu starke Spannung erlangen, ist es zweckmäßig, noch eine andere anzubringen, welche dasselbe im entgegengesetzten Falle bewirken soll. Ist nemlich der Kessel einige Zeit in Thätigkeit gewesen, so ist die früher über dem Wasser befindliche atmosphärische Luft ausgetrieben, und es befindet sich an der Stelle nur Wasserdampf; sind alle Hähne geschlossen, und wird dann aufgehört zu feuern, so werden sich natürlich die über dem Wasser befindlichen Wasserdämpfe wieder zu tropfbarflüssigem Wasser verdichten, und es wird im Kessel ein leerer Raum entstehen; und die äußere atmosphärische Luft wird mit einem Gewicht von ohngefähr 14 Pfund auf den Quadratzoll auf demselben drücken. Ist nun der Kessel nicht sehr stark gearbeitet, so wird er diesen Druck nicht ertragen können, er wird zusammengedrückt werden, oder von Außen nach Innen aufreißen. Um dies zu vermeiden ist ein Ventil angebracht, welches bei der Statt findenden Condensation der Dämpfe von der atmosphärischen Luft nach Innen zu aufgedrückt wird, und so derselben den Eintritt in den Kessel gestattet, es wird, wie Fig. 44 δ zeigt, durch ein kleines Gewicht von Innen nach Außen zu angedrückt. Schon oben bei dem Pistorius'schen Apparat ist einer solchen Vorrichtung, eines sogenannten Luftventils, erwähnt worden.

Was nun die Größe des anzuwendenden Dampfkessels betrifft, so richtet sich dieselbe natürlich nach der Menge der abzutreibenden Meische. Seine dem Feuer ausgesetzte Fläche muß für eine bestimmte Quantität Meische wenigstens eben so groß sein, als die dem Feuer ausgesetzten Fläche einer mit directem Feuer geheizten Meischblase, in welcher man dieselbe Quantität Meische in gleicher Zeit abdestilliren wollte; besser ist es aber, diese Fläche noch um etwa $1/3$ größer zu nehmen, weil dadurch an Brennmaterial nichts verloren geht. Mit einem Dampfkessel, welcher 600 — 800 Quart Inhalt hat, kann man recht gut 3000 Quart Meische in 12 bis 14 Stunden abtreiben.

Bei der Dampfdestillation giebt man der Meischblase eine größere Höhe zu ihrem Durchmesser; man macht sie ohngefähr $1\frac{1}{2}$ — 2 mal so hoch als weit, und man leitet das aus dem Dampfkessel kommende Rohr bis auf einige Zoll vom Boden derselben. Dadurch haben die Dämpfe den Druck einer Flüssigkeitssäule zu überwinden, und treten so mit höherer Temperatur in die Meische, außerdem wird durch dieselben die Meische fortwährend aufgerührt. Das Dampfrohr muß sich unten in der Meischblase erweitern, um das heftige Stoßen beim Anfange der Destillation zu vermeiden, im Ganzen aber braucht wegen der Geschwindigkeit des Dampfes dieses Rohr nicht sehr weit zu sein, 1 — $1/2$ Zoll Durchmesser ist für gewöhnliche Fälle vollkommen hinreichend.

Am zweckmäßigsten läßt man auch bei der Dampfdestillation die Blasen von Kupfer machen, man umgiebt sie aber, um die Wärme zusammen zu halten, mit einem hölzernen Gehäuse, nimmt auch wohl das Gehäuse nicht ganz anschließend, sondern etwas weiter, und füllt den Zwischenraum mit einem schlechten Wärmeleiter, z. B. mit Asche aus, oder man verschließt alle Fugen zwischen dem hölzernen Mantel und der Blase recht vollständig, wo dann die eingeschlossene Luft, als der schlechteste Wärmeleiter, die Wärme nicht durchläßt.

Man hat auch wohl die Blasen ganz von Holz angefertigt, ihnen die Gestalt eines aufrechtstehenden Fasses gegeben, und vom oberen Boden desselben ein gekrümmtes weites Rohr zum Ableiten der Dämpfe abgeführt, also auch den Helm ganz erspart. In diesem Falle muß die Blase aber doch eine etwas größere Capacität enthalten, um ein Uebersteigen der Meische, was indeß bei der Dampfdestillation weit weniger zu befürchten ist, zu vermeiden. Diese ganz hölzernen Blasen haben aber sehr geringe Dauerhaftigkeit, namentlich wird der obere, den geistigen Dämpfen ausgesetzte Theil derselben, sehr schnell mürbe, und es ist deshalb zweckmäßig wenigstens diesen Theil von Kupfer anfertigen zu lassen, wo dann die Blase so aussieht, wie Fig. 45 gezeichnet ist.

Es ist schon früher angeführt worden, daß die Dämpfe des Dampfkessels ebenfalls zum Kochen der Kartoffeln und auch wohl zum Einmeischen verwendet werden; zu allen diesen Zwecken müssen Röhren an die geeigneten Orte vom Dampfkessel abgeführt werden; und diese sämmtlichen Röhren müssen durch gute Hähne dicht verschlossen werden können. Diese Hähne sind besonders auch nothwendig, um die Menge des ausströmenden Dampfes reguliren zu können, namentlich wenn man gleichzeitig denselben in verschiedene Gefäße leitet. Leitet man nemlich Dampf in zwei Gefäße, in welchen die darin befindliche Flüssigkeit gleich hoch steht, so wird vorausgesetzt, daß die Röhren gleich weit sind, in beide eine gleiche Menge Dampf ströme. Steht aber in dem einen Gefäße die Flüssigkeit niedriger, so haben sie in diesem einen geringeren Druck zu überwinden; es wird daher in dieses Gefäß aller Dampf strömen; dreht man nun aber den Hahn des zu diesem Gefäße führenden Rohres etwas zu, so daß die Durchströmungsöffnung geringer wird, so strömt nun auch Dampf in das andere Gefäß.

Man hat sehr viel darüber gestritten, ob es zweckmäßiger sei, die Destillation der Meische mittelst Dampf, oder durch directes Feuer zu betreiben. Betrachten wir die Vortheile und die Nachtheile, welche beide Destillationsmethoden zeigen. Wenn man behauptet, daß durch Dampfdestillation an Feuermaterial erspart wird, so ist dies in den gewöhnlichen Fällen ganz unbegründet. Um eine bestimmte Quantität geistiger Dämpfe aus der Meische zu verflüchtigen, wird immer eine bestimmte Quantität Wärme erforderlich sein, und um diese zu erzeugen, ist wieder eine bestimmte Quantität Feuermaterial erforderlich. Auf je einfachere Weise ich diese Wärme der Meische zuführe, desto zweckmäßiger wird es sein, das heißt, desto weniger wird Wärme verloren gehen können; dies ist nun offenbar bei directer Feuerung der Blase der Fall. Bei der Dampfdestillation geht durch die Wärmeableitung der Zuführungsröhren und der Meischblase nicht unbedeutend Wärme verloren, es ist also zu dieser eine größere Menge Feuermaterial erforderlich. Man hat zwar diese Ableitung dadurch zu umgehen gesucht, daß man die Meischblase in den Dampfkessel stellte (Siemens), aber dergleichen Apparate sind nicht leicht dauerhaft darzustellen. Anders werden sich die Sachen gestalten, wenn man mit einem Dampfkessel mehrere Blasen gleichzeitig abtreibt, von denen jede sonst ihre besondere Feuerung haben müßte. Hier würde bei directer Feuerung wegen der Wärmeableitung des Gemäuers mehr Feuermaterial erforderlich sein, da bei der Dampfdestillation nur eine Feuerung nöthig ist. Auch dadurch hat man bei der Dampfdestillation Feuerungsmaterial zu ersparen versucht, daß man die Feuerung so anlegte, daß möglichst aller beim Verbrennen des Brennmaterials frei werdender Wärmestoff benutzt wird, oder mi anderen Worten, daß der Rauch mit möglichst niedriger Temperatur in den Schornstein tritt, was bei der Feuerung unter der Blase sich nicht so bewerkstelligen läßt. Gall z. B.

Branntweinbrennerei.

stellte den Heizofen in den Dampferzeuger, und ließ selbst in den hohlen Roststäben das Wasser erhitzt werden; aber auch diese Einrichtung hat sich als zu complicirt erwiesen. Ein cylindrischer Dampfkessel mit durchgehendem Rohr dürfte noch diesen Zweck am besten erreichen.

Man erhält bei der Dampfdestillation mehr Lutter, und also einen schwächeren Lutter, als bei der Destillation mit directem Feuer. Die Dämpfe nemlich, welche aus dem Dampfkessel in die Meische treten, werden hier zu Flüssigkeit verdichtet, wodurch natürlich die Meische verdünnt wird (weshalb man die Meischblase auch bei der Dampfdestillation nur ohngefähr zu $2/3$ anfüllen darf, denn die erhaltene Schlempe beträgt mehr als die in die Blase gefüllte Meische); eine verdünnte Meische muß nun aber längere Zeit destillirt werden, um allen Alkohol aus ihr zu erhalten; erfordert also dazu mehr Brennmaterial, und man bekommt mehr aber schwächeren Lutter, zu dessen Rectification wieder mehr Brennmaterial nöthig ist. Aber der durch die Dampfdestillation gewonnene Lutter und daraus bereitete Branntwein besitzt einen angenehmeren, reineren Geschmack, als der durch directes Feuer abgetriebene Lutter.

Da die Meische bei der Dampfdestillation sich in der Blase vermehrt, während sie sich bei der Destillation mit directem Feuer in dem Maaße vermindert, als der Lutter überdestillirt, so ist natürlich die auf letzte Weise erhaltene Schlempe ein viel nahrhafteres Viehfutter.

Man kann bei der Dampfdestillation eine dickere Meische abtreiben, als bei der Destillation mit directem Feuer, wodurch ein Ersparniß an Steuer erzielt wird.

Bei der Destillation mit Dampf ist die Meische dem so lästigen Anbrennen nicht ausgesetzt, und dies ist mit die Ursache, daß man fast immer dadurch einen reinern Branntwein erzielt. Bei der Destillation mit directem Feuer reicht ein leichtes Ansetzen der Meische an die Blase hin, daß man ein Destillat erhält, welches einen eigenthümlichen, brenzlichen

Geruch und Geschmack besitzt, der sich durch Rectification nicht vollständig entfernen läßt.

Man benutzt bei der Destillation den Dampfkessel zum Kochen der Kartoffeln und zum Einmeischen, und ist derselbe nicht zu klein, so braucht dabei die Destillation nicht unterbrochen zu werden. Bei der Destillation mit directem Feuer muß entweder die Meischblase als Dampfkessel zum Kochen der Kartoffeln und Einmeischen benutzt werden, oder man muß für diesen Zweck einen besondern Dampfkessel haben, was jedenfalls sehr viel Brennmaterial kostet.

Alle die oben beschriebenen Apparate, welche sofort aus der Meische Branntwein oder gar Spiritus liefern, sind, streng genommen, Dampfapparate; die Meischblase vertritt bei denselben die Stelle eines Dampfkessels, der anstatt mit Wasser mit Meische gefüllt ist, wodurch vermieden wird, daß man einen sehr wässerigen Lutter im Lutterbehälter des Vorwärmers erhält. Der Pistorius'sche Apparat zeigt das Gesagte am deutlichsten. In dem größeren Apparat vertritt die erste Meischblase ganz die Stelle eines Dampfkessels; stellt man an die Stelle derselben einen gewöhnlichen Dampfkessel, so hat man einen einfachen Pistorius'schen Apparat mit Dampfheizung, der bei weitem nicht ein so starkes Destillat giebt als der größere Apparat.

Im Allgemeinen dürfte nach diesen Erörterungen die Anwendung eines Dampfkessels zur Destillation da anzurathen sein, wo man die einfacheren Apparate benutzt, und besonders wo man Kartoffeln verarbeitet. Sind wegen Ausdehnung des Betriebes mehrere Meischblasen gleichzeitig abzutreiben, so kann die Dampfdestillation entschiedenen Vortheil bringen. Sehr oft muß die Gewohnheit der Trinker an einem Ort entscheiden, ob man mit directem Feuer, oder mit Dampf arbeiten darf. Haben sich die Branntweintrinker an durch directes Feuer abgetriebenen Branntwein gewöhnt, so verwerfen sie in der Regel den durch Dampfdestillation gewonnenen, und so umgekehrt. Oertliche Verhältnisse entscheiden. Dies gilt auch hinsichtlich der Frage: ob

Branntweinbrennerei.

es vorzuziehen sei, sofort Branntwein aus der Meische zu ziehen, oder erst Lutter darzustellen, und diesen zu weinen. Fast ganz allgemein wird in hiesiger Gegend von den Trinkern der Branntwein vorgezogen, welcher durch eine wiederholte Destillation des Lutters gewonnen ist, und zwar gewiß vorzüglich aus dem Grunde, weil sie sich an denselben gewöhnt haben; indeß ist doch bekannt, daß der aus Lutter destillirte Branntwein angenehmer schmeckt, als der direct aus der Meische gezogene, welchem lange Zeit hindurch der sogenannte Blasengeschmack anhängt *). Die Vorzüglichkeit des Nordhäuser und Quedlinburger Branntweins scheint vorzüglich daher gekommen zu sein, daß man in diesen Städten aus dem Lutter halben Wein, und aus diesem erst ganzen Wein machte.

Noch weniger als der aus der Meische direct gezogene Branntwein behagt den Trinkern der Branntwein, welcher aus Spiritus durch Vermischen desselben mit Wasser dargestellt worden ist. Wer nemlich mit dem größeren Pistorius'schen Apparate arbeitet, der erhält, wie oben gezeigt wurde, aus der Meische sofort Spiritus von 75 — 80° Tr., welchen er durch Zugeben der erforderlichen Menge Wassers zu Trinkbranntwein von 48 — 50° Tr. verdünnen muß. Einem solchen Branntwein fehlt das eigenthümliche Aroma (Fuselöl), welches den Trinkern, wenn es nicht in zu großer Menge vorkommt, angenehm ist, und es währt ziemlich lange Zeit, bis sich Wasser und Spiritus so vereinigt haben, daß man, wie man zu sagen pflegt, nicht Spiritus und das Wasser besonders schmeckt.

Ich wiederhole noch einmal: örtliche Verhältnisse ent=

---

*) Als ich in Althaldensleben war, wo man in der Brennerei erst Lutter zog, wurde in Hundisburg der Gall'sche Apparat aufgestellt; der mit diesem erzielten Branntwein behagte indeß anfangs den Trinkern und Schenkwirthen viel weniger als der Branntwein von Althaldensleben, so daß ich den größten Theil desselben in der Liqueurfabrik verwenden mußte.

scheiden. Es giebt Gegenden, in welchen man fast nur mit Apparaten arbeitet, die Branntwein liefern, und Gegenden, wo man immer erst Lutter zieht. In diesen letzteren Gegenden würde der aus Meische direct gezogene Branntwein kaum verkäuflich sein, wenn man denselben nicht vor dem Verkaufe lange Zeit lagern ließe, wonach er von dem aus Lutter destillirten Branntwein nicht leicht zu unterscheiden ist. In Gegenden aber, wo man für Liqueurfabrikanten, für Essigfabrikanten oder überhaupt für andere Zwecke, als zum Trinken, Branntwein oder Spiritus zu bereiten hat, wird die Anwendung der neueren complicirteren Apparate von großem Nutzen sein, da durch sie aus früheren angeführten Gründen eine nicht unbedeutende Menge Brennmaterial erspart wird.

Wer an Orten sich befindet, wo er sowohl für Trinker, als auch für andere Zwecke Branntwein darzustellen hat, der muß sich den Launen der Trinker fügen, oder er muß seinem Destillationsapparat die Einrichtung geben, daß mit demselben bald für den einen, bald für den anderen Zweck gearbeitet werden kann, dies kann durch Benutzung oder Nichtbenutzung der Pistorius'schen Becken in der Regel mit Leichtigkeit geschehen.

Kann man mit Vortheil starken Spiritus (75 — 85% Tr.) absetzen, von welchem die äußerste Reinheit verlangt wird, z. B. an Apotheker, an Weinhändler, Liqueurfabrikanten 2c., so darf man denselben ebenfalls nicht direct aus der Meische ziehen, weil der so erhaltene Spiritus nicht frei von Fusel, und die Behandlung eines so starken Spiritus mit Reinigungsmitteln kein genügendes Resultat giebt; man muß sich hiezu erst Lutter oder Branntwein darstellen, diesen mit den Reinigungsmitteln behandeln, und dann erst aus demselben Spiritus bereiten.

Hat man eine Weinblase, so läßt sich diese recht zweckmäßig dadurch zur Fabrikation des Spiritus geschickt machen, daß man sie mit 2 oder 3 Pistorius'schen Becken verbindet, auf welche man vom Kühlwasser fortwährend eine

Branntweinbrennerei.

zu regelnde Menge kaltes Wasser leitet. Giebt man den vorher durch Reinigungsmittel gut vom Fuselöl befreiten Lutter in die Blase, so erhält man durch Hülfe der Becken Spiritus von ohngefähr 60% Tr., welcher, noch einmal auf derselben Blase destillirt, Spiritus von 80%, 75% und 70% Tr. giebt. Bei dieser Einrichtung ist nicht zu vergessen, daß man von dem Helme der Blase ab die entweichenden Dämpfe nach Willkür durch die Becken, oder direct in das Kühlrohr muß gehen lassen können. Es würde nemlich sehr Feuermaterial verschwendend sein, wenn man die zuletzt entweichenden, nur wenig Alkohol enthaltenden Dämpfe die Becken passiren ließe, indem sie stets fast vollständig wieder verdichtet werden würden; man muß diese direct aus dem Helme in die Schlange treten lassen, und die hieraus condensirte Flüssigkeit, den Nachlauf, giebt man bei der folgenden Destillation wieder mit in die Blase. Auch ist diese Einrichtung schon deshalb nothwendig, damit man mit der Blase gewöhnlichen Schenkbranntwein destilliren könne, wo die Blase also als gewöhnliche Weinblase wirken muß. Fig. 46 zeigt die Abbildung eines solchen Spiritusapparates, die fast keiner Erklärung weiter bedarf. Zu Anfang der Destillation bleibt der Hahn a geschlossen, die Dämpfe aus der Blase müssen dann die Pistorius'schen Becken durchwandern.

Es braucht wohl kaum erwähnt zu werden, daß der zuerst übergehende Spiritus der stärkste ist; man läßt das Destillat stets so lange in ein und dieselbe Vorlage laufen, bis der Inhalt derselben die gewünschte Stärke zeigt. So kann man bei einer Destillation Spiritus von 85, 75, 70 und 60% Tr. abnehmen, und die schwächeren sind an vielen Orten an Liqueur- und Essigfabrikanten eben so gut verkäuflich als die stärkeren. Sobald aber die Destillation zu langsam zu gehen anfängt (bei gehörigem Zufluß von Wasser auf die Becken), wird der Hahn a geöffnet und der Hahn b geschlossen, worauf die geistigen Dämpfe aus der Blase direct in das Kühlrohr treten, die hieraus verdichtete Flüssigkeit wird, wie schon bemerkt, besonders aufgefangen, und bei folgenden Destillationen in die Blase gegeben. Will man aus Lutter gewöhnlichen Trinkbranntwein destilliren, so bleibt der Hahn b ebenfalls geschlossen. Das Rohr c dient dazu, die Becken mit der durch Hähne zu regulirenden Menge kalten Wassers am unteren Theile des Kühlfasses zu versehen. Das Rohr d leitet das erwärmte Wasser vom oberen Theile der Becken ab. Durch das Rohr e fließt das in den Becken abgesonderte Phlegma zurück, wenn der Apparat nicht, so construirt ist, daß dasselbe durch das Dampfrohr zurückfließen kann. Man hat auch den Becken die Einrichtung gegeben, daß das abgeschiedene Pflegma nicht in die Blase zurückfließen kann, sondern sich in denselben ansammelt und dann abgelassen wird. Erfahrne Brenner haben diese Einrichtung nicht billigen wollen.

Die Anschaffung eines zweckmäßigen Spiritusapparates wird bald allen Branntweinbrennern unerläßlich sein, da schon jetzt eben so bedeutende Geschäfte mit Spiritus als mit Branntwein gemacht werden.

Hat man einen Destillationsapparat, welcher aus der Meische Branntwein liefert, und will man diesen auf Spiritus verarbeiten, so behandelt man denselben mit den Reinigungsmitteln, und bringt ihn in den beschriebenen Apparat, der dann nur 2 Becken zu haben braucht. Bei der ersten Destillation erhält man Spiritus von 60 — 70%, und dieser liefert bei wiederholter Destillation mit Leichtigkeit Spiritus von 80 — 85° Tr. Man könnte auch durch Vergrößerung der Becken und des Wasserzuflusses direct aus dem Branntwein Spiritus von 70 — 80% darstellen.

Der Hauptübelstand, welchen alle die einfachen Destillationsapparate, namentlich die mit Dampf betriebenen, zeigen, ist bekanntlich der, daß das Abtreiben der letzten Antheile Alkohol, welche sich in der Meische befinden, viel Zeit und Brennmaterial erfordert. Die Ausbeute an Branntwein steht mit diesen in einem sehr ungünstigen Verhältnisse. Diesem Nachtheile kann man bei diesen Apparaten am

Branntweinbrennerei.

leichtesten immer dadurch beseitigen, daß man statt **einer einzigen** Meischblase **zwei Meischblasen** anwendet, welche durch, mit Hähnen versehene, Röhren sowohl mit einander, als auch mit dem Dampfkessel und Vorwärmer in Verbindung stehen. Diese Blasen können, wenn sie von Kupfer sind, durch den vom Dampfkessel abziehenden Rauch von Außen erwärmt werden. Wir wollen die beiden Blasen mit A und B bezeichnen. Beim Anfange des Betriebes werden beide Blasen, so wie auch der Vorwärmer, mit Meische gefüllt. Man läßt nun aus dem Dampfkessel die Dämpfe in die Blase A strömen, und aus dieser die sich aus der Meische entwickelnden geistigen Dämpfe in den Refrigerator oder Rectificator *) des Vorwärmers. Sobald aber aus der Blase A nur wenig Alkohol enthaltende Dämpfe entweichen (was man durch einen Probehahn erforscht), verschließt man die Verbindung zwischen dieser Blase und dem Vorwärmer, und leitet nun diese schwach geistigen Dämpfe nach der Meischblase B, wo sie dazu verwandt werden die Meische in derselben zu erhitzen, zugleich öffnet man die Verbindung zwischen dieser Blase B und dem Vorwärmer. Ist aus der Meischblase aller Alkohol entfernt (was wieder durch den Probehahn erforscht wird), so sperrt man von derselben die Dämpfe des Dampfkessels ab, und leitet diese direct in die Blase B. Aus der Blase A wird dann die Schlempe abgelassen, aus dem Vorwärmer die erwärmte Meische in dieselbe gelassen, und der Vorwärmer mit kalter Meische aus dem Gährungsbottiche gespeis't. Enthalten nun die aus der Meischblase B entweichenden Dämpfe nur wenig Alkohol, so

---

*) Ich mache hier noch einmal auf den Unterschied zwischen Refrigerator und Rectificator aufmerksam. Bei dem Refrigerator befindet sich das Abflußrohr am Boden, es läuft also durch dasselbe die condensirte Flüssigkeit in das Kühlrohr. Bei dem Refrigerator geht das Abzugrohr vom oberen Theile desselben ab, es können durch dasselbe daher nur Dämpfe entweichen, und in dem Rectificator sammelt sich die condensirte Flüssigkeit an. Vergl. Fig. 33 und 37

leitet man dieselbe nach A, bis B völlig frei von Alkohol ist, dann stellt man die directe Verbindung zwischen A und dem Dampfkessel her, läßt aus B die Schlempe, giebt die Meische aus dem Vorwärmer in diese Blase, und so fort. Man sieht, daß bei dieser Einrichtung immer nur alkoholreiche Dämpfe in den Vorwärmer gelangen können, und zwar um so alkoholreichere, je früher man die Dämpfe aus der Meische der einen Blase in die Meische der andern Blase treten läßt. Es versteht sich von selbst, daß man mit diesem Apparate alle die übrigen Vorrichtungen verbinden kann, welche man zur sofortigen Gewinnung von Branntwein oder Spiritus benutzt, und von denen oben gesprochen worden ist. Wendet man im Vorwärmer einen bloßen Refrigerator an, so erhält man einen sehr starken Lutter, der sich zur Spiritusfabrikation vortrefflich eignet. Benutzt man einen Rectificator, so erzielt man mit Leichtigkeit Branntwein, und stellt man Pistorius'sche Becken an, so kann man Spiritus von fast beliebiger Stärke gewinnen. Auch braucht wohl kaum bemerkt zu werden, daß der größere Pistorius'sche Apparat fast ganz nach demselben Princip construirt ist.

Ein dem eben beschriebenen ganz ähnlicher Apparat, ist der in neuerer Zeit sehr berühmt gewordene Apparat von Gall und Schickhausen. Es befinden sich bei demselben ebenfalls zwei Blasen, deren Zweck der eben erläuterte, nemlich der ist, weniger wässerige Dämpfe in den Vorwärmer zu liefern. Man leitet die Dämpfe aus der einen Blase in die andere, sobald sie nur noch wenig Alkohol enthalten. Aus den Meischblasen treten die geistigen Dämpfe in ein kleines hohes Faß, das zum Theil mit Schlempe angefüllt ist, und Dephlegmator genannt wird, weil in ihm ein Theil des Phlegma's verdichtet und zurückgehalten wird. Aus diesem Dephlegmator gelangen durch ein oben von dem Fasse abgehendes Rohr die schon geistigeren Dämpfe in einen kupfernen beckenförmigen Rectificator, der sich im oberen Theile des Vorwärmers befindet. In diesem wird wieder ein Theil des Phlegma's zurückgehalten, das heißt, es findet in demselben eine wiederholte Rectification Statt. Vom oberen Theil dieses Rectificators gehen nun die geistigen Dämpfe durch ein Schlangenrohr, das unter dem Rectificator in der Meische steht, sie werden hier an der kalten Meische abgekühlt, und diese wird dadurch erwärmt; aus dem Schlangenrohr gelangt die verdichtete Flüssigkeit mit den etwa nicht verdichteten Dämpfen in das Schlangenrohr des Kühlfasses, welches wegen der schon in der Meische stattfindenden Abkühlung nur klein zu sein braucht. Um den Rectificator immer recht kühl zu erhalten (wodurch, wie sich aus Früherem ergiebt, ein geistigeres Destillat gewonnen wird), wird alle 5 Minuten etwas kalte Meische in den Vorwärmer gepumpt; die wegen des geringeren specifischen Gewichts oben auf befindliche erwärmte Meische fließt dann aus dem Vorwärmer in ein hölzernes verschlossenes Gefäß, das **Reservoir für warme Meische**, aus diesem werden die Meischblasen gefüllt. Sämmtliche Theile des Apparats sind recht zweckmäßig geordnet, so daß derselbe einen netten Anblick gewährt. Da die meisten Gefäße von Holz sind, so zeichnet sich derselbe auch durch Wohlfeilheit aus. Der früher bei demselben benutzte Dampferzeuger (S. 232) ist in neuerer Zeit durch eine Dampfblase ersetzt worden.

Es ergiebt sich ganz von selbst, daß man, um ein noch stärkeres Destillat zu erhalten, bei den Apparaten mit zwei Blasen nur nöthig hat, die geistigen Dämpfe aus der einen sogleich beim Beginn der Destillation in die Meische der anderen Blase zu leiten, ohne erst die stärkeren alkoholischen Dämpfe direct in den Vorwärmer treten zu lassen. Diese Apparate sind dann von den Pistorius'schen Apparaten fast gar nicht unterschieden; dies ist noch mehr der Fall bei den in hiesiger Gegend beliebten Apparaten, die den Namen Amerikanische Destillationsapparate führen, sich aber von dem Pistorius'schen Apparate nur durch eine andere Stellung und etwas abweichenden Construction des Rectificators und Vorwärmers unterscheiden. Fig. 47 zeigt einen solchen Apparat, wie er ausgezeichnet sorgfältig vom

Herrn Kupferschmiedmeister **Hoppe** hieselbst gearbeitet wird. Da der Apparat mit Dampf betrieben wird, so nimmt man die Blasen gewöhnlich von Holz, mit einem Obertheile von Kupfer. a der Dampfkessel, b erste, c zweite Blase, d Rectificator (dritte kleine Blase), e Vorwärmer. Beim Beginn der Destillation sind der Vorwärmer und beide Blasen mit Meische gefüllt, der Rectificator d ist leer. Man destillirt so lange, bis das Destillat die Stärke des Schenkbranntweins zeigt. Den Nachlauf läßt man so lange gehen, bis die erste Blase keinen Alkohol enthält, was durch einen Probehahn, der in eine kleine Kühlschlange mündet, erforscht wird. Man läßt nun die Meische der zweiten Blase in die erste Blase, die Meische des Vorwärmers in die zweite Blase u. s. w. In die zweite Blase bringt man auch das Phlegma des Rectificators, und in diesen den Nachlauf.

Füllt man die beiden Blasen und den Rectificator mit Branntwein, so dient der Apparat vortrefflich als Spiritusapparat, man kann Spiritus von 85 — 90% abziehen.

Es ist noch zu erwähnen, daß man auch die Destillation im luftverdünnten Raume versucht hat, und zwar, wie man glaubte, zur Ersparung von Brennmaterial. Jeder mit Physik etwas vertraute Leser wird einsehen, daß dieser Zweck durch das angegebene Mittel nicht erreicht werden kann, weil die Dämpfe eine gleiche Menge Wärme enthalten, sie mögen eine Temperatur besitzen welche sie wollen, nur ist bei niederer Temperatur mehr Wärme in gebundenem, latenten Zustande darin enthalten; es wird also zur Verdampfung eine gleiche Menge Feuermaterial erforderlich sein, sie mag bei höherer oder niederer Temperatur vor sich gehen. Den einzigen Vortheil, welchen man durch die Destillation im luftverdünnten Raume erzielt, ist der, daß wegen der niederen Temperatur weniger Fuselöl mit den geistigen Dämpfen übergeht, daß also das Destillat reiner wird; dieser Vortheil wird aber überwogen durch die Nachtheile, die sehr complicirte Apparate im Allgemeinen mit sich führen, und durch die Kostspieligkeit dieses Mittels im Speciellen. Verdam=

pfung im luftverdünnten Raume ist nur in den Fällen mit Nutzen anwendbar, wo man vermeiden will, daß die verdampfende Flüssigkeit einer hohen Temperatur ausgesetzt ist, bei welcher ein darin aufgelöster Stoff zersetzt werden könnte, wie dies z. B. beim Verdampfen des Zuckersaftes der Fall ist.

Der Branntwein, wie er gewöhnlich verkäuflich ist, enthält, 48 — 50% Tr. Alkohol, und, er mag gewonnen sein mit welchem Apparat er wolle, etwas Essigsäure und Fuselöl. Die Menge beider aber ist verhältnißmäßig nur höchst geringe, sie beträgt vom Fuselöl auf das Oxhoft vielleicht $1/4$ — $1/2$ Loth. Trotz dieser geringen Menge ertheilt aber doch dies Fuselöl dem Branntwein einen eigenthümlichen Geruch und Geschmack, der denselben, wenn er sehr stark ist, höchst unangenehm macht, den die Branntweintrinker aber doch nicht ganz entbehren wollen, und der zugleich den Unterschied zwischen dem Kornbranntwein und dem Kartoffelnbranntwein begründet.

Es ist schon oben gesagt, daß direct aus der Meische gezogener Branntwein mehr Fuselöl enthält, als der durch Weinen des Lutters gewonnene, daß letzterer deshalb im Allgemeinen vorgezogen wird. Um den Geruch des Fuselöls zu verstecken, wird bei dem Weinen sehr häufig etwas Kümmel- oder Anißsaamen in die Blase gegeben, wodurch das Destillat einen Gehalt an ätherischem Kümmel- oder Anisöl erhält, deren Geruch den Geruch des Fuselöles versteckt.

Da das Fuselöl bei niederer Temperatur eine butterartige Consistenz besitzt, so scheidet es sich nicht selten als feste Substanz in dem Schlangenrohr ab, man läßt deshalb den Lutter und den Branntwein, ehe sie in die Vorlage fließen, durch ein wollenes Tuch gehen, auf welchem das abgeschiedene Fuselöl zurückbleibt. Da das Fuselöl in ziemlich starken alkoholischen Flüssigkeiten mehr auflöslich ist, als in schwächeren, so scheidet sich dasselbe aus, wenn dieselben mit Wasser vermischt werden, besonders wenn man zugleich stark abkühlt. Die milchige Trübung, welche sich bisweilen zeigt, wenn Branntwein mit Wasser verdünnt wird, rührt von dem sich ausscheidenden Fuselöl her. Nach Lüdersdorf ist die Substanz, aus welcher die Destillationsapparate bestehen, von Einfluß auf den Geruch des Fuselöls; in zinnernen Apparaten destillirte Meische giebt ein anders riechendes Destillat, als in kupfernen Apparaten destillirten Meische; in gläsernen und hölzernen Destillationsapparaten soll man einen Branntwein erhalten, der wie das rohe Getreide riecht und schmeckt, in welchem also das Oel desselben unverändert enthalten wäre (vergleiche hiermit S. 185).

Der Gehalt an Essigsäure in dem Branntwein würde an und für sich keinen Nachtheil haben, denn man destillirt Branntwein mit etwas Essig, um ihm einen angenehmen Geschmack zu ertheilen, aber es kann durch die Essigsäure aus dem Apparate, besonders aus dem Schlangenrohr, Kupfer aufgelöst werden, namentlich wenn dies nicht stets vollkommen rein gehalten wird. Bei dem Weinen des Lutters kann man die Essigsäure leicht dadurch entfernen, daß man einige Loth Kalk, Kreide oder Potasche in die Blase giebt, sie verbindet sich mit den Basen und bleibt als essigsaures Salz in der Blase zurück *).

Man hat viel darüber gesprochen, ob der Kartoffelnbranntwein eine dem Organismus schädlichere Substanz als der Kornbranntwein, enthalte. Gewöhnlich waren diejenigen, welche diese Frage bejaheten, Kornbranntweinbrenner. Die Wahrheit ist, daß man mit gleichen Apparaten aus Kartoffeln einen eben so guten Branntwein erhält, als aus dem Getreide. Niemand wird bestreiten, daß das Fuselöl des Getreides eigenthümlicher Art ist, daß es sich von dem Fuselöle der Kartoffeln in Geruch und Geschmack unterscheidet, möglich ist auch, daß es dem daran gewöhnten Gaumen angenehmer erscheint, als das der Kartoffeln.

Es findet sich zwar in den Kartoffeln, besonders in den Keimen, ein stark, ja sogar giftig wirkender Stoff, das So-

---

*) Ueber die Reinigung des Branntweins siehe Liqueurfabrication.

Branntweinbrennerei.

lanin, aber es ist schon S. 120 erwähnt, daß dasselbe nicht flüchtig ist, daß es sich also nicht in dem Branntwein finden kann, es bleibt in der Schlempe zurück, und diese äußert, wenn die Kartoffeln gekeimt hatten, allerdings bisweilen nachtheilige Folgen auf das Vieh, wie dies in Braunschweig viele Beispiele gelehrt haben; ja es hat der fortgesetzte Genuß einer aus gekeimten Kartoffeln gewonnenen Schlempe den Thieren bisweilen den Tod zugezogen. Die Thiere bekommen nach dem Genusse einer solchen Schlempe, mehr oder minder angeschwollene Füße, die sich röthen und heiß werden; es zeigen sich Bläschen auf der Haut, welche eine gelbliche Flüssigkeit enthalten, und die aufbrechen. In der Gegend der Klauen am Saume, zeigen sich Geschwüre, die Thiere haben heftiges Fieber, es stellt sich stinkender, schmerzhafter Durchfall ein, und die Thiere magern ab. Man braucht Aderlässe, Glaubersalz u. s. w. auch als Präservative. Die durch Präservative gesund erhaltenen, und die geheilten Thiere gewöhnen sich nach und nach an den Genuß einer solchen Kartoffelnschlempe, daß sie ohne Nachtheil fortwährend damit gefüttert werden können. Zweckmäßiger ist es indeß doch, die Kartoffeln abzukeimen, wodurch das Vieh von den genannten Zufällen verschont bleibt.

Was die Ausbeute an Branntwein betrifft, welche man aus den Getreidearten und Kartoffeln erhält, so richtet sich diese natürlich nach der mehr oder weniger zweckmäßigen Ausführung aller beim Fabricationsproceß vorkommenden Operationen, aber auch nach dem quantitativen Verhältnisse der Bestandtheile der angewandten Substanzen. So ist es allgemein bekannt, daß man aus stärkemehlreicheren Getreide und Kartoffeln mehr Branntwein gewinnt, als aus stärkemehlärmern. Gegen das Frühjahr zu erhält man in der Regel aus einem gleichen Gewichte Kartoffeln mehr Branntwein als im Herbste, weil sie durch das längere Lagern Wasser verloren haben, also bei gleichem Gewichte mehr trockne Substanz enthalten. Der Destillationsapparat ist im Allgemeinen auf die Ausbeute an Branntwein von ge=

ringerem Einfluß, als die übrigen Operationen, namentlich als der Meischproceß und die Gährung.

Nur das ist zu erwähnen, daß man bei Benutzung von Apparaten, welche direct Branntwein oder Spiritus aus der Meische liefern, immer eine größere Ausbeute erhält, weil bei mehrmaliger Destillation, durch Verdunstung und auch wohl Verschüttung, eine nicht unbedeutende Menge Alkohol verloren geht.

Wie verschieden der Ertrag angegeben wird, kann aus folgenden Tabellen gesehen werden.

Nach Dorn:

	Weizen.	Roggen.	Gerste.	Kartoffeln.
Gewicht eines Scheffels in Pfunden	85	80	69	100
Liefert Branntwein von 50% in Quarten	18	14	12	8
Oder Procente Alkohol aus dem Scheffel	900	700	600	400
100 Pfund liefern hiernach Branntwein: Quart	21,2	17,5	17,4	8
Alkoholprocente aus 100 Pfund	1060	875	870	400
Alkoholprocente aus 1 Pfd.	10,6	8,75	8,7	4

Nach Schubarth:

	Weizen.	Roggen.	Gerste.	Gerstenmalz.	Kartoffeln
Gewicht eines Scheffels in Pfunden.	85	80	69	61	100
Liefert Branntwein v. 50% in Quarten	25	19,2	15,8	17,48	9
Oder Procente Alkohol aus d. Scheffel.	1050	960	790	874	450
100 Pfund liefern hiernach Branntwein: Quart.	25	24	23	28,75	9
Alkoholprocente aus 100 Pfund	1250	1200	1150	1437	450
Alkoholprocente aus 1 Pfund	12,5	12	11,5	14,37	4,5

Die ersteren Angaben, mit Ausnahme des Ertrags der Kartoffeln, sind die älteren, welche schon Hermbstädt aufführte, die letzteren sind die neueren. Man sieht, wie sehr sich durch zweckmäßiges Verfahren die Ausbeute vermehrt hat. Dies zeigt sich besonders bei der Ausbeute des Branntweins aus Kartoffeln; vor wenigen Jahren war man mit 5 bis 6½ Quart pr. Scheffel zufrieden, während man jetzt schon den Ertrag auf 10 Quart gebracht haben will (?). Der Nutzen der aufgeführten Tabellen ist leicht zu erkennen; man kann durch dieselbe berechnen, wie das Verhältniß des Preises der verschiedenen Getreidearten zu ihrem Ertrage steht. Der Landwirth, welcher die zum Branntweinbrennen benutzten Getreidearten und Kartoffeln selbst baut, hat noch den Ertrag derselben pr. Morgen zu berücksichtigen. Erhält man z. B. vom Morgen Landes 8 Scheffel Kartoffeln, so kann man wenigstens auch von demselben 100 Scheffel Kartoffeln bauen. Die 8 Scheffel Roggen geben nach der zweiten Tabelle ohngefähr 154 Quart Branntwein, die 100 Scheffel Kartoffeln aber geben einen Ertrag von 900 Quart, so daß also die Ausbeute an Branntwein für gleiche Flächen sich fast wie 1 : 6 verhält; Grund genug, den Kartoffelbau zum Branntweinbrennen zu empfehlen.

Nimmt man in 100 Pfund Roggen den Gehalt an Stärkemehl zu 54 Procent, und in 100 Pfund Kartoffeln den Gehalt an Stärkemehl zu 16 Procent, so sind, rücksichtlich des Stärkemehlgehalts, 340 Pfund Kartoffeln 100 Pfund Roggen gleichzusetzen, und da das Stärkemehl diejenige Substanz ist, welche den Alkohol liefert, so müssen 340 Pfund Kartoffeln eben so viel Branntwein geben, als 100 Pfund Roggen. Nach der zweiten Tabelle würden 340 Pfund Kartoffeln $30^{6}/_{10}$ Quart Branntwein liefern, die 100 Pfund Roggen geben nach derselben nur 24 Quart. Da nun der Ertrag an Branntwein aus Kartoffeln bisweilen ein noch größerer gewesen ist, so ergiebt sich, daß die stärkemehlartige Faser der Kartoffeln, wie dies schon Seite 125 erwähnt wurde, bei dem Meischproceß ebenfalls in Zucker sich umwandelt. Nimmt man in sehr mehlreichen Kartoffeln den Gehalt an trockner Substanz zu 30 Procent an, so kann man von diesen gewiß, ohne großen Irrthum, 24 Procent für zuckergebende Stärkemehlsubstanz (Stärkemehl und stärkemehlartige Faser) rechnen. Da der Theorie nach 2 Pfund Stärkemehl ohngefähr 1 Quart Branntwein von 50% Tr. liefern, so wird die größte Ausbeute von 100 Pfund Kartoffeln etwa 12 Quart betragen können, ein Ertrag, den man zu $5/6$ (10 Quart) in einigen Fällen erreicht haben will.

Ich muß indeß gestehen, daß mir so hoher Ertrag, als ihn Schubarth in seiner Tabelle angiebt, selbst nicht ausnahmweise, geschweige denn als Mittelertrag namentlich bei den Kartoffeln, vorgekommen ist, und Schubarth behauptet, daß von diesen sehr oft 10 Quart 50procentiger Branntwein aus 100 Pfund (einem Scheffel) erhalten würden. Wer durchschnittlich nach Abzug des Ertrages vom Malzzusatze 7 Preußische Quart von 100 Pfund Kartoffeln zieht, kann schon recht zufrieden sein, und hat einen nicht unbeträchtlichen Vortheil, wer aber 10 Quart zöge, müßte in kurzer Zeit ein reicher Mann werden, denn er hätte, wenn er täglich 2 Wispel Kartoffeln verarbeitete, täglich einen Gewinn von mehr als 20 Thaler vor dem voraus, der nur 6 Quart zieht, und doch schon von dem Ertrage seiner Brennerei lebt. Ein Mehrgewinn von 20 Thaler täglich, beträgt aber im Jahre über 6000 Thaler!!

Es ist nicht zu leugnen, daß, wie schon früher erwähnt wurde, die Varietät der Kartoffeln und des Bodens von großem Einfluß auf die Ausbeute an Branntwein sind, und daß die Besitzer bedeutender Oekonomien, die den passendsten Boden auswählen und die geeignetsten Sorten Kartoffeln bauen, sehr im Vortheil sind gegen die städtischen Branntweinbrenner, welche ihre Kartoffeln fast sämmtlich kaufen, und zwar von sehr verschiedenen Boden und sehr verschiedenen Arten kaufen müssen; es läßt sich ferner nicht leugnen, daß, wie ebenfalls schon bemerkt wurde, die Besitzer des

Branntweinbrennerei.

Pistorius'schen Spiritusapparates einen höhern Ertrag erzielen, als die Branntweinbrenner, welche Schenkbranntwein durch zweimalige Destillation darstellen; aber man muß auch zugestehen, daß nur in wenigen Brennereien der Ertrag der Wahrheit gemäß mitgetheilt wird, daß er nämlich in der Regel von den Brennern zu hoch, und gewöhnlich mit Einschluß des Malzes angegeben wird. Auch kann bei reichlichem Maaße der Scheffel Kartoffeln leicht 105 — 110 Pfund wiegen. Durchschnittlich, das heißt mit Berücksichtigung der verschiedenen Güte der Materialien, wird folgender Ertrag als ein recht guter angenommen werden können.

100 Pfd. Weizen liefern 21½ Quart Branntwein = 1075 Proc. Alkohol.
» Roggen » 20 » » = 1000 » »
» Gerste » 19½ » » = 975 » »
» Gerstenmalz » 24 » » = 1200 » »
» Kartoffeln » 7 » » = 350 » »

Daß der Ertrag vom Scheffel Getreide, nach den verschiedenen Gewichten desselben, verschieden sein muß, bedarf kaum einer Erwähnung; man rechne deshalb auch immer nach dem Gewichte, und nicht nach dem Maaße.

Die auch in den ersteren Tabellen angegebene Ausbeute an Alkoholprocenten ist deshalb aufgenommen worden, weil man jetzt ganz gewöhnlich den Ertrag darnach berechnet. So werden z. B. Contracte mit Brennmeistern geschlossen, in welchem bestimmt wird, wie viel Alkoholprocente von einem Pfunde oder einem Scheffel Getreide oder Kartoffeln derselbe liefern muß. 6 Quart Branntwein zu 50% Tr. vom Scheffel nennt man $6 \times 50 = 300$ Procent Alkohol; 7 Quart also 350; 8 Quart, 400; 9 Quart, 450; 10 Quart, 500 Procent Alkohol. 8 Quart, à 48% Tr., sind hiernach 384 Procent u. s. w.; man hat die Quartzahl des Branntweins mit dem Alkoholgehalte desselben in Tralles Procenten zu multipliciren.

Branntweinbrennerei.

Es kommt in der Praxis nicht selten vor, daß Weingeist durch Zugeben von Wasser auf einen geringeren Procentgehalt gebracht werden soll. Die folgenden Tabellen, von denen die zweite sich von der ersten nur durch größere Ausdehnung unterscheidet, werden zeigen, wie viel Wasser erforderlich ist, um einen stärkeren Weingeist in einen schwächeren umzuändern.

Wassermenge, um 100 Maaß stärkeren Weingeistes zu Weingeist von geringerer Stärke zu verdünnen:

	90	85	80	75	70	65	60	55	50
85	6,56								
80	13,79	6,83							
75	21,98	14,48	7,20						
70	31,05	23,14	15,35	7,64					
65	41,53	33,03	24,66	16,37	8,15				
60	53,65	44,48	36,44	26,47	17,58	8,76			
55	67,87	57,90	48,07	38,32	28,63	19,02	9,57		
50	84,71	73,90	63,04	52,43	41,73	31,25	20,47	10,35	
45	105,34	93,30	81,38	69,54	57,78	46,09	34,46	22,90	11,41
40	130,80	117,34	104,01	90,76	77,58	64,48	51,43	38,46	25,55
35	163,28	148,01	132,88	117,82	102,84	87,93	73,08	58,31	43,59
30	206,22	188,57	171,05	153,61	136,04	118,94	101,71	84,54	67,45
25	266,12	245,15	224,30	203,53	182,83	162,21	141,65	121,16	100,73
20	355,80	329,84	304,01	278,26	252,58	226,98	201,43	175,96	150,55
15	505,27	471,00	436,85	402,81	368,83	334,91	301,07	267,29	233,64
10	804,54	753,56	702,89	652,21	601,60	551,06	500,59	450,19	399,85

Gesetzt also, man hätte 80procentigen Weingeist, und wollte ihn auf 50 Procent bringen, so hat man zu 100 Quart von dem ersteren 63,04 Quart Wasser zu geben. Man darf indeß dabei nicht schließen, daß man 163,94 Quart Branntwein von 56% erhält, man erhält weniger, weil wieder bei Vermischen von Alkohol und Wasser gewöhnlich eine Zusammenziehung stattfindet. (S. 118).

Branntweinbrennerei.

Wassermenge, um 1000 Maaß Weingeist in bestimmten Graden zu verdünnen:

	30	31	32	33	34	35	36	37	38	39
31	33									
32	67	32								
33	100	65	31							
34	134	97	63	30						
35	167	129	94	61	30					
36	201	162	126	91	59	29				
37	234	194	157	122	89	58	28			
38	268	227	189	153	119	86	56	27		
39	302	260	220	183	148	115	84	55	27	
40	335	292	252	214	178	144	112	82	53	26
41	369	325	284	245	208	173	140	109	80	52
42	403	358	315	275	238	202	169	137	107	78
43	437	390	347	306	268	231	197	164	134	104
44	471	423	379	337	298	261	225	192	160	130
45	505	456	411	368	328	290	254	220	187	157
46	539	489	443	399	358	319	282	247	214	183
47	573	522	474	430	388	348	310	275	241	209
48	607	555	506	461	418	377	339	303	268	235
49	641	588	538	492	448	407	367	330	295	262
50	675	621	570	523	478	436	396	358	322	288
51	709	654	602	554	508	465	424	386	349	314
52	743	687	634	585	539	495	453	414	376	341
53	777	720	666	616	569	524	482	442	403	367
54	811	753	699	647	599	553	510	469	431	394
55	846	786	731	679	629	583	539	497	458	420
56	880	820	763	700	660	613	568	525	485	447
57	914	853	795	741	690	642	596	553	512	473
58	949	886	827	772	721	672	625	581	540	500
59	983	919	860	804	751	701	654	609	567	527
60	1017	953	892	835	781	731	683	637	594	553
61	1052	986	924	867	812	760	711	665	622	580
62	1086	1019	957	898	842	790	740	694	649	607
63	1121	1053	989	929	873	820	769	722	676	633
64	1155	1086	1022	961	904	850	798	750	704	660
65	1190	1120	1054	992	934	879	827	778	731	687
66	1224	1153	1086	1024	965	909	856	806	759	714
67	1259	1187	1119	1055	995	939	885	834	786	741
68	1293	1220	1151	1087	1026	969	914	863	814	767
69	1328	1254	1184	1118	1056	998	943	891	841	794
70	1363	1287	1216	1150	1087	1028	972	919	869	821
71	1397	1321	1249	1182	1118	1058	1001	948	897	848
72	1432	1354	1282	1213	1149	1088	1030	977	924	875
73	1467	1388	1314	1245	1180	1118	1060	1005	952	902
74	1502	1422	1347	1277	1211	1148	1089	1033	980	929
75	1536	1456	1380	1309	1241	1178	1118	1061	1008	956
76	1571	1489	1413	1340	1272	1208	1147	1089	1035	983
77	1606	1523	1445	1372	1303	1238	1177	1118	1063	1011
78	1641	1557	1478	1404	1334	1268	1206	1147	1091	1038
79	1676	1591	1511	1436	1365	1299	1235	1175	1119	1065
80	1711	1625	1544	1468	1396	1329	1265	1204	1147	1092
81	1746	1658	1577	1500	1427	1359	1294	1233	1175	1119
82	1781	1692	1610	1532	1458	1389	1323	1261	1203	1147
83	1816	1726	1643	1564	1489	1419	1353	1290	1231	1174
84	1851	1760	1676	1596	1521	1450	1382	1319	1259	1201
85	1886	1794	1709	1628	1552	1480	1412	1348	1287	1229
86	1921	1828	1742	1660	1583	1510	1442	1376	1315	1256
87	1956	1863	1775	1692	1614	1541	1471	1405	1343	1284
88	1992	1897	1808	1724	1645	1571	1501	1434	1371	1311
89	2027	1931	1841	1757	1677	1602	1531	1463	1400	1339
90	2062	1966	1875	1789	1708	1633	1561	1492	1428	1367

Branntweinbrennerei.

	40	41	42	43	44	45	46	47	48	49
31										
32										
33										
34										
35										
36										
37										
38										
39										
40										
41	25									
42	51	25								
43	76	50	24							
44	102	75	49	24						
45	127	99	73	47	23					
46	153	124	97	71	46	23				
47	179	149	122	95	70	46	22			
48	204	174	146	119	93	68	45	22		
49	230	200	171	143	116	91	67	44	21	
50	256	225	195	167	140	114	89	66	43	21
51	281	250	220	191	163	137	112	87	64	42
52	307	275	244	215	187	160	134	110	86	63
53	333	300	269	239	210	183	157	132	107	84
54	359	325	293	263	234	206	179	153	129	105
55	385	350	318	287	257	229	202	176	151	127
56	411	376	343	311	281	252	224	198	172	148
57	436	401	367	335	305	275	247	220	194	169
58	462	426	392	359	328	298	269	242	216	190
59	488	452	417	384	352	321	292	264	237	212
60	514	477	442	408	375	345	315	286	259	233
61	540	503	467	432	399	368	338	309	281	254
62	566	528	491	456	423	391	360	331	303	276
63	593	554	516	481	447	414	383	353	325	297
64	619	579	541	505	471	438	406	376	346	318
65	645	605	566	529	494	461	429	398	368	340
66	671	630	591	554	518	484	451	420	390	361
67	697	656	616	578	542	508	474	443	412	383
68	723	681	641	603	566	531	497	465	434	404
69	750	707	666	627	590	554	520	487	456	426
70	776	732	691	652	614	578	543	510	478	447
71	802	758	716	676	638	601	566	532	500	469
72	828	784	741	701	662	625	589	555	522	491
73	855	810	767	725	686	648	612	578	544	512
74	881	835	792	750	710	672	635	600	567	534
75	908	861	817	775	734	695	658	623	589	556
76	934	887	842	799	758	719	681	645	611	578
77	961	913	867	824	782	743	705	668	633	599
78	987	939	893	849	807	766	728	691	655	621
79	1014	965	918	873	831	790	751	713	678	643
80	1040	991	943	898	855	813	774	736	700	665
81	1067	1017	969	923	879	837	797	759	722	687
82	1093	1043	994	948	904	861	821	782	745	709
83	1120	1069	1020	973	928	885	844	805	767	731
84	1147	1095	1045	998	952	909	867	828	789	753
85	1173	1121	1071	1023	977	933	891	851	812	775
86	1200	1147	1096	1048	1001	957	914	874	834	797
87	1227	1173	1122	1073	1026	981	938	897	857	819
88	1254	1200	1147	1098	1050	1005	961	920	880	841
89	1281	1226	1173	1123	1075	1029	985	943	902	863
90	1308	1252	1199	1148	1100	1053	1009	966	925	886

Branntweinbrennerei.

	50	51	52	53	54	55	56	57	58	59
31										
32										
33										
34										
35										
36										
37										
38										
39										
40										
41										
42										
43										
44										
45										
46										
47										
48										
49										
50										
51	21									
52	41	20								
53	62	41	20							
54	83	61	40	19						
55	103	81	60	39	19					
56	124	102	80	59	38	19				
57	145	122	100	78	58	38	19			
58	166	142	120	99	77	57	37	18		
59	187	163	140	118	96	76	56	37	18	
60	208	183	160	137	116	95	74	55	36	18
61	229	204	180	157	135	114	93	73	54	35
62	250	225	200	177	155	133	112	92	72	53
63	271	245	221	197	174	152	131	110	90	71
64	292	266	241	217	194	171	150	128	109	89
65	313	286	261	237	213	190	168	147	127	107
66	334	307	281	256	233	209	187	166	145	125
67	355	328	301	276	252	229	206	184	163	143
68	376	348	322	296	272	248	225	203	181	160
69	397	369	342	316	291	267	244	221	200	178
70	418	390	362	336	311	286	263	240	218	196
71	439	411	383	356	331	306	282	259	236	214
72	460	431	403	376	350	325	301	277	255	232
73	482	452	424	396	370	344	320	296	273	251
74	503	473	444	416	390	364	339	315	291	269
75	524	494	465	437	409	383	358	333	310	287
76	546	515	485	457	429	403	377	352	328	305
77	567	536	506	477	449	422	396	371	347	323
78	588	557	527	497	469	442	415	390	365	341
79	610	578	547	517	489	461	434	409	384	360
80	631	599	568	538	509	481	454	428	402	378
81	653	620	588	558	529	500	473	447	421	396
82	674	641	609	578	549	520	492	465	440	415
83	696	662	630	599	569	540	512	485	458	433
84	717	683	651	619	589	559	531	504	477	451
85	739	705	671	640	609	579	550	523	496	470
86	761	726	692	660	629	599	570	542	515	488
87	782	747	713	681	649	619	589	561	534	507
88	804	769	734	701	669	639	609	580	553	526
89	826	790	755	722	690	659	629	600	572	544
90	848	812	777	743	710	679	648	619	591	563

Branntweinbrennerei.

	60	61	62	63	64	65	66	67	68	69
61	17									
62	35	17								
63	52	34	17							
64	70	52	34	17						
65	88	69	51	33	16					
66	105	86	68	50	33	16				
67	123	104	85	67	49	32	16			
68	140	121	102	84	66	49	32	16		
69	158	138	119	101	82	65	48	32	16	
70	176	156	136	117	99	81	64	47	31	15
71	193	173	153	134	116	98	80	63	47	31
72	211	191	171	151	132	114	97	79	63	46
73	229	208	188	168	149	131	113	95	78	62
74	247	226	205	185	166	147	129	111	94	77
75	265	243	222	202	183	164	145	127	110	93
76	283	261	240	219	199	180	162	143	126	109
77	300	278	257	236	216	197	178	159	142	124
78	318	296	274	253	233	213	194	176	157	140
79	336	314	292	271	250	230	211	192	173	155
80	354	331	309	288	267	247	227	208	189	171
81	372	349	327	305	284	263	243	224	205	187
82	390	367	344	322	301	280	260	240	221	203
83	409	385	362	339	318	297	276	256	237	218
84	427	403	379	357	335	313	293	273	253	234
85	445	421	397	374	352	330	309	289	269	250
86	463	438	415	391	369	347	326	305	285	266
87	481	456	432	409	386	364	343	322	302	282
88	500	474	450	426	403	381	359	338	318	298
89	518	493	468	444	421	398	376	355	334	314
90	537	511	486	462	438	415	393	372	351	331

	70	71	72	73	74	75	76	77	78	79
71	15									
72	30	15								
73	46	30	15							
74	61	45	30	15						
75	76	60	45	29	14					
76	92	75	60	44	29	14				
77	107	91	75	59	44	29	14			
78	123	106	90	74	58	43	28	14		
79	138	121	105	88	73	57	43	28	14	
80	153	136	120	103	87	72	57	42	28	14
81	169	152	135	118	102	86	71	56	42	27
82	184	167	150	133	117	101	85	70	56	41
83	200	182	165	148	131	116	100	85	70	55
84	216	198	180	163	146	130	114	99	84	69
85	231	213	195	178	161	145	129	113	98	83
86	247	229	211	193	176	159	143	127	112	97
87	263	244	226	208	191	174	158	142	126	111
88	279	260	241	223	206	189	172	156	140	125
89	295	275	257	239	221	204	187	171	155	139
90	311	291	273	254	236	219	202	185	169	153

Branntweinbrennerei.

	80	81	82	83	84	85	86	87	88	89
81	14									
82	27	13								
83	41	27	13							
84	55	40	27	13						
85	68	54	40	26	13					
86	82	68	54	40	26	13				
87	96	81	67	53	39	26	13			
88	110	95	81	66	53	39	26	13		
89	124	109	94	80	66	52	39	26	13	
90	138	123	108	94	79	66	52	39	26	13

Auch der Gebrauch dieser Tabellen bedarf keiner Erläuterung. Hat man z. B. Weingeist von 75 Procent, und will ihn durch Zusatz von Wasser auf 48 Procent herabbringen, so sucht man 48 in der obersten Querspalte und 75 in der ersten Längsspalte, wo sich beide treffen, findet man die Zahl 589; sie zeigt an, daß 589 Quart Wasser zu 1000 Quart Spiritus von 75% gesetzt werden müssen, damit 48procentiger Branntwein entstehe; auf 100 Quart sind also $58^9/_{10}$ Quart erforderlich, und so kann man durch eine Proportion leicht die für jede beliebige Menge Weingeist nöthige Wassermenge berechnen.

Mittelst dieser Tabellen kann man auch die Aufgabe lösen, wie viel Weingeist von einem schwächeren Gehalt zu einem Weingeist von stärkerem Gehalt zu setzen ist, um einen Weingeist von einem mittleren Gehalte zu erhalten. Bezeichnet man die Procente des stärkeren Weingeistes mit A
des mittelstarken Weingeistes » A'
des schwächsten Weingeistes » A"
die Wassermenge, welche nöthig ist, den stärkeren
Weingeist in mittelstarken umzuwandeln, » W
die Wassermenge, welche nöthig ist, den mittelstarken Weingeist in den schwächeren umzuändern, » W'
so ist $\frac{A' \times W}{A" \times W'} = x$ nemlich gleich der Maaßzahl des schwächeren Weingeistes, welchen man zu 1 Maaß des starken Weingeistes setzen muß, um den Weingeist von mittlerem Procentgehalt zu erlangen. Um die Brüche zu vermeiden,

kann man immer x mit 100 multipliciren, wo man die Maaßzahl des schwächeren Weingeistes erhält, welche man zu 100 Maaß des stärkeren setzen muß.

Man hat nach dieser Formel also zuerst in den Tabellen aufzusuchen, wie viel Wasser erforderlich wäre, um den starken Weingeist in den mittelstarken zu verwandeln; die gefundene Zahl multiplicirt man mit dem Procentgehalte des mittleren Weingeistes; das erhaltene Product möge das erste Product heißen. Man sucht nun ferner, wie viel Wasser erforderlich ist, um den mittelstarken Weingeist in den schwächeren umzuändern, und multiplicirt die gefundene Zahl mit dem Procentgehalte des schwächeren Weingeistes; dieß Product möge das zweite Product heißen. Man dividirt nun endlich das erste Product durch das zweite Product, und erhält so x, das man, wie schon erwähnt, durch Versetzung des Komma's mit 100 multiplicirt, wodurch man die Quartzahl des schwachen Weingeistes erhält, welche zu 100 Quart des starken Weingeistes zu setzen ist, um Weingeist von dem mittleren Alkoholgehalt zu haben.

Ein Beispiel wird das Gesagte noch deutlicher machen. Gesetzt, man wolle Spiritus von 80 Procent in Spiritus von 60 Procent verwandeln durch Zugabe von Branntwein von 50 Procent, wie viel ist von dem letzteren nöthig. Nach den Tabellen sind zur Verdünnung von 100 Maaß 80procentigen Weingeist zu 60procentigen erforderlich 35,4 Maaß Wasser; diese Zahl mit dem Alkoholgehalte des mittelstarken Weingeistes, also mit 60 multiplicirt, giebt 2124 (erstes Product).

Um den Weingeist von 60 Procent durch Wasser zu 50procentigen zu verdünnen, sind erforderlich an Wasser 20,4 Quart auf 100 Quart. Diese Zahl multiplicirt mit dem Alkoholgehalte des schwachen Weingeistes, also mit 50, giebt: 1020 (zweites Product).

Nun ist $\frac{2124}{1020} = 2,082$, multiplicirt mit 100 (durch Verrücken des Komma's um 2 Stellen nach Rechts), giebt dies 208,2. Man hat also zu 100 Quart Spiritus von 80% Tr. 208 Quart Branntwein von 50 Procent zu geben, um Spiritus von 60% Tr. zu bekommen.

Es ist nun noch etwas über die Darstellung von Branntwein aus anderen Substanzen, als den abgehandelten, zu sagen.

Der aufmerksame Leser wird nach dem, was früher über die Entstehung des Alkohols mitgetheilt worden ist, leicht erkennen, daß man aus jeder Zucker oder Stärkemehl enthaltenden Substanz Branntwein gewinnen kann. Die zuckerhaltigen Substanzen werden, nachdem sie auf die zweckmäßigste Art zerkleinert worden, mit kochendem Wasser angebrüht, und diese Masse dann mit so viel Wasser versetzt, daß dieselbe ungefähr 6 — 10 Procent Zucker enthält, oder, da gewöhnlich noch andere auflösliche Substanzen vorkommen, bis sie am Sacharometer das spec. Gew. von 1,040—1,060 zeigt. Hat man Zucker oder Zuckersyrup, so löf't man denselben in so viel Wasser auf, daß ebenfalls eine Auflösung von genannter Concentration entsteht, indeß wendet man in diesem Falle auch noch verdünntere Auflösungen an. Stärkemehl enthaltende Substanzen können auf oben genügend erläuterte Weise durch einen Zusatz von Diastase (Malzschrot) in zuckerhaltige Massen umgewandelt werden.

Zu bemerken ist noch, daß bei Zuckerauflösungen, welche nicht, wie die Getreide- oder Kartoffelmaischen, viele ungelöf'te Substanzen enthalten, und in welchen nur wenig stickstoffhaltige Substanzen vorkommen, die Gährung in der Regel sehr langsam verläuft. Man muß sie, zur Beschleunigung der Gährung, etwas warm anstellen; so namentlich die Auflösungen von Stärkezucker und Stärkesyrup.

Zu den Substanzen, welche sich in manchen Gegenden mit Vortheil auf Branntwein anwenden lassen, sind etwa die folgenden zu zählen: Die Abfälle von der Zuckerfabrikation, sowohl von der Fabrikation des Runkelrübenzuckers oder der Raffination des indischen Zuckers. Hierzu sind zu rechnen: der Schaum, die Abwaschwasser, der Syrup. Man bereitet sich aus denselben eine Auflösung von 5 — 10 Proc. Zuckergehalt, und stellt diese bei 20 — 25° R. mit ungefähr 10 Procent vom Zuckergewichte Hefe an. Auch der Rohzucker selbst kann an einigen Orten vortheilhaft auf Branntwein benutzt werden.

Stärkezucker oder Stärkesyrup, Traubenzucker, Honig, der Saft von Ahorn und Birken. Sie liefern, auf eben beschriebene Art behandelt, einen ausgezeichneten rumartigen Branntwein.

Aus den beim Keltern des Mostes bleibenden Trebern oder Trestern, die man mit heißem Wasser übergießt, und bei 15 — 20° R. stehen läßt, wo die Gährung ohne Zusatz von Ferment erfolgt; ferner aus dem gegohrnen Safte der Trauben, dem Weine, und aus den Weinhefen, bereitet man in den Weingegenden den sogenannten Weinbranntwein, Sprit, Cognac, Franzbranntwein.

Aepfel, Birnen, Pflaumen, Kirschen, Himbeeren, Johannisbeeren, Erdbeeren, Heidelbeeren, Maulbeeren, ganz reife Wachholderbeeren, die schwarzen Johannisbeeren (von Ribes nigrum), die Fruchtbeeren der Eberesche (Sorbus aucuparia), gehen nach dem gehörigen Zerkleinern, durch Quetschen, Stampfen u. s. w., Anbrühen mit heißem Wasser, gehöriger Verdünnung mit Wasser, selbst ohne Zusatz von Ferment, in Gährung. Der aus den Kirschen erhaltene Branntwein ist unter dem Namen Baseler Kirschwasser hinlänglich bekannt.

Runkelrüben, Mohrrüben können durch Wasserdampf gahr gekocht, dann zu Brei zerstampft werden. Dieser Brei wird mit etwas Gerstenmalzschrot gemeischt, die Meische gehörig verdünnt und angestellt. Der Zusatz von Gerstenmalzschrot ist besonders bei den Mohrrüben zweckmäßig, da diese Stärkemehl enthalten.

Kastanien und Eicheln können wie die Kartoffeln

auf Branntwein verarbeitet werden; nach neuen Erfahrungen aber geben sie nur wenig Ausbeute.

Ueber die zweckmäßigste Anlage einer Branntweinbrennerei läßt sich kaum etwas, selbst nur sehr Allgemeines sagen. Vor allen Dingen sehe man dahin, daß Wasser in gehöriger Qualität und Quantität sich zur Hand befinde, und mittelst einer guten Pumpe in Rinnen nach allen Theilen der Brennerei gebracht werden kann. Daß sich das Gährungslokal zweckmäßig in einem Keller oder doch kellerartigen Lokale neben der eigentlichen Brennerei befinden muß, ist schon oben erwähnt worden. In diesem Gährungskeller ist in der Regel eine in die Erde grabene Cisterne befindlich, in welche man aus den Gährungsbottichen die weingahre Meische laufen läßt, und von wo ab man sie durch eine Pumpe nach dem Vorwärmer bringt.

Das eigentliche Brennlokal, das Lokal, in welchem der Destillationsapparat steht, muß feuerfest, geräumig und hell, und wie der Gährungskeller mit Steinplatten etwas abschüssig gepflastert sein, damit es mit Wasser ausgeschwemmt werden kann.

Wird die Destillation mit Dampf betrieben, so bildet der Dampfkessel gleichsam den Centralpunkt. Unweit desselben steht etwas erhöht das Kartoffeldampffaß, und unter diesen daneben die Quetschmaschine. In der Nähe der Quetschmaschine wird der Vormeischbottich aufgestellt, und neben diesem das Kühlschiff, wenn man ein solches benutzt. Aus dem Kühlschiffe muß die Meische in Rinnen nach dem Gährungsbottiche fließen können. Verarbeitet man große Quantitäten Getreide oder Kartoffeln auf Branntwein, so wendet man zweckmäßig 2 Vormeischbottiche an, damit der Meischproceß recht vollkommen ausgeführt werden kann.

Der Destillationsapparat wird nach Beschaffenheit des Apparates an die geeignetste Stelle gestellt, und zwar gewöhnlich so, daß das Kühlfaß außerhalb des Lokales zu stehen kommt. Der Abfluß der geistigen Flüssigkeit aus dem Schlangenrohre muß aber im Innern des Lokales erfolgen. Zieht man Lutter, so läßt man diesen gewöhnlich in ein in die Erde gegrabenes aufrechtstehendes Faß, oder in eine Cisterne (den Lutterbrunnen), fließen, von wo aus man denselben durch eine Pumpe nach der Weinblase bringt. Als Weinblase benutzt man bei den einfachen Apparaten, wie oben erwähnt, auch wohl die Lutterblase; häufiger aber hat man eine besondere Blase, die durch directes Feuer geheizt wird, wenn man auch die Meische durch Dampf destillirt.

Auf dem Boden über der Brennerei befindet sich die Darre, welche durch die von dem Dampfkessel der Meische oder Weinblase abziehende Wärme geheizt wird. Von diesem Boden ab füllt man in der Regel auch das Kartoffeldampffaß mit Kartoffeln.

Reinlichkeit muß im höchsten Grade in der Brennerei herrschen. Sobald sich am Boden des Gährungskellers und der Brauerei durch Verschütten Unreinlichkeit zeiget, was in der Regel nach dem Einmeischen und Anstellen der Fall ist, müssen diese Lokale vollkommen ausgespühlt werden. Sämmtliche gebrauchte Bottiche, so die Vormeischbottiche, das Kühlschiff, die Gährungsbottiche, sind nach jedesmaligem Gebrauche mit Wasser, dem etwas Kalkbrei zugesetzt wird, sorgfältig mit Bürsten auszuwaschen, damit jeder Säuerung derselben vorgebeugt werde. Wöchentlich ein, im Sommer zwei Mal kann man sie mit Kalkmilch ausstreichen.

Wenigstens ein Mal während der Woche lasse man sämmtliche Kupfergeräthe sorgfältig reinigen; aus dem Dampfkessel das Wasser abzapfen, damit die beim Kochen und Verdampfen ausgeschiedenen erdigen Substanzen weggespühlt werden; die Schlangenröhre des Kühlfasses von dem anhängenden Schmutze befreien, weil durch diesen die Abkühlung ganz bedeutend erschwert wird.

Muß man zur Speisung des Dampfkessels sehr hartes Wasser benutzen, so setzt sich der sich ausscheidende Pfannenstein oft so fest an das Kupfer des Dampfkessels an, daß er auf diesem eine, bisweilen 1 — 2 Linien starke Kruste bildet, die nur durch Meißel und Hammer entfernt werden kann. Durch diese Kruste von Pfannenstein bringt die Wärme nicht gut hindurch, und der Kesselboden wird so stark erhitzt, daß das Kupfer sich schnell oxydirt, was natürlich baldige Abnutzung des Kessels zur Folge hat. Dieser Uebelstand (das Festsetzen des Pfannensteins) läßt sich dadurch vermeiden, daß man in den Dampfkessel etwas gröblich pulverisirte Kohle schüttet; es wird der sich ausscheidende Pfannenstein verhindert, sich festzusetzen. Auch gekochte zerquetschte Kartoffeln oder Laub von Bäumen erfüllen diesen Zweck. Grober Flußsand würde ebenfalls gute Dienste thun.

Beim Beginn der Tagesarbeit ist zuerst nachzusehen, daß die Ventile des Dampfkessels und der Blasen in Ordnung sich befinden; man lüftet sie, weil sie sich leicht festsetzen, besonders wenn man einige Zeit nicht gearbeitet hat. Während der Destillation ist von Zeit zu Zeit durch die Probehähne *) nachzusehen, ob der Kessel die gehörige Menge Wasser enthält; dies gilt besonders da, wo an dem Kessel die Selbstspeisung angebracht ist. Die gehörige Stellung sämmtlicher am Apparate befindlichen Hähne hat der Brennmeister fortwährend zu beachten.

Von der Fabrikation der Preßhefe (trocknen Hefe).

Die Fabrikation der Preßhefe oder sogenannten trocknen Hefe ist stets mit der Fabrikation von Branntwein verbun-

---

*) Die Probehähne sind zwei in verschiedener Höhe am Dampfkessel angebrachte Hähne. Der eine nemlich in der Höhe, daß er den höchsten Stand, welchen das Wasser im Kessel erreichen darf, bezeichnet; der andere so, daß er den tiefsten Stand, welchen das Wasser erreichen darf, anzeigt. Enthält der Kessel die gehörige Menge Wasser, so kommt beim Oeffnen aus dem obern Hahne Dampf, aus dem untern Wasser; — ist zu viel Wasser im Kessel, so kommt aus beiden Wasser; — ist zu wenig Wasser in dem Kessel, so kommt aus beiden Hähnen Dampf.

ben; sie wird daher am passendsten als Anhang zur Branntweinfabrikation aufgeführt.

Die Preßhefe ist, wegen ihrer sich stets gleich bleibenden Wirksamkeit und wegen ihrer Haltbarkeit, ein vortreffliches Ferment für den Branntweinbrenner und für den Bäcker; dies ist besonders in der neuern Zeit so sehr anerkannt worden, daß in einigen Gegenden ganz enorme Quantitäten davon bereitet und verschickt werden.

Die Darstellung dieses Fermentes wurde früher, und wird auch wohl noch jetzt als Geheimniß betrachtet, und daher mag es kommen, daß man sich dieselbe als eine höchst schwierige Operation gedacht hat. Sie ist sehr einfach.

Es ist im Vorhergehenden schon öfter erwähnt worden, daß bei der Gährung stets neues Ferment gebildet wird. Bei der Gährung der Bierwürze sind die Oberhefe und Unterhefe neu gebildetes Ferment, gemengt mit mehr oder weniger Bier. Uebergießt man diese flüssige Hefe mit Wasser, und läßt man sie einige Stunden ruhig stehen, so setzt sich eine gelblich-weiße, körnige Masse zu Boden, und die darüberstehende Flüssigkeit kann klar abgegossen werden. Die am Boden des Gefäßes zurückbleibende Masse ist das Ferment, die Hefe. Füllt man diese Masse in einen leinenen Beutel, so kann man durch Auspressen die wässerige Flüssigkeit entfernen, und die Hefe bleibt als bröckliche, zähe, plastische Masse zurück. In diesem abgepreßten Zustande stellt sie die sogenannte trockne Hefe oder Preßhefe dar, die sich mehrere Wochen, ohne zu verderben, aufbewahren läßt.

Die beim Brauproceß gewonnene Hefe reicht aber bei weitem nicht hin, um den Bedarf an Ferment für die große Menge der Branntweinbrennereien abzugeben; und für die Bäcker ist dieselbe wegen des Hopfenbitters, das sie enthält, wenn sie von sehr bitteren Bieren herrührt, nicht immer brauchbar. Es lag daher sehr nahe, auch das Ferment rein und anwendbar abzuscheiden, welches bei der Gährung der Kornbranntweinmeische gebildet wird. Die Kornbranntweinmeische unterscheidet sich, wie aus früherem hervorgeht, von

Branntweinbrennerei.

der Bierwürze nur dadurch, daß sie die Schrothülsen und die anderen unauflöslichen Substanzen enthält, von denen die Bierwürze abgeseiht wird.

Wie bei der Gährung der Bierwürze wird bei der Gährung der Kornmeische Hefe abgeschieden; aber wegen der Menge der anderen unaufgelösten in der Meische enthaltenen Substanzen ist dieselbe nicht so leicht erkennbar. Der aufmerksame Beobachter wird indeß dieselbe doch als eine zähe, weißlich-gelbe Masse zu einer gewissen Zeit auf der Oberfläche der gährenden Meische bemerken. Schöpft man zu dieser Zeit von der Oberfläche ab, und giebt man das Abgeschöpfte durch ein Haarsieb, so geht das Flüssige mit dem fein zertheilten Fermente durch dasselbe hindurch, während die übrigen Substanzen, z. B. die Schrothülsen, in dem Siebe zurückbleiben. Vermischt man nun die durchgelaufene milchig-trübe Flüssigkeit mit Wasser, so setzt sich aus derselben bald das Ferment zu Boden, und die Flüssigkeit läßt sich klar abgießen. Die zurückbleibende Hefenmasse kann, wie vorhin erwähnt, in Beutel gefüllt und abgepreßt werden, wodurch man die sogenannte trockne Hefe oder die Preßhefe erhält.

Dies ist im Wesentlichen die Darstellung dieses Fermentes. Man hat nun verschiedene Modificationen des Meischverfahrens und verschiedene Zusätze angewandt, welche theils die Menge der aufgelösten stickstoffhaltigen Substanzen in der Meische vermehren, und dadurch erhöhte Ausbeute an Ferment bewirken, theils aber auch das reichliche Emporkommen des Fermentes an die Oberfläche der gährenden Masse, also eine lebhafte Obergährung, bezwecken sollen. Ich will in dem Folgenden etwas Specielles hierüber mittheilen.

Man verarbeitet nur Roggenschrot in Verbindung mit Gerstenmalzschrot, wenn man die Fabrikation von Preßhefe beabsichtigt. Weizenschrot hat sich, der Erfahrung nach, als unzweckmäßig erwiesen. Das angewandte Schrot muß sehr fein geschroten und gebeutelt sein.

Auf 3 Theile Roggenschrot nimmt man 1 Theil Gerstenmalzschrot, teigt mit Wasser von 48° R., bei großer Kälte auch wohl von 50° R. ein, brennt nach einer halben Stunde mit siedendem Wasser, oder mit Dampf gahr (siehe Seite 131), und meischt tüchtig und anhaltend durch einander, damit eine vollkommen klumpenlose Masse entsteht. Diese läßt man nun längere Zeit, als es sonst geschieht, in dem Vormeischbottiche stehen, etwa 4 — 6 Stunden, wodurch sie einen säuerlichen, aber angenehmen Geschmack bekommt.

Das Zukühlen wird auf gewöhnliche Art vorgenommen, und zwar nur mit so viel Wasser, daß das Verhältniß der trocknen Substanz zum Wasser ohngefähr wie 1 : 5 ist. In dem Hefenfasse stellt man etwas der noch wärmeren Meische mit 4 — 5 Mal so viel Hefen an, als man gewöhnlich zu nehmen pflegt; diese bald in Gährung kommende Masse setzt man der im Gährungsbottiche befindlichen zugekühlten Meische bei etwas höherer, als der sonst gewöhnlichen Temperatur hinzu, und außerdem noch eine Auflösung von Potasche und Salmiak (auf 600 Pfund Schrot ohngefähr 1 Pfund Potasche und 6 Loth Salmiak). Diese Auflösung kann man auch vorher zu der Hefenmasse in das Hefenfaß geben.

Es erfolgt nun in der angestellten Meische bald eine sehr lebhafte Obergährung, weshalb man auch einen ziemlich großen Steigraum lassen muß; ohngefähr 8 — 9 Stunden nach dem Anstellen muß man die gährende Masse beobachten, weil dann in der Regel die Abscheidung des Ferments auf der Oberfläche beginnt. Das Ferment, welches als eine rahmartige, gelblich-weiße schaumige Masse auf die Oberfläche kommt, wird mit einem flachen Löffel abgeschöpft und auf ein Sieb gegeben, das über einem kleinen Bottich gestellt ist. Durch das Sieb läuft eine schleimig milchige Flüssigkeit, welche das Ferment in Suspension enthält; durch Ausdrücken und Auskneten der auf dem Siebe zurückbleibenden Masse kann man diese von dem anhängenden Fermente befreien. Anstatt eines Siebes wendet man auch wohl Beutel von losem Zeuge, etwa von Mühlentuch, an, in welche man das Abgeschöpfte giebt und ausknetet; Ferment, in der Flüssigkeit suspendirt, geht durch die Poren hindurch, die Schrothülsen bleiben im Beutel zurück. Mit dem Abschöpfen des Fermentes wird so lange fortgefahren, als sich dasselbe noch auf der Oberfläche der gährenden Masse zeigt.

Die milchige Flüssigkeit, welche das Ferment in Suspension enthält, wird nun in einen Bottich gebracht, der mit, in verschiedener Höhe angebrachten Hähnen versehen ist, und in diesem mit kaltem Wasser gemengt, so daß nun die Masse ganz dünnflüssig erscheint. Beim ruhigen Stehen setzt sich das suspendirte Ferment zu Boden, und die überstehende Flüssigkeit kann durch die verschiedenen Hähne davon abgezapft werden. Ist dies geschehen, so gießt man von Neuem kaltes Wasser auf den Bodensatz, und rührt ihn mit diesem tüchtig durch; hat sich das Ferment in der Ruhe wieder abgesetzt, so wird die darüberstehende Flüssigkeit abgezapft, und so kann man das Aufgießen von Wasser und Abzapfen noch einmal wiederholen, oder überhaupt so lange, bis das darüberstehende Wasser Lackmuspapier nur sehr schwach röthet, als Beweis, daß die Säure ziemlich vollständig durch das Wasser ausgewaschen ist; um dies zu beschleunigen, kann man dem Auswaschwasser eine geringe Menge Potasche zusetzen. Je sorgfältiger nemlich die auflöslichen Substanzen, und namentlich die Säure aus dem Fermente entfernt sind, desto längere Zeit bleibt es haltbar; aber je öfterer das Auswaschen vorgenommen ist, desto weniger wirksames Ferment erhält man.

Die am Boden des Bottichs befindliche dickflüssige Masse von Ferment, füllt man in geräumige und nicht zu dichte Beutel, bindet diese fest zu, läßt die Flüssigkeit möglichst abtropfen, und bringt sie dann auf hölzerne Roste, die auf einem Brette liegen, welches einer Wand entlang auf festen Unterlagen aufgestellt ist. Etwa $1/2$ — 1 Fuß über diesen Rosten ist an der Wand parallel mit der Brettunterlage eine starke Latte befestigt; sie dient dazu, das eine Ende von darunter gesteckten langen Bohlen fest zu halten, welche über die mit der Hefe gefüllten Beutel gelegt werden. Durch den Druck der Bohlen, den man durch Auflegen von Gewichten und Steinen auf das andere Ende der Bohlen nach und nach vermehrt, wird die Flüssigkeit abgepreßt, und die Hefe bleibt als eine gelblich-weiße, bröcklich-weiche, formbare Masse in den Beuteln zurück; sie wird, um gleichförmig zu werden, durchgeknetet, und gewöhnlich in pfundschweren rundlichen Klumpen verkauft. An einem kühlen Orte läßt sie sich mehrere Wochen, ohne zu verderben, aufbewahren. Es braucht wohl kaum erwähnt zu werden, daß man sich dieser Hefe fortwährend zum Anstellen bedient, und zwar in der oben angegebenen reichlichen Menge.

Durch die Nebengewinnung der Preßhefe wird die Ausbeute an Branntwein immer bedeutend geschmälert, theils dadurch, daß man in dem Vormeischbottiche die Meische absichtlich sauer werden läßt, und nicht das zweckmäßigste Verhältniß der trockenen Substanz zum Wasser nimmt (indem man, wie angeführt, sehr dick einmeischt), theils dadurch, daß durch das Abschöpfen der Hefen zugleich eine bedeutende Quantität flüssiger Meische aus dem Gährungsbottiche entfernt wird, aus welcher man nicht den Branntwein wieder gewinnt. Der Hefenfabrikant kann die Ausbeute an Branntwein $1/4$ — $1/3$ geringer annehmen, wonach sich leicht berechnen läßt, wo die Hefenfabrikation vortheilbringend ist. Man rechnet von 100 Pfund Getreideschrot eine Ausbeute von 6 — 8 Pfund Preßhefe; von derselben Quantität Schrot kann man etwa 21 Quart Branntwein gewinnen; rechnet man nun $1/3$ Verlust an Branntwein, so werden 7 Quart Branntwein im schlimmsten Falle ersetzt durch 6 Pfd. Preßhefe. Indeß stellt sich in der Regel das Verhältniß günstiger, und es wird sich da ganz besonders günstig stellen, wo die Steuerbehörde gestattet, die von der Preßhefe abgezapfte Flüssigkeit anstatt des Zukühlwassers zur Meische zu setzen.

Viele Hefenfabrikanten setzen der Meische beim Zukühlen einen bedeutenden Antheil dünner kalter Schlempe hinzu, indeß haben mir sehr rationelle Hefenfabrikanten versichert, davon niemals Vortheile gesehen zu haben. Außerdem findet man in den verschiedenen Vorschriften zur Darstellung der Preßhefe, welche zum Theil als Geheimnisse verkauft werden, die mannichfaltigsten, und oft einander ganz entgegenwirkenden, oder ihre Wirkung gegenseitig aufhebenden Mittel *). So wollen einige großen Nutzen von der Anwendung der Schwefelsäure gesehen haben; sie teigen und meischen wie gewöhnlich, kühlen ab unter Mithülfe von Schlempe, stellen an, und geben in den Gährungsbottich auf 1000 Quart Meische ½ — 1 Pfund Schwefelsäure, die vorher mit etwas Wasser verdünnt worden ist. Auch Schwefelsäure und Weinstein (wo dann freie Weinsäure in die Meische kommt) wird angewendet.

Außer der beschriebenen Methode, die Preßhefe zu bereiten, hat man auch noch eine andere angewandt, die im Wesentlichen darauf beruht, daß man nur den dünnen Theil der Meische zur Gewinnung der Hefe benutzt, und also eine der Bierwürze ähnlichere Meische auf Hefen verarbeitet.

Das Einteigen, Einmeischen, Zukühlen und Anstellen ge-

---

*) Als Beleg des Gesagten theile ich die Vorschrift eines umherreisenden Brenners mit. Man löst in ½ Quartier Branntwein 2 Loth kohlensaure Bittererde auf (sie ist aber darin ganz unlöslich); ferner löst man 2 Loth Weinsteinsäure in 1 Quartier kochendem Wasser; ferner wieder in einem anderen Gefäße 1 Pfund russische Potasche, 4 Loth gereinigten Salmiak und 2 Loth kohlensaures Ammoniak. (Das kohlensaure Ammoniak noch besonders zu nehmen, ist überflüssig, das aus Potasche und Salmiak kohlensaures Ammoniak entsteht) in 2 Quartier kochenden Wassers. Nachdem man etwas heiße Meische und etwas Schlempe in das Hefenfaß gebracht, und diese Masse mit Hefen angestellt hat, schüttet man alle diese Auflösungen in das Hefenfaß und vermischt sie mit der Hefenmasse. — Die Weinsäure verbindet sich hierbei mit dem Kali zu Weinstein, den man also mit Vortheil, weil er viel wohlfeiler als die Weinsäure ist, statt dieser gleich hätte zusetzen können, und die theure Bittererde, welche in ihrer Wirkung der Potasche gleich ist, konnte ebenfalls durch letzte ersetzt werden. — Die aufgeführten Mengen sind für 600 Pfund Roggenschrot und 100 Pfd. Gerstenmalzschrot.

schieht, wie eben beschrieben worden ist, nur nimmt man
mehr Wasser; sobald die Gährung im Gährungsbottiche an=
fängt, wo dann die Schrothülsen entweder noch am Boden
des Bottichs liegen, oder auf der Meische schwimmen, nimmt
man aus der Mitte des Bottiches einen Theil der dünnen
hülsenfreien Meische entweder mittelst eines Hebers, oder
mittelst eines Hahnes, der etwa 1½ Fuß über dem Boden
angebracht ist, und bringt denselben in einen kleinen Bottich.
Man setzt nun zu dieser dünnen Meische noch etwas Fer=
ment hinzu, und schöpft nach Beginn der Gährung die auf=
kommende Hefe ab; oder man läßt die Gährung vollständig
verlaufen, und sammelt das obenauf befindliche Ferment
(die Oberhefe) und das am Boden liegende Ferment (die
Unterhefe).

Die weingahre abgezapfte Flüssigkeit aus dem kleinen
Bottiche wird mit der im großen Gährungsbottiche enthal=
tenen weingahren Meische destillirt. Die Ausbeute an Hefen
ist hierbei, wie leicht einzusehen, geringer, da man eigentlich
nur einen kleinen Theil der Meische (ohngefähr $\frac{1}{6}$) auf He=
fen benutzt, aber man erleidet auch nur sehr wenig oder gar
keinen Verlust an Branntwein. Zur Darstellung der Hefe
für den eignen Bedarf dürfte dies Verfahren sich wohl em=
pfehlen; man hat dann nicht nöthig die Hefe abzupressen,
sondern man benutzt gleich die am Boden des kleinen Bot=
tichs befindliche schmierige Hefenmasse zum Anstellen.
Auch zur Darstellung von Preßhefe aus Kartoffeln hat man
diese Methode angewandt; es ist aber zu bemerken, daß das
aus Kartoffelnmeische gewonnene Ferment bei Weitem we=
niger wirksam und haltbar ist, und daher jetzt fast ganz aus
dem Handel verschwunden ist; wenigstens in hiesiger Ge=
gend wird allgemein die Preßhefe aus Getreidemeische vor=
gezogen. Daß die Kartoffeln wegen ihres geringen Gehal=
tes an stickstoffhaltigen Substanzen nur wenig, und nicht gu=
tes Ferment liefern, ließ sich erwarten, aber es ist noch un=
erklärt, warum man aus Weizen, der doch so reich an Kle=
ber ist, keine Preßhefe darstellen kann.

Die Liqueurfabrikation.

Die Liqueurfabrikation grenzt unmittelbar an die Fabrikation des Branntweins. Ihr Zweck ist, den Branntwein durch Zusätze von **Zucker und aromatischen Substanzen** in ein dem Gaumen angenehmeres Getränk zu verwandeln, ihn gleichsam zu veredeln.

Diese veredelten Branntweine führen im Handel den Namen **Crèmes, Liqueure, doppelte und einfache Aquavite**, je nachdem zu ihrer Darstellung mehr oder weniger Zucker, mehr oder minder feine aromatische Substanzen, und mehr oder minder reiner Weingeist angewandt worden ist. Die Crèmes sind die feinsten und süßesten, die einfachen Aquavite, die am wenigsten süßen und feinen Getränke. Die aus Fruchtsäften durch Vermischen derselben mit Zucker und Weingeist dargestellten Liqueure, nennt man häufig auch Rataffia.

Die Basis eines guten Liqueurs*) ist ein **vollkommen fuselfreier Branntwein oder Weingeist**; auf die Darstellung eines solchen muß der Liqueurfabrikant seine ganze Sorgfalt anwenden.

Von der Reinigung des Branntweins.

Man wird in manchen Gegenden mit Vortheil den angenehm riechenden und schmeckenden Weinbranntwein, oder

---

*) Obgleich, wie eben gesagt, der Name Liqueur eine besondere Art der Gewürzbranntweine bezeichnet, so braucht man doch diesen Namen auch für alle diese Getränke im Allgemeinen (daher auch Liqueurfabrikation); so soll derselbe auch hier gebraucht werden.

Zuckerbranntwein zur Darstellung der Liqueure benutzen können, in unserer Gegend sind wir aber meist auf die Verarbeitung von Korn= oder Kartoffelnbranntwein beschränkt. Diese Branntweine enthalten, wie sich aus Früherem ergiebt, immer mehr oder weniger von dem höchst widrig riechenden und schmeckenden Korn= und Kartoffelfuselöl, zu dessen Entfernung unzählige Mittel vorgeschlagen worden sind. Von diesen bewirken nur sehr wenige den eigentlichen beabsichtigten Zweck, nemlich die Entfernung des Fuselöles, die meisten derselben bringen einen eigenthümlich riechenden Stoff in denselben, durch welchen der Geruch des Fuselöls zwar etwas versteckt wird, aber das Fuselöl selbst bleibt wenigstens zum größten Theil darin, wenn auch in etwas verändertem Zustande.

Zu diesen Reinigungsmitteln sind die Schwefelsäure, die Essigsäure, Salpetersäure, der Chlorkalk, das mangansaure Kali zu rechnen. Diese zersetzen wohl einen Theil des Fuselöles, aber die aus der Zersetzung hervorgehenden Substanzen sind ebenfalls sehr übelriechend und flüchtig, sie finden sich daher im Destillate. Außerdem wird durch dieselben auch Alkohol zerlegt, und die bei dieser Zerlegung entstehenden sehr flüchtigen und eigenthümlich riechenden Aetherarten verunreinigen auch wieder das Destillat.

Unter den Reinigungsmitteln haben sich nur die **frisch ausgeglühte Holzkohle** und das **Aetzkali** als den gewünschten Zweck, nemlich die Entfernung des Fuselöls, vollkommen erfüllend erwiesen.

Es ist eine schon längst bekannte Thatsache, daß die Kohle riechende, schmeckende und färbende Stoffe aus den Flüssigkeiten aufnimmt, mit denen sie geschüttelt wird *). Ob diese Wirksamkeit durch die Porosität der Kohle bedingt ist, oder wie die Kohle sonst hierbei wirksam ist, ist noch

---

*) Die Kohle nimmt auch noch andere Stoffe auf, aber da bei riechenden, schmeckenden und färbenden Substanzen das Resultat sich leicht zu erkennen giebt, so hat man diese Wirkung am frühesten beobachtet, und überhaupt am meisten studirt.

nicht genügend erklärt. Bekannt ist aber, daß aus der Verbindung der Kohle mit den genannten Stoffen, die letzteren durch verschiedenen Ursachen wieder in Freiheit gesetzt werden können, so z. B. die flüchtigen, riechenden Substanzen durch Erhitzen. Daraus ergiebt sich die Regel, daß man zum Entfuseln des Branntweins, diesen nur bei gewöhnlicher Temperatur mit der Kohle in Berührung bringen darf. Schüttet man die Kohle mit in die Destillirblase, so entläßt sie wenigstens einen Theil des aufgenommenen Fuselöls, und das Destillat wird wieder mit demselben verunreinigt.

Da die Kohle nur entfuselnd wirken kann, wenn sie nicht schon andere Stoffe aufgenommen hat, so muß dieselbe sofort, nach dem sie ausgeglüht worden ist und sich abgekühlt hat, mit der zu entfuselnden Flüssigkeit zusammengebracht werden. Bleibt die Kohle zuvor der Luft ausgesetzt liegen, so nimmt sie aus dieser Gasarten, Riechstoffe und Wasserdampf auf, wodurch ihre Wirkung auf andere Substanzen ganz vernichtet wird; sie kann dann also nicht mehr entfuselnd wirken.

Um die Oberfläche der Kohle zu vergrößern, muß sie in ein grobes Pulver verwandelt werden.

Die Kohle wirkt nur entfuselnd auf schwach geistige Flüssigkeiten; man kann also nur Lutter oder Branntwein damit gehörig entfuseln. Behandelt man eine Kohle, welche aus Lutter oder Branntwein Fuselöl aufgenommen hat, mit starkem Weingeist, so entzieht dieser ihr wieder etwas Fuselöl. Die Entfuselung wird durch die Kohle sehr schnell bewirkt, es ist dazu keine längere Digestion nöthig; vielmehr scheint durch diese ein Antheil Fuselöl wieder von der geistigen Flüssigkeit aufgenommen zu werden.

Aus dem Gesagten werden sich die verschiedenen Erfolge erklären lassen, welche in Betreff der Wirksamkeit der Kohle beobachtet worden sind.

Das Aetzkali verbindet sich nach Göbel mit dem Fuselöl, und diese Verbindung ist bei der Siedhitze nicht flüchtig, noch wird sie bei dieser Temperatur zerlegt. Giebt man daher zu fuselhaltigem Branntwein Kalilauge in die Blase, so bleibt bei der Destillation, das Fuselöl in Verbindung mit dem Kali, zurück, und das Destillat ist frei von Fuselöl. Die Darstellung der Kalilauge geschieht auf die Weise, wie Seite 166 gelehrt worden ist. Auf das Orhoft Branntwein kann man ½ Pfund Potasche rechnen.

Die Reinigung des Branntweins durch Kohle kann auf die Weise ausgeführt werden, daß man in große Lagerfässer den zu reinigenden Branntwein mit der pulverisirten Kohle giebt, und unter wiederholtem Umschütteln 24 — 48 Stunden liegen läßt. Auf 100 Quart Branntwein kann man 8 — 12 Pfund Kohle rechnen. Nach dieser Zeit wird der Branntwein von den Kohlen abgezapft und zur Destillation aufbewahrt. Die zurückbleibenden Kohlen halten natürlich eine nicht unbedeutende Menge Branntwein aufgesogen; man giebt sie mit etwas Wasser auf die Blase, und destillirt das Geistige ab. Das davon erhaltene Destillat ist indeß nicht ganz frei von Fusel, es kann zu ordinären Aquaviten verwandt werden.

Anstatt, wie eben beschrieben, die geistige Flüssigkeit mit der Kohle einige Zeit in Berührung zu lassen, filtrirt man dieselbe wohl auch durch Kohle. Hierbei ist eine sorgfältige Prüfung der ablaufenden Flüssigkeit in gewissen Zeiträumen vorzunehmen; der zuerst ablaufende Theil ist natürlich der reinste, er wird zu den feinsten Sorten der Liqueure verwandt, der später ablaufende zu den geringeren Sorten. Der einfache Filtrirapparat besteht aus einem stehenden cylindrischen Fasse, in welchem etwa 4 Zoll über dem Boden ein Siebboden angebracht ist. Auf diesen Siebboden bringt man eine Lage geschnittenen Strohes, darauf eine Lage Flußsand, und auf diese die gröblich pulverisirte Kohle, welche man vorher mit Wasser oder auch gleich mit der geistigen Flüssigkeit angefeuchtet hat. Auf die Kohlenschicht wird nun endlich noch eine Lage Flußsand gebracht. Das Filtrirfaß wird bis auf einige Zoll von oben angefüllt, und mit einem dicht schließenden Deckel bedeckt. Durch ein auf den Boden

Liqueurfabrikation.

des Filtrirfasses gehendes Rohr läßt man nun aus einem Fasse die zu reinigende Flüssigkeit zwischen dem Siebboden und dem wirklichen Boden in einem durch einen Hahn zu regulirenden Strahle fließen, sie wird von der Flüssigkeitssäule von unten nach oben durch die Sand- und Kohlenschicht gedrängt, und läuft über die obere Sandschicht gereinigt ab. Hat man zum Befeuchten der Kohle Wasser angewandt, so besteht das zuerst Ablaufende aus reinem Wasser. Das Alkoholometer zeigt an, wenn das Ablaufende Alkohol enthält.

Die Kohle, welche man zum Entfuseln benutzt, ist die Holzkohle; man hat zwar auch die Knochenkohle angewandt, indeß wirkt diese nach Lüdersdorf nur sehr schwach auf das Fuselöl.

Die zum Entfuseln anzuwendende Kohle kann von den Kohlenbrennern gekauft werden, aber man muß sie in den Liqueurfabriken vor dem Gebrauche ausglühen. Hierzu kann man sich des Ofens bedienen, in welchem man die Verkohlung und Wiederbelebung der Knochen, behufs der Runkelrübenzuckerfabrikation vornimmt, er ist bei der Runkelrübenzuckerfabrikation beschrieben. Hat man eine bedeutende Branntweinbrennerei, so kann man oft vom Roste der Blasen oder des Dampfkessels eine nicht unbedeutende Menge Kohle erhalten. Man schüttet sie glühend in ein cylindrisches Gefäß von Eisenblech (Dämpfer), welches mit einem gut schließenden Deckel versehen ist *).

Sobald die ausgeglühte Kohle hinreichend erkaltet ist, muß sie pulverisirt werden. Hierzu sind verschiedene Vorrichtungen empfohlen worden. In Althaldensleben benutzt man eine linsenförmige, mit einer Achse versehene Trommel

---

*) In Althaldensleben, wo ein Gewerbe dem andern in die Hand arbeiten konnte, erhielt die nicht unbedeutende Liqueurfabrik ihre Kohlen von der Feuerung der Steinautöfen. Uebrigens konnten daselbst die Krönungen der Porzellan- und Steingutöfen zum Ausglühen der Kohlen noch außerdem benutzt werden.

von Eisen- und Kupferblech, welche in ihrem Umkreise siebartig durchlöchert, und an einer Seite mit einer Thür zum Einfüllen der Kohlen, versehen ist. Diese Trommel wird ganz von einem Gehäuse von Eisenblech eingeschlossen, durch welches ihre Achse hindurchgeht, so daß sie mittelst einer Kurbel gedreht werden kann. In die Trommel bringt man die zu pulverisirenden Kohlen, zugleich mit 2 — 3 ohngefähr 15 Pfd. schweren eisernen Kugeln. Bei mäßig geschwindem Umdrehen zerdrücken diese Kugeln die Kohlen, und das Pulver fällt durch die Löcher der Trommel in das Gehäuse. An diesem befinden sich zwei Thüren, die untere zum Herausnehmen des Kohlenpulvers, eine obere, durch welche man zu der Thür der Trommel gelangt, wenn man Kohlen in dieselbe schütten will. Fig. 48 zeigt eine solche Kohlenzerkleinerungsmaschine.

Hat man nur kleine Quantitäten Kohlen zu pulverisiren, so kann man sich eines Mörsers und der Siebe bedienen; ein Arbeiter kann damit in einem Tage schon eine ziemliche Menge Kohlen verarbeiten.

Ist die Kohle sehr durch anhängende Asche verunreinigt, so muß diese stets vor dem Zerkleinern durch Absieben entfernt werden. Die schon zum Entfuseln gebrauchte Kohle kann zwar durch Ausglühen wieder zum Entfuseln geschickt gemacht werden, sie zeigt aber dann nur geringe Wirksamkeit, so daß diese Wiederbelebung wegen des geringen Preises der Kohlen nicht vortheilhaft ist.

Es ist schon oben erwähnt worden, daß die Entfuselung durch Kohle um so besser gelingt, je schwächer die geistige Flüssigkeit ist, aber sie enthält gerade dann das meiste Fuselöl; daher verwendet man in der Regel Branntwein von 50 bis 60° Tr. zur Reinigung.

Die Branntweinbrenner, welche direct von ihren Apparaten Spiritus ziehen, und diesen an die Liqueurfabrikanten verkaufen, bewirken jetzt sehr häufig die Reinigung in dem Destillirapparate selbst. Sie lassen nemlich die geistigen Dämpfe, ehe sie in das Schlangenrohr des Kühlfasses treten, durch einen

Liqueurfabrikation.

aufrechtstehenden kupfernen, ohngefähr 2 — 3 Fuß hohen und 1 Fuß weiten, mit Siebboden versehenen Cylinder streichen, der mit sehr grobkörniger Kohle angefüllt ist. Bei dem Durchgang der Dämpfe durch diesen Kohlencylinder wird das Fuselöl von der Kohle aufgenommen, und das Destillat wird ziemlich fuselfrei sein. Daß eine vollständige Reinigung dadurch nicht erzielt werden kann, leuchtet aus dem oben Seite 271 Angeführten ein.

Der mit einer hinlänglichen Quantität Kohle kalt auf oben beschriebene Weise behandelte Branntwein ist zu vielen Liqueuren anwendbar, ohne daß man ihn vorher bestillirt; nemlich zu allen denen, bei welchen derselbe über Gewürze destillirt wird; zu den durch Digestion darzustellenden, und namentlich zu den feineren Sorten, destillirt man denselben aber zuvor entweder ohne allen Zusatz, oder sehr zweckmäßig mit einem Zusatz von Potasche, oder von Potasche und Kalk. Auf das Orhoft kann man $1/4$ Pfund Potasche und $1/4$ Pfund gelöschten Kalk, beide zuvor mit heißem Wasser angerührt, nehmen. Der so rectificirte Branntwein oder Spiritus kann als vollkommen rein, als chemisch rein, betrachtet werden.

Der Fuselgeruch des Branntweins zeigt sich besonders stark, wenn man denselben auf etwas erwärmtes Wasser tröpfelt, oder wenn man mit demselben ein reines Glas ausspühlt, und nach einigen Minuten in dasselbe riecht; weil das Fuselöl nemlich minder flüchtig, als der Alkohol ist, so bleibt es nach dem Verdampfen des Alkohols zurück, und sein Geruch wird dann durch den geistigen Geruch nicht mehr versteckt. Auch eine Auflösung von salpetersaurem Silberoxyd (Höllenstein) in Wasser, ist ein sehr empfindliches Reagens auf Fuselöl. Tröpfelt man von dieser Auflösung einige Tropfen in fuseligen Branntwein, so färbt sich derselbe nach einiger Zeit braunroth; in fuselfreien Branntwein aber findet keine Färbung Statt. Vielleicht wird man sich des salpetersauren Silberoxyds als eines vortrefflichen Entfuselungsmittels bedienen können, indem man den fuseligen

18 *

Branntwein, mit einer geringen Menge dieser Substanz vermischt, einige Zeit lagern läßt, wo sich ein braunrother Niederschlag, durch Zersetzung des Silbersalzes und des Fuselöls entstanden, abscheidet. Der von diesem abgezapfte Branntwein muß dann natürlich rectificirt werden; aus dem Niederschlage läßt sich das Silber leicht wieder gewinnen. Zu bemerken ist noch, daß diese Prüfung nicht bei Branntwein angewandt werden kann, welcher über aromatische Substanzen abgezogen ist, und also ätherisches Oel enthält; weil die ätherischen Oele, wie das Fuselöl auf die Silbersalze, zersetzend wirken.

Die Prüfung des Branntweins oder Spiritus durch Reiben desselben zwischen den Händen, ist höchst unsicher, es wird Fett von der Haut aufgelös't, und es zeigt sich dabei immer ein mehr oder weniger starker Seifengeruch.

Außer der Verunreinigung mit Fuselöl, zeigt der Branntwein bisweilen einen brenzlichen Geruch, davon, daß die Meische in der Blase angebrannt war. Ein solcher Branntwein ist selbst durch öfteres Behandeln mit Kohle kaum vollständig von diesem Geruche zu befreien, zur Liqueurfabrikation ist er gänzlich zu verwerfen, er kann am besten nach wiederholter Destillation als Brennspiritus verkauft werden.

War das zur Branntweinfabrikation angewandte Getreide modrig oder dumpfig, so zeigt der daraus gewonnene Branntwein einen Modergeruch. Nur durch Rectification über kohlensaure Magnesia (auf 100 Quart etwa 2 Pfund) soll dieser Geruch entfernt werden können. Wahrscheinlich wird Potasche dieselbe Wirkung thun: mir ist ein so verunreinigter Branntwein noch nicht unter die Hände gekommen.

Wenn gegen das Frühjahr die Kartoffeln zu keimen und zu faulen anfangen, so erhält man von denselben bisweilen nach sehr stürmischer Gährung, bei welcher sich ein durchdringender Meerrettiggeruch zeigt, einen Branntwein, der denselben stechenden Geruch besitzt. Zur Befreiung davon, soll der Branntwein mit ½ Pfund Vitriolöl auf 100 Quart gemischt werden, nach einigen Tagen durch Potasche oder

Kreide die Säure abgestumpft, und der Branntwein rectificirt werden. Zur Liqueurfabrikation wird man alle diese so verunreinigten Branntweine aber nur selten zu benutzen genöthigt sein.

Von der Darstellung der Liqueure im Allgemeinen.

Die große Anzahl von Pflanzensubstanzen, welche man zur Aromatisirung des Branntweins benutzt, läßt sich nach den Bestandtheilen, wegen deren man sie anwendet, in drei Classen bringen.

Die erste Classe enthält die Pflanzensubstanzen, welche man nur wegen ihres Gehalts an ätherischen Oel benutzt. Hierher gehören z. B. der Kümmel-, Anis- und Selleriesaamen, die Wachholderbeere, die Citronenschalen, die bitteren Mandeln, das Pfeffermünzkraut und die Orangenblüthen.

Alle diese Substanzen werden gewöhnlich mit Branntwein in einer Destillirblase übergossen, einige Stunden stehen (maceriren) gelassen, und dann bei gelindem Feuer so lange destillirt, als das Destillat noch Alkohol und ätherisches Oel enthält. In Betreff der ätherischen Oele dieser Substanzen, von denen ihr Geruch und Geschmack abhängig ist, gilt Alles, was Seite 187 über das Fuselöl gesagt worden ist. Sie sind sämmtlich bei weitem weniger leicht flüchtig, als der Alkohol, ja selbst als das Wasser, und es wird daher erst dann ein bedeutender Theil derselben in Dampfgestalt übergehen, wenn der Siedpunkt der Flüssigkeit in der Blase höher wird, also wenn der größte Theil des Alkohols überdestillirt ist. Aus diesem Grunde ist es ganz unzweckmäßig, diese Substanzen mit sehr starkem Weingeist zu destilliren, es wird nemlich dann nur sehr wenig ätherisches Oel wegen der niederen Temperatur der geistigen Dämpfe überdestilliren. Am aller zweckmäßigsten ist es, alle diese Substanzen mit reinem Wasser auf die Blase zu geben, und so lange zu destilliren, als das Destillat noch durch den Geruch ätherisches Oel erkennen läßt. Dieses wässerige Destillat, auf welchem, wenn man viel von den Substanzen, im Verhältniß zum Wasser, in die Blase gegeben hat, ätherisches Oel schwimmt, wird in zweckmäßiger Menge zu Spiritus gesetzt und, nachdem dies Gemisch auf den erforderlichen Alkoholgehalt gebracht worden, mit der gehörigen Menge Zucker versüßt, wie später gelehrt werden wird. Die auf diese letzte Weise dargestellten Liqueure zeichnen sich, wenn sie einige Zeit gelegen haben, durch vortrefflichen Geruch und Geschmack aus, aber man bedarf, wie leicht einzusehen, einen sehr starken Spiritus zu ihrer Bereitung, deshalb destillirt man gewöhnlich mit Branntwein, weil man dabei zugleich eine Rectification des Branntweins bewirkt.

In Gegenden, wo die oben genannten Substanzen in reichlichen Mengen vorkommen, scheidet man oft sehr im Großen durch Destillation derselben mit Wasser ihr ätherisches Oel ab, indem man es von dem wässerigen Destillate abschöpft, und dies mit Oel angeschwängerte Wasser immer über neue Quantitäten der Substanzen destillirt. Von diesen Gegenden ab werden diese ätherischen Oele zu wohlfeilen Preisen versandt, und man kann, durch Auflösung derselben in gereinigtem Branntwein, ohne alle Destillation, sich Liqueure mit Vortheil bereiten; man muß aber versichert sein, die ätherischen Oele unverfälscht und frisch zu erhalten; und wenn mehrere Sorten auf dem Preiscourant notirt sind, stets die theuersten kaufen.

Die zweite Classe umfaßt diejenigen Pflanzensubstanzen, welche man sowohl wegen ihres Gehaltes an ätherischem Oel, als auch wegen ihres Gehaltes an nicht flüchtigen aromatisch bitteren Stoffen benutzt. Hierzu gehören z. B. die Pomeranzenschalen und Pomeranzenfrüchte, der Zimmt, die Nelken, die Vanille, die Kalmuswurzel, der Kardamomensaamen, die Macisblüthe, die Galgantwurzel, die Zittwerwurzel, das Wermuthkraut; auch die Enzianwurzel kann hierzu gezählt wer=

den. Von diesen enthält ein Theil eine sehr bedeutende Menge ätherischen Oeles, ein anderer Theil nur eine geringe Menge, welche man daher fast nur wegen ihres aromatischen Bitterstoffes benutzt.

Um diese Classe der Pflanzensubstanzen zur Liqueurfabrikation anzuwenden, werden dieselben zerkleinert mit Branntwein oder mit Spiritus übergossen, einige Zeit entweder in der Kälte oder bei einer Temperatur von 40 bis 60° R. stehen gelassen. Ersteres wird das Maceriren genannt, letzteres das Digeriren. Sowohl das ätherische Oel, als auch die aromatisch bitteren Stoffe werden dadurch ausgezogen; der Auszug, welcher immer mehr oder weniger gefärbt ist, wird eine Tinctur genannt; durch Versüßen derselben mit der gehörigen Menge Zucker entstehen die verschiedenen Liqueure.

Bei der Digestion und Maceration der Pflanzensubstanzen, kann als Regel gelten, daß man sich dazu nur immer eines ziemlich verdünnten Weingeistes bediene, eines Weingeistes, der nicht viel mehr Alkohol enthält, als der fertige Liqueur enthalten soll. Nimmt man viel stärkeren Weingeist, so werden häufig durch Zugeben von Wasser, um den erforderlichen Procentgehalt zu bekommen, aufgelöste Stoffe wieder abgeschieden, der Liqueur wird dann trübe, und klärt sich oft erst nach langem Lagern. Bei Pflanzensubstanzen, wo man dies nicht zu befürchten hat, kann man indeß stärkeren Spiritus anwenden, und bei den Crêmes und Liqueurs, welche viel Zucker erhalten, muß man dies thun. Alle Pflanzensubstanzen werden vor dem Uebergießen mit dem Weingeist zerschnitten oder zerstampft; die Digestion selbst nimmt man in der Regel in der Blase vor, durch einige glühende Kohle erhält man leicht den Inhalt auf der erforderlichen Temperatur von 40 — 60° R. Nach dem Erkalten wird der Auszug durch den Hahn abgelassen; der Rückstand in der Blase, welcher sehr viel Weingeist aufgesogen hat, wird ausgedrückt, und dann in einem gut bedeckten stehenden Fasse aufbewahrt, um ihn, wenn er sich in gehörige Menge angesammelt hat, durch Destillation mit etwas Wasser von dem Weingeiste zu befreien; das hierbei erhaltene Destillat besitzt oft einen recht angenehmen Geschmack (man giebt nemlich die Rückstände von allen Sorten der Liqueure zusammen), es wird zu den sehr zusammengesetzten Aquaviten benutzt.

Von einigen der genannten Substanzen benutzt man bisweilen auch allein ihr ätherisches Oel zur Liqueurfabrikation, man destillirt sie mit Spiritus und Wasser, oder mit Branntwein. Daher kommt es, daß man oft von ein und derselben Substanz zwei verschiedene Liqueure hat, nemlich einen, welcher durch Digestion, einen anderen, welcher durch Destillation dargestellt worden. Der erstere ist in der Regel mehr oder weniger bräunlich gefärbt, und schmeckt aromatisch bitter, der letztere ist ungefärbt, wenn er nicht künstlich gefärbt worden, er schmeckt nur nach dem ätherischen Oele. So hat man z. B. weißen und braunen Pomeranzenliqueur, Vanilleliqueur, Caffeeliqueur, Nelkenliqueur.

Diejenigen Pflanzensubstanzen dieser Classe, welche im Verhältniß zu ihrem ätherischen Oele und aromatischen Stoffen, eine große Menge Bitterstoff enthalten, würden durch Digestion Liqueure geben, die wenig aromatisch, aber sehr stark bitter schmeckten; aus diesen bereitet man sich durch Digestion nur eine kleine Quantität Tinktur; eine größere Menge wird destillirt, um ein aromatisches Destillat zu erhalten, dem man dann von der Tinctur nach Erforderniß des Geschmacks zusetzt. Man übergießt gewöhnlich die ganze anzuwendende Menge der Pflanzensubstanzen in der Destillirblase mit dem Weingeist; läßt sie ohngefähr 12 Stunden maceriren oder digeriren, nimmt dann so viel, als erforderlich, von der Tinctur aus der Blase, und destillirt das übrige ab.

Die dritte Classe umfaßt die Früchte, aus deren Saft Liqueure (Ratafia) dargestellt werden, es sind Erdbeeren, Himbeeren, Kirschen, Quitten, Apfelsinen u. s. w. Diese Früchte werden nach dem Zerstampfen oder Zerquetschen ausgepreßt, und der Saft bis zu dem erfor=

Liqueurfabrikation.

derlichen Procentgehalte mit starkem Spiritus versetzt und versüßt.

Zum Versüßen aller Liqueure wendet man im Allgemeinen festen Zucker an; zu den feinsten und ungefärbten, oder zu denen, welche blaß gefärbt werden, nimmt man feine Raffinade, zu den stärker gefärbten kann guter Melis genommen werden; Rohzucker nur zu den ordinären Aquaviten. Der Zucker wird vor dem Zusetzen in wenig Wasser (auf 4 Pfund Zucker ohngefähr 1 Quart, also auf 10 Pfund 2½, auf 100 Pfund 25 Quart, oder auf 10 Pfund 6¼ Pfund) aufgelös't gekocht, und dabei sorgfältig abgeschäumt, auch wohl mit Eiweiß geklärt. Erst nachdem dieser Syrup ziemlich erkaltet ist, wird derselbe mit der spirituösen Flüssigkeit gemischt.

Der Liqueurfabrikant, welcher Zuckerraffinerien in der Nähe hat, wird bisweilen mit pecuniärem Vortheil weißen Syrup von diesen Fabriken erhalten, welcher sich zur Fabrikation der Aquavite recht gut eignet, ja wer eine sehr bedeutende Liqueurfabrik hat, wird mit Vortheil sich selbst gereinigten Syrup aus Runkelrüben darstellen können.

Der Zuckergehalt dieser Syrupe wird durch ein Aräometer leicht ermittelt. Die folgende Tabelle zeigt die den specifischen Gewichten entsprechenden Procentgehalte an festem Zucker; sie ist von Niemann für die Temperatur von 14° R. berechnet.

Specifisches Gewicht.	Zuckergehalt in Procenten.	Specifisches Gewicht.	Zuckergehalt in Procenten.
1,0830	20	1,2322	50
1,1056	25	1,2434	52
1,1293	30	1,2546	54
1,1533	35	1,2658	56
1,1582	36	1,2770	58
1,1681	38	1,2882	60
1,1781	40	1,2994	62
1,1883	42	1,3105	64
1,1989	44	1,3215	66
1,2098	46	1,3324	68
1,2209	48	1,3430	70

Alle diese von Zuckerraffinerien zu erhaltende Syrupe sind aber nur brauchbar, wenn sie einen reinen Zuckergeschmack besitzen; die dunkeln, und der gewöhnlich im Handel vorkommende Syrup, können nur zu ganz ordinären und dunkelgefärbten Aquaviten angewandt werden, und man kann für sie die vorstehende Tabelle nicht benutzen, da sie unkrystallisirbaren Zucker und viele fremdartige, namentlich schleimige Substanzen enthalten.

Man hat auch wohl den **Stärkezucker** zum Versüßen angewandt, dies dürfte indeß nur in sehr seltenen Fällen vortheilhaft sein, da seine Süßigkeit weit geringer, als die des Rohrzuckers ist. 2½ Pfund Stärkezucker ertheilen ohngefähr dieselbe Süßigkeit, als 1 Pfund Rohrzucker, und dieselbe ist fast immer mit einem erdigen Geschmack begleitet.

Was die Quantität des zum Versüßen anzuwendenden Zuckers betrifft, so ist diese bei den verschiedenen Liqueuren verschieden. Die feinsten Crèmes erhalten in der Regel 1 Pfund Zucker für das Quart, die Liqueure ¾ Pfund; die doppelten Aquavite 4 — 6 Loth, die einfachen Aquavite etwa 2 Loth.

Der Procentgehalt an Alkohol, welchen man den Liqueuren giebt, ist gewöhnlich der des Trinkbranntweins, also 46 bis 48% Tr. Die aus stark schmeckenden aromatischen oder bittern Substanzen dargestellten doppelten Aquavite, und die einfachen Aquavite, können etwas schwächer, etwa 45% Tr. gemacht werden; und die Crèmes und Liqueure, zu welchen, wie erwähnt, eine sehr bedeutende Menge Zucker kommt, muß man oft schwächer machen, weil man sonst fast wasserfreien Alkohol zu ihrer Darstellung anwenden müßte.

Man sieht nemlich leicht ein, daß das geistige Destillat, oder die geistige Tinctur, welche mit dem Zucker (der, wie eben erwähnt, durch Auflösen in Wasser in Zuckersyrup umgewandelt wird) versüßt und dadurch in Liqueur umgewandelt werden soll, einen um so größeren Gehalt an Alkohol haben muß, je größer die Menge des zuzusetzenden Zuckers genommen werden soll, denn durch den zuzusetzenden Zucker-

Liqueurfabrikation.

syrup wird ja der Procentgehalt verringert. Bei der Bereitung der Crêmes ist das Volumen des zuzusetzenden Zuckersyrups fast eben so groß, als das Volumen der geistigen Flüssigkeit; sollte daher der fertige Crême einen Gehalt von 48% Tr. zeigen, so müßte die geistige Tinctur oder das geistige Destillat vor der Vermischung mit dem Zuckersyrup einen Procentgehalt von fast 96% Tralles besitzen.

Um bestimmen zu können, welchen Alkoholgehalt die geistige Flüssigkeit vor dem Zugeben des Zuckersyrups haben müsse, möge das Folgende dienen.

Es ist schon oben angeführt worden, daß man beim Auflösen des Zuckers auf 4 Pfund desselben 1 Quart (2½ Pfd.) Wasser nimmt, dies beträgt auf 100 Pfund Zucker 25 Quart (62,5 Pfd.) auf 10 Pfund 2,5 Quart (6,25 Pfd.).

Der so dargestellte Syrup enthält hiernach 61,5 Procent Zucker, wofür man wegen Verdunstung 62 Procent setzen kann.

Das specifische Gewicht dieses Syrups (vergleiche die Tabelle Seite 281) ist fast 1,300, und es wiegt daher 1 Quart desselben 3¼ (3,25) Pfund.

1 Quart des Syrups enthält also an Zucker 2 Pfund, an Wasser 1¼ Pfund (½ Quart), und es nehmen daher 4 Pfund Zucker den Raum von 1 Quart Wasser ein; 4 Pfd. Zucker mit dem zum Auflösen anzuwendenden 1 Qrt. Wasser geben für die Praxis völlig genau genug 2 Quart Syrup; das Gewicht des Zuckers in Pfunden dividirt durch 4, drückt also den Raum in Quarten aus, welchen derselbe einnimmt; (100 Pfd. Zucker z. B. erfüllen den Raum von 25 Quart) und diese Zahl drückt zugleich die Quartzahl des zur Auflösung anzuwendenden Wassers aus, so daß daher 100 Pfd. Zucker 50 Quart Syrup geben.

Einige Beispiele mögen die Anwendung dieser Data zeigen. Angenommen, man wolle 110 Quart irgend eines Crême darstellen, jedes Quart derselben solle 28 Loth Zucker enthalten, und der Procentgehalt solle 42% Tr. betragen. — Die zu 110 Quart erforderliche Menge Zucker ist hiernach 96 Pfund; diese Zahl dividirt durch 4, das ist 24 giebt den Raum, welchen der Zucker nach dem Auflösen einnimmt in Quarten, und zugleich die Anzahl der Quarte Wasser, welche zum Auflösen erforderlich ist. Der dargestellte Zuckersyrup wird also 48 Quart betragen. Zieht man diese von 110 ab, so bleiben 62 Quart als die erforderliche geistige Tinctur (oder geistiges Destillat), und diese muß natürlich so viel Alkohol enthalten, daß nach Zugeben von 48 Quart Zuckerlösung (alkoholleerer Flüssigkeit) das Gemisch einen Alkoholgehalt von 42% Tr. zeigt. Die 110 Quart sollen also (vergleiche Seite 249) $110 \times 42 = 4620$ Procent Alkohol enthalten, und so viel Alkoholprocente müssen sich daher in den 62 Quart des geistigen Destillates vorfinden; dies giebt auf 1 Quart $\frac{4620}{62}$ also 74,5. Die geistige Flüssigkeit muß also einen Alkoholgehalt von $74\frac{1}{2}\%$ Tralles, das ist 62% Richter zeigen. Sollte der Crême 50% Tr. stark werden, so müßte die alkoholische Flüssigkeit $\frac{110 \times 50}{62}$ also fast 89% Tr. das ist 81% Richter stark gemacht werden.

Diese Rechnung, keineswegs absolut genau, ist für die Praxis hinlänglich genau genug. Da die Zuckerlösung wahrscheinlich ohne einen zu beachtenden Fehler als reines Wasser gedacht werden kann, so lassen sich zu diesen Berechnungen auch ganz vortrefflich die Tabellen benutzen, welche zur Verdünnung eines Weingeistes mit Wasser berechnet, und Seite 251 u. f. aufgeführt sind. Man darf nur berücksichtigen, daß die Tabellen, von welchen die zweite wegen ihrer größeren Ausdehnung angewandt werden muß, anzeigen, wie viel Maaße Wasser zu 1000 Maaß eines stärkeren Weingeistes gegeben werden müssen, damit ein schwächerer Weingeist entstehe, so wird es klar sein, daß man, wenn die Menge des Wassers (in unserm Falle der Zuckerlösung) gegeben ist, aus denselben auch finden kann, welchen Alkoholgehalt einen Weingeist haben muß, damit 1000 Maaß desselben mit dieser Wassermenge einen Weingeist von bestimmten niederen Procentgehalt geben.

Benutzen wir das obige Beispiel. Man will 110 Quart Crême darstellen, von 42% Tr. Alkoholgehalt und 28 Loth Zucker in jedem Quart. Die erforderlichen 96 Pfund Zucker geben mit der nöthigen Menge Wasser 48 Quart Zuckersyrup (alkoholleere Flüssigkeit, die also gleich Wasser verdünnend wirkt), für geistige Flüssigkeit bleiben daher 110 — 48 = 62 Quart. Nun berechnet man, wie viel nach diesem Verhältniß auf 1000 Quart der geistigen Flüssigkeit, Zuckersyrup (wässerige Flüssigkeit) käme, also 62 : 48 = 1000 : x = 774. In der Tabelle sucht man nun in der oberen Querspalte den Alkoholgehalt, welchen der Crême besitzen soll, also hier 42, und in der dazu gehörigen Längsspalte die Zahl 774, oder die ihr nächst kommenden, hier also 767, zu dieser gehört in der ersten Längsspalte die Zahl 73, sie zeigt an, daß der Alkoholgehalt der geistigen Flüssigkeit 73% Tr. betragen müsse, oder mit anderen Worten, daß 1000 Quart Spiritus von 73% Tralles, gemischt mit 767 Quart Wasser oder Zuckersyrup, ein Gemisch von 42% Tralles Alkoholgehalt geben. 1000 : 774 ist aber dasselbe Verhältniß, wie das in unserm Falle vorkommende von 62 : 48.

Soll der Alkoholgehalt des Crême nur 40% Tr. sein, so hat man die Zahl 774 in der zu der Zahl 40 gehörigen Längsspalte zu suchen, in dieser findet sich bei 776 daneben die Zahl 70, und es braucht also dann die alkoholische Flüssigkeit nur 70% Tr. zu haben. Sollte der Crême einen Alkoholgehalt von 50% bekommen, so müßte nach der Tabelle die alkoholische Flüssigkeit einen Procentgehalt von zwischen 86 bis 87, also ohngefähr 86½ zeigen.

Noch ein Beispiel möge aufgeführt werden. Man wolle 750 Quart Aquavit von 45% Tr. darstellen, und zum Versüßen desselben 80 Pfund Zucker anwenden. Diese letzten geben 40 Quart Syrup, so daß also für die geistige Flüssig=

keit 710 Quart bleiben, auf 1000 Quart derselben würden also 56 Quart Zuckersyrup kommen. Sucht man unter der Zahl 45 in der Tabelle die Zahl 56, so ergeben sich als die nächsten 46 und 68, zwischen denen die Zahl 56 also ziemlich genau in der Mitte liegt, und es muß hiernach die geistige Flüssigkeit vor dem Versüßen einen Alkoholgehalt von 47½% Tr. bekommen; sollte der Aquavit 48% Tr. stark werden, so muß sie 51% Tr. zeigen, u. s. w. Dasselbe Resultat erhält man auch, wenn man die zuerst angegebene Methode der Berechnung anwendet, obgleich diese in den meisten Fällen, wie in den früheren Beispielen, den Procentgehalt etwa um 1 Procent höher angiebt.

Es brauchte wohl kaum bemerkt zu werden, daß, wenn man ein stärker alkoholisches Destillat erhalten hat, dieses vor dem Zugeben des Zuckersyrups durch Wasser auf den erforderlichen Procentgehalt gebracht werden muß, wozu man die Tabelle, oder auch das Alkoholometer benutzt. Das Wasser, welches man zum Verdünnen der Liqueure und zum Auflösen des Zuckers anwendet, muß ein ganz weiches sein, daher gewöhnlich Flußwasser oder Regenwasser. Brunnenwasser eignet sich wegen seines Gypsgehalts nicht gut dazu; es wird nemlich durch den Weingeist der Gyps abgeschieden, das Gemisch erscheint trübe, opalisirend, und klärt sich erst nach einiger Zeit. Daß das angewandte Wasser farblos und geruchlos, überhaupt sehr rein sein muß, versteht sich von selbst. (Prüfung des Wassers S. 17.)

Warum in den fertigen Liqueuren der Alkoholgehalt durch das Alkoholometer nicht ausgemittelt werden kann, bedarf keiner Erläuterung. Das specifische Gewicht der Liqueure ist wegen des Zuckergehalts oft viel größer als das des Wassers.

Sämmtliche, durch Destillation oder durch Auflösen der ätherischen Oele dargestellte Liqueure sind an und für sich ohne Farbe; aber um sie für das Auge angenehm zu machen, ertheilt man ihnen mancherlei Farben. Die Farbestoffe, welche man dazu anwendet, müssen unschädlich sein, und sie dürfen dem Liqueure keinen bemerkbaren Geruch und Geschmack ertheilen; deshalb darf man die stark schmeckenden und riechenden nur in sehr geringer Menge zusetzen, wenn man sie nicht durch geruch= und geschmacklose ersetzen kann.

Rothe Färbung ertheilt man durch eine Tinctur von Cochenille oder Sandelholz. Um die Cochenilletinctur zu bereiten, wird 1 Loth der besten Cochenille in einem messingenen Mörser fein zerstoßen, das Pulver in eine Flasche gegeben, mit ½ Quart Spiritus von ohngefähr 70% Tr. übergossen, gut verstopft, und einige Tage unter öfterem Umschütteln stehen gelassen. Dann filtrirt man die rothe Flüssigkeit von der ausgezogenen Cochenille ab, und bewahrt die erstere in einer gut verschlossenen Flasche mit der Bezeichnung »Cochenilletinktur« an einem dunkeln Orte auf. Die Sandelholztinctur wird auf dieselbe Weise bereitet. Auf ¼ Pfund Sandelholz nimmt man 1 — 2 Quart Spiritus. Die rothe Färbung durch Cochenille ist etwas violett, durch Zusatz von gelber Tinctur, wird sie scharlachroth.

Gelbe Färbung ertheilt man durch Ringelblumen=, Curcuma= oder Safflortinctur. Die Bereitung derselben ist wie die der rothen Tinctur. Auf ¼ Pfund pulv. Curcuma kann man 1 Quart, auf ¼ Pfund Safflor und Ringelblumen (Flores Calendulae) 2 Quart Spiritus anwenden. Die Curcumatinctur färbt stärker, aber sie besitzt einen ziemlich starken Geschmack. Saffrantinctur ist, abgesehen von dem theuren Preise des Saffrans, wegen des durchdringenden Geruchs und Geschmacks nicht anwendbar.

Blaue Färbung ertheilt man durch Indigotinctur. Um diese zu bereiten, wird auf folgende Weise verfahren. Man zerreibt in einem Procellan=Mörser 1 Loth des besten Indigos, und übergießt das Pulver in demselben Mörser mit 4 Loth rauchender Schwefelsäure (Nordhäuser Vitriolöl) unter fortwährendem Umrühren mittelst des Pistills. Die entstandene blaue Masse läßt man auf einer warmen Stelle einige Stunden stehen, während welcher Zeit man sie einige Male umrührt. Nun verdünnt man dieselbe mit ⅜ Quart

Wasser in einem sehr geräumigen neuen glasirten Topfe, und schüttet in die entstandene tief dunkelblau gefärbte Flüssigkeit so lange zerriebene geschlemmte Kreide in kleinen Portionen unter fortwährendem Umrühren, bis bei dem Einschütten einer neuen Portion kein Aufbrausen mehr erfolgt. Zu der, durch einen entstandenen Niederschlag von Gyps, jetzt dick gewordene Flüssigkeit, giebt man nun 1 Quart Spiritus von 80% Tr., und läßt einige Stunden ruhig stehen, unter bisweiligem Umrühren. Die blaue Flüssigkeit wird nach dieser Zeit durch Filtriren von dem Bodensatze getrennt, und als Indigotinctur aufbewahrt. Sie besitzt ein höchst intensives Färbungsvermögen.

Grüne Färbung erzielt man durch gelbe und blaue Tinctur. Man färbt zuerst die Liqueure gelb, und giebt dann in kleinen Quantitäten von der blauen Tinctur so viel hinzu, daß die gewünschte Nüance entsteht.

Violett erhält man durch rothe Tinctur, und eine sehr geringe Menge der blauen Tinctur.

Die durch Digestion dargestellten Liqueure besitzen an und für sich eine mehr oder weniger braune Farbe; um diese angenehmer oder dunkler zu machen, erhalten dieselben in der Regel eine Färbung durch Zuckertinctur (aus gebranntem Zucker, Caramel). Zur Bereitung der Zuckertinctur schüttet man Rohzucker oder Farinzucker (minder gut Syrup) in einen geräumigen kupfernen Kessel, besprengt ihn mit sehr wenig Wasser, und stellt den Kessel auf mäßiges Feuer. Der Zucker fängt bald an zu schmelzen, bläht sich auf, wird immer dunkler, und stößt dichte weiße, stark brenzlich riechende Dämpfe aus. Man läßt ihn über dem Feuer, bis er eine tief dunkelbraune Farbe angenommen hat; nachdem er etwas erkaltet, gießt man vorsichtig, in kleinen Portionen, heißes Wasser darauf, wodurch sehr schnell die Auflösung der braunen Masse bewirkt wird. Die erhaltene Flüssigkeit hebt man mit der Bezeichnung »Zuckertinctur« auf. Verarbeitet man auf dieselbe Weise Syrup, so muß, während der Kessel auf dem Feuer steht, fortwährend gerührt werden, weil der

Liqueurfabrikation.

Inhalt sonst übersteigt; man thut dann wohl, die Hände mit Handschuhen zu bekleiden, um sich vor dem Verbranntwerden durch verspritzende heiße Masse zu schützen.

In früheren Zeiten, mehr als jetzt, brachte man in einige Liqueure zertheiltes Blattgold oder Blattsilber; daher die Namen Goldwasser, Silberwasser. Da sich diese Körper in der Ruhe zu Boden setzen, die Flaschen daher vor dem Verkaufe stets geschüttelt werden müssen, so dürfen sie nur in Liqueure gebracht werden, die durch Lagern vollkommen sich abgeklärt haben. Man giebt das echte Blattgold oder Blattsilber in einen sehr reinen Porzellanmörser, befeuchtet es mit einigen Tropfen von dem Liqueure, verreibt es mit denselben sehr vorsichtig, und spühlt es mit dem Liqueure in die Flaschen.

Das Vermischen der geistigen Tinctur mit dem Zuckersyrup und den Farbestoffen wird in der Regel in einem großen Bottiche vorgenommen, der mit einem gut schließenden, an einer Seite aufzuklappenden Deckel bedeckt werden kann. Man füllt zuerst die alkoholische Flüssigkeit, das heißt, das geistige Destillat der Pflanzensubstanzen, oder die geistige Tinctur derselben in den Bottich, verdünnt sie, wenn es erforderlich, mit Wasser, oder macht sie, wenn es nöthig, durch Zugeben von starken reinen Spiritus stärker an Alkoholgehalt, giebt dann den Zuckersyrup hinzu, und rührt sie tüchtig durcheinander; dann setzt man in kleinen Quantitäten so viel von der Farbentinctur hinzu, daß die erwünschte Farbe entsteht. Bereitet man den Liqueur mittelst eines ätherischen Oeles, so löst man dasselbe vorher in einem Maaße starken Spiritus auf, und setzt dann diese Auflösung zu der gehörigen Menge in den Bottich gebrachten gereinigten Branntwein oder Spiritus und Wasser.

In vielen Ländern wird von der Veredlung des Branntweins zu Liqueuren noch besonders Steuer erhoben, und zwar in der Art, daß für die Anzahl der Stunden, während welcher man die Destillirblase benutzt, eine gewisse Geld-

ſumme gerechnet wird. Bei dieſer Methode der Steuererhe=
bung hat man alſo keine Steuer zu bezahlen, wenn der
Liqueur durch Auflöſen von einem ätheriſchen Oele in
Branntwein oder durch bloße Digeſtion dargeſtellt worden
iſt. Aber auch bei den durch Deſtillation des Weingeiſtes
über Pflanzenſubſtanzen zu bereitenden Liqueuren läßt ſich
ein Theil der Steuer dadurch erſparen, daß man nicht die
Geſammtmenge des Weingeiſtes über Pflanzenſubſtanzen de=
ſtillirt, ſondern nur einen Theil, wozu man natürlich kürzere
Zeit bedarf. Man erhält in dieſem Falle ein ſtärker aroma=
tiſches Deſtillat, das man nur mit der nöthigen Menge ge=
reinigten Weingeiſt zu vermiſchen hat.

Geſetzt man wolle 750 Quart weißen Pomeranzenaqua=
vit bereiten, ſo bedarf man dazu 36 Pfund Pomeranzen=
ſchalen und ungefähr 710 Quart alkoholiſcher Flüſſigkeit von
47½% Tr. (Vergleiche S. 285). Man hat nun z. B.
nur nöthig, 300 Quart Branntwein mit einem Zuſatze von
etwas Waſſer über die 36 Pfund Pomeranzenſchalen zu de=
ſtilliren, und das ſo gewonnene ſtarke aromatiſche Deſtillat
mit Branntwein von gehöriger Stärke bis zu 710 Maaß
zu verdünnen.

Aus allem Angeführten geht hinlänglich hervor, daß in
keiner Liqueurfabrik ein Vorrath von gereinigtem Brannt=
wein und Spiritus von verſchiedenem Procentgehälte fehlen
darf, und es geht deutlich hervor, daß man in vielen Fällen
ein und daſſelbe Ziel auf mannigfaltigen Wegen erreichen
kann.

Von der Darstellung der Liqueure im Speciellen.

In dem Folgenden will ich Vorschriften zu den gebräuchlichsten Sorten der verschiedenen Liqueure angeben, wie sie in der Liqueurfabrik zu Althaldensleben im Wesentlichen befolgt worden sind *).

Crèmes.

Die Crèmes sind, wie oben erwähnt, die süßesten und feinsten unter den veredelten Branntweinen; sie enthalten im Quart ungefähr 1 Pfund Zucker. Man nimmt zu ihrer Bereitung die feinsten aromatischen Substanzen und den feinsten Zucker, den man noch außerdem mit zu Schaum geschlagenen Eiweiß klärt. Der anzuwendende Spiritus muß, wie sich von selbst ergiebt, sehr stark sein; seine Reinigung muß so vollkommen als nur irgend möglich ausgeführt werden.

1) Apfelsinen.

200 Stück frische Apfelsinen werden geschält und der Saft ausgepreßt. Der ausgepreßte Saft (ungefähr 10 Quart) wird mit 2 Quart Spiritus von 88,5% Tr. (80% R.) vermischt, wodurch die schleimigen Theile ausgeschieden werden, und sich in der Ruhe nach einigen Tagen zu Boden senken. Ist die Flüssigkeit vollkommen klar geworden, so gießt man sie vorsichtig vom Bodensatze ab, setzt hinzu:

60 Quart Spiritus von 75% Tr.,
100 Pfund feinste Raffinade,

aufgelös't in 25 Quart Wasser.

Ein Theil der Apfelsinenschalen wird in einem reinen Mörser von Marmor oder Messing mit etwas Zucker zersto-

---

*) Diese Vorschriften sind wahrscheinlich nach und nach durch die in Althaldensleben fungirenden Chemiker, z. B. Seidelin, Giesecke, Hasse ꝛc. eingeführt worden; ich habe viele derselben abgeändert.

ßen, und diese Masse in einer weithalsigen Flasche mit höchst rectificirten Weingeist einige Tage macerirt. Dann die klare Tinctur abgegossen, und, wenn es nöthig, filtrirt. Diese **Apfelsinenschalentinctur** (ungefähr 2 Quart), wird dem obigen Gemisch zugegeben, und das Ganze mit **Safflortinctur** gefärbt.

Oder:

aus 8 Quart **Apfelsinensaft**,
  Apfelsinenschalentinktur,
70 Pfund Zucker,

werden 80 Quart Crême bereitet, auf dieselbe Weise wie vorher *).

2) Maraschino.

4 Quart Himbeerwasser,
1½ » Kirschwasser,
1¾ » Orangenblüthwasser,
18 Pfund feinsten Raffinadezucker,
9 Quart Spiritus von 89% Tr.

Der Zucker wird bei mäßiger Wärme, die einen Augenblick bis zum Sieden gesteigert wird, in dem Himbeerwasser aufgelöst. Der Crême bleibt ungefärbt.

Das **Himbeerwasser** bereitet man aus den beim Auspressen der Himbeeren zur Gewinnung des Saftes bleibenden Kuchen, indem man dieselben aus einer kleinen Blase mit Wasser destillirt. Von 10 Pfund dieser Kuchen kann man etwa 10 Quart starkes Himbeerwasser darstellen.

---

*) Der aufmerksame Leser wird erkennen, daß mit diesen wenigen Zeilen alle Data zur Anfertigung des Crême gegeben sind. Die 70 Pfund Zucker geben 35 Quart Syrup, dazu 8 Quart Saft, so hat man 43 Quart alkoholleere Flüssigkeit, bleiben also für geistige Flüssigkeit 37 Quart. Soll der Crême 42% Tr. stark sein, so muß, nach den Tabellen, die geistige Flüssigkeit 89% Tr. stark sein. Man kann bei den Crêmes etwas weniger Wasser zum Auflösen des Zuckers anwenden, um die Tinctur nicht so sehr stark nöthig zu haben. Z. B. auf die 70 Pfund Zucker statt 17½ Quart nur 15½ — 16 Quart.

Das **Kirschwasser** destillirt man von zerstampften Kirschkernen. Man giebt auf 4 Pfund derselben 24 Quart Wasser, und destillirt ungefähr 15 Quart ab.

Das **Orangenblüthwasser** (Aqua Naphae) wird durch Destillation aus eingesalzenen Pomeranzenblüthen gewonnen. 10 Pfund derselben, mit 20 Quart Wasser destillirt, geben 10 — 12 Quart starkes Orangenblüthwasser.

Zur bessern Conservation kann man alle diese Wasser, mit etwas höchst rectificirtem Weingeiste vermischt, aufbewahren. Die Aufbewahrung geschieht in Glasflaschen oder in Flaschen von Steinzeug an einem dunkeln, kühlen und trocknen Orte.

Die eingesalzenen Pomeranzenblüthen werden auf folgende Weise bereitet. Man streut auf den Boden eines Steintopfes eine starke Hand voll Salz; darauf bringt man eine Schicht frischer Orangenblüthen, auf diese wieder eine Handvoll Salz, und so fährt man fort, bis der Topf gefüllt ist, indem man den Inhalt von Zeit zu Zeit entweder mittelst der Hand oder mittelst einer hölzernen Stampfe etwas festdrückt. Obenauf bringt man eine Scheibe von Holz, beschwert mit einem mäßigen Gewichte. Auf dieselbe Weise verfährt man beim Einsalzen der Rosenblätter. Die Aufbewahrung geschieht an einem kühlen Orte. Hat man sehr große Quantitäten einzusalzen, so kann man sich auch anstatt des Steintopfes eines Fasses bedienen.

3) Vanille.

5 Loth bester Vanille zerschnitten, mit

1 Quart Spiritus von 75% Tr. digerirt,

giebt die Vanilletinctur. Die ausgezogene Vanille wird mit 4 Maaß Wasser übergossen, und aus einer Retorte *) oder kleinen Blase 3 Maaß abdestillirt, **Vanillewasser**.

---

*) Retorten sind gläserne Destillirgefäße, die in ein Sandbad gelegt werden; man steckt an den Schnabel derselben ein anderes gläsernes Gefäß, die Vorlage, in welchem sich das Destillat sammelt. Man kann sie in Apotheken erhalten.

Die Tinctur und das Wasser gemischt mit
           12   Quart Spiritus von 75% Tr.,
dazu   20   Pfund Zucker,
aufgelös't in 4½ Quart Wasser.

Der Crême wird mit Zuckertinctur schwach gefärbt.

Liqueure.

Die Liqueure stehen den Crêmes ganz nahe, sie unterscheiden sich nur durch die etwas geringere Menge Zucker welche sie enthalten. Man verwendet auf ihre Bereitung die größte Sorgfalt.

1) Anis.

      4 Pfund Anissamen
mit Branntwein destillirt, so daß
      40 Quart Destillat von 73% Tr.
erhalten werden, dazu
      45 Pfund Zucker,
aufgelös't in 20 Quart Wasser.

Wird mit etwas Zuckertinctur gefärbt. Der Liqueur kann auch durch Auflösen von 2 — 2½ Loth Anisöl bereitet werden.

2) Caffee.

7½ Pfund schwach gebrannter Caffee,
destillirt mit Branntwein oder 50 Quart Spiritus von 72½% Tr. und 10 Quart Wasser, so daß
      49 Quart Destillat von 72½% Tr.
erhalten werden. Zu diesem
      63 Pfund Zucker,
aufgelös't in 20 Quart Wasser.

Der Liqueur bleibt farblos, oder kann mit einer Tinctur von gebranntem Caffee gefärbt werden.

3) Citronen.

      6 Pfund Citronenschalen,
      1 Loth Citronenöl

destillirt, so daß erhalten werden
40 Quart Destillat von 72½% Tr.
Dazu 45 Pfund Zucker,
auf welchem 12 Stück Citronen abgerieben werden, aufgelöst in
20 Quart Wasser.
Wird mit Safflortinctur gefärbt.

4) Englisch Bitterer.

8 Loth Wermuthkraut,
8 " Tausendgüldenkraut,
8 " Cardobenedictenkraut,
6 " Enzianwurzel,
6 " Königschinarinde,
5 " vom Marke befreite Pomeranzenschalen,
4 " Veilchenwurzel,
2 " Paradiesförner,

zerschnitten und zerstoßen, digerirt mit
54 Quart Branntwein von 50% Tr.,
die Tinctur versüßt mit
12 Pfund Zucker,
der in der nöthigen Menge Wasser aufgelöst ist. Dann so viel Branntwein von 48% Tr. zugegeben, daß das Ganze 60 Quart beträgt *).

Um die Pomeranzenschalen vom Marke zu befreien, weicht man die käufliche Pomeranzenschale ohngefähr 6 Stunden in kaltes Wasser ein, und scheidet dann mittelst eines scharfen Messers das Mark so vollständig als möglich ab, indem man dabei die Schale auf ein Brett legt.

---

*) Ich wiederhole hier, was schon früher erwähnt wurde, nemlich daß man die Rückstände von den Digestionen, welche viel Weingeist aufgesogen halten, so wie auch den Nachlauf von den Destillationen in einem besondern Fasse sammelt, und gelegentlich destillirt. Das Destillat giebt einen sogenannten Liqueur de mille fleurs, der appetitlicher ist, als der in Frankreich aus trocknen Kuhexcrementen dargestellte.

5) Erdbeeren (Rataffia).

27 Quart Ananas-Erdbeeren
zerquetscht, nebst ¾ Pfund Violenwurzeln (Florentiner Veilchenwurzeln) mit 14 Quart Spiritus von 89% Tr. übergossen und einige Tage unter öfterem Umschütteln macerirt; dann ausgepreßt. Die erhaltene Flüssigkeit (32 Quart) versüßt mit

   20 Pfund Zucker,
aufgelös't in 3½ Quart Wasser,
dazu   ½ „ Zimmttinctur und
     ⅙ „ Macistinctur,

oder so viel, daß der gewünschte Geschmack entsteht.

Zimmttinctur wird bereitet durch Digestion von ¼ Pfund Zimmtcassia mit 2 Quart Spiritus von 80% Tr.

Macistinctur, durch Digestion von 4 Loth Macisblüthen mit 1 Quart Spiritus von 80% Tr.

6) Goldwasser.

12	Loth	Pfirsichkerne,
2	„	Kalmuswurzel,
3	„	Galgantwurzel,
2½	„	Veilchenwurzel,
2½	„	Zitterwurzel,
3½	„	Kardomomen,
3½	„	Nelken,
3½	„	Macisblüthen,
3½	„	Cubeben,
6	„	Orangenschalen (Pomeranzenschalen),
6	„	Citronenschalen,
4	„	Rosmarinkraut,
8	„	Bisamkörner,

zerschnitten und zerstoßen, mit 64 Quart Spiritus von 72½% Tr. und der nöthigen Menge Wasser destillirt, so daß
   55 Quart Destillat von 75% Tr.
erhalten werden. Dazu

Liqueurfabrikation.

14 Quart Wasser,
40 Pfund Zucker,
aufgelöſ't in 10 Quart Wasser.

Die Färbung geschieht mit Ringelblumentinctur, und dem vollkommen abgeklärten Liqueure werden auf das Quart 3 Goldblättchen, auf oben beschriebene Weise zerrieben zugegeben.

7) Himbeeren.

20 Quart Himbeerensaft,
20 Quart Spiritus von 89% Tr.,
30 Pfund Zucker.

Der Zucker wird in der ganzen Menge des Saftes bei gelinder Wärme, die nur einige Augenblicke bis zum anfangenden Sieden gesteigert wird, aufgelöſ't, dabei gut abgeschäumt und dann nach ziemlichem Erkalten der Spiritus zugemischt. Es kann auch eine sehr geringe Menge Zimmttinctur zugegeben werden.

Der Himbeersaft wird auf folgende Weise gewonnen. Die vollkommen reifen Himbeeren werden in einem Gefäße von Steinzeug mit einem großen hölzernen Löffel so zerquetscht, daß keine einzige Beere unverletzt bleibt. Die so entstandene Masse läßt man einige Tage oder überhaupt so lange an einem warmen Orte (zweckmäßig auf dem Dachboden) stehen, bis der dünne Saft sich von den festen Theilen leicht absondern läßt und vollkommen klar erscheint. Nun füllt man die Masse in gut ausgewaschene weiße leinene Beutel, und preßt mittelst einer Presse den Saft ab. Er wird in einem hohen Gefäße einige Stunden ruhig stehen gelassen, wonach man ihn von dem entstandenen Bodensatze klar abgießen kann; das Trübe kann durch ein ausgespanntes wollenes Tuch gegossen werden.

Der Rückstand in den Beuteln wird, wie oben erwähnt, zur Bereitung des Himbeerwassers verwandt.

8) Kalmus.

2½ Pfund Kalmuswurzel,
 ¼ »   Angelikawurzel,
 ¼ »   Veilchenwurzel,
mit 44 Quart Branntwein destillirt, so daß
 28 Quart Destillat von 72½% Tr.
erhalten werden, diese versüßt durch
 30 Pfund Zucker,
aufgelös't in 14 Quart Wasser.

9) Kirschen.

20 Quart Kirschsaft,
20   »   Spiritus von 85% Tr.,
30 Pfund Zucker.

Der Zucker wird in der ganzen Menge des Kirschsaftes aufgelös't, gut abgeschäumt, und nach dem Erkalten der Spiritus zugegeben. Man macht in der Regel noch einen kleinen Zusatz von Zimmt- und Nelkentinctur.

Die Bereitung der Zimmttinctur siehe bei dem Erdbeerenliqueur. Zur Nelkentinctur werden 4 Loth Nelken mit 1 Quart Spiritus von 75% Tr. digerirt.

10) Kümmel.

10 Pfund Kümmelsamen,
 ½ »   Anissamen,
 ½ »   Fenchelsamen,
 ⅜ »   Violenwurzel,
 ¼ »   Zimmt,
zerstoßen und zerschnitten, mit 100 Quart Branntwein destillirt, so daß
 60 Quart Destillat von 72½% Tr.
erhalten werden. Dazu
 76½ Pfund Zucker,
aufgelös't in 30 Quart Wasser.

Liqueurfabrikation.

11) Nelken.

1 Quart Nelkentinktur (aus 1 Pfund Nelken und 3 Quart Spiritus von 72½% Tr.),
26 " Spiritus von 72½% Tr.,
30 Pfund Zucker,

aufgelös't in 13 Quart Wasser.

Wird mit Zuckertinctur gefärbt.

12) Parfait Amour.

2 Pfund Citronenschalen,
½ " Zimmt,
¼ " Rosmarinblätter,
⅜ " Orangenblüthen,
3 Loth Nelken,
2 " Macisblüthen,
2 " Kardemomen,

zerschnitten und zerstoßen, mit 30 Maaß Spiritus von 72½% Tr. und 15 Maaß Wasser (oder, wie sich von selbst ergiebt, anstatt dieses Gewichts mit der erforderlichen Menge Branntwein) destillirt, so daß

27 Quart Destillat von 72½% Tr.

erhalten werden. Dazu

30 Pfund Zucker,

aufgelös't in 13 Quart Wasser.

Mit Cochenilletinctur gefärbt.

13) Persico.

2 Pfund bittere Mandeln

zerstoßen und mit 8 Quart Wasser in die Blase gegeben. Nach 12 Stunden 45 Quart Spiritus von 72% Tr. dazugegossen, umgerührt und destillirt, so daß

40 Quart Destillat von 72½% Tr.

erhalten werden. Versüßt mit

40 Pfund Zucker,

aufgelös't in 20 Quart Wasser.

14) **Pfefferminz** (Luftliqueur).

2½ Loth Pfefferminzöl,
aufgelöst in 1 Quart Spiritus von 80% Tr.
Die Auflösung gegeben zu
        54 Quart Spiritus von 72½% Tr.,
versüßt mit 60 Pfund Zucker,
der aufgelöst worden in
        26 Quart Wasser *).

Kann durch Kurkuma- und Indigotinctur blaßgrün gefärbt werden.

15) a. **Pomeranzen** (Curaçao).

2 Pfund ausgeschälte Pomeranzenschalen
digerirt mit 2½ Quart Spiritus von 73% Tr.,
und ausgepreßt, giebt die Tinctur. Der Rückstand von der Tinctur nebst
        7 Pfund Pomeranzenschalen
mit   45 Quart Spiritus von 72½% Tr.
und   20 » Wasser destillirt,
so daß 40 » Destillat von 72½% Tr.
erhalten werden. Das Destillat mit der Tinctur vermischt und versüßt durch
        45 Pfund Zucker,
aufgelöst in 20 Quart Wasser.

Gefärbt mit Zuckertinktur.

---

*) Man wird bei vielen dieser Vorschriften bemerken, daß die Menge des zum Auflösen des Zuckers vorgeschriebenen Wassers größer ist, als sie zu sein brauchte; bei dieser Vorschrift z. B. wäre zur Auflösung 15 Quart schon hinreichend. Man könnte, wenn man nur diese eben nöthige Menge Wasser anwendete, natürlich ein schwächeres Destillat benutzen. Aber man nimmt lieber Spiritus, weil dieser öfter destillirt ist, also reiner ist als Branntwein, und man kocht den Zucker dann gern mit allem zum Verdünnen nöthigen Wasser auf, weil ungekochtes Wasser immer einen rohen Geschmack besitzt.

Liqueurfabrikation.

16) b. Pomeranzen (Curaçao).

16 Quart Curaçaotinctur, aus 1 Pfund Curaçao=
    schalen*) und Spiritus von 82% Tr.,
20 Pfund Zucker,
aufgelöst in 10 Quart Wasser.
Gefärbt mit Zuckertinktur.

17) Quitten.

Die Quitten gerieben und ausgepreßt. Der Saft mit gleichen Theilen Spiritus von 89% Tr. vermischt. Nach dem Abklären zu
25   Quart dieses Gemisches
12½ Pfund Zucker,
aufgelöst in 2½ Quart Wasser.

18) Rossolis.

1½ Pfund eingesalzener Rosenblätter,
4   Loth Orangenblüthen,
1   »   Vanille,
4   »   Zimmt,
1½ »   Cardamomen
1   »   Nelken,
mit 50 Quart Spiritus von 70% Tr. destillirt, so daß
35 Quart Destillat von 78% Tr.
erhalten werden. Versüßt mit
35 Pfund Zucker,
aufgelöst in 15 Quart Wasser.
Wird mit Sandeltinktur blaßroth gefärbt.

19) Sellerie.

1½ Pfund Selleriesamen,
20   Stück Sellerieknollen,

---

*) Die Curaçaoschalen sind im Handel vorkommende Pomeranzenscha= len, an denen sich nicht die große Menge von Marksubstanz findet. Sie werden von noch etwas grünen Früchten geschält, und sind übrigens viel theurer als die gewöhnlichen Pomeranzenschalen.

destillirt mit 42 Quart Branntwein, so daß
28 » Destillat von 72½% Tr.
erhalten werden. Versüßt mit
30 Pfund Zucker,
aufgelös't in 13 Quart Wasser.

20) Wachholder.

4½ Pfund Wachholderbeeren,
¼ » Anissamen,
½ » Zimmtcassia,
destillirt, so daß
28 Quart Destillat von 72½% Tr.
erhalten werden. Versüßt mit
30 Pfund Zucker,
aufgelös't in 13 Quart Wasser.

21) a. Zimmt.

2½ Pfund Zimmtcassia,
2 Loth Macisblüthen,
destillirt mit Spiritus und Wasser, so daß
28 Quart Destillat von 72½% Tr.
erhalten werden. Versüßt mit
30 Pfund Zucker,
aufgelös't in 13 Quart Wasser.
Mit Zuckertinctur gefärbt.

22) b. Zimmt.

3 Pfund Zimmtcassia,
2 Loth Orangenblüthen,
destillirt mit Spiritus und Wasser, so daß
28 Quart Destillat von 72½% Tr.
erhalten werden. Versüßt mit
28 Pfund Zucker,
aufgelös't in 13 Quart Wasser.

Doppelte Aquavite.

Die doppelten Aquavite unterscheiden sich von den Crèmes und Liqueuren nur insofern, als man zu ihrer Darstellung weniger und in der Regel weniger weißen Zucker anwendet; auch wird auf die Reinigung des Branntweins und Spiritus gewöhnlich nicht so viel Sorgfalt angewandt, obgleich, wie wohl kaum bemerkt zu werden brauchte, dieselben um so vorzüglicher werden, je reinern Branntwein man zu denselben benutzt und je sorgfältiger man überhaupt bei ihrer Darstellung verfährt. Sie werden ungefähr zu 45—48% Tr. Alkoholgehalt gemacht, wenn nicht der Verkaufspreis zwingt, dieselben schwächer zu machen. Die feinen Gewürze muß man aus demselben Grunde bei ihrer Bereitung aus dem Spiele lassen.

1) Anis.

38 Pfund Anissamen,
2 » Coriandersamen
mit 280 Quart Branntwein destillirt, so daß
240 Quart Destillat
erhalten werden.

Dazu 320 Quart Branntwein von 48% Tr.,
20 Pfund Zucker,
in der nöthigen Menge Wasser aufgelöf't *).

2) Citronen.

30 Pfund Citronenschalen,
6 Loth Citronenöl,

---

*) Die Menge des Zuckers, welche man zum Versüßen der Aquavite anwenden muß, ist sehr häufig von der Gewohnheit der Trinker in einer Gegend abhängig. Nach dieser muß der Verkäufer sich richten. Nimmt man mehr Zucker, wo man also auch mehr Wasser zum Auflösen bedarf, so muß man, wie leicht einzusehen, weniger und stärkern Branntwein zusetzen; dies ergiebt sich aus Früherem von selbst.

mit so viel Branntwein bestillirt, daß

200 Quart Destillat von 72% Tr.

erhalten werden. Dies vermischt mit so viel Wasser und Branntwein, daß

700 Quart Flüssigkeit von 48% Tr.

entstehen. Diese versüßt durch

75 Pfund Zucker,

aufgelös't in 20 Quart Wasser.

Wird durch Safflortinctur schwach gefärbt.

3) Grunewald.

8 Pfund getrockneter Pomeranzenfrüchte,
1 » Galgantwurzel,
1 » Zimmt,
1 » Enzianwurzel,
½ » Ingwerwurzel,
½ » Nelken,

zerstoßen und zerschnitten, digerirt mit

190 Quart Branntwein,

ausgepreßt und die Tinctur vermischt mit

20 Pfund gewöhnlichem Syrup,
½ » Schwefeläther.

Mit Zuckertinctur gefärbt.

4) Himbeeren.

50 Quart Himbeersaft,
50 » Spiritus von 81% Tr.,
25 Pfund Zucker.

(Siehe Himbeerliqueur).

5) Kirschen.

300 Quart Kirschsaft,
100 » Branntwein,
2 » Zimmttinctur,
2 » Nelkentinctur,
165 Pfund gewöhnlicher Syrup,

oder dafür 100 » Zucker in 25 Quart Wasser gelös't.

Der Kirschsaft wird bereitet, indem man den Saft der zerquetschten Kirschen (man zerquetscht auch gewöhnlich zugleich einen Theil der Kerne) mit der Hälfte Spiritus von 72½% Tr. vermischt. Auf diese Weise versetzt läßt er sich jahrelang aufbewahren.

6) Kräutermagen.

3	Pfund	Pomeranzenschalen,
3	"	Citronenschalen,
2	"	Kalmuswurzel,
2	"	Wachholderbeeren,
1	"	Ingwerwurzel,
1	"	Veilchenwurzel,
1	"	Angelikawurzel,
1	"	Koriandersamen,
½	"	Cubebensamen,
¾	"	Piment,
¾	"	Galgantwurzel,
¾	"	Majoran,
¾	"	Rosmarin,
¾	"	Kamillen,
1	"	Krausemünze,

zerschnitten und zerstoßen, digerirt mit

160 Quart Branntwein

und dann die Tinctur abgepreßt. Der Rückstand in die Blase gegeben und mit so viel Branntwein destillirt, daß

200 Quart Destillat von 72½% Tr.

erhalten werden. Diese mit der Tinctur vermischt und noch dazu gegeben

350 Quart Branntwein,
100 " Wasser,
100 Pfund ord. Zucker,

aufgelös't in 25 Quart Wasser.

Mit Zuckertinctur gefärbt.

7) Krambambuli.

2	Pfund	Citronenschalen,
2	”	Pomeranzenschalen,
2	”	Apfelsinenschalen,
1½	”	Römische Kamillen,
1½	”	Piment,
1	”	Paradiesförner,
1	”	Veilchenwurzel,
1	”	Wachholderbeeren,
1	”	Pfirsichkerne,
1	”	Wermuthkraut,
1	”	Galgantwurzel,
½	”	Rosmarinkraut,
½	”	Zimmtblüthen,
½	”	Fenchelsamen,
½	”	Angelikawurzel,
¼	”	Lavendelblüthen,
¼	”	Cardamomen,
¼	”	Macisnüsse,
¼	”	Nelken,

zerschnitten und zerstoßen, mit Weingeist und Wasser destillirt, daß

200 Quart Destillat von 72½% Tr.

erhalten werden. Dazu

300 Quart Branntwein von 46% Tr.

und so viel Wasser, daß das Gemisch 49% Tr. zeigt. Versüßt durch 75 Pfund ord. Zucker,
aufgelös't in 20 Quart Wasser.

Wird mit Heidelbeertinctur gefärbt.

Die Heidelbeertinctur bereitet man sich entweder durch Digestion von getrockneten Heidelbeeren mit Spiritus von 72% Tr., oder durch Vermischen der zerquetschten frischen Heidelbeeren mit Spiritus von 89% Tr. und Abfiltriren der Tinctur.

Liqueurfabrikation.

8) Krausemünze.

1½ Loth Krausemünzöl,
aufgelöf't in 1 Quart Spiritus von 80% Tr.,
100 ″ ″ ″ 72½% Tr.,
50 ″ Waſſer,
19 Pfund Zucker,
aufgelöf't in 5 Quart Waſſer.
Wird mit Safflor- und Indigotinctur gefärbt.

9) Kümmel.

48 Pfund Kümmelſamen,
2 ″ Anisſamen,
2 ″ Fenchelſamen,
2 ″ Veilchenwurzel,
⅝ ″ Zimmt,
mit ſo viel Spiritus und Waſſer (oder Branntwein) deſtillirt, daß
200 Quart Deſtillat von 72½% Tr.
erhalten werden. Dieſes Deſtillat mit ſo viel Branntwein und Waſſer verſetzt, daß
600 Quart von 49% Tr.
die Geſammtmenge der geiſtigen Flüſſigkeit iſt. Dieſe verſüßt durch 94 Pfund Zucker,
aufgelöf't in 25 Quart Waſſer.

10) Magen.

9 Pfund Kalmuswurzel,
4½ ″ Angelikawurzel,
4½ ″ Wachholderbeeren,
2 ″ Galgantwurzel,
4½ ″ Alantwurzel,
zerſtoßen und zerſchnitten, digerirt mit
200 Quart Branntwein von 50% Tr.
Die ausgepreßte Tinctur vermiſcht mit ſo viel Branntwein, daß
400 Quart geiſtige Flüſſigkeit von 50% Tr.

entstehen. Diese versüßt durch
75 Pfund Zucker,
aufgelös't in 20 Quart Wasser.

Gefärbt mit Sandelholz= und Zuckertinctur.

11) Nelken.

4 Pfund Nelken
zerstoßen, digerirt mit
9 Quart Spiritus von 72½% Tr.
Die Tinctur abgegossen. Der Rückstand mit so viel Spiritus und etwas Wasser destillirt, daß
100 Quart Destillat von 72½% Tr.
erhalten werden. Diese vermischt mit der Tinctur und mit so viel Branntwein und Wasser, daß
400 Quart geistige Flüssigkeit von 48% Tr.
entstehen. Versüßt durch
50 Pfund Zucker,
aufgelös't in 12 Quart Wasser.

Wird mit Zuckertinctur gefärbt.

12) Nuß. (Rataffia).

Die unreifen Nüsse werden mit Spiritus von 72% Tr. digerirt. Die Tinctur abgepreßt. Der Rückstand mit Branntwein destillirt. Zu
10 Quart Destillat von 72% Tr.,
10 ” Tinctur
so viel Wasser und Branntwein, daß
50 Quart geistiger Flüssigkeit von 50% Tr.
entstehen. Diese versüßt durch
10 Pfund Zucker,
aufgelös't in 3 Quart Wasser.

Vermischt man die angegebenen Mengen Tinktur und Destillat ohne Branntweinzusatz mit 14 Pfund Zucker, aufgelös't in der zur Verdünnung der geistigen Flüssigkeit nöthigen Menge Wasser (8 Quart), so erhält man einen Nuß= liqueur.

Liqueurfabrikation.

13) Persico.

4 Pfund bittere Mandeln,

mit etwas Wasser zerquetscht und mit 20 Quart Wasser übergossen, 12 Stunden in der Blase stehen gelassen, dann dazu gegeben

100 Quart Spiritus von 73% Tr.

und destillirt, so daß

100 Quart Destillat

erhalten werden. Diese mit so viel Branntwein und Wasser vermischt, daß

280 Quart geistiger Flüssigkeit von 48% Tr.

entstehen. Versüßt durch

35 Pfund Zucker,

aufgelöst in 9 Quart Wasser.

14) Pfeffermünze (Luf.

2½ Loth Pfeffermünzöl,

aufgelöst in 1 Quart Spiritus von 72½% Tr.

Verdünnt mit Branntwein oder mit Spiritus und Wasser, daß

150 Quart geistiger Flüssigkeit von 49% Tr.

entstehen. Versüßt durch

20 Pfund Zucker,

aufgelöst in 5 Quart Wasser.

Wird durch Safflor- und Indigotinctur grün gefärbt.

15) Pomeranzen, brauner.

⅛ Centner Pomeranzenschalen,

digerirt mit 50 Quart Spiritus von 72½% Tr. Die Tinktur abgelassen. Der Rückstand nebst noch

⅛ Centner Pomeranzenschalen

mit 300 Quart Branntwein destillirt.

Das Destillat mit der Tinctur und mit so viel Branntwein und Wasser vermischt, daß das Ganze

500 Quart von 49% Tr.

beträgt. Versüßt durch

62 Pfund Zucker,
aufgelöst in 15 Quart Wasser.
Wird mit Zuckertinctur gefärbt.

16) Pomeranzen, weißer.

36 Pfund Pomeranzenschalen,
3 » eingesalzene Pomeranzenblüthen,
mit Spiritus von 72½% und Wasser destillirt, so daß man
300 Quart Destillat von 72½% Tr. bekommt,
dazu so viel Branntwein und Wasser, daß
700 Quart geistiger Flüssigkeit von 49—50% Tr.
erhalten werden. Diese versüßt mit
75 Pfund Zucker,
aufgelöst in 20 Quart Wasser.

17) Spanisch Bitterer.

6 Pfund Wermuthkraut,
4 » Pomeranzenschalen,
1 » Quassia,
2 » Alantwurzel,
2 » Galgantwurzel,
2 » Melissenkraut,
2 » Krausemünze,
digerirt mit 60 Quart Branntwein von 48% Tr.
Die Tinctur abgezapft. Der Rückstand mit Branntwein oder Spiritus und Wasser destillirt, so daß
200 Quart Destillat
erhalten werden. Dies mit der Tinctur und so viel Branntwein oder Spiritus gemischt, daß
600 Quart geistiger Flüssigkeit von 48% Tr.
erhalten werden. Versüßt mit
100 Pfund gewöhnlichem Syrup.
Gefärbt mit Zuckertinctur.

18) Wachholder. (Genever, Gin).

12 Pfund Wachholderbeeren,
1 » Anissamen,
½ » Zimmt,

Liqueurfabrikation.

mit Branntwein destillirt, so daß
140 Quart Destillat von 72% Tr.
erhalten werden. Versüßt mit
25 Pfund Zucker,
aufgelös't in 70 Quart Wasser.

19) Wermuth. (Absinthe).

6 Pfund Wermuthkraut,
2 " Melisse,
1 " Anis,
mit Branntwein oder Spiritus und Wasser destillirt, so daß
100 Quart Destillat von 72½% Tr.
erhalten werden. Versüßt mit
20 Pfund Zucker,
aufgelös't in 50 Quart Wasser.

20) Zimmt.

6 Pfund Zimmtcassia,
8 " gesalzene Rosenblätter,
½ " Anissamen,
¼ " Ingwerwurzeln,
mit Branntwein oder Wasser und Spiritus destillirt, so daß
200 Quart Destillat von 72½% Tr.
erhalten werden. Versüßt mit
40 Pfund Zucker,
aufgelös't in 100 Quart Wasser.
Mit Zuckertinctur gefärbt *).

---

*) Ich wiederhole hier noch einmal, daß man auf mehrere Weisen seinen Zweck erreichen kann. So kann man z. B. bei diesem Aquavit 290 Quart Destillat von 51% Tr. darstellen, und dies mit den 40 Pfund Zucker, aufgelös't in 10 Quart Wasser, versüßen. Der erhaltene Aquavit wird gleiche Stärke besitzen. Ich erinnere hierbei an das S. 277 Gesagte, daß man nemlich, wenn man mit schwächeren alkoholischen Flüssigkeiten destillirt, ein an ätherischem Oele reicheres Destillat erhält.

Einfache Aquavite.

Die Darstellung der einfachen Aquavite geschieht im Allgemeinen ganz so wie die Bereitung der doppelten Aquavite, aber man nimmt auf dieselbe Quatität der alkoholischen Flüssigkeit nur die Hälfte der Aromata und des Zuckers, und der angewandte Branntwein und Spiritus wird keiner strengen Reinigung unterworfen; es reicht gewöhnlich hin, bei der Rectification etwas Aetzlauge zuzusetzen.

Man sieht hieraus leicht, daß man, um einfache Aquavite zu erhalten, nur nöthig hat, die doppelten Aquavite mit einem gleichen Volumen Branntwein von 40 — 45% Tr. zu versetzen, und dieser Weg der Darstellung wird auch in vielen Fabriken befolgt. Soll z. B. 1 Orhoft einfacher Pomeranzenaquavit versandt werden, so mischt man ½ Orhoft Doppelaquavit mit ½ Orhoft Branntwein von angegebener Stärke. Hierbei ist aber zu bemerken, daß das Gemisch einen viel angenehmeren Geschmack bekommt, wenn dasselbe einige Zeit gelagert hat; sogleich nach dem Vermischen schmeckt man stets den rohen Branntwein.

Die Liqueure werden in der Regel, wie der reine Trinkbranntwein, um so angenehmer von Geschmack, je längere Zeit dieselben auf dem Lager liegen bleiben; aber die Rataffia (die aus Fruchtsäften bereiteten Liqueure) verlieren mit der Zeit ihre angenehme Farbe und ihren lieblichen Geruch und Geschmack; man bereitet sie deshalb alljährlich frisch. Auch einige nur ätherisches Oel enthaltende Liqueure bekommen, wenn sie sehr alt werden, einen unangenehmen, man kann sagen harzigen Geschmack, wahrscheinlich weil sich das ätherische Oel in denselben verharzt.

Aus dem, was über die Bereitung der Liqueure im Allgemeinen und im Speciellen gesagt worden ist, ergiebt sich von selbst, mit welchen Apparaten und Utensilien die Liqueurfabrik versehen sein muß.

Man bedarf wenigstens zweier Blasen, einer größeren

Liqueurfabrikation.

und einer kleineren; zweckmäßig ist es aber, wenn man noch eine ganz kleine, ohngefähr 30 Quart fassende, dritte Blase hat. Die größte Blase verbindet man mit einigen Pistorius'schen Becken, auf welche man den oben S. 275 erwähnten mit Kohlen gefüllten Cylinder stellen kann; man benutzt die Blase so vorgerichtet zur Darstellung des Spiritus. (S. 236). Hierbei kann ich nicht unerwähnt lassen, daß man nicht daran denken darf, bei der Destillation des Weingeistes über die aromatischen Substanzen gleichzeitig dessen Reinigung dadurch zu bewirken, daß man die Dämpfe, ehe sie in das Kühlfaß gelangen, durch den Kohlencylinder gehen läßt. Die Kohle, welche nicht allein Fuselöl sondern eben so gut andere ätherische Oele einsaugt, würde den Dämpfen einen großen Theil ihres Aromas entziehen, man würde ein nur schwach riechendes und schmeckendes Destillat erhalten. Auch durch die Pistorius'schen Becken darf man, bei der Destillation von Branntwein oder Spiritus über die Aromata, die Dämpfe nicht gehen lassen, es würden dann in denselben nicht allein die wässerigen Dämpfe niedergeschlagen, sondern auch die Dämpfe der flüchtigen Oele, welche man in das Destillat zu bringen beabsichtigt; daher muß die Blase die Einrichtung haben, wie sie Seite 237 beschrieben worden ist. In den Destillirblasen werden auch die Digestionen vorgenommen. Man erwärmt sie dann durch etwas untergelegtes Feuer auf 40 — 60% R. Ist die Steuerbehörde nicht dagegen, so kann man den Helmschnabel in das Kühlrohr stecken, um das bei dieser niedern Temperatur etwa Uebergehende aufzufangen; gestattet die Steuerbehörde dies nicht, so verstopft man den Helmschnabel lose, oder verklebt ihn mit einer Kalbs- oder Schweinsblase, die man mit einer Nadel durchbohrt.

Ferner ist in der Liqueurfabrik ein Alkoholometer nach Tralles unentbehrlich; auch ein Aräometer für Flüssigkeiten, die schwerer als Wasser sind, kann vorhanden sein, um aus dem specif. Gewicht des Zuckersyrups den Gehalt desselben an Zucker durch die Tabelle, S. 281, zu bestimmen.

Die aromatischen Ingredienzien, welche zur Bereitung der Liqueure dienen, müssen in einer kühlen Kammer in gut verschlossenen Fässern und Kisten, die feinen und stark riechenden am besten in Glasflaschen mit weiter Oeffnung, die ätherischen Oele, gegen das Licht geschützt, in mit Glasstöpseln versehenen Flaschen aufbewahrt werden, und an jedem Gefäße muß sich eine Signatur befinden, auf welcher der Inhalt deutlich und richtig bezeichnet ist; ist dies nicht der Fall, so können Verwechslungen nicht vermieden werden. In diesen Vorrathskammern müssen sich auch verschiedene Waagen mit den nöthigen Gewichten befinden.

Alle diese Ingredienzien verschafft man sich von einer Droguerie-Handlung, auf deren Reellität sich der Liqueurfabrikant muß verlassen können, weil derselbe selten Waarenkenntniß genug besitzt, um das Schlechte von dem Guten zu unterscheiden. Sind auf dem Preiscourante verschiedene Sorten von Droguen angegeben, so ist in allen Fällen die beste Sorte zu nehmen. Die ätherischen Oele kauft man häufig am besten an den Orten, an denen dieselben bereitet werden, so z. B. von Apotheken, welche sich mit der Darstellung befassen; besonders schön erhält man sie aus Süddeutschland und aus Frankreich.

Die Lagerfässer mit den fertigen Liqueuren müssen in einem trocknen, kühlen Lokale liegen, und man hat am besten für jeden Liqueur zwei dieser Fässer, um immer abgelagerte Waare verkaufen zu können. Nur bei sehr großer Vorsicht sind die Liqueure sogleich nach der Bereitung vollkommen klar; sie erlangen in der Regel die vollkommene Klarheit erst nachdem sie einige Zeit gelagert haben, wobei sich die trübenden Substanzen zu Boden senken. Das Filtriren der Liqueure ist eine höchst langweilige, unangenehme Arbeit, und man kann dieselbe fast in allen Fällen vermeiden. Muß sie ja vorgenommen werden, etwa um die letzten Antheile aus einem Fasse zu klären, so wende man feines, **weißes Druckpapier** an, das man gefaltet in einen reinlichen Trichter legt. Hat man größere Quantitäten zu filtriren, so

Liqueurfabrikation.

kann man einen sorgfältig ausgewaschenen wollenen oder leinenen Spitzbeutel dazu anwenden, den man in einen Rahmen aufhängt; eines solchen wollenen Beutels kann man sich auch bedienen, um den gekochten Zucker durchzugießen, indeß wendet man dazu häufiger ein Stück wollenen Zeuges an, das man auf einen Rahm ausspannt; diese Filtration wird dann das Coliren genannt.

Außer den Liqueuren werden häufig in den Liqueurfabriken noch einige spirituöse Gemische verkauft, deren Zusammensetzung und Bereitung ich schließlich noch mittheilen will.

Künstlicher Cognac.

3/4 Pfund Essigäther,
1/2 » Salpeterätherweingeist,
8 Quart Franzwein,
1/2 » Eichenrindentinctur (aus 1 Pfd. Eichenrinde und 2 Quart Spiritus),
Gereinigter Spiritus

so viel, daß das ganze Gemisch 150 Quart von 54% Tr. beträgt. Dieses Gemisch wird nach langem Lagern dem echten Cognac in Geruch und Geschmack sehr ähnlich.

Der echte Cognac oder Franzbranntwein wird, wie schon früher erwähnt, in Weingegenden aus Wein, Weinhefe und Weintrestern bereitet. In dieser Gegend schon giebt man der weingahren Masse häufig einen Antheil reinen Kartoffel- oder Kornbranntwein hinzu, durch die Destillation erfolgt so innige Vereinigung, daß man diesen nicht herausschmecken kann. Kann man trüben Wein oder den Rückstand aus Weinfässern erhalten, so läßt sich durch Destillation derselben mit Branntwein in unserer Gegend ebenfalls ein dem Cognac ähnliches Destillat erhalten.

Künstlicher Rum.

Künstlicher Rum kann nur mit einem Zusatze vom echten westindischen Rum gemacht werden. Man vermischt höchst sorgfältig gereinigten Spiritus von 60 — 70% Tr. mit mehr ober weniger echten Rum, färbt das Gemisch mit Eichenrindetinctur, und läßt es wenigstens ein Jahr lagern*). — Schneller wird derselbe dem Rum ähnlich, wenn man den zuzusetzenden Spiritus über Cedernholzspähne destillirt. — Man kann auch Syrup oder Rohzucker in Wasser von der erforderlichen Temperatur auflösen, und diese Auflösung durch Zusatz von Hefe in Gährung bringen. Die nach vollendeter Gährung erhaltene weingahre Flüssigkeit giebt man mit gereinigtem Branntwein auf die Destillirblase, und destillirt. Das Destillat, welches das bei der Gährung des Zuckers entstehende Fuselöl enthält (und diesem verdankt auch der Rum den eigenthümlichen Geruch und Geschmack), wird durch wiederholte Destillation zu Spiritus von 60 — 70% Tr. verarbeitet, und dieser dann mit mehr oder weniger echten Rum vermischt. Die Färbung geschieht mit Eichenrindetinctur.

Bittere Essenz. (Essentia amara).

1 Pfund Cardobonedictenkraut,
1 » Tausendgüldenkraut,
1 » Wermuthkraut,
1 » Enzianwurzel,
15 Quart Spiritus von 72½% Tr.,
digerirt und die Tinctur abgepreßt.

Magenessenz.

2 Pfund Chinarinde,
⅝ » Enzianwurzeln,
¾ » Curaçaoschalen,
8 Quart Spiritus von 82% Tr.,

---

*) Ich muß hier einer mir in Althaldensleben aufgestoßenen interessanten Erscheinung erwähnen. Die Branntweinbrennerei daselbst besaß in ihren Kellern sehr große Lagerfässer (etwa 3000 Quart haltend), welche, da der Branntwein schnell verkauft wurde, oft ein Jahr lang leer standen. Als einst die Thür eines so lange leer gestandenen Fasses geöffnet wurde, zeigte sich in demselben ein sehr starker Geruch nach echtem Rum, so stark, daß man glauben konnte, es hätte der vortrefflichste Rum auf dem Fasse gelagert.

Liqueurfabrikation.

digerirt, ausgepreßt und die Tinctur vermischt mit
2½ Quart Zimmtwasser (durch Destillation aus
Zimmtcassia).

Bischoffessenz.

7 Pfund Curaçaoschalen,
1½ » Pomeranzenfrüchte,
3½ Quentchen Nelken,
12½ Quart Spiritus von 82% Tr.,
digerirt, ausgepreßt; die Tinctur vermischt mit
¾ Pfund Orangenblüthwasser (durch Destillation
aus frischen oder gesalzenen Orangenblüthen).

Kann man frische Pomeranzen in hinreichender Menge erhalten, so schält man von diesen die Schalen dünn ab, und nimmt dieselben statt der Curaçaoschalen.

Eau de Cologne.

Zur Darstellung dieses berühmten Parfums giebt es sehr viele Vorschriften, und es werden in Cöln selbst sehr verschiedene befolgt. Die Basis ist ein vollkommen fuselfreier Weingeist von 82% Tr., der entweder aus Weinbranntwein oder aus Rum und Kartoffelbranntwein dargestellt sein kann. Außerdem bedarf man dazu die vortrefflichen ätherischen Oele, wie sie im südlichen Frankreich und Italien aus den verschiedenen Spielarten der Citronen, Orangen und Limonen im verschiedenen Zustande der Reife destillirt werden. Man kauft dieselben am besten von Köllner Droguisten; sie führen, wie in Frankreich alle ätherischen Oele, den Namen »Essenzen.«

Die Bereitung des Köllnischen Wassers ist höchst einfach. Man löf't die Essenzen in größererer oder geringerer Menge in dem Weingeiste auf, und läßt die Auflösung einige Zeit lagern. Die Essenzen mit dem Spiritus zu destilliren ist ganz unzweckmäßig, da bei dieser Destillation die größte Menge derselben in der Blase zurückbleibt.

Förster giebt folgende Vorschrift.

In 6 Quart Spiritus von 82% Tr. werden aufgelöst:

2 Loth Essentia aurantionum,
2 „ „ bergamottae,
2 „ „ citri,
2 „ „ de limette,
2 „ „ de petit grains,
1 „ „ de cedro,
1 „ „ de cedrat,
1 „ „ de portugal,
1 „ „ de neroli,
½ „ „ rorismarini,
¼ „ „ thymi.

In Althaldensleben wurde nachstehende Vorschrift befolgt. In 200 Quart Spiritus von 86% Tr. aufgelöst:

4 Pfund Citronenöl,
3 „ Bergamottöl,
⅝ „ Nerolïöl,
½ „ Lavendelöl,
¼ „ Rosmarinöl,
1 Loth Salmiakspiritus.

Die Essigfabrikation.

Der Essig ist im Wesentlichen ein Gemisch von einer eigenthümlichen organischen Säure, der Essigsäure und von Wasser; er enthält aber stets eine geringe Menge Essigäther vielleicht auch noch eines andern ätherartigen Stoffes, und je nach den Substanzen, aus denen er bereitet wurde, verschiedene fremdartige Stoffe.

Die Darstellung des Essigs, wird die Essigfabrikation, auch wohl das Essigbrauen genannt.

Bei der Essigfabrikation entsteht die Essigsäure stets aus Alkohol, durch Einwirkung des Sauerstoffs der atmosphärischen Luft auf denselben.

Es bestehen 100 Pfund Alkohol aus

52,658 Pfund Kohlenstoff,
12,896 " Wasserstoff,
34,446 " Sauerstoff.

100,000 Pfund Alkohol.

Die Essigsäure besteht in 100 Pfunden aus:

47,536 Pfund Kohlenstoff,
5,821 " Wasserstoff,
46,643 " Sauerstoff.

100,000 wasserfreie Essigsäure.

Sie enthält also dieselben Bestandtheile, welche den Alkohol bilden, aber in einem anderen Verhältnisse, nemlich weniger Kohlenstoff und Wasserstoff, und mehr Sauerstoff als dieser.

Nach dieser Zusammensetzung könnte also auf dreierlei Weise aus dem Alkohol Essigsäure entstehen. Entweder

1) wenn ihm ein Theil Kohlenstoff und Wasserstoff entzogen würde, während der Sauerstoff ungeändert bliebe; oder 2) wenn bei unverändertem Kohlenstoffe ein Theil Wasserstoff entzogen, und noch Sauerstoff zugeführt würde, und 3) wenn der Wasserstoff unverändert gelassen, und Kohlenstoff und Sauerstoff hinzugebracht würde.

Für den letzten der drei genannten Fälle, findet sich kein Analogon in der Chemie; es ist also nicht wahrscheinlich, daß je auf diese Weise Essigsäure aus dem Alkohol gebildet wird.

Bis vor einiger Zeit glaubte man aber noch, daß bei der Essigfabrikation auf die unter 1) angeführte Art und Weise die Essigsäure entstände, daß nemlich der Sauerstoff der atmosphärischen Luft mit einem Theile des Kohlenstoffs des Alkohols, Kohlensäure, und mit einem Theil Wasserstoff Wasser bildet, und zwar gerade mit so viel von den genannten beiden Stoffen, daß Essigsäure zurückbliebe. Es müßten also hiernach aus 100 Pfund Alkohol 17,553 Pfund Kohlenstoff und 8,598 Pfund Wasserstoff entfernt werden, wo dann eine Verbindung von 35,105 Pfund Kohlenstoff, 4,298 Wasserstoff und 34.446 Sauerstoff, das ist 73,849 Pfund Essigsäure zurückblieben.

Neuere genaue Versuche, namentlich die von Döbereiner, mit Platin angestellten, haben aber gelehrt, daß bei dem Essigbildungsprocesse keine Kohlensäure entsteht, und so kann denn als ausgemacht angesehen werden, daß die Essigsäure auf dem zweiten der angegebenen Wege sich bildet, daß nemlich durch den Sauerstoff der atmosphärischen Luft ein Theil Wasserstoff des Alkohols zu Wasser oxydirt *) (verbrannt)

---

*) Man nennt in der Chemie den Proceß der chemischen Vereinigung des Sauerstoffes mit anderen Körpern, Oxydationsproceß; dieser ist durchgehends, wie überhaupt jede chemische Vereinigung, mit Wärmeentwickelung verbunden. Geschieht diese Vereinigung schnell, so daß in kurzer Zeit viel Wärme frei wird, so zeigt sich zugleich Licht, denn dies zeigt sich immer, wenn ein Körper einer sehr hohen Tem=

Essigfabrikation.

wird, und daß dann zu dem theilweis entwasserstofften Alkohol noch Sauerstoff hinzutritt, und damit die Essigsäure giebt.

Wie viel Essigsäure aus einer bestimmten Quantität Alkohol entsteht, läßt sich nun leicht berechnen.

Angenommen, man hätte in einer Flüssigkeit 58 Pfund Alkohol (ohngefähr 58 Quart Branntwein von 50% Tr.), und man wollte diesen in Essigsäure umwandeln.

Die 58 Pfund Alkohol bestehen nach dem eben angegebenen Gehalte in Procenten aus

30,5 Pfund Kohlenstoff,
7,5   »   Wasserstoff,
20,0   »   Sauerstoff.

58 Pfund Alkohol.

Zur Bildung von Essigsäure sind nach der Zusammensetzung der Essigsäure auf diese Quantität Alkohol 40 Pfd. Sauerstoff erforderlich, und diese sind in ohngefähr 174 Pfund (über 2000 Kubikfuß) atmosphärischer Luft enthalten. Von den 40 Pfunden Sauerstoff bilden 30 Pfund mit 3,75 Pfund Wasserstoff 33,75 Pfund Wasser (das Wasser enthält auf 1 Pfund Wasserstoff 8 Pfund Sauerstoff), und die nun noch übrigen 10 Pfund Sauerstoff treten an diesen theilweis entwasserstofften Alkohol, wo dann eine Verbindung von

---

peratur ausgesetzt wird. Der unter Lichtentwicklung vor sich gehende Oxydationsproceß heißt im gewöhnlichen Leben Verbrennen, aber man gebraucht in chemischen Werken den Ausdruck »verbrannt« auch im Allgemeinen für oxydirt. Ich kann indeß nicht unerwähnt lassen, daß nicht allein bei der Verbindung des Sauerstoffs mit anderen Körpern sich Licht und Wärme zeigen kann, sondern daß dies auch bei der Verbindung vieler anderer Körper der Fall ist; daß man ferner bei diesen Reactionen streng genommen, nicht sagen kann, der Sauerstoff sei der verbrennende Körper, und der Wasserstoff der brennbare; der Sauerstoff kann eben so in Wasserstoffgase verbrennen, wo dann dieser der verbrennende, jener der brennbare Körper wäre. Die Vereinigung geschieht durch gegenseitige Anziehung.

30,5 Pfund Kohlenstoff,
3,75 " Wasserstoff,
30,0 " Sauerstoff.

64,25 Pfund

zurückbleibt. Diese Verbindung ist die Essigsäure, wie leicht aus der oben angegebenen Zusammensetzung in 100 Pfunden, berechnet werden kann.

58 Pfund Alkohol liefern also mit 40 Pfund Sauerstoff der atmosphärischen Luft 64,20 Pfund Essigsäure und 33,75 Pfd. Wasser, welche letztere in Vereinigung mit dem Wasser, durch welches der Alkohol aufgelös't war, die Essigsäure zu gewöhnlichem Essig verdünnen.

100 Pfund Alkohol geben also 110,8 Pfd., 100 Quart Branntwein von 50% Tr. 110 Pfd., 1 Quart Branntwein von 46% Tr. ohngefähr 1 Pfund Essigsäure.

Branntwein von 5 Procent Tralles (4 Gewichtsprocent) giebt also Essig von 4,4 Procent, 1 Procent Tralles daher von 0,88 Procent Essigsäure.

Man braucht daher der Theorie nach annähernd auf 100 Quart Wasser, um darzustellen Essig von:

1	Proc.	Säuregehalt	$2\frac{1}{3}$ Quart	Branntw. von	50% Tr.
2	"	"	$4\frac{2}{3}$	"	"	"
$2\frac{1}{2}$	"	"	$5\frac{5}{6}$	"	"	"
3	"	"	7	"	"	"
$3\frac{1}{2}$	"	"	$8\frac{1}{6}$	"	"	"
4	"	"	$9\frac{1}{3}$	"	"	"
$4\frac{1}{2}$	"	"	$10\frac{1}{2}$	"	"	"
5	"	"	$11\frac{2}{3}$	"	"	"
$5\frac{1}{2}$	"	"	$12\frac{5}{6}$	"	"	"
6	"	"	14	"	"	"

wobei aber zu bemerken, daß in der Praxis das Verhältniß sich etwas ungünstiger stellt, wegen des unvermeidlichen Verlustes an Alkohol durch Verdampfung, und weil immer auch ein kleiner Antheil Alkohol der Zersetzung entgeht, unzersetzt im Essige bleibt, und dadurch gerade dessen Haltbarkeit be-

Essigfabrikation.

dingt, wovon später mehr. Man kann in der Praxis zu Essig von 1 Procent Essigsäuregehalt ohngefähr 3 Quart Branntwein von 48% Tr. auf 100 Quart Wasser nehmen.

Die Essigsäure, deren Zusammensetzung vorhin mitgetheilt worden ist, und wie sie vorstehender Berechnung zu Grunde liegt, kann aber nicht für sich dargestellt werden, sie kommt so nur in den wasserfreien essigsauren Salzen vor; man nennt sie **absolute Essigsäure**.

Die Essigsäure, wie sie für sich darzustellen ist, enthält immer chemisch gebundenes Wasser, nemlich auf 64,3 Pfd. absoluter Essigsäure 11,2 Pfund Wasser, so daß also 64,3 Pfund der absoluten Säure gleich sind 75,5 Pfd. dieser wasserhaltigen Säure, welche man **Essigsäurehydrat***), **Eisessig, Radicalessig**, nennt.

100 Pfund absolute Essigsäure entsprechen daher ohngefähr 117 Pfund Essigsäurehydrat, wonach also leicht die aus einer gewissen Menge Branntwein zu erhaltende Menge Essigsäurehydrat berechnet werden kann.

Das Essigsäurehydrat ist bei gewöhnlicher Zimmerwärme eine farblose Flüssigkeit, unter $+ 13^o$ C. erstarrt sie zu durchsichtigen farblosen Blättchen (daher der Name Eisessig), bei $+ 16^o$ C. thaut sie auf, und hat dann ein specifisches Gewicht von 1,063.

Sie schmeckt und riecht stechend sauer, siedet bei höherer Temperatur als Wasser, brennt erwärmt angezündet mit blauer Flamme.

Mit Wasser läßt sie sich in jedem Verhältnisse mischen, wobei durch wenig Wasser ihr specifisches Gewicht sich vergrößert, durch mehr Wasser aber endlich sich verringert, und zwar so, daß ein Gemisch von 100 Theil Essigsäurehydrat

---

*) Hydrate nennt man die chemischen Verbindungen des Wassers mit Basen und Säuren. Das Wasser spielt in der Verbindung mit Säuren die Rolle einer Base, in den Verbindungen mit Basen die Rolle einer Säure. Entfernt man aus dem Essigsäurehydrat das Wasser, ohne eine andere Base dafür zuzugeben, so wird die Essigsäure zersetzt.

mit 102 Theile Wasser dasselbe specifische Gewicht, wie das reine Essigsäurehydrat (1,063) zeigt; ein Gemisch von 100 Theile Essigsäurehydrat und 29,5 Wasser aber das größte specifische Gewicht, nemlich das von 1,079 besitzt.

Indem ich noch einmal wiederhole, daß bei der Essigfabrikation stets die Essigsäure aus dem Alkohol auf die Weise entsteht, daß durch den Sauerstoff der atmosphärischen Luft demselben ein Theil Wasserstoff entzogen wird, und noch Sauerstoff direct hinzutritt, bemerke ich, daß das Eintreten dieser chemischen Umwandlung an gewisse Bedingungen geknüpft ist, oder mit anderen Worten, daß nicht unter allen Umständen, wenn Alkohol und atmosphärische Luft zusammentreffen, Essigsäure entsteht. Geschähe dies, so würde man den Alkohol und alle alkoholische Flüssigkeiten nur durch Aufbewahrung in sauerstoffleeren Gefäßen vor der Umwandlung in Essigsäure schützen können, dies hat man, wie bekannt, aber nicht nöthig, denn es ändert sich z. B. der Branntwein, wenn er auch noch so lange der atmosphärischen Luft ausgesetzt wird, nicht in Essig um.

Der Essigbildungsproceß (früher auch Essiggährung genannt) beginnt nur, wenn Alkohol in vielem Wasser aufgelöst, unter Zusatz eines sogenannten sauren Ferments, der Einwirkung der atmosphärischen Luft ausgesetzt wird, bei einer Temperatur von ohngefähr $+ 18°$ bis $+ 30°$ R. *).

Als saures Ferment kann man entweder schon fertigen Essig, oder verschiedene stickstoffhaltige Substanzen benutzen, am besten solche, in welchen sich schon etwas Es-

---

*) Der Essigbildungsproceß beginnt auch, wenn Alkohol, oder ein Gemisch von Alkohol und Wasser, bei Zutritt der atmosphärischen Luft, besonders in Dampfgestalt, mit fein zertheilten Platin in Berührung kommt, so z. B. wenn man unter eine Glasglocke ein Schälchen mit Platinmohr und ein Schälchen mit Weingeist stellt. Aber da diese Fabrikationsmethode sehr kostspielig ist, und jetzt noch nicht benutzt wird, so kann dieselbe in diesem Werke unerwähnt bleiben.

Essigfabrikation.

figsäure, oder auch wohl Milchsäure gebildet hat, so z. B. Sauerteig, Weißbier, besonders säuerliches; Brot in Essig geweicht u. s. w. Auf welche Weise dies Ferment wirksam ist, ist noch unerforscht, es wirkt gleich einem Funken, der eine brennbare Masse in Flammen setzen kann.

Je mehr die Temperatur dem angegebenen Maximum sich nähert, und je mehr atmosphärische Luft in der kürzesten Zeit mit dem Gemische in Berührung kommt, desto energischer und schneller geht der Essigbildungsproceß vor sich. Je mehr Alkohol in der Flüssigkeit enthalten ist, desto mehr Essigsäure kann sich nach oben Angeführtem bilden; ein desto stärkerer Essig wird entstehen.

Das höchste Ziel der Essigfabrikation ist, wie leicht einzusehen, die Umwandlung des Alkohols in Essigsäure möglichst vollständig, das heißt, mit dem geringsten Verluste an Alkohol, und in der kürzesten Zeit zu erreichen, es versteht sich, auf die am wenigsten kostspielige Weise. Wodurch dies Ziel erreicht werden kann, ist im vorigen Satze angedeutet worden, und in der neueren Zeit ist man durch die sogenannte Schnellessigfabrikation dem Ziele so nahe gekommen, daß kaum noch etwas zu wünschen übrigbleibt.

Da der Alkohol derjenige Stoff ist, welcher die Essigsäure liefert, so ist leicht einzusehen, daß man zur Essigfabrikation jede alkoholhaltige Flüssigkeit verwenden kann.

Alle Substanzen also, welche zur weinigen Gährung gebracht werden können, entweder weil sie schon Zucker enthalten, oder weil sich auf die bei der Bierbrauerei und Branntweinbrennerei hinlänglich erörterte Weise Zucker in ihnen aus dem Stärkemehl bilden läßt, können zur Darstellung des Essigs dienen.

Man unterscheidet nach diesem verschiedenen Ursprunge im Handel die folgenden Sorten von Essig:

1) **Den echten Weinessig.** Er wird aus Wein bereitet, und enthält daher neben der Essigsäure natür=

lich fast alle übrigen Bestandtheile des Weines, so namentlich noch eine andere Säure, die Weinsäure oder Weinsteinsäure, und ein eigenthümliches Aroma, von welchem der angenehme Geruch abhängig ist.

2) **Den künstlichen Weinessig**, richtiger **Branntweinessig**. Derselbe wird, wie der letztere Name lehrt, aus Branntwein bereitet; er besteht fast nur aus Essigsäure, Wasser und einer geringen Menge Essigäther.

3) **Den Obst- oder Cideressig.** Er wird aus Aepfeln, das heißt, aus dem gegohrnen Safte derselben, dem Apfelweine, dargestellt, und enthält außer der Essigsäure besonders noch Aepfelsäure, diejenige Säure, welcher die Aepfel, so wie viele andere Früchte, wenigstens zum Theil ihren säuerlichen Geschmack verdanken.

4) **Den Bier-, Malz- oder Getreideessig.** Er wird aus Getreide, das heißt, aus einem gegohrnen Malzauszuge (Bier) bereitet, und enthält neben der Essigsäure noch fast alle Bestandtheile des Bieres, so phosphorsaure Salze und extractive Substanzen (Gummi), von welchen letzteren derselbe mehr oder weniger gefärbt ist, und die ihn gleich Seifenwasser beim Schütteln schäumend machen *).

Viele von den Substanzen, welche zur Essigfabrikation dienen, wie z. B. der Wein, das Obst, das Getreide, enthalten schon diejenigen Substanzen, welche die Essigbildung veranlassen, sie können also ohne Zusatz eines sogenannten sauren Ferments in Essig sich verwandeln, immer aber wird

---

*) Außer diesen Essigarten kommt auch noch der Holzessig in den Handel; er entsteht bei der trocknen Destillation des Holzes, nebst vieler anderer Substanzen, so z. B. vieler brenzlicher Oele, von denen er sorgfältig vor dem Gebrauche gereinigt werden muß. So gereinigt wird er besonders in chemischen Fabriken zur Darstellung mehrerer Präparate angewandt. Die Bereitung desselben liegt ganz außerhalb des Bereiches der gewöhnlichen Essigfabrikation.

durch den Zusatz einer wenn auch nur geringen Menge Essig der Essigbildungsproceß beschleunigt.

Nach dem was eben über die Bedingungen gesagt worden ist, unter welchen sich aus alkoholischen Flüssigkeiten Essig bildet, wird man erkennen, da es im Grunde nur einen Weg giebt, der zum gewünschten Ziele führt; aber derselbe läßt sich in mehr oder weniger kurzer Zeit erreichen, und darnach unterscheiden sich zwei verschiedene Methoden der Fabrikation des Essigs, nemlich

1) die ältere, langsamere Methode,

2) die neuere, schnellere Methode, die Methode der sogenannten Schnellessigfabrikation.

Beide Methoden erleiden in den verschiedenen Fabriken verschiedene mehr oder weniger wichtige Modificationen.

In dem Folgenden sollen diese beiden Methoden näher betrachtet werden; als Basis soll die Darstellung des künstlichen Weinessigs, des Branntweinessigs dienen, da dieses die gebräuchlichste Sorte von Essig ist. Der Leser wird leicht erkennen, daß die Bereitung der übrigen Sorten Essig im Wesentlichen von der Darstellung dieses Branntweinessig nicht verschieden sein kann; das Fabrikationsverfahren erleidet für dieselben allerdings einige indeß nur unwesentliche Abänderungen, die sich eigentlich auch nur auf die Vorarbeit der Darstellung der weinigen Flüssigkeit, z. B. aus dem Malze und Obstsafte beschränken, und der beiläufig und später gleichsam anhangsweise Erwähnung geschehen wird.

1) Die ältere Methode der Essigfabrikation.

Es ist wohl keinem Zweifel unterworfen, daß der Zufall der Entdecker des Essigs war; Wein, in nicht oder in schlecht verschlossenen Gefäßen an einem nicht zu kühlem Orte aufbewahrt, verwandelt sich in Essig; dadurch wurde der Weg gezeigt, den man zur Essigbildung im Allgemeinen einzuschlagen hatte.

Man glaube indeß nicht, daß man schon seit langer Zeit die Entstehung des Essigs der Einwirkung der atmosphäri=

schen Luft auf den Alkohol zuschreibt. Es wurde oft behauptet, durch Digestion oder Schütteln des Weines in fest verschlossenen Gefäßen starken Essig erhalten zu haben; ja man stritt darüber, ob überhaupt der Weingeist derjenige Stoff sei, welcher die Essigsäure lieferte, und selbst noch Wiegleb hält den Zusatz von Weingeist für unnütz. Ohne Rücksicht auf diesen Streit, und ohne zu wissen, wie der Essig entstehe, hat man schon seit den ältesten Zeiten eine Methode der Essigfabrikation befolgt, die sich durch die Erfahrung bewährte, und die, obgleich langsam, doch sicher zum Ziele führt.

Diese ältere Methode der Essigfabrikation ist höchst einfach, und nimmt nur wenig Aufmerksamkeit in Anspruch. Sie besteht im Wesentlichen darin, die weinigen (gegohrenen) Flüssigkeiten (wenn es nöthig, mit saurem Ferment vermischt) in nicht verschlossenen Fässern oder Steinkruken bei einer Temperatur von 18 — 22° so lange lagern zu lassen, bis der Alkohol derselben sich in Essigsäure umgewandelt hat, wonach der Essig fertig ist. Man sieht, daß hierbei alle die Bedingungen erfüllt sind, welche ich S. 324 als zur Essigbildung unerläßlich aufgeführt habe.

In den ältesten Zeiten, wo man glaubte, daß nur der Wein Essig liefern könne, behandelte man den Wein auf eben angegebene Art, und in diesem Falle war der Zusatz eines Essigfermentes unnöthig. Hatte sich nach längerer Zeit der Wein in Essig umgewandelt, so zapfte man die Hälfte oder auch wohl noch mehr von dem Fasse zum Verkauf, und ersetzte das Abgezapfte wieder durch Wein, wonach dann der Essigbildungsproceß weit schneller verlief, weil der im Faß zurückgebliebene Essig als Essigferment wirkte. Nach diesem Verfahren wird noch jetzt in Frankreich ein ganz vortrefflicher Weinessig dargestellt.

Man bedarf zu der älteren Essigfabrikation ein geräumiges, am besten nach Mittag zu liegendes Lokal, dessen Temperatur durch zweckmäßige Heizung auf 18 — 22° R. erhalten werden kann, und das bis zur Decke mit Balkenlagen und Estraden versehen ist, um Fässer darauf legen zu können.

Die Größe dieses Lokales, welches die Essigstube genannt wird, hängt natürlich von der Menge des zu fabricirenden Essigs ab. Die Heizung geschieht nach der Größe durch einen oder zwei große steinerne, viel Masse enthaltende Oefen oder durch einen oder zwei steinerne Canäle, die eine Strecke vor ihrer Ausmündung in den Schornstein mit gußeisernen Platten bedeckt sein können, damit durch diese noch möglichst viel Wärme dem Rauche entzogen wird. Die Heizöffnungen müssen sich außerhalb der Essigstube befinden, weil durch diese der Luft Sauerstoff entzogen wird, und die warme Luft des Lokales in den Schornstein geht.

Die Oefen und Canäle müssen von Stein sein und viel Masse haben, damit dieselben beim Heizen die Wärme gleichförmig abgeben und lange Zeit nach dem Verlöschen des Feuers fortfahren, das Lokal zu erwärmen. Endlich hat man noch bei der Anlage der Heizung dahin zu sehen, daß das Lokal an allen Stellen möglichst gleich stark erwärmt werde.

Auf die erwähnten Lagen und Estraden werden nun die Fässer gebracht, in welchen die Essigbildung vor sich gehen soll, und die man Säuerungsfässer, Essigfässer nennt, mit dem offenen Spundloche nach oben. Mit dem Spundloche in einer Linie wird in dem vordern Boden des Fasses, einige Zoll von oben ab, ein 1 — 1½ Zoll weites Loch gebohrt, so daß durch dasselbe und durch das Spundloch ein steter Luftwechsel über der Flüssigkeit stattfindet, mit welcher man die Fässer auf zwei Drittheile oder drei Viertheile anfüllt. Die Säuerungsfässer sind ganz gewöhnliche Fässer; man nimmt sie nicht zu groß, am besten 40 — 80 Quart haltend, weil, je kleiner dieselben sind, desto schneller die Essigbildung beendet wird. Der Grund ist leicht zu erkennen. Eine gleiche Quantität zu säuernder Flüssigkeit auf zwei Fässern in beschriebener Weise vertheilt, wird der atmosphärischen Luft eine größere Fläche darbieten, als wenn sie sich in einem einzigen größern Fasse befindet. Anstatt dieser

Fässer nimmt man in einigen Fabriken, namentlich zu den stärkern Sorten Essig, Kruken von Steinzeug, die ohngefähr 12 — 16 Quart fassen, und eine 4 Zoll weite Halsmündung haben. Sie gleichen hinsichtlich der Form den in den Zuckerraffinerien zum Auffangen des Syrups angewandten Kruken.

Die zu säuernde Flüssigkeit, mit welcher man die Essigfässer bis auf die angegebene Höhe anfüllt, besteht zur Darstellung des Branntweinessigs aus

600 — 700 Qrt. Regen= oder Flußwasser,
100 Qrt. gereinigten Branntwein von 48—50% Tr.,
200 „ fertigen, guten Branntweinessig.

Die Menge des Essigs kann man bis auf 400 Quart vermehren, wodurch die Essigbildung beschleunigt wird.

Das angewandte Wasser muß nothwendig Regen= oder Flußwasser sein, weil ein hartes Wasser den Essigbildungsproceß ungemein verzögert, und wenn es kohlensauren Kalk enthält, was in der Regel der Fall ist, einen Theil Essigsäure neutralisirt, also den Essig schwächer macht. (Prüfung des Wassers S. 18). Auch braucht wohl kaum bemerkt zu werden, daß in dem Maaße, als man die Menge des Wassers vergrößert, ein schwächerer Essig erhalten wird.

Es ist besonders in kalter Jahreszeit sehr zweckmäßig, das zu der Essigmischung kommende Wasser durch Zugeben eines Antheiles heißen Wassers auf ohngefähr 30° R. zu erwärmen, weil sonst mehrere Tage vergehen, ehe die Essigmischung in den Fässern die Temperatur der Essigstube annimmt.

Sobald die Essigstube gehörig geheizt und die Essigmischung in die Essigfässer bis zur angegebenen Höhe gefüllt worden ist, sind die wesentlichsten Arbeiten gethan, und man nun nur dahin zu sehen, daß die Temperatur in dem Lokale die angemessene bleibt.

Es ist oben gesagt worden, daß die Temperatur, bei welcher der Alkohol, unter übrigens geeigneten Umständen, sich in Essigsäure umwandele, etwa die Temperatur zwischen

+ 18 bis + 30° R. sei. Hieraus ergiebt sich, daß die Temperatur der Essigstube nie unter das angegebene Minimum sinken darf; denn wenn auch dann der Essigbildungsproceß nicht völlig aufhört, so wird er dadurch doch in einem hohen Grade verlangsamt; je mehr die Temperatur sich dem angegebenen Maximo nähert, desto schneller wird der Essig fertig sein. Würde man die Temperatur noch mehr erhöhen, so würde, abgesehen von der bedeutenden Menge Feuerungsmaterial, welcher man bedürfte, sich viel Alkohol aus der Mischung verflüchtigen, und es würde ein schwächerer Essig, obgleich in kürzerer Zeit, erhalten werden.

Man hat also hier, wie in vielen anderen Dingen, die Mittelstraße einzuschlagen, um das vortheilhafteste Resultat zu erhalten. In einer Gegend, wo das Feuerungsmaterial ziemlich wohlfeil ist, möchte die zweckmäßigste Temperatur der Essigstube 24—26° R. betragen; in einer Gegend, wo dasselbe theuer ist, 20—22° R. Der Fabrikant hat immer abzuwägen, ob der Mehraufwand an Brennmaterial nicht die Zinsen des höhern Betriebscapitals aufwiegt.

Einige Tage nachher, nachdem die Essigmischung in die Fässer der Essigstube gebracht worden ist, nimmt der Essigbildungsproceß seinen Anfang; man bemerkt dies daran, daß die Temperatur in den Fässern etwas steigt, was durch ein Thermometer oder bei einiger Uebung durch einen in das Seitenloch gesteckten Finger leicht erkannt werden kann; zugleich entwickelt sich aus der Mischung ein angenehmer, stechendsaurer Dunst, der erst nur beim Hineinriechen in die Fässer wahrgenommen wird, bald aber die ganze Essigstube anfüllt. Dieser Geruch rührt wahrscheinlich von einer geringen Menge Essigäther her, der gleichzeitig mit der Essigsäure sich bildet*); er wird um so stärker, je wärmer das Lokal gehalten wird.

Von Zeit zu Zeit hat man nun nachzusehen, ob in allen

---

*) Vielleicht auch von Aldehyd, einer ätherartigen Substanz, die aus dem Alkohol entsteht.

Fässern die Essigbildung regelmäßig vorwärtsschreitet. Dies geschieht dadurch, daß man jedes Faß einzeln untersucht, ob sich in demselben die angegebenen Erscheinungen fortwährend in gehöriger Stärke zeigen, ob nemlich die Temperatur desselben höher als die des Lokales ist, und ob die darin befindliche Mischung den erwähnten stechenden Dunst ausstößt.

Zeigt sich höhere Temperatur und der stechend saure Geruch, so ist Alles in Ordnung, der Essigbildungsproceß geht seinen geregelten Gang fort.

Sind aber die Fässer kalt, wo dann in ihnen auch nicht der stechende Dunst wahrzunehmen ist, so geht in diesen die Essigbildung nicht vorwärts; sie sind gleichsam todt, weil sie den zum Essigbildungsprocesse nöthigen Sauerstoff aus der Luft nicht einathmen.

Der Essigbildungsproceß ist dem Athmungsprocesse zu vergleichen, in beiden wird nemlich durch den Sauerstoff der Luft ein Körper oxydirt (verbrannt), in jenem der Wasserstoff des Alkohols, in diesem der Kohlenstoff des Venenblutes. Die Wärme, welche bei diesen Processen, wie bei allen Verbrennungsprocessen entsteht, giebt bei dem Athmungsprocesse dem Körper wenigstens zum Theil die thierische Wärme, bei dem Essigbildungsprocesse bewirkt sie eine Temperaturerhöhung der Essigmischung, welche allerdings nicht sehr bedeutend sein kann, da dieser Verbrennungsproceß (der Essigbildungsproceß) nur sehr langsam fortschreitet, so daß sich die Temperatur mit der Temperatur der umgebenden Luft leicht in's Gleichgewicht setzt; wir werden später bei der Methode der schnelleren Essigfabrikation finden, daß die Temperaturerhöhung dabei sehr bedeutend wird, weil dieselbe Menge Wärme in einer kürzeren Zeit frei wird.

Werden bei der Untersuchung in der Essigstube Fässer gefunden, welche durch das Nichtvorhandensein der vorhin beschriebenen Erscheinungen erkennen lassen, daß in ihnen die Essigbildung entweder gar nicht begonnen hat oder in's Stocken gerathen ist, so muß man die Ursache davon zu ermitteln suchen. Diese ist häufig nicht leicht zu finden; die häufigste ist eine zu kalte Lage der Fässer, eine Lage, an welcher kalte Luftzüge dieselben treffen können.

Man bringt diese Fässer dem Ofen so nahe als möglich, und gießt etwas erwärmten mit ein wenig Branntwein vermischten Essig in dieselben. Das Erwärmen des Essigs geschieht hierzu am besten in Glasflaschen, die man mit demselben gefüllt entweder auf den Heizkanal, auf oder dicht neben dem Ofen, oder aber in eine Wanne mit erwärmtem Wasser stellt.

Unangenehmer als das bloße Erkalten der Fässer ist der Uebelstand, wenn sich in der Essigstube Fässer finden, deren Inhalt, anstatt sich unter oft erwähnten Erscheinungen zu säuern, dumpfig wird, und in Fäulniß überzugehen droht.

Bei der obigen zur Erzielung des Branntweinessigs angeführten Mischung hat man zwar diesen Uebelstand nicht oder doch nicht leicht zu befürchten, er tritt aber viel leichter ein bei Mischungen, welchen man, wie später gezeigt werden wird, Zucker, Honig oder Bierwürze, Sauerteig zugesetzt hat, und besonders leicht bei Mischungen zum Obst= und Bieressig, also überhaupt bei Essigmischungen, welche viele fremdartige, besonders schleimige Substanzen enthalten. Die Essigmischung wird bei dieser nachtheiligen Umänderung zuerst in einen zähen Schleim verwandelt, der sich oft zwischen den Fingern in lange Fäden ziehen läßt, und der nach und nach in vollkommene Fäulniß übergeht, wobei sich der Inhalt der Fässer mit einer Haut von grünem Schimmel überzieht. Wird die Untersuchung der Fässer häufig genug vorgenommen, so kann diese Zersetzung kaum weit vorschreiten, weil man durch das vorhergehende Kaltwerden auf die Fässer aufmerksam gemacht wird. Bemerkt man die Zersetzung früh genug, so läßt sich noch an Verbesserung denken; man zapfe den Inhalt sogleich auf ein mit heißem Essig ausgespühltes Faß klar von dem etwa vorhandenen Bodensatze ab, und setze noch etwas Branntwein zu, oder man erhitze die ganze Mischung in einen vollkommen blank gescheuerten kupfernen Kessel bei lebhaftem Feuer bis zum anfan=

genden Sieden, fülle sie dann sofort, ohne sie länger im Kessel stehen zu lassen, auf mit Essig ausgespühlte Fässer, und setze ebenfalls noch etwas Branntwein zu.

Die Fässer, auf welchen die verdorbene Mischung lagerte, müssen vor ihrer ferneren Benutzung als Säuerungsfässer, durch Ausspühlen mit heißem Wasser, Ausbürsten und Ausspühlen mit Essig sorgfältig gereinigt und eingesäuert werden, wobei ich bemerken will, daß es bei der Errichtung einer Essigfabrik immer sehr vortheilhaft ist, sämmtliche zu Säuerungsfässern bestimmte Fässer durch Ausspühlen mit erwärmtem Essig, dem man ein wenig Branntwein zusetzt, einzusäuern.

Ist durch nachlässige Beobachtung die faulige Zersetzung der Mischung schon weit vorgeschritten, so läßt sich dieselbe nicht mehr verbessern: man gebe sie verloren, und entferne sie möglichst bald aus der Essigstube, denn sie wirkt auf daneben liegende Fässer ansteckend.

Mit der beschriebenen Zersetzung darf man das sogenannte Kahmigwerden der Essigmischung nicht verwechseln; es zeigt sich besonders bei den Mischungen zu Obst- und Bieressig, auch bei den Weinen, und bringt nicht allein keinen Nachtheil, sondern ist im Gegentheile fast immer die Anzeige einer guten Essigbildung.

Was die Ursache der fauligen Zersetzung anbetrifft, so ist dieselbe, bei Anwendung vollkommen guter Materialien, nur in einen öftern plötzlichen Wechsel der Temperatur zu suchen; man vermeide daher einen solchen Wechsel. Ein Herabsinken der Temperatur in der Essigstube ist, wenn es auch nicht immer die genannte Veränderung nach sich zieht, auch schon deshalb sehr nachtheilig, weil dadurch oft, wie erwähnt, die Essigbildung aufhört, und dann vergehen, selbst bei ziemlich starker Heizung des Lokales, immer einige Tage, ehe dieselbe wieder beginnt, es wird dadurch also die Vollendung des Essigs über die Gebühr verzögert.

Daß verdorbene Materialien, wie übelriechendes Bier, faules Obst u. s. w., wenn sie zur Essigmischung gebraucht worden sind, den Keim zu dieser Zersetzung in die Essigstube bringen, ist leicht einzusehen; daher glaube man nicht, daß schlechte Materialien einen guten Essig geben können.

Ueber die Zeit, in welcher der Essigbildungsproceß vollendet ist, das heißt in welcher die Essigmischung vollständig in Essig umgewandelt ist, läßt sich nichts Bestimmtes sagen; sie ist abhängig sowohl von der Temperatur, welche man der Essigstube gegeben hat, als auch von der Größe der Fässer, auf welche die Mischung gebracht wurde, und von der Menge des in Essigsäure zu verwandelnden Alkohols. Dies ergiebt sich aus früher Angeführtem.

Im Allgemeinen kann man annehmen, daß bei einer Temperatur des Lokales von 22 — 24° R. die angegebene Essigmischung auf Fässer, die 50 — 80 Quart davon fassen, in 8 — 12 Wochen in Essig übergegangen ist; hält man aber die Temperatur unter 20 — 18° R., so können dazu 4 — 6 Monate erforderlich sein.

Daß die Essigmischung sich vollständig in Essig umgewandelt hat, erkennt man theils durch den Geschmack oder besser durch das Acetometer, theils schon daran, daß in den Fässern, die während der ganzen Zeit sich warm und dunstend zeigten, die Temperatur sinkt, das heißt nicht höher ist, als die der Essigstube; es ist dies ein einleuchtender Beweis, daß kein Alkohol mehr vorhanden ist, der mit dem Sauerstoff der Luft Essig geben kann, und deshalb kann also auch keine Wärme mehr entstehen.

Sobald die Essigbildung vollendet ist, wird der fertige Essig von den kleinen Fässern klar abgezogen und auf größere Fässer, auf die Lagerfässer, gefüllt, die nicht in der Essigstube, sondern in einem kühlen kellerartigen Locale liegen müssen. Auf jedes Orhoft Essig giebt man in diese Lagerfässer etwa 1 Quart Branntwein, wodurch sich derselbe noch fortwährend verbessert und vor einer nachtheiligen Veränderung, vor Verderbniß, geschützt wird.

Die trüben Antheile der Säuerungsfässer giebt man entweder zusammen auf ein größeres Faß, und zapft nach einiger Zeit das Klare davon ab, oder man läßt sie in den Säuerungsfässern, wo sie ein gutes Essigferment für die daraufkommende neue Essigmischung abgeben.

Läßt man den fertig gebildeten Essig ohne erneueten Zusatz von Branntwein, also ohne neuen Stoff zur Essigbildung, in der hohen Temperatur der Essigstube liegen, so entsteht mit der Zeit eine schleimige Masse in demselben durch Zersetzung der Essigsäure; er wird dumpfig und geht endlich in Fäulniß über. Dieselbe nachtheilige Veränderung erleidet der Essig auch, wenn er an dumpfigen, feuchten, nicht kühlen Orten, besonders ohne Zusatz von etwas Branntwein, längere Zeit aufbewahrt wird. Uebrigens tritt diese Umänderung, wie leicht erklärlich, weit leichter bei allen den Essigen ein, welche neben der Essigsäure fremdartige Substanzen enthalten, weil diese letzten der Umwandlung in eine schleimige Masse noch weit eher ausgesetzt sind, als die Essigsäure, auch weit eher bei Essigen, welche eine geringe Stärke besitzen, als bei starken, das heißt an Essigsäure reichen Essigen*). Die erwähnte schleimige, zusammenhängende Masse entsteht in geringer Menge, wie leicht erklärlich, in dem Essig schon bei seiner Bildung in der Essigstube, und wird Essigmutter genannt, weil sie wegen der bedeutenden Mengen Essig, die sie aufgesogen enthält, ein gutes Essigferment abgiebt.

Bei einem Betriebe der Essigfabrikation, wie er eben beschrieben worden ist, bedarf man natürlich eines bedeutenden Lagers von fertigem Essig, weil immer erst innerhalb 2 — 3 Monaten neuer Essig fertig wird. Um dies zu vermeiden, theilt man wohl auch die Säuerungsfässer in mehrere, etwa in 3 Classen. Es werden nemlich beim Beginn der Fabrikation nicht alle Säuerungsfässer zugleich mit Essigmischung be-

---

*) Döbereiner vergleicht nicht unpassend den Essig mit einem Thiere, welches zu seinem Bestehen fortwährend der Nahrung, des Alkohols, bedarf. Mangelt ihm diese, so stirbt es, und geht dann in Fäulniß über.

schickt, sondern man beschickt sie in so viel Zwischenräumen von 2 — 4 Wochen, als man Classen von Fässern machen will. In der ersten Classe der Fässer wird dann die Essigbildung fast vollendet sein, wenn man die dritte oder vierte Classe erst mit Mischung anfüllt. Zeigen sich beim Abzapfen derjenigen Fässer, welche fertig gebildeten Essig enthalten, einzelne Fässer, in welchen die Essigbildung noch nicht vollendet ist, was in der Regel der Fall ist, ohne daß man eine Ursache davon anzugeben wüßte, so werden diese in die folgende Classe versetzt. Bei einem solchen Betriebe befinden sich in der Essigstube natürlich Fässer, in denen die Essigbildung beginnt, Fässer, in denen sie schon vorgeschritten, und Fässer, in denen sie bald beendet ist. Dies ist von großem Nutzen, denn der stechend saure Dunst, welchen die Fässer ausstoßen, während der Essigbildungsproceß lebhaft vorschreitet, wirkt stark säuernd, gleichsam ansteckend auf die eben in die Essigstube gebrachte Mischung.

Finden sich in der Essigstube Stellen, an denen es besonders warm wird, so thut man wohl, an diese diejenigen Säuerungsfässer zu bringen, in denen die Essigbildung bald vollendet ist, weil diese, aus nach Früherem leicht einzusehenden Gründen, sich durch den Essigbildungsproceß selbst am wenigsten erwärmen können; auch hat man bei diesen, durch die stärkere Wärme, keinen Verlust an Alkohol durch Verdunsten zu befürchten. Die Bezeichnung der Fässer kann ganz einfach durch mit Kreide vorgeschriebene Zahlen geschehen.

Die oben S. 330 angegebene Mischung liefert bei gehöriger Behandlung einen höchst angenehmen, von fremdartigen Stoffen fast gänzlich freien, daher sehr haltbaren Essig, der sich eben so gut zu Salaten als zum Einmachen von Früchten eignet; man glaube aber nicht, daß sie die einzig anwendbare sei, sie ist aber gewiß die vorzüglichste.

Es giebt eine große Menge von sogenannten Essigrecepten, das heißt von Angaben zu mehr oder weniger wider=

sinnigen Gemischen, aus denen man einen mehr oder weniger schlechten Essig darstellen kann.

Einer der gewöhnlichsten Zusätze zu der obigen Mischung ist Zucker, Syrup oder Honig, anstatt deren man auch wohl andere zuckerhaltige Substanzen, z. B. eine Abkochung von Rosinen oder Rosinenstengel nimmt. Setzt man bei der Anwendung von Zucker oder zuckerhaltigen Substanzen dem Gemische nicht zugleich Hefe (das heißt ein die Weingährung einleitendes Ferment, z. B. Sauerteig) hinzu, so können dieselben die Stärke des Essigs, das heißt den Gehalt an Essigsäure, nicht vermehren, weil sich diese eben nur aus Alkohol bildet; alle diese Zusätze verwandeln sich in eine schleimige Masse, deren Vorhandensein der Haltbarkeit des Essigs großen Eintrag thut. Setzt man bei Anwendung der genannten Substanzen aber gleichzeitig Hefe hinzu, so beginnt in den Essigfässern die weinige Gährung; der Zucker wird in Alkohol und Kohlensäure zerlegt. Dabei steigt die Temperatur, wie z. B. bei der Gährung der Branntweinmeische erwähnt wurde, mehre Grade über die Temperatur der umgebenden Luft, und der entstandene Alkohol hat bei dieser hohen Temperatur und wegen der Gegenwart von stickstoffhaltigen Substanzen, und eine solche ist das Ferment, sehr große Neigung, in Essigsäure überzugehen; es wird dadurch also der Essigbildungsproceß beschleunigt. Der gewonnene, oft sehr stark saure Essig ist aber natürlich nicht so rein, als der ohne die angeführten Zusätze bereitete; er enthält neben der Essigsäure stickstoffhaltige schleimige Substanzen, ist aus diesem Grunde bei weitem weniger haltbar und deshalb weit weniger zur Conservation der Früchte geeignet.

Das eben Gesagte gilt auch für den Zusatz von Weißbierwürze, die man sehr häufig der Essigmischung ebenfalls zuzusetzen pflegt. Die Säuerung geht zwar schneller vor sich, die Temperatur bleibt in den Fässern höher, aber der Essig, obgleich sonst recht gut und bei sofortiger Benutzung in der Haushaltung sehr brauchbar, hält sich aber doch nicht so lange, als der aus Branntwein und Wasser dargestellte Essig.

Wenn man sich, vielleicht um schnellere Essigbildung zu bezwecken, eines Zusatzes von zuckerhaltigen Substanzen bedienen will, so operire man folgendermaßen: Man löse den Zucker, Syrup oder Honig in heißem Wasser auf (auf das Orhoft Wasser ungefähr 20 Pfund), oder bereite sich eine Abkochung der zuckerhaltigen Substanzen, lasse diese Lösung auf 26 — 22° R. erkalten, gebe sie in einen geräumigen Bottich und füge etwas gute Bierhefe hinzu; mit einem Worte, man leite nach richtigen Grundsätzen die weinige Gährung ein, wie dies bei der Bierbrauerei und Branntweinbrennerei hinlänglich erörtert worden ist. In der angestellten Masse wird die Gährung wegen der hohen Temperatur sehr bald und sehr lebhaft beginnen; ist dieselbe beendet, was man daran erkennt, daß die Masse ruhig und klar wird, so zapfe man die weinige Flüssigkeit (den Zuckerwein) ab, gebe ihm noch etwas Branntwein und etwas fertigen Essig hinzu, und bringe ihn auf die Säuerungsfässer der Essigstube, oder aber man setze nur einen Antheil davon zu der oben angeführten Essigmischung. Der Essigbildungsproceß wird rascher und sehr regelmäßig verlaufen, und der gewonnene Essig ganz vortrefflich sein. Ein Gemisch von 700 Quart Wasser, 100 Quart Branntwein, 100 Quart Essig und 100 — 200 Quart Zuckerwein möchte ich als zweckmäßig empfehlen. Man wird in dem eben Gesagten die Bestätigung des früher Erläuterten finden, daß nämlich nur alkoholische (weinige, weingahre) Flüssigkeiten der Umwandlung in Essig bei der Essigfabrikation fähig sind. Will man zuckerhaltige Substanzen auf Essig verarbeiten, so müssen aus denselben durch die weinige Gährung alkoholhaltige Flüssigkeiten dargestellt werden, und will man stärkemehlhaltige Substanzen anwenden, so muß man aus diesen natürlich noch vorher, durch Einwirkung der Diastase, zuckerhaltige Massen bereiten.

Hieraus ergiebt sich eigentlich ganz von selbst das Ver=

fahren, welches man bei der Darstellung des Obst= und Bieressigs zu befolgen hat.

Zur Bereitung des Obstessigs oder Cideressigs werden die Aepfel entweder zwischen 2 steinernen Walzen, ähnlich denen, wie sie zum Zerquetschen der Kartoffeln (S. 162) angewandt werden, oder durch einen aufrecht stehenden und als Läufer dienenden Mühlstein zerquetscht, der Saft ausgepreßt, der Rückstand mit Wasser befeuchtet und nochmals ausgepreßt. Den so erhaltenen Saft läßt man in geräumigen Bütten die weinige Gährung durchlaufen, was ziemlich rasch geschieht, wenn das Gährungslokal nicht zu kühl ist. Nach beendeter Gährung wird der klare oder doch fast klare, gewöhnlich schon etwas saure Aepfelwein von den ausgeschiedenen Substanzen abgezapft und mit gleichviel eines Gemenges aus 6 — 8 Theilen Wasser und 1 Theil Branntwein von 50% Tr., also auf 100 Quart Aepfelwein ohngefähr 83 — 89 Quart Wasser und 17 — 11 Quart Branntwein vermischt, je nach dem Preise, welchen der fertige Essig haben soll; durch einen Zusatz von etwas fertigen Essig wird der Essigbildungsproceß eingeleitet. Es braucht wohl kaum bemerkt zu werden, daß man noch viele andere als die angegebenen Verhältnisse des Aepfelweins zu dem Gemische aus Wasser und Branntwein nehmen kann.

Anstatt die zerquetschten Aepfel sofort auszupressen, rührt man den Aepfelbrei auch wohl mit etwas warmen Wasser an und füllt die Masse in aufrecht stehende Fässer, die sich in einem mäßig erwärmten Zimmer befinden. Es beginnt hier ebenfalls sehr bald eine lebhafte Gährung, nach deren Beendigung man die Masse auspreßt; die abgepreßte Flüssigkeit, der saure Aepfelwein, wird mit Wasser, Branntwein und Essig versetzt und in die Essigstube gebracht.

Zur Bereitung des Bieressigs nimmt man säuerliches Bier und Wasser zu gleichen Theilen, ohngefähr 10 Procent Brannntwein nebst etwas Essig. Will man sich zur Essigfabrikation Bier (Malzwein) brauen, so verfährt man ganz so, wie in der Bierbrauerei gelehrt worden ist. Man be=

Essigfabrikation.

nutzt nur Luftmalz, und zwar am besten ein Gemisch von Weizen= und Gerstenluftmalz, welche man etwas länger hat wachsen lassen. Man teigt und meischt die Würze, kocht dieselbe oder unterläßt auch wohl das Kochen, kühlt bis auf 20 — 18° R. ab, und stellt mit einer hinreichenden Menge Bierhefe an. Das erhaltene säuerliche Bier (Malzwein) wird, wie vorhin angegeben, vermischt und in die Essigstube gebracht.

Kastner giebt zur Bereitung des Malzweins die folgende Vorschrift: 80 Pfund Gerstenluftmalz und 20 Pfund Weizenluftmalz mit 150 Quart Wasser von 40° R. eingeteigt, dann mit 300 Quart siedenden Wassers gemeischt. Nach 2 — 3 Stunden die Würze gezogen, bei 14° R. mit 15 Pfund guter Bierhefe gestellt; sobald die Gährung beendet (nach 2 — 3 Tagen), die weingahre Flüssigkeit abgezapft. Sie läßt sich an einem kühlen Orte lange aufbewahren.

Im Allgemeinen entscheidet der Verkaufspreis über die Menge des zum Bieressig anzuwendenden Malzes. Da 2 Pfund Zucker ohngefähr 1 Quart Branntwein von 50% Tr. (fast genau 1 Pfund Alkohol enthaltend) liefern, so kann man die Concentration der Würze nach der in der Bierbrauerei S. 67 angegebenen Tabelle berechnen. Da aber das Malzertract nicht reiner Zucker ist, sondern auch Gummi und andere fremdartige, keinen Alkohol gebende, Substanzen enthält, so kann man von dem in der Tabelle angegebenen Malzertract etwa $5/6$ für Zucker rechnen. Zur Erzielung eines ziemlich starken Bieressigs würde demnach die Würze ein specifisches Gewicht von 1,035 — 1,045 zeigen müssen.

Die Darstellung des Zuckeressigs, das heißt eines Essigs aus Zuckerwein, ist schon vorhin S. 339 angegeben worden. Auch hier sind also 2 Pfund Zucker immer gleich zu setzen 1 Quart Branntwein von 50% Tr., woraus sich ergiebt, daß es bei den jetzigen Preisen des Zuckers und Branntweins höchst unvortheilhaft wäre, Zuckerwein darzustellen und diesen allein auf Essig zu verarbeiten.

Die Bereitung des echten Weinessigs aus Trauben=

wein bedarf fast keiner Erwähnung; der Wein wird mit einem Zusatz von Essig in die Säuerungsfässer der Essigstube gebracht; ist derselbe sehr stark, auch wohl zuvor mit etwas Wasser versetzt.

Es kann in unserer Gegend oft vorkommen, die nicht völlig reif gewordenen Trauben auf Essig zu verarbeiten und dadurch zu verwerthen. Man verfährt dann am besten auf folgende Weise: Die Trauben werden zerquetscht oder zerstampft, der Brei mit etwas heißem Wasser angemengt, und mit Zusatz von einer geringen Menge Syrup oder Zucker und etwas Bierhefe bei mäßiger Temperatur in einer Bütte gähren gelassen. Sobald die Gährung beendet, wird die klare Flüssigkeit abgezapft, der Rückstand ausgepreßt und, wenn das Ausgepreßte trübe ist, durch Lagern geklärt. Von dem sauren Wein mischt man 100 Quart mit 90 Quart Wasser, 10 — 15 Quart Branntwein und 15 Quart Essig, und bringt das Gemisch auf die Säuerungsfässer. Man kann auch, wie bei der Bereitung des Aepfelweins angegeben worden, die zerquetschten Trauben sofort durch Auspressen von dem Safte befreien und diesen in weinige Gährung bringen.

Ich erwähne noch einmal, daß bei allen Mischungen zu Essig, welche neben Alkohol, Wasser und Essig andere fremdartige Substanzen, namentlich stickstoffhaltige, enthalten, zwar die Temperatur in den Säuerungsfässern leichter gehörig hoch bleibt, und die Essigbildung überhaupt weit schneller verläuft; daß aber diese Mischungen während des Essigbildungsprocesses, und auch der gewonnene Essig selbst, leichter dem Verderben (Umschlagen) ausgesetzt sind, als die S. 330 aufgeführte Mischung und der davon erhaltene Essig.

Der aus dieser Mischung und aus den derselben in dem quantitativen Verhältnisse des Alkohols zum Wasser entsprechenden ähnlichen anderen Mischungen gewonnene Essig ist der unter dem Namen Weinessig verkäufliche, welcher ohngefähr 4,6 Procent absolute Essigsäure (das ist 5,4 Essigsäurehydrat) enthalten soll. Es versteht sich wohl von selbst, daß man nur die Quantität des Branntweins zu vermindern hat, um einen schwächeren Essig zu erzielen; indeß ist es fast immer zweckmäßiger, die schwächeren Essige durch Vermischen der stärkeren mit der nöthigen Menge Flußwasser darzustellen.

Will man Essig bereiten, der noch stärker ist, als der aus der angegebenen Mischung erhaltene, so muß man natürlich die Menge des Branntweins vermehren; man giebt dann aber die erforderliche Menge Branntwein nicht auf einmal zu der Mischung, sondern man bereitet sich erst die obige Mischung, und setzt dann, wenn der Essigbildungsproceß in den Essigstuben schon weit vorgeschritten ist, jedem Fäßchen eine verhältnißmäßige Menge Branntwein hinzu, wobei man nicht unterlassen darf, gut umzurühren. Man kann, wie schon früher angeführt, annehmen, daß 3 Quart Branntwein von 48% Tr., zu 100 Quart Essigmischung gesetzt, den Gehalt an **absoluter Essigsäure** um **1 Procent**, also an **Essigsäurehydrat** um **1,17 Procent**, erhöhen (S. 323).

Noch ist zu erwähnen, daß von Essigmischungen, welche fremdartige Substanzen enthalten, bisweilen der fertige Essig trübe ist. Man hat daher in den Essigfabriken wohl auch noch besondere Klärfässer, das sind Fässer, welche mit lockenartigen, gut ausgekochten, getrockneten und mit Essig angesäuerten Hobelspähnen von Büchenholz angefüllt sind. Auf diese Fässer wird der trübe Essig gefüllt; er setzt die trübenden Substanzen auf die Spähne ab, und kann nach einiger Zeit vollkommen klar abgezogen werden; indeß wird man bei vorsichtiger Arbeit wohl selten nöthig haben, zu den Klärungsfässern seine Zuflucht zu nehmen. So lange die Essigmischung noch trübe ist, ist in der Regel die Essigbildung noch nicht vollendet; nach einem regelmäßigen Verlaufe des Essigbildungsprocesses wird die Mischung fast immer von selbst klar.

In der Essigfabrik sind metallene Geräthschaften durchaus zu vermeiden, weil sie von dem Essig und den Essigdämpfen angegriffen werden, wodurch Metallsalze in den

Essig kommen. Kupferne, messingene, zinnerne Geschirre bringen Kupfer-, Zink-, Zinn-, Bleisalze in den Essig, welche sämmtlich der Gesundheit nachtheilig sind. Eisen, obgleich unschädlicher, als die genannten Metalle, ertheilt dem Essig, wegen dessen Gehalts an Gerbstoff aus den Fässern, eine dunkle, tintenartige Färbung, die besonders beim Neutralisiren mit irgend einer Base hervortritt, und einen tintenartigen Geschmack. Man bediene sich daher nur hölzerner oder porcellanener Trichter und Hähne, und muß man ja zum Abzapfen einen metallenen Hahn anwenden, so mache man denselben vorher ganz blank und entferne ihn sofort nach geschehener Arbeit aus dem Fasse. Eiserne Reifen um die Säuerungsfässer darf man nicht nehmen, weil sie von den sauren Dämpfen der Essigstube bald zerfressen werden, oder man muß sie durch einen Ueberzug vor der Einwirkung dieser Dämpfe schützen. Zu einem solchen Ueberzuge eignet sich recht gut schwarzes Pech, aufgelöst in etwas heißem Leinölfirniß.

2) Die neuere Methode der Essigfabrikation.
(Schnellessigfabrikation.)

Wenn man sich die Bedingungen, unter welchen Essig aus alkoholhaltigen Flüssigkeiten entsteht, ins Gedächtniß zurückruft, nämlich daß es erforderlich ist, daß jedes Theilchen des in demselben enthaltenen Alkohols (wahrscheinlich in Dampfgestalt) mit der atmosphärischen Luft in Berührung kommen muß, so sieht man leicht ein, daß ziemlich lange Zeit vergehen muß, ehe dies in einem Fasse geschieht, in welchem die in demselben enthaltene Flüssigkeit der atmosphärischen Luft eine verhältnißmäßig nur geringe Oberfläche darbietet. Es ist ferner einleuchtend, daß die Erhaltung der Essigmischung auf einer hohen Temperatur (von 24—30°R.) nur mit einem großen Aufwande an Brennmaterial, also nur mit bedeutenden Kosten, erreicht werden kann. Diese beiden Mängel zeigt, wie sich aus Früherem ergiebt, die äl=

Essigfabrikation.

tere Methode der Essigfabrikation in hohem Grade, und man war daher in neuerer Zeit darauf bedacht, ein Fabrikationsverfahren zu erfinden, welchem diese Mängel nicht anhängen. Dies ist nun in der That durch die sogenannte Schnellessigfabrikation in dem Maße erreicht worden, daß an eine weitere Verbesserung der Essigfabrikation für's Erste kaum mehr gedacht werden kann, indem dieselbe den höchsten Zweck der Essigfabrikation, nämlich die **Umwandlung des Alkohols in Essigsäure ohne Verlust und in der kürzesten Zeit**, so vollständig erfüllt, als es bei im Großen ausgeführten chemischen Processen nur irgend geschehen kann.

Obgleich das jetzt befolgte Verfahren der Schnellessigfabrikation neu zu nennen ist, so ist doch ein ganz ähnliches schon von Boerhave, also lange zuvor, ehe man die richtige Theorie des Essigbildungsprocesses erkannt hatte, befolgt worden, und man kann sagen, daß aus diesem älteren Boerhave'schen Verfahren, nachdem man die Theorie der Essigbildung erkannte, das neue Verfahren der Schnellessigfabrikation hervorgegangen ist. Wir werden sehen, wie nahe beide mit einander verwandt sind, ja es wird sich herausstellen, daß das nur etwas verbesserte Boerhave'sche Verfahren zur fabrikmäßigen Essigbereitung noch jetzt als das brauchbarste empfohlen werden kann.

Boerhave benutzte zur Essigbereitung zwei geräumige Fässer von gleicher Größe, schlug aus denselben den einen Boden heraus, verschloß das Spundloch und stellte sie aufrecht auf das Lager der Essigstube. Diese Fässer wurden voll Weintraubenkämme gegeben, und das eine derselben mit dem zu säuernden Weine (denn das Verfahren wurde ursprünglich für Weinessig angewandt) völlig, das andere aber bis zur Hälfte angefüllt. Nach 12 — 14 Stunden zapfte man nun die Hälfte der Flüssigkeit von dem vollen Fasse ab und goß sie in das halb volle Faß, so daß dieses nun voll, jenes nur zur Hälfte voll war. Diese Operation wurde alle 12 — 24 Stundnn wiederholt, so daß **abwechselnd** das eine Faß ganz, das andere nur zur Hälfte mit der zu säuernden Flüssigkeit angefüllt war.

In dem halbvollen Fasse ging nun vorzugsweise der Essigbildungsproceß schnell vor sich, was man an dem stechenden Dunste erkannte, der sich daraus entwickelte, und daran, daß die Temperatur in demselben weit über die Temperatur der Essigstube sich erhob, während sie in dem ganz gefüllten Fasse gar nicht oder doch nur wenig höher war.

Anstatt, wie im Anfang geschah, die Flüssigkeit alle 12 oder 24 Stunden umzufüllen, that man dies später öfter, etwa alle 3 — 4 Stunden, und man gelangte so dahin, in Zeit von 14 Tagen einen Essig darzustellen, zu dessen Fabrikation man nach dem gewöhnlichen Verfahren Monate gebraucht hatte.

Als man nun in der neueren Zeit die Art und Weise kennen gelernt hatte, auf welche sich Essig aus alkoholhaltigen Flüssigkeiten bildet, konnte man sich die große Wirksamkeit des Boerhave'schen Verfahrens der Essigbereitung leicht erklären; es leuchtete ein, daß in dem halb gefüllten Fasse die Essigbildung schneller und stärker vor sich gehen mußte, weil durch die in demselben enthaltenen Weinkämme, auf welchen die säuernde Flüssigkeit abhärirte, diese der atmosphärischen Luft eine ungleich größere Fläche darbot, als in einem nicht mit Weinkämmen, sondern nur mit Flüssigkeit erfüllten Fasse.

Ein Beispiel wird dies deutlich machen. Man denke sich einen von Holz verfertigten hohlen Kubikfuß. Läßt man die Stärke des Holzes unberücksichtigt, so bietet dessen Inneres 6 Quadratfuß Fläche dar, und natürlich eben so viel Oberfläche wird eine Flüssigkeit darbieten, mit der die inneren Flächen des Kubikfußes benetzt sind. Man theile nun durch Scheidewände das Innere des hohlen Kubikfußes in 8 kleine gleich große Kubi, so wird natürlich jeder derselben $\frac{1}{2}$ Fuß hoch, breit und lang sein, oder, mit anderen Worten, von 6 Flächen eingeschlossen oder gebildet werden, von denen jede $\frac{1}{2}$ Fuß breit und lang ist, und deren Ober=

fläche also ¼ Quadratfuß beträgt. Die ganze innere Fläche von einem solchen kleinen Kubus wird daher 1½ Quadratfuß (⁶⁄₄), die Oberfläche sämmtlicher in dem Kubikfuße entstandenen Räume also 12 Quadratfuß betragen, und es ist also auf diese Weise die Oberfläche schon um das Doppelte vergrößert worden. Nun denke man sich diese Theilung fortgesetzt, z. B. in 1000 Räume, was eine noch gar nicht sehr bedeutende Theilung wäre, so würde in dem Kubikfuße die Oberfläche 6000 Quadratfuß betragen (immer abgesehen von der Dicke der Scheidewände), und wenn alle diese Räume durch kleine Löcher oder durch Canäle mit einander in Verbindung ständen, und wenn auch nur einer derselben mit atmosphärischer Luft, so würde doch diese letztere mit den 6000 Fuß Fläche in Berührung kommen, und denkt man sich die Wände aller Räume mit einer Flüssigkeit benetzt (die Räume selbst nicht damit angefüllt), so wird natürlich diese Flüssigkeit auch mit einer Oberfläche von 6000 Quadratfuß der atmosphärischen Luft ausgesetzt sein. Etwas ganz Aehnliches findet sich in den Boerhave'schen Fässern. Die Oberfläche, welche eine Flüssigkeit in einem aufrechtstehenden, mit derselben angefüllten Fasse der atmosphärischen Luft darbietet, kann in jedem Falle immer nur klein sein, und selbst wenn man das Faß nur zur Hälfte mit Flüssigkeit anfüllt und die Wände des leeren Theils mit derselben befeuchtet, wird die Oberfläche doch verhältnißmäßig nur in geringem Grade vergrößert. Ist nun aber der von der Flüssigkeit freie Raum des Fasses mit Weinkämmen, oder überhaupt mit einem ähnlichen Körper ausgefüllt, der Zwischenräume läßt, so tritt ein ähnliches Verhältniß ein, wie im aufgeführten Beispiele beim Durchziehen des Kubikfußes mit Scheidewänden, die Oberfläche vergrößert sich in einem außerordentlich hohen Grade, und sie wird natürlich um so größer, je kleiner die Zwischenräume sind, welche die Weinkämme lassen. Sind nun die Weinkämme mit der zu säuernden Flüssigkeit benetzt, so wird diese mit der so sehr vergrößerten Oberfläche der Luft dargeboten (vorausgesetzt, daß die Kämme nicht so fest liegen, daß sie der Luft den Zutritt verwehren). Nun wissen wir aus Früherem, daß jedes Theilchen Alkohol, um in Essigsäure umgewandelt zu werden, mit dem Sauerstoff der atmosphärischen Luft in Berührung kommen muß, und es leuchtet ein, daß dies in den Boerhave'schen Fässern viel schneller geschehen wird, als bei der älteren oben beschriebenen Methode der Essigfabrikation.

Auf diese Weise ist also die eine Bedingung zur schnelleren Essigfabrikation, nemlich die Vermehrung der Oberfläche der zu säuernden Flüssigkeit, auf eine zweckmäßige Weise erfüllt. Die zweite Bedingung, eine Temperatur von 24 — 30° R., welche für die ältere Fabrikationsmethode nur durch bedeutenden Aufwand an Brennmaterial erreicht werden konnte, erfüllt sich bei dieser neuen Methode von selbst; durch die schnelle Essigbildung wird nemlich in gleicher Zeit mehr Wärme frei, so daß dieselbe von der Umgebung nicht sämmtlich abgeleitet werden kann, wie dies bei der älteren Methode der Fall war. Diese freiwerdende Wärme bewirkt Erwärmung der zu säuernden Flüssigkeit.

Man könnte glauben, daß die absolute Menge von Wärme, die bei der schnelleren Essigbildung für ein bestimmtes Gewicht Alkohol erzeugt wird, größer sei, als die, welche bei der Umwandlung desselben Gewichts Alkohol in Essig nach der langsameren Methode der Essigfabrikation entsteht. Dies ist nicht der Fall; bei der Umwandlung von, wir wollen annehmen 10 Pfund, Alkohol in Essig wird eine ganz gleiche Menge Wärme entwickelt, es mag diese Umwandlung langsam oder schnell vor sich gehen, nur ist im ersten Falle die freiwerdende Wärme auf einen längeren Zeitraum verbreitet. Angenommen, es vergingen bei der Umwandlung einer gewissen Quantität Alkohol in Essig nach der langsamen Methode der Essigfabrikation 50 Tage, und es entwickelten sich dabei 500° Wärme, so kommt auf jeden Tag eine Temperaturerhöhung von 10° R.; diese wird von der Umgebung leicht abgeleitet, kann also auf die säuernde Mischung nur wenig erwärmend wirken. Läßt sich nun aber nach der schnel-

Essigfabrikation.

len Methode die Essigbildung in 10 Tagen bewirken, so kommen auf jeden Tag 50° freiwerdende Wärme; braucht man endlich nur einen Tag, so werden in diesem einen Tage 500° Wärme frei, also in jeder Stunde über 40°, und diese können, wie leicht einzusehen, nicht so schnell abgeleitet werden; sie werden die Essigmischung in den Fässern auf einer ziemlich hohen Temperatur erhalten.

Da in den Boerhave'schen Essigbildern, deren größere Wirksamkeit aus dem Gesagten hinlänglich deutlich sein wird, doch immer nur langsamer Luftwechsel stattfinden konnte, so war man in neuerer Zeit darauf bedacht, diesen zu vermehren. Man brachte Löcher in den Fässern an, durch welche die atmosphärische Luft einströmen konnte, wo nun durch das Entweichen der erwärmten und ihres Sauerstoffs beraubten Luft aus dem oberen Theile der Fässer, wie in einem Ofen, ein steter Luftwechsel bewirkt wurde. Dies ist die wesentlichste Verbesserung des Boerhave'schen Verfahrens.

In dem Folgenden will ich nun die Anfertigung und Einrichtung der Säuerungsfässer, wie sie jetzt zur Schnellessigfabrikation benutzt werden, mittheilen.

Man lasse sich vom Böttcher aus starken, am besten eichenen, Stäben aufrechtstehende, oben offene, 5 — 7 Fuß hohe und 2½ — 3 Fuß weite Fässer, fast ganz cylindrisch, also nach unten zu nur sehr wenig sich verengernd, machen. Fig. 49.

Dicht über den unteren Boden dieser stehenden Fässer bohrt man ein Loch zur Aufnahme eines Zapfens oder Hahnes, um die im Fasse befindliche Flüssigkeit durch dieselbe ablassen zu können.

Ferner bohrt man in gleichen Entfernungen von einander im Umkreise der Fässer, ohngefähr 8 — 12 Zoll vom Boden derselben ab, 6 gleich große, einen halben Zoll weite Löcher etwas schräg von oben nach unten zu (so daß also die innere Oeffnung des Bohrloches etwas tiefer als die äußere liegt), und bedeckt endlich die so vorgerichteten Fässer mit einem im Falze liegenden Deckel, in dessen Mitte ein reichlich zollweites Loch gebohrt worden, und der, zur Erleichterung des Abnehmens, mit 2 hölzernen Handhaben versehen ist.

Will man nur sehr im Kleinen arbeiten, so kann man gewöhnliche Oxhoftstücke auf dieselbe Weise vorrichten, oder man macht aus 3 Oxhoftstücken 2 Säuerungsfässer, indem man aus dem einen Oxhoft beide Boden ausschlägt, dasselbe dann in der Mitte durchsägt und die erhaltenen Hälften auf die anderen beiden Oxhoftstücke steckt, aus denen der obere Boden genommen worden ist. Fig. 50 zeigt diese Vorrichtung. Um die Löcher im Umkreise der Fässer bohren zu können, muß, wie leicht einzusehen, ein Reif entfernt werden.

Die so vorgerichteten Fässer werden durch Einfüllen von heißem Wasser ausgelaugt, das heißt von den auflöslichen Substanzen befreit*), und dann bis oben an mit ausgelaugten, lockenartig gekräuselten Spähnen von Büchenholz gefüllt.

Man stellt sich diese Spähne auf folgende Art her: Ein **frischer (grüner)** Büchenstamm wird in fußlange Klötze zersägt und aus diesen Klötzen 1 — 1½ Zoll breite Stücke auf die Weise gespalten, daß die Spaltung immer vom Splinte nach dem Kerne zu geschieht, wo die Stücke natürlich nach dem Kerne zu schmäler sind. Vom Splinte anfangend, hobelt man nun aus diesen Stücken Spähne von der Dicke, daß sie zwar lockenartig gekrümmt, aber doch noch sehr elastisch sind, und zwar hobelt man von jedem Stücke nur so viel ab, daß die Spähne nicht unter 1 Zoll breit werden. Man erhält so gekräuselte Spähne von **1 Fuß Länge** und wenigstens **1 Zoll Breite**. Zur Erzielung der gekräuselten Form ist es durchaus nothwendig, daß man frisches (grünes, eben gefälltes) Büchenholz anwendet. Zu dünne Spähne sowohl als zu dicke sind unbrauchbar, denn erstere zeigen zu wenig Elasticität, letztere kräuseln sich nicht, beide setzen sich im Fasse zu fest.

Ehe diese Büchenholzspähne in die Säuerungsfässer ge-

---

*) Es braucht wohl kaum angeführt zu werden, daß man das Auslaugen am besten vor dem Bohren der Zuglöcher vornimmt.

bracht werden, müssen sie von allen in Wasser auflöslichen Theilen befreit, sie müssen ausgelaugt werden. Man schüttet sie in eine reine Wanne und übergießt sie so oft mit heißem Wasser, als dies noch Farbe, Geruch und Geschmack davon erhält; dann trocknet man dieselben ganz vollkommen, am besten zuerst auf einem luftigen Boden, zuletzt auf einer Malzdarre.

Nachdem die so getrockneten Spähne in die Säuerungsfässer geschüttet und schichtweise sehr gelinde eingedrückt worden sind, wird zu dem Ansäuern derselben geschritten. Man bringt nämlich recht starken reinen Essig in Glasflaschen, am besten durch Einstellen in heißes Wasser, auf eine ziemlich hohe Temperatur und gießt denselben über die im Fasse befindlichen Spähne. Der Essig, welcher sich im unteren Theile des Fasses ansammelt, wird durch den Hahn abgelassen, von neuem erwärmt, wieder über die Spähne gegossen, und so fortgefahren, bis diese und die Wände des Fasses vom Essig ganz durchdrungen sind. Diese Operation wird das Ansäuern oder Einsäuern genannt; sie hat den Zweck, die Säuerungsfässer (Essigbilder) mit dem zum Essigbildungsprocesse erforderlichen Essigferment zu versehen. Hat man viele Fässer einzusäuern, also viel Essig nöthig, so kann man das Erwärmen desselben auch in einem kupfernen Kessel vornehmen; der Kessel muß aber zuvor vollkommen blank gescheuert sein und man muß den schnell auf 60 — 80° R. erhitzten Essig sogleich aus dem Kessel entfernen, ihn ja nicht darin erkalten lassen, weil derselbe sonst kupferhaltig wird. Recht zweckmäßig setzt man dem zum Ansäuern benutzten Essige etwas Branntwein zu, ungefähr auf 20 Quart 1 Quart. Die eingesäuerten Fässer läßt man bedeckt 24 Stunden stehen, damit der Essigdunst möglichst das Holz durchdringe, und um dieß noch sicherer zu erreichen, kann man dem aufzugießenden Essige etwas mehr Branntwein, auf 10 Maaß ungefähr 1 Maaß, zusetzen. Nach der angegebenen Zeit sind die Fässer zur Essigfabrikation vollkommen vorbereitet. Man zapft den in den Fässern befindlichen Essig ab; er ist gewöhnlich nicht zu gebrauchen, da er aus den Spähnen und Fässern noch Substanzen aufgelös't hat, die durch das Auslaugen mit Wasser nicht entfernt worden sind. Will man ihn nicht verloren geben, so kann er in kleinen Quantitäten anderm Essig zugegeben werden.

Die Säuerungsfässer stehen, wie oben erwähnt, in der Essigstube auf einem Lager; dies muß so hoch sein, daß man die Flüssigkeit aus den Fässern bequem durch den Hahn in ein darunter stehendes Gefäß ablassen kann. Außer den Säuerungsfässern müssen in der Essigstube noch mehre andere gewöhnliche Fässer liegen, theils zum Anfertigen der Essigmischung, theils zur Aufbewahrung des noch nicht völlig fertigen Essigs.

Die Essigbildung wird mit diesen beschriebenen und eingesäuerten Essigbildern auf folgende Weise betrieben: Man bringt auf die Lagerfässer der Essigstube die zu säuernde Flüssigkeit, also entweder das Gemisch aus **Branntwein, Wasser und schon fertigem Essig**, oder eine andere der oben angegebenen Mischungen, aber man nimmt zu allen diesen Mischungen nur $\frac{2}{3}$ des vorgeschriebenen Branntweins und weniger Essig.

Gesetzt, die Lagerfässer faßten 180 Quart, so müßten in dieselben nach dem Verhältniß von **6 Theilen Wasser, 1 Theil Branntwein von 50% Tr. und 2 Theilen schon fertigem Essig**, wenn dasselbe unverändert genommen werden sollte, gebracht werden: 20 Quart Branntwein, 40 Quart Essig und 120 Quart Wasser. Man giebt aber in die Fässer ein Gemisch von 20 Quart Essig, $15\frac{1}{2}$ Quart Branntwein und 137 Quart Wasser. Die noch fehlenden $7\frac{1}{2}$ Quart Branntwein*) werden der Mischung erst später zugesetzt. Es ist hier nöthig, das zur Mischung kommende Wasser auf ohngefähr 30 — 32° zu erwärmen, damit die fertige Mischung eine Temperatur von 24 — 26° R. erhalte.

---

*) Das Verhältniß des Branntweins zum Wasser muß wie 1 : 6 sein.

Essigfabrikation.

Von dieser Mischung werden, je nach der Größe der Säuerungsfässer, alle halbe Stunden 2½ — 5 Quart recht gleichförmig über die Spähne gegossen, entweder aus einer Glasflasche oder aus einem kleinen Eimer. Nach dem Begießen bedeckt man die Fässer sogleich wieder mit ihren Deckeln, an denen aber, was sehr zu berücksichtigen ist, die oben erwähnte zollweite Oeffnung immer offen gehalten werden muß.

Ist auf diese Weise alle vorräthige Mischung durch die Spähne gegangen, so zapft man den flüssigen Inhalt der Säuerungsfässer durch den vorhandenen Hahn ab, und bringt ihn auf die Fässer, in denen man die Mischung gemacht hatte und in welche man auf jede 180 Quart Rauminhalt 5 Quart Branntwein gegeben hat.

Diese Flüssigkeit giebt man nun zum zweiten Male auf dieselbe Weise durch die Spähne der Säuerungsfässer, und nachdem sie durchgegangen, mit dem Zusatze der noch fehlenden 2½ Quart Branntwein zum dritten Male.

Die einmal über die Spähne gegangene Flüssigkeit stellt einen schwachen, die zweimal durchgegangene einen stärkeren, die dreimal durchgegangene einen vollkommen guten und gehörig starken Essig dar.

Man sieht, wie höchst einfach das ganze Verfahren ist, und wenn man sich des oben Erörterten erinnert, wird die schnelle Essigbildung ganz verständlich sein. Um aber den Erfolg des schnellen Essigbildungsprocesses vollkommen zu sichern, müssen einige Bedingungen erfüllt werden, die ich, nebst manchen erleichternden Handgriffen, sogleich besprechen will.

Es ist ein wesentliches Erforderniß, daß das Innere der Säuerungsfässer die gehörige Temperatur besitze; diese muß wenigstens 25° R. sein, wobei dann die Fässer sich in einem Zustande befinden, den man den dunstenden nennen kann, weil dem Hineinriechenden dabei ein höchst erquickend stechend=saurer Dunst entgegenströmt. Diese hohe Temperatur und der dadurch bedingte dunstende Zustand sind die Anzei=

chen, daß die Oxydation des Alkohols, das heißt die Umwandlung des Alkohols in Essigsäure rasch vor sich geht. Zeigt ein Essigbilder diese Erscheinungen nicht, so ist derselbe gleichsam todt, er athmet keinen Sauerstoff ein, und deshalb geht fast gar keine Essigbildung in demselben vor (vergl. S. 332), man zapft die über die Spähne gegangene Flüssigkeit aus dem Fasse unverändert ab, wie man dieselbe aufgegossen hat.

Um neue Fässer, mit denen man zu arbeiten anfängt, die vielleicht noch nicht den Grad von Sauerheit angenommen haben, den sie anzunehmen fähig sind, in diesen dunstenden Zustand zu versetzen, setze man der aufzugießenden Mischung etwas mehr Essig und etwas mehr Branntwein hinzu, und erwärme dieselbe vor dem Aufgießen stets auf 22 — 26° R. Hat man zu dem Gemisch, wie oben angegeben, warmes Wasser genommen, so ist das Erwärmen zu Anfang natürlich nicht nöthig. Mit dem Aufgießen von **erwärmter Mischung** in oben erwähnten Zeiträumen wird fortgefahren, bis die Fässer in den dunstenden Zustand gerathen, was man beim Hineinriechen und beim Hineinstecken der Hand sogleich bemerkt. Von diesem Zeitpunkte ab nimmt man das Gemisch ohne weiteren Zusatz von Branntwein und Essig, und man hat auch nicht mehr nöthig, dasselbe vor dem Aufgießen zu erwärmen, wenn die Temperatur des Lokales und der Mischung nicht unter 18 — 20° R. sinkt.

Bei der gehörig schnell vor sich gehenden Umwandlung des Alkohols in Essigsäure wird nämlich so viel Wärme in einer verhältnißmäßig kurzen Zeit frei, daß sie von der Umgebung nicht ganz abgeleitet werden kann, sondern den Inhalt des Fasses immer auf der zur Essigbildung erforderlichen Temperatur erhält *). Man sieht hieraus, daß es sehr vor-

---

*) Es ist wie z. B. bei dem Verbrennen des Talges in einer Kerze oder des Oeles in einer Lampe. Weder Talg noch Oel können bei gewöhnlicher Temperatur anfangen zu brennen, sie müssen erst auf eine höhere Temperatur gebracht werden; dies geschieht durch's Anzünden. Die nun durch das Verbrennen freiwerdende Wärme

theilhaft sein muß, die freiwerdende Wärme im Fasse beisammen zu behalten, mit anderen Worten die Fässer mit schlechten Wärmeleitern, sogenannten warmen Sachen, zu umgeben, sie z. B. mit Leinewand zu umwickeln oder mit Papier zu überkleben, wobei es sich wohl von selbst versteht, daß die im Umkreise angebohrten 6 Löcher, durch welche die zum Säuerungsprocesse nöthige atmosphärische Luft einströmt, so wie das Loch im Deckel des Fasses, durch welches die des Sauerstoffs beraubte Luft entweicht und dadurch eben Zug bewirkt, immer offen gehalten werden müssen. Diese erstgenannten Löcher muß man deshalb auch von Zeit zu Zeit mit einem Stöckchen untersuchen, ob sie nicht durch vorliegende Spähne verstopft sind, oder auch durch die im Fasse stehende Flüssigkeit, was leicht geschehen kann, ohne daß diese ausläuft, wenn diese Löcher sehr schräg gebohrt sind; etwas schräg aber müssen sie deshalb gebohrt sein, damit die an den Faßwänden herablaufende Flüssigkeit nicht zum Theil durch dieselben herausfließt.

Der dunstende Zustand der Essigbilder, das heißt der Zustand, bei welchem der Essigbildungsproceß gehörig schnell in denselben verläuft, wird, wie nun leicht einzusehen, aufhören, wenn entweder nicht atmosphärische Luft genug in die Fässer strömt, oder wenn auf irgend eine Weise die Temperatur in denselben zu sehr herabgesetzt wird, also wenn entweder die unteren oder das obere Loch verstopft sind, oder wenn die Essigmischung zu kalt und in zu großen Quantitäten auf einmal aufgegossen wird. Ueber diesen letzten Umstand belehrt bald die Erfahrung; sind die Fässer sehr warm (über 30° R.), so kann man in kürzeren Zeiträumen und etwas mehr von der Mischung aufgießen, haben sie nur ohngefähr 25° R., so muß man weniger und in längeren Zwischenräumen aufgießen, und dann darf auch

---

bringt die zunächst liegenden Theile des Talges und Oeles wieder auf die zum Verbrennen erforderliche Temperatur; wird die Wärme abgeleitet, so erlischt der angezündete Körper.

die Essigmischung nicht gut eine niederere Temperatur als 20° R. zeigen.

Ich empfehle dringend die sorgfältige Beobachtung der Essigbilder, sie ist unerläßlich, wenn man nicht Gefahr laufen will, einen der angewandten Menge des Branntweins durchaus nicht entsprechend sauren Essig zu erhalten.

Einige Fabrikanten schreiben vor, die Essigstube auf einer Temperatur von 30, ja 35° R. zu erhalten. Eine so hohe Temperatur kann nur mit einem bedeutenden Aufwande von Brennmaterial in einem Lokale erreicht werden, in welchem wegen der großen Menge des verbrauchten Sauerstoffs ein starker Luftwechsel stattfindet. Der Zweck, welcher durch eine so hohe Temperatur der Essigstube erlangt werden soll, ist der, daß die in die Löcher strömende Luft wegen ihrer hohen Temperatur dem Inhalte der Fässer keine Wärme entzieht. Aber weit entfernt, dadurch Nutzen zu schaffen, schadet man vielmehr, indem die Temperatur in den Fässern zu hoch steigt, wodurch der Luftzug zu stark wird, und dieser starke Luftzug führt eine große Quantität Alkohol und Essigsäure bei dieser hohen Temperatur aus den Fässern; auch bildet sich bei zu hoher Temperatur der Essigbilder eine beträchtliche Menge des früher erwähnten ätherischen Stoffs (Aldehyd?), und endlich wird dabei sehr leicht die schon entstandene Essigsäure in Kohlensäure und eine schleimige Substanz, die erwähnte Essigmutter, zerlegt *); man bekommt also, mit anderen Worten, einen verhältnißmäßig schwachen Essig. Man hat bei unserer Essigbildung, wie in so vielen anderen Dingen, die Extreme zu vermeiden: eine zu hohe Temperatur, weil diese Verlust an Brennmaterial und Essigsäure nach sich zieht; eine zu niedere Temperatur, weil diese unnöthigen Zeitverlust und Arbeitslohn verursacht.

Sind die Essigbilder mit schlechten Wärmeleitern um-

---

*) Mir ist es in der Praxis vorgekommen, daß bei hoher Temperatur erzielter Essig auf dem Lager nach einiger Zeit sich ganz in ein gallertartiges Magma verwandelte.

geben, und hat die Essigstube eine südliche Lage, so ist es kaum nöthig, dieselbe während des Sommers zu heizen; die Fässer zu den Essigmischungen kann man dann vortheilhaft außerhalb des Gebäudes in die Sonne legen. Während der kälteren Jahreszeit ist es aber erforderlich, daß das Essiglokal auf einer Temperatur von 16 — 18° R. erhalten werde, und dann ist es auch recht zweckmäßig, die Mischung vor dem Aufgießen etwas zu erwärmen, wodurch man dann mit Leichtigkeit die Fässer in dem wesentlich nothwendigen dunstenden Zustande erhält. Auf welche Weise das Erwärmen vorgenommen werden kann, davon sogleich mehr; ich will zuvor noch bemerken, daß der dunstende Zustand der Fässer sich am leichtesten erhält, wenn die Essigmischung zum ersten Male über die Späne geht, am wenigsten leicht, wenn sie zum dritten Male die Fässer passirt. Die Ursache liegt klar vor, es ist im ersten Falle mehr Alkohol in Essigsäure umzuändern, deshalb wird auch mehr Wärme frei.

Sollte während der Arbeit ein Faß erkalten, so muß man die Ursache auszumitteln suchen, und es dann durch Aufgießen von stärker erwärmter Mischung sofort wieder in den dunstenden Zustand versetzen; geschieht dies nicht, so läuft, wie schon oben erwähnt, die Mischung unverändert durch. Aus diesem Grunde kann es auch oft nothwendig seyn, des Morgens beim Beginn der Arbeit die Mischung etwas erwärmt und nicht zu viel auf einmal aufzugießen, nämlich dann, wenn während der Nacht der dunstende Zustand der Fässer aufgehört hat, was leichter bei kleineren, seltener bei größeren Essigbildern geschieht.

Es ist vorhin erwähnt worden, daß das Arbeiten mit den Essigbildern allerdings erleichtert wird, wenn man die Mischung vor dem Aufgießen immer etwas erwärmt, etwa auf 20 — 24° R.; alle Methoden aber, welche man angewandt hat, um die Mischung auf diese Temperatur zu bringen, sind unzweckmäßig. Man hat um den Heizungsofen der Essigstube Gerüste gebaut, und die Essigmischung in Glasflaschen auf diese gestellt; ich weiß aus langer Erfahrung, daß der Ofen sehr stark geheizt werden muß, wenn die Flaschen die gewünschte Temperatur von 22 — 24° R. erlangen sollen, und ich kann versichern, daß der dazu erforderliche Aufwand an Brennmaterial den Nutzen der ganzen Essigfabrik verschlingen kann. Ich habe deshalb auf die folgende Weise die Erwärmung der Essigmischung ausgeführt, und dieselbe hat sich so vortheilhaft bewährt, daß es jedem Essigfabrikanten anzurathen ist, dieselbe in seiner Fabrik einzuführen.

Man nehme einen länglichen hölzernen Trog oder Wanne, und verbinde denselben durch 2 kupferne Röhren mit einem kleinen kupfernen Kessel, so daß das eine Rohr im oberen Theile des Kessels und Troges, das zweite im unteren Theile derselben ausmünde, wie es Fig. 51. zeigt. Der kupferne Kessel (welcher, beiläufig gesagt, nur einige Maaß zu halten braucht) wird mit einer angemessenen Feuerung versehen. Man füllt nun den Trog bis einige Zoll über das obere Rohr mit Wasser, wodurch natürlich auch der Kessel zugleich gefüllt wird. Wird nun der Kessel geheizt, so wird das Wasser in demselben ausgedehnt, und da sich das erwärmte Wasser wegen seines geringeren specifischen Gewichts an die Oberfläche begiebt, so fließt dies durch das obere kupferne Rohr in den Trog, aus dem Troge aber fließt fortwährend durch das untere Rohr kaltes Wasser in den Kessel, so daß eine fortwährende Circulation stattfindet, und es füllt sich auf diese Weise der Trog bald mit erwärmtem Wasser an. In den Trog stellt man nun bauchige gläserne Flaschen, ungefähr 5 Quart fassend, mit der Essigmischung angefüllt; sie kommt auf diese Weise in sehr kurzer Zeit auf die gewünschte Temperatur. Da aber aus vorhin erwähntem Grunde das heiße Wasser im Troge an der Oberfläche bleibt, so muß dasselbe öfters durch einen hölzernen Besen mit dem kälteren vermischt werden, oder man muß die Flaschen in dem Troge auf ein Brett stellen, so daß nur die untere Hälfte derselben in dem heißen Wasser steht; unter allen Umständen muß wenigstens der Inhalt der Flaschen höher stehen, als das Wasser im

Troge, weil sonst die Hälse der Flaschen zu stark erhitzt werden und leicht abspringen.

Sobald das Wasser in dem Troge die zum Erwärmen nöthige Temperatur erreicht hat, schließt man den Zufluß des warmen Wassers aus dem Kessel entweder völlig ab, indem man das obere Rohr entweder durch einen Hahn sperrt, oder mit einem Pfropfen verschließt, oder man schließt es nur so weit ab, daß nur eine sehr geringe Menge des heißen Wassers in den Trog treten kann, welche dann das Wasser auf der gehörigen Temperatur fortwährend erhält.

Es ist aus sich leicht ergebenden Gründen zu erweisen, und die Erfahrung bestätigt es, daß kaum auf keine andere Weise das Erwärmen der Essigmischung mit weniger Aufwand an Brennmaterial zu bewirken ist. Heizt man die Essigstube durch einen Ofen, so kann man die eine Seite des kleinen Kessels in den Ofen einmauern, wodurch derselbe hinlängliche Wärme erhält, um das Wasser des Troges zu der gehörigen Temperatur zu erwärmen; oder man setzt den Kessel auf irgend eine andere leicht aufzufindende Weise mit der Feuerung des Ofens in Verbindung, wo man indeß immer darauf bedacht sein muß, diese Verbindung mittelst eines Schiebers absperren zu können, damit das Wasser nicht zu stark erhitzt wird, oder man muß dann den vom Kessel aufsteigenden Dampf durch ein Rohr ins Freie leiten *).

Der Landwirth, welcher eine Branntweinbrennerei besitzt, was doch in der Regel bei einem Jeden der Fall ist, der sich überhaupt mit landwirthschaftlichen Gewerben befaßt, kann das Erwärmen der zu säuernden Flüssigkeit, ja das Erwärmen der Essigstube selbst, ohne alle Kosten mit dem heißen Wasser vom obern Theile des Kühlfasses bewerkstelligen; er hat nämlich nur nöthig, die Flaschen mit der Mischung in das warme Wasser des Kühlfasses zu stellen,

---

*) Es würde sich durch Verlängerung der Röhren sogar leicht eine Heizung durch erwärmtes Wasser herstellen lassen; man nehme dann statt des hölzernen Troges ein Gefäß von Kupfer.

das man zu diesem Behuf in den erwähnten Trog leitet. Befindet sich der Trog in der Essigstube selbst, und leitet man das warme Wasser in Röhren in der Stube umher, so kann diese häufig davon stark genug erwärmt werden. Das Aufstellen des Wärmetroges in der Essigstube möchte ich stets empfehlen; es wird dadurch die atmosphärische Luft derselben immer auf dem höchsten Grade der Feuchtigkeit erhalten, so daß dieselbe beim Durchströmen der Säuerungsfässer nicht so viel Flüssigkeit aus derselben entführt.

Man wird erkennen, daß das eben beschriebene Verfahren der Schnellessigfabrikation im Ganzen dasselbe Verfahren ist, welches Boerhave befolgte; die wesentlichste Verbesserung ist das Anbringen der Zuglöcher im unteren Theile der Säuerungsfässer, durch welche die atmosphärische Luft wie durch das Thürchen eines Windofens einströmt; ist der Essigbildungsprozeß im lebhaften Gange, so wird eine an diese Zuglöcher gehaltene Kerzenflamme durch den Zug gleichsam hineingedrückt, so daß diese Erscheinung immer als das Zeichen eines guten Ganges der Essigbildung dienen kann. Die ihres Sauerstoffs beraubte atmosphärische Luft entweicht, weil sie durch die hohe Temperatur der Fässer specifisch leichter geworden, durch die Oeffnung im Deckel der Fässer.

Wie schon oben erwähnt, eignet sich das beschriebene Verfahren der Schnellessigfabrikation gewiß zum Betriebe im Großen am besten; man hat außer diesem noch andere Methoden, die ich nicht unerwähnt lassen darf, wenn auch nur, um einige Worte über die Anwendbarkeit derselben dem Leser mitzutheilen.

Anstatt z. B. die zu säuernde Flüssigkeit in Quantitäten von mehren Maaßen auf einmal über die Spähne zu gießen, bringt man eine Vorrichtung an, durch welche dieselbe, wie die Soole auf den Gradirwerken, fortwährend tropfenweise auf die Spähne fällt. Ohngefähr 5 Zoll vom oberen Theile der Säuerungsfässer, de man 6 — 7 Fuß hoch und 3 Fuß weit, wie die früher bschie enen, nimmt, befestigt man auf hölzernen Vorsprüngen einen sogenannten Siebboden, das heißt einen Boden, in welchen 2 — 3 Linien weite Löcher in einer Entfernung von ohngefähr 1½ Zoll von einander gebohrt sind. Um diese Entfernung zu treffen, zieht man über den Boden 1½ Zoll von einander entfernte, sich durchkreuzende Linien, und bohrt auf jedem Kreuzungspunkte ein Loch. Durch jedes dieser Löcher wird ein zwei Zoll langer Bindfaden, der aber mit einem Knoten versehen ist, um ihn am Durchfallen zu verhindern, gesteckt. Die Stärke dieses Bindfadens muß so genommen werden, daß nach dem Aufquellen nur so viel Zwischenraum ist, daß die auf den Siebboden gegossene Flüssigkeit tropfenweise durch denselben geht. Außer diesen kleinen Bohrlöchern werden in den Siebboden noch 4 größere, ohngefähr zollweite Löcher gebohrt, in welche man einen halben Zoll weite, 6 — 8 Zoll lange, starke Glasröhren mit Werg so befestigt, daß sie über den Siebboden 5 — 6 Zoll hervorragen, damit keine Flüssigkeit durch dieselben fließen, wohl aber die aus dem Fasse entweichende Luft ihren Ausgang durch dieselben nehmen kann. Die Fugen zwischen dem Fasse und dem Siebboden werden mit Werg sorgfältig verstopft und das Faß mit einem im Falze liegenden Deckel bedeckt, in dessen Mitte sich ein zollweites Loch befindet. Dicht unter den Siebboden bohrt man durch die Wand des Fasses ein ohngefähr 1½ — 2 Zoll weites Loch, und steckt in dasselbe eine zollweite hölzerne Hülse, die man mit einem Stöpsel verstopft. Diese Oeffnung dient dazu, durch Einstecken eines Thermometers oder, bei einiger Uebung, auch nur eines Fingers in die Hülse, die Temperatur des Fasses zu untersuchen. Die weitere Einrichtung dieser Fässer ist ganz wie die der früher beschriebenen Säuerungsfässer; Fig. 52 zeigt ein solches Säuerungsfaß, Fig. 53 den Siebboden, Fig. 54 den Deckel; das Uebrige ergiebt sich aus der Zeichnung von selbst.

Wird nun auf den Siebboden der gut eingesäuerten Fässer die oben S. 352 erwähnte Essigmischung, bis zu 22 — 26° R erwärmt, gegossen, so fällt dieselbe, durch die Bindfaden gehend, in Tropfen auf die Spähne, und wird auf diesen durch die einströmende atmosphärische Luft in Essig umgewandelt. Das Durchgehenlassen der Essigmischung durch die Säuerungsfässer muß indeß bei Bereitung des starken Essigs auch hier 3 Mal wiederholt werden, und es gilt deshalb in Betreff des der Mischung zuzugebenden Branntweins Alles, was S. 352 ff. gesagt worden ist. Man füllt in der Regel die von einem Säuerungsfasse ablaufende Flüssigkeit, mit dem gehörigen Zusatze an Branntwein, auf ein zweites, und die von diesem ablaufende Flüssigkeit auf ein drittes Säuerungsfaß, so daß also 3 Fässer stets zusammengehören. Indeß kann man, wie leicht einzusehen, auch auf ein und demselben Fasse den Essig fertig machen, nur gießt man dann die beim dritten Durchgehen zuerst ablaufenden 5 — 10 Quart wieder zurück, weil diese schwächerer Essig sind.

Es liegt klar vor, daß, wenn Alles so ginge, als es sich beschreiben läßt, dies Verfahren der Schnellessigfabrikation vor allen anderen den Vorzug verdienen würde; es ist offenbar das aller rationellste, man kann sagen es ist das Ideal der Schnellessigfabrikation; leider aber hat man die Schwierigkeiten noch nicht besiegen können, welche der fabrikmäßigen Ausführung entgegentreten.

Gleich zu Anfang des Arbeitens mit diesen Essigbildern ist es sehr schwierig, es so zu treffen, daß die Flüssigkeit nicht zu schnell durch den Siebboden geht; hat man aber nur kurze Zeit gearbeitet, so geht fast kein Tropfen derselben mehr hindurch, indem sich an den Bindfäden unter dem Siebboden eine sackartige, an den Siebboden fest anschließende Wulst von Essigmutter bildet, die der Flüssigkeit den Durchgang vollkommen verstopft. Nimmt man nun die Bindfäden heraus und reinigt dieselben, so kann man versichert sein, daß, nachdem sie wieder eingesteckt worden sind, die Füssigkeit zu schnell durchgehen wird; genug es ist nicht möglich, ohne fortwährende Nachhülfe das Durchgehen der Flüssigkeit so zu leiten, daß in einer gewissen Zeit eine bestimmte Menge derselben über die Spähne geht, und das ist doch, wie leicht

Essigfabrikation.

einzusehen, das Haupterforderniß; denn geht zu viel darüber, so wird kein Essig aus derselben gebildet, geht zu wenig durch, so macht die geringe Menge des fertigwerdenden Essigs die Kosten der Arbeit und Feuerung nicht bezahlt. Bei der angegebenen Größe der Fässer können in der Stunde ohngefähr 10 Quart über die Spähne geleitet werden.

Um diesem Uebelstande abzuhelfen, nahm man die Bindfäden etwas dünner, stellte über das Säuerungsfaß ein kleines Faß mit der zu säuernden Flüssigkeit, und ließ dieselbe durch einen hölzernen oder porcellanenen Hahn in einem dünnen Strahle auf den Siebboden fließen. Aber auch bei dieser Vorrichtung finden sich noch nicht beseitigte Nachtheile. So vertheilt sich die aus dem Hahne fließende Flüssigkeit nicht gleichförmig auf dem Siebboden, und dies namentlich, wenn derselbe nicht ganz horizontal liegt; ferner ist eine fortwährende Aufmerksamkeit erforderlich, damit die Flüssigkeit gleichförmig ausfließe, und selbst bei Anwendung einer Mischung aus reinem Essig, Branntwein und Wasser erzeugt sich am Hahne an der Ausflußöffnung Essigmutter, die das Ausfließen der Flüssigkeit verringert oder ganz verhindert, wenn man dieselbe nicht fortwährend entfernt; der aus dem Hahne fließende Strahl bleibt nicht 15 Minuten gleich stark, abgesehen von der Ungleichförmigkeit des Ausflusses, welche durch den verschieden hohen Stand der Flüssigkeitssäule im Fasse bedingt wird. Ist nun aber die Flüssigkeit nicht vollkommen klar, und scheiden sich fremdartige Substanzen aus derselben ab, was der Fall ist, wenn man Zucker, Bier (Malzwein), zugegeben hat, so ist diese Vorrichtung gar nicht anwendbar *).

---

*) Ich habe dies Verfahren lange Zeit in Althaldensleben versucht, weil es, wenn es zweckmäßig ausführbar wäre, ausgezeichnete Vortheile gewähren würde. Man würde nemlich viel Arbeitslohn ersparen, und selbst die Nacht hindurch könnte die Essigbildung in den Säuerungsfässern vorgehen, wenn man die kleinen Fässer des Abends mit der Essigmischung füllte. Daraus ergäbe sich ein anderer großer Vortheil, nemlich der, daß die Säuerungsfässer fortwährend auf

Es ist bei der Darlegung des Verfahrens der Schnellessigfabrikation bis jetzt nur von der Bereitung des künstlichen Weinessigs, des Branntweinessigs, die Rede gewesen, aber man kann, wie leicht einzusehen, dies Verfahren bei der Darstellung aller übrigen Essigsorten anwenden, ganz besonders dasjenige Verfahren, welches ich als das zweckmäßigste zuerst beschrieben habe. Bei dem Gradirungsverfahren würden einige von selbst sich ergebende Modificationen vorzunehmen sein, denn es treten hier, wie vorhin bemerkt wurde, bei Anwendung anderer Mischungen die erwähnten Uebelstände noch stärker auf.

Mag man nun Obst= oder Bieressig nach der Methode der Schnellessigfabrikation darstellen, oder andere gegohrene Flüssigkeiten auf Essig nach dieser Methode verarbeiten wollen, es gilt als Regel, daß die Flüssigkeiten so klar als möglich auf die Spähne gelangen, weil sich dieselben sonst sehr schnell mit einer schleimigen Masse überziehen, die man entfernen muß. Aber auch bei der Anwendung vollkommen klarer Mischungen zu Obst= und Bieressig überziehen sich nach einiger Zeit die Spähne mit einer schleimigen Masse. Ist dieser Fall bei der Fabrikation eingetreten, so werden die Spähne aus den Säuerungsfässern genommen, in eine Wanne gegeben, und mit Hülfe eines stumpfen

---

der erforderlichen Temperatur in dem dunstenden Zustande blieben; aber so oft ich des Morgens in die Essigstube kam, ließ gewöhnlich kein Hahn mehr Flüssigkeit hindurch, und die in den kleinen Fässern erkaltete Mischung mußte von Neuem gewärmt werden. Ich habe mannigfaltige Vorrichtungen gebraucht, um den aus dem Hahne fließenden Flüssigkeitsstrahl gleichförmig über den Siebboden zu verbreiten, und, im wahren Sinne des Wortes, tagelang auf den Essigbildern der Essigstube wie im Dampfbade gelegen, um den Ausfluß aus dem Hahne fortwährend zu reguliren, aber ich habe nicht gefunden, daß das erhaltene Product der angewandten Mühen nur irgend entspräche; muß man sich auf gewöhnliche Arbeiter verlassen, so ist man ganz gewiß verlassen. Ich wiederhole noch einmal, kann man die erwähnten Uebelstände beseitigen, so ist das Gradirungsverfahren gewiß das beste Verfahren.

Essigfabrikation.

Besens und heißem oft zu erneuernden Wasser von diesem Schleime befreit; nach vollbrachter Reinigung müssen dieselben dann wieder getrocknet und nach dem Einschütten in die Fässer wieder angesäuert werden. Bei der Anwendung einer Mischung aus Branntwein, Wasser und Essig können die Spähne jahrelang in den Fässern bleiben, ehe sie einer Reinigung bedürfen; sie setzen sich nach einiger Zeit in den Fässern etwas zusammen, so daß man, um die Fässer voll zu erhalten, einen Antheil Spähne zum Nachfüllen vorräthig halten muß; von Zeit zu Zeit können dieselben in den Fässern etwas aufgelockert werden.

Bei der Darstellung der schwächeren Essigsorten, also des Obst- oder Bieressigs, ist es nicht nöthig, die Mischung drei Mal über die Spähne gehen zu lassen, man erreicht mit zweimaligem Durchgehen den Zweck, ja wenn diese Mischungen einige Zeit zuvor in der Essigstube oder in der Sonne gelegen haben, ist ein einmaliges Durchgehen durch die Säuerungsfässer schon hinreichend. Ueberhaupt läßt sich die hohe Temperatur an einem sonnigen Orte während des Sommers zur Essigfabrikation oft recht zweckmäßig benutzen *).

Wem zur Darstellung von Bieressig nicht genug saures Bier zu Gebote steht, der bereitet sich den Bieressig am besten aus Branntweinessig, Wasser und einer geringen Menge wirklichen Bieressig oder saurem Biere, und ertheilt demselben eine dunklere Farbe, welche von den Käufern gemeiniglich verlangt wird, durch die bei der Liqueurfabrikation S. 288 beschriebene Zuckertinktur.

Es ist noch zu erwähnen, daß der Landwirth oft Abfälle

---

*) In Althaldensleben wurden während des Sommers mehrere hundert Orhoft Mischung zu Bieressig (aus saurem Biere, Wasser und Branntwein) in großen Fässern auf Lagern an die von der Sonne beschienene Wand eines Hauses gelegt, unter freiem Himmel. War der Sommer sehr günstig, so konnten dadurch zwei Füllungen in Essig umgewandelt werden, der nach kurzem Lagern in der Essigstube oder nach einmaligem Durchpassiren durch die Säuerungsfässer ganz vortrefflich war.

von anderen Gewerben erhält, aus welchen sich, bei gehöriger Vorsicht, ein recht guter Essig darstellen läßt. Hierher gehört z. B. das Absüßwasser von der Bereitung der Preßhefe (S. 265) und das Absüßwasser der Stärke (siehe Stärkefabrikation); man versetzt dieselben mit etwas Branntwein, auch wohl noch mit etwas Ferment, und läßt sie auf Fässern einige Zeit in der Sonne oder in der Essigstube liegen, und giebt sie dann über die Spähne der Säuerungsfässer. Auch gut abgeklärte Kartoffelbranntweinschlempe, mit etwas Wasser und Branntwein versetzt und auf dieselbe Weise behandelt, liefert einen ganz guten Essig, der wie die anderen zum Bier- oder Obstessig gegeben werden kann.

Ueber die Menge des zu irgend einer Essigsorte anzuwendenden Branntweins entscheidet, wie leicht einzusehen, bei einem guten Fabrikationsverfahren, der Preis des zu verkaufenden Essigs, und sie wird am besten nach diesem berechnet; es ist aber auch ferner noch die Gewohnheit der Käufer zu berücksichtigen; der Essig, welcher an einem Orte schon für sehr sauer gilt, wird an einem andern Orte nur schwach sauer befunden, weil die Käufer einen stärkern Essig gewohnt sind; der Fabrikant muß also hinsichtlich der Stärke des Essigs mit allen Fabrikanten in der Nähe concurriren können.

Ein geübter Geschmack wird allerdings schon vergleichungsweise die Stärke, das heißt, den größern oder geringern Gehalt an Essigsäure bestimmen können, aber dies bleibt doch immer ein höchst trügerisches Prüfungsmittel; man ist deshalb schon früh darauf bedacht gewesen, den Gehalt an Essigsäure im Essig schnell, leicht und genau ermitteln zu können.

Das specifische Gewicht, oder was dasselbe heißt, das Aräometer, welches bekanntlich zur Bestimmung des Alkoholgehaltes der Branntweine benutzt wird (Alkoholometer), kann zur Bestimmung des Säuregehaltes des Essigs nicht dienen, weil derselbe selten oder nie ein bloßes Gemisch von Essigsäure und Wasser ist, sondern häufig fremdartige Substanzen

Effigfabrifation.

enthält, und weil, wenn dies auch nicht der Fall wäre, bei einer großen Verschiedenheit im Säuregehalte doch nur ein höchst geringer Unterschied im specif. Gewichte stattfindet. Zehn Grade eines Aräometers für Essig würden ohngefähr innerhalb der Grenzen eines der mittleren Grade des Alkoholometers liegen. Für Holzessig etwa allein würde das Aräometer brauchbar sein.

Allgemein benutzt man die Sättigungscapacität des Essigs als Bestimmungsmittel seiner Stärke, da diese in einem geraden Verhältnisse mit der letzten steht.

Die Säuren und eine andere Classe von chemischen Verbindungen, welche man Basen nennt, charakterisiren sich nemlich wechselseitig dadurch, daß sie die Fähigkeit haben, ihre Eigenschaften gegenseitig zu vernichten, sich zu neutralisiren, sich zu sättigen. So verwandeln z. B. die Säuren die blaue Farbe des Lakmus in eine rothe; giebt man aber nach dieser Röthung eine gehörige Menge einer Base hinzu, so wird die blaue Farbe wiederhergestellt. Der Punkt, bei welchem diese Erscheinung sich zeigt, wird der Sättigungspunkt genannt. Mit jemehr Säure die Röthung des Lakmusses bewirkt wird, desto mehr Base ist erforderlich, um diesen Punkt zu erreichen. Da nun eine bestimmte Menge einer Base stets eine bestimmte und genau bekannte Menge einer Säure sättigt, so leuchtet es ein, daß man aus der Menge der nöthigen Base die Menge der vorhandenen Säure erforschen kann.

Als sättigende Base benutzte man früher fast allgemein das kohlensaure Kali, da die Kohlensäure dabei nicht hinderlich, und dasselbe in vielen Hinsichten dem reinen Kali vorzuziehen war. Man wägt sich eine gewisse Quantität Essig ab, giebt ein Stück mit Lakmusaufguß bestrichenes Papier (Lakmuspapier) hinein, und setzt nun, unter fortwährendem gelinden Erhitzen des Essigs, um die Kohlensäure zu entfernen, von einer gewogenen Menge reinen kohlensauren Kali's so lange hinzu, bis kein Aufbrausen mehr erfolgt und die rothe Färbung des Lakmuspapiers eben wieder in Blau sich umändert.

Da das kohlensaure Kali sehr leicht Feuchtigkeit aus der Luft anzieht, so muß man die Vorsicht brauchen, dasselbe in ein kleines gut verstopftes Fläschchen zu thun, dieses mit dem kohlensauren Kali genau zu wägen, und nach vollbrachter Sättigung wieder zu wägen. Was es am Gewichte verloren hat, ist das Gewicht des zur Sättigung erforderlich gewesenen kohlensauren Kali's. Man kann das kohlensaure Kali auch in einem bestimmten Gewichte Wasser auflösen, z. B. 1 Loth in 3 Loth Wasser, und von dieser Auflösung, welche also ¼ kohlensaures Kali enthält, auf eben beschriebene Weise aus dem kleinen Fläschchen zur Sättigung anwenden. Das angewandte kohlensaure Kali muß unter dem Namen »kohlensaures Kali aus Weinstein« aus den Apotheken bezogen, und in einem gut verschlossenen Glase aufbewahrt werden.

Aus der Menge des zur Sättigung erforderlichen kohlensauren Kali's kann man leicht den Gehalt des Essigs an Essigsäure berechnen.

100 Gewichtstheile, z. B. Gran, kohlensaures Kali zeigen 87 Gran Essigsäurehydrat (Eisessig), das sind 74¼ Gran absolute Essigsäure, an.

Der gewöhnliche verkäufliche Branntweinessig soll in der Regel so stark sein, daß 2 Unzen (4 Loth, 960 Gran) zur Sättigung 1 Quentchen (eine Drachme, 60 Gran) kohlensaures Kali nöthig haben. Hiernach sind in den 960 Gran Essig also an Eisessig enthalten $(100 : 87 = 60 : x)$ $52{}^2/_{10}$ Gran. Also in 100 Gran des Essigs $(960 : 52,2 = 100 : x)$ $5{}^4/_{10}$ Gran. Der Essig enthält also 5,4 Procent Essigsäurehydrat; und da 117 Essigsäurehydrat gleich sind 100 absolute Essigsäure, 4,6 Procent absolute Essigsäure.

11 Gran kohlensaures Kali zeigen hiernach in 4 Loth Essig (960 Gran) immer 1 Procent Essigsäurehydrat an.

Essigfabrikation.

Erfordern also 4 Loth Essig 49½ Gran kohlensaures Kali zur Sättigung, so sind in diesem Essige $\frac{49,5}{11} = 4,5$ Procent Essigsäurehydrat enthalten; erfordern sie 69 Gran kohlensaures Kali zur Sättigung, so enthält der Essig $\frac{69}{11} =$ 6¼ Procent Essigsäurehydrat.

Der Leser erkennt, daß man zur Ausmittelung des Säuregehalts des Essigs nach diesen Methoden, einer ziemlich genauen Wage bedarf, und daß man eine, obschon leichte Rechnung vorzunehmen hat; auch ist, um genaue Resultate zu erlangen, ein sehr sorgfältiges Operiren durchaus erforderlich. Ich habe deshalb ein Instrument construirt, durch welches der Säuregehalt des Essigs ohne Rechnung und Wägung fast eben so schnell als der Alkoholgehalt des Branntweins ermittelt werden kann, und das unter dem Namen Otto's Acetometer in sehr vielen Fabriken Eingang gefunden hat; ich will es hier so beschreiben, daß es nach der Beschreibung von jedem Mechaniker leicht angefertigt werden kann.

Es besteht aus einer einen halben Zoll weiten und 12 Zoll langen Glasröhre, die an dem einen Ende offen und an dem andern zugeschmolzen ist. Fig. 55. Auf dieser Glasröhre werden nun mittelst eines Demantes die folgenden Räume verzeichnet.

Bis an den Punkt a faßt das Instrument 1 Gramme destillirtes Wasser.

Der Raum zwischen a und b genau 10 Grammen (100 Decigrammen) Wasser bei 13° R., welche Temperatur bei den Normalversuchen zum Grunde gelegt worden ist.

Die Räume zwischen b und c, c und d, d und e u. s. w. fassen jeder genau 2,080 Grammen (2 Grammen und 8 Centigrammen) Wasser, deren Volum dem von 2,070 Grammen einer Ammoniakflüssigkeit von 1,369 Procent Ammoniakgehalt gleich ist; diese Menge Ammoniakflüssigkeit von der genannten Stärke ist gerade erforderlich, um 1 Decigramme Essigsäurehydrat (Eisessig) zu sättigen.

Die Räume zwischen b und c, c und d u. s. w. können noch in 4, oder wenn man will, in 8 Theile getheilt werden, und man bezeichnet sie, wie die Abbildung zeigt, mit 1, 2, 3; sie zeigen Procente an Essigsäure an.

Um mit diesem Instrumente einen Essig zu prüfen, füllt man den Raum bis a mit Lakmustinctur, die man sich zu diesem Behufe aus 1 Quentchen Lakmus und 4 Loth Wasser bereitet. Dann giebt man vorsichtig und genau bis b den zu prüfenden Essig, welcher mit der Lakmustinctur eine rothe Flüssigkeit darstellt.

Nun setzt man von der Probeflüssigkeit (wie schon erwähnt, einer Ammoniakflüssigkeit von 1,369 Procent Ammoniakgehalt) so viel hinzu, daß die rothe Farbe der Flüssigkeit sich eben wieder in Blau umändert. Der Stand der Flüssigkeit in der Röhre nach beendetem Versuche ergiebt den Gehalt an Essigsäure in Procenten. Hätte man z. B. bis g von der Probeflüssigkeit zusetzen müssen, bis die blaue Farbe der Flüssigkeit erschiene, so enthält der Essig $4^{1}/_{2}$ Procent concentrirte Essigsäure.

Um genaue Resultate mit diesem leicht zu behandelnden Instrumente zu erhalten, ist es erforderlich, daß man bei dem Eingießen der verschiedenen Flüssigkeiten vorsichtig zu Werke gehe; man gieße stets nicht auf einmal bis an den vorgezeichneten Strich, sondern warte immer ab, bis die an den Glaswänden anhängende Flüssigkeit herabgelaufen ist. Besondere Aufmerksamkeit ist noch bei dem Zugießen der Probeflüssigkeit erforderlich. Man kehre, nach dem Zusetzen einer Portion derselben, das Instrument ein Paar Mal um, indem man es in der linken Hand hält und die Oeffnung mit dem Daumen verschließt, damit die Ammoniakflüssigkeit mit dem Essige vollkommen sich vermische; dann zieht man den Daumen von der Oeffnung ab, indem man die an demselben hängen gebliebene Flüssigkeit am Rande des Instruments abstreicht. Anfangs braucht man mit dem Zusatze der Probeflüssigkeit nicht sehr ängstlich zu sein, so bald aber die hellrothe Färbung anfängt, dunkler zu werden, darf man nur geringe Quantitäten auf ein Mal zugeben, damit man nicht mehr zusetzt, als gerade zur Hervorbringung der blauen Farbe erforderlich ist.

Hat man sehr starke Essige zu prüfen, welche mehr Procente enthalten, als auf dem Instrumente bemerkt sind, so kann man dasselbe doch anwenden, wenn man den Raum zwischen a und b durch einen Punkt β hat in zwei Theile theilen lassen. Man giebt dann nur bis β von dem zu prüfendem Essige, und ergänzt das bis b noch Fehlende durch Wasser. Es leuchtet ein, daß, wenn man nun die Prüfung mit der Probeflüssigkeit vornimmt, die erhaltenen Procente mit 2 multiplicirt, den wahren Gehalt des Essigs an Essigsäure anzeigen.

Hat man im Gegentheile nur sehr schwach saure Flüssigkeiten zu prüfen, so kann man die Probeflüssigkeit mit gleichen Theilen Wassers verdünnen, wo dann bei der Prüfung 2 Grade des Acetometers ein Procent Essigsäure anzeigen werden.

So leicht und sicher man mit diesem Instrumente den Gehalt eines Essigs an Essigsäure ausmitteln kann, so sehr ist, wie leicht einzusehen, dessen Genauigkeit von der Genauigkeit abhängig, mit welcher die Probeflüssigkeit angefertigt worden ist. Um diese Anfertigung zu erleichtern, habe ich die folgende Tabelle berechnet.

Aetzammoniakflüssigkeit		Um 1000 Theile der Probeflüssigkeit von 1,369 pCt. Ammoniakgehalt darzustellen sind erforderlich:	
welche in 100 an Ammoniak enthält	zeigt ein spec. Gewicht von	an Aetzammoniakflüssigkeit	an Wasser
12,000	0,9517	114,08	886,02
11,875	0,9521	115,3	884,7
11,750	0,9526	116,5	883,5
11,625	0,9531	117,8	882,2
11,500	0,9536	119,0	881,0
11,375	0 9540	120,0	880,0
11,250	0,9545	121,7	878,3
11,125	0,9550	123,0	877,0
11,000	0,9555	124,5	875,5
10,954	0,9556	125,0	875,0
10,875	0,9559	126,0	874,0
10,750	0,9564	127,3	872,7
10,625	0,9569	129,0	871,0
10,500	0,9574	130,4	869,6
10,375	0,9578	132,0	868,0
10,250	0,9583	133,5	866,5
10,125	0,9588	135,0	865,0
10,000	0,9593	137,0	863,0
9,875	0,9597	138,6	861,4
9,750	0,9602	140,4	859,6
9,625	0,9607	142,2	857,8
9,500	0,9612	144,0	856,0
9,375	0,9616	146,0	854,0
9,250	0,9621	148,0	852,0
9,125	0,9626	150,0	850,0
9,000	0,9631	152,0	848,0
8,875	0,9636	154,0	846,0
8,750	0,9641	156,4	843,6
8,625	0,9645	158,7	841,3
8,500	0,9650	161,0	839,0
8,375	0,9654	163,5	836,5
8,250	0,9659	166,0	834,0
8,125	0,9664	168,5	831,5
8,000	0,9669	171,0	829,0
7,875	0,9673	173,8	826,2
7,750	0,9678	176,6	823,4
7,625	0,9683	179,5	820,5
7,500	0,9688	182,5	817,5
7,375	0,9692	185,6	814,4
7,250	0,9697	188,8	811,2
7,125	0,9702	192,0	808,0
7,000	0,9707	195,6	804,4
6,875	0,9711	199,0	801,0
6,750	0,9716	202,8	797,2

Essigfabrikation.

Aetzammoniakflüssigkeit		Um 1000 Theile der Probeflüssigkeit von 1,369 pCt. Ammoniakgehalt darzustellen sind erforderlich:	
welche in 100 an Ammoniak enthält	zeigt ein spec. Gewicht von	an Aetzammoniakflüssigkeit	an Wasser
6,625	0,9721	206,6	793,4
6,500	0,9726	210,6	789,4
6,375	0,9730	214,7	785,3
6,250	0,9735	219,0	781,0
6,125	0,9740	223,5	776,5
6,000	0,9745	228,0	772,0
5,875	0,9749	233,0	767,0
5,750	0,9754	238,0	762,0
5,625	0,9759	243,4	756,6
5,500	0,9764	249,0	751,0
5,375	0,9768	254,7	745,3
5,250	0,9773	260,8	739,2
5,125	0,9778	267,0	733,0
5,000	0,9783	273,8	726,2

Der Gebrauch dieser Tabelle ist leicht einzusehen. Man kauft aus einer Apotheke oder von Droguisten eine Ammoniakflüssigkeit (Salmiakgeist, Liquor Ammonii caustici), und läßt sich das specif. Gewicht derselben ganz genau bei der Temperatur von 13° R. ermitteln. Angenommen, dasselbe sei zu 0,971 gefunden worden, so sucht man diese Zahl oder die ihr nächst kommende in der zweiten Spalte auf; man findet daneben in der ersten Spalte, daß diese Ammoniakflüssigkeit 6,875 Procent Ammoniak enthält; die dritte und vierte Spalte zeigen an, daß man von derselben **199 Theile** (z. B. Quentchen) mit **801 Theile** (Quentchen) Wasser zu vermischen hat, um die Probeflüssigkeit von 1,369 Procent Ammoniakgehalt darzustellen.

Ich bemerke noch, daß man sich auf die Angaben des specif. Gewichts der käuflichen Ammoniakflüssigkeit in den Preiscouranten der Droguisten für diesen Zweck nicht verlassen darf, man muß das specif. Gewicht derselben entweder selbst genau ausmitteln, oder von den Apothekern oder Mechanikern ausmitteln lassen. Am besten dürfte es immer sein, wenn die Mechaniker, welche das Instrument verkaufen, zugleich die Probeflüssigkeit lieferten.

Man kann auch, wenn man bei dem Ankauf des Instruments zugleich eine Quantität Probeflüssigkeit erhielt, im Falle dieselbe fast verbraucht ist und eine neue Quantität angefertigt werden muß, sie wieder bereiten, ohne das specif. Gewicht einer käuflichen Ammoniakflüssigkeit zu kennen, nemlich auf folgende Weise.

Sobald die Probeflüssigkeit, die man mit dem Instrumente erhalten oder die man sich in einer Apotheke nach meiner Tabelle hat mischen lassen, und die ich zur Unterscheidung die Normalprobeflüssigkeit nennen will, fast verbraucht ist, kaufe man in einer Apotheke oder Droguerichandlung eine beliebige Menge, etwa 1 Pfund Ammoniakflüssigkeit (Salmiakgeist); diese vermische man mit 4 Theilen, also hier mit 4 Pfund Regenwasser oder destillirtem Wasser. Mit dieser Mischung (einer verdünnten Ammoniakflüssigkeit) prüfe man nun im Acetometer einen Essig, dessen Säuregehalt man vorher **ganz genau** durch die Normalprobeflüssigkeit ausgemittelt, wir wollen annehmen zu 5 Procent, gefunden hat. Zeigt auch diese Mischung den Gehalt an Essigsäure genau zu 5 Procent an, so besitzt dieselbe die Stärke, die sie als Probeflüssigkeit besitzen muß, und ist dann als solche zu betrachten und zu verwenden. Nur selten aber wird wohl dieser Fall eintreten; in der Regel wird sie den Säuregehalt des Essigs zu gering angeben, und dadurch anzeigen, daß sie zu viel Ammoniak enthält, also noch mit mehr Wasser verdünnt werden müsse, um die Probeflüssigkeit darzustellen. In welchem Verhältnisse diese Verdünnung vorzunehmen sei, ersieht man leicht aus der Anzahl der Procente, welche die Mischung anzeigt. Gesetzt, sie gäbe den Gehalt des obigen Essigs nur zu 4½ Procent an, so müssen zu 4½ Theile derselben noch ½ Theil Wasser (auf 4½ Pfund, ½ Pfund) gegeben werden; oder hätte z. B. die Normalprobeflüssigkeit im Essige 4½ Procent Säure gezeigt, die Mischung aus einem Theile des gekauften Ammoniaks und vier Theilen Wasser aber nur

Essigfabrikation.

zu 3⅛ Procent, so müssen 3⅛ Pfund (Loth oder Quentchen) derselben mit 4½ — 3⅛ = 1⅜ Pfund (Loth, Quentchen) Wasser verdünnt werden, wo man dann eine Mischung erhält, die den Gehalt des Essigs ebenfalls zu 4½ Procent angeben wird, also mit der Normalflüssigkeit gleich stark sein muß.

Sollte die dargestellte Mischung den Gehalt an Essigsäure in dem Essige höher angeben als die Normalprobeflüssigkeit, was indeß nur selten der Fall sein wird, so ist dies ein Beweis, daß dieselbe schwächer als die Normalflüssigkeit ist; man setzt ihr daher noch etwas Ammoniak zu, und beginnt den Versuch, wie angegeben, von Neuem.

Es braucht wohl kaum erwähnt zu werden, daß bei diesen Versuchen, auf die man die Darstellung einer neuen Probeflüssigkeit gründet, die äußerste Genauigkeit beobachtet werden muß. Auch ist zu empfehlen, sich die Probeflüssigkeit, so oft man Gelegenheit hat, nach genauer Bestimmung des specif. Gew. einer Ammoniakflüssigkeit mittelst der angegebenen Tabelle zu bereiten, weil bei dem zuletzt angegebenen Verfahren kleinere Fehler durch die Länge der Zeit bedeutender werden können.

Nach diesem Acetometer enthält der starke französische Weinessig 7 — 8 Procent; der unter dem Namen Weinessig käufliche Branntweinessig 5 — 6 Procent; schwächere 4 — 4½ Procent; der unter dem Namen Obst- und Bieressig vorkommende Essig 2½ — 3½ Procent Essigsäurehydrat, und nach dem Säuregehalte muß, wie leicht einzusehen, der Preis berechnet werden.

Behufs der Benutzung des Essigs zu Speisen, digerirt man nicht selten denselben mit verschiedenen Kräutern und Früchten. Die Bereitung einiger dieser Frucht- und Kräuteressige mag hier folgen.

Himbeeressig.

Die reifen Himbeeren werden zerquetscht, einige Tage stehen gelassen, wie bei der Liqueurfabrikation S. 297 gelehrt; dann auf das Pfund mit 6 — 8 Quart sehr starken Essig vermischt, nach 24 Stunden ausgepreßt und mit ein wenig Zucker versüßt. Man kann auch den Saft auspressen, diesen mit Essig vermischen, und durch Zucker versüßen. Der Himbeeressig zeichnet sich durch lieblichen Geschmack, Geruch und schön rothe Farbe aus.

Estragonessig. (Vinaigre à l'Estragon.)

Unter allen Kräutern eignet sich das Estragonkraut am besten zum Aromatisiren des Essigs. Man sammelt das Estragonkraut (vom Artemisia Dracunculus, Dragunkraut) vor dem Blühen, und übergießt es mit starkem Essige; nach etwa 48 stündiger Digestion preßt man aus, und giebt etwas Zucker zu. Auf 1 Pfund Kraut kann man ebenfalls 6 — 8 Quart starken Essig rechnen.

Oder man bereitet den Estragonessig aus dem ätherischen Oele des Estragons, indem man 2 — 6 Tropfen auf Zucker tröpfelt, und diesen in 1 Quart starken Essig auflös't.

Das Estragonöl kann man sich selbst bereiten. Man übergießt Estragonkraut in einer Destillirblase mit nicht zu viel Wasser, läßt es einige Stunden stehen, und destillirt bei lebhaftem Feuer. Das Oel schwimmt auf dem zugleich übergegangenen Wasser, und kann durch eine kleine Spritze abgenommen oder mit einem Dochte aufgesogen werden. Das Wasser enthält ebenfalls Oel aufgelös't, und wird, wie das Oel selbst, natürlich in größerer Menge, mit Essig vermischt.

Kräuteressig. (Vinaigre aux fines herbes).

12 Loth Estragonkraut,
 4 »   Basilienkraut,
 4 »   Lorbeerblätter,
 8 »   Rockenbollen (Allium scorodoprasum),

mit 2 Maaß Essig ohngefähr 3 Tage macerirt, dann abgegossen und ausgepreßt. Die Menge des angewandten Essigs ist hierbei sehr gering, man darf den erhaltenen starken Kräuteressig nur in geringer Menge als Zusatz zu reinem Essige

Essigfabrikation.

benutzen, welcher dadurch in einen schwächeren Kräuteressig verwandelt wird.

Vinaigre à la Ravigote.

12 Loth Estragonkraut,
 6 » Lorbeerblätter,
 4 » Angelikawurzel,
 6 » Sardellen,
 6 » Kappern,
 6 » Rockenbollen,
 4 » Schalotten,

mit 2½ Maaß starken Essig, wie zuvor beschrieben, behandelt. Auch dieser Essig kann nur als Zusatz gebraucht werden. Die Vielen nicht angenehme Angelikawurzel kann weggelassen werden.

In früherer Zeit besonders setzte man dem Essige mancherlei scharfe Stoffe zu, um demselben bei einem geringen Gehalte an Säure doch einen scharfen Geschmack zu ertheilen; auch pflegte man wohl Schwefelsäure, Salzsäure dem Essige beizumischen, um den sauren Geschmack zu verstärken. Alle diese Zusätze sind strafbare Verfälschungen des Essigs, und der Essigfabrikant darf von denselben niemals Gebrauch machen.

Scharfe Pflanzenstoffe entdeckt man am besten dadurch, daß man den Essig mit kohlensaurem Kali genau neutralisirt, und die so erhaltene Flüssigkeit bei sehr gelinder Wärme zur Syrupsconsistenz verdampft. War der Essig frei von diesen Substanzen, so besitzt die zurückbleibende Masse einen milden salzigen Geschmack, enthielt er aber scharfe Stoffe, so ist der Geschmack brennend scharf.

Schwefelsäure erkennt man durch eine Auflösung von Baryumchlorid, welche in einem damit verfälschten Essige einen starken weißen Niederschlag von schwefelsauren Baryt hervorbringt, der auf Zusatz von Salpetersäure nicht verschwindet. Eine geringe Trübung durch den Baryt ist kein Anzeichen der Verfälschung mit Schwefelsäure, weil schwefelsaure Salze in dem Wasser häufig vorkommen.

Salzsäure erkennt man durch eine Auflösung von sal= peter saurem Silberoxyd, welche, wenn der Essig diese Säure enthält, einen starken käsigen Niederschlag von Chlor= silber hervorbringt, der sich auf Zusatz von Salpetersäure nicht wieder auflöst. Eine geringe Trübung muß auch hier nach= gesehen werden, aus dem zuvor angegebenen Grunde.

Nicht selten setzt man zum Branntweinessig etwas Wein= stein, um ihn dem echten Weinessige ähnlicher zu machen. Dieser Zusatz ist ganz unschädlich, sobald es sich um die Be= nutzung des Essigs in der Haushaltung handelt; behufs der Anwendung desselben zur Darstellung chemischer Präparate ist dieser Zusatz aber nachtheilig, so z. B. bei der Bereitung von Bleizucker. Die eben genannten Reagentien, nemlich das Baryumchlorid und das salpetersaure Silber= oxyd erzeugen in einem weinsteinhaltigen Essige einen star= ken Niederschlag, aber derselbe löst sich auf Zusatz von Sal= petersäure vollständig wieder auf. Auch Bier= und Obstessig geben mit diesen Reagentien Niederschläge, besonders das letzte Reagens wegen des Gehaltes an Aepfelsäure und Phosphor= säure, sie lösen sich aber ebenfalls in Salpetersäure auf.

Wenn man bei der Fabrikation des Essigs, wie es oben gerathen wurde, metallische Geräthschaften nicht aus dem Spiele läßt, so kann der fertige Essig leicht Metallsalze enthalten.

Entsteht in einem mit einigen Tropfen Salzsäure ver= setzten Essige durch Zusatz von Schwefelwasserstoff= wasser ein schwarzer Niederschlag, so enthält derselbe Blei oder Kupfer. Ist letzteres der Fall, so giebt Blutlaugensalz damit einen braunrothen Niederschlag, und ein hineingestell= tes blankes Stück Eisen wird mit einer Kupferhaut über= zogen.

Ist der Niederschlag durch Schwefelwasserstoffwasser schmu= tzig gelblich, so enthält der Essig in der Regel Zinn. Gold= solution färbt dann denselben gewöhnlich sogleich röth= lich braun. Bei dem Stehenlassen an der Luft setzt ein solcher Essig einen weißen Bodensatz ab.

Enthält der Essig Eisen, so bringt Blutlaugensalz, nach

Essigfabrikation.

Zusatz von einigen Tropfen Salzsäure, eine blaue Färbung, nach einiger Zeit blauen Niederschlag hervor. Geringe Spuren von Eisen finden sich sehr häufig.

Aus den Fässern nimmt der Essig gewöhnlich etwas Gerbestoff auf, er wird dann beim Neutralisiren mit Ammoniak oder kohlensaurem Kali braun gefärbt, schwärzlich braun, wenn der Essig zugleich Eisen enthält, was, wie schon erwähnt, sehr häufig der Fall ist. Ist die Färbung nicht zu stark, so kann dieser Gehalt an Gerbestoff und Eisen unbeachtet bleiben *).

Schließlich will ich noch bemerken, daß man zur Zeit des Winters leicht aus schwachem Essige einen recht starken dadurch bereiten kann, daß man denselben der Kälte aussetzt; es gefriert dabei fast bloß Wasser, und der flüssig bleibende Antheil ist sehr starker Essig, er wird von dem gefrornen Antheile abgezapft. Die nach dem Aufthauen des zurückbleibenden Eises erhaltene Flüssigkeit enthält aber immer noch etwas Essigsäure, man benutzt dieselbe daher zu neuen Essigmischungen.

---

*) Siehe übrigens zum Verstehen der Prüfung des Essigs den Artikel Reagentien im Wörterbuche.

Die Fabrikation der Stärke.

Die Eigenschaften desjenigen näheren Bestandtheils vieler Pflanzen, welcher Stärke, Stärkemehl, Amylum, Satzmehl, Kraftmehl, Amidon genannt wird, sind bei der Bierbrauerei S. 3 ganz ausführlich beschrieben.

Das Stärkemehl ist im Pflanzenreiche sehr verbreitet; so findet es sich fast in allen Samen und in vielen Wurzeln und Wurzelknollen. Nach Hartig enthält selbst der Holzkörper der laubtragenden Bäume während des Winters Stärkemehl. Daß es in dem Marke mehrer Palmen in großer Menge vorkommt, ist längst bekannt, der Sago ist ja im Wesentlichen Stärkemehl.

In allen diesen Substanzen kommt das Stärkemehl schon gebildet vor; es ist in den Zellen des organischen Gebildes eingeschlossen, und wird durch das Zerreißen dieser Zellen in Freiheit gesetzt. Die Stärke ist also niemals Product, sondern immer Educt, gerade so, wie der Zucker aus dem Zuckerrohr, Ahorn und Runkelrüben ein Educt ist *).

Es giebt mehre Varietäten, oder, wenn man will, mehre

---

*) Ein Educt nennt man einen Körper, den man aus einem Gemische von mehren Körpern rein abgeschieden hat; ein Product nennt man einen Körper, den man aus einem anderen Körper erst gebildet hat. Die Kartoffeln z. B. enthalten, wie früher erwähnt, viel Stärkemehl, die aus denselben abgeschiedene Stärke ist also ein Educt; bei der Kartoffelbranntweinfabrikation aber ist der Branntwein kein Educt, denn die Kartoffeln enthalten keinen Branntwein, er ist ein Product, er ist durch die Gährung aus dem Zucker entstanden. Der Zucker selbst ist erst aus dem Stärkemehle der Kartoffeln entstanden, ist also Product aus dem Stärkemehle.

Arten von Stärkemehl, denen man besondere Namen beigelegt hat; so nennt man Inulin das Stärkemehl aus der Alantwurzel (der Wurzel von Inula Helenium), aus den Knollen der Georginen (Dahlia pinnata) und mehreren anderen Pflanzen; es scheidet sich aus seiner Auflösung in heißem Wasser beim Erkalten als Pulver wieder ab; Flechtenstärkemehl, das Stärkemehl aus dem sogenannten isländischen Moose (Cetraria islandica), es scheidet sich beim Erkalten seiner heißen Auflösung als Gallerte ab.

Diese Varietäten des Stärkemehls haben für unsern Zweck kein Interesse; fabrikmäßig wird nur das gewöhnliche Stärkemehl abgeschieden, dasjenige, dessen Eigenschaften am angeführten Orte hinlänglich erörtert worden sind.

Aber auch dies gewöhnliche Stärkemehl zeigt einige Verschiedenheit, je nach den Pflanzen, aus denen es abgeschieden worden; es sind z. B. die Körner bald größer oder kleiner, wodurch es weiß oder durchscheinend glasartig erscheint; es bildet einen mehr oder weniger consistenten Kleister; es ist endlich mehr oder weniger und verschieden gefärbt.

Fast alles fabrikmäßig gewonnene, für die gewöhnlichen Anwendungen in den Handel kommende Stärkemehl ist aus Weizen abgeschieden, weil dieser nicht allein viel, sondern auch ein blendendweißes Stärkemehl enthält, das einen sehr consistenten, wenig durchscheinenden Kleister bildet; nur zu besonderen Zwecken, so namentlich zur Fabrikation des Stärkezuckers, scheidet man das Stärkemehl aus Kartoffeln aus, welches sich zu den meisten der Anwendungen, die das Weizenstärkemehl erleidet, so z. B. zum Puder und zum Steifmachen der Wäsche, deshalb nicht eignet, weil seine Körner größer und glasglänzender sind und weil es einen weniger consistenten und einen stark durchscheinenden Kleister giebt.

Ich werde daher in dem Folgenden zuerst die Abscheidung der Stärke aus Weizen und dann die Abscheidung derselben aus Kartoffeln mittheilen; zuvor sei es mir erlaubt, noch einmal einige Eigenschaften der Stärke in's Gedächtniß zurückzurufen, nemlich diejenigen, welche für die Gewinnung derselben von Interesse sind, und auf welche sich zum Theil die Gewinnungsmethode gründet.

Die Stärke ist bei gewöhnlicher Temperatur im Wasser ganz unlöslich; wird sie daher in Wasser gerührt, so senkt sie sich in der Ruhe vollständig wieder zu Boden.

Mit heißem Wasser übergossen, bildet sie den bekannten Stärkekleister.

Sie wird in der Kälte nicht aufgelös't von Weingeist, verdünnten Säuren und Alkalien.

Von Jodauflösung wird sie indigblau gefärbt.

Abscheidung der Stärke aus Weizen.

Die Bestandtheile des Weizens sind außer der natürlichen Feuchtigkeit und außer der Hülse: Stärkemehl, Kleber, Eiweißstoff, Gummi, Zucker, mehre Salze, und in dem Keimpunkte etwas fettes Oel. Die Eigenschaften dieser verschiedenen Bestandtheile sind S. 3 u. f. ausführlich beschrieben, weshalb ich dahin verweise.

Für unsern jetzigen Zweck ist es besonders erforderlich, zu wissen, daß die Salze, der Zucker, das Gummi, das Eiweiß schon bei gewöhnlicher Temperatur in Wasser leicht auflöslich sind; daß das Stärkemehl, der Kleber, die Hülsen sich nicht darin auflösen, daß aber der Kleber von verdünnter Essigsäure aufgelös't wird.

Es ist am angeführten Orte erwähnt, wie sehr das qualitative Verhältniß dieser Bestandtheile durch mancherlei Umstände abgeändert wird, daß namentlich der Gehalt an stickstoffhaltigen Substanzen (Eiweiß, Kleber) in dem Maaße zunimmt, als der angewandte Dünger hitziger (stickstoffhaltiger) war, und daß in demselben Maaße der Gehalt an stickstofffreien Substanzen, besonders der Gehalt an Stärkemehl, abnimmt. Daher die Regel, daß man zur Stärkefabrikation stets einen Weizen wählen muß, der auf mäßig gedüngtem Boden gewachsen ist, am besten einen dünnen weißen, nicht aber schweren hornartigen.

Stärkefabrikation.

Zur Uebersicht mögen hier noch einmal die Resultate Hermbstädt's folgen. Hermbstädt fand in 1000 Pfund Weizen, gedüngt mit

Menschenharn	398	Pfund Stärke,	350	Pfund	Kleber
Rindsblut	412	" "	342	"	"
Menschenkoth	414	"	338	"	"
Ziegenmist	424	"	328	"	"
Schafmist	428	"	328	"	"
Pferdemist	616	"	136	"	"
Kuhmist	622	"	119	"	"
Pflanzenmoder	659	"	96	"	"
Gar nicht gedüngt	666	"	92	"	"

Wenn nun auch diese Tabelle durch die Art des Bodens, auf welchen der Dünger gebracht wird, und durch die Quantität des Düngers einige Modificationen erleiden dürfte, so bleibt doch im Allgemeinen die eben ausgesprochene Regel vollkommen richtig.

Der Kenner wird den zur Stärkefabrikation besonders tauglichen Weizen zwar schon am Aeußeren erkennen, und einen weißen mehligen stets einem braunen hornartigen vorziehen, ja er wird bei einiger Uebung schon annäherungsweise den Gehalt und die Ausbeute an Stärke beurtheilen können. Am sichersten aber ist es immer, durch einen Versuch im Kleinen die Menge des Stärkemehls zu ermitteln.

Man wägt sich hierzu ¼ Pfund Weizen genau ab, schüttet es in einen Topf und übergießt es mit so viel Wasser, daß dasselbe ein paar Finger hoch darüber steht. Sobald der Weizen sich vollkommen erweicht hat (was um so schneller geschieht, je höher die Temperatur der Luft ist), gießt man das Wasser vollständig ab, bringt den Weizen in einen reinen eisernen oder messingenen Mörser und zerstampft ihn zu einem Brei, in welchem kein ganzes Korn sich vorfinden darf. Diesen Brei bindet man lose in ein leinenes, nicht zu dichtes Tuch, und knetet ihn unter Wasser in einer Schüssel aus. Die Stärkemehlkörner gehen durch die Poren des

Tuches und machen das Waſſer milchig; man erneuet das Waſſer einige Mal, und hört mit dem Kneten auf, wenn das erneuete Waſſer nicht mehr milchig wird, ein Zeichen, daß alles Stärkemehl aus dem Weizen ausgekneten iſt. Die erhaltenen milchigen Flüſſigkeiten gießt man zuſammen in einen Topf oder Cylinder, und läßt ſie 12 Stunden ruhig ſtehen. Nach dieſer Zeit hat ſich das Stärkemehl zu Boden geſenkt, und man kann mit einiger Vorſicht die darüber=stehende Flüſſigkeit (welche die auflöslichen Stoffe enthält) vollkommen durch Abgießen entfernen. Die feuchte Stärke nimmt man heraus, bringt ſie auf einen flachen Teller und trocknet ſie an der Luft oder bei gewöhnlicher Zimmerwärme; nach dem Trocknen wird ſie gewogen. Da man, wie ange=geben $\frac{1}{4}$ Pfund Weizen in Arbeit genommen hat, ſo hat man das gefundene Gewicht der Stärke viermal zu nehmen, um den Gehalt in einem Pfunde Weizen zu erhalten. Hat man nun das Gewicht eines Scheffels oder Himtens des Weizens ausgemittelt, ſo berechnet man hieraus leicht den Gehalt an Stärkemehl im Scheffel oder Himten. — Ange=nommen, $\frac{1}{4}$ Pfund Weizen habe bei der Unterſuchung $4\frac{1}{2}$ Loth Stärkemehl gegeben, ſo ſind im Pfunde Weizen 18 Loth Stärkemehl enthalten; wiegt nun der Scheffel Weizen 80 Pfund, ſo enthält derſelbe 1440 Loth = 45 Pfund; der Wispel 1080 Pfund Stärkemehl.

Es leuchtet ein, daß man zur fabrikmäßigen Gewinnung der Stärke denſelben Weg einſchlagen könne, und in der That befolgt man auch im Weſentlichen den eben vorgezeich=neten Weg, aber mit der Abänderung, welche man einſchla=gen muß, um die Stärke vollkommen rein, namentlich voll=kommen frei von Kleber, zu erhalten, welcher nach der be=ſchriebenen Methode der Abſcheidung immer zum Theil mit der Stärke niederfällt und dieſe, wegen ſeiner grauen Farbe, **etwas grau färbt.**

Bei der fabrikmäßigen Darſtellung der Stärke aus Weizen kann man die folgenden Operationen unterſcheiden:

1) Das Schroten des Weizens,

Stärkefabrikation.

2) das Einquellen und Gähren des Schrotes,
3) das Austreten der gegohrenen Masse,
4) das Absüßen (Auswaschen) und Abschlemmen der abgeschiedenen Stärke,
5) das Trocknen der Stärke.

1) Das Schroten des Weizens.

Das Schroten des Weizens behufs der Stärkefabrikation wird auf dieselbe Weise ausgeführt, wie das Schroten desselben zum Behufe der Bierbrauerei, nämlich entweder zwischen den Steinen einer gewöhnlichen Mahlmühle, oder zweckmäßiger zwischen den eisernen Walzen der S. 47 beschriebenen Quetschmaschine *).

Hat man keine Wasserkraft zur Benutzung, so läßt man die Quetschmaschine durch ein Göpelwerk in Bewegung setzen, das man dann auch zum Pumpen des in großer Menge erforderlichen Wassers gebraucht.

Vor dem Schroten wird der Weizen durch Klappern oder Fegen von fremden Substanzen möglichst befreit, und wird das Schroten zwischen Mühlsteinen vorgenommen, so muß

---

*) Ich will hier noch einer leicht anzubringenden Vorrichtung erwähnen, welche den Weizen recht gleichförmig zwischen die Walzen bringt und Steine u. s. w. zurückhält. Der Rumpf, aus welchem der Weizen zwischen die Walzen gelangt, verengt sich unten zu einer Spalte. Dicht über dieser Spalte ist im Rumpfe eine sehr dünne (ohngefähr $1/2 - 3/4$ Zoll im Durchmesser haltende) Walze angebracht, deren Achse in zwei außerhalb des Rumpfes befindlichen Lagern liegt. An der einen Seite der Achse neben ihrem Lager befindet sich ein Sternrad, dessen Zähne in die Zähne eines andern an der Achse einer der Quetschwalzen angebrachten Sternrades eingreifen, so daß also bei der Umdrehung der Quetschwalzen zugleich auch diese kleine Walze gedreht wird. Durch die Umdrehung der kleinen Walze wird der im Rumpfe befindliche Weizen ganz gleichförmig durch die auf ihren beiden Seiten vorhandene Spalte auf die Quetschwalze geführt. Der Rumpf muß höher oder niedriger gestellt werden können, um die Spalte zu verengern oder zu erweitern, wodurch sich, wie leicht einzusehen, der Zufluß des Weizens reguliren läßt.

derselbe noch, aus S. 46 angeführten Gründen und unter den daselbst angegebenen Vorsichtsmaßregeln, genetzt werden.

Der Zweck des Schrotens leuchtet ein. Es werden dadurch die Hülsen und Zellen zerrissen, und so gleichsam die Gefängnisse geöffnet, in welchen die Stärkemehlkörner eingeschlossen waren.

2) Das Einquellen und Gähren des Schrotes.

Sofort von der Quetschmaschine kommt der gequetschte Weizen in die Quellbottiche, deren Größe sich natürlich nach der Menge des einzuweichenden Weizens richten muß. Man giebt zuerst etwas Wasser in den Bottich, rührt in dieses einen Theil des Schrots recht gleichförmig ein, und fährt so mit dem Zugeben von Wasser und Einrühren von Schrot fort, bis der Bottich zu ³/₄ angefüllt ist, wonach man noch so viel Wasser zusetzt, daß das Schrot ohngefähr einen Fuß hoch damit bedeckt wird.

Das trockne Schrot saugt begierig Wasser ein und quillt sehr auf; sollte nach etwa 12 — 24 Stunden die Masse zu dick geworden sein, so giebt man noch etwas Wasser hinzu. Sie muß immer so dünnflüssig sein, daß sie leicht an dem Rührholze abläuft.

Nach einiger Zeit kommt die Masse in die weinige Gährung; es wird Kohlensäure entwickelt, es bildet sich eine starke Decke, und der Geruch wird geistig. Allmählig verwandelt sich der durch die weinige Gährung entstandene Alkohol in Essigsäure, die Masse wird sauer. Würde man nun die Masse noch längere Zeit stehen lassen, so würde sie sich mit grünem Schimmel bedecken, sie würde in Fäulniß übergehen, und wäre dann zur Abscheidung der Stärke nicht mehr anwendbar.

Man unterbricht das Einquellen, sobald die entstandene Decke einsinkt, die darunter stehende saure Flüssigkeit ziemlich klar ist und sich von den festen Theilen leicht trennen läßt.

Die Dauer des Einquellens ist sehr verschieden, sie ist

völlig abhängig von der Temperatur des Lokales, und kann 8 Tage bis 3 Wochen betragen. Zur Winterszeit ist es ziemlich gleichgültig, ob der Weizen einige Tage länger im Quellbottich bleibt.

Um die Gährung schneller in der eingequellten Masse beginnen zu machen, setzt man beim Einquellen etwas Sauerwasser zu, das heißt etwas von der sauren Flüssigkeit, die bei dem Austreten der genügend gequellten Masse erhalten wird (siehe unten), oder man nimmt etwas Sauerteig oder Hefe. Durch Zusatz eines Antheils warmen Wassers zu dem Einquellwasser kann das Eintreten der Gährung ebenfalls sehr beschleunigt werden.

Es fragt sich nun, zu welchem Zwecke der geschrotene Weizen auf die eben beschriebene Weise eingequellt und die gequellte Masse bis zum Sauerwerden stehen gelassen wird. Die Antwort ergiebt sich von selbst, wenn man betrachtet, welche Veränderung der Weizen bei diesem Processe erleidet.

Wird das Weizenschrot mit Wasser in Berührung gebracht, so löst dieses die in ihm auflöslichen Stoffe, nämlich die Salze, das Gummi, das Eiweiß, den Zucker, auf. Die Hülsen, die Stärke und der Kleber werden nicht angegriffen. Wegen des vorhandenen Zuckers (und Ferments) kommt die Flüssigkeit in Gährung, die aber, bei der geringen Menge des vorhandenen Zuckers und bei der niederen Temperatur nicht sehr heftig ist, sondern ruhig und langsam verläuft. Wie nun nach beendeter Gährung der Branntweinmeische aus dem Alkohol schnell Essigsäure gebildet wird, wenn man dieselbe nicht sogleich destillirt, so entsteht auch hier nach beendeter weinigen Gährung sehr bald Essigsäure, und wahrscheinlich bildet sich durch Zersetzung eines Antheils Stärkemehl oder Gummi, unter Mithülfe des Klebers, noch eine andere Säure, die mit dem Stärkemehl gleiche Zusammensetzung hat, nämlich die Milchsäure.

Die Bildung der Essigsäure ist es nun gerade, welche man bezweckt. Es ist eben angeführt worden, daß der Kleber in Wasser unlöslich sei, daß sich derselbe aber in, selbst sehr verdünnter, Essigsäure leicht auflöse. Durch die entstandene Essigsäure wird daher der Weizen, wenigstens zum Theil, von dem Kleber befreit, und dieser Stoff ist es gerade, welcher wegen seiner klebenden Eigenschaften die Abscheidung der Stärke ungemein erschwert, und welcher, indem er beim Austreten fein zertheilt zugleich mit der Stärke durch's Tuch geht und sich dann mit ihr zu Boden senkt, dieselbe verunreinigt.

Hieraus ergiebt sich, daß man in der eingequellten Masse die Bildung der Essigsäure, so weit als nur immer möglich, vorschreiten lassen muß, um möglichst viel Kleber zu entfernen, nur hat man sich, wie bemerkt, vor der fauligen Zersetzung zu hüten, weil dabei die Stärkemehlkügelchen angegriffen werden können, wenigstens etwas grau gefärbt werden.

3) Das Austreten der gegohrenen Masse.

Sobald die gequellte Masse den gehörigen Grad der Reife erlangt hat, was an früher angegebenen Kennzeichen zu erkennen ist, wird zum Austreten derselben geschritten.

Man rührt die Masse, um sie aufzulockern, gehörig durch, setzt auch wohl noch etwas Wasser zu, füllt sie in Säcke von grober Leinwand oder Hanftuch (Tretsäcke), und tritt sie in dem Tretfasse mit den Füßen aus. Das Tretfaß hat 2 — 3 Fuß hohe Füße, um die Flüssigkeit aus demselben bequem in untergestellte Eimer ablassen zu können.

Zuerst bringt man den mit gequellter Masse nicht ganz gefüllten und fest zugebundenen Sack ohne Wasser in das Tretfaß, und tritt vorsichtig die Flüssigkeit aus, indem man den Sack bisweilen umwendet. Die ausgetretene Flüssigkeit ist von darin schwebendem Stärkemehl milchig; sie wird durch ein Zapfloch im Tretfasse in Eimer abgelassen und in diesen in die Absüßwanne getragen. Man schüttet nun, nachdem das Zapfloch wieder geschlossen, so viel reines Wasser in das Tretfaß, daß der Sack davon bedeckt wird, und beginnt das Treten und Umwenden von Neuem. Die hier-

Stärkefabrikation.

durch erhaltene milchige Flüssigkeit wird zu der ersten in die Absüßwanne gegeben, und dann das Aufgießen von Wasser und Treten noch einmal wiederholt. Die von diesem dritten Austreten erhaltene Flüssigkeit wird, wenn das erste und zweite Austreten gehörig vorgenommen worden waren, nur schwach milchig sein; man giebt sie in ein neben dem Tretfasse stehendes Wännchen, und wendet sie beim Austreten der nächsten Portion des Schrotes anstatt des Wassers an. Auf diese Weise wird nach und nach der ganze Inhalt des Quellbottichs im Tretfasse ausgetreten.

Was in dem Tretsacke zurückbleibt ist ein Gemenge von Hülsen, Kleber und dem gewöhnlich unversehrt gebliebenen öligen Keimpunkte; es wird zur Fütterung des Viehes, namentlich der Schweine, benutzt.

Die beim Austreten durch die Leinewand gegangene Flüssigkeit ist eine Auflösung von Eiweiß, Gummi, Kleber, Salzen in Essigsäure enthaltendem Wasser, und enthält in Suspension die Stärke, etwas feinzertheilten Kleber und feinzertheilte Hülse, von letzterer um so weniger, je weniger beim Schroten des Weizens die Hülse zerkleinert worden ist.

Um gröbere Theilchen von Kleber und Hülse, welche beim Auskneten durch die Leinwand gepreßt worden sind, von der Flüssigkeit zu sondern, läßt man diese, beim Abzapfen aus dem Tretfasse in die Eimer, durch ein sehr feines Haarsieb gehen.

4) Das Auswaschen (Absüßen) und Abschlemmen der Stärke.

Die aus dem Tretfasse abgelassene milchige Flüssigkeit, welche die oben genannten Substanzen enthält, wird in die Absüßwannen gebracht. Es sind dies Bottiche von Tannenholz, ohngefähr 4 Fuß hoch und $2\frac{1}{2}$ — 3 Fuß weit, nach unten zu etwas verengt, und in verschiedener Höhe mit Zapflöchern zum Abzapfen der darin befindlichen Flüssigkeit versehen.

Man hat bei dem Eintragen der ausgetretenen Flüssigkeit in diese Absüßwanne dahin zu sehen, daß in jede derselben gleichviel Stärkemehl komme, man muß also stets die durch das erste und zweite Austreten erhaltene Flüssigkeit vermengen. Sollte die Absüßwanne nicht ganz angefüllt werden, so macht man sie durch Wasser voll. Sobald die gehörige Menge Flüssigkeit in eine Absüßwanne gekommen ist, wird dieselbe durch ein recht reines Rührholz tüchtig durchgerührt, damit die sich etwa abgesetzt habende Stärke wieder vollständig aufgerührt wird; dann läßt man sie etwa 24 Stunden in Ruhe.

Nach dieser Zeit haben sich die suspendirten Stoffe, also das Stärkemehl, der feinzertheilte Kleber und die feinzertheilten Hülsen, zu Boden gesenkt. Da aber die größeren, schwereren Stärkemehlkörner sich schneller zu Boden senken, als die letzten beiden Substanzen, so nimmt die Stärke in der am Boden liegenden Schicht den unteren Theil ein, und daselbst ist die Schicht auch am festesten; weiter nach oben zu erscheint in dem Bodensatz die Stärke schon mit Kleber und Hülsen verunreinigt, und endlich ganz oben auf wird derselbe schlammartig flüssig, und enthält daselbst fast nur Hülsen und Kleber, und sehr wenig Stärkemehl. Die über dem Bodensatze stehende Flüssigkeit wird nun vorsichtig durch die erwähnten Zapflöcher nach und nach abgezapft, bis man auf den schlammigen Antheil des Bodensatzes kommt. Diese Flüssigkeit, welche Essigsäure, Eiweiß, Kleber, Gummi, Salze, auch wohl Milchsäure enthält, wird entweder weggegossen, oder auf den Rückstand aus dem Tretsacke gegossen und mit diesem, oder auch mit Kartoffeln und Schrot gemengt, dem Vieh verfüttert. Wird die freie Säure durch Kalk neutralisirt, so giebt sie ein ganz vortreffliches Düngungsmittel ab. Gehörig behandelt, läßt sich ein leidlicher Essig aus derselben darstellen (vergl. S. 366). Diese Flüssigkeit (Sauerwasser) ist es, welche beim Einquellen einer neuen Portion Schrot zur Beschleunigung der Essigbildung zugesetzt wird (siehe oben).

Sobald man beim Abzapfen auf die zähflüffige, fchlammige Schicht gekommen ift, wird auch diefe, aber in ein befonderes Gefäß, abgefchlemmt, um aus ihr die darin vorhandene Stärke zu gewinnen, wie bald gezeigt werden foll.

Nach dem Verfchließen fämmtlicher Zapflöcher wird die Abfüßwanne mit reinem Waffer ganz angefüllt, und der Bodenfaß vollftändig aufgerührt. Dann läßt man wieder fo lange in Ruhe ftehen, bis fich die Stärke feft auf den Boden gefeßt hat, wonach man die überftehende Flüffigkeit abzapft, fo lange fie klar abläuft diefelbe weggießt, oder auf oben angegebene Weife anwendet, das Schlammige aber mit dem früher erhaltenen Schlamme verarbeitet. Durch vorfichtiges Aufgießen von etwas reinem Waffer und Anwendung eines Federfittigs fchlemmt man von dem Bodenfaße die fchmußige obere Schicht ab, bis das Stärkemehl mit feiner blendend weißen Farbe zum Vorfchein kommt. Das Abgefchlemmte wird für fich in einem Bottiche abgefüßt, oder ebenfalls mit dem übrigen Schlamme verarbeitet.

Die weiße Stärkemaffe wird nun mit einem fpatenähnlichen Inftrumente zerfchnitten, losgelöf't, mit reinem Waffer aufgerührt, und diefe milchige Flüffigkeit durch ein fehr feines feidenes Sieb oder fehr feines Haarfieb gegoffen. Man ftellt das Sieb auf zwei über einer Abfüßwanne liegende Stangen, fchüttet die Flüffigkeit in daffelbe, und bewirkt das Durchlaufen durch fortwährendes Hin= und Herziehen des Siebes. Die im Siebe bleibenden Subftanzen entfernt man fortwährend aus demfelben, weil fie fonft der Stärke den Durchgang verfchließen.

Ift auf diefe Weife eine Abfüßwanne gefüllt, fo wird der Inhalt derfelben vollkommen aufgerührt; dann läßt man durch Ruhe die Stärke fich wieder abfeßen.

Wenn nach dem Abzapfen der Flüffigkeit die am Boden liegende Stärke Lackmuspapier nicht mehr roth färbt, fo ift diefelbe vollkommen ausgefüßt, das heißt von den auflöslichen Subftanzen befreit. Wird Lackmuspapier noch geröthet, dann enthält fie noch Effigfäure und, wie leicht einzufehen, gleich=

zeitig auch noch von den anderen auflöslichen Substanzen; sie muß dann von Neuem abgesüßt, das heißt mit Wasser aufgerührt werden, bis sie keine Röthung auf Lackmuspapier hervorbringt.

Sobald dieser Zweck erreicht ist, wird dem am Boden der Absüßwanne liegenden Stärkemehlkuchen, durch Auflegen von trocknen reinen Tüchern, so viel Feuchtigkeit entzogen, daß er in der Mitte nicht mehr schwammig, sondern fest anzufühlen ist. Ist die obere Schicht noch sehr unrein, so so schabt man diese vorsichtig ab.

Es ist nun noch die Verarbeitung des abgenommenen Stärkeschlammes zu zeigen. Dieser Schlamm kann in besonderen Absüßwannen mit reinem Wasser angerührt werden, wo dann nach dem Absetzen die reine Stärke die untere Schicht ausmacht; sie läßt sich, wegen der festeren Beschaffenheit, durch Abschlemmen von der oberen loseren Schicht trennen.

Oder man verfährt auf folgende Weise: Man bringt den Stärkeschlamm mit Wasser angerührt in eine Absüßwanne, welche unten mit einem Hahne zum Ablassen der Flüssigkeit versehen ist. Aus diesem Hahne läßt man nun die Flüssigkeit in einem dünnen Strahle über eine 20—24 Fuß lange und 2—3 Fuß breite, mit einem 6 Zoll hohen Rande versehene Fläche laufen, der man nur so viel Neigung gegeben, daß die Flüssigkeit recht langsam von dem einen Ende derselben an das andere gelangt, wo sie durch eine angebrachte Oeffnung in einen unter dieser stehenden Kübel fließt. Indem die Flüssigkeit über diese schiefe Fläche geht, setzt sich zunächst dem Fasse, aus welchem sie fließt, die in derselben enthaltene schwerere Stärke ab, während die leichteren übrigen Substanzen (Kleber, Hülsen) an das andere Ende des Rinnsals gelangen. Die so erhaltene reinere Stärke wird durch Absüßen in der Absüßwanne noch weiter gereinigt.

5) Das Trocknen der Stärke.

Der auf oben beschriebene Art am Boden der Absüßwanne erhaltene, durch Belegen mit trocknen Tüchern von einem Theile seiner Feuchtigkeit befreite Stärkekuchen wird in vier Stücke zerschnitten und herausgenommen. Diese Stücke legt man nun zuerst auf Barnsteine, oder besser auf Steine von gebranntem Gyps, welche das Wasser begierig aufsaugen; dann stellt man dieselben aufrecht auf einen luftigen Boden.

Die Zeit, binnen welcher die Stärke trocknet, richtet sich, wie bei jedem Trockenprocesse (Verdunstungsprocesse), nach der Temperatur der Luft, nach deren Feuchtigkeitszustande und nach der Größe der Fläche der zu trocknenden Substanz, welche der Einwirkung der Luft dargeboten wird. Diese Fläche ist bei den großen Stücken der Stärke im Verhältniß der Masse nur klein; man zerbröckelt daher die großen Stücke, nachdem sie so weit getrocknet sind, daß man die auf denselben befindliche unreine Schicht leicht, gleich einer Schale, abblättern kann.

Diese abgeblätterte und abgeschabte, sorgfältig zu entfernende unreine Stärke wird gewöhnlich Schabestärke genannt.

An den von der Schabestärke befreiten Stücken ist der untere Theil in der Regel weißer, als der obere, und es lassen sich daher leicht, hinsichtlich der Weiße, verschiedene Sorten Stärke machen.

Die Schabestärke wird entweder wieder mit Wasser angerührt und von Neuem wie die rohe Stärke behandelt, das heißt abgeschlemmt, oder sie wird zu Zwecken verwendet, bei denen es nicht auf die größte Weiße ankommt, z. B. zur Darstellung von Stärkesyrup, in Kattunfabriken, zur Darstellung von Stärkegummi. In früheren Zeiten benutzte man sie zu dem blonden Puder.

Ist die von der Schabestärke befreite, zerbröckelte und auf sehr reine Brettergestelle ausgestreute Stärke vollkommen trocken, so wird sie in Körben vom Boden gebracht, und in abgewogenen Quantitäten in mit Papier ausgefütterte Fässer verpackt.

Man betrachtet es als ein Zeichen der Güte an der Stärke, daß sie, neben der vollkommen weißen Farbe, einen gewissen Zusammenhang in ihren Theilen zeigt; sie darf nicht leicht zu Pulver zerfallen, sondern muß zusammenhängende Stücke darstellen, die beim Zerbrechen ein eigenthümliches knirschendes Geräusch hören lassen.

Um der Stärke diese Eigenschaft in einem starken Grade mitzutheilen, wird die feuchte Stärke in einigen Stärkefabriken, namentlich Frankreichs, stark gepreßt, selbst mit hydraulischen Pressen, wonach sie auch schneller trocknet. Man erhält indeß auch ohne Pressen eine Stärke, welche den verlangten Zusammenhang zeigt; woher es aber kommt, daß manche Fabriken auch ohne Pressen Stärke liefern, welche diesen Zusammenhang der Körner in höherem Grade zeigt, ist noch nicht mit Gewißheit erklärt; gewöhnlich hält man dafür, daß der mehr oder weniger große Gehalt an Salzen in dem anzuwendenden Wasser Einfluß auf die Festigkeit hat, und daß man durch Zusatz von einer geringen Menge eines Salzes den Zusammenhang vermehren kann.

In einigen Fabriken setzt man der feuchten Stärke eine geringe Menge einer blauen Farbe zu, namentlich wenn dieselbe nicht blendend weiß, sondern etwas gelblich erscheint; man bläut sie zu demselben Zweck, zu welchem man die Wäsche bläut, nämlich um die gelbliche Färbung zu verwischen.

Die Stärkefabrik enthält in der Regel eine solche Ausdehnung, daß der Winterbedarf während der wärmeren Jahreszeiten dargestellt werden kann; wollte man im Winter Stärke fabriciren, so müßten sämmtliche Lokale geheizt, und das Trocknen in eigenen Trockenstuben vorgenommen werden, wodurch leicht die Weiße der Stärke leidet, abgesehen von dem bedeutenden Aufwande an Brennmaterial.

In früheren Zeiten war der Verbrauch an Stärke bei weitem größer, als jetzt; sie wurde nemlich, wie bekannt, zur Fabrikation des Haarpuders benutzt. Man wählte dazu nicht immer die weißeste Stärke, sondern sogar oft die Schab-stärke; sie wurde gemahlen, zerstampft oder zerquetscht, und gebeutelt. Durch einen Zusatz von zerstoßenen Veilchenwur-zeln und wohlriechenden Oelen machte man den Puder wohl-riechend.

Um die Schabestärke, welche bekanntlich mehr oder weni-ger gelblich gefärbt ist, in weiße verkäufliche Stärke zu ver-wandeln, hat man vorgeschlagen, dieselbe mit einer Auflö-sung von Chlorkalk in Wasser zu übergießen, sie zu bleichen.

Wenn die Färbung der Schabestärke durch beigemengten Kleber verursacht ist, was wenigstens zum Theil der Fall ist, so kann das Chlor oder, was dasselbe ist, der Chlorkalk die-selbe nicht weißer machen, da bekanntlich stickstoffhaltige Substanzen (und eine solche ist der Kleber) nicht weiß ge-bleicht, sondern gelb gebleicht werden. Schweflige Säure würde als Bleichmittel allein anwendbar sein. Man könnte die feuchte Stärke in Kammern stellen, in welchen Schwefel verbrannt worden, oder man könnte die Stärke mit einer verdünnten Auflösung von schwefliger Säure einige Zeit in Berührung lassen. Die auf diese Weise gebleichte Stärke müßte aber durch sorgfältiges Absüßen mit Wasser von der beim Bleichprocesse in dieselbe gekommenen Säure befreit werden.

Man kann die Schabestärke gewiß mit vielem Vortheil in einigen Gegenden zur Darstellung von Stärkegummi benutzen.

Wenn nämlich Stärke auf einer Platte so stark erhitzt wird, daß sie eine gelbe oder bräunlichgelbe Farbe annimmt, so ist sie in ein dem arabischen Gummi ganz ähnliches Gummi umgewandelt worden, daß sie in kaltem Wasser leicht aufgelöst und fast zu allen den Zwecken benutzt wer-den kann, zu welchen man das arabische Gummi anwendet, wie dies in England in den Fabriken schon seit geraumer Zeit der Fall ist. Man hat also nur die zerkleinerte Stärke auf einem erhitzten Bleche, in einer Art von Backofen oder in einer geräumigen Kaffeetrommel so lange zu erhitzen, bis sie in kaltem Wasser sich vollkommen auflöslich zeigt.

Das mitgetheilte Verfahren der Stärkefabrikation ist dasjenige Verfahren, welches am allgemeinsten und namentlich in den Städten befolgt wird, welche sich seit einer langen Reihe von Jahren durch die Vortrefflichkeit ihrer Stärke ausgezeichnet haben.

Man hat indeß unter dem Namen eines verbesserten Verfahrens ein Verfahren bekannt gemacht, die Stärke ohne Gährung aus dem Weizen abzuscheiden. Es ist dies das Verfahren, welches man zur vorläufigen Untersuchung des Weizens auf seinen Stärkemehlgehalt befolgt; oben S. 383 ist dasselbe mitgetheilt worden. Im Großen operirt man nach diesem Verfahren, wie folgt.

Der wohlgereinigte Weizen wird ungeschroten mit Wasser übergossen, die etwa oben auf kommenden tauben Körner entfernt, und nun stehen gelassen, bis die Körner sich zwischen den Fingern leicht zerdrücken lassen und dabei einen milchigen Saft ausgeben. In der warmen Jahreszeit ist das Weichwasser häufig zu erneuern, damit es nicht übelriechend werde.

Der genügend erweichte und von dem Wasser durch Abtropfen möglichst vollständig befreite Weizen wird zwischen steinernen oder metallenen Walzen von der Einrichtung, wie sie oben S. 47 beschrieben worden ist, zerquetscht, die zerquetschte Masse ausgedrückt und dann noch einmal zwischen die Walzen gebracht.

Der so erhaltene Brei wird nun, wie früher beschrieben, in Säcken wiederholt ausgetreten, die ablaufende milchige Flüssigkeit in die Absüßwannne gebracht, und nun überhaupt ferner verfahren, wie es bei dem Verfahren der Stärkefabrikation unter Hülfe der Gährung ausführlich berichtet worden ist.

Die Vortheile, welche diese Fabrikationsmethode gewährt, sind die: daß die Rückstände in den Tretsäcken ein nahrhafteres, wohl auch gesunderes Viehfutter geben; daß das Verfahren weniger Zeit erfordert, und daß der höchst unan-

Stärkefabrikation.

genehme Geruch, welcher bei der Gährung sich zeigt, vermieden wird. Ob die Stärke weißer wird, wie behauptet worden, ist noch nicht gehörig erwiesen.

Die Nachtheile dieser Methode sind aber: daß man nur mit großer Mühe durch Austreten die Stärke von dem sehr zähen Kleber befreien kann, und daß der feinzertheilte Kleber leichter bei der Stärke bleibt.

Man hat der Methode, die Stärke unter Mithülfe der Gährung (eigentlich des Essigbildungsprocesses) abzuscheiden, den Vorwurf gemacht, daß sie eine Stärke liefere, welche stets Essigsäure zurückhielte, indem diese durch bloßes Absüßen mit Wasser nicht zu entfernen sei. Diese Behauptung kann durch einen einfachen Versuch mit einem Stück Lackmuspapier widerlegt werden. Wie unangenehm aber dem Fabrikanten die Verunreinigung der Stärke durch zugleich mit niederfallenden Kleber ist, und wie schwer sich dieser auf mechanische Weise entfernen läßt, geht daraus hervor, daß man selbst in den Fabriken, in denen man das Weizenschrot nicht sauer werden läßt, doch häufig das in der Absüßwanne über der Stärke stehende Wasser sich säuern läßt, damit die Essigsäure oder Milchsäure den Kleber auflöse.

Mit der Stärkefabrikation fast unzertrennlich ist das Viehmästen, und einige Fabriken Englands ziehen ihren großen Gewinn fast nur aus dem gemästeten Viehe.

Abscheidung der Stärke aus Kartoffeln.

Es ist schon oben erwähnt worden, daß die meiste der in den Handel kommenden Stärke Weizenstärke ist, weil diese sehr feinkörnig ist, daher sehr weiß erscheint, und weil sie mit heißem Wasser einen sehr dicken Kleister bildet; Eigenschaften, die sie zu den meisten Anwendungen am geeignetsten machen.

Die Kartoffelstärke ist großkörniger, erscheint deshalb nicht milchweiß, sondern durchscheinend weiß, und bildet mit heißem Wasser einen viel weniger steifen Kleister.

Man stellt daher die Stärke aus Kartoffeln gewöhnlich nur dar, um dieselbe in andere Stoffe zu verwandeln, was eben so gut als mit der Weizenstärke angeht, weil sich die Kartoffelstärke in chemischer Hinsicht von dieser nicht unterscheidet, und weil sie noch überdies das voraus hat, daß sie wohlfeiler zu stehen kommt.

Mit Ausnahme des Klebers finden sich in den Kartoffeln dieselben Bestandtheile, welche im Weizen enthalten sind. Das Wasser beträgt ohngefähr 75 Procent, und von den 25 Procent trockner Substanz können durchschnittlich 14 auf die Stärke, 7 auf die stärkemehlartige Faser gerechnet werden; das Uebrige besteht in Eiweiß, Gummi, Zucker und Salzen. (Siehe Branntweinbrennerei, S. 120 ff.)

Wie die zähe Beschaffenheit des Klebers die Abscheidung der Stärke aus dem Weizen erschwert, so ist es die theilweise innige Verbindung der Stärke mit der Faser, welche der vollständigen Gewinnung der Stärke aus den Kartoffeln ein Hinderniß entgegenstellt.

Wenn man sich erinnert, daß die Entstehung von Säure in dem eingeweichten Weizenschrot nur aus dem Grunde veranlaßt wurde, daß durch dieselbe der Kleber aufgelöst und von der Stärke getrennt würde, so sieht man leicht ein, daß bei der gänzlichen Abwesenheit von Kleber in den Kartoffeln die Bildung der Säure keinen Zweck hätte. Bis auf die Zerkleinerung der Kartoffeln gleicht dann das ganze Verfahren der Abscheidung der Stärke aus Kartoffeln dem Verfahren, welches man zur Abscheidung der Stärke aus Weizen befolgt.

So verschieden aber der Gehalt an Stärkemehl in dem Weizen ist, je nach dem Boden, auf welchem derselbe gezogen, und je nach dem Dünger, mit welchem der Boden gedüngt war, so verschieden zeigt sich nach denselben Umständen auch der Stärkemehlgehalt der Kartoffeln. Eine sehr große Verschiedenheit hinsichtlich des Stärkemehlgehalts zeigen die verschiedenen Varietäten der Kartoffeln. In Betreff dieses wichtigen Umstandes kann ich ganz auf die

Branntweinbrennerei S. 123 ff. verweisen, wo darüber ganz ausführlich abgehandelt worden ist; daselbst ist auch (S. 124) der Weg angegeben, welchen man zur Ausmittelung des Stärkemehlgehalts der Kartoffeln einzuschlagen hat, und der, wie wir sehen werden, im Grunde ganz derselbe ist, welchen man zur Gewinnung des Stärkemehls aus den Kartoffeln im Großen befolgt.

Man kann bei der Gewinnung der Stärke aus den Kartoffeln die folgenden Operationen unterscheiden: 1) Das Reinigen (Waschen) der Kartoffeln; 2) das Zerreiben der Kartoffeln; 3) das Auswaschen der Stärke; 4) das Absüßen (Abwaschen) der Stärke; 5) das Trocknen.

Die Kartoffeln müssen von der anhängenden Erde, aus leicht einzusehenden Gründen, ganz vollständig gereinigt werden. Man bedient sich dazu der Vorrichtungen, welche bei der Branntweinbrennerei S. 159 ausführlich beschrieben worden sind.

Das Zerreiben der Kartoffeln hat den Zweck, die Zellen zu zerreißen, um das in denselben eingeschlossene Stärkemehl in Freiheit zu setzen. Je sorgfältiger das Zerreiben ausgeführt wird, das heißt je feiner die Kartoffeln zerrieben werden, eine desto größere Ausbeute an Stärkemehl kann unter übrigens gleichen Verhältnissen erhalten werden.

Die zum Zerreiben der Kartoffeln in den Haushaltungen angewandten Reibeisen aus Reibeblech sind bekannt. Zum Zerreiben der Kartoffeln im Großen bedient man sich entweder hölzerner mit dergleichen Reibeblech beschlagener Cylinder (Walzen), oder man wendet hohle Cylinder, aus diesem Reibeblech gebildet, dazu an. Die untere Hälfte dieses Cylinders muß in Wasser tauchen, damit durch dieses die anhängende zerriebene Masse abgespült wird. Seitwärts oder über dem Cylinder befindet sich der Rumpf, um die zu zerreibenden Kartoffeln aufzunehmen; mittelst eines Hebels und Brettes von der Größe des Rumpfes werden dieselben an den Reibecylinder angedrückt.

Weit zweckmäßiger wird man zum Zerreiben der Kartoffeln den mit Sägezähnen bewaffneten Thierry'schen Cylinder benutzen, welcher bekanntlich zum Zerreiben der Runkelrüben in den Zuckerfabriken allgemein angewandt wird. Er wird bei der Runkelrübenzuckerfabrikation beschrieben und abgebildet werden.

In dem Bottiche, in welchem durch das Wasser die zerriebene Masse von der Reibewalze abgespühlt worden, läßt man dieselbe einige Zeit stehen, um die Flüssigkeit durch Abzapfen trennen zu können. Den Brei bringt man in ein feines Sieb, welches auf einer Art von Rahmen in einem Bottiche steht, der mit Wasser so weit angefüllt ist, daß dies ein wenig über den Boden des Siebes reicht, so daß dasselbe mit dem im Siebe befindlichen Kartoffelbrei eine ziemlich dünne Masse bildet. Diese wird mit den Händen gegen die Wand und den Boden des Siebes gerieben, wobei die Stärkekügelchen durch letzteren gehen und sich aus dem Wasser des Bottichs sehr bald zu Boden senken. Was in dem Siebe zurückbleibt, ist die stärkemehlartige Faser der Kartoffeln; sie dient entweder roh, oder besser mit Schrot gemengt und mit heißem Wasser angerührt, als Viehfutter. Die über der Stärke in den Bottichen befindliche Flüssigkeit, und besonders die, welche zuerst von dem Brei abgezapft wurde, enthält die auflöslichen Bestandtheile der Kartoffeln; sie wird gewöhnlich weggegossen, würde aber ein vortreffliches Düngungsmittel abgeben, auch wohl zum Anrühren von Viehfutter zweckmäßig zu verwenden sein.

Die am Boden des Bottichs liegende Kartoffelstärke wird nun, wie die Weizenstärke, durch Umrühren mit kaltem Wasser einige Mal abgesüßt, und zuletzt noch einmal durch ein sehr feines Sieb gegossen, um die etwa vorhandenen zarten Fasern abzusondern.

An der abgelagerten Kartoffelstärke ist ebenfalls die obere Schicht etwas schmutzig gefärbt, man schabt sie daher sorgfältig ab und verfüttert sie, wie die Fasersubstanz, dem Viehe. Da die Kartoffelstärkekügelchen größer sind, als die

Stärkefabrikation.

Kügelchen der Weizenstärke, so senken sich dieselben weit schneller zu Boden, und die Reinigung von den feinzertheilten Unreinigkeiten gelingt leichter.

Der feuchte Stärkemehlkuchen wird, wie S. 391 gelehrt, weiter behandelt und getrocknet. Die trockne Kartoffelstärke stellt nicht, wie die Weizenstärke, ziemlich große zusammenhängende Stücke dar, sondern immer nur kleine, leicht zerbröckelnde Stücke, weil sie grobkörniger ist.

Es ist schon oben erwähnt worden, daß die Kartoffelstärke im reinen Zustande nicht häufig Handelsartikel ist, sondern daß man dieselbe sich in der Regel nur bereitet, um sie in andere Substanzen, namentlich in Gummi (S. 395) oder in Zucker und Zuckersyrup, umzuwandeln. Zu dieser letzten Benutzung ist es nicht nöthig, die Stärke zu trocknen, sondern man verwendet gleich die feuchte Stärkemasse, wie es bei der Stärkezuckerfabrikation gelehrt werden wird. Diese feuchte Stärke läßt sich lange, ohne Verderbniß zu erleiden aufbewahren, sie wird hie und da grüne Stärke genannt.

In einigen Gegenden stellt man sich aus der Kartoffelstärke eine Art von Sago dadurch dar, daß man sie im feuchten Zustande durch ein weitlöcheriges Sieb drückt, und die so entstandenen Klümpchen bei einer Temperatur von 50 — 60° R. schnell trocknet. Das Stärkemehl wird dabei in eine kleisterartige Masse verwandelt, die sich in heißem Wasser dann nicht auflös't, sondern nur aufquillt. Es ist bekannt, daß der echte Sago aus dem Marke von Sagus Rumaphii u. s. w. auf ganz ähnliche Weise bereitet wird. Um den Kartoffelsago für's Auge angenehmer zu machen, kann er in einem sich um seine Achse drehenden Fasse gekörnt werden.

Die

Fabrikation des Stärkezuckersyrups.

Kirchhoff in Petersburg machte im ersten Jahrzehend dieses Jahrhunderts die Entdeckung: daß Stärke durch Kochen mit schwefelsäurehaltigem Wasser in Zucker umgeändert werde. Diese Entdeckung, welche in die Zeiten der Napoleonischen Continentalsperre fiel, erregte großes Aufsehen, und es wurden bedeutende Quantitäten Zucker auf diese Weise fabricirt.

In der neueren Zeit ist die Fabrikation des Zuckers aus der Stärke durch Schwefelsäure ziemlich allgemein aufgegeben worden, weil man anstatt der Schwefelsäure eine andere Substanz benutzt, welche ebenfalls die Umänderung der Stärke in Zucker bewirkt, und die den Vortheil zeigt, daß bei ihrer Anwendung die Arbeit einfacher und weniger kostspielig ist. Schon bei der Bierbrauerei und Branntweinbrennerei ist, wie der Leser sich erinnern wird, ausführlich besprochen worden, daß Stärkemehl durch einen beim Keimprocesse in den Getreidearten, namentlich in der Gerste, sich bildenden Stoff, die Diastase, bei einer gewissen Temperatur in Zucker umgeändert werde, und daß das sogenannte Einmeischen beim Bierbrauen und Branntweinbrennen dieser Zuckerbildungsproceß sei. Man benutzt deshalb jetzt sehr häufig die Diastase oder vielmehr das diesen Stoff enthaltende Gerstenmalz zur Fabrikation des Stärkezuckers und Stärkesyrups.

In dem Folgenden wird daher zuerst die Bereitung des Zuckers aus Stärke durch Schwefelsäure, und dann die Be=

Stärkezuckersyrupfabrikation.

reitung des Zuckers aus Stärke durch die Diastase abzuhandeln sein.

Zuvor wird es noch nöthig sein, die Frage zu erörtern, weshalb die Stärkezuckerfabrikation verhältnißmäßig nur wenig betrieben wird, oder was dasselbe ausdrückt, weshalb verhältnißmäßig nur wenig Stärkezucker consumirt wird, ohngeachtet der Preis desselben weit niedriger als der Preis des Rohrzuckers gestellt werden kann.

Die Beantwortung dieser Frage ist sehr leicht. Der Zucker, welcher aus Stärkemehl auf irgend eine der genannten Arten entsteht, ist nicht der krystallisirbare Rohr- oder Hutzucker, welcher in dem Zuckerrohre, Runkelrüben, dem Ahornsafte vorkommt und daraus gewonnen wird, sondern eine Zuckerart ganz eigenthümlicher Art, welche nicht in so schönen Krystallen erhalten werden kann, sondern immer nur eine krümliche Masse darstellt. Diese Zuckerart wird Krümelzucker, Stärkezucker, auch Traubenzucker genannt, weil sie in den reifen Trauben in großer Menge enthalten ist. Der Stärkezucker löst sich nicht so leicht im Wasser als der Rohrzucker, und besitzt bei weitem nicht die Süßigkeit als dieser, und zugleich einen etwas erdigen Geschmack. Mit 2½ Pfund Stärkezucker süßt man nur so stark als mit 1 Pfund Rohrzucker.

Außer dieser Varietät des Zuckers kennen wir noch eine andere, welche gar nicht in fester Gestalt dargestellt wird, sondern immer nur als Syrup, sie wird Schleimzucker, Melasse genannt, und ist als gewöhnlicher brauner Syrup hinlänglich bekannt. Die Süßigkeit dieser Zuckerart ist bedeutender als die des Stärkezuckers, und da sie entsteht, wenn Rohrzucker sowohl als Stärkezucker in Wasser gelöst längere Zeit gekocht werden, so kann man den Stärkezucker dadurch etwas süßer machen, daß man seine concentrirte Lösung längere Zeit kocht, und dann als Syrup in den Handel bringt. Dies geschieht nun auch mehrentheils; man bedient sich des Stärkesyrups sehr häufig zum Verfälschen des gewöhnlichen Syrups, wil er noch wohlfeiler als dieser dargestellt werden kann. Verfälschung ist dies immer zu nennen, da die Süßigkeit des Stärkesyrups doch nicht so groß als die des gewöhnlichen braunen Syrups ist, besonders weil der mit Malz bereitete fast immer noch eine große Quantität Stärkegummi enthält, was gar nicht süß schmeckt. Mit 12 Pfund Stärkesyrup (mit Malz bereitet) süßt man nur so stark, als mit 5 Pfund holländischem Syrup oder mit 3 Pfund Meliszucker.

Die vorzüglichste Benutzung dürfte einst der Stärkezucker zur Darstellung von sehr reinem Weingeiste erleiden, da er bei der Gährung nur eine wenig geringere Menge Alkohol liefert als der Rohrzucker (S. 118). Hierzu ist indeß nothwendig, daß man die Umwandlung des Stärkemehls in Zucker vollkommen bewerkstelligen kann, was, wie eben angeführt, bis jetzt noch nicht immer hat gelingen wollen.

A. Darstellung des Stärkezuckersyrups durch Schwefelsäure.

Man kann hierbei die folgenden Operationen unterscheiden:

1) Das Kochen der Stärke mit schwefelsäurehaltigem Wasser.
2) Die Entfernung der Schwefelsäure aus der Flüssigkeit.
3) Eindampfen und Reinigen der zuckerhaltigen Flüssigkeit.

1) Kochen der Stärke mit schwefelsäurehaltigem Wasser.

Man bringt in einem geräumigen kupfernen Kessel Wasser zum Sieden, und setzt demselben nach und nach in kleinen Mengen (um Verspritzen zu vermeiden) die erforderliche Quantität englischer Schwefelsäure hinzu. In diese saure siedende Flüssigkeit trägt man nun nach und nach das mit etwas Wasser angerührte Stärkemehl ein, und zwar nicht eher eine neue Portion, als bis die nach dem Eintragen der vorhergehenden Portion kleisterartig dick geworden

Flüssigkeit durch Kochen wieder vollkommen dünnflüssig geworden ist. Ist auf diese Weise die gehörige Menge Stärke eingetragen worden, so wird, unter Ersetzung des verdampfenden Wassers, so lange gekocht, bis die Stärke vollständig in Zucker umgewandelt ist.

Der Punkt, bei welchem diese Umänderung beendet ist, läßt sich an äußeren Eigenschaften der kochenden Flüssigkeit nicht wohl erkennen, leicht aber an ihrem chemischen Verhalten. Die Stärke verwandelt sich beim Kochen mit Schwefelsäure nicht sofort in Zucker, sondern erst in Stärkegummi, und dies dann durch anhaltendes Kochen in Zucker, daher wird die im ersten Augenblicke nach dem Eintragen der Stärke kleisterartige Masse zwar sehr schnell dünnflüssig, aber sie ist dann noch nicht zuckerhaltig.

Da Zucker in mäßig concentrirtem Weingeiste leicht löslich ist, Gummi aber darin nicht löslich, so giebt der Weingeist ein gutes Mittel ab, die vollständige Umänderung zu erkennen. So lange nemlich in der kochenden Masse noch Gummi enthaltend ist, entsteht ein starker, zäher, zusammenhängender Niederschlag, wenn eine herausgenommene Probe nach ziemlichem Erkalten mit ihrem gleichen Volumen starken Weingeist vermischt wird. Ist aber kein Gummi mehr vorhanden, so entsteht, aus erwähntem Grunde, kein Niederschlag, sondern in der Regel nur eine sehr geringe Trübung, von anderen Substanzen herrührend.

Ein anderes Erkennungsmittel ist die Jodauflösung. Seite 382 ist schon angeführt, daß zu den am meisten characteristischen Eigenschaften der Stärke diejenige gehört, daß sie mit Jod eine dunkelindigblaue Verbindung eingeht. Das aus Stärke anfangs entstehende Gummi wird durch Jodlösung weinroth gefärbt, mit Zucker aber entsteht keine Färbung. Man darf daher nur eine Probe von der Flüssigkeit aus dem Kessel nehmen, und nach dem Erkalten Jodlösung zugießen, um an der entstehenden mehr oder weniger starken Färbung den Fortgang des Zuckerbildungsprocesses beurtheilen zu können; findet endlich keine Färbung mehr statt, so ist der Zuckerbildungsproceß beendet.

Die Menge der Schwefelsäure, welche man zur Umwandlung einer und derselben Menge Stärke verwendet, kann sehr verschieden groß sein. **Je mehr Schwefelsäure verhältnißmäßig genommen wird, desto schneller ist die Zuckerbildung bewirkt.**

Wo daher die Schwefelsäure wohlfeil, das Feuerungsmaterial aber theuer ist, wird man die Menge der ersteren vermehren; wo aber das Feuermaterial wohlfeil ist, thut man am besten, die Menge der Schwefelsäure zu verringern und längere Zeit zu kochen, besonders wenn man sehr im Großen arbeitet.

Kirchhoff, der Entdecker dieser Zuckerfabrikation, giebt folgende Data über die Zeitdauer der Zuckerbildung bei verschiedenen Verhältnissen von Stärke, Schwefelsäure und Wasser.

100 Pfund Stärke, $1/2$ Pfund Schwefelsäure, 300 Pfund Wasser. Dauer des Kochens: mehrere Tage.

100 Pfund Stärke, 1 Pfund Schwefelsäure, 400 Pfund Wasser. Dauer des Kochens: 30—40 Stunden.

100 Pfund Stärke, $2\frac{1}{2}$ Pfund Schwefelsäure, 400 Pfund Wasser. Dauer des Kochens: 20 Stunden.

100 Pfund Stärke, 10 Pfund Schwefelsäure, 600 Pfund Wasser. Dauer des Kochens: 7—8 Stunden.

Hiernach dürfte, als das zweckmäßigste mittlere Verhältniß, 100 Pfund Stärke, 4—5 Pfund Schwefelsäure und 400 Pfund Wasser zu empfehlen sein, aber wie gesagt, die vorhin erwähnten örtlichen Verhältnisse können eine Abänderung erforderlich machen. Da durch eine große Menge Wasser die Wirkung der Schwefelsäure natürlich vermindert wird, so ist es auch zweckmäßig, recht wenig Wasser anzuwenden. Man kann deshalb auf 1000 Pfund Wasser etwa 15 Pfund Schwefelsäure und 450—500 Pfund Stärke nehmen.

Anstatt das Kochen in einem kupfernen durch directes

Feuer geheizten Kessel vorzunehmen, wird man recht zweckmäßig sich hölzerner Gefäße bedienen, und das Kochen durch Wasserdämpfe bewirken, wenn man eine Branntweinbrennerei hat, welche durch Dämpfe betrieben wird. Ist der Dampfkessel nicht zu klein, so kann er gleichzeitig zur Destillation der Meische und zur Stärkezuckerfabrikation benutzt werden. Hierbei ist zu berücksichtigen, daß man nur etwa zwei Drittheile des erforderlichen Wassers in das Kochgefäß bringt, weil der, Anfangs völlig zu tropfbarem Wasser verdichtet werdende Dampf, die Menge desselben vermehrt.

Zu versuchen wäre, ob nicht durch Kochen bei höherer Temperatur, also mit sehr gespannten Dämpfen, die Zuckerbildung beschleunigt würde.

Es ist schon bei der Stärkefabrikation erwähnt worden, daß man sich zur Zuckerfabrikation in der Regel der wohlfeilern Kartoffelstärke bedient, und diese muß sich dann der Fabrikant selbst bereiten, wenn er nicht den größten Theil des Gewinnes aus der Hand geben will. Die Behufs der Umwandlung in Zucker dargestellte Stärke braucht dann nicht so vollkommen gereinigt zu werden, und man trocknet sie auch nicht. Die feuchte (grüne) Stärkemasse wird in Fässer geschlagen aufbewahrt; sie hält sich, ohne zu verderben, lange Zeit. Um zu wissen, wie viel trockne Stärke die feuchte Stärkemasse enthält, muß man eine kleine Quantität davon abwägen, auf einem flachen Teller austrocknen lassen, und dann wieder wägen.

Der Landwirth, welcher selbst eine Weizenstärkefabrik besitzt, oder in dessen Nähe sich eine solche befindet, verwendet mit Vortheil zur Zuckerfabrikation die sogenannte Schabestärke ohne weitere Reinigung.

Anstatt des aus den Kartoffeln abgeschiedenen Stärkemehls hat man auch die zerriebenen Kartoffeln, nachdem sie durch wiederholtes Uebergießen mit kaltem Wasser von allen auflöslichen Substanzen befreit, auch wohl noch getrocknet und zermahlen worden sind, zur Zuckerfabrikation benutzt.

Diese Masse enthält, neben dem Stärkemehle, die stärke=

mehlartige Faser der Kartoffeln, welche allerdings auch noch Zucker geben kann, übrigens aber, da sie in dem gewöhnlichen Falle als Viehfutter benutzt wird, nicht verloren geht.

2) **Entfernung der Schwefelsäure aus der Flüssigkeit.**

Die Chemie ist noch nicht im Stande gewesen, zu erklären, auf welche Weise die Schwefelsäure die Umänderung der Stärke in Zucker bewirkt. Stärkemehl sowohl als Stärkezucker bestehen aus Kohlenstoff, Wasserstoff und Sauerstoff. (Siehe Seite 5). Das Verhältniß des Wasserstoffs und Sauerstoffs zu einander ist in beiden dasselbe, nemlich es ist das Verhältniß, in welchem beide Stoffe Wasser bilden. Daher könnte man sich, nach S. 5, 100 Pfund Stärkemehl denken, als bestehend aus

44,90 Pfund Kohlenstoff,
55,10   „   Wasser (oder den Elementen desselben),
──────────────────────────
100,00 Pfund Stärkemehl.

100 Pfund Stärkezucker aber aus

40,4 Pfund Kohlenstoff,
59,64 „   Wasser (oder den Elementen desselben),
──────────────────────────
100,00 Pfund Stärkezucker.

Hiernach wird also die in 100 Pfund Stärkemehl enthaltene Menge Kohlenstoff, nämlich 44,9 Pfund Kohlenstoff mit 68,1 Pfund Wasser (oder deren Bestandtheile), Stärkezucker bilden, das heißt, es werden 100 Pfund vollkommen trocknen Stärkemehls, indem sie 11 Pfund Wasser aufnehmen, 111 Pfund trocknen Stärkezucker geben.

Zu dieser Aufnahme von Wasser wird nun, wie sich aus Früherem ergiebt, das Stärkemehl durch die Gegenwart der Schwefelsäure veranlaßt, einer Säure, welche sich in anderen Fällen gerade durch ihr Bestreben, Wasser zu entziehen, auszeichnet, und sie selbst erleidet dabei gar keine Veränderung *).

───────────
*) Siehe die Anmerkung auf S. 17.

Dies Letztere ist vollkommen ausgemacht, und ist für unsern Zweck zu wissen nöthig, denn es wird uns dadurch das Mittel an die Hand gegeben, die zuckerhaltige Flüssigkeit von der Schwefelsäure zu befreien. Viele an und für sich leicht lösliche Substanzen gehen mit anderen, häufig selbst leicht löslichen, oft ganz unlösliche Verbindungen ein, und man sieht daher leicht ein, daß man eine Substanz aus einer Flüssigkeit entfernen kann, wenn man eine andere Substanz zugiebt, die mit jener eine unlösliche Verbindung eingeht.

Nun ist es bekannt, daß sowohl Bleioxyd als auch Baryt und Kalk mit Schwefelsäure theils unlösliche, theils sehr schwerlösliche Verbindungen eingehen, und man wird leicht einsehen, daß man sich alle diese Substanzen zur Entfernung der Schwefelsäure würde bedienen können. Der Fabrikant wählt nun natürlich denjenigen Stoff aus, welcher am wohlfeilsten ist, dies ist der Kalk, und dieser hat noch den Vortheil, daß von ihm die kleinste Menge zur Entfernung der Schwefelsäure erforderlich ist *).

Ist bei der Entfernung eines auflöslichen Körpers durch einen andern dieser letzte selbst auflöslich, so muß man natürlich jedes Uebermaaß davon vermeiden, das heißt, man darf nur gerade so viel zugeben, als zur Abscheidung des ersteren erforderlich ist, daher wendet man, wo es angeht, zur Entfernung anderer Stoffe immer solche an, welche selbst unlöslich sind, von denen ein zugesetzter Ueberschuß keinen Nachtheil hat.

---

*) Um z. B. 49 Pfund Schwefelsäure aus der Flüssigkeit zu entfernen, würde vom Bleioxyd 112 Pfund, vom Baryt 76 Pfund erforderlich sein, vom Kalk aber werden schon 28 Pfund hinreichen, so daß also 28 Pfund Kalk soviel wirken als 76 Pfund Baryt oder 112 Pfund Bleioxyd, oder ein Aequivalent für diese sind. Der Techniker muß daher, aus leicht einzusehenden Gründen, die Aequivalente (Mischungsgewichte) genau kennen. Das Bleioxyd müßte, wie sich aus dem Aequivalentengewichte ergiebt, über 4 Mal wohlfeiler als der Kalk sein, ehe man es mit Vortheil zur Entfernung der Schwefelsäure benutzen könnte.

Auch zur Entfernung der Schwefelsäure aus unserer zuckerhaltigen Flüssigkeit benutzt man daher nicht den in Wasser etwas auflöslichen gebrannten Kalk (Aetzkalk), sondern den kohlensauren Kalk, besonders auch noch weil er viel wohlfeiler ist, da jener erst durch Brennen aus diesem dargestellt wird.

Der kohlensaure Kalk findet sich in der Natur sehr häufig; er führt die Namen, Kalkstein, Marmor, Kreide. Am besten wird sich für unsern Zweck ein nicht sehr thoniger Kalkstein eignen, das heißt, ein solcher, welcher beim Kalkbrennen einen ziemlich weißen, fetten Kalk giebt. Vor der Anwendung muß er durch Zermahlen oder Zerstampfen und Sieben in ein feines Pulver verwandelt werden.

Die Anwendung geschieht nun auf folgende Weise. Sobald durch die oben angeführten Prüfungsmittel ermittelt worden, daß die Umwandlung der Stärke in Zucker vollständig erfolgt sei, zapft man die siedend heiße Flüssigkeit aus dem Kochgefäße in einen hohen hölzernen, mit Zapflöchern versehenen Bottich, und setzt ihr in kleinen Quantitäten den zermahlenen kohlensauren Kalk hinzu; bis die Flüssigkeit nicht mehr sauer ist, was daran zu erkennen ist, daß ein hineingetauchtes blaues Lakmuspapier nicht roth gefärbt wird.

Der kohlensaure Kalk muß in kleinen Portionen deshalb zugesetzt werden, weil die aus demselben entweichende Kohlensäure ein heftiges Aufbrausen verursacht, wodurch bei sehr bedeutender Entwickelung leicht die Flüssigkeit überfließen könnte. Aus diesem Grunde darf auch der Bottich mit der Flüssigkeit nicht völlig angefüllt sein.

Um die Einwirkung des Kalkes auf die Schwefelsäure und das Entweichen der Kohlensäure zu beschleunigen, rührt man die Masse von Zeit zu Zeit mit einem Rührholze um, und da auch eine hohe Temperatur das Fortgehen der Kohlensäure befördert, so muß das Zusetzen des kohlensauren Kalkes vorgenommen werden, so lange die Flüssigkeit noch sehr heiß ist, ja, wenn der Apparat es gestattet, kann man denselben gleich im Kochgefäße zusetzen.

Stärkezuckersyrupfabrikation.

Die zur Entfernung der Schwefelsäure nöthige Menge des kohlensauren Kalks läßt sich durch Lakmuspapier leicht, wie angegeben, erkennen; man kann sie indeß auch schon vorläufig annähernd bestimmen. Ein Pfund Schwefelsäure erfordert ohngefähr ein Pfund reinen kohlensauren Kalk, da aber der Kalkstein immer mehrere Procente Thon enthält, so muß man etwas mehr davon nehmen.

Durch das Zugeben des kohlensauren Kalks (Sättigen oder Neutralisiren der Schwefelsäure) entsteht eine unlösliche Verbindung von Schwefelsäure und Kalk, der schwefelsaure Kalk, gewöhnlich Gyps genannt; man muß diesen durch ruhiges Stehenlassen der Flüssigkeit sich absetzen lassen.

Ist dies geschehen, so zapft man durch die in verschiedenen Höhen angebrachten Zapflöcher die gelbliche klare oder doch fast klare Zuckerauflösung ab.

Der am Boden des Bottichs zurückbleibende Schlamm von Gyps, welcher natürlich noch viel Zuckerlösung aufgesogen zurückhält, wird ausgelaugt. Man nimmt einen kleinen Bottich, befestigt in diesem, 1 — 2 Zoll über dem Boden, einen zweiten durchlöcherten sogenannten Siebboden, legt auf diesen ein Stück grobes Leinen, und schüttet darauf einige Zoll hoch Heckerling oder Spreu, und darüber etwas längeres Stroh. In diesen Bottich wird der Schlamm gegeben, wo dann die aufgesogene Flüssigkeit klar abläuft, und durch einen über dem untersten Boden angebrachten Hahn abgezapft wird. Sobald nichts mehr abläuft, gießt man vorsichtig, ohne die feste Masse aufzurühren, reines Wasser auf, und zwar so viel, daß die über dem Gypsbrei stehende Wasserschicht etwas höher als die Gypsschicht ist, wo dann die zuckerhaltige Flüssigkeit von dem Wasser vollständig aus dem Gyps verdrängt werden wird. Die ablaufende Flüssigkeit wird zu der früher abgezapften gegeben. Der Gyps wird als Düngungsmittel benutzt.

Sollte bei der Sättigung der Schwefelsäure durch den Kalk die Flüssigkeit von dem entstehenden Gypse zu dick werden, wodurch das Entweichen der Kohlensäure sehr erschwert wird, so muß man sie mit etwas heißem Wasser verdünnen.

In dem Filtrirbottiche kann man auch, anstatt des Heckerlings, einen nicht zu feinkörnigen reinen Flußsand anwenden.

3) Eindampfen und Reinigen der zuckerhaltigen Flüssigkeit.

Die durch Abzapfen und Filtriren erhaltene klare oder doch ziemlich klare weingelbe Zuckerlösung wird nun in flachen kupfernen Kesseln bei mäßigem Feuer eingedampft. In dem Maaße, als das Wasser verdunstet, scheidet sich etwas Gyps aus, der sich in der Zuckerlösung aufgelöst hatte, und es entsteht von den etwa noch vorhandenen Unreinigkeiten, die zum Theil durch den kohlensauren Kalk in die Flüssigkeit gebracht worden sind, ein Schaum. Von diesen beiden Substanzen muß die Zuckerlösung befreit werden.

Man läßt deshalb die zur dünnen Syrupsconsistenz eingedampfte Zuckerlösung in Fässern einige Zeit stehen, wo sich der Gyps zu Boden senkt. Die klare Lösung wird dann abgezapft, der Schaum mit dem Gypse aber auf ausgespannte wollene Tücher gegossen. Oder besser, man giebt der Flüssigkeit beim Eindampfen, wenn sich ihre Consistenz der eines dünnen Syrups nähert, auf 100 Pfund der angewandten Stärke etwa 2 — 6 Pfund pulverisirte Knochenkohle zu, und läßt sie damit bis zur dünnen Syrupsconsistenz einkochen; dann bringt man den Syrup in einen kupfernen Kessel, um ihn auf ohngefähr 50° R. abzukühlen. Bis zu dieser Temperatur erkaltet, mischt man demselben auf jede 100 Quart 2 Maaß Rindsblut oder Milch zu, das Blut, nachdem es zuvor mit gleichen Theilen Wasser verdünnt worden, die Milch aber unverdünnt. Nun wird der Syrup langsam zum Sieden erhitzt, wobei sich auf der Oberfläche ein fester Schaum bildet, welcher mit einem Schaumlöffel leicht entfernt werden kann.

Der so vollkommen geklärte, nur noch gewöhnlich grobe darin schwimmende Unreinigkeiten enthaltende Syrup wird in hölzerne unten etwas spitz zu laufende Sedimentirbottiche gegeben, die in einem erwärmten Lokale aufgestellt sind. Nach 12 Stunden haben sich alle Unreinigkeiten abgesetzt, und der Syrup kann klar abgezapft werden. Der etwa vorhandene trübe Antheil kann durch einen wollenen Spitzbeutel filtrirt werden.

Recht zweckmäßig könnte man sich zum Klären der eingedampften Stärkezuckerlösung eines auf eben beschriebene Art eingerichteten Filtrirbottichs mit doppeltem Boden bedienen. Man schüttet aber dann auf die Leinewand nicht Heckerling, sondern mäßig grobkörnigen Flußsand, und auf diesen die zu klärende Flüssigkeit.

Ist nun auf irgend eine der erwähnten Arten der dünne Stärkezuckersyrup geklärt worden, so wird derselbe in den flachen Abdampfpfannen zur Consistenz des gewöhnlichen im Handel vorkommenden Syrups abgedampft, da, wie schon oben bemerkt, der Stärkezucker in fester Gestalt fast gar nicht in den Handel gebracht wird. Das Eindampfen erfordert keine andere Vorsicht, als daß man, um das Anbrennen und heftige Schäumen zu vermeiden, daß Feuer immer nur so gemäßigt erhalte, daß der Syrup nur eben siedet. Ist die Umwandlung der Stärke in Stärkezucker durch Schwefelsäure nicht vollständig erfolgt, und hat man zum Klären viel Kohlenpulver angewendet, so bekommt man einen Syrup, aus dem sich fester Stärkezucker ablagert, was nicht gern gesehen ist. Man setzt deshalb das Kochen häufig nicht bis zur vollständigen Umwandlung in Zucker fort, wo denn das noch vorhandene Gummi die Ausscheidung des festen Zuckers verhindert. Man kann aber auch diese Ausscheidung dadurch verhüten, daß man den Syrup in den Abdampfpfannen, wenn er concentrirt ist, einige Zeit lebhafter kochen läßt, wodurch er sich dunkler färbt (eine dunkle Farbe wird ebenfalls oft gewünscht) und wodurch sich der Stärkezucker theilweis in Schleimzucker umändern wird. Payen will im Großen aus 100 Pfund Stärke 150 Pfund Syrup gewonnen haben; andere Fabrikanten geben an, nur das gleiche Gewicht an Syrup zu erhalten. Vergleiche S. 408.

B. Darstellung des Stärkezuckersyrups durch die Diastase.

Ueber die Umänderung der Stärke in Zucker durch die Diastase ist sowohl bei der Bierbrauerei als auch bei der Branntweinbrennerei, namentlich bei dem Einmeischen, ausführlich gesprochen worden, ich ersuche daher die Leser, das dort Gesagte sich in's Gedächtniß zurückzurufen. (Siehe S. 49).

Das ganze Verfahren der Syrupfabrikation aus Stärke durch die Diastase ist höchst einfach und leicht ausführbar, und wird deshalb das Verfahren der Syrupfabrikation durch Schwefelsäure wohl ganz verdrängen.

Nach Lüdersdorf wird folgendermaaßen operirt.

Man übergießt Kartoffelstärke mit so viel kaltem Wasser, daß die Masse dickflüssig wird, und setzt nun unter Umrühren so viel kochendes Wasser hinzu, bis ein steifer Kleister entsteht. Diesen Kleister läßt man auf 50° R. erkalten, schüttet dann die erforderliche Menge feines Gerstenmalzschrot zu, und rührt dasselbe in den Kleister ein. Schon zu Anfange des Umrührens fängt der Kleister an, dünner zu werden, und nach einigen Minuten ist eine wasserdünne Flüssigkeit entstanden. Diese Flüssigkeit schmeckt fade, enthält nur wenig Zucker, aber viel Stärkegummi, weil ebenfalls, wie bei der Zuckerbildung durch Schwefelsäure, zuerst dieses Gummi entsteht. Man muß, um die Zuckerbildung zu bewirken, die Flüssigkeit nun mehrere Stunden hindurch in einer Wärme von 40 — 50° R. erhalten. Nach ohngefähr 8 — 10 Stunden ist sie intensiv süß geworden, und längeres Stehenlassen vermehrt die Süßigkeit dann nicht mehr, der Zuckerbildungsproceß ist also beendet.

Als das beste Verhältniß zeigte sich 80 Pfund Stärke, 10 Pfund Malzschrot, 450 — 500 Pfund Wasser. Das

Stärkezuckersyrupfabrikation.

Malzschrot muß aus ganz frisch dargestelltem Gerstenmalz bereitet, und sehr fein sein. Die ziemlich schleimige zuckerhaltige Flüssigkeit wird, um die Hülsen des Malzes abzusondern, durch ein Sieb gegossen; sie ist aber dann noch nicht klar, und klärt sich auch, wegen ihrer schleimigen Beschaffenheit, nicht durch ruhiges Stehenlassen.

Um sie zu klären, rührt man in dieselbe gröbliches Ziegelmehl, kocht sie auch wohl damit auf, wo dann nach 12 Stunden alle Unreinigkeiten mit dem Ziegelmehle sich zu Boden gesenkt haben und die Flüssigkeit klar abgezapft oder filtrirt werden kann. Wahrscheinlich würde grobkörniger Flußsand dieselben Dienste thun. Sie wird dann zur gehörigen Syrupsconsistenz eingedampft.

Selbst die geklärte Zuckerlösung besitzt noch stets einen Malzgeschmack; will man diesen entfernen, so muß sie in dem oben beschriebenen Filtrirbottiche durch frisch ausgeglühte gröblich pulverisirte und angefeuchtete Holzkohle, oder besser Knochenkohle, filtrirt werden.

Nach Bley und Otto wird auf folgende Weise verfahren.

56 Pfund trockne oder 100 Pfund nasse Kartoffelstärke werden mit etwas kaltem Wasser angerührt, und durch 150 Quart kochenden Wassers zu einem vollkommen homogenen Kleister gemacht. Nachdem dieser auf 40 — 45° R. sich abgekühlt hat, werden 12 — 14 Pfund feucht zerquetschtes Gerstenmalz zugegeben und eingerührt.

Nach 5 — 10 Minuten ist die Masse dünnflüssig geworden, und die Temperatur hat sich um 10 — 15° R. erhöht, weshalb man vorsichtig sein muß, damit die Masse nicht zu heiß werde. Man läßt diese nun 8 — 10 Stunden bei 45 — 55° R. stehen, seiht durch ein Sieb oder einen Spitzbeutel, läßt absetzen, und dampft die klare Flüssigkeit ein. Von den 50 Pfund Stärke erhält man 70 Pfund dicken Syrup von großer Klarheit.

Auch auf folgende Weise kann operirt werden:

10 Pfund noch feucht zerquetschtes Malzschrot werden mit 45 Quart Wasser von 30° R. in einen Kessel über-

gossen und nach einiger Zeit bis 47° R. erwärmt. Dann giebt man nach und nach 50 Pfund Stärke hinzu; sobald die Temperatur bis zu 56° R. gestiegen ist, wird die Masse steif, aber schon nach einigen Minuten wieder dünnflüssig. Nun läßt man sie 3 Stunden in einer Temperatur von 50 — 60° R. stehen, setzt dann ⅜ Pfund pulverisirte Knochenkohle hinzu, und filtrirt nach einiger Zeit. Die Zuckerflüssigkeit läuft klar, aber langsam hindurch. Nach dem Eindampfen und Klären mit Eiweiß wurden 45 Pfund sehr süßer bernsteinfarbiger Syrup erhalten, also weit weniger als nach der vorigen Vorschrift, aber der Syrup war frei von dem Malzgeschmacke, welchen der erstere zeigte, und der ebenfalls, wie der nach Lüdersdorf dargestellte, mittelst Filtration durch Kohle entfernt werden kann.

Man sieht, daß bei der Zuckerfabrikation aus Stärke durch Malz das Klären der zuckerhaltigen Flüssigkeit immer Schwierigkeit macht. Am besten dürfte dasselbe nach der oben S. 415 angeführten Methode mittelst Knochenkohle und Blut oder Eiweiß gelingen. Auch dürften die Dumont'schen Filter, welche zum Klären und Entfärben des Runkelrübensaftes allgemein benutzt werden, für die Fabrikation des Stärkezuckers recht geeignet sein. (Siehe Runkelrübenzuckerfabrikation). Man hätte aber natürlich nicht so viel Kohle anzuwenden, sondern mehr Sand, da der Zweck der Filtration der Stärkezuckerflüssigkeit nicht Entfärbung, sondern nur Klärung ist. Die oben beschriebenen kleinen Filtrirbottiche sind den Dumont'schen Filtern ähnlich.

Um keine Hülsen in die Zuckerflüssigkeit zu bringen, dürfte man anstatt des Malzes in Substanz, einen bei ohngefähr 40 — 40° R. gemachten wässerigen Auszug des Malzes anwenden, der eben so zuckerbildend als das Malz wirkt, da die Diastase in Wasser sehr leicht auflöslich ist.

Die schleimige Beschaffenheit, welche die durch Malz gewonnene Zuckerlösung zeigt, giebt schon den Beweis, daß in derselben, neben dem Zucker, noch eine bedeutende Menge

Stärkegummi enthalten ist, und es hat bis jetzt noch nicht gelingen wollen, die Umänderung der Stärke in Zucker durch die Diastase eben so vollständig zu bewirken, als dies durch Schwefelsäure geschieht, man hat deshalb bei dem Malzstärkesyrup eine Ausscheidung von festem Zucker fast nie zu besorgen.

Die Runkelrübenzuckerfabrikation.

Der allgemein bekannte Zucker ist ein Bestandtheil sehr vieler süßen Pflanzensäfte.

Man muß, wie S. 403 bemerkt, mehre Arten oder Varietäten von gährungsfähigem Zucker unterscheiden: 1) Schleimzucker; 2) Krümel=, Trauben= oder Stärkezucker; 3) kristallisirbaren Hut= oder Rohrzucker.

Der Schleimzucker ist sehr süß, braun gefärbt, kann nicht gut ohne Zersetzung in fester Form dargestellt werden; er bildet größtentheils den sogenannten Syrup.

Der Trauben= oder Stärkezucker ist weniger süß, als der vorige und folgende; er löst sich nicht so leicht in Wasser, und besitzt einen etwas erdigen Geschmack.

Der Rohrzucker ist der gewöhnliche im Handel vorkommende Zucker. Er ist sehr süß, im Wasser leicht löslich, und findet sich in bedeutender Menge im Safte des Zuckerrohres (daher sein Name), des Ahorns und der Runkelrübe. Im reinen Zustande ist dieser Zucker, er mag aus dem einen oder andern der drei genannten Körper abgeschieden sein, sich vollkommen gleich. Er kristallisirt leicht; bei langsamer Kristallisation in großen farblosen Kristallen (weißer Kandis), bei gestörter Kristallisation in verworrenen Kristallen (Hutzucker); löst sich sehr leicht in Wasser zu farblosem Syrup, schwieriger in Weingeist.

100 Pfund desselben bestehen im kristallisirten Zustande aus:

42,225	Pfund	Kohlenstoff
6,600	"	Wasserstoff
51,175	"	Sauerstoff
100,000	Pfund	kristallisirter Zucker.

Runkelrübenzuckerfabrikation.

Er hält sich an der Luft unverändert. Erhitzt schmilzt er und wird erst gelblich, dann braun. Dabei erleidet er eine Veränderung; er kann nemlich, wenn er nachher in Wasser aufgelöst wird, nicht mehr in Kristallen erhalten werden, er ist in Schleimzucker umgeändert.

Dieselbe Umänderung erleidet er auch, wenn eine Lösung in Wasser längere Zeit hindurch gekocht wird, besonders schnell, wenn die Lösung concentrirt ist, weil sie dann bei höherer Temperatur kocht.

Dieselbe Umänderung erleidet er endlich, wenn eine wässerige Auflösung desselben mit Säuren, sowohl unorganischen als auch organischen, gemischt wird; langsamer, wenn die Temperatur niedrig ist, schnell in höherer Temperatur. Anfangs scheint hierbei Traubenzucker zu entstehen.

Auch Alkalien wirken auf die Auflösung des Zuckers ein, die Art und Weise ihrer Einwirkung ist indeß noch nicht genügend ermittelt.

Von den drei genannten Arten des Zuckers ist der kristallisirbare Zucker (Rohr=, Ahorn=, Runkelrübenzucker) der werthvollste, wegen der intensiven und reinen Süßigkeit desselben und wegen seiner leichteren Gewinnung im reinen farblosen Zustande.

Der Berliner Apotheker und Chemiker Marggraf fand im Jahre 1747, bei der Untersuchung inländischer Pflanzen auf ihren Gehalt an Zucker, daß die Runkelrübe sehr zuckerreich sei, und empfahl schon damals den Landwirthen den Anbau derselben behufs der Zuckergewinnung.

Nachdem der Gegenstand 50 Jahre lang unberücksichtigt geblieben war, machte Achard von Neuem auf denselben aufmerksam, und er versuchte zuerst die Darstellung des Zuckers aus Rüben im Großen. In Folge des Interesses, welches Preußens König nahm, entstand unter Achard die erste Runkelrübenzuckerfabrik in Schlesien auf dem Gute Cunern, und nach dieser wurden von Privaten mehre Fabriken gegründet. Indeß ging es, wie mit vielen anderen Gewerben; man erwartete zu viel, die Erwartungen wurden meist getäuscht, und die kaum ins Leben gerufenen Fabriken fingen theilweis an, einzuschlummern, als neues Leben in der Runkelrübenzuckerfabrikation durch Napoleon's Decret vom 21sten November 1806 erweckt wurde.

Während der Dauer des sogenannten Continentalsystems entstand eine große Anzahl von Fabriken nicht allein in Frankreich, sondern auch in Deutschland; die älteren Fabriken erholten sich wieder, und die Fabrikanten hatten, bei den hohen Preisen des indischen Zuckers, bei verhältnißmäßig geringer Ausbeute einen sehr bedeutenden Gewinn.

So schnell das neue Gewerbe sich gehoben hatte, so schnell sank es nach dem Aufhören der Continentalsperre; keine der Fabriken in Deutschland konnte sich halten, da man bei den früheren hohen Preisen des Zuckers an Vervollkommnung der Darstellungsmethode wenig gedacht hatte. In Frankreich blieben einige wenige Fabriken über; unter diesen die noch jetzt allgemein als Musteranstalt betrachtete Fabrik von Crespel in Arras.

Vor ungefähr 10 Jahren, als die Preise der Cerealien dem Landwirthe wenig oder keinen Gewinn übrig ließen, wurden dieselben von Neuem auf die in einigen Fabriken Frankreichs langsam, aber sicher sich ausbildende Runkelrübenzuckerfabrikation aufmerksam; es entstanden namentlich in den letzten fünf Jahren sowohl in Frankreich als auch in Deutschland eine große Anzahl von Fabriken, und noch fortwährend hört man überall von neuen Anlagen reden. Mögen die Verhältnisse sich für das, unserm Theile der Erde so bedeutende Summen erhaltende, Gewerbe nicht ungünstiger gestalten, wenigstens nicht eher, als bis es die Vervollkommnung erreicht hat, die es in der kurzen Zeit noch nicht hat erreichen können, damit es nicht wieder, wie schon einige Mal, in Vergessenheit zurücksinkt.

Von der Wahl der zur Zuckerfabrikation geeigneten Rüben.

Die Runkelrübe (Dickrübe, Mangold, Zuckerrübe, Rummel, Turnips, Betterave, Beet oder Root of scarcity) ist die Wurzel der Beta Cicla, einer zweijährigen Pflanze, die am Meeresstrande des südlichen Europa's wild wächst. Sie gehört in die 2te Ordnung der 5ten Classe des Linné'schen Pflanzensystems, in die natürliche Familie der melbenartigen Gewächse (Chenopodeen Brown, Atripliceen Jussieu). Der Beta Cicla nahe verwandt ist die Beta vulgaris, welche die sogenannten rothen Rüben liefert.

Es giebt von der Runkelrübe eine große Menge Spielarten oder Varietäten, die sich durch Cultur und durch Bastarderzeugung noch jährlich vermehren. Sie unterscheiden sich durch die Gestalt der Blätter und Wurzel, durch die Farbe der Blätter, Blattrippen und der Wurzel. Die Blätter sind entweder hell- oder dunkelgrün, gekräuselt oder nicht gekräuselt; die Blattrippen weiß, gelb oder roth; die Wurzeln entweder ganz roth, gelb oder weiß, oder das Fleisch ist weiß und die Schale roth, gelb oder orange; oder sie zeigt bei weißem Fleische gefärbte Ringe; sie sind entweder spindelförmig oder rettigförmig; sie wachsen entweder ganz in der Erde oder zum Theil über der Erde.

Die Bestandtheile sind in diesen verschiedenen Varietäten der Rüben qualitativ wohl ziemlich dieselben; man hat in denselben aufgefunden:

Wasser,
Kristallisirbaren Zucker,
Eiweiß,
Gallertsäure,
Pflanzenfaser,
Stickstoffhaltige Substanz (Schleim?),
Farbestoff,

Aromatische Substanz (kratzendschmeckend?),
Fett,
Saures äpfelsaures Ammoniak,
 „   „   Kali und Natron,
 „   „   Kalk, Talkerde,
 „   „   Eisenoxydul und Manganoxydul,
Kaliumchlorid,
Salpetersaures Kali (Salpeter),
       „   Ammoniak,
Kleesauren Kalk,
Phosphorsauren Kalk und Alaunerde,
Spuren von schwefelsauren Salzen,
Kieselerde.

Die Trennung des Zuckers von dieser ganzen Reihe fremdartiger Substanzen, welche mit ihm zugleich in den Rüben enthalten sind, ist der Zweck der verschiedenen Zuckerfabrikationsmethoden. Je vollständiger, schneller und am wenigsten kostspielig eine Methode diesen Zweck erreicht, für desto besser ist dieselbe zu halten.

Während aber, wie oben erwähnt, die Zusammensetzung der verschiedenen Varietäten der Rüben qualitativ ziemlich dieselbe ist, variirt die Quantität einzelner Bestandtheile, namentlich die Quantität des für uns wichtigsten Bestandtheils, des Zuckers, in den verschiedenen Arten der Rüben gar sehr.

Aeltere und neuere Erfahrungen haben im Allgemeinen die unter dem Namen der weißen schlesischen Zuckerrübe bekannte Varietät als die zuckerreichste erkannt, und diese wird deshalb auch am häufigsten verarbeitet; indeß sind die Varietäten mit röthlicher, gelber und orangefarbener Schale nicht selten eben so zuckerreich, aber so lange sie nicht zuckerreicher sind oder andere beachtungswerthe Eigenschaften zeigen, wendet man wegen der Farblosigkeit des Saftes lieber die ungefärbte Rübe an.

Von den Ursachen, welche auf das quantitative Verhältniß der Bestandtheile der Rüben, namentlich auf den Zuckergehalt derselben, von Einfluß sind.

Wie die verschiedenen Varietäten der Rüben eine bedeutende Verschiedenheit in dem quantitativen Verhältnisse ihrer Bestandtheile zeigen, so zeigt sich bei ein und derselben Varietät eine eben so große und oft noch größere Verschiedenheit hinsichtlich des quantitativen Verhältnisses der Bestandtheile im Allgemeinen, und des Zuckers im Besondern, nach der Beschaffenheit und Lage des Bodens, auf welchem die Rübe erbaut wurde, nach der Bearbeitung des Bodens, nach der Art des Düngers, womit er gedüngt wurde, nach der Fruchtfolge, nach der Witterung des Jahres und nach klimatischen Verhältnissen überhaupt.

Man wird sich erinnern, daß sowohl bei den Getreidearten, als auch bei den Kartoffeln, etwas ganz Aehnliches stattfindet, und man kann im Allgemeinen annehmen, daß unter den Umständen, unter welchen Kartoffeln von der besten Beschaffenheit in genügender Menge erhalten werden, auch Runkelrüben von guter Beschaffenheit gewonnen werden können.

Ein sogenannter milder Boden, fruchtbarer lehmiger Sandboden, welcher eine tiefe Bearbeitung (12 — 16 Zoll) gestattet, und der weder zu naß ist noch zu sehr austrocknet, liefert die besten Rüben. Sehr thoniger Boden bleibt in der Regel zu lange feucht, er wird beim Austrocknen zu fest, die Rüben werden dadurch an der vollkommenen Ausbildung gehindert, und sie bekommen viele Nebenäste, welche das Reinigen derselben erschweren; dies geschieht auch, wenn der Boden sehr steinig ist. Sandboden giebt zu geringen Ertrag. Ein bedeutender Gehalt von Humus in dem Boden scheint überall der Vermehrung des Zuckers in den Rüben sehr günstig zu sein.

In Frankreich baut man gewöhnlich die Rüben in einem dreijährigen Wechsel; man düngt das erste Jahr stark, säet Weizen, im zweiten Jahre Rüben, im dritten Hafer oder Gerste, oder man baut Oelsamen und düngt zu dem Behufe.

Crespel Delisse in Arras, der älteste und berühmteste Zuckerfabrikant Frankreichs, hat für 100 Morgen Land die folgende Eintheilung:

    100 Winterfrucht gedüngt,
     80 Rüben, 20 Kartoffeln,
    100 Rüben,
     70 Gerste, 20 Bohnen, 10 Wicken,
    100 Rüben,
     70 Gerste, 20 Bohnen, 10 Wicken gedüngt,
     40 Klee, 60 Rüben,
    100 Rüben,
     60 Hafer, 40 Wicken.

Krause schlägt folgenden Turnus vor:

    Winterfrucht gedüngt,
    Rüben,
    Sommerfrucht mit Klee,
    Kleebrache;

oder für Gegenden, wo bei frischer Düngung Roggen und Weizen zu sehr ins Stroh wachsen:

    Mengefutter gedüngt,
    Winterfrucht,
    Rüben,
    Sommerfrucht,
    Klee.

Auf der Herrschaft Staaz ist folgender Wechsel eingeführt:

    Mengefutter stark gedüngt,
    Weizen,
    Erbsen,
    Roggen,
    Runkelrüben,
    Gerste mit Klee,
    Klee,

Weizen,
Runkelrüben,
Hafer,

Ist der Boden kräftig, so kann man zwei= auch dreimal nach einander Rüben bauen, was den Vortheil gewährt, daß man im zweiten und dritten Jahre mit der Auflockerung und mit dem Vertilgen des Unkrauts weniger Arbeit hat, und daß das Feld vom Unkraut sehr gereinigt wird.

Nach allen Erfahrungen schadet ein Uebermaaß von frischem animalischen Dünger beim Rübenbau behufs der Zuckerfabrikation, weil dadurch nicht allein der Zuckergehalt vermindert wird, sondern weil sich die Menge der stickstoffhaltigen Substanzen, wie des Eiweißes, des Schleims, der Ammoniaksalze und salpetersauren Salze, ungemein dadurch vermehrt, was bewirkt, daß die Rüben leicht in Fäulniß übergehen, sich also schlecht aufbewahren lassen, und daß sie einen schwer zu läuternden Saft liefern, der bei allen ferneren Verarbeitungen Schwierigkeiten darbietet und nur wenig Zucker giebt. Man baut deshalb mit Vortheil in frisch gedüngtem und viel animalischen Dünger enthaltendem Boden vorher Taback, welcher dem Boden die stickstoffhaltigen Substanzen entzieht, auch wohl Oelgewächse.

Zum Düngen der Felder wendet man in Frankreich die auf den Feldern liegen gebliebenen, vom Viehe nicht verzehrten Rübenblätter und Kronen an, ferner verdorbene Rüben und Abfälle der Rüben, Steinkohlenasche, Torfasche, Braunkohlenasche, gebrannten Kalk, Gyps, Abfälle von Ziegeleien, Abfälle von der Zuckerfabrikation, z. B. den abgepreßten Schaum von der Läuterung des Saftes, den Inhalt der Beutelfilter (feines Knochenschwarz mit kohlensaurem Kalk gemengt), den Schlamm aus den Waschmaschinen, Oelkuchen, aber auch besonders Hofdünger und zwar selbst Schafdünger, den man früher für ganz schädlich hielt; nur Pferdedünger wird allgemein für nachtheilig gehalten.

Der Rübensamen wird jetzt allgemein ausgesäet; früher zog man vorher Pflanzen, und verpflanzte diese auf die Felder, aber dies hat den Nachtheil, daß die Rüben gewöhnlich Nebenäste und viele Fasern bekommen.

Mäßig trocknes Wetter und Wärme sind dem Wachsthume und dem Zuckergehalte der Rüben günstig, doch muß zu Anfang des Wachsthums Regen nicht fehlen, damit der Samen schnell aufgehe; denn je früher die Pflänzchen hervorkommen, desto langsamer bildet sich die Pflanze aus, desto länger bleibt die Wurzel in der Erde und desto zuckerreicher wird sie hierdurch.

Nasse Witterung ist dem Zuckergehalte der Rüben sehr nachtheilig; man erhält zwar große Rüben, aber sie sind häufig hohl, ihr Saft ist sehr wässerig, und dieser giebt einen Zucker von mattem Korn, viel Syrup.

Wie verschieden nach der Witterung des Jahres der Zuckergehalt der Rüben sein kann, geht daraus hervor, daß bei Crespel im Jahre $18^{34}/_{35}$ an 8 Procent, im Jahre $18^{35}/_{36}$ aber nur $6^{1}/_{2}$ Procent nicht sehr stark getrockneter Zucker erhalten wurden.

Auch auf ein und demselben Felde zeigt sich der Zuckergehalt der Rüben oft sehr verschieden, namentlich ist es das Gewicht der Rüben, welches diese Verschiedenheit bewirkt. Man kann als Regel aufstellen, daß der Zuckergehalt bei einer und derselben Rübenvarietät um so kleiner wird, je größer das Gewicht der Rüben ist, und man wird im Allgemeinen mit Sicherheit von diesem auf jenen schließen können.

Herrmann fand in reifen Rüben

von		Pfund Gewicht		13% Zucker
„	$1/2$ — 1	„	11% — 12%	„
„	2	„	8% — 10%	„
„	3	„	6% — 7%	„

so daß also das Interesse des Landwirthes dem Interesse des Zuckerfabrikanten gerade entgegensteht. In Frankreich schließen die Zuckerfabrikanten mit den Rübenbauern daher ihre Contracte nicht selten in der Art ab, daß ein gewisser Ertrag pro Morgen als Normalgewicht gesetzt wird, und daß, sobald die Ernte dies Normalgewicht übersteigt, der Preis sämmtlicher Rüben verhältnißmäßig erniedrigt wird.

Für die Runkelrübenzuckerfabrikation giebt es jetzt kaum etwas Wichtigeres, als die Vermehrung des Zuckers in den Runkelrüben durch Auswahl des passendsten Bodens, der passendsten Culturmethode, namentlich der zweckmäßigsten Düngung, zu bewirken, und alle Versuche, welche in dieser Beziehung angestellt werden, sind höchst dankenswerth; so namentlich sorgfältige, zahlreiche Untersuchungen über den Zuckergehalt von Rüben, die in verschiedenen Gegenden, auf verschiedenartigem Boden, in verschiedenartiger Düngung, Fruchtfolge u. s. w. gezogen worden sind.

Man hat mehre Methoden, um den Zuckergehalt der Rüben zu ermitteln; die einfachste ist die von Bley. Man zerreibt 1000 Gran der zu untersuchenden Rüben auf einer Reibe zu einem feinen Brei, mengt diesen mit dem doppelten Gewicht Weingeist von 90%, und preßt nach einiger Zeit das Gemisch in einem leinenen Tuche stark aus. Der im Tuche bleibende Rückstand wird nun in einem messingenen Mörser mit ein wenig Wasser angefeuchtet und nach Zusatz von Weingeist zerstampft und wiederholt ausgepreßt. Die erhaltenen geistigen Flüssigkeiten werden zusammengegossen und auf einem Teller oder einer flachen Schale vorsichtig abgedampft. Es scheiden sich dabei schwarze Flocken aus, von denen man die Flüssigkeit durch Abgießen oder Filtriren trennt, und diese dann bei sehr gelinder Wärme in einer gewogenen Obertasse oder einem Uhrglase eindampft. Der Zucker bleibt in Gestalt kleiner Kandiskristalle oder, wenn man gegen des Ende des Abdampfens den Syrup stark gerührt hat, als eine bräunlichgelbe körnige Masse zurück; er wird so lange in gelinder Wärme stehen gelassen als er noch an Gewicht verliert.

Diese Methode der Zuckerbestimmung ist nicht sehr genau, weil der Weingeist außer dem Zucker noch andere Substanzen auflöst. Man bekommt den Gehalt an Zucker um 2 — 3 Procent zu hoch. Genauer wird sie schon, wenn man den erhaltenen Zucker in einem Tiegel von Porzellan oder Platin verbrennt und einäschert, und das Gewicht der Asche von dem Gewichte des Zuckers abzieht.

Man kann auch eine gewogene Menge der zu untersuchenden Rüben in dünne Scheiben schneiden, diese in gelinder Wärme auf einem flachen Teller trocknen, dann zerstoßen oder zermahlen, das Pulver einige Mal mit heißem Weingeist von ungefähr 80% ausziehen, und die Auszüge abdampfen. Das so erhaltene Resultat ist genauer, als das vorige.

Man hat auch den ausgepreßten Saft der Rüben durch Ferment in Gährung gebracht, nach deren Beendigung destillirt, und so aus der Menge des erhaltenen Alkohols, welche durch das specifische Gewicht des Destillats erkannt wird, die Menge des im Safte enthaltenen Zuckers berechnet. Diese Methode giebt bei gehöriger Vorsicht gewiß sehr genaue Resultate, und sie würde allgemeiner angewendet sein, wenn man nicht dazu kleiner Destillirapparate bedürfte.

Um dem Leser im Allgemeinen von der quantitativen Zusammensetzung der Rüben eine Ansicht zu geben, mag hier bemerkt werden, daß 100 Loth gute Zuckerrunkelrüben beim Trocknen ohngefähr 20 Loth Rückstand lassen, daß sie also etwa 80% Wasser enthalten. Von diesen 20 Loth trocknen Rückstandes können ohngefähr 10 Loth für Zucker, 5 Loth für die übrigen auflöslichen Bestandtheile und 5 Loth für unlösliche Pflanzenfaser gerechnet werden. Da nun das Wasser, der Zucker und die übrigen im Wasser löslichen Substanzen den Saft der Rüben bilden, so enthalten die Rüben also ohngefähr 95% Saft. Wir werden später sehen, wie viel man davon durch Auspressen in der Praxis gewinnt. Nimmt der Gehalt an Zucker in den Rüben ab, so vermehrt sich in demselben Verhältniß entweder die Menge des Wassers oder der Ammoniaksalze und salpetersauren Salze, ja man hat Rüben untersucht, welche, bei Anwendung von sehr hitzigem Dünger gewonnen, anstatt des Zuckers fast nur salpetersaure Salze von Kali, Kalk und Ammoniak enthielten.

Vom Anbau der Rüben im Speciellen.

Obgleich es, streng genommen, außerhalb der Grenzen dieses Werkes liegt, über den Anbau der in den landwirthschaftlichen Gewerben verarbeiteten landwirthschaftlichen Erzeugnisse zu sprechen, so wird man einige Worte über die Gewinnung der Runkelrüben behufs der Zuckerfabrikation hier entschuldigen, weil der Gegenstand verhältnißmäßig noch nicht sehr gekannt, und doch für die Ausbeute an Zucker von der größten Wichtigkeit ist. Ich will mich hierbei vorzüglich an die in Böhmen veröffentlichten Vorschriften halten *).

Man wählt, wie schon vorhin angeführt, zum Rübenbau einen fruchtbaren Boden, der eine tiefe Bearbeitung zuläßt. Vor der Ackerung zur Saat muß wenigstens einmal tief geackert werden, entweder im Herbste vorher, oder im Frühjahre, wenn der Boden so weit abgetrocknet ist, daß er sich nicht mehr schmiert. Ist im Herbste tief geackert worden, so ist bei lockerm Boden eine Vorackerung im Frühjahre vor der Saatackerung nicht mehr nöthig; das Feld bleibt in rauhen Furchen liegen, bis einige Tage vor der Saatackerung, wo es recht gut abgeeggt oder mit der Saatharke bearbeitet wird.

In Frankreich, bei Crespel, bedient man sich zum Aufreißen des Bodens eines fünfschaarigen Exstirpators, dann wird 10 Zoll tief gepflügt, und endlich mit großen Eggen und schweren Walzen die Erdklöße zerbröckelt.

Die Aussaat geschieht gegen das Ende des Aprils bis zum Anfang des Maies, wenn es irgend die Witterung zuläßt. Die Samen werden einige Tage zuvor in Wasser gelegt, wodurch die harten Samenkapseln erweicht werden und die Samen schneller aufgehen. Man mengt die feuchten Samen auch wohl mit etwas Kalkpulver.

Das Aussäen geschieht in Frankreich ganz allgemein mit

---

*) Weinrich Anleitung zum Bau der Runkelrüben. Prag, 1835.

einer Sáemaschine. Bei uns werden die Samen auf ähnliche Weise, wie die Kartoffeln, in die noch feuchte, rauhe Furche gelegt, und zwar bei breiten Furchen auf die zweite, bei schmalen auf die dritte, so daß die einzelnen Reihen wenigstens eine Elle von einander entfernt sind. Der Pflug muß, wie bei der Vorackerung, tief eingreifen. Beim Anbau im Großen läßt man, wenn in die zweite Furche gesteckt wird, die Pflüge hinter einander gehen, wo dann jedesmal die vom letzten Pfluge aufgeworfene Furche besteckt wird, und die Pflüge dürfen nicht eher neue Furchen ziehen, bevor nicht die letzte ganz besäet ist; man giebt daher, um die Arbeit zu beschleunigen, zu je zwei oder drei Pflügen 10 — 16 Personen, von denen immer zwei zusammen arbeiten; die erste nimmt ein Samenkorn zwischen drei Finger und drückt dasselbe, sobald der Pflug an ihr vorüber ist, etwa 3 Zoll tief in den Kamm der frisch aufgeworfenen Furche. Die durch das Eindrücken der Finger entstandene Vertiefung füllt sich, wenn der Boden locker ist, beim Herausziehen der Finger mit der zurückfallenden Erde zum Theil wieder aus, so daß das Samenkorn etwa 2 Zoll hoch mit Erde bedeckt wird, und doch noch eine kleine Vertiefung sichtbar bleibt; ist der Boden weniger locker, so fällt beim Herausziehen der Finger nur wenig Erde auf das Samenkorn zurück, und man muß daher von der Seite so viel zugeben, daß dasselbe 2 Zoll hoch damit bedeckt wird. Größere Erdschollen werden, wenn sie an einer Stelle liegen, wo ein Samenkorn hinkommt, mit der Hand auf die leere Furche geschoben. So werden von der ersten Person die einzelnen Samenkörner auf einer Entfernung von 1 Fuß eingesteckt. Die zweite Person geht der ersten nach und steckt die Samenkörner mitten zwischen die ersten auf den Kamm derselben Furche, aber nur etwa 1 Zoll tief, und bedeckt dieselben etwa $\frac{1}{2}$ Zoll mit Erde. Die Furche ist dann so besäet, daß die einzelnen Samenkörner $\frac{1}{2}$ Fuß von einander entfernt liegen, und daß neben einem tiefgesteckten sich ein seicht gestecktes befindet. Bei trocknem Wetter gehen die ersteren, bei feuchtem die letzteren leichter auf. Das Feld bleibt auf der rauhen Furche liegen, bis die Samen aufgegangen sind.

Bei feuchtem warmen Wetter kommen die Pflänzchen schon nach 4 — 6 Tagen, bei kaltem trocknen Wetter oft erst nach einigen Wochen hervor. Die erste Arbeit, welche so bald als möglich vorgenommen werden muß, besteht nun darin, jede einzelne Reihe der Pflanzen durchzugehen, und so viel Pflanzen mit der Haue wegzunehmen, daß die zurückbleibenden nicht näher als 1 Fuß stehen, und da aus jeder Samenkapsel gewöhnlich 2 — 4 Pflänzchen kommen und nur eins stehen bleiben darf, so müssen die übrigen mit den Fingern ausgezogen oder mit den Nägeln abgezwickt werden. Nach dieser Arbeit muß das Feld von dem etwa vorhandenen Unkraute gereinigt werden, damit dieses die jungen Rübenpflanzen nicht unterdrückt. Das Jäten muß vorgenommen werden, so oft das Unkraut überhand nimmt, etwa 3 Mal; es geschieht, wie bei den Kartoffelfeldern, im Großen mit dem Häufelpfluge, anfangs aber, wenn die Pflänzchen klein sind, ohne Strichbretter, wie beim Raps, nur um das Unkraut zwischen den Reihen zu vertilgen, in den Reihen selbst muß es mit der Erdhaue geschehen.

Einige Wochen später, wenn die Wurzeln die Dicke eines Fingers erreicht haben, werden sie, wie die Kartoffeln, durch den Häufelpflug mit Erde behäufelt, denn nur in dem mit Erde bedeckten Theile der Wurzeln bildet sich die gehörige Menge Zucker. Das Abblatten der Rüben wird allgemein für schädlich gehalten, weil dadurch der Wurzelkopf, welcher keinen Zucker enthält, vergrößert wird.

Gegen den Anfang des Octobers haben die Rüben gewöhnlich ihre gehörige Reife erlangt; man erkennt dies daran, daß die unteren Blätter verwelken und gelb werden, wo man diese dann ohne Nachtheil abnehmen und verfüttern kann, auch wenn man die Rüben noch einige Zeit im Boden lassen will.

Zum Einernten der Rüben wählt man trockne Tage, weil feucht eingebrachte Rüben sehr leicht verderben. Das

Ausnehmen der Rüben geschieht mit der Hand und Spaten, auch wohl mit der Haue oder mittelst eines Pfluges; indeß werden bei der letztern Art des Ausbringens leicht viele Rüben verletzt und von den Pferden zertreten. Von den abgeschüttelten Rüben werden mittelst einer Sichel oder eines spatenähnlichen Eisens, das an einem langen Stiele befestigt ist, die Blätter mit den Kronen abgeschnitten; diese werden als Viehfutter benutzt.

Die Rüben dürfen nicht an der Sonne liegen bleiben, weil sie sich dabei erhitzen und dann bei der Aufbewahrung in Fäulniß übergehen; man bringt sie deshalb früh Morgens in die Gruben und bedeckt sie zu Mittag mit den Blättern.

Die Aufbewahrung der Rüben kann in luftigen Räumen, Kellern, geschehen, oder aber, und wie es am gebräuchlichsten ist, in kleinen Gräben und mit Erde und Stroh bedeckten Haufen. Ist die Erdschicht wenigstens 1 Fuß stark, so sind sie dem Erfrieren nie ausgesetzt, und sie halten sich dann bis zum April. Sollen sich die Rüben möglichst gut aufbewahren lassen, so müssen die Krautkronen bis zu den Blattstielen weggenommen werden; die Wurzelkeime und Wurzelfasern müssen entfernt werden, die anhängende Erde muß möglichst vollständig beseitigt werden; die vom Messer oder Spaten gemachten Wunden müssen vor dem Einbringen in die Haufen durch Liegen an der Luft vollständig vernarbt sein; zu stark beschädigte Rüben müssen entfernt werden, die Haufen dürfen nicht zu groß sein, und endlich muß die Bearbeitung des Bodens und der Dünger so gewählt sein, daß die Rüben von guter Qualität sind. Für die Zuckerfabrikation am geeignetsten sind Rüben, welche eine gleichförmige Gestalt haben und ohne viele Fasern sind; nicht mehr als 3 — 5 Pfund wiegen; eine feste Textur besitzen (nicht wässerig sind), daher beim Zerbrechen einen krachenden Ton geben; einen kleinen Kopf haben (Rüben mit großem grünen Kopfe enthalten wenig Zucker, dagegen viel Kalisalze), und einen möglichst farblosen und zuckerreichen Saft geben.

Runkelrübenzuckerfabrikation. 433

Der Ertrag an Rüben pro Morgen richtet sich natürlich nach dem Culturzustande und der Güte des Bodens u. s. w. Reiche Düngungen geben zwar reiche Ernten, aber nach diesen sind die Rüben minder reich an Zucker, so daß, wie schon bemerkt, das Interesse des Landwirthes dem des Zuckerfabrikanten entgegensteht.

In Frankreich rechnet man durchschnittlich 70,000 Pfund Rüben vom Hectare *), vom Preußischen Morgen also 17,500 Pfund; indeß sind 80 — 90,000 Pfund gewöhnlich, ja nicht ungewöhnlich 100 — 120,000 Pfund (25 — 30,000 Pfund pro Morgen). Thär giebt ebenfalls den Ertrag pro Morgen auf 18,000 — 30,000 Pfund an.

Noch mögen einige Worte über die Gewinnung des Samens folgen. Die Runkelrübenpflanze ist, wie oben gesagt, eine zweijährige Pflanze, das heißt sie bringt erst im zweiten Jahre Samen. Man sucht bei der Ernte der Rüben die gesundesten, am wenigsten mit Fasern besetzten, überhaupt diejenigen Rüben aus, welche am meisten den Charakter der Art haben, welche man als die beste erkannt hat. Das Kraut wird nur so weit abgeschnitten, daß der ganze Herztrieb (Herzblätter) unbeschädigt bleibt; dann werden sie, von Erde gereinigt, an einem vor Frost geschützten Orte aufbewahrt, sehr zweckmäßig bis an den Herztrieb in trocknen Sand eingegraben. Im April werden sie in gut bearbeiteten, fruchtbaren, lockern Acker ausgepflanzt, wo sie dann bald so große Blätter bekommen, daß das Unkraut nicht wuchern kann. Nach einiger Zeit treiben sie dicke Stengel, und aus diesen kommen die Blüthenzweige hervor, die bald Samen tragen, während wieder neue Zweige hervortreiben, die ebenfalls bald wieder blühen und nachher Samen tragen, so daß während des Sommers an jeder Pflanze reifer und unreifer Samen und Blüthen zu finden sind. Man läßt die zuerst gereiften Samen, da sie nicht leicht abfallen, sitzen, bis

---

*) Ein Hectare fast vier Preußische Morgen.

die Samen fast sämmtlich reif sind, was im August oder Anfang September der Fall ist. Dann schneidet man die Stengel über der Erde ab, bindet sie in Bündel, klopft den reifen Samen ab und hängt die Bündel dann auf luftige Böden, damit die übrigen Samenknäule nachreifen. Ist dies geschehen, so werden dieselben mit den Händen abgestreift und dann durch Werfen und Sieben gereinigt. Man schüttet die Samen 4 Zoll hoch auf Böden aus und schaufelt öfters um, damit sie vollkommen austrocknen, wonach sie sich in Fässern an trocknen Orten aufbewahren lassen.

Eine Rübe giebt ohngefähr 13 Loth Samen, wonach man die Zahl der zum Bedarf nöthigen Samenrüben berechnen kann *).

Darstellung des Zuckers aus den Rüben.

Als man zuerst anfing, aus Runkelrüben Zucker darzustellen, nahm man zum Muster das Verfahren, welches man in Westindien zur Gewinnung des Zuckers aus dem Zuckerrohr einschlägt, und bei der nicht sehr wesentlichen Verschiedenheit, welche hinsichtlich der Zusammensetzung des Runkelrübensaftes und des Zuckerrohrsaftes herrscht, hat sich im Wesentlichen das Verfahren fast allgemein als das zweckmäßigste bewährt, nur konnte natürlich nicht die Abscheidung des Saftes aus den Rüben auf dieselbe Weise bewerkstelligt werden, auf welche man den Saft des Zuckerrohres erhielt.

Der ganze Proceß der Darstellung des Zuckers aus den Rüben umfaßt eine ziemlich lange Reihe von theils mechanischen, theils chemischen Operationen, von deren zweckmäßigsten Ausführung unter sonst gleichen Umständen die Größe der Ausbeute an Zucker und dessen Güte abhängig ist.

Die mechanischen Operationen, deren Zweck die Gewinnung des Saftes aus den Rüben ist, bestehen in der Rei-

---

*) Krause's Darstellung der Zuckerfabrikation aus Runkelrüben. Wien, 1834.

nigung, dem Zerreiben und dem Auspressen der Rüben. Die chemischen Operationen, deren Zweck Reindarstellung des Zuckers aus dem Safte ist, bestehen in der **Läuterung, dem Eindampfen, der Filtration (Klären), dem Verkochen des Saftes und der Kristallisation des Zuckers.**

In dem Folgenden sollen diese verschiedenen Operationen betrachtet werden.

Das Waschen der Rüben.

Je nachdem der Boden, auf welchem die Rüben gewachsen sind, schwerer oder leichter, das Wetter beim Einernten feucht oder trocken war, und je nach der größeren oder geringeren Menge von Fasern, sind dieselben mehr oder weniger mit Erde verunreinigt. Von dieser werden sie zwar schon, wie oben erwähnt, größtentheils vor ihrer Aufbewahrung befreit, doch auf die dabei befolgte Art und Weise ist vollkommene Reinigung nicht immer zu erreichen. Es ist deshalb sowohl zur Erhaltung der Zähne der Reibemaschine, als auch zur Erzielung eines guten Saftes oft unerläßlich, vor dem Zerreiben die Rüben durch Abwaschen mit Wasser von der anhängenden Erde ganz vollständig zu reinigen, und etwa angefaulte Stellen durch Ausschneiden sorgfältig zu entfernen. So lange es übrigens irgend angeht, vermeidet man das Waschen der Rüben.

Kleinere Quantitäten Rüben wäscht man entweder in dem mit einem Siebboden versehenen Bottiche oder in der Waschtrommel, welche zum Waschen der Kartoffeln allgemein angewandt wird und die bei der Branntweinbrennerei S. 159 beschrieben ist. Zum Waschen großer Quantitäten benutzt man die ebenfalls im Wesentlichen aus einem Lattencylinder bestehende Waschmaschine von Champonnois, bei welcher an der einen offenen Seite des Cylinders die Rüben aus einem Rumpfe eintreten, und an der anderen gewaschen herausfallen. Ich gebe eine Abbildung (Fig. 56) und Beschreibung dieser allgemein benutzten und bewährten Maschine nach Schubarth.

Sie besteht aus dem länglich-viereckigen Kasten A, in welchem die Lattentrommel B liegt, und dem Rumpfe C. Der Kasten ruht auf zwei Unterlagen von Holz oder Stein a, a, von denen die eine ein wenig höher als die andere ist, damit er eine geringe Neigung nach der Seite hat, an welcher die Rüben aus der Trommel fallen. Auf dem Kasten sind die beiden Lager b, b angebracht, in welchen die Welle c der Trommel ruht. Auf dieser Welle ist die Lattentrommel auf folgende Weise befestigt: Nahe dem hinteren offenen Ende (wo sich der Rumpf befindet) ist ein breiter gußeiserner Ring d, d, der 4 Arme e, e hat, mittelst der Nabe auf die Welle befestigt. Am vorderen Ende ist dagegen die Trommel, bis auf das Loch g, durch eine hölzerne Scheibe h geschlossen, welche durch die gußeiserne Scheibe i gleichfalls auf der Welle befestigt ist. Die Latten der Trommel sind vierkantig, und zwar sind sie an der äußeren Seite breiter, als an der inneren; sie werden an dem gußeisernen Ringe und der hölzernen Scheibe durch hölzerne Pflöcke befestigt, und zur größeren Sicherheit durch zwei geschmiedete, an den Enden der Trommel aufgetriebene, eiserne Ringe k, k zusammengehalten. An der verlängerten Welle ist eine Riemscheibe angebracht, über die der Riemen läuft, durch welche die Trommel gedreht wird; diese letztere taucht 6—8 Zoll tief in das im Kasten befindliche Wasser ein.

Fallen durch den Rumpf Rüben in das offene Ende der Trommel, so werden sie nicht allein durch die drehende Bewegung der letzteren umgewälzt, wobei sie durch das Reiben an die Latten der Trommel und an einander unter Mithülfe des Wassers von allem anhängenden Schmutze befreit werden, sondern sie gelangen wegen der Neigung des Kastens und der Trommel allmälig nach vorn, wo sie durch Beihülfe der gleich zu beschreibenden Vorrichtung herausfallen. Anstatt den Kasten mit der Trommel schräg zu stellen, um das Fortgleiten der Rüben in der Lattentrommel zu bewerkstelligen, giebt man auch wohl der vorderen Scheibe h einen um zwei Zoll größeren Durchmesser, als dem gußeisernen Ringe d, so daß also die Lattentrommel vorn um 2 Zoll weiter als hinten wird.

Die Vorrichtung, welche das Herausfallen der Rüben herbeiführt, ist die folgende: Auf der Welle c ist eine kleine hölzerne Scheibe m befestigt. Von dieser bis zur vorderen Scheibe h wird durch Latten eine kleinere, nach vorn zu etwas verjüngte Trommel gebildet. Der zwischen dieser kleineren und der größeren Trommel bleibende Raum ist zur Hälfte durch ein Gitter aus Latten o, welche senkrecht auf der Welle der Trommel stehen, von dem übrigen Raume der Waschtrommel getrennt, und den Rüben der Zugang an einem Ende durch Querlatten verschlossen. Wird nun die Trommel gedreht, so werden Rüben durch den nicht von Querlatten verschlossenen Theil in den abgesonderten Raum eintreten und, sobald die Querlatten an der tiefsten Stelle angelangt sind, durch diese beim ferneren Umdrehen emporgehoben und durch die Oeffnung in der Scheibe h herausfallen, was durch die konische Gestalt der kleinen eingesetzten Lattentrommel erleichtert wird. Vor der Oeffnung der Lattentrommel ist von Latten eine schiefe Ebene gebildet, auf welcher die aus der Trommel fallenden Rüben herabgleiten und so vor Beschädigung bewahrt werden.

Bei dem Aufnehmen der gewaschenen Rüben werden die angefaulten Stellen, welche sich jetzt leicht erkennen lassen, ausgeschnitten, und etwa nicht gehörig gereinigte Rüben in die Waschtrommel zurückgebracht.

Die Größe der Waschtrommel richtet sich nach der Menge der zu waschenden Rüben. Sind die Rüben sehr durch fest anhängende Erde verunreinigt, so muß die Trommel länger sein, weil dann ein längeres Waschen nöthig ist. Bei Crespel ist die Trommel $9\frac{1}{2}$ Fuß lang, und sie hat 28 Zoll im Durchmesser. Der Kasten ist 2 Fuß 8 Zoll hoch, 4 Fuß 8 Zoll breit. Die Waschmaschine kann zwar durch 2 Arbeiter in Bewegung gesetzt werden, aber in der Regel verbindet man sie durch den oben erwähnten Laufriemen mit der bewegenden Kraft, welche die Reibmaschine in Bewegung setzt; man giebt der Waschtrommel 25 — 30 Umdrehungen in der Minute, wo dann eine Waschtrommel von angegebener Dimension gegen 300 Centner Rüben täglich waschen kann.

Das Zerreiben der Rüben.

Die Rübe ist ein Aggregat von Zellen, deren Wände durch die Faser gebildet werden. In diesen Zellen befindet sich der Saft eingeschlossen; um denselben daher zu gewinnen, müssen die Zellen zerrissen werden. Je vollständiger dies geschieht, das heißt je weniger von den Zellen unzerrissen bleiben, desto größer wird natürlich die Ausbeute an Saft sein. In der ersten Zeit der Zuckerfabrikation wurden die Rüben in Scheiben oder Würfel zerschnitten, wodurch, wie leicht einzusehen, der erwähnte Zweck nur höchst unvollständig erreicht werden konnte; später benutzte man gewöhnliche Handreiben, welche allerdings dem Zwecke viel besser entsprachen, aber, weil die Arbeit durch dieselben sehr wenig gefördert werden konnte, zum fabrikmäßigen Betriebe nicht anwendbar waren, selbst auch wenn man das Reibeblech auf Walzen befestigte. Schon Achard construirte daher eine Reibemaschine für die Fabrikation des Zuckers im Großen. Sie bestand aus einer horizontal um ihre Achse drehbaren Scheibe von Gußeisen, über deren Oberfläche aus langen Spalten Zähne von Sägeblättern hervorragten, die unterhalb der Scheibe durch Schrauben befestigt waren. Die so bewaffnete Scheibe wurde unter einem mit Rüben angefüllten Kasten gedreht, und die Rüben durch ein Brett an die Scheiben gedrückt. Die zerrissene Masse fiel durch in der Scheibe befindliche Spalten in einen unter der Scheibe stehenden Kasten. Diese Reibemaschine wurde entweder durch ein Tretrad oder durch einen Göpel in Bewegung gesetzt.

Die Achard'sche Maschine sowohl als die anderen früher benutzten Reibemaschinen sind jetzt sämmtlich durch die Reibe-

Runkelrübenzuckerfabrikation.

maschine von Thierry verdrängt worden, welche im Wesentlichen aus einem mit Sägezähnen bewaffneten Cylinder besteht. Ich gebe Abbildung und Beschreibung nach Schubarth's trefflichem Werke über die Runkelrübenzuckerfabrikation. Fig. 57, 58 sind Durchschnittszeichnungen, bei denen gleiche Buchstaben gleiche Theile der Maschine bezeichnen.

Auf einem gußeisernen, hinlänglich starken, aus 4 Stücken zusammengeschraubten Gestelle A ruht die Achse a der Trommel B in den beiden Lagern b, b.

Die Construction der Trommel B ist folgende: Zwei gußeiserne Scheiben c, c (in Fig. 59 vergrößert), an der Peripherie mit einem angegossenen Rande d, d (Fig. 59) versehen und auf der inneren Seite durch 6 Rippen e, e (Fig. 57, 58, 59) verstärkt, werden auf der Drehbank an der Peripherie rund abgedreht und dabei zugleich die Nabe cylindrisch ausgebohrt. Darauf werden dieselben auf die Achse a gebracht mittelst eines Splintes a^1 (Fig. 59) befestigt und vorläufig durch 6 Bolzen f, f (Fig. 57 und 59) mit einander verbunden. Um den Splint im Fall des Auseinandernehmens leichter lösen zu können, befinden sich in beiden Scheiben die Löcher b' (Fig. 58 und 59), durch welche immer der entgegengesetzte Splint herausgeschlagen werden kann.

Zwischen den beiden Scheiben werden am Rande derselben hölzerne Dauben g, g eingelegt, welche, durch die Ränder der beiden Scheiben und mittelst der angezogenen 6 Bolzen f, f fest zusammengehalten, die Trommel bilden. Die ganze Trommel wird mit der Achse auf der Drehbank zwischen Spitzen abgedreht. Diese Arbeit muß sehr sorgfältig verrichtet werden, weil, wenn die Trommel nicht genau centrisch läuft, wegen der großen Geschwindigkeit derselben, ein Schlagen und Lockerwerden der Lagen die unausbleiblichen Folgen sind.

Auf diese so vorgerichtete Trommel werden 150 Stück Sägeblätter aufgebracht. Diese Sägeblätter (Fig. 60 in natürlicher Größe) sind 13 Zoll lang, 1 Zoll hoch, $1/16$ Zoll dick und auf beiden Seiten mit ⅛ Zoll langen Zähnen versehen; die Angeln zu beiden Seiten sind ¼ Zoll hoch und lang. Die Befestigung geschieht auf folgende Weise: Man nagelt eine Latte i mit 3 Drahtstiften auf die hölzerne Trommel, legt ein Sägeblatt gegen dieselbe und nagelt die folgende eben so gestaltete Latte auf, so daß das Sägeblatt fest eingeklemmt wird. So fährt man fort, die ganze Trommel mit Sägeblättern zu besetzen. Es braucht wohl kaum bemerkt zu werden, daß die Latten so stark genommen werden, daß die Zähne der Sägeblätter über dieselben hervorragen. Sind sämmtliche Latten und Sägeblätter auf die angegebene Weise auf der Trommel befestigt, so werden zwei abgedrehte schmiedeeiserne Ringe k, k mittelst 6 Schrauben l, l an die gußeiserne Scheibe c befestigt. Diese Ringe sind an ihrer Peripherie ¼ Zoll weit umgebogen; sie übergreifen dadurch die Angeln der Sägeblätter und ausgeschnittenen Enden der Latten, und verhindern so das Herausfliegen derselben beim Umschwung der Trommel. Auch diese Ringe werden zur größeren Genauigkeit nochmals zwischen Spitzen auf der Achse abgedreht.

An das gußeiserne Gestell A ist an der Arbeitsseite der gußeiserne, durch eine eingegossene Scheidewand in zwei Hälften getheilte Rumpf C angeschraubt; Fig. 61 stellt denselben in der Oberansicht dar, die Laschen m, m, welche zur Befestigung dienen, sind angegossen. Das Vorschieben der Rüben geschieht durch Klötze, deren Gestalt durch die punktirten Linien in Fig. 62 angegeben ist; der hintere Ausschnitt dient als Handgriff, während die Nase das Vorschieben begrenzt.

Um das Verspritzen des Rübenbreies zu verhindern, ist die ganze Trommel mit einer Kappe von starkem Eisenblech bedeckt, D Fig. 57 und 58. Unter der Trommel steht ein hölzerner mit Kupferblech ausgeschlagener Kasten E, in welchem sich der Rübenbrei ansammelt.

An der verlängerten Achse der Trommel befindet sich eine Scheibe, welche mittelst eines Riemens ohne Ende die

Maschine mit der bewegenden Kraft in Verbindung setzt. Die Geschwindigkeit, mit welcher sich die Reibetrommel dreht, muß sehr bedeutend sein, wenn die Arbeit rasch gefördert und die Rüben vollkommen zerrieben werden sollen. Crespel verlangt, daß die Trommel in der Minute 700mal sich um die Achse drehe.

Man schiebt nun mittelst des erwähnten Klotzes die Rüben, welche in den Rumpf gelegt sind, gegen die Reibetrommel, und zwar immer ohne bedeutende Kraftanstrengung und mit der Vorsicht, daß dieselben nicht in die Quere der Reibetrommel dargeboten werden. Dies ist wegen des Baues der Rüben nothwendig; unterläßt man diese Vorsicht, so werden die Rüben nicht gehörig fein zerrissen, und es finden sich unter dem Breie viele Stücke, aus welchen man natürlich nicht den Saft erhält und welche beim Pressen auch die Wirkung der Presse auf die ihnen nahe liegenden Theile des Breies zum Theil verhindern.

Die beiden Abtheilungen des Rumpfes werden abwechselnd gefüllt, und daher die Klötze abwechselnd in Bewegung gesetzt. Während z. B. mit der rechten Hand die Rüben angedrückt werden, wird der linke Theil des Rumpfes mit Rüben gefüllt und der Klotz mit der linken aufgezogen gehalten. Zwei Kinder besorgen das Einlegen der Rüben in den Rumpf, ein Arbeiter drückt dieselben an die Reibetrommel und ein anderer entfernt den Rübenbrei. Ist die Reibetrommel neu, so sind die Spitzen der Zähne scharf, und reißen daher zu sehr die Schale der Rüben ab; man pflegt sie daher durch Anhalten eines Ziegelsteins etwas abzustumpfen.

Hat die Maschine einige Zeit gearbeitet, so bildet sich an den Zähnen der Sägeblätter ein Grad, und zwar natürlich nach der der Drehung entgegengesetzten Seite, nach hinten zu; man schlägt dann die Keile, mittelst welcher die Trommel auf der Achse befestigt ist, los, und dreht die Trommel um, so daß der Grad nach vorn zu stehen kommt; dies wiederholt man in immer kürzeren Zwischenräumen, bis die Zähne abgenutzt sind. Dann wird die Trommel auf dem Dampfkessel getrocknet, die Ringe k, k werden abgeschraubt und die Sägeblätter mittelst einer Drahtzange herausgehoben. Nachdem dieselben, wenn sie auf beiden Seiten mit Zähnen besetzt sind (Fig. 60), umgekehrt worden, oder nachdem man, wenn dies nicht der Fall ist, neue Sägeblätter eingesetzt hat, begießt man die Trommel mit Wasser, wonach dann durch das Anquellen des Holzes die Blätter fest geklemmt werden.

Als bewegende Kraft für die Reibemaschine sowohl, als für die Waschmaschine und Pressen wäre die wohlfeilste die Wasserkraft; aber nur in seltenen Fällen ist dieselbe disponibel, und wenn dies auch der Fall wäre, so kann doch durch Wassermangel oder Frost leicht Aufenthalt entstehen, weshalb in der Regel entweder die Dampfmaschine oder ein Göpelwerk angewandt wird, und zwar letzteres am häufigsten und für den Landwirth am zweckmäßigsten.

Die Anlegung eines solchen Göpelwerks wird jeder geschickte Mühlenbauer zu besorgen im Stande sein. Man berücksichtige besonders, daß der Durchmesser der Bahn, in welcher die Thiere, seien es Pferde oder Ochsen, gehen, nicht zu klein genommen werde, etwa zu 30 — 36 Fuß.

Da, wie vorhin erwähnt, die Reibewalze eine bedeutende Geschwindigkeit erhalten muß, so sind wenigstens 3 Zwischengelege erforderlich. Die ersten beiden sind Kammräder mit Triebkörben, das letzte aber läßt man auf einer Walze bestehen, die durch einen Riemen ohne Ende mit der obenerwähnten Scheibe an der Achse der Maschine in Verbindung ist. Da die Ochsen die Bahn in ohngefähr einer Minute durchschreiten, so erhält der erste Drilling 11 Stecken, wenn das Kammrad 120 Zähne hat, das zweite Rad 60 Zähne und der Drilling 7 Stecken. Die Laufscheibe bekommt 8½ Zoll, die Walze 54 Zoll Durchmesser. Die Zapfen der Reibemaschine erhitzen sich sehr; es muß deshalb eine Vorrichtung vorhanden sein, durch die sie fortwährend in gehöriger Schmiere erhalten werden. (Krause a. a. O.)

Man stellt die Reibemaschine, wie auch die gleich zu erwähnenden Pressen, am zweckmäßigsten im ersten Stockwerke des Hauses auf, damit der ausgepreßte Saft sogleich durch Röhren in die Kessel geleitet werden kann, während man, wenn dieselben Parterre stånden, den Saft durch Pumpen in die Kessel befördern müßte. Die ganzen Rüben lassen sich leicht durch einen Krahn in Körben zu der Reibemaschine heben.

Noch ist zu bemerken, daß man alle Theile der Reibemaschine, welche mit dem Rübenbrei in Berührung kommen, täglich einige Mal mit Kalkwasser abspühlt, um von dem anhängenden Brei entstandene Säuren zu vertilgen. Eine Reibemaschine von der angegebenen Größe kann täglich 250 — 300 Centner Rüben verarbeiten.

Das Auspressen des Saftes.

Zur Gewinnung des Saftes aus dem Rübenbreie bediente sich Achard einer sehr schweren eisernen oder steinernen Walze, die er über ein ohngefähr 30 Fuß langes und 4 Fuß breites Lager wälzte, auf welchem der Rübenbrei, in Leinwand eingeschlagen, ausgebreitet war.

Außer dieser Vorrichtung hat man später zum Auspressen des Saftes alle bekannten Pressen versucht, so Hebel-, Keil-, Schraubenpressen, und endlich die hydraulischen (Bramah'schen) Pressen. Von allen diesen werden fast nur noch die letzteren, als die wirksamsten, in Gebrauch gezogen, namentlich da man dieselben jetzt für mäßigen Preis aus jeder Maschinenfabrik erhalten kann.

Die Schraubenpressen, welche sich noch am längsten in einigen Fabriken erhalten haben, nehmen einen großen Raum ein, da man, um einen bedeutenden Druck zu bewirken, sehr lange Hebel anwenden muß, und da ohngefähr die Hälfte an Kraft durch Reibung verloren geht, so leisten zwei dieser Pressen erst ohngefähr eben so viel, als eine hydraulische Presse, welche letztere einen sehr kleinen Raum einnimmt, und im Ankaufe nicht theurer als zwei Schraubenpressen zu stehen kommt, — Gründe genug für die allgemeine Einführung derselben.

Die hydraulischen oder Brahma'schen Pressen bestehen im Wesentlichen aus zwei Cylindern von verschiedener Weite, in denen beiden ein Stempel wasserdicht sich bewegt, und die durch ein Rohr mit einander in Verbindung stehen (Fig. 63). Wird der Stempel des kleinen Cylinders niedergedrückt (wenn in beiden Cylindern Wasser befindlich ist), so wird dadurch der Stempel des großen Cylinders in die Höhe geschoben mit einer Kraft, die sich zu der drückenden Kraft verhält, wie die Fläche des kleinen Stempels zur Fläche des großen Stempels *), oder wie das Quadrat des Durchmessers des kleinen Stempels zu dem Quadrate des Durchmessers des größeren Stempels.

Ist also z. B. der Durchmesser des kleinen Stempels 1 Zoll, der des großen 8 Zoll, so hat man $1^2 : 8^2 = 1 : 64$, das heißt so wird der große Stempel mit 64mal größerer Kraft gehoben, als auf den kleinen Stempel wirkt. Hat der kleine Stempel $1/2$ Zoll Durchmesser, der größere 8 Zoll, so ist das Verhältniß wie 1 : 256, das heißt jeder Centner, welcher auf den kleinen Stempel drückt, bewegt den größern mit einer Kraft von 256 Centnern.

Der kleine Cylinder mit Stempel wird als Druckpumpe eingerichtet, das heißt er erhält 2 Ventile, eins, welches aus einem Wasserbehälter beim Heben des Stempels dem Wasser Eintritt in den Cylinder verstattet und sich beim Herabdrücken des Stempels schließt; das zweite, welches vor der Communicationsröhre sich befindet und welches beim Herabdrücken des Stempels der Druckpumpe das Wasser derselben in den großen Cylinder treten läßt, beim Heben des Stempels aber dessen Zurücktritt verhindert. Da natürlich der große Stempel um so langsamer in die Höhe geschoben werden wird, je kleiner der Durchmesser der Druckpumpe ist, so nimmt man häufig, statt einer, mehre Druckpumpen, und

---

*) Ist D der Durchmesser, so ist die Kreisfläche $= D^2 \cdot 785$ (S. 227).

zwar oft von verschiedenem Durchmesser, von denen man dann die weitesten zu Anfang der Pressung, wo die Kraft nicht sehr bedeutend zu sein braucht, anwendet, um die Arbeit rascher zu fördern.

Fig. 64 stellt eine Brahma'sche Presse dar, wie man sie zum Pressen der Runkelrüben benutzt (nach Schubarth). a eiserne Grundplatte, in welcher der Preßcylinder b befestigt ist; c,c 4 gußeiserne Säulen, welche das Widerlager d der Presse tragen. Sie sind mit der Grundplatte a unterhalb durch Bolzen, oberhalb mit dem Widerlager durch Schrauben verbunden. e ist die auf dem Stempel des Preßcylinders befestigte Preßplatte, auf welche der zu pressende Rübenbrei, wie später gezeigt werden wird, zu liegen kommt; sie hat im Umkreise eine Rinne mit einem erhabenen Rande zur Aufnahme des abgepreßten Saftes, welcher dann durch ein Blechrohr, das in einer Oeffnung der Rinne befestigt ist, abfließt. Dies Rohr steckt beweglich in einem zweiten feststehenden Rohre, wie in einer Scheide, und reicht so tief in dies herab, daß es beim höchsten Stande der Preßplatte nicht aus demselben heraustritt. Das feststehende Rohr führt den Saft in die Saftbehälter oder in die Läuterkessel. g ist eine gußeiserne Zwischenplatte, welche beim Zurücksinken des Preßcylinders auf dem an den Säulen angebrachten Knaggen f liegen bleibt. An der Preßplatte selbst sind halbmondförmig ausgeschnittene Stücke angeschraubt, welche die 4 Säulen der Presse halb umfassen und dadurch die horizontale Richtung der Preßplatte bewirken.

h ist der Wasserbehälter der Druckpumpe; i,i die beiden Pumpenkörper; k,k gußeiserne Doppelbügel, durch deren vorderen Schlitz der Hebel l durchgesteckt ist, dessen Drehpunkt sich in m befindet. In dem Bügel sind auch die Leitungen der Kolbenstangen n,n angebracht; o,o sind Sicherheitsventile, welche sich öffnen, wenn der Druck das berechnete Maximum erreicht hat, indem sonst die Theile der Presse zerbrechen würden. p ist das Communicationsrohr zwischen den Pumpen und dem Preßcylinder; q die Kolben der Druckpumpen.

Die sämmtlichen Theile der Presse müssen aus sehr starkem Metall dargestellt werden, der Preßcylinder am zweckmäßigsten von Bronze, da Gußeisen, wenn es nicht sehr gut ist, selbst bei beträchtlicher Stärke (4 Zoll) bei dem starken Druck Wasser durchschwitzen läßt. Die Säulen der Presse macht man zur größeren Dauerhaftigkeit von Schmiedeeisen, das Uebrige von Gußeisen.

Man berechnet in der Regel die Kraft einer hydraulischen Presse, wie oben gezeigt, nach dem Durchmesser des kleinen Stempels (Druckstempels) und des größeren (Preßstempels), aber man sieht leicht ein, daß der Druck, welchen der Rübenbrei erleidet, abhängig ist von der Größe der Preßplatte, oder vielmehr der zu pressenden Fläche; je größer diese ist, desto mehr vertheilt sich natürlich der auf obige Weise berechnete Druck. Wirkt z. B. ein Druck von 400 Centnern auf 1 Quadratfuß Fläche, so wird, wenn man die Fläche auf 4 Quadratfuß vergrößert, der Druck auf den Quadratfuß, wie leicht einzusehen, nur 100 Centner betragen. Daher ist es zweckmäßiger, die Kraft einer hydraulischen Presse nach dem Drucke anzugeben, welchen sie auf den Quadratzoll der zu pressenden Fläche ausübt.

Angenommen, der Stempel der Druckpumpe in der Zeichnung habe 8 Par. Linien Durchmesser, der Stempel des Preßcylinders 8 Par. Zoll (96 Linien), so ist $8^2 : 96^2$, also $64 : 9215$, das ist $1 : 144$ das Verhältniß der Kraft zur Wirkung. — Zwei Menschen können auf sehr kurze Zeit einen Druck von ohngefähr 150 Pfund bewirken; wird dieser durch die Länge des Hebels an der Druckpumpe um das 8fache verstärkt, so beträgt die auf den Stempel der Druckpumpe ausgeübte Kraft $150 \times 8 = 1200$ Pfund; die Wirkung auf den Stempel des Preßcylinders wird also bei den angegebenen Verhältnissen $1200 \times 144 = 172,800$ Pfund oder 1728 Centner sein. Diesen Druck würde eine Schicht Rübenbrei von der Größe der Oberfläche des Preßſtempels, als von 8 Zoll Durchmeſſer, erleiden, wenn man ſie der Wirkung der Preſſe ausſetzte. — Wie die Abbildung zeigt, wird aber die Preßplatte bedeutend größer genommen, um die Arbeit gehörig raſch zu fördern. Die Preßplatte möge, abgerechnet die Rinne, welche zum Abfließen des Saftes vorhanden, iſt 2½ Fuß lang und 2 Fuß breit ſein, alſo 5 Quadratfuß oder $144 \times 5 = 720$ Quadratzoll Fläche haben, welche mit Rübenbrei bedeckt werden, ſo wird natürlich jeder Quadratzoll eine Preſſung von $\frac{172,800}{720} = 240$ Pfund ($2\frac{4}{10}$ Centner) erleiden.

Dieſer Druck wird für unſern Zweck etwas zu gering ſein, denn man rechnet zur möglichſt vollſtändigen Gewinnung des Saftes einen Druck von 3 Centnern, alſo 300 Pfund, auf den Quadratzoll. Um dieſen zu erreichen, kann man, wie leicht einzuſehen, 2 Wege einzuſchlagen, nemlich man hat entweder die zu preſſende Fläche nach dem Verhältniß $300:240$ zu verkleinern ($300:240 = 720:576$), ihr alſo nur 576 Quadratzoll Fläche zu geben, oder man hat den Druck auf den Stempel der Druckpumpe nach dem Verhältniß von $240:300$ zu vermehren ($240:300 = 1200:1500$), ihn alſo auf 1500 Pfund zu verſtärken, was durch Anſtellung von mehren drückenden Menſchen geſchehen kann. In dem letzteren Falle iſt aber wohl zu berückſichtigen, für welchen äußerſten Druck die Theile der Preſſe berechnet ſind, weil, wenn dieſer überſchritten wird, ohnfehlbar ein Zerreißen derſelben Statt finden muß. Man wird leicht einſehen, daß es zweckmäßig iſt, recht ſtark conſtruirte Preſſen anzuwenden, und die Benutzung einer größeren Preßplatte durch einen größeren Druck auf die Druckpumpe möglich zu machen, weil dadurch in gleicher Zeit eine größere Quantität Rübenbrei gepreßt werden kann. Dieſer ſtärkere Druck auf die Druckpumpe läßt ſich leicht da erreichen, wo die Druckpumpe durch die Dampfmaſchine oder das Göpelwerk, oder überhaupt durch eine andere als Menſchenkraft, in Bewegung geſetzt wird. Den Stempel der Druck=

pumpe sehr zu verkleinern, und den des Preßcylinders sehr zu vergrößern, um denselben Zweck zu erreichen, ist deshalb nicht rathsam, weil dadurch, wie oben (S. 444) erwähnt, die Dauer einer Pressung länger wird.

Crespel hat in seiner Runkelrübenzuckerfabrik eine höchst sinnreich construirte hydraulische Presse in Anwendung gebracht, bei welcher der ausgeübte Druck stetig fortwirkt. Sie ist abgebildet und beschrieben in Schubarth's Beiträgen zur Kenntniß der Runkelrübenzuckerfabrikation in Frankreich, und im polytechnischen Centralblatt vom 3ten Mai 1837 Taf. IV., worauf ich die Leser verweisen muß.

Die Pressen müssen in demselben Lokale, in welchem die Reibemaschinen sich befinden, diesen gegenüberstehen. Zwischen jeder Reibemaschine und der Presse befindet sich eine Tischplatte von Gußeisen oder von Holz und mit Kupferbeschlag, die auf dem einen Fuß, auf dem sie ruht, um ihre Achse sich drehen läßt. Man macht diese drehbare Platte auch wohl breitheilig, das heißt man läßt sie aus drei mit einander verbundenen Rechtecken bestehen, wo sie also gleichsam 3 Arme besitzt; oder man giebt ihr 4 Arme, wo sie also die Gestalt eines Kreuzes hat. Die Platte ist mit einem 3 Zoll hohen Rande umgeben, und vertieft sich nach dem Mittelpunkte zu, wo die Oeffnung eines im Fuße der Platte befindlichen Kanals ist, durch welchen beim Ausbreiten des Rübenbreies und beim Aufstellen der Schichten der von selbst abfließende Saft in die Saftbehälter oder Läuterkessel geleitet wird.

Zum Pressen bedarf man der Preßtücher oder Preßsäcke, von starker ungebleichter Hanfleinwand. Crespel benutzt lose Gewebe aus Leinenfäden von der Stärke des dünnen Bindfadens, 12 Fäden Kette und Einschlag auf den Zoll, von 4½ Fuß Länge und 3½ Fuß Breite. Sie verkürzen sich beim Gebrauch um 4 Zoll in jeder Dimension. Außer diesen Preßtüchern oder Preßsäcken, welche man aus jenen zusammennäht, bedarf man ferner zum Pressen Geflechte aus geschälten Weidenruthen, die man, um alles Auflösliche

Runkelrübenzuckerfabrikation.

zu entfernen, gut ausgekocht hat, von der Größe der auszupressenden Schichten. Statt dieser Geflechte benutzte man früher siebartig durchbohrte Bretter. Man bedarf endlich hölzerner Rahmen aus Latten von der Höhe, welche die zu pressenden Schichten des Rübenbreies haben sollen, und die ohngefähr 2 Zoll beträgt, und im Lichten von der Größe, welche die auszupressenden Schichten des Rübenbreies haben sollen, für welche sie als Schablone dienen. Bei Crespel sind diese Rahmen 26 Zoll lang und 21½ Zoll breit, so daß also die Schicht des Rübenbreies 559 Quadratzoll Fläche besitzt.

Es wird nun auf folgende Weise verfahren: Auf die der Reibemaschine zugekehrten Seite der drehbaren Tafel, welche ohngefähr 1 Fuß über die Erde erhaben, 5½ Fuß lang, 3 Fuß 3 Zoll breit ist, legt man 2 Querhölzer, und auf diese eins von den erwähnten Weidengeflechten, darauf den Rahmen, über welchen man ein Preßtuch ausbreitet. Nun wird von dem Rübenbrei mit hölzernen Schaufeln eine erforderliche Menge auf das Tuch gegeben, von 2 Mädchen mit hölzernen Messern ausgebreitet, so daß die Schablone gleichförmig ausgefüllt ist, und dann die Ecken des Tuches über den ausgebreiteten Brei geschlagen. Man hebt dann die Schablone ab, legt auf den eingeschlagenen Rübenbrei wieder ein Weidengeflecht, stellt darauf die Schablone, breitet über diese ein Preßtuch aus, giebt Rübenbrei darauf, und so fort, bis ein hinlänglich hoher Stoß von Schichten aufgebaut ist; dann dreht man die Tafel um, so daß dieser Stoß nun an die Presse kommt. Auf der nun an die Reibemaschine gekommenen leeren Seite der Tafel fängt man wieder an, einen neuen Stoß zu errichten.

Man wird bemerken, daß bei der Anwendung von Preßtüchern durch das Ueberschlagen der Leinwand diese an den Ecken 4fach übereinander zu liegen kommt, in der Mitte aber nur doppelt, so daß bewirkt wird, daß der aufgebaute Stoß von Rübenbreischichten an den Ecken höher als in der Mitte ist, wodurch der hier befindliche Brei hohl zu liegen kommt, und daher nicht denselben Druck als der an den Ecken lie=

gende erleidet. Deshalb hat man in neuerer Zeit den Preß‑
tüchern die Preßsäcke vorgezogen.

Eine Person hält in diesem Falle den Sack auf, eine an‑
dere schüttet den erforderlichen Brei hinein, worauf derselbe
auf ein Weidengeflecht gelegt und das offene Ende unter‑
geschlagen wird. Mittelst eines abgerundeten Holzes wird
nun der Brei von dem hinteren Ende des Sacks nach vorn
gedrängt und möglichst gleichförmig verbreitet. Ist dies
geschehen, so wird auf den Sack ein Geflecht gelegt, auf
welches dann wieder ein Sack zu liegen kommt, u. s. f. Da
durch das Unterschlagen des offenen Endes der Preßsäcke
der Stoß der über einander liegenden Säcke an einer Seite
höher als an der andern, also schief werden würde, so muß
man, um dies zu vermeiden, abwechselnd dies Ende auf die
eine und die andere Seite des Stoßes legen.

Der an der Presse stehende Arbeiter nimmt die ihm
durch die drehbare Tafel überlieferten, mit Weidengeflechten
geschichteten Säcke, und ordnet sie, zu etwa 30 übereinan‑
der, zur Hälfte auf der Preßplatte des Preßstempels, zur
anderen Hälfte auf der Platte g, so daß die entstandenen
Stöße vollkommen gerade sind. Ist dies geschehen, so wer‑
den die Druckpumpen in Bewegung gesetzt, wo dann die
Pressung beginnt, während deren Dauer eine andere Presse
abgeräumt und wieder beschickt wird.

Nach ohngefähr 10 Minuten ist die größte Menge des
Saftes ausgepreßt; dann läßt man die Presse langsam noch so
lange fortwirken, bis eine zweite Presse beschickt ist, etwa
noch 15 Minuten. Der aufgeschichtete Stoß wird durch die
Presse ohngefähr $4/7$ zusammengedrückt, so daß seine Höhe,
wenn sie vor dem Pressen 44 Zoll betrug, nach dem Pressen
ohngefähr 19 Zoll beträgt.

Der nach der ersten Pressung in den Preßsäcken blei‑
bende Rückstand wird, um noch einen Antheil Saft zu er‑
halten, einer zweiten Pressung unterworfen. Man faßt zu
diesem Zweck zwei der ausgepreßten Säcke zusammen, führt

sie durch ein Faß mit kaltem Wasser und schichtet sie dann auf die Presse.

In einigen Fabriken werden die von der ersten Presse kommenden Säcke in einem gut verschließbaren Kasten, auf Rahmen von Eichenholz gelegt, aufgeschichtet und durch einströmenden Dampf so lange erhitzt, bis dieser aus allen Fugen des Kastens hervorströmt; dann erst werden sie zu zweien zwischen ein Weidengeflecht geschichtet und noch einmal ausgepreßt, wodurch oft noch über 10 Procent an Saft erhalten werden, der fast eben so zuckerreich als der durch das erste Pressen erhaltene Saft ist. Bei dem Erhitzen der Preßrückstände mit Wasserdampf muß man die Vorsicht gebrauchen, die Dämpfe nur eben bis zu dem angegebenen Zeitpunkte einströmen zu lassen, weil sonst das Rübenmark erweicht wird und dann nur schwierig oder gar nicht Saft entläßt.

Crespel glaubte durch Anwendung sehr starker hydraulischer Pressen und einen lange anhalten Druck mit einer einmaligen Pressung auszureichen, und er erhielt wirklich dadurch gegen 85 Procent Saft; indeß hat er es doch in der neuesten Zeit vorgezogen, zwei Mal zu pressen, indem er die Preßrückstände vorher auf die zuerst erwähnte Weise behandelt.

Für jede Reibemaschine von oben beschriebener Größe sind mindestens 2 hydraulische Pressen erforderlich, und eine dritte, für welche man bisweilen auch eine Schraubenpresse anwendet, zum Nachpressen. Als Crespel nur einmal preßte, benutzte er für eine Reibemaschine 3 hydraulische Pressen; jetzt zwei für die erste und eine für die zweite Pressung.

Was die Menge des durch Auspressen gewonnenen Saftes betrifft, so muß diese, wie leicht einzusehen, nach verschiedenen Umständen verschieden sein. Mittelst starker und in gehöriger Anzahl vorhandener Pressen (um einer Pressung längere Zeit zu lassen), wird man bei zweimaliger Pressung 85 — 90 Procent Saft erhalten, je nachdem die Rüben mehr oder weniger reich an Saft sind; durch einmaliges Pressen 70 — 75 Procent, mit welcher Ausbeute man früher im Allgemeinen sehr zufrieden war, wo 80 Procent Saft für etwas Außerordentliches gehalten wurde. Durch Schraubenpressen erhielt man ohngefähr 65 Procent.

100 Pfund Rüben à 70% liefern 28 Preuß. Quart Saft
 »   »   »   à 75% ... 30   »   »   »
 »   »   »   à 80% ... 32   »   »   »
 »   »   »   à 85% ... 34   »   »   »
 »   »   »   à 90% ... 36   »   »   »

Das specifische Gewicht des erhaltenen Rübensaftes wird natürlich nach den quantitativen Verhältnissen der Bestandtheile verschieden sein, und man kann nicht allemal behaupten, daß ein Saft von größerem specifischen Gewichte einen größeren Gehalt an Zucker habe, weil die Vergrößerung des specifischen Gewichts eben so gut durch fremdartige aufgelöste Substanzen, wie Schleim und namentlich Salze, bewirkt sein kann. Sind indeß bei dem Anbau der Rüben die oben beschriebenen Vorsichtsmaßregeln, welche auf eine günstige Zusammensetzung von Einfluß sind, beobachtet worden, so wird das specifische Gewicht des Saftes immer als ein zweckmäßiges Mittel zur Ermittelung des größeren oder geringeren Zuckergehalts dienen können, und, in Ermangelung eines besseren Mittels, bedient man sich desselben auch in allen Fabriken.

Man wendet zur Bestimmung des specifischen Gewichts des rohen Rübensaftes sowohl als des eingedampften Saftes allgemein das Aräometer von Baumé an (siehe im angehängten Wörterbuche). Der Saft von guten Rüben zeigt 6 — 7½° B. im Herbste; gegen den Frühling zu etwas weniger.

Wie bei der Reibemaschine, müssen auch bei der Presse alle Theile derselben, welche mit Rübenbrei oder Rübensaft in Berührung kommen, täglich wenigstens einmal mit Kalkwasser oder Kalkmilch *) abgewaschen, und die Preßgeflechte,

---

*) Gelöschter Kalk in Wasser eingerührt, so daß eine dünne milchige Flüssigkeit entsteht.

Preßtücher oder Preßsäcke ebenfalls täglich, im Winter einmal, im Herbst und Frühjahr zweimal, mit heißem Kalkwasser gereinigt werden, um jede Spur von entstandener Säure sofort zu vertilgen. Wird Tag und Nacht gearbeitet, so bedarf man für jede Reibemaschine 240 Preßsäcke und eben so viel Weidengeflechte. Da die Säcke durch die Behandlung mit Kalkwasser bald mürbe werden, so müssen dieselben innerhalb 8 Monaten dreimal erneuet werden, wenn man dieselben Tag und Nacht benutzt *).

Der nach dem zweiten Abpressen in den Preßsäcken bleibende Rückstand wird als Futtermaterial für das Vieh benutzt. Man giebt einem Mastochsen täglich ohngefähr 50 Pfund mit etwas Heu und Oelkuchen, einem Hammel 8 Pfund, einem Mutterschafe $2^{1}/_{2}$ Pfund und $^{1}/_{2}$ Pfund trocknes Futter, und da diese Rückstände ohngefähr 33 Procent trockne Substanz enthalten, während in den Rüben selbst nur etwa 15 Procent enthalten sind, so haben sie als Futtermaterial einen höheren Werth, als die Rüben.

Um diese Preßrückstände für den Sommer benutzbar zu machen, werden sie in gemauerten Magazinen, welche mit einem Dache und mit Luken darin versehen sind, durch diese letztere etwa 7 Fuß hoch eingeschüttet und festgetreten. Es beginnt langsam eine saure Gährung, so daß dieselben nach einiger Zeit angenehm säuerlich riechen, wo sie sich dann viele Monate lang nutzbar halten. Beim Anbrechen eines solchen Magazins muß man die obere Schicht entfernen, weil diese langsam fault; man verwendet dieselbe als Dünger.

---

*) Anstatt der Reibemaschine von Thierry und der hydraulischen Pressen, welche in den Runkelrübenzuckerfabriken bis jetzt als die vorzüglichsten benutzt worden sind, empfiehlt Bley in seinem Werke: »Die Zuckerbereitung aus Runkelrüben. Halle« eine Reibemaschine und eine Presse, beide vom Schleusenmeister Bähr in Bernburg erfunden, durch deren Anwendung er 89 — $94^{1}/_{2}$ Procent Saft gewonnen hat. Eine Reibemaschine, welche täglich 50 — 100 Centner Rüben zerreibt, kostet ohngefähr 200 Thaler, und ist das Modell zu derselben, so wie zur Presse, gegen ein billiges Honorar von dem Erfinder zu beziehen.

Das Läutern des Saftes.

Wenn die Reibemaschine und die Pressen im ersten Stockwerke des Gebäudes aufgestellt sind, so wird der abgepreßte Saft durch das oben erwähnte Rohr sofort in die Läuterungskessel geleitet. Befinden sich die genannten Maschinen aber zu ebener Erde, so fließt der Saft in besondere Saftbehälter, welche im Souterrain aufgestellt sind, und wird von hier ab durch Pumpen in die Läuterungskessel befördert, was jedenfalls nicht so zweckmäßig ist, da eine vielseitige Berührung desselben mit der atmosphärischen Luft dabei nicht vermieden werden kann.

Während das Waschen, Zerreiben und Pressen der Rüben mechanische Operationen sind, deren vollkommenes Gelingen hauptsächlich von der Zweckmäßigkeit der angewandten Maschinen abhängig ist, ist die Läuterung des Saftes eine rein chemische Operation, die daher um so besser und zweckmäßiger wird ausgeführt werden können, je vertrauter man mit dem chemischen Theile der Naturwissenschaften ist, und welche daher auch von den Chemikern die mannichfachsten Verbesserungen erfahren hat und wahrscheinlich noch erfahren wird.

Der Saft der Rüben ist keine reine Auflösung des Zuckers in Wasser; wäre er eine solche, so könnte sehr einfach durch bloßes Verdampfen des Wassers der Zucker rein erhalten werden; es finden sich in ihm neben dem Zucker fast alle die fremdartigen Substanzen, welche neben dem Zucker als Bestandtheile der Rüben S. 421 aufgeführt worden sind und die ich in's Gedächtniß zu rufen bitte. Diese vielen fremdartigen Substanzen, welche beim Verdampfen des Saftes neben dem Zucker zurückbleiben und dessen Abscheidung in Kristallen verhindern, und welche ihn auch zum Theil beim Abdampfen verändern würden, möglichst vollständig zu entfernen, ist der Zweck der Operation, welche man die Läuterung genannt hat.

Je vollständiger der Rübensaft durch das Läutern von den fremdartigen Bestandtheilen befreit wird, desto mehr wird sich nachher der Saft einer reinen Zuckerlösung nähern, desto besser werden alle folgenden Operationen, welche die Ausscheidung des Zucker bezwecken, gelingen, während nach schlecht ausgeführter Läuterung die Ausführung dieser ferneren Operationen sehr erschwert wird, ja wohl ganz unmöglich ist.

Die Läuterung ist, wie schon erwähnt, ein chemischer Proceß. Um aus irgend einer Flüssigkeit einen Stoff auf chemischem Wege zu entfernen, muß man denselben unauflöslich machen, das heißt man muß einen Körper zusetzen, welcher mit dem abzuscheidenden Körper eine unlösliche Verbindung eingeht. Bei der Stärkezuckerfabrikation (S. 409) ist dies schon angeführt worden. Man hat daher, um die fremdartigen Substanzen aus dem Runkelrübensafte zu entfernen, Körper zuzusetzen, welche mit diesen sich zu unlöslichen Verbindungen vereinigen, und diese Körper werden Läuterungsmittel genannt werden können.

Wer sich mit der Ausführung chemischer Operationen im Großen befaßt hat, wird wissen, daß oft durch anscheinend geringfügige Einflüsse dieselben abgeändert werden müssen. So wird man z. B. die Quantität des für unsere Läuterung anzuwendenden Läuterungsmittels nicht ein für allemal bestimmen können. Es zeigen sich aber bei den chemischen Operationen leicht sinnlich wahrnehmbare Erscheinungen, durch deren Beobachtung es auch dem Laien möglich wird, chemische Operationen recht gut auszuführen. Dies ist auch bei der Läuterung der Fall.

Als man zuerst anfing, Zucker aus Runkelrüben zu machen, nahm man, wie schon früher bemerkt, das Verfahren zum Muster, welches in Indien zur Darstellung des Zuckers aus dem Zuckerrohre befolgt wird. Der durch Auspressen des Zuckerrohrs zwischen Walzen erhaltene Saft wird nemlich daselbst in Kesseln erhitzt, mit Kalkmilch versetzt, der entstandene Schaum (die unlösliche Verbindung des Kalks mit mehren im Saft vorkommenden Substanzen) abgenommen, und dann in immer kleineren Kesseln bis zu dem

Punkte eingedampft, bei welchem der Zucker nach dem Erkalten sich aus dem eingedampften Syrup abscheidet. Man wandte nun, wie gesagt, zuerst ebenfalls Kalk zur Läuterung des Runkelrübensaftes an, aber Achard, der Vater der deutschen Zuckerfabrikation, glaubte durch Anwendung der Schwefelsäure den Zweck besser zu erreichen, und so sind durch Anwendung des einen oder anderen Läuterungsmittels, oder beider vereint, mehre Läuterungsverfahren entstanden, über deren Zweckmäßigkeit von den dieselben befolgenden Fabrikanten ein wahrer Krieg geführt worden ist.

Drei Läuterungsmethoden haben besonders einen Ruf erlangt, nemlich: 1) das sogenannte **Läuterungsverfahren der Colonien,** 2) das **französische Läuterungsverfahren,** 3) das **deutsche Läuterungsverfahren.**

Das **Läuterungsverfahren der Colonien** ist dasjenige, welches in den Colonien zur Läuterung des Zuckerrohrsaftes befolgt wird, und bei welchem, wie vorhin erwähnt, Kalk allein angewandt wird.

Bei dem **französischen Läuterungsverfahren** wird der Rübensaft in den Läuterungskesseln zuerst ebenfalls mit Kalk versetzt, und dann sofort entweder in den Läuterungskesseln, oder erst in den Abdampfkesseln, die alkalische Reaction des geläuterten Saftes durch Schwefelsäure vernichtet.

Bei dem **deutschen Läuterungsverfahren** wird endlich der abgepreßte Saft sofort mit Schwefelsäure versetzt, und dann sogleich in den Läuterungskessel Kalkmilch zugegeben.

Fast in ganz Frankreich wird jetzt allgemein das erste Läuterungsverfahren, nemlich das der Colonien, befolgt, und nur wenn man durch besondere Verhältnisse genöthigt ist, nemlich wenn der Saft zu stark alkalisch sein sollte, stumpft man diese Reaction im Verlaufe des Abdampfens mittelst Schwefelsäure ab.

In den böhmischen Fabriken wird ziemlich allgemein das

von Kobweiß und Weinrich verbesserte deutsche oder Achard'sche Läuterungsverfahren befolgt, nemlich zuerst Schwefelsäure und dann der Kalk zugesetzt.

In dem Folgenden sollen diese beiden Methoden der Läuterung näher betrachtet werden.

Das in Frankreich befolgte Läuterungsverfahren. Der Saft kommt, wie oben erwähnt, in die Läuterkessel, welche entweder durch Dampf oder durch directes Feuer geheizt werden; durch ersteren ganz allgemein in Frankreich und in den im nördlichen Deutschland angelegten Fabriken, durch letzteres in den meisten böhmischen Fabriken.

Die Läuterungskessel in Frankreich bestehen aus einem kupfernen cylindrischen Obertheil a Fig. 65, das durch Schrauben mit einem halbkugelförmigen kupfernen Bodentheile b, und einem gußeisernen Mantel c um dasselbe, dampfdicht verbunden ist. Je zwei dieser Läuterungskessel werden neben einander gestellt.

Der Dampf tritt aus dem gemeinschaftlichen eisernen Leitungsrohre d in das Querrohr e, aus welchem derselbe durch das Seitenrohr f in den Zwischenraum zwischen dem eisernen und kupfernen Boden geleitet wird. Die nicht verbrauchten Dämpfe und das condensirte Wasser fließen aus dem Zwischenraume durch das Rohr g, welches mit einem Hahne verschlossen werden kann. Um aus dem Läuterungskessel den Rübensaft ablassen zu können, befindet sich am Boden desselben ein Hahn in einer Hülse, von denen ersterer in einer Linie über einander drei Oeffnungen, letztere an verschiedenen Seiten, nemlich in der Entfernung von $\frac{1}{4}$ Kreis von einander, in correspondirender Höhe ebenfalls drei Oeffnungen hat, so daß also das vierte Viertel des Kreises ohne Oeffnung bleibt. Fig. 66 macht diese Einrichtung deutlich. Da bei einer verschiedenen Drehung des Hahns von den 3 Löchern desselben immer eins auf eine correspondirende Oeffnung in der Hülse trifft, so kann auf diese Weise der Saft in verschiedener Höhe aus dem Läuterungskessel abge=

laſſen werden. Steht z. B. der Hahn wie in der Abbildung Fig. 66, ſo wird der Saft aus der oberſten Oeffnung abfließen; wird derſelbe um einen Viertelkreis nach dem Leſer zu gedreht, ſo fließt der Saft aus der mittleren Oeffnung; nach nochmaliger Drehung um einen Viertelkreis decken ſich die untere Oeffnung des Hahnes und der Hülſe, es fließt alſo dann der Saft ganz unten aus dem Keſſel ab; wird endlich noch um einen Vietelkreis gedreht, ſo deckt kein Loch das andere, der Hahn iſt geſchloſſen. Da vor dem Einſtrömen des Dampfes in den Raum unter den Läuterkeſſel dieſer Raum mit Luft gefüllt iſt, welche die Spannung vermehrt, ohne ſtärkere Erhitzung zu bewirken, und welche, wenn ſie in den Dampfkeſſel gelangt, denſelben Nachtheil hervorbringt, ſo bringt man ſehr zweckmäßig am oberen Theile dieſes Zwiſchenraums eine kleine, durch einen Hahn zu verſchließende Oeffnung an, welche man zu Anfang des Einſtrömens der Dämpfe offen läßt, und zwar ſo lange, bis aus derſelben Dampf in reichlicher Menge entweicht.

Die Größe der Läuterungskeſſel iſt natürlich von der Menge der zu verarbeitenden Rüben abhängig. Werden täglich 200 Centner Rüben verarbeitet, von denen man 85% = 6800 Quart Saft erhalten kann, ſo müſſen, wenn dieſe innerhalb 12 Stunden in 8 Läuterungen geläutert werden ſoll, die Läuterungskeſſel $\frac{6800}{8} = 850$ Quart Saft faſſen können, wenn ſie bis auf ohngefähr 3 Zoll vom Rande gefüllt ſind, denn weiter als bis zu dieſer Höhe dürfen ſie wegen des entſtehenden Schaumes nicht gefüllt werden.

Damit der geläuterte Saft aus den Läuterkeſſeln leicht in die Abbampfpfannen oder in die Filtrirkäſten gelaſſen werden kann, ſtellt man dieſelben am zweckmäßigſten auf einer Erhöhung auf.

Die Operation des Läuterns wird in dieſen Keſſeln wie folgt ausgeführt: Sobald der von der Preſſe kommende Rübenſaft in dem Läuterkeſſel bis an das cylindriſche Obertheil reicht, wird der Dampf zugelaſſen. Während der Keſſel sich nun allmählig füllt und die Temperatur langsam sich erhöht, wird eine abgewogene Menge gebrannter Kalk in einem niedrigen weiten Fasse mit heißem Wasser gelöscht und zur feineren Zertheilung mit einem stumpfen Besen tüchtig umgerührt. Ist der Kalk gehörig zertheilt, so wird die Kalkmilch abgegossen und der im Fasse bleibende Rückstand noch einmal mit ½ Eimer Wasser abgespühlt.

Sobald die Temperatur des Saftes im Läuterkessel auf 55 — 58° R. gestiegen ist *), wird der Schaum bei Seite geschoben, dann sämmtliche Kalkmilch auf einmal zugesetzt und mittelst eines Rührers, der aus einer Stange besteht, an deren unterem Theile eine kleine hölzerne Scheibe befestigt ist, und der einige Mal schnell von unten nach oben gezogen wird, gut in dem Safte vertheilt, damit sie sich nicht am Boden des Kessels ablagern kann. Ist dies geschehen, so wird an der vorderen Seite des Läuterkessels der Schaum mit einem Streichholze abgezogen, um den Erfolg des Kalkzusatzes genau beobachten zu können. Es erscheinen bald kleine Flocken von Eiweiß, die sich zu einer schmutzig grauen Decke an einander reihen; dann bemerkt man eine sanfte Bewegung der geronnenen Decke von der Mitte nach dem Rande des Kessels zu, durch leichte Runzeln erkennbar, in welche sich dieselbe faltet. Nun beginnt eine kräftigere Bewegung vom Rande des Kessels nach der Mitte zu, welche schnell in ein vollständiges Kochen am Rande des Kessels übergeht; dasselbe wird so lange unterhalten, bis es an allen Stellen des Randes sich gleichförmig gezeigt hat. Hierauf schließt man das Dampfrohr, um das Einströmen des Dampfes zu unterbrechen. Bisweilen ereignet es sich bei gut geleiteter Läuterung, daß die Bewegung der Decke von Innen nach Außen nicht eintritt, sondern sogleich eine entgegengesetzte beginnt, welches kein Zeichen eines ungünstigen Erfolges ist. Tritt aber überhaupt nur eine Bewegung von Innen nach Außen ein, so ist dies ein Zeichen einer mißlunge-

---

*) In einigen Fabriken wird auf 65 — 70° R. erhitzt.

nen Läuterung; es bleibt dann nichts übrig, als den Schaum abzuschöpfen und von Neuem Kalk zuzusetzen. Nach dem Zusatze der Kalkmilch zum Safte wird der Zutritt des Dampfes nur dann etwas vermindert, wenn während der ersten Bewegung in der Schaumdecke von Innen nach Außen die Abscheidung des Eiweißes etwas langsam erfolgt, die Läuterung überhaupt schwieriger wegen Entartung des Saftes vor sich geht, sonst nicht *).

Sobald der Dampf vom Läuterungskessel abgesperrt ist, wird der geläuterte Saft 10 Minuten der Ruhe überlassen, dann durch einen Hahn abgelassen; er muß vollkommen klar und blaßgelb sein, wenn die Rüben vollkommen gut waren; hat man aber gekeimte oder wohl gar theilweis angefaulte Rüben zu verarbeiten, so ist derselbe weniger oder mehr dunkelgelb, immer aber vollkommen klar.

Um die Menge des Kalkes zu bestimmen, welche zur Läuterung angewendet werden muß, müssen wir nothwendig die Wirkung desselben auf den Saft genau kennen. Ich ersuche den Leser, die Zusammensetzung der Rüben S. 421 nachzulesen.

Wird der Saft der Runkelrüben, ehe noch der Kalk zugesetzt ist, bis auf ohngefähr 65 — 70° R. erhitzt, so gerinnt das in demselben enthaltene Eiweiß, und der Kalk wird dann auf dasselbe wenig Wirkung äußern. Wurde der Saft nicht bis zum Gerinnen des Eiweißes erhitzt, so entsteht auf Zusatz des Kalkes eine Verbindung desselben mit dem Eiweißstoff, die sich in grauen Flocken abscheidet.

Der Saft reagirt ziemlich stark sauer; er enthält freie Säure, nemlich Aepfelsäure, Gallertsäure, auch wohl Kleesäure. Der Kalk, als eine Base, giebt mit demselben äpfelsauren, gallertsauren und kleesauren Kalk, die sämmtlich fast ganz unlöslich sind; es wird also der sauer reagirende Rü-

---

*) Ich habe bei der Beschreibung der beim Läutern sich zeigenden Erscheinungen Schubarth's Worte copirt, weil sie ein Muster von einer trefflichen Beobachtungsgabe sind.

benſaft zuerſt neutral werden. Sobald der Saft auf dieſe
Weiſe neutral geworden iſt, werden aus dem Safte alle die
Subſtanzen niederfallen, welche durch die freie Säure deſſel=
ben in Auflöſung erhalten waren, wie z. B. der phosphor=
ſaure Kalk, der in den Rüben ſelbſt vorhandene äpfelſaure
Kalk und die Kalkerde.

Außer den genannten freien Säuren finden ſich im
Safte aber auch Kali und Ammoniakſalze von dieſen Säu=
ren, und von Salpeterſäure, und ſehr geringe Mengen von
Thonerde=, Manganoxydul= und Eiſenoxydulſalzen; auch die=
ſen entzieht der Kalk die Säuren, wenn noch mehr davon
hinzugeſetzt wird, und es müſſen daher Kali und Am=
moniak, Thonerde, Manganoxydul und Eiſenoxydul in Frei=
heit geſetzt werden; letztere drei ſind ebenfalls unlöslich, Kali
und Ammoniak aber ſind leicht löslich, ſie bleiben alſo im
Safte.

Nachdem alſo der Saft mit der gehörigen Menge Kalk
geläutert worden iſt, ſind aus demſelben Eiweiß, Gallert=,
Aepfel= und Kleeſäure, phosphorſaurer Kalk und die gerin=
gen Mengen Talkerde, Thonerde, Eiſenoxydul und Mangan=
oxydul entfernt, und der entſtandene Niederſchlag, welcher
alle dieſe Subſtanzen enthält, reißt mehr oder weniger Farbe=
ſtoff nieder, wenn ein ſolcher in den Rüben vorkam.

Der geläuterte Saft enthält nun neben Zucker beſonders
freies Kali und Ammoniak. Dieſe beiden Stoffe aber löſen
von einigen der ausgeſchiedenen Subſtanzen, namentlich von
Eiweiß, von Schleim und von Farbeſtoff, immer etwas wie=
der auf, und zwar um ſo mehr, in je größerer Menge ſie in
dem Safte vorkommen; daher die Schwierigkeiten, welche
ſich beim Verarbeiten der Rüben zeigen, welche viel Kali=
und Ammoniakſalze enthalten. Enthielten die Rüben gar
keine Kali und Ammoniakſalze, ſo würde deren Verarbeitung
auf Zucker eine weit leichtere Sache ſein.

Es drängt ſich jetzt die Frage auf, warum man dem
Rübenſafte ſo viel Kalk zuſetzt, daß durch denſelben die Kali=
und Ammoniakſalze zerlegt werden, alſo Kali und Ammoniak

in dem Safte frei werden müssen, und nicht bloß so viel, als zur Sättigung der freien Säuren erforderlich wären, wo dann neutrale Kali= und Ammoniaksalze in dem Safte blieben? — Wollte man Letzteres thun, so würden die folgenden großen Nachtheile daraus entstehen.

Der Rübensaft enthielte dann äpfelsaures und gallertsaures Kali und Ammoniak. Aus allen Auflösungen von Ammoniaksalzen entweicht beim Erhitzen Ammoniak, und es bleibt dann natürlich freie Säure zurück; beim Eindampfen eines so geläuterten Saftes würde also ebenfalls Ammoniak entweichen, und es würde ein saurer Saft entstehen. Nun ist aber schon S. 419 erwähnt, daß, wenn eine Auflösung von kristallisirtem Zucker mit einer freien Säure erhitzt wird, der kristallisirbare Zucker sich in unkristallisirbaren umändert. Man würde also aus dem Safte keinen festen Zucker erhalten, wenn man ihn eindampfte, es sei denn, daß man fortwährend die beim Eindampfen entstehende freie Säure durch Kalk oder Kali abstumpfte, was jedenfalls große Aufmerksamkeit erforderte und unbequem wäre, und doch den Zweck nur unvollkommen erreichte, da die frei gewordene Säure, ehe sie durch Lackmuspapier erkannt wird, schon nachtheilig auf den Zucker gewirkt hat. Nähme man zum Abstumpfen der freiwerdenden Säure Kali, so würde der Saft klar bleiben, weil das äpfelsaure und gallertsaure Kali leichter löslich sind; nähme man aber Kalk dazu, so würde ein Niederschlag entstehen, weil dessen Verbindungen mit den genannten Säuren unlöslich sind. Wenn nun auch die Abscheidung dieses Niederschlags durch Filtration in der ersten Periode des Eindampfens möglich wäre, so ist dieselbe in der letzten Periode nicht mehr möglich, weil dann der Saft nicht mehr filtrirt werden kann, der Zucker würde also mit äpfelsaurem und gallertsaurem Kalke verunreinigt werden.

Da ferner das äpfelsaure und gallertsaure Ammoniak so leicht löslich sind, daß sie beim Abdampfen das Wasser hartnäckig zurückhalten, so wird dadurch das Abdampfen des Rübensaftes, sobald derselbe eine bedeutende Concentration erreicht hat, erschwert; es würde ferner wegen des Vorkommens dieser Salze in dem zum Kristallisationspunkte eingekochten Safte das Auskristallisiren des Zuckers erschwert, und dieser bliebe, da er durch Abtropfen nicht vollständig von der Melasse, welche die ganze Menge dieser Salze enthält, befreit werden kann, fortwährend feucht, weil diese Salze Feuchtigkeit aus der Luft anziehen. Die Melasse selbst erhielte von ihnen einen sehr unangenehmen Geschmack.

Die vollständige Entfernung aller Gallertsäure und Aepfelsäure aus dem Safte, also auch der an Kali und Ammoniak gebundenen, wird der Leser nach dem Angeführten als durchaus erforderlich erkannt haben.

Es drängt sich noch die zweite Frage auf, warum man das durch den Zusatz von Kalk frei gewordene Ammoniak und Kali, um deren auflösende Wirkung auf das Eiweiß u. s. w. zu vernichten, nicht mit einer unorganischen Säure, z. B. Schwefelsäure, sättigt, wodurch schwefelsaures Ammoniak und schwefelsaures Kali in dem Safte entstehen, die nicht die Nachtheile der äpfel= und gallertsauren Salze derselben Basen zeigen, die namentlich das Verdampfen des Saftes und das Auskristallisiren des Saftes nicht erschweren. Man wird sich erinnern, daß bei dem unter dem Namen des französischen aufgeführten Läuterungsverfahren diesen Weg in der That befolgt wurde, daß man nemlich dem durch Kalk geläuterten Safte entweder sofort in dem Läuterkessel, oder sogleich nachdem der Saft aus diesem in die Abdampfpfannen gebracht worden war, so viel Schwefelsäure zusetzte, daß die alkalische Reaction desselben vollständig vernichtet wurde, wodurch alle die durch das freie Kali und Ammoniak aufgelös'ten Substanzen sich wieder abscheiden mußten.

Betrachten wir, ob dieses Verfahren nichts mehr zu wünschen übrig läßt. Der auf diese Weise geläuterte Saft enthält, wie schon angeführt, schwefelsaures Kali und schwefelsaures Ammoniak; wird derselbe verdampft, so muß sich natürlich derselbe Nachtheil zeigen, welcher vorhin bei dem gallert= und äpfelsaures Ammoniak enthaltenden Safte erwähnt wurde; es muß nemlich, da alle Ammoniaksalze beim Erhitzen Ammoniak entlassen, der Saft beim Eindampfen sauer werden, was, wie oft bemerkt, die Umwandlung des kristallisirbaren Zuckers in demselben in unkristallisirbaren nach sich zieht. Dieser Nachtheil läßt sich durch fortwährende Sättigung der freien Säuren nicht vollständig verhüten. Außerdem wird nun auch noch der von dem auskristallisirten Zucker ablaufende Syrup (Melasse) eine so große Menge von Salzen enthalten, daß sie demselben einen höchst unangenehmen Geschmack ertheilen und ihn kaum verkäuflich machen werden.

Man muß also unter jeder Bedingung dahin bei der Läuterung und weiteren Verarbeitung des Rübensaftes zu trachten suchen, aus demselben die Ammoniaksalze vollständig zu entfernen, weil dann der Saft beim Abdampfen nicht sauer werden kann. Dies geschieht nun eben dadurch, daß man den Kalk in oben angegebener reichlicher Menge verwendet. Der so geläuterte Saft enthält dann freies Kali und Ammoniak, welche von dem Eiweiß allerdings noch einen Theil aufgelös't enthalten; dies schadet aber zu Anfang des Verdampfens gar nicht, und in einer so verdünnten Auflösung, als der Rübensaft anfangs ist, üben diese beiden Alkalien auf den Zucker wohl keine nachtheilige Wirkungen aus.

Wird nun ein solcher, freies Kali und Ammoniak enthaltender, Saft gekocht, so entweicht aus demselben das sehr flüchtige Ammoniak, so daß, nachdem das Eindampfen einige Zeit fortgesetzt worden, die alkalische Reaction des Saftes nur von Kali herrührt, da das Ammoniak vollständig entwichen ist. Sättigt man nun das freie Kali durch Schwefelsäure, so werden alle Substanzen, z. B. das Eiweiß, abgeschieden werden, welche durch dasselbe in Auflösung erhalten wurden. So ist also auf die zweckmäßigste Weise der Nachtheil verhütet, welchen Ammoniaksalze im Runkelrübensaft hervorbringen, der Saft kann nemlich, sobald das Ammoniak vollständig daraus entfernt ist, selbst nach Sättigung mit Schwefelsäure beim Einkochen nicht mehr sauer werden, und die Melasse wird viel reiner, also wohlschmeckender, sein, da sie von den oft in sehr großer Menge in den Rüben vorkommenden Ammoniaksalzen vollkommen frei ist.

Die zweckmäßigste Methode der Läuterung hat sich nach diesen Betrachtungen also als die herausgestellt, bei der man so viel Kalk anwendet, daß alle pflanzensauren Salze durch denselben zerlegt werden, wonach im Safte freies Kali und Ammoniak enthalten sind. Man dampft dann den alkalischen Saft so lange ein, bis alles Ammoniak entwichen ist, und sättigt nun denselben, wenn er noch sehr alkalisch reagiren sollte, mit Schwefelsäure, um die durch das Kali in Auflösung erhaltenen Stoffe abzuscheiden, welche man dann durch Filtration trennt.

Ist nach dem Verjagen des Ammoniaks der Saft nicht sehr stark alkalisch, so kann der Zusatz von Schwefelsäure ganz unterlassen werden, weil die Kohle, durch welche der Saft filtrirt wird, nicht allein die Farbestoffe, sondern auch Kali dem Safte entzieht. Daher die bedingungsweise Anwendung der Schwefelsäure, deren ich schon oben erwähnte.

Wie schon bemerkt, äußern das freie Kali und Ammoniak beim Einkochen, so lange der Rübensaft noch nicht sehr concentrirt ist, höchst wahrscheinlich keine nachtheilige Wirkung auf den Zucker. Einige Fabrikanten glauben dies wohl von Ammoniak, nicht aber von Kali; sie sind deshalb bedacht, gleich nach dem Läutern des Saftes das freie Kali, nicht aber das freie Ammoniak, durch Schwefelsäure zu neutralisiren. Um die zur Neutralisation des Kali's nöthige Menge an Schwefelsäure zu finden, muß man eine gewisse Menge des Saftes ohne allen Zusatz von Schwefelsäure bis auf ohngefähr die Hälfte einkochen, wo dann das Ammoniak vollständig entwichen sein wird. Nun sättigt man den noch vom Kali alkalisch reagirenden Saft mit Schwefelsäure, und bemerkt sich genau die dazu erforderliche Menge. Diese so gefundene Menge kann man nun, wie leicht einzusehen, dem

Safte sofort bei anfangendem Eindampfen zusetzen, ohne Gefahr zu laufen, daß dadurch das Ammoniak neutralisirt werde; dies bleibt frei im Safte und entweicht beim Verdampfen, wo dann der Saft genau neutral zurückbleiben wird. Wenn man recht vorsichtig arbeitet, kann man auch denselben Zweck erreichen, wenn man immer in sehr kleinen Quantitäten während des Verdampfens die Schwefelsäure zusetzt.

Wir haben nun die Nachtheile betrachtet, welche ein zu geringer Zusatz des Kalkes beim Läutern nach sich zieht, und es ist nur noch auszumitteln, ob ein zu großer Zusatz von diesem Läuterungsmittel unschädlich ist.

Ein zu großer Zusatz von Kalk bei der Läuterung schadet bei Weitem nicht so viel, als ein zu geringer; er wirkt aber in sofern nachtheilig, als der dann in den Saft kommende freie Kalk, wie das freie Kali und Ammoniak, auf einige der ausgeschiedenen Stoffe auflösend wirkt, also gleichwie ein großes Vorkommen von Kali und Ammoniak in dem Safte wirkt, nemlich einen sehr dunkelgefärbten Saft liefert.

Auf welche Weise nun die zur Läuterung gerade erforderliche Menge Kalk erkannt wird, ergiebt sich hinlänglich aus dem Erörterten. Da der Kalk die Abscheidung mehrer Substanzen bezweckt, so wird derselbe zugesetzt werden müssen, so lange noch ein Niederschlag entsteht. So lange noch der Kalk auf aufgelöste Stoffe wirkt, kann kein Kalk im freien Zustande sich im Safte befinden, was aber sofort der Fall sein wird, wenn der Zusatz über diesen Punkt hinaus vermehrt wird. Eine Flüssigkeit aber, welche freien Kalk enthält (z. B. Kalkwasser) überzieht sich an der Luft schnell mit einer Haut von kohlensaurem Kalk; in diesen Erscheinungen haben wir sichere Erkennungsmittel für den erforderlichen Kalkzusatz.

Wenn daher die Fabrikation des Zuckers im Herbste beginnt, oder wenn man eine neue Sorte Rüben in Arbeit nimmt, muß die erforderliche Kalkmenge durch einen Versuch ausgemittelt werden, da dieselbe nach der Beschaffenheit der Rüben sehr verschieden ist. Man wägt sich eine bestimmte Menge Kalk ab, löscht diese mit Wasser zu Kalkmilch, und theilt diese genau in mehre Portionen. Diese Portionen werden nun nach und nach in den zu läuternden Saft geschüttet, indem man nach jeder eingeschütteten Portion eine Probe nimmt, um den Fortgang der Läuterung zu ermitteln. Man schöpft hierzu mit einem Löffel etwas von dem Safte aus und beobachtet, ob sich die ausgeschiedenen grauen Flocken schnell zu Boden senken und den Saft klar darüber stehen lassen, oder ob sie sich langsam senken und die Flüssigkeit trübe bleibt. Ist Letzteres der Fall, so ist noch Kalk nöthig. Giebt man von einer solchen Probe etwas auf ein Filter, so läuft der Saft schwierig durch, der filtrirte Saft ist graulich, trübe, und auf Zusatz eines Tropfens der Kalkmilch zu demselben entsteht, wenn er in dem Löffel aufgekocht wird, von Neuem ein Niederschlag von grauen Flocken, ein Beweis, daß im Safte noch durch Kalk abscheidbare Substanzen enthalten sind, mit anderen Worten, daß es noch an Kalk mangelt.

Es ist die gehörige Portion Kalk zugesetzt worden, die Läuterung ist beendet, wenn in einer herausgeschöpften Probe die Flocken sich schnell zu Boden senken und die Flüssigkeit klar darüber steht, wenn der geläuterte Saft beim Filtriren schnell durch's Filter geht, er wenig gelb gefärbt und klar ist, wenn in diesem filtrirten Safte auf einen Zusatz von einem Topf Kalkmilch beim Aufkochen kein Niederschlag erfolgt, und wenn der Saft an der Luft sich schnell mit einem Häutchen von kohlensaurem Kalk überzieht, als Beweis, daß schon etwas überschüssiger Kalk in ihm enthalten ist.

Die zur Erreichung dieses Punktes erforderliche Menge Kalk wird genau bemerkt und kann einige Zeit lang sogleich zugesetzt werden (obgleich man nicht vernachlässigen darf, täglich neue Proben zu machen, ob die Läuterung gehörig ausgeführt sei), wenn, wie wohl kaum bemerkt zu werden braucht, der angewandte Kalk immer von derselben Qualität ist, und ein und dieselbe Sorte Rüben verarbeitet wird.

Es ist schon erwähnt, daß die zur Läuterung erforderliche Menge Kalk für verschiedene Rüben verschieden ist, weil dieselbe von dem qualitativen Verhältnisse der Bestandtheile der Rüben abhängig ist; aber die Menge des Kalks muß auch bei Verarbeitung einer und derselben Rübensorte abgeändert werden. Frische Rüben nemlich erfordern weniger Kalk, als solche, die bereits anfangen zu keimen, oder welche gar angefault sind, aus dem leicht einzusehenden Grunde, weil durch den Keimungsproceß und die Fäulniß eine Veränderung hinsichtlich der Quantität der Bestandtheile der Rüben vorgeht, namentlich die Menge der Säuren vermehrt wird. Daher muß die zur Läuterung erforderliche Quantität des Kalkes vom Herbste bis zum Frühjahr allmählig vergrößert werden. Sind z. B. in den Monaten September bis Februar auf 750 Quart Rübensaft 5 Pfund (also auf 150 Quart 1 Pfund Kalk) erforderlich, so bedarf man im Monat März schon 6 Pfund und im April 7 — 8 Pfund, ja man steigt nach Umständen auf 9 — 10 Pfund.

Das deutsche Läuterungsverfahren. Dies Verfahren, welches, wie schon oben bemerkt, vorzüglich in den böhmischen Fabriken befolgt wird und welches ursprünglich von Achard herrührt, wurde bis vor kurzer Zeit auch in mehren Fabriken Frankreichs befolgt, namentlich in der so berühmten des Herrn Crespel; man hat es indeß aus später anzugebenden Gründen verlassen. Es unterscheidet sich von dem ebenbeschriebenen dadurch, daß der gepreßte Rübensaft mit Schwefelsäure versetzt wird, ehe man Kalk zugiebt. Man operirt nemlich auf folgende Weise:

So wie der Rübensaft von der Presse abläuft, wird derselbe auf 1000 Theile mit 3 Theilen englischer Schwefelsäure versetzt, die man vorher in dem Verhältnisse von 1 zu 5 mit Wasser verdünnt hat. Auf den zu einer Läuterung kommenden Saft (ohngefähr 800 Quart) sind hiernach also 6 Pfund englische Schwefelsäure erforderlich, die man durch 12 Quart Wasser verdünnt hat; auf 100 Quart Saft $^6/_8$

Pfund Schwefelsäure. Dieses Verhältniß der Schwefelsäure zum Safte gilt indeß nur, wenn der Letztere aus vollkommen gesunden Rüben erhalten worden war; sobald die verarbeiteten Rüben weniger oder mehr angefault waren, muß man auf 1000 Theile Saft 4 — 5 Theile Schwefelsäure, auf 800 Quart also 8 — 10 Pfund davon anwenden.

Die Läuterungskessel müssen, wenn sie durch Dampf geheizt werden sollen, die oben beschriebene Einrichtung haben; in den böhmischen Fabriken aber und in einigen wenigen in Frankreich wendet man gewöhnlich Kessel mit flachem Boden an, welche durch directes Feuer geheizt werden.

Das Ansäuern des Saftes geschieht entweder in eigenen Saftbehältern oder gleich in den Läuterkesseln; aber man wartet nicht, bis diese Gefäße gefüllt sind, sondern man giebt immer nach und nach, als der Saft einfließt, die Säure hinzu, damit derselbe nicht einmal eine kurze Zeit ohne Vermischung mit Schwefelsäure bleibt.

Sobald ein Läuterungskessel mit der gehörigen Menge angesäuerten Saftes beschickt ist, wird die zur Läuterung mindestens erforderliche Menge Kalk (zu Kalkbrei gelöscht), nemlich auf 1000 Pfund Saft 6 Pfund Kalk, also auf 800 Quart 12 Pfund, auf 100 Quart 1½ Pfund, in denselben gegeben, tüchtig durchgerührt und dann sogleich lebhaftes Feuer gemacht. Hat der Saft die Temperatur von 50° R. erreicht, so wird die Probe genommen, nemlich untersucht, ob die Menge des zugesetzten Kalkes zur Läuterung hinlänglich war, oder ob noch ein Zusatz von Kalk nöthig ist. Diese Probe wird auf vorhin beschriebene Weise ausgeführt. Es wird nämlich mittelst eines Löffels etwas Saft herausgeschöpft, filtrirt, und zugesehen, ob ein Tropfen Kalkmilch beim Erhitzen einen grauen oder gelblichgrauen Niederschlag hervorbringt; ist dies der Fall, so wird noch Kalk in den Läuterungskessel gegeben, nach einigen Minuten eine neue Probe genommen, und dies so oft wiederholt, bis Kalkmilch in einer herausgeschöpften Probe keine Abscheidung von Flocken bewirkt *).

Während des Probenehmens ist der Läuterkessel fortwährend geheizt worden. Hat man den richtigen Kalkzusatz erreicht, so läßt man die Temperatur des Saftes bis auf 75 — 78° R. sich erheben, worauf man die Einwirkung des Feuers gewöhnlich sogleich unterbricht, entweder indem man das Brennmaterial entfernt und etwas Wasser unter den Kessel sprißt, auch wohl einige Quart kaltes Wasser zum Safte gießt, oder indem man den Läuterkessel vom Feuer hebt, zu welchem Behufe dann über demselben ein Flaschenzug befindlich sein muß. Einige Fabrikanten lassen indeß den Saft so lange sieden, bis der entstandene Niederschlag eine feste Consistenz erreicht hat, wodurch der Saft sich leichter von demselben trennen läßt.

Die dem Safte beim Beginn der Läuterung sofort zuzusetzende Menge des Kalkes, nemlich auf 1000 Pfund Saft 6 Pfund Kalk (das ist auf 800 Quart 12 Pfund, auf 100 Quart 1½ Pfund) ist, wie schon bemerkt, das durch die Erfahrung gefundene Minimum, mit welchem man nicht immer ausreichen wird; man muß bisweilen die Menge des Kalkes auf 10 pro Mille erhöhen, also auf 100 Quart 2½ Pfund anwenden, und zwar, wie leicht einzusehen, besonders in den Fällen, wo der abgepreßte Saft bei vorhin angegebenen Umständen vor dem Zusatze des Kalkes mit einer größeren Menge Schwefelsäure vermischt wird, weil die Schwefelsäure die Wirkung des Kalks neutralisirt, und es braucht wohl kaum bemerkt zu werden, daß man bei fortwährender Verarbeitung einer Rübensorte und bei gleichem Zusatze von Schwefelsäure, immer gleich so viel Kalk in den Läuterkessel giebt, als sich des Tags vorher als erforderlich

---

*) Die durch den Zusatz der Kalkmilch bewirkte Trübung, so wie die Trübung, welche sich zeigt, wenn zu viel Kalk im Safte vorhanden, sind leicht von der Trübung zu unterscheiden, welche von den durch Kalk abgeschiedenen Substanzen herrührt. Ist Kalk in großem Ueberschusse vorhanden, so ist der Saft gewöhnlich sehr dunkel.

erwiesen, da die Menge desselben, wie schon oben bemerkt, während einer Campagne nie geringer wird, sondern immer gesteigert werden muß. Aus diesem letzten Grunde lasse man sich aber auch nie abhalten, die Probe zu nehmen; man könnte sonst leicht Gefahr laufen, einen schlecht geläuterten Saft zu bekommen, durch den alle späteren Operationen ungemein erschwert werden würden.

Es fragt sich nun, welcher Nutzen durch den Zusatz von Schwefelsäure zu dem Rübensafte vor dem Zugeben der Kalkmilch von den nach der angeführten Methode arbeitenden Fabrikanten bezweckt wird?

Bleibt der abgepreßte Saft der Runkelrüben einige Zeit stehen, so erleidet er, besonders schnell, wenn die Temperatur etwas hoch ist, wenn er reich an fremden Substanzen ist, wenn er der Luft eine große Fläche darbietet, und wenn die Apparate und Gefäße, mit denen er in Berührung kommt, nicht hinlänglich gereinigt sind, eine eigenthümliche Veränderung, die leider noch nicht genügend studirt ist; er wird nemlich dickflüssig, schleimig, lang; die Franzosen sagen, er erleidet die schleimige Gährung. In dem Maaße, als diese sehr nachtheilige Veränderung vorschreitet, wird der Saft zur weiteren Verarbeitung immer weniger tauglich, bis er zuletzt nicht mehr zu benutzen ist.

Diese nachtheilige Zersetzung erleidet nun der Saft nicht, welcher mit Schwefelsäure versetzt worden ist, sei es nun deshalb, weil die Schwefelsäure den Stoff entfernt, welcher dieselbe veranlaßt, oder wahrscheinlicher, weil sie durch ihre bloße Gegenwart (tonische Wirkung) dieselbe nicht eintreten läßt; denn wirkte die Schwefelsäure dadurch den Saft conservirend, daß sie den Stoff entfernte, so müßte der Rübensaft, nachdem er von den durch die Schwefelsäure ausgeschiedenen Stoffen abfiltrirt wäre, nicht mehr schleimig werden, was bis jetzt noch nicht erwiesen ist.

Man erkennt nun leicht, unter welchen Umständen der Zusatz von Schwefelsäure nothwendig wird und unter welchen anderen er entbehrlich ist. Hat man langsam wirkende Pressen, z. B. Schraubenpressen oder sehr kleine Pressen, so vergeht natürlich ziemlich lange Zeit, ehe die zu einer Läuterung erforderliche Menge Saft von diesen geliefert wird, und es können dann die zuerst in den Läuterkessel gebrachten Antheile des Saftes leicht schleimig werden, ehe die letzten Antheile abgepreßt werden. In diesem Falle wird es also durchaus erforderlich sein, den Saft, so wie er von der Presse kommt, mit etwas Schwefelsäure zu versetzen. Da man früher bei Weitem nicht so gut construirte Pressen hatte, als jetzt, so war auch früher der Zusatz von Schwefelsäure fast ganz unerläßlich; jetzt aber, wo man die rasch und kräftig wirkenden hydraulischen Pressen in allen Fabriken anwendet, kommt man von demselben zurück, weil er keinen Nutzen mehr gewährt, denn die zu einer Läuterung erforderliche Menge Saft wird von den Pressen in so kurzer Zeit geliefert, daß keine Zersetzung zu befürchten ist.

Man glaubte früher wohl auch, daß durch die Schwefelsäure aus dem Safte Substanzen entfernt würden, die der Kalk aus demselben nicht fortzuschaffen im Stande wäre, daß man also durch die vereinte Anwendung von Schwefelsäure und Kalk einen von fremdartigen Substanzen freieren Saft erhielte. Keine Erfahrung hat aber dies bewiesen. Selbst wenn die Schwefelsäure, wie schon oben erwähnt, den Stoff abscheidet, welcher das Schleimigwerden des Saftes veranlaßte, so kommt derselbe, sobald die Säure durch den Kalk neutralisirt ist und der Saft alkalisch wird, wieder in Auflösung, da sowohl der mit Kalk allein als der mit Schwefelsäure und Kalk geläuterte Saft nach einiger Zeit schleimig werden. Indeß wirkt die Schwefelsäure, wie vorhin erwähnt, wahrscheinlich auf eine andere Weise. Die Fabrikanten, welche die Abscheidung einer Substanz aus dem Safte glaubten, ließen, um diesen Zweck recht vollkommen zu erreichen, denselben einige Zeit mit der Schwefelsäure in Berührung; sie preßten z. B. den Saft am Abend, versetzten ihn mit Schwefelsäure in eigenen Saftbehältern, und läuterten ihn erst am folgenden Morgen. Wenn nun auch durch directe Versuche nachgewiesen worden ist, daß durch diese Berührung des Saftes mit der Schwefelsäure die Ausbeute an Zucker nicht verringert wird, so hat sich doch ergeben, daß der Zucker, welcher aus mit Schwefelsäure geläutertem Safte gewonnen wurde, ein nicht so festes Korn und bei gleichem Gewichte ein größeres Volumen besitzt, und aus diesem Grunde haben die meisten französischen Fabrikanten die Läuterung mit Zusatz von Schwefelsäure aufgegeben.

Läuterung des Saftes mit Gyps. In der vor etwa 25 Jahren in Althaldensleben von Nathusius etablirten Runkelrübenzuckerfabrik, die aber seit ungefähr 20 Jahren aufgegeben worden ist, schrieb man die läuternde Wirkung bei der gleichzeitigen Anwendung von Schwefelsäure und Kalk, wenigstens theilweise dem dadurch entstehenden Gypse (schwefelsaurem Kalke) zu, und man wandte in dieser Voraussetzung direct den rohen oder auch gebrannten Gyps in Verbindung mit Kalk als Läuterungsmittel an. Der in den Läuterkessel gebrachte Saft wurde auf jede 100 Quart mit 1 Pfund fein pulverisirtem Gyps und 25 Loth zu Pulver gelöschtem Kalk vermischt, allmählig bis zum Sieden erhitzt und der entstandene Schaum abgenommen. Der so geläuterte Saft erschien vollkommen klar und durchsichtig. Verminderte man die Menge des Kalks bis auf 12½ Loth pro 100 Quart Saft, so erhielt man keinen festen Zucker, aber einen Syrup, der wegen seiner Süßigkeit sehr starken Absatz fand. 300 Centner Rüben lieferten 29 Centner von diesem Syrup. Vermehrte man die Menge des Kalkes, so erhielt man einen Saft, welcher beim Abdampfen stark schäumte, keine Probe zeigte (siehe weiter unten), und aus welchem sich erst nach langer Zeit fester Zucker ausschied *).

Die Benutzung des Gypses als Läuterungsmittel ist nie

---

*) Lohmann »Ueber die deutsche Zuckerfabrikation aus Runkelrüben ꝛc., Magdeburg, 1818.« Daß der mit sehr viel Kalk versetzte Saft nicht gut verdampft, wird sich später erklären; es entsteht eine Verbindung von Kalk und Zucker, welche das Wasser stark zurückhält.

allgemein geworden, ja sie ist fast ganz unberücksichtigt geblieben, und ich würde dieselbe hier ganz unerwähnt haben lassen können, wenn nicht wieder in der neuesten Zeit durch Brande der Gyps als ein sehr beachtenswerthes Läuterungsmittel empfohlen worden wäre.

Nach Brande wird nemlich der gepreßte Rübensaft auf 100 Quart mit 1¼ Pfund Gypsmehl angerührt, dann allmählig (anfangs unter Umrühren) erhitzt, bis er zum gelinden Kochen kommt, das man so lange (5 — 10 Minuten) unterhält, bis eine kleine Probe, durch Druckpapier filtrirt, eine völlig klare, mehr oder weniger dunkel bouteillengrüne Flüssigkeit giebt. Ist dieser Punkt eingetreten, so wird das Feuer unter dem Kessel entfernt, der an die Oberfläche gekommene Schaum mittelst eines Schaumlöffels abgenommen und der Saft durch wollene Spitzbeutel gegossen, wonach er vollkommen klar erscheint.

Der so mit Gyps behandelte und filtrirte Saft wird wieder in den gereinigten Läuterkessel gebracht, auf 100 Quart 20 Loth gelöschter Kalk zugesetzt, tüchtig durchgerührt und langsam wieder bis auf 65 — 70° R. erhitzt. Diese Temperatur wird ¼ Stunde lang erhalten, und während der Zeit untersucht, ob ein auf einige Augenblicke in die Flüssigkeit getauchtes Kurkumapapier so gebräunt wird, daß sich die braune Farbe merklich hält, wenn man dasselbe auf einem warmen Ziegelsteine abtrocknen läßt. Zeigt sich keine Bräunung oder verschwindet die Bräunung beim Trocknen, so muß der Kalkzusatz vermehrt werden. Man setzt dann in kleinen Portionen Kalk hinzu, bis ein eingetauchtes Kurkumapapier selbst nach dem Trocknen merklich gebräunt, erscheint, bei welchem Punkte dann der filtrirte Saft weingelb erscheint*). Ist die Farbe des Saftes rauchig grünlich, so fehlt noch Kalk.

---

*) Dem denkenden Leser wird es klar sein, was man durch die auf angegebene Weise ausgeführten Proben erforschen will. Die Alkalien ändern die gelbe Farbe des Kurkumapapiers in Braun um;

Runkelrübenzuckerfabrikation.

Auch bei dieser Methode der Läuterung muß während der Arbeitszeit die Menge des Kalks fortwährend gesteigert werden; bei ganz frischen Rüben reicht man mit 20 Loth Kalk auf 100 Quart Saft aus, nach und nach muß man aber auf dieselbe Menge Saft 40 Loth Kalk anwenden.

Den Vortheil, welchen Brande durch diese Methode der Läuterung bezweckt, wird sich aus folgenden Betrachtungen ergeben.

Sowohl durch die Schwefelsäure als auch durch in zweckmäßiger Menge angewandten Kalk wird aus dem Safte unter andern der Eiweißstoff abgeschieden; ersterer bringt denselben zum Gerinnen, letzterer bildet damit eine unlösliche Verbindung. Da bei einer Temperatur von ohngefähr 70° R. das Eiweiß gerinnt, also unlöslich wird, so wird auch bloßes Erhitzen bis zur angegebenen Temperatur den Saft vom Eiweißstoff befreien.

Bei den früher beschriebenen Läuterungsmethoden wird, wie der Leser gesehen hat, das ausgeschiedene Eiweiß nicht entfernt, sondern es bleibt bem Safte beigemengt. Durch den nöthigen Zusatz einer großen Menge Kalkes werden nun bekanntlich Kali und Ammoniak im Safte frei, und diese wirken, wie öfter erwähnt, auf das ausgeschiedene Eiweiß wieder auflösend; eben so auflösend wirkt auch der etwa im Ueberschuß zugesetzte Kalk. Es wird also der Saft bei diesen Methoden der Läuterung wieder eiweißhaltig, was sehr unangenehm ist, weil dadurch der allgemeine Zweck der Läuterung, nemlich die Entfernung der Substanzen, welche

---

da das Ammoniak flüchtig ist, so verschwindet die Bräunung des Kurkumapapiers beim Erwärmen, wenn sie durch Ammoniak bewirkt war, sie verschwindet aber nicht, wenn in dem Safte Kali oder Kalk die Ursache der Bräunung war, weil diese Alkalien nicht flüchtig sind. Man bezweckt also, durch die Proben zu erforschen, ob eine nur die Zersetzung der Ammoniaksalze bewirkende Menge Kalk zugegeben worden ist, oder ob dieselbe auch zur Zersetzung der Kalisalze hinreichend war. Ein dann noch zugefügter Ueberschuß von Kalk vermehrt dann die alkalische Reaction.

der Abscheidung des Zuckers hinderlich sind, zum Theil verfehlt wird.

Wird nun aber, wie bei der von Brande angegebenen Methode, das nach Zusatz von Gyps und Erhitzen bis zum Siedpunkte aus dem Safte abgeschiedene Eiweiß durch Abfiltriren von dem Safte getrennt, und dieser so vom Eiweiß vollkommen befreite Saft mit der zur Entfernung der freien und an Basen gebundenen Aepfelsäure, und Gallertsäure erforderlichen Menge Kalk geläutert, so kann weder das freie Kali und Ammoniak noch der etwa überschüssig zugesetzte Kalk eine neue Verunreinigung mit Eiweiß bewirken, weil eben dies früher durch Filtration fortgeschafft worden ist.

Ich wage keine feste Behauptung aufzustellen, wie der Gyps hierbei wirksam ist, ob z. B. die in dem Safte vorkommenden Kalisalze denselben theilweis zerlegen, oder ob, was mir am wahrscheinlichsten ist, die Wirkung eine rein mechanische ist, daß nemlich der pulverförmige Gyps die Partikeln des durch Erhitzen in geronnenem Zustande abgeschiedenen Eiweißes umhüllt, und dadurch durch Filtration leichter abscheidbar macht.

Man kann, wie vorhin erwähnt, den Rübensaft durch bloßes Erhitzen von dem Eiweiß befreien, indem dies in geronnenem Zustande sich abscheidet; versucht man aber, von einem solchen Saft das geronnene Eiweiß abzufiltriren, so zeigt sich, daß dies nicht ausführbar ist, weil durch sehr feine Theilchen des Eiweißes das Filter sogleich verstopft wird. Diese Zertheilung eines Antheils des geronnenen Eiweißes ist so bedeutend, daß die Flüssigkeit dadurch opalisirend wird und opalisirend durch's Filter tröpfelt; es ist gleichsam ein Uebergang von der Lösung zur Suspension. Rührt man aber in diese Flüssigkeit irgend einen unlöslichen pulverigen Körper, der keine nachtheilige chemische Wirkung äußert, so werden die Eiweißtheilchen von diesem Körper umhüllt und zu Boden gerissen; der Saft wird vollkommen klar und leicht filtrirbar. Auf diesem Prinzip beruhen fast alle Methoden des Klärens der Flüssigkeiten.

Runkelrübenzuckerfabrikation.

Das durch Schwefelsäure in der Kälte aus dem Safte gefällte Eiweiß senkt sich aus der Flüssigkeit nur höchst langsam zu Boden, und das Abfiltriren kann hier mit der erforderlichen Schnelligkeit ebenfalls nicht ausgeführt werden; eine höhere Temperatur, bei welcher das ausgeschiedene Eiweiß sich mehr zusammenzieht, ist aber wegen der nachtheiligen Wirkung der Säure auf den Zucker nicht anwendbar. Aus dem Angeführten scheint die Wirkung des Gypses als Läuterungsmittel vollkommen erklärlich; man würde nach meinem Erachten an die Stelle des Gypses mehre andere Substanzen, z. B. gröblich pulverisirte Knochenkohle, Ziegelmehl, setzen können.

Im Großen in Runkelrübenzuckerfabriken angestellte Versuche müssen erst entscheiden, ob die zweimalige Filtration des Saftes mit der erforderlichen Schnelligkeit ausführbar ist; denn man muß selbst Fabrikant sein, um beurtheilen zu können, welchen Nachtheil eine Verzögerung in den Arbeiten bewirkt. Auch rufe ich in's Gedächtniß zurück, was ich oben bemerkt habe, daß das durch den Ueberschuß an Kalk wieder aufgelös'te Eiweiß u. s. w. bei der später vorzunehmenden Filtration des Saftes durch Kohle abgeschieden wird, daß also dadurch die Wirkung des Gypses wohl entbehrlich sein dürfte. Uebrigens empfiehlt Brande seine Methode der Läuterung auch nur zur Darstellung des Rübenzuckers in kleinen Mengen.

Läuterung des Saftes mit Kalk und schwefelsaurer Thonerde. Da die aus einer Auflösung durch Alkalien abgeschiedene Thonerde die Eigenschaft besitzt, Farbestoffe und andere Substanzen mit sich niederzureißen, so empfahl Derosne, die schwefelsaure Thonerde in Verbindung mit Kalk zur Läuterung des Rübensaftes anzuwenden. Diese Methode der Läuterung hat indeß wenig Eingang gefunden, und zwar gewiß mit Recht, weil die Thonerde aus zuckerhaltigen Flüssigkeiten durch Kalk nicht vollständig wieder entfernt werden kann; sie wird den Syrup verunreinigen. Außerdem ist die schwefelsaure Thonerde fast immer eisenhaltig, und auch das

Eisen wird aus Flüssigkeiten, die organische Substanzen enthalten, durch Kalk nicht vollständig abgeschieden, so daß bei Anwendung von unreiner schwefelsaurer Thonerde (und reine ist sehr schwer und nur mit großen Kosten zu bereiten) der Syrup auch eisenhaltig wird und dann einen Tintengeschmack erhält, der ihn unverkäuflich macht. Nach von Dubrunfaut angestellten Versuchen wirkt die Thonerde auch nur dann entfärbend, wenn man dem Safte nicht so viel Kalk zusetzt, daß durch denselben das Ammoniak (und das Kali?) in Freiheit gesetzt werden, wahrscheinlich deshalb, weil die freien Alkalien der Verbindung der Thonerde mit den färbenden Substanzen diese letzteren wieder entziehen, und freies Kali löst, wie man weiß, die Thonerde selbst auf.

Anstatt der schwefelsauren Thonerde hat man auch Alaun (schwefelsaures Thonerde-Kali) angewandt, weil dies Thonerdesalz leicht rein von Eisen zu erhalten ist; aber man bringt dadurch eine beträchtliche Menge eines fremden Salzes, nemlich schwefelsauren Kali's, in den Saft, was offenbar nicht gut ist, und die übrigen erwähnten Nachtheile werden dadurch doch nicht beseitigt.

Ich kehre zu der weiteren Behandlung des auf oben angeführte Weise durch Kalk oder Schwefelsäure und Kalk geläuterten Saftes zurück.

Sobald die gehörige Menge des Kalkes in den Läuterkessel gekommen, und das Erhitzen durch Absperren des Dampfes, Entfernung des Feuers oder Abheben des Kessels unterbrochen worden ist, sei es nun, entweder nachdem der Saft die Temperatur von 78° R. erreicht hat, oder nachdem derselbe einmal aufgekocht hat, oder nachdem man ihn so lange hat kochen lassen, bis die ausgeschiedenen Substanzen sich zu einer ziemlich festen Masse zusammengezogen haben, so läßt man denselben ohngefähr 10 — 15 Minuten ruhig im Läuterkessel stehen, damit sich die ausgeschiedenen Substanzen zu Boden senken oder zu einem festen Schaum auf die Oberfläche begeben.

Nach dieser Zeit wird der klare Saft durch den Hahn

abgelassen, und der trübe breiartige Rest, welcher bei gut ausgeführter Läuterung nur wenig betragen darf, auf Beutelfilter gegeben, um daraus den aufgesogenen Saft zu gewinnen. Läuft von diesen Beutelfiltern freiwillig nichts mehr ab, so werden dieselben zwischen Weidengeflechten mittelst einer Schraubenpresse ausgepreßt. Der in den Beuteln bleibende Rückstand wird als Dünger benutzt.

Die Beutelfilter werden aus starker Leinwand gefertigt; sie sind bei Crespel 2½ Fuß lang, etwa 1 Quadratfuß im Querschnitt weit, und werden an 4 Strippen zu 10 — 12 neben einander in einem hölzernen Rahmen aufgehängt. Fig. 67 Ansicht des Rahmens von oben. Unter den Beuteln liegt eine Rinne von Weißblech, in welcher der abfließende Saft abgeleitet wird. Diese Beutelfilter werden alle 24 Stunden einmal ausgekocht; sie werden durch den im Safte enthaltenen Kalk binnen 14 Tagen so hart, daß sie brechen; man weicht sie deshalb in verdünnter Salzsäure ein, um den Kalk aufzulösen, und wäscht dieselben nach dieser Operation sehr sorgfältig aus, damit das Calciumchlorid vollständig entfernt werde. Selbst bei dieser Vorsicht halten die Beutel aber nicht leicht über 4 Wochen.

Der vom Safte entleerte Läuterkessel wird mittelst eines Besens und etwas Rübensaft gereinigt; man spühlt nemlich die an den Wänden hängenden Unreinigkeiten auf den Boden zusammen, wäscht den oberen Theil des Kessels blank, und beginnt, wenn Saft vorhanden, eine neue Füllung.

Für die Operationen des Einlassens des Saftes, Läuterns und Ablassens sind ohngefähr 1½ Stunden erforderlich, so daß in einem Läuterkessel innerhalb 12 Stunden 8 Läuterungen vorgenommen werden können. Hiernach läßt sich die Größe der Kessel leicht berechnen. (Vergl. S. 458).

Ehe der geläuterte klare Saft zur Concentration in die Abdampfpfanne gebracht wird, läßt man denselben in sehr vielen Fabriken durch die Knochenkohle aus den später zu erwähnenden Dumont'schen Filtern passiren, damit derselbe den in der Kohle enthaltenen Zuckersyrup auswasche. Man stellt zu diesem Zwecke die gebrauchten Dumont'schen Filter unter die Läuterkessel, oder man schüttet die Kohlen aus diesen Filtern in hölzerne mit Kupferblech ausgeschlagene Kisten, die ganz wie die Dumont'schen Filter, mit doppeltem Boden u. s. w., construirt sind (siehe unten). Ist der geläuterte Saft die Kohle passirt, so werden einige Eimer Wasser nachgegossen, um den aufgesogenen Saft auszuwaschen. Die gebrauchte Kohle wird, wie später gezeigt werden wird, verarbeitet.

Der nach irgend einer der angeführten Methoden geläuterte Saft wird sich um so mehr einer reinen Auflösung von Zucker nähern, je besser die verarbeiteten Rüben waren, je zweckmäßiger die Läuterungsmethoden waren, und je besser dieselben ausgeführt wurden. Aber bei den günstigsten Umständen enthält der Saft noch eine nicht unbeträchtliche Menge von fremdartigen Substanzen, wie sich aus dem ergiebt, was über die Wirkung der Läuterungsmittel angeführt worden ist; er wird nemlich neben dem Zucker enthalten: freies Kali und freies Ammoniak, freien Kalk, organische Substanzen, z. B. Eiweiß, durch die freien Alkalien in Auflösung erhalten, salpetersaure Salze, wenn diese in den Rüben vorkommen, und bei Anwendung von Schwefelsäure zur Läuterung, eine ziemliche Menge Gyps.

Entfernt sind also durch die Läuterung der größte Theil der fremden organischen Substanzen, namentlich die organischen Säuren (Gallertsäure, Aepfelsäure), Eiweiß, Schleim.

Das Abdampfen.

Der geläuterte und, wie erwähnt, auch wohl durch Kohlen filtrirte Saft wird nun abgedampft. Das Abdampfen bezweckt die Entfernung eines Theils des Auflösungsmittels, des Wassers; der Saft wird nemlich durch diese Operation auf 21 — 25° B. (1,17 — 1,20) concentrirt; sie muß sofort nach beendeter Läuterung vorgenommen werden, theils weil dadurch Feuermaterial erspart wird, theils weil der geläuterte Saft nach einiger Zeit schleimig wird und verdirbt.

Das Abdampfen wird entweder über freiem Feuer ausgeführt oder durch Dampf, auf erstere Weise in den böhmischen Fabriken, auf letztere Weise in den französischen Fabriken.

Bei dem Abdampfen darf der Saft nicht höher als 8 Zoll hoch in den Abdampfpfannen zu stehen kommen; man macht diese deshalb sehr flach und so groß, daß der Saft von einer Läuterung in zweien derselben Platz hat, wenn eine einzige Pfanne zu groß werden sollte. Angenommen, man erhält von einer Läuterung 800 Quart, das sind 30 Kubikfuß Saft, so würde die Fläche der Pfanne, wenn der Saft 8 Zoll hoch in derselben zu stehen kommen soll, 45 Quadratfuß betragen.

Der Grund, weshalb der Saft in den Abdampfpfannen nicht hoch stehen darf, ist der, daß die Temperatur desselben am Boden der Abdampfpfanne in dem Verhältnisse steigt, als die Flüssigkeitssäule höher ist, und bei einer hohen Temperatur erleidet der Zucker in dem Safte die Veränderung, die Seite 419 angeführt worden ist; er ändert sich nämlich in unkristallisirbaren Zucker, in Melasse, um.

Einige Fabrikanten haben sogar geglaubt, daß eine Höhe von 8 Zoll noch zu bedeutend wäre, und diese deshalb auf 4 Zoll beschränkt. Da aber der Saft bei der Concentration auf 25° B. ohngefähr auf den 4ten Theil des Volumens reducirt wird, so würde gegen das Ende des Abdampfens der Saft nur ohngefähr einen Zoll hoch stehen. Bei dieser geringen Höhe würde wegen der Ungleichheit des Pfannenbodens und des stattfindenden Aufschäumens der Saft an einzelnen Stellen eintrocknen und daselbst zu stark erhitzt werden (was man gewöhnlich mit dem Ausdrucke Anbrennen bezeichnet); er würde braun gefärbt und ebenfalls unkristallisirbar werden. Um dies zu vermeiden, muß man mehre Abdampfpfannen anwenden. Sobald nemlich in der ersten Abdampfpfanne der Saft von 4 Zoll Höhe auf 2 Zoll Höhe durch Verdampfen reducirt ist, muß man denselben in eine zweite Pfanne bringen, welche nur eine halb so große Fläche als die erstere besitzt, so daß der Saft darin nun wieder 4 Zoll hoch zu stehen kommt; in dieser zweiten Pfanne dampft man denselben nun auf die erforderliche Consistenz ein.

In früherer Zeit verfuhr man beim Abdampfen auch wohl auf die Weise, daß man in die Abdampfpfanne, sobald der Saft durch Verdunstung auf ein geringes Volumen gebracht war, wieder frischen Saft bis zu einer bestimmten Höhe nachfüllte, bis endlich aller vorhandene Saft auf diese Weise eingedampft war. Kein Verfahren kann aber unzweckmäßiger sein, als dieses, weil dabei der zuerst eingefüllte Saft 6 — 10 Stunden lang sieden muß, während, wenn jede Füllung einer Pfanne für sich bis zu der gehörigen Concentration gebracht wird, der Saft nur 1 — 1½ Stunden lang der Einwirkung der hohen Temperatur ausgesetzt bleibt, während welcher Zeit bei einiger Vorsicht der Zucker keine bedeutende Veränderung erleidet.

Es ist durch viele Versuche außer allen Zweifel gesetzt, daß in den Runkelrüben aller Zucker als kristallisirbarer enthalten ist; gleichwohl bekommt man, wie sich später ergeben wird, bei der Fabrikation des Zuckers aus Runkelrüben immer mehr oder weniger unkristallisirbaren Zucker (Syrup, Melasse). Die geringere Menge dieses unkristallisirbaren Syrups ist nun, bei sonst gleichen Verhältnissen, von der zweckmäßigsten Ausführung des Eindampfens (und des Verkochens) abhängig.

Dombasle ließ, um diesen Satz zu beweisen, den geläuterten Rübensaft langsam über eine etwas geneigte Blechtafel laufen, welche durch Wasserdämpfe geheizt wurde, und erhielt einen ungefärbten Syrup, welcher ganz zu fast farblosem Zucker erstarrte.

Um die Einwirkung eines zu heftigen Feuers auf den Rübensaft beim Eindampfen zu vermeiden, wird, wie ich oben erwähnte, diese Operation in den französischen Fabriken und in vielen deutschen durch Wasserdämpfe ausgeführt.

Runkelrübenzuckerfabrikation.

Der geläuterte Rübensaft wird in runde Pfannen von ohngefähr 4½ Fuß Weite und 3 Fuß Höhe gebracht, auf deren Boden ein kupfernes doppeltes Spiralrohr gelegt ist. Fig. 68. Durch dieses Rohr läßt man die in dem Dampfkessel entwickelten Dämpfe von 2 — 3 Atmosphären Spannung, also von einer Temperatur von 121½ — 135° C. streichen, welche dabei ihren Wärmestoff an den das Rohr umgebenden Saft abtreten und dessen Wasser verdampfen. Früher wandte man nur ein einfaches Spiralrohr zum Erhitzen des Saftes an; aber bei dieser Einrichtung ist die Temperatur in der Verdampfpfanne zu ungleich; sie wird nemlich an der Peripherie des Kessels sehr hoch sein, während sie in der Mitte, wo der Dampf aus der Pfanne abgeleitet wird, sehr niedrig sein muß. Bei dem doppelten Spiralrohr aber gelangt der heiße Dampf schneller in die Mitte der Pfanne, er besitzt also dann noch bedeutende Wärme, und von der Mitte ab wird er, wie es die Abbildung zeigt, wieder nach der Peripherie geleitet. Hierdurch geschieht es, daß, wo in dem Zuleitungsrohre der einströmende Dampf am heißesten ist, in der danebenliegenden Stelle des Ableitungsrohres der abziehende Dampf am wenigsten heiß ist (nemlich an der Peripherie der Pfanne), und daß da, wo der einströmende Dampf etwas weniger heiß, der abströmende ziemlich dieselbe Temperatur besitzt (nemlich in der Mitte), so daß also auf dem Boden der Pfanne die Temperatur fast ganz gleichförmig ist.

Crespel wendet in seiner Fabrik ganz eigenthümlich construirte Pfannen an; sie sind nemlich länglich-viereckig, etwa 15 Fuß lang und 2½ Fuß breit, wo dann zwei derselben den Saft von einer Läuterung (ohngefähr 800 Quart) aufnehmen. Auf den Boden dieser Pfannen sind 11 halbcylindrische Kanäle genietet (Fig. 69), durch welchen der zum Verdampfen des Saftes bestimmte Dampf sich bewegt. Aus dem Dampfkessel gelangt der Dampf zuerst in ein weites gußeisernes Querrohr, aus welchem derselbe durch 11 enge Röhren in die auf den Pfannboden genieteten Halbröhren tritt.

An der entgegengesetzten Seite tritt der Dampf, nachdem er seine Wirkung gethan, durch 11 gleiche Röhren aus den Halbröhren in ein weites Querrohr, von wo er zur Speisung des Dampfkessels weiter geführt wird.

Man wird leicht erkennen, daß bei den Crespel'schen Pfannen nicht so vollständig die Wärme des Dampfes benutzt wird, als bei den zuerst beschriebenen, wo der Saft durch in der Flüssigkeit liegende Röhren erhitzt wird. Die Wärme nemlich, welche am unteren Theile der Halbröhren ausströmt, geht für die Benutzung verloren. Um diesen Verlust so gering als möglich zu machen, müssen die so construirten Pfannen mit einem Mantel aus Holz versehen sein, damit die dazwischen stehende Luft, als schlechter Wärmeleiter, das Entweichen der Wärme verhindert.

Es fragt sich nun, welchen Vortheil die Crespel'schen Abdampfpfannen haben. Sie haben den allerdings nicht unwichtigen Vortheil, daß sie sich ungemein leicht reinigen lassen. Mit einem stumpfen Besen gelingt die Reinigung in einigen Minuten, während bei den anderen Pfannen das zur Reinigung erforderliche Herausnehmen der Spiralröhren großen Zeitverlust nach sich zieht. Indeß sind demohngeachtet diese Abdampfpfannen in Frankreich ganz allgemein geführt, und auch bei den in Deutschland nach französischen Mustern eingerichteten Fabriken benutzt man dieselben fast ohne Ausnahme.

Mag man nun entweder durch directes Feuer oder durch Wasserdampf abdampfen, so ist bei der Operation das Folgende zu beachten:

Ehe der Saft aus dem Läuterkessel in die Abdampfpfanne gebracht wird, müssen diese letzteren vollkommen blank gescheuert sein. Man erhitzt nun ein wenig Wasser in denselben, um sie anzuwärmen, läßt dies ab und füllt die Pfannen schnell bis zur gehörigen Höhe mit dem Safte.

Die Verdampfung schreitet rasch vorwärts, es bildet sich viel Schaum, welcher, wenn die Pfannen zu wenig tief sind, leicht über deren Rand emporsteigen kann. In Frankreich streut man nun, sobald die Verdampfung beginnt, auf die Oberfläche des Saftes etwas fein pulverisirte Knochenkohle, welche bei der Darstellung des gröberen Knochenkohlenpulvers für die Dumont'schen Filter abfällt; es wird auf diese Weise noch nutzvoll verwerthet, indem es eine angehende Klärung bedingt und die Substanzen einhüllt, welche sich beim Verdampfen des Saftes ausscheiden, z. B. Eiweiß, Kalk u. s. w. Das Abdampfen wird fortgesetzt, bis der Saft heiß 20 — 22° am Baumé'schen Aräometer zeigt.

In den böhmischen Fabriken, in denen man, wie oben erwähnt, über freiem Feuer eindampft, setzt man bei dem Verdampfen kein Kohlenpulver zu, und sobald der Saft eine Concentration von 10 — 12° B. erreicht hat, giebt man zu demselben so viel von einer sehr verdünnten Schwefelsäure (aus 1 Theil concentrirter Säure und 10 Theilen Wasser), daß der Saft nur noch schwach alkalisch reagirt; man setzt dann das Eindampfen bis zu einer Concentration von ohngefähr 24 — 25° B. fort.

Man wird, wenn man sich das früher Gesagte in's Gedächtniß zurückruft, leicht den Zweck der Neutralisation durch Schwefelsäure in der angegebenen Periode erkennen. Der Saft reagirt nach der Läuterung von dem durch Kalk freigewordenen Kali und Ammoniak stark alkalisch. Es darf nun nicht sofort nach der Läuterung mit Schwefelsäure die alkalische Reaction durch Schwefelsäure vernichtet werden, weil man sonst schwefelsaures Ammoniak in den Saft brächte, welches beim Eindampfen Ammoniak entläßt und den Saft sauer zurückließe, was, wegen der Veränderung des Saftes durch Säuren, ein sehr großer Uebelstand wäre. Ist aber der alkalische Saft in den Abdampfpfannen bis auf 10—12° B. eingedampft, so ist das Ammoniak aus demselben vollständig verjagt worden; die alkalische Reaction rührt nun allein von freiem Kali und von etwas überschüssigem Kalke her (man hat indeß vom Kalk immer nur geringe Mengen gefunden). Wird in dieser Periode die Neutralisation mit Schwefelsäure vorgenommen, so kann bei dem ferneren Ver=

dampfen der Saft nicht wieder sauer werden, weil kein Ammoniaksalz vorhanden ist.

Daß man überhaupt den Saft nicht stark alkalisch läßt, also überhaupt die Neutralisation mit Schwefelsäure ausführt, findet darin seinen Grund, daß nach einigen Chemikern der aufgelöste Zucker, wenn er mit Alkalien gekocht wird, ebenfalls eine Zersetzung erleidet, und daß es vorzüglich das freie Alkali ist, welches die organischen Substanzen, wie das Eiweiß, in Auflösung erhält; diese scheiden sich daher bei der Neutralisation ab.

Um die Einwirkung des freien Kali's und Kalkes auf den Zucker in dem Safte ganz zu vermeiden, geben einige Fabrikanten dem Safte, sobald er in die Abdampfpfannen gebracht wird, einen verhältnißmäßigen Zusatz von Schwefelsäure, welcher aber, wie oben S. 465 ausführlich erläutert ist, nie so viel betragen darf, daß das freie Ammoniak dadurch neutralisirt wird. Die Neutralisation darf sich nur auf das Kali und den Kalk erstrecken, der Saft muß also nach der Zugabe der Schwefelsäure noch stark alkalisch reagiren, er muß Kurkumapapier stark braun färben, und diese braune Färbung muß sich selbst nach dem Trocknen des Reactionspapiers schwach zeigen, als Beweis, daß noch ein wenig Kali in der Flüssigkeit frei ist, wo dann noch kein Ammoniak durch die Schwefelsäure neutralisirt sein kann. Reagirt der Saft auf Kurkumapapier, verschwindet aber die braune Färbung beim Trocknen des Papiers, so ist kein Kali in dem Safte frei, und dann wird sicher schon etwas Ammoniak neutralisirt sein; der Saft wird beim ferneren Verdampfen wieder sauer werden, welcher Uebelstand durch Zugabe von etwas Kalkmilch beseitigt werden muß; denn ich lege es nochmals dringend an's Herz, daß eine selbst ziemlich starke alkalische Reaction bei weitem nicht den Nachtheil hat, als eine wenn auch fast unmerkliche Menge freie Säure, so daß es also als feststehende Regel bei dem ganzen Verlaufe des Abdampfens gilt, daß der Saft etwas alkalisch reagire. Man muß deshalb in der Fabrik immer mit einem Vorrathe an gutem Lackmus- und Kurkumapapier versehen sein (siehe Reagentien). Letzteres wird durch Alkalien braun gefärbt, ersteres durch Säuren geröthet, und Alkalien ändern die rothe Färbung wieder in's Blaue um. Es brauchte wohl kaum erwähnt zu werden, daß, wenn man bei der Neutralisation des Saftes mit Schwefelsäure etwa aus Unvorsichtigkeit einen Ueberschuß an Säure zugegeben hätte, dieser sofort wieder durch einen Zusatz von Kalkmilch entfernt werden muß.

Die meisten französischen Zuckerfabrikanten setzen dem Safte in den Abdampfpfannen keine Säure zu; sie lassen denselben alkalisch, weil sie die Ueberzeugung haben, daß diese alkalische Reaction auf den Zucker in dem Safte keinen nachtheiligen Einfluß ausübt, weil die, wie man später sehen wird, in ziemlicher Quantität angewandte Thierkohle, welche der Saft passiren muß, sowohl die Substanzen abscheidet, welche das Alkali aufgelöst enthält, als auch selbst einen Theil des Alkali's an sich zieht, also gleichsam wie die Schwefelsäure den Saft weniger alkalisch macht. Die geringe Menge von freiem Kali, welche dann nach der Behandlung mit Kohle zurückbleibt, halten sie allgemein als das Ablaufen der Melasse von dem festen Zucker befördernd.

Verschiedene Umstände werden, wie der denkende Leser leicht erkennen wird, ein verschiedenes Verfahren erheischen, nemlich es wird bald zweckmäßig sein, dem Safte etwas Schwefelsäure zuzusetzen, bald wird dieser Zusatz aber überflüssig sein. Die Beschaffenheit der Rüben muß entscheiden. Sind die Rüben von sehr guter Beschaffenheit, das heißt enthalten sie nur wenig fremde Substanzen, namentlich wenig Kalisalze, so wird der Saft natürlich nach der Läuterung nicht so bedeutend alkalisch sein, als wenn man Rüben verarbeitet, die eine reichliche Menge Kalisalze enthielten. Im ersteren Falle wird ein Zusatz von Schwefelsäure überflüssig sein, weil die Kohle, wie oben gesagt, der Schwefelsäure ähnlich wirkt: in dem letzteren Falle wird ein Zusatz von Schwefelsäure zweckmäßig sein, weil die Kohle den Saft nicht hinlänglich von seinem Alkali wird befreien können.

Brande, welcher, wie S. 474 angeführt, den Saft durch Gyps klärt, wendet zur Neutralisation des Alkali's die aus Knochen bereitete Phosphorsäure an. Sobald von dem Safte in der Abdampfpfanne der vierte Theil verkocht ist, und dann der Saft stark alkalisch reagirt, setzt man nach und nach die aufgelöste Phosphorsäure unter gehörigem Umrühren hinzu, und zwar so viel, daß noch eine kaum merkliche alkalische Reaction sich zeigt, nie aber so viel, daß die Säure überschüssig ist, der Saft also Lackmuspapier roth färbt. Sollte durch Unvorsichtigkeit eine saure Reaction hervorgebracht worden sein, so muß dieselbe sofort durch Zugabe von etwas Kalkmilch wieder vernichtet werden. Die erforderliche alkalische Beschaffenheit des Saftes erkennt man am besten daran, daß Kurkumapapier nicht merklich gebräunt, geröthetes Lackmuspapier aber blau gefärbt wird. Von dem so mit Phosphorsäure behandelten Safte wird nun noch ein Viertel verdampft, wonach derselbe von den ausgeschiedenen Substanzen durch Absetzen und Filtriren befreit wird *). Die Erfahrung muß zeigen, welchen Vorzug die Phosphorsäure vor der Schwefelsäure besitzt.

Eingedenk der Umänderung in unkristallisirbaren Zucker, welche der kristallisirbare erfährt, wenn eine wässerige Lösung desselben längere Zeit gekocht wird, und die um so schneller erfolgt, je höher die Temperatur beim Kochen ist, hat man schon sehr früh daran gedacht, das Verdampfen bei niederer

---

*) Die Phosphorsäure (Knochensäure) wird, nach Brande, auf folgende Weise bereitet: In einem Steintopfe werden 2 Pfund pulverisirte weißgebrannte Knochen mit 5 Pfund Wasser übergossen und nach und nach, unter Umrühren 1 Pfund englische Schwefelsäure zugegeben. Die breiförmige Masse rühre man bisweilen durch, mische nach 2 Tagen 6 Pfund Wasser hinzu und lasse die flüssige Knochensäure durch Leinwand in eine Schale laufen. Aus dem auf der Leinwand bleibenden Rückstande von Gyps kann man durch Auspressen die aufgesogene Säure erhalten.

Temperatur vorzunehmen. Da die Temperatur, bei welcher eine Flüssigkeit siedet, abhängig ist von dem Druck, welchen sie erleidet, nemlich um so höher ist, je größer dieser Druck, und da dieser Druck in den gewöhnlichen Fällen des Verdampfens in offenen Gefäßen, der Druck der atmosphärischen Luft ist, so hat Howard den Saft im luftverdünnten Raume abdampfen lassen. Der hierzu erforderliche Apparat gleicht einem Destillirapparate, aus welchem man durch eine Luftpumpe oder durch Wasserdämpfe die atmosphärische Luft entfernt und welchen man dann luftdicht verschlossen hat. Das Verdampfgefäß wird nun mäßig erwärmt und die Vorlage, in welcher sich die Wasserdämpfe verdichten sollen, fortwährend durch kaltes Wasser abgekühlt. Der Siedpunkt des Runkelrübensaftes kann auf diese Weise sehr herabgesetzt werden, und bei dieser niederen Temperatur ist allerdings keine Veränderung des Zuckers zu befürchten; aber die erforderlichen Apparate sind kostspielig, daher für sehr große Anlagen zu empfehlen. Ersparniß an Brennmaterial wird durch diese Apparate nicht bewirkt, da die Wasserdämpfe von jeder Temperatur eine gleiche Menge Wärme enthalten, nur wenn die Temperatur höher ist mehr freie als gebundene, wenn sie niedriger ist weniger freie. (Siehe Branntweinbrennerei, S. 242.)

In der neueren Zeit hat man auch die Verdampfung mittelst erwärmter Luft versucht. Man denke sich eine flache Abdampfpfanne, in welcher, etwa 2 Zoll über dem Boden, ein zweiter, von äußerst feinen Löchern siebartig durchbohrter Boden befestigt ist. Wird diese Pfanne voll Rübensaft gegeben, gelinde erwärmt und zwischen den Boden der Pfanne und den eingelegten Siebboden mittelst einer Druckpumpe atmosphärische Luft getrieben, so geht dieselbe durch die feinen Oeffnungen des Siebbodens in unzähligen Bläschen durch den Saft und nimmt dabei die größte Menge Wasser auf, welche sie bei der Temperatur des Saftes aufnehmen kann; sie entweicht völlig mit Wasserdampf gesättigt, und das Verdampfen geht mit bewundernswerther Schnelligkeit ohne Gefahr einer Zersetzung vor sich. Das Resultat, welches bei diesem Verfahren erhalten wird, ist, gemäß dem in dem oben angeführten Versuche von Dombasle erhaltenen, ziemlich gleich. Wenn nicht das Erforderniß einer bedeutenden bewegenden Kraft zum Betriebe der Druckpumpe diese Verdampfungsmethode zu kostspielig machte, und wenn die Oeffnungen des Siebbodens nicht durch die ausscheidenden Substanzen verstopft würden, so wäre sie gewiß zu empfehlen.

Es ist bekannt, daß reines Wasser bei mittlerem Luftdruck (Barometerstand) bei 100° Celf. siedet, das heißt, daß bei dieser Temperatur der Druck seines Dampfes dem Drucke der Atmosphäre gleichkommt. Enthält aber das Wasser Substanzen in Auflösung, welche nicht oder doch weniger flüchtig als dasselbe sind, so wird sein Siedpunkt höher, und zwar um so höher, je mehr von den erwähnten Substanzen das Wasser aufgelöst enthält. Hieraus ergiebt sich, daß der Runkelrübensaft, welcher doch im Wesentlichen eine Auflösung von Zucker in Wasser ist, bei einer höheren Temperatur siedet, als reines Wassers. Zu Anfange des Verdampfens ist wegen der geringen Menge des aufgelösten Zuckers die Temperaturerhöhung sehr unbedeutend, in dem Maße aber, als der Saft durch Verdampfen Wasser verliert, wird das Wasser immer hartnäckiger zurückgehalten; es ist eine immer höhere Temperatur erforderlich, um die Verbindung des Zuckers mit dem Wasser zu zerlegen. Da nun die Umänderung des kristallisirbaren Zuckers in nicht kristallisirbaren erfolgt, wenn die Temperatur höher ist, weniger leicht bei der Temperatur des siedenden Wassers, so ergiebt sich leicht, daß man beim Anfange der Verdampfung eine Zersetzung des Zuckers nicht sehr zu befürchten hat. Aus diesem Grunde könnte man gewiß ohne Nachtheil das Verdampfen über freiem Feuer vornehmen, und man würde es auch fast allgemein thun, wenn man nicht den Dampf zu den anderen Operationen, namentlich zu der Läuterung und dem Verkochen, mit großen Nutzen anwendete, man also doch eines Dampfkessels bedürfte. In den böhmischen Fabriken wird, wie oben erwähnt, das Verdampfen über freiem Feuer ausgeführt; aber man betreibt in diesen Fabriken auch die Läuterung und das Verkochen durch directes Feuer.

Ehe ich dieses Kapitel verlasse, muß ich noch das Folgende anführen: Die Abdampfpfanne läßt man nicht offen, weil dabei der ganze Raum des Lokals mit dichten Wasserdämpfen angefüllt werden würde; man versieht sie mit einer gut schließenden Bedeckung und führt den entweichenden Dampf in Röhren ab. Man kann auf eine sehr leichte Weise die Wärme dieser Dämpfe zur Heizung des Zuckerbodens anwenden, man hat nämlich nur nöthig, die Röhre durch denselben zu leiten. Es braucht wohl kaum erwähnt zu werden, daß die abführenden Röhren so gelegt sein müssen, daß das in ihnen etwa condensirte Wasser nicht wieder in die Verdampfpfanne zurückfließt. Um den Gang der Verdampfung immer leicht beobachten zu können, muß in der Bedeckung der Pfanne an einer Seite eine Klappe angebracht sein.

Außer dem Vortheil, daß das Lokal frei von Wasserdämpfen bleibt, und daß man die entweichenden Dämpfe zur Heizung benutzen kann, haben die bedeckten Pfannen auch noch den Vorzug vor den unbedeckten, daß in ihnen die Verdampfung rascher vorschreitet, weil die kalte atmosphärische Luft dem Safte keine Wärme entziehen kann.

Nachdem eine Verdampfung beendet und aus den Pfannen der Saft abgelassen worden ist, müssen diese, ehe neuer Saft eingefüllt wird, von den anhängenden Unreinigkeiten sorgfältig gereinigt, sie müssen wieder vollkommen blank gescheuert werden. Man bedient sich zur Reinigung gewöhnlich des Wassers und eines stumpfen Besens, sollte aber dadurch der Zweck nicht genügend erreicht werden können, so setzt man dem Wasser etwas Salzsäure zu, welche die erdigen Salze schnell auflöst und dadurch die Reinigung ungemein erleichtert. Nach der Reinigung mit Salzsäure sind aber dann die Pfannen höchst sorgfältig mit reinem Wasser nachzuspühlen, damit die letzten Spuren dieser Säuren entfernt werden.

Das Filtriren und Klären.

Durch die Operation, welche man das Eindampfen nennt, wurde der Saft bis auf 21 — 25º B. concentrirt, entweder ohne seine alkalische Reaction zu vernichten, oder indem man dieselbe durch Zugabe einer gehörigen Menge Schwefelsäure (oder Phosphorsäure) schwächer machte.

Mag man nun mit Schwefelsäure neutralisirt haben oder nicht, so scheiden sich doch beim Eindampfen verschiedene Substanzen aus, wodurch der Saft trübe wird, und welche sich zum Theil an die Wände der Verdampfpfannen absetzen. Wurde mit Schwefelsäure neutralisirt, so ist die Menge der sich abscheidenden Substanzen bedeutender, was sich leicht erklären läßt, wenn man an die Wirkung der Schwefelsäure denkt.

Die Ursache, warum sich beim Verdampfen Substanzen abscheiden, liegt klar vor. Es sind nemlich mehre von den im Rübensafte vorkommenden Stoffen schwerlöslich, das heißt sie bedürfen zu ihrer Auflösung eine bedeutende Menge des Auflösungsmittels. In dem Maaße, als nun durch das Eindampfen das Auflösungsmittel, das Wasser, entweicht, müssen sich dieselben aus dem Safte absondern. Dies ist z. B. mit dem Gypse der Fall, wenn der Saft mit Schwefelsäure und Kalk oder direct mit Gyps geläutert war. Enthält der Saft nach dem Läutern freien Kalk, so zieht dieser beim Eindampfen Kohlensäure aus der Luft an, wodurch kohlensaurer Kalk niederfallen wird. Setzte man dem Safte Säure in den Abdampfpfannen zu, so werden sich natürlich auch alle diejenigen Substanzen ausscheiden, welche nur durch das freie Kali in Auflösung erhalten wurden, z. B. Eiweiß ꝛc.

Wollte man in dem Safte die ausgeschiedenen Substanzen lassen, so würde natürlich der erhaltene Zucker mit allen diesen verunreinigt sein; er würde beim Auflösen einen bedeutenden Rückstand lassen; man entfernt dieselben daher durch die Filtration. Da aber, wie oben erwähnt, der Saft selbst bei der bestgeleiteten Läuterung noch eine nicht unbedeutende Menge fremder, zum Theil organischer Substanzen

Runkelrübenzuckerfabrikation.

enthält, von denen einige ihn dunkel färben und das Auskristallisiren des Zuckers verhindern oder doch sehr erschweren, und da diese Substanzen beim Eindampfen sie nicht alle abscheiden, so muß der Saft, ehe er bis zu dem Punkte eingedickt wird, bei welchem sich der feste Zucker beim Erkalten abscheidet, von diesen fremden Stoffen so viel als möglich befreit werden. Dies geschieht durch Behandeln desselben mit Knochenkohle. Die Absonderung der beim Eindampfen ausgeschiedenen Substanzen und der etwa zugesetzten Kohle, und die Entfernung der dann noch aufgelösten, namentlich der färbenden Substanzen ist der Zweck der Operationen, welche mit dem zu 20 — 24° B. eingekochten Safte vorgenommen werden, des Filtrirens und des Klärens.

So wie der Saft in den Abdampfpfannen die angegebene Concentration erreicht hat, wird er bei Crespel in kupfernen Füllbecken in einen mit Kupferblech ausgefütterten Behälter von 3 Fuß Breite, 4 Fuß Länge und 2 Fuß Höhe getragen, welche in dem Verdampflokale stehen. Man kann diese Behälter indeß auch in dem Souterrain aufstellen, wo man dann den Saft aus der Verdampfpfanne durch Röhren in dieselben fließen läßt.

In diesen Behältern lagert sich ein Theil der ausgeschiedenen Unreinigkeiten mit dem zugesetzten Knochenschwarz ab. Der an die Oberfläche kommende Schaum, so wie der Bodensatz wird zu der Läuterung gegeben, auch wohl vorher abgepreßt. Der so vorläufig etwas gereinigte Saft wird nach einiger Zeit durch Hähne abgezapft und auf die Taylor'schen Filter gebracht. Fig. 70 zeigt diese Filter und die Art und Weise ihrer Befestigung. Der Kasten a, a von 2 Fuß Breite, 2½ Fuß Tiefe und 6½ Fuß Höhe, in welchen man durch die Thüre b gelangen kann, ist dergestalt in 2 Abtheilungen getheilt, daß der obere Theil die Tiefe von 1 Fuß erhält. Dieser Theil ist mit Kupferblech ausgefüllt und hat 20 — 25 Oeffnungen. Die langen, verhältnißmäßig schmalen Beutel d, d, d sind an kupferne Mundstücke e, e, e (Fig. 71, a im vergrößerten Maaßstabe) festgebunden, und werden durch die Oeffnungen des kupfernen Kastens gesteckt. Statt dieser an einem Bügel herauszunehmenden Mundstücke hat man auch unten einzuschraubende, welche die Gestalt eines umgekehrten Trichters zeigen (Fig. 71, b), wobei sich von selbst versteht, daß die Schraube von Messing ist und daß die Oeffnungen mit einem messingenen Schraubengewinde ausgefüttert sein müssen.

Die Filtrirbeutel haben eine Länge von 4 — 4½ Fuß, eine Weite von ohngefähr 1 Fuß; sie sind von baumwollenem Zeuge und stecken in einem leinenen Beutel, der eine etwas geringere Weite besitzt. Bei der Befestigung dieser Filtrirbeutel an den metallenen Mundstücken mittelst starken Bindfadens oder Bandes hat man dahin zu sehen, daß recht viele Falten gebildet werden.

Soll das Filtriren beginnen, so wird der durch Absetzen vorläufig gereinigte Saft in den kupfernen Kasten gegossen, aus welchem er durch die Oeffnungen der Mundstücke in die Filtrirbeutel gelangt. Die ablaufende Flüssigkeit läuft in mit Bleiplatten ausgefütterte Behälter ab. So lange die Beutel neu sind werden sie alle 2 Tage, später täglich, endlich täglich zweimal gewechselt. Man preßt sie, um den aufgesogenen Saft noch zu gewinnen, vorsichtig aus, und giebt den Rückstand in denselben, welcher aus feinem Knochenkohlenpulver und den obenerwähnten ausgeschiedenen Substanzen besteht, zur Läuterung in den Läuterkessel. Die entleerten Beutel werden sorgfältig mittelst heißen Wassers gereinigt.

Der von den Taylor'schen Filtern kommende Saft ist nun zur Behandlung des Saftes mit Knochenkohle geeignet. Man wendet zu dieser Behandlung des Saftes mit Knochenkohle jetzt ganz allgemein die Dumont'schen Filter an, welche die folgende Einrichtung haben. In kupferne Gefäße von 19 Zoll oberem und 15 Zoll unterem Durchmesser, und 26 Zoll Höhe, wird auf 2½ Zoll hohen Füßen en sogenannter Siebboden gestellt (Fig. 72, c). Dieser Siebboden ist mit 2 Ringen zum Herausnehmen versehen; die Löcher desselben haben ⅛ Zoll Durchmesser und sind ¾ Zoll von einanber entfernt. Dicht über dem wirklichen Boden dieser Gefäße befindet sich der Hahn a zum Ablassen der Flüssigkeit, und von dicht unter dem Siebboden ab geht ein enges Rohr b bis über den Rand des Gefäßes. Dies Rohr dient dazu, der beim Beginn der Filtration in der Kohle und in dem Raume zwischen dem wirklichen Boden und Siebboden befindlichen atmosphärischen Luft einen Ausweg zu verschaffen, welche sonst das Durchfließen des Syrups verhindern würde, oder sich einen Ausweg durch Kohle suchen müßte, wobei dieselbe in die Höhe gerissen würde und wobei sich Kanäle bilden würden, durch welche der Saft unfiltrirt fließen könnte.

Auf den Siebboden der Filtrirgefäße wird, wenn man dieselben benutzen will, 1 Stück feuchte Leinwand gelegt und auf diese die ebenfalls angefeuchtete, gröblich pulverisirte Knochenkohle mäßig festgestampft. Für ein Filter von angegebener Größe bedarf man 125 Pfund Knochenkohle von der Feinheit des groben Geschützpulvers. Davon wird es bis ungefähr 4 Zoll vom Rande angefüllt. Auf die Oberfläche der Kohle breitet man dann ein feuchtes Tuch aus, und legt auf dieses eine zweite durchlöcherte Kupferscheibe d. So vorgerichtet, sind die Filter zum Gebrauche fertig.

Der zu filtrirende Syrup wird nun entweder in, über den Dumont'schen Filtern stehende, Behälter gebracht, und aus diesen, in einem dünnen, durch einen Hahn zu regulirenden Strahle auf die zuvor mit Syrup bedeckte Kohle fließen gelassen; oder man füllt mittelst eines Füllbeckens den Saft nach, so oft es nöthig ist.

Hat man den Syrup aufgegossen, so drängt dieser beim Beginn der Filtration zuerst das Wasser vor sich her, mit welchem die Kohle angefeuchtet worden ist, es läuft anfangs reines Wasser ab; hat man einige Mal aufgegossen, so enthält das Ablaufende etwas Zucker; es wird besonders aufgefangen und beim Eindampfen zugesetzt. Das Aräometer zeigt an, wenn der Syrup anfängt, abzufließen. Der abfil=

trirte entfärbte Syrup wird Klärsel genannt. Angefeuchtet muß die Kohle in die Filter gebracht werden, damit der Syrup gleichförmig durchfließt; nicht angefeuchtete Kohle nimmt den Syrup nicht oder schwer an; es findet ein gleichförmiges Durchlaufen nicht Statt, es entstehen Canäle, in welchen der Syrup ohne Veränderung abfließt.

Da man in den französischen Fabriken den Saft noch warm, so wie er von den Taylorschen Filtern kommt, die Knochenkohle passiren läßt, so zeigt der hierbei abgekühlte Saft nach dem Filtriren ein größeres specifisches Gewicht. Wurde er z. B. mit 21° B. aufgegossen, so zeigt das abfließende Klärsel 25° B.

Es leuchtet ein, daß das zuerst ablaufende Klärsel das ungefärbteste und reinste ist, denn die Kohle hat nur eine beschränkte entfärbende und reinigende Kraft, das heißt eine bestimmte Menge Kohle kann nur eine bestimmte Quantität Syrup klären; sobald daher das Klärsel nicht mehr gehörig entfärbt erscheint, wird dasselbe besonders aufgefangen und auf ein neues Filter gegeben.

Soll die Kohle in den Dumont'schen Filtern vollkommen ausgenutzt werden, so muß man mit dem Aufgießen von Saft natürlich nicht eher aufhören, als bis dieser unverändert abläuft, wie er aufgegossen, denn dann erst besitzt dieselbe keine Wirkung mehr. Ein wenn auch nur sehr wenig und zum Verkochen lange nicht hinreichend entfärbter Saft, auf ein neues Filter gegossen, giebt doch ein helleres Klärsel, als ein Saft, welcher die ziemlich ausgenutzten Filter nicht passirt ist.

Fließt von den Filtern der Syrup unverändert ab, so muß der von der Kohle zurückgehaltene Syrup auf dieselbe Weise wie beim Beginn der Filtration das Wasser verdrängt werden. Man giebt nemlich kaltes Wasser auf die Filter, wonach zuerst unverdünnter Syrup abläuft, dann kommt ein syruphaltiges Wasser, das in die Abdampfpfanne gegeben wird, endlich kommt reines Wasser. Das Aussüßen wird unterbrochen, wenn die ablaufende Flüssigkeit 2° B. zeigt.

Runkelrüberzuckerfabrikation.

Es ist schon oben bei der Läuterung erwähnt worden, daß man bei Crespel den Syrup, welchen die Kohle in den Kohlenfiltern zurückhält, durch den eben geläuterten Saft auswäscht. Man stellt entweder diese Filter unter den Läuterkessel, oder schüttet die Kohle in größere, den Dumont'schen Filtern ganz analog eingerichtete Gefäße von Holz und mit Kupferblech ausgeschlagen.

In einigen Fabriken Frankreichs ist man mit einmaliger Filtration durch Kohle nicht zufrieden; man filtrirt zweimal, nemlich das erste Mal bei einer Dichtigkeit von $15 - 16^0$ B., das zweite Mal bei 25^0. Schubarth hat keine wesentliche Verbesserung an dem zweimal filtrirten Safte wahrgenommen.

Die Menge des zum Klären eines bestimmten Gewichts Syrups anzuwendende Kohle bleibt sich nicht immer gleich, sondern steigt mit dem Alter der Rüben. In den ersten Monaten der Arbeit beträgt sie ohngefähr $3\frac{3}{4}$ Procent vom Gewichte der Rüben, in den letzteren Monaten steigt sie auf ohngefähr $5\frac{1}{4}$ Procent, durchschnittlich beträgt sie also $4\frac{1}{2}$ Procent, also lange nicht so viel, als das Gewicht des gewonnenen Zuckers. Demungeachtet würde die Ausgabe für Kohle kaum zu erschwingen sein, wenn die einmal benutzte Kohle nicht wieder gebraucht werden könnte. Dies ist indeß der Fall, und es wird später angeführt werden, wie man die zum Entfärben benutzte Kohle durch Auswaschen und Ausglühen wieder brauchbar machen kann, was man das Wiederbeleben der Kohle nennt. In Arras, wo 600 Centner Rüben täglich verarbeitet werden, bedarf man in den letzten Monaten der Fabrikation täglich 3500 Pfund Kohle, worunter nur 200 Pfund frisch bereitete ist; alle übrige ist wiederbelebte.

Es ist oben angeführt worden, daß die in den Dumont'schen Filtern anzuwendende Kohle nur gröblich pulverisirt, etwa von dem Korne wie grobes Geschützpulver sein dürfe. Um dieses Pulver darzustellen, hat man besondere Zerkleinerungsapparate, von denen der zweckmäßigste aus zwei gereiften Walzen besteht, zwischen welchen die gebrannten Knochen zermalmt werden. Man sieht ein, daß die gleichzeitige Entstehung von feinerem Pulver nicht ganz vermieden werden kann, und dieses muß daher durch Sieben entfernt werden. Man wendet am besten zwei Siebe an, die über einander stehen; die Oeffnungen des oberen müssen so groß sein; als es die Kohlenkörner höchstens sein dürfen; die Oeffnungen des zweiten Siebes müssen etwas kleiner sein, als die Kohlenkörner sein sollen. Es leuchtet ein, daß bei dieser Siebvorrichtung, welche man, um das Stäuben zu vermeiden, in einen Kasten einschließt, und der man durch die Triebkraft leicht eine zitternde Bewegung ertheilt, die zu groben Kohlentheile auf dem oberen Siebe liegen bleiben, die zu kleinen aber durch das zweite Sieb gehen werden. Auf dem zweiten Siebe werden die Körner von der gewünschten Größe sich finden.

Da bei der Anwendung der gröblichen Kohle durch das gleichzeitig entstehende feine Pulver ein nicht unbeträchtlicher Mehraufwand an Kohle erforderlich ist, indem dies letztere, außer zum Aufstreuen auf den einzudampfenden Saft in den Abdampfpfannen, nicht weiter benutzt werden kann, so hat man nach Weinrich's Rath in den böhmischen Fabriken, und wie es heißt mit großem Vortheil, die fein pulverisirte Kohle zum Klären des Rübensyrups angewandt, nemlich auf die folgende Weise:

Es werden 2 Maaßtheile fein pulverisirte Knochenkohle mit 3 Maaßtheilen eines recht reinen groben, gleichkörnigen Flußsandes gemengt, dies Gemenge mit Wasser angefeuchtet und auf oben beschriebene Weise in die Dumont'schen Filter gebracht. Nach Weinrich's Versuchen wirkt ein Theil so angewandter, fein pulverisirter Kohle eben so stark entfärbend und klärend, als zwei Theile gekörnte Kohle. Das auf diese Weise benutzte Gemisch von Sand und Kohle wird dann, nachdem es zur Entfernung des aufgesogenen Syrups, wie die reine Kohle, mit Wasser ausge=

laugt worden, in einem Bottiche mit Wasser angerührt, und die Kohle davon durch Abschlemmen getrennt. Der Sand, welcher am Boden liegen bleibt, kann, wie sich von selbst versteht, immer wieder benutzt werden; die Kohle wird nach dem Trocknen wieder belebt (siehe unten).

Ein Dumont'sches Filter von $2^{3}/_{4}$ Fuß Höhe und $2^{1}/_{2}$ Fuß Weite, nach Weinrich beschickt, faßt ohngefähr $2^{1}/_{2}$ Centner trocknes Pulver; es werden alle Stunden 10 Pfund Saft von 25^0 B. auf dasselbe gebracht, in 24 Stunden also 240 Pfund; fünf Tage wird so fortgefahren, am sechsten Tage wird das Filter ausgesüßt, am siebenten dasselbe geleert und auf's Neue gefüllt. Hiernach werden mit einem Filter wöchentlich 12 Centner Syrup gereinigt, und man bedarf' deshalb für eine Fabrik, welche wöchentlich 2000 Centner Rüben verarbritet, von denen man ungefähr 30 Centner Syrup von 25^0 B. erhält, 28 solcher Filter.

Es ist noch nicht an der Zeit, ein Urtheil darüber zu fällen, ob die feinpulverisirte Kohle die gekörnte Kohle aus den Fabriken verdrängen muß, aber es ist zu bemerken, daß schon früher Dubrunfaut bei Versuchen im Kleinen fand, daß das fein pulverisirte Knochenschwarz etwa 3mal so stark entfärbte, als das gröblich pulverisirte. Der Zusatz von grobem Sand, welchen Weinrich anwendet, dient hauptsächlich dazu, das Durchfließen des Syrups möglich zu machen oder doch zu erleichtern; aber man weiß, daß auch Sand allein einige Wirkung auf gefärbte Flüssigkeiten ausübt.

Vor allen Dingen würde durch Versuche auszumitteln sein, wie oft die gekörnte Kohle wieder zur Entfärbung geschickt gemacht, wieder belebt werden kann, und wie oft dies mit der feinpulverisirten geschehen kann. Die so erhaltenen Data, in Verbindung mit der durch Versuche ausgemittelten Menge des entfärbten Syrups, sind zur Entscheidung hinreichend; man vergesse dabei aber nicht, die Kosten der Wiederbelebung der Kohle in Anschlag zu bringen.

Es ist oben angeführt, daß in den französischen Fabriken der Saft auf die Dumont'schen Kohlenfilter gebracht wird, so wie er vom Taylor'schen Beutelfilter abgeflossen ist. Er ist dann noch warm und reagirt ziemlich stark alkalisch, da man, wie früher angegeben, die alkalische Reaction durch Zusatz von Schwefelsäure in den Abdampfpfannen, nachdem das Ammoniak verjagt ist, nicht abstumpft. Der von den Kohlenfiltern ablaufende Syrup ist nicht allein durch die Kohle entfärbt und von fremdartigen organischen Substanzen, namentlich von Schleim, befreit worden, sondern er reagirt auch minder stark alkalisch, ein Beweis, daß die Kohle Kali aus dem Syrup zurückgehalten hat, und eben wegen dieser Wirkung der Kohle auf das Kali unterläßt man in Frankreich die Sättigung mit Schwefelsäure. Der ablaufende Saft zeigt ein größeres specifisches Gewicht, weil er sich bei dem Durchgange durch die Kohle abgekühlt hat, und zwar in dem Verhältniß, daß, wenn er beim Aufgießen 21° B. hält, nach dem Ablaufen 25° B. hat.

In den böhmischen Fabriken läßt man den Syrup nicht warm die Kohlenfilter passiren, sondern man kühlt denselben in kupfernen Gefäßen, die in kaltes Wasser gestellt sind, auf 12 — 14° R. ab, verdünnt ihn dann mit so viel Wasser, daß er 24° B. zeigt, wenn man so weit abgedampft hatte, daß er heiß diese Dichtigkeit hatte, und **neutralisirt ihn nun ganz genau mit sehr verdünnter Schwefelsäure**; denn obgleich in diesen Fabriken, wie oben gezeigt worden, beim Eindampfen Schwefelsäure zugesetzt wird, so ist doch dadurch die alkalische Reaction nicht ganz vollständig vernichtet worden, was jetzt geschehen soll.

Es ist eine durch die Erfahrung erkannte Sache, daß Syrup, welcher freies Kali enthält, viel weniger gut entfärbt und gereinigt wird, als Syrup, der nicht alkalisch reagirt, durch eine gleiche Menge Kohle entfärbt und gereinigt werden kann. Verdünnte Kalilauge entzieht sogar der Kohle, welche zur Entfärbung eines neutralen Saftes gedient, einen Theil der aufgesogenen färbenden Substanzen, und in dieser Beziehung wird es immer vortheilhaft sein, die alkalische Reaction des Syrups vor dem Durchgeben durch die Kohlen=

filter zu vernichten; man wird dann mit ein und derselben Quantität Kohle eine große Quantität des Syrups entfärben können. Man hat aber daran zu denken, daß das schwefelsaure Kali, welches bei dem Neutralisiren im Syrup entsteht, durch die Kohle nicht entfernt wird, also später den Syrup verunreinigen wird, während man bei der Filtration eines alkalischen Saftes das Kali entfernt, und bei Anwendung eines nicht sehr kalireichen Saftes und einer nicht zu geringen Menge Kohle einen fast neutralen Saft erhalten kann, bei dem dann die Entfärbung eben so gut, als bei einem mit Schwefelsäure neutralisirten Safte vor sich gehen wird, weil das Hinderniß der Entfärbung, das Kali, eben entfernt ist. Auch über diesen Gegenstand müssen Versuche entscheiden.

Ehe ich dieses Kapitel verlasse, muß ich noch einige Worte über das Klärungsverfahren erwähnen, das früher allgemein befolgt wurde, das aber jetzt nur in sehr wenigen Fabriken gebräuchlich sein wird, weil die Dumont'schen Filter dasselbe fast vollständig verdrängt haben.

Der zur Concentration von 25 — 30° B. in den Verdampfpfannen gebrachte Syrup wurde in den Klärungskessel gebracht und in diesem bis auf ohngefähr 50° R. abkühlen gelassen. Man machte den Klärungskessel gewöhnlich so groß, daß er den Saft von zwei Abdampfungen fassen konnte; der nach der ersten Verdampfung hineingebrachte Saft kühlt sich dann so weit ab, daß nach Zugabe des Saftes von der zweiten Verdampfung das Gemisch die erwähnte Temperatur zeigt. Man mischt nun auf 100 Quart Syrup 1 Quart Rindsblut, das man mit 1 Quart Wasser verdünnt hat, unter tüchtigem Umrühren hinzu, und erhitzt bis zum anfangenden Kochen, wobei sich ein fester schwarzer Schaum auf die Oberfläche begiebt, der sich mit einem Schaumlöffel leicht abschöpfen läßt. Dieser Schaum besteht aus dem geronnenen Eiweiße des Blutes, welches die Unreinigkeiten und die zugesetzte Knochenkohle einhüllt. Die Knochenkohle wird nemlich, wenn man sich dieser Klärungsmethode bedient, im fein pulverisirten Zustande dem Rübensafte entweder, sobald er in die Verdampfpfanne kommt, oder nachdem er einige Zeit gekocht hat, und zwar in dem Verhältnisse von 2½ — 3 Pfund auf 100 Quart, zugesetzt.

Ist der Syrup stark alkalisch, so erfolgt das Gerinnen des Eiweißes nicht gut, weil Alkalien, wie oft erwähnt worden, auf dasselbe auflösend wirken; der entstehende Schaum bleibt zähe, er wird nicht fest; man muß in diesem Falle mit Schwefelsäure neutralisiren und von Neuem etwas Blut zusetzen. Daher untersucht man am besten vor dem Klären den Syrup auf seine Alkalinität, wo man dann diesen Uebelstand wird vermeiden können.

Der durch Abschöpfen von dem Schaume befreite Saft enthält schwebend noch einige Substanzen, die sich nach zwölfstündiger Ruhe in einem Bottiche zu Boden senken. Der abgenommene Schaum und die erhaltenen Bodensätze werden mit Wasser ausgekocht und die erhaltene Zuckerlösung in die Läuterkessel gegeben.

Ueber die Wirkung des Blutes braucht wohl kaum etwas erwähnt zu werden. Der Eiweißstoff, von welchem im Blute ohngefähr 7 Procent enthalten sind, ist der wirksame Stoff; er gerinnt beim Erhitzen und hüllt die in der Flüssigkeit schwebenden feineren Partikeln ein, welche sich aus dem ziemlich dickflüssigen Syrup schwer oder gar nicht absetzen würden, und reißt sie mit an die Oberfläche. Wie leicht einzusehen, wird das Eiweiß der Hühnereier dieselbe Wirkung thun, denn es enthält gegen 15 Procent Eiweißstoff, aber die Kostspieligkeit desselben an den meisten Orten ist Ursache, daß man das Blut anwendet. Das zu benutzende Blut muß möglichst frisch sein, und damit es sich nicht vor dem Gebrauch in Blutkuchen und Serum trennt, muß es, so wie es aus dem Thiere kommt, zur Entfernung des Faserstoffs recht tüchtig durchgequirlt werden. Blut von Kälbern wirkt sehr wenig, eben so ist das von anderen Thieren minder wirksam.

Anstatt des Blutes kann man zum Klären auch die abgerahmte Milch anwenden, und zwar anstatt 1 Quart Blut 2 Quart Milch. Der Käsestoff der Milch ist es, welcher hier coagulirt und dadurch klärend wirkt.

Das Verkochen.

Um kristallisirbare Körper aus ihren Auflösungen kristallisirt zu erhalten, kann man sich zweier Methoden bedienen. Man dampft entweder die Auflösungen bei hoher Temperatur so weit ab, daß der Körper nur durch diese hohe Temperatur in Auflösung erhalten wird, und beim Erkalten daher sich um so schneller und vollständiger abscheiden muß, je größer der Unterschied der Löslichkeit in dem kalten und heißen Auflösungsmittel ist; oder aber man verdampft die Auflösung des Körpers bei niederer Temperatur, also langsam, wo sich dann in dem Maaße der Körper ausscheidet, als das Auflösungsmittel verdunstet.

Bei der ersten Methode der Gewinnung der Kristalle erscheinen dieselben nicht so vollständig ausgebildet, als bei der letzteren, wo sie längere Zeit zum Entstehen haben; man erhält bei der raschen Kristallisation gewöhnlich eine verworrene Masse von kleinen Kristallen, besonders wenn man während der Kristallisation noch umrührt.

Das Vorhandensein von fremdartigen Substanzen in dem bestgeläuterten und in dem vollkommen geklärten Zuckersyrup, so wie das nicht völlig zu vermeidende Entstehen einer mehr oder weniger bedeutenden Menge unkristallisirbaren Zuckers (Schleimzuckers, Melasse) ist es aber, was eine Kristallisation des Zuckers durchaus erforderlich macht. Hat man nemlich Gemenge von nicht kristallisirbaren und von kristallisirbaren Substanzen, so kann man, wenn man diese nach einer der eben beschriebenen Methoden zum Kristallisiren bringt, die kristallisirbaren von den nicht kristallisirbaren trennen, weil diese letzten nicht oder doch nur in geringer Menge in die Kristalle übergehen; sie bleiben in der Flüssigkeit aufgelöst, aus der sich die Kristalle ausgeschieden haben. Diese Flüssigkeit, welche keine Kristalle mehr absetzt, heißt ge=

wöhnlich Mutterlauge, bei dem Zucker aber Syrup oder Melasse.

Wäre der eingedampfte Rübensaft eine reine Auflösung von Zucker in Wasser, so würde bei weiterem Verdampfen desselben der Zucker zurückbleiben; es würde Alles zu festem Zucker erstarren. Der Rübensaft ist aber eine solche reine Zuckerlösung nicht. Wollte man diesen weiter eindampfen, so würde endlich auch eine feste Masse zurückbleiben, diese aber wäre nicht reiner Zucker, sondern enthielte alle fremdartigen Substanzen, welche neben demselben im Safte enthalten sind, und er würde also keinen reinen süßen, sondern einen mehr oder weniger unreinen Geschmack zeigen. Dieser so gewonnene unreine Zucker ließe sich nun aber theils wegen seines nicht reinen Geschmacks, theils wegen seiner dunkeln Farbe, nur zu wenig Zwecken benutzen, und aus diesem Grunde ist es durchaus erforderlich, durch die Operation des Kristallisirens den Zucker von den fremden Substanzen und von dem unkristallisirbaren Zucker, der Melasse, zu trennen.

Man kann sich nun zur Abscheidung des Zuckers aus dem eingedampften Runkelrübensafte beider erwähnten Methoden bedienen. In früheren Zeiten wurde fast allgemein die Methode der langsamen Kristallisation befolgt. Man brachte den bei 34^0 B. geklärten, oder, wenn er früher geklärt wurde, bis auf diese Concentration noch eingedampften Syrup $1\frac{1}{2}$ — 2 Zoll hoch in flache blecherne Kästen, und stellte diese auf Lattengerüsten in einem Zimmer auf, welches auf einer Temperatur von $25 - 30^0$ R. erhalten wurde und welches oben mit einer Oeffnung zum Entweichen des Wasserdampfs versehen war. In dem Maaße, als aus diesen Kästen bei der ziemlich hohen Temperatur das Wasser (das Auflösungsmittel des Zuckers) entwich, schieden sich zusammenhängende Rinde von Zuckerkristallen aus, von denen man, sobald sie sich nicht mehr vermehrten, den unkristallisirten Syrup (die Melasse) abgoß.

Da das Auskristallisiren des Zuckers bei langsamen Ver=

dampfen eine sehr lange Zeit erfordert, so sind bei Befolgung dieser Methode in Fabriken, wo man nur irgend bedeutende Quantitäten Rüben verarbeitet, eine sehr große Anzahl der blechernen Kristallisationsgefäße erforderlich. Dadurch und durch den großen Aufwand von Brennmaterial, welcher zum Heizen der Kristallisationsstuben nöthig ist, wird dieses Verfahren ungemein kostspielig. Man befolgte es in früheren Zeiten fast allgemein, und zwar aus der Ursache, um die durch schnelles Einkochen des Syrups zum Kristallisationspunkte nicht völlig zu vermeidende Entstehung von Schleimzucker zu umgehen, und dies war allerdings damals zweckmäßig, weil die Läuterung und das Klären noch nicht so gut ausgeführt wurden, als dies jetzt geschieht, und bei einem unreinen Safte geht das Einkochen so schwierig vor sich, und es erfolgt dabei eine so bedeutende Veränderung des Zuckers, daß allerdings dadurch bisweilen gar kein fester Zucker zu erzielen war, während man durch das langsame Verdampfen immer doch etwas festen Zucker erhielt.

Jetzt aber, wo durch zweckmäßige Ausführung des Läuterns und Klärens der Rübensaft viel vollständiger als früher von den fremdartigen Substanzen befreit wird, befolgt man die Methode der langsamen Kristallisation gar nicht mehr; man dampft beim Siedpunkte den Syrup so weit ein, daß der Zucker nur durch die höhere Temperatur in Auflösung erhalten wird, also beim Erkalten in kristallinischer Gestalt sich ausscheiden muß.

Diese Operation des Eindickens des durch die Dumont'schen Filter geklärten Syrups, welcher, wie erwähnt, 25° B. zeigt, bis zu der Concentration von $40 - 42^\circ$ B. (heiß gewogen), bei welcher nach dem Erkalten der aufgelöste Zucker sich ausscheidet, wird das Verkochen genannt.

Man bedient sich zum Verkochen ganz ähnlicher Pfannen, wie man sie zum Abdampfen anwendet, nur sind sie kleiner, weil das Volumen des Syrups geringer ist. Sie werden, wie die Abdampfpfannen, entweder durch directes Feuer oder durch Dampf geheizt, durch ersteres immer, wenn man über freiem Feuer eindampft, durch letzteres gewöhnlich, wenn man durch Dampf eindampft; ich sage gewöhnlich, denn selbst in diesem Falle nehmen einige Fabrikanten das Verkochen über freiem Feuer vor.

Auch hinsichtlich des Verkochens verfährt man in den böhmischen Fabriken etwas anders, als in den französischen.

Da in den französischen Fabriken, wie oben mitgetheilt, weder beim Eindampfen noch vor dem Filtriren durch die Kohlenfilter die alkalische Reaction durch Schwefelsäure vernichtet wird, also wenn man nicht sehr viel Kohle zum Klären anwendet (welche das Kali absorbirt), und wenn man Rüben verarbeitet, die sehr reich an Kali waren, oder bei denen man wegen nachtheiliger Veränderung beim Läutern einen großen Ueberschuß von Kalk zusetzen mußte, (welcher letztere dann in ziemlicher Menge in dem Safte bleiben kann; weil er in Zuckerlösungen viel leichter sich auflöst, als in reinem Wasser), so bekommt man immer ein Klärsel, welches ziemlich stark alkalisch reagirt.

Verkocht man aber ein stark alkalisches Klärsel, so zeigt sich die sonderbare Erscheinung, daß bei einer gewissen Concentration keine Verdampfung mehr stattfindet; das Sieden hört auf, das Klärsel liegt ruhig in der Pfanne, und durch stärkere Hitze wird die Verdampfung nicht vermehrt; es bräunt sich, indem der kristallisirbare Zucker in Melasse umgeändert wird, man sagt, das Klärsel kocht fett.

Man hat auf verschiedene Weise diese Erscheinung zu erklären gesucht. So glaubt man, daß es die Verbindung des Alkali's mit Eiweiß ist, welche hartnäckig das Wasser zurückhält, oder daß es die zerfließlichen Salze sind, welche das Wasser nicht eindampfen lassen, oder endlich, daß die Verbindung des Kalkes oder überhaupt Alkali's mit Zucker die Ursache des Fettkochens ist.

Wahrscheinlich sind alle diese genannten Verbindungen dabei wirksam, denn das Klärsel kocht um so leichter fett, je unreiner es ist, das heißt je mehr es fremdartige Substanzen in Auflösung enthält; daß aber das freie Alkali vorzüglich und in so fern Ursache ist, weil es mit dem Eiweiß und Zucker Verbindungen eingeht, ergiebt sich auf's Klarste daraus, daß das Klärsel die Eigenschaft, fett zu kochen, verliert, wenn das freie Alkali durch Schwefelsäure wenigstens zum Theil gesättigt wird.

Sobald daher das Klärsel fett kocht, oder sobald man aus dem Gange der Läuterung und des Eindampfens schließen kann, daß es fett kochen wird, giebt man höchst verdünnte Schwefelsäure (aus 1 Maaßtheil concentrirter Säure und 44 Maaßtheilen Wassers), bis nur noch schwach alkalische Reaction vorhanden ist, aber niemals so viel, daß der Syrup dadurch völlig neutral würde.

Waren die Rüben von guter Beschaffenheit, so ist der Zusatz von Schwefelsäure überflüssig, weil die ganze alkalische Reaction durch die Kohle entfernt wird, und daher ist er auch völlig überflüssig, wenn der Saft zweimal durch Kohle filtrirt worden, wie es, nach oben Angeführtem, in einigen Fabriken geschieht.

Da in den böhmischen Fabriken der Syrup, ehe er die Kohlenfilter passirt, neutralisirt wird, so braucht dort natürlich dem Klärsel keine Schwefelsäure zugesetzt zu werden, man setzt im Gegentheil, da der Saft vollkommen neutral ist, etwas Kalkwasser hinzu, und zugleich etwas Eiweiß. Auf $1\frac{1}{2}$ — 2 Centner zu verkochenden Syrup wird das Eiweiß von einem Ei, mit 2 Eßlöffeln Kalkwasser zu Schaum geschlagen, in die Verkochpfanne gebracht und mit dem Syrup gut vermengt. Dann erhitzt man und prüft, sobald die Temperatur von 50° R. erreicht ist, ob der Syrup etwas alkalisch ist; sollte dies nicht der Fall sein, so fügt man unter Umrühren klares Kalkwasser hinzu, bis diese Reaction sich zeigt.

Der beim Verkochen des Klärsels an die Oberfläche kommende Schaum wird sorgfältig mit einem Schaumlöffel entfernt; man giebt ihn in die Läuterkessel. Sollte der Syrup zu stark steigen, so giebt man etwas Schmalz oder Butter zu.

Im Allgemeinen ist zu berücksichtigen, daß die Verkoch=
pfannen nicht sehr groß sein dürfen, damit der so concentrirte
Syrup, welcher bei weit höherer Temperatur siedet, als das
reine Wasser, nicht lange der Wirkung der starken Hitze
ausgesetzt bleibt. Bei Crespel sind die Verkochpfannen halb
so groß, als die Abdampfpfannen; sie werden zwei Zoll hoch
mit Syrup beschickt. In den böhmischen Fabriken hat man
sie ohngefähr 4 Fuß breit, 5 Fuß lang und 9 Zoll tief, und
man giebt bis zwei Centner Syrup in dieselben; an der ei=
nen Seite sind sie mit einem Ausguß versehen, an der ent=
gegengesetzten stehen sie mit einem Flaschenzuge in Verbin=
dung, um den Inhalt durch Neigung auszugießen (Fig. 73).

Noch herrscht beim Verkochen darin eine Verschiedenheit,
daß einige Fabrikanten den Saft nicht völlig den Siedpunkt
erreichen lassen, sondern ihn durch Umrühren und vermin=
dertes Feuer auf einer Temperatur von 82 — 83° R. er=
halten. Ist der Syrup von guter Beschaffenheit, das heißt
von guten Rüben erhalten, gut geläutert und geklärt, so geht
das Verkochen recht gut beim Siedpunkte vor sich; ist der Saft
von minder guter Beschaffenheit, so muß man vorsichtiger sein,
man muß die Temperatur niedriger halten und rühren,
weil er leicht anbrennt, das heißt an einer Stelle des Kessels
sich anhängt, eintrocknet, und dann wegen Mangel an Was=
ser geröstet wird. Sollte je durch Versehen der Saft an ei=
ner Stelle der Verkochpfanne sich festgesetzt haben, so muß
die Pfanne entleert werden und die Stelle, an welcher das
Anbrennen stattgefunden, durch Scheuern von dem anhän=
genden Zucker auf's sorgfältigste gereinigt werden; überhaupt
wird man, je vollkommener blank die Verkochpfanne ist, um
so weniger ein Anbrennen zu befürchten haben.

Der Punkt, bis zu welchem das Klärsel verkocht werden
muß, ist, wie oben erwähnt, der Punkt, bei welchem nach
dem Erkalten der Zucker sich in Kristallen ausscheidet. Un=
terbricht man das Verkochen zu früh, so entstehen nur ein=
zelne Zuckerkristalle nach dem Erkalten, die in der Melasse
schwimmen und sich von dieser nicht trennen lassen. Setzt

man das Verkochen zu lange fort, so entsteht nach dem Erkalten eine zähe, feste Masse, von welcher die Melasse gar nicht oder doch nur höchst schwierig getrennt werden kann.

Hieraus ergiebt sich, wie wichtig es ist, genau den richtigen Punkt zu kennen, bis zu welchem das Einkochen fortgesetzt werden muß.

Da natürlich das specifische Gewicht des Syrups mit dem Verluste an Wasser wächst, so wird das Aräometer schon ein gutes Erkennungsmittel abgeben, und es ist deshalb schon angeführt worden, daß das Verkochen bis zur Concentration von 40 — 42° B. (heiß gewogen) fortgesetzt werden muß. Enthält aber ein Syrup neben dem Zucker viele fremde Substanzen in Auflösung, so vermehren diese natürlich, wie der Zucker, das specifische Gewicht, und es kann derselbe die erwähnten Grade zeigen, ohne doch hinlänglich verkocht zu sein. Aus diesem Grunde und weil in so dickflüssigen Flüssigkeiten, als der verkochte Syrup ist, das Aräometer sehr an Empfindlichkeit verliert, ist dies Instrument allein nicht anwendbar.

Da der Siedpunkt des Syrups in dem Maaße steigt, als derselbe Wasser verliert, so könnte dieser als Erkennungsmittel der gehörigen Concentration dienen. Durchschnittlich hat der hinlänglich gekochte Syrup seinen Siedpunkt bei 90 — 91° R.; aber so wie fremde Substanzen auf das Aräometer wirken, so wird auch durch diese der Siedpunkt erhöht, und es kann deshalb auch das Thermometer allein nicht als Erkennungsmittel dienen.

Das Aräometer und das Thermometer sind nur im Verein mit einigen Proben, die allein von dem Zuckergehalte abhängig sind, sichere Mittel zum Erkennen der erforderlichen Concentration.

Zu diesen Proben gehört 1) die Fadenprobe. Man nimmt etwas Syrup aus der Pfanne zwischen den Zeigefinger und Daumen, verreibt ihn ein wenig, und zieht den Zeigefinger vom Daumen in die Höhe. Man beobachtet nun, ob der Faden, in den sich die Melasse dabei zieht, beim Zerreißen auf den Daumen zurückfällt, oder ob die abgerissenen Theile sich gleichförmig zusammenziehen. Im ersteren Falle ist der Syrup nicht hinlänglich eingekocht, im letzteren ist das Einkochen beendet. Zerreißt der Faden zwischen den Fingern gar nicht, so ist der Syrup zu stark eingekocht. 2) Die Blas= oder Pustprobe. Man taucht den Schaumlöffel in das kochende Klärsel, schwingt ihn nach dem Herausziehen etwas ab, und bläs't durch die Löcher desselben. Es bilden sich Blasen, nemlich Hüllen, in welche die Luft beim plötzlichen Erstarren der Zuckermasse eingeschlossen wird, und die oft von dem Schaumlöffel (Pustspatel) wegfliegen. Entstehen diese Blasen häufig und leicht, so hat das Klärsel die erforderliche Concentration. Auf diese Probe übt der Feuchtigkeitszustand des Siedelokals großen Einfluß aus. Krause giebt noch 3) die Wasserprobe an. Man tröpfelt von Zeit zu Zeit etwas Klärsel in kaltes Wasser, in welchem es schnell zu Boden sinkt. Sobald man aus diesem Tropfen eine Kugel unter Wasser bilden kann, die nicht an die Finger klebt, selbst wenn sie herausgenommen wird, sich aber durch ihr eigenes Gewicht platt drückt, dann muß man das Verkochen beenden.

Man befragt am sichersten alle diese Proben, sobald das Aräometer und das Thermometer, welche immer bei der Hand sein müssen, das Herannahen des Kristallisationspunktes anzeigen, und beginnt mit der Fadenprobe, auf diese läßt man die Pustprobe und endlich die Wasserprobe folgen.

Die Kristallisation.

Sobald der Kristallisationspunkt erreicht ist, wird das Verkochen sofort unterbrochen, entweder indem man den Dampf absperrt, oder indem man das Feuer schnell löscht. Der Syrup wird dann aus den Pfannen in kupferne Gefäße gefüllt, in denen er sich etwas abkühlen muß, ehe er in die Zuckerform kommt. Die entleerten Pfannen werden vor dem Beschicken mit neuem Syrup vollständig gereinigt, wozu man etwas Salzsäure anwenden muß, da sich ein bedeutender Ansatz bildet.

Runkelrübenzuckerfabrikation.

Die Temperatur, bis zu welcher der Syrup in den Abkühlern kommen muß, ehe er in die Formen gebracht, ehe zum Füllen geschritten wird, ist nicht immer dieselbe; je stärker derselbe eingekocht werden mußte, ehe sich die Proben zeigten, bei desto höherer Temperatur wird das Füllen vorgenommen; durchschnittlich kann man die Temperatur zu 66 — 68° R. annehmen.

In einigen Fabriken nimmt man die Abkühler so groß, daß sie sämmtlichen Syrup von einem Tage fassen können. Da man von 200 Centner Rüben täglich ohngefähr 20—24 Centner Syrup erhält, so läßt sich die Größe leicht berechnen. In den Abkühlern erscheinen schon Kristalle, und um diese gut ausgebildet zu erhalten, nimmt man oben die Kühler in einigen Fabriken sehr groß, und bedient sich auch noch einiger Handgriffe, welche das Entstehen der Kristalle befördern. So streut man z. B. auf den Boden der Abkühler, ehe der zu kristallisirende Syrup in dieselben gebracht wird, etwas Zucker, von welchem aus die Kristallbildung dann leicht beginnt. Je reiner und zuckerreicher übrigens der Syrup ist, desto leichter und größer erscheinen die Kristalle; in an Zucker armem, an fremden Substanzen reichem Syrup erscheinen sie immer schwierig und nur klein. Durch bisweiliges Umrühren läßt sich die Ausscheidung der Kristalle auch etwas befördern, und die Bildung von allzugroßen Kristallen oder Kristallrinden verhindern, welcher später in den Formen Ursache zur Bildung hohler, mit Melasse angefüllter Räume sind, aus denen diese letztere nicht gut zu entfernen ist.

Hat sich der Syrup in den Abkühlern auf die erwähnte Temperatur abgekühlt, und hat die Entstehung der körnigen Kristalle begonnen, so wird zum Füllen geschritten. Die Gefäße, in welche der abgekühlte Syrup gefüllt wird und in denen der feste Zucker bleiben und von dem nicht kristallisirbaren Antheile, von der Melasse, getrennt werden soll, sind die bekannten aus gebranntem Thon verfertigten Zuckerhutformen, wie sie in den Zuckerraffinerien benutzt werden.

Man wendet entweder die gewöhnlichen kleinen Formen, die Melisformen, an, oder man nimmt die großen, die sogenannten Basterformen. In diesen letzteren erfolgt, wegen der größeren Menge des Syrups, welche sie fassen, und dadurch herbeigeführter langsamer Abkühlung, das Erstarren des Zuckers langsamer und regelmäßiger; man muß sie daher nehmen, wenn der Syrup nicht sehr zuckerreich ist und viele fremde Substanzen enthält, weil in diesem Falle in Melisformen sich zu kleine Kristalle ausscheiden, die von der anhängenden Melasse kaum zu trennen sind.

Vor dem Gebrauche müssen die Formen einige Stunden in reines Wasser, oder in Wasser, dem etwas Melasse zugesetzt ist, gelegt werden, damit sie sich ganz voll Wasser saugen; geschieht dies nicht, so löst sich der in denselben erstarrte Zucker nicht von den Wänden los. Um sie dauerhafter zu machen, versieht man sie in der Regel mit hölzernen Schienen und Reifen.

Ehe man den zu kristallisirenden Syrup in die eingeweichten Formen füllt, stellt man diese etwa eine halbe Stunde auf ihre Basis, damit das überflüssige Wasser ablaufe; dann verschließt man die Oeffnung in der Spitze des Kegels durch einen Pfropf von Leinewand oder Kork.

Beim Füllen lehnt man sie an die Wand, oder man stellt sie sogleich auf die zur Aufnahme der später abfließenden Melasse erforderlichen, mit einer weiten Mündung versehenen Kruken, oder aber man bringt sie auf hölzerne Gestelle, die mit Oeffnungen für die Spitzen der Formen versehen sind, stellt unter jede Form eine Syrupkruke, oder legt unter eine Reihe derselben eine Rinne, welche die abfließende Melasse in einen Behälter leitet. Das Aufstellen der Formen auf Gestelle ist besonders bei Anwendung von Basterformen sehr zweckmäßig, weil diese durch ihr bedeutendes Gewicht die Kruken, wenn sie auf diese gestellt werden, leicht zerdrücken.

Zum Einfüllen des Syrups in die Formen bedient man sich eines kupfernen Beckens mit Ausguß (Füllbeckens); in

Runkelrübenzuckerfabrikation.

diesem trägt man den Syrup aus den Abkühlern in die Formen. Da aber in den Abkühlern die Kristallisation, wie vorhin gesagt, schon begonnen hat und die entstandenen Kristalle sich zu Boden senken, so muß bei dem Ausschöpfen gut umgerührt werden, damit nicht in eine Form mehr Kristalle als in die andere kommen; man giebt deshalb auch den Inhalt eines Füllbeckens nicht in eine einzige Form, sondern man vertheilt ihn jedesmal in mehre Formen.

Würde man den Syrup in den gefüllten Formen langsam erkalten lassen, so würden, besonders wenn etwas heiß gefüllt worden wäre, an der Oberfläche des Syrups und an den Wänden der Form Rinden von kandisartigen Kristallen entstehen, welche große mit Melasse angefüllte Zwischenräume lassen, aus denen diese nur schwierig, und nicht ohne die Kristallrinden zu zerdrücken, vollständig zu entfernen ist, und der so langsam erstarrte Zucker hängt so fest an den Wänden der Form an, daß er nur schwer davon gelöst werden kann. Aus diesem Grunde verhindert man die Entstehung dieser Kristallrinden, indem man, sobald die Kristallbildung in der Form beginnt, den Syrup stört, das heißt ihn mit einem langen, schmalen, hölzernen Messer so durchrührt, daß keine Stelle der Formwand davon unberührt bleibt; man erhält dadurch eine gleichförmige Kristallisation, und die Entstehung von Kristallrinden an den Wänden der Formen wird verhindert, weil nach dem Stören die Zuckerflüssigkeit so dickflüssig wird, daß die entstandenen Kristalle sich von dem Entstehungsorte nicht mehr fortbewegen können.

Sobald der Inhalt der Formen ziemlich erkaltet ist und die Kristallisation beendet erscheint, wird der Pfropfen aus der Oeffnung in der Spitze der Form gezogen, wonach die Melasse sogleich in die untergestellten Kruken oder in die Rinne abzulaufen anfängt. Um das Ablaufen der Melasse zu befördern, muß das Lokal, in welchem die Formen stehen, auf einer Temperatur von 18 — 20° R. erhalten werden, ja in einigen Fabriken heizt man noch stärker. Das Heizen kann, wie schon beim Abdampfen angeführt ist, durch den aus den Verdampfpfannen entweichenden Wasserdampf ohne besondere Kosten bewirkt werden; wird aber das Verdampfen des Nachts unterbrochen, so muß eine Hülfsfeuerung vorhanden sein. Sollte in einigen Formen die Oeffnung verstopft sein und der Syrup nicht abfließen können, so bohre man mittelst eines spitzen Drahts durch die Oeffnung in die Zuckermasse, wodurch das Abfließen sogleich wieder beginnen wird.

Nach zwei Tagen, während welcher Zeit schon ein bedeutender Theil der Melasse abgelaufen ist, werden die Hüte gelöf't, das heißt die Formen werden eine halbe oder ganze Stunde lang auf ihre Basis gestellt, und durch vorsichtiges Anklopfen das Ablösen des Zuckerhuts von der Form versucht. Hat sich der Hut gelöf't, so wird er wieder ganz genau in die Form eingepaßt und diese aufgestellt. Das Lösen bewirkt ein leichteres und schnelleres Abfließen der Melasse (Kobweiß).

Nach 12 — 14 Tagen ist der Zucker in den Formen so weit von Melasse befreit, daß er herausgenommen werden kann. Man löf't den Hut durch vorsichtiges Anklopfen und schneidet die Spitze desselben, welche immer noch stark gefärbt erscheint, zu weiterer Verarbeitung ab. Der übrige Theil des Huts wird zerklopft, ausgebreitet, getrocknet, und ist dann verkäuflicher Rohzucker.

Der abgelaufene Syrup, welcher täglich aus den Kruken ausgegossen werden muß, da er in diesen wegen der hohen Temperatur des Lokales verderben würde, enthält noch einen nicht unbeträchtlichen Antheil kristallisirbaren Zuckers, welcher noch daraus abgeschieden werden muß.

Das specifische Gewicht desselben ist natürlich durch die Ausscheidung eines großen Theils Zuckers geringer geworden, man dampft ihn nun in den böhmischen Fabriken in den Verkochpfannen, bei nicht sehr hoher Temperatur wieder zum Kristallisationspunkte, füllt ihn dann in gehörig vorbereitete Basterformen, und läßt ihn in diesen ohne zu stören erkalten, damit man größer ausgebildete Kristalle erhalte.

Weit zweckmäßiger scheint das bei Crespel befolgte Verfahren der Verarbeitung der Melasse. Man verdünnt nemlich die Melasse mit gleichen Theilen Wassers in einem Kessel, erhitzt diese Flüssigkeit auf 78 — 80° R., giebt, wenn sie sehr dunkelgefärbt ist, etwas feines Knochenschwarz zu, und läßt sie nun die Dumont'schen Filter passiren. Man sieht leicht ein, daß die Melasse auf diese Weise sehr gereinigt und entfärbt werden muß.

Das erhaltene Klärsel wird nun in den Verkochpfannen auf 41½ — 42° B. verkocht, dann auf 50 — 60° abgekühlt, und nach Entfernung des Schaums in Basterformen gefüllt, die in einem nur auf 10 — 12° R. erwärmten Lokale stehen. Nach 24 Stunden wird der Pfropfen gezogen u. s. w.

Dieses zweite Product kann man, wenn es zu dunkel sein sollte, decken, was auch in einigen Fabriken schon mit dem ersten Producte geschieht. Das Decken ist die Operation, durch welche man die dem Zucker anhängende dunkelgefärbte Melasse aus dem Zucker verdrängt. Dies geschieht entweder mit einem wenig gefärbten Syrup oder mit reinem Wasser, welches man durch dünnen Thonbrei auf den Zucker bringt.

Man verfährt beim Decken auf folgende Weise: An den Formen, welche gedeckt werden sollen, wird die feste Rinde, welche sich auf der Oberfläche des Zuckers gebildet hat, entfernt, der darunter befindliche Zucker etwa einen Zoll tief aufgelockert, mit einer kleinen eisernen Stampfe wieder fest gedrückt, und zwar so, daß nach der Mitte zu eine Vertiefung entsteht. Nun gießt man auf die Hüte kalten geklärten Syrup von ohngefähr 31 — 32° B. Concentration, und setzt dies Aufgießen fort, so lange noch die gefärbte Melasse abläuft. In dem Maaße nemlich, als der geklärte Syrup durch die Zuckermasse filtrirt, schiebt er die gefärbte Melasse vor sich her, ohne sich mit ihr zu vermischen, so daß endlich der Syrup so abfließt, als er aufgegossen wird. Man läßt dann die Formen in der Stube stehen, so lange noch Syrup abtröpfelt.

Zum Decken mit Thon werden die Hüte auf dieselbe eben angegebene Weise vorbereitet, und dann auf jeden derselben ohngefähr 2 Pfund eines dünnen Thonbreies gleichförmig ausgegossen *). Das Wasser des Thonschlickers löst nun einen Antheil Zucker auf, und der so entstandene Syrup drängt, wie im oben beschriebenen Falle, die Melasse vor sich her. Ist nach einigen Tagen der Thonbrei nur noch etwas feucht, so entfernt man ihn und giebt eine neue Quantität des dünnflüssigen Schlickers darauf; man erkennt an der Farbe der ablaufenden Melasse, wenn das Decken beendet werden kann. So läßt sich durch gehörig ausgeführtes Decken ein Zucker darstellen, der als Farinzucker sogleich zu manchen Zwecken anwendbar ist.

Ist der Zucker in größeren Kristallen erhalten worden, so haben diese ein dunkleres Ansehen, als das daraus durch Zerstampfen erhaltene Pulver, wie man dies an den Kristallen des braunen Kandis sieht, die ein fast weißes Pulver geben; um daher dem Zucker ein helleres Ansehen zu geben, zerquetscht man die Kristalle in einigen Fabriken zwischen eisernen Quetschwalzen, und sollte sich hier noch viel anhängende Melasse zeigen, so preßt man diese ab. Diese Operation des Zerquetschens wird, nach ihrem Zweck, auch wohl das **Bleichen** des Zuckers genannt.

Der Syrup vom zweiten Producte wird am besten als

---

*) Der Thonbrei (Thonschlicker) wird so bereitet: Weißer Töpferthon, der eine solche Mischung von Thon und Sand haben muß, daß er weder zu fett noch zu mager ist, d. h. das aufgesogene Wasser weder zu fest anhält noch zu schnell entläßt, wird mit etwa dem doppelten Volumen reinen Wassers übergossen, und das Ganze während eines halben Tages unter öfterem Umrühren stehen gelassen. Hierauf gießt man das klare Wasser ab, es enthält die auflöslichen Bestandtheile des Thons, und wiederholt diese Operation noch einmal; dann giebt man zum dritten Male frisches Wasser auf den Thon, und vertheilt ihn in diesem durch starkes Rühren so, daß ein gleichförmiger, etwas dünner Brei entsteht, den man entweder durch ein Sieb oder ein Seihbecken gießt, worauf er zum Decken geeignet ist (Kobweiß).

Runkelrübenzuckerfabrikation. 517

solcher verwerthet, indeß kann bei vorsichtiger Arbeit noch ein Antheil fester Zucker daraus erhalten werden; überhaupt wird jeder Fabrikant sehr bald erkennen, wie er die einzelnen Producté am besten verkäuflich macht.

Was die Ausbeute an Zucker betrifft, so wird diese natürlich nach der Qualität der Rüben verschieden sein*), aber sie wird doch um so größer sein, je zweckmäßiger und sorgfältiger alle die bei der Abscheidung vorkommenden Operationen ausgeführt werden. Namentlich muß man die Verwandlung des kristallisirbaren Zuckers in unkristallisirbaren (Melasse), welche, wie oben erwähnt, durch Einwirkung von freier Säure, durch eine lange anhaltende hohe Temperatur herbeigeführt wird, so viel als möglich zu vermeiden suchen; denn wenn eine Fabrik nicht vorwärts kommt, so ist das in der Regel deshalb der Fall, weil sie zu viel werthlose Melasse im Verhältniß zum festen Zucker gewinnt.

Wie sehr man durch zweckmäßige Kultur der Rüben, durch zweckmäßige Läuterung, Verdampfung und Verkochen das Verfahren im Allgemeinen verbessert hat, geht daraus hervor, daß man vor 20 Jahren mit 3 Procent kristallisirtem Zucker zufrieden war, während Crespel im Arbeitsjahre $18^{35}/_{36}$ 6½ Procent, $18^{34}/_{35}$ aber gegen 8 Procent Zucker erhielt, und auf 7 Procent durchschnittlich rechnet.

Das Verfahren der Runkelrübenzuckerfabrikation, welches in dem Vorhergehenden ausführlich mitgetheilt worden ist, nach welchem man die Rüben frisch zerreibt, den Saft auspreßt, diesen läutert, verdampft, klärt und das Klärsel verkocht, ist dasjenige Verfahren, welches am allgemeinsten befolgt wird, und gewiß bis zu dieser Zeit als das zweckmäßigste und sicherste empfohlen werden kann; es ist aber nicht das einzige Verfahren der Runkelrübenzuckerfabrikation.

---

*) Daß diese sehr von der Witterung des Jahres abhängig, ist schon früher erwähnt.

Dombasle hat vor einigen Jahren ein Verfahren zur Gewinnung des Zuckers aus den Rüben bekannt gemacht, von dem man sich anfangs ungemein viel versprach; es ist das Macerationsverfahren. Die Rüben wurden in, einige Linien dicke, Scheiben mittelst einer Schneidemaschine geschnitten, und diese Scheiben in Körben in ihr gleiches Gewicht kochenden Wassers gehängt. Durch das Einbringen der kalten Rüben wurde natürlich die Temperatur herabgesetzt; man unterhielt das Feuer, daß die Masse immer die Temperatur von 60° R. zeigte. Nach einer halbstündigen Maceration (richtiger Digestion) zeigte die Flüssigkeit 4° B. Man brachte nun eine andere Quantität Rüben in dieselbe und ließ ½ Stunde maceriren, wonach die Flüssigkeit 6° B. zeigte; in diese wurden endlich noch einmal Rüben gebracht, wo man dann nach einer halben Stunde einen Saft von 7° B. erhielt, welcher nun weiter behandelt, das heißt geläutert, verdampft u. s. w. wurde. Die einmal mit Wasser behandelten Rüben wurden noch mehrmal mit Wasser macerirt, dadurch erschöpft, und überhaupt durch eine gewisse Ordnung in der Folge der Macerationen immer ein Saft erzielt, welcher 7° am Baumé'schen Aräometer zeigte.

Es wäre unnöthig, über dies Verfahren noch irgend etwas mitzutheilen, da es nach allen angestellten Versuchen keine Vorzüge vor dem gewöhnlichen Verfahren besitzt, und da die meisten Fabrikanten, welche oft mit großem Kostenaufwande zu dieser Fabrikationsmethode übergingen, dieselbe wieder verlassen haben, weil sie eine größere Menge Melasse erhielten.

In der neuesten Zeit hat Schützenbach sich ein Verfahren patentiren lassen, nach welchem die Rüben in Scheiben geschnitten, getrocknet und dann pulverisirt werden, um den Zucker mit wenig Wasser ausziehen zu können. Es ist noch zu wenig über dieses Verfahren bekannt geworden, als daß ein Urtheil über dasselbe passend wäre.

Nichts macht die Gewinnung des Zuckers aus den Run=

Runkelrübenzuckerfabrikation.

kelrüben kostspieliger, als der Bedarf der großen Quantität von Knochenkohle, um einen farblosen und leicht kristallisirenden Syrup zu erhalten. Dieser Bedarf würde allen Gewinn verzehren, wenn die einmal gebrauchte Kohle nicht mehr benutzt werden könnte. Dies ist indeß nicht Fall; die schon zum Klären völlig ausgenutzte Kohle erhält durch Ausglühen, wodurch die aufgenommenen organischen Substanzen (Farbestoffe, Schleim u. s. w.) zerstört werden, einen Theil ihrer entfärbenden Eigenschaften wieder. Dieses Wiederherstellen der Wirksamkeit der Kohle durch Glühen wird das Wiederbeleben der Kohle genannt. Da es für den Fabrikanten vortheilhaft ist, sich auch direct die Knochenkohle aus den Knochen darzustellen, weil er dazu sich desselben Apparats bedienen kann, den er zur Wiederbelebung anzuschaffen nöthig hat, und weil er dann versichert ist, gute Kohle zu erhalten, so muß ich Einiges über die Bereitung der Knochenkohle mittheilen, ehe ich von deren Wiederbelebung spreche.

Man wählt die besten, festesten, frischen Knochen zur Verkohlung; Knochen, welche lange Zeit an der Luft oder in der Erde gelegen haben und dadurch verwittert sind, taugen wenig, weil sie die thierische Gallerte theilweise verloren haben, und diese ist es doch gerade, welche beim Verkohlen die Kohle liefert.

Enthalten die Knochen Fett, so entzieht man ihnen dies vorher; man zerschlägt sie, kocht sie in einer Pfanne mit Wasser aus und schöpft das oben aufkommende Fett ab. Es wird zur Seife und als Schmiermittel benutzt; das Wasser, welches etwas Gallerte auflöst giebt ein Düngungsmittel ab.

Das Zerkleinern der Knochen vor dem Verkohlen geschieht durch Hämmer oder Stämpfen.

Die zerkleinerten Knochen werden in eiserne Glühtöpfe gebracht, die cylindrisch, 16 Zoll hoch, oben mit einem angegossenen vertieften Rande von $1/2$ Zoll Breite versehen sind. Man stellt sie dann in dem Verkohlungsofen zu 3 — 5 übereinander, so daß der eine Topf dem andern als Deckel dient, und nur der oberste Topf einen besonderen Deckel erhält.

Jeder dieser Glühtöpfe faßt ohngefähr 20 Pfund Knochen, von denen man die festesten an die Außenseite, die lockeren nach Innen zu packt, auch die festeren an stärker erhitzte Stellen des Ofens bringt.

Die Verkohlungsöfen sind sehr einfach. Man denke sich einen gemauerten vierseitigen Raum von ohngefähr 4½ Fuß Höhe und 5 Fuß Breite und Tiefe, dessen Sohle von einem gemauerten Roste gebildet ist, auf welchen die Säulen der Verglühtöpfe neben einander aufgestellt werden. Um diese Töpfe aufzustellen befindet sich an einer Seite des Ofens eine beim Verkohlungsprocesse zu vermauernde Oeffnung. Unter den gemauerten Rosten, auf welche die Töpfe aufgestellt werden, befindet sich die Feuerung mit dem eisernen Roste zur Aufnahme des Brennmaterials, und unter diesem der Aschenherd; beide Räume sind natürlich mit Thüren versehen. Wird nun auf dem Roste das Feuermaterial verbrannt, so umspielen die Flammen und der heiße Rauch die Verglühtöpfe. Am hintern Theile des Ofens aber befindet sich der Abzugscanal für den Rauch; man leitet ihn erst eine Strecke horizontal, ehe man ihn zu einem Schornstein perpendiculär aufführt, damit man auf der horizontalen erwärmten Strecke das feuchte Kohlenpulver vor dem Wiederbeleben trocknen kann. Fig. 74 zeigt einen solchen einfachen Verkohlungsofen. Baut man zwei solcher Oefen nebeneinander, so erhalten dieselben die eine Wand gemeinschaftlich.

Außer diesen stehenden Verkohlungsöfen hat man auch liegende nach Art der gewöhnlichen Töpferöfen. Crespel wendet stehende Oefen ohne Rost an, von denen jeder 108 Töpfe, zu 4 — 5 übereinander gestellt, faßt.

Das Erhitzen wird so lange fortgesetzt, als sich noch an den Fugen der Töpfe Flämmchen von entweichenden Gasen zeigen. Um dies beobachten zu können, befindet sich ein kleines Loch in der Wand des Ofens, das mit einem Thonpfropf verschlossen werden kann. Zeigen sich keine Flämmchen mehr, so wird die Feuerthür geschlossen und der Ofen der Abkühlung überlassen.

Nach dem Aufbrechen der Thür werden die Töpfe herausgenommen und die schwarz gebrannten Knochen sortirt.

Sind Töpfe gesprungen oder schlossen sie nicht gut, so finden sich weißgebrannte Knochen, das heißt Knochen, in denen die Kohle verbrannt ist; man entfernt diese.

Die Ausbeute an Knochenkohle beträgt ohngefähr 55 bis 60 Procent vom Gewichte der Knochen.

Zum Zerkleinern der Knochen bedient man sich häufig aufrechtstehender Mühlsteine, die um eine stehende Welle auf einer harten Sohle im Kreise rollend bewegt werden; man benutzt aber auch, wie S. 479 angeführt worden, gereifte Walzen oder Pochwerke; das feine Pulver und die gröberen Stücke werden durch die a. a. O. beschriebene Siebvorrichtung entfernt.

Um die schon zur Entfärbung benutzte Knochenkohle wieder wirksam zu machen, verfährt man auf folgende Weise. Man entfernt durch öfteres Auswaschen aus der gebrauchten Kohle alle auflöslichen Substanzen, trocknet das gereinigte Pulver auf der oberen Platte des Verkohlungsofens, und bringt es dann mit 10 Procent frischen Knochen in die Verglühtöpfe.

Beim öfteren Gebrauch wiederbelebter Kohle verstopfen sich die Poren mit erdigen Salzen, welche, da sie im Wasser unlöslich sind, durch Auswaschen nicht entfernt werden; man entfernt diese alle 5 — 6 Wochen dadurch, daß man die Kohle mit sehr verdünnter Salzsäure behandelt, welche die erdigen Salze, namentlich den kohlensauren Kalk, auflös't. Nach dieser Behandlung mit Salzsäure muß man die Kohle sehr sorgfältig mit reinem Wasser auslaugen, um das entstandene Calciumchlorid zu entfernen, welches sonst den Syrup verunreinigt.

Crespel, welcher täglich 600 Centner Rüben verarbeitet, hat 300 Centner Knochenkohlen in steter Circulation, das heißt in den Filtern, den Aussüßkästen, Auswaschbehältern, in den Glühtöpfen und Vorrathskammern. Man bezahlt in dem nördlichen Frankreich 100 Pfund Knochen mit 5 — 5½ Frcs., die Knochenkohlen mit 14 Frcs.

Es ist oft erwähnt worden, daß man sich sowohl zum Erhitzen des Saftes bei der Läuterung, als auch beim Verdampfen und Verkochen des Saftes, in den bedeutenden Fabriken fast immer des Wasserdampfs bedient. Man erreicht dadurch eine ausgezeichnete Reinlichkeit im Fabriklokale; man vermeidet die zu hohe Steigerung der Temperatur und davon herrührende Zerstörung des kristallisirbaren Zuckers beim Verdampfen und Verkochen; man ist im Stande, durch Absperren des Dampfes die Erhitzung plötzlich mit Leichtigkeit zu unterbrechen, und man kann unter Umständen selbst Ersparniß an Brennmaterial erzielen, da die vielen verschiedenen Operationen eben so viel besondere Feuerungen nöthig machen.

Bei der Branntweinbrennerei ist S. 224 sehr ausführlich über Erhitzung mit Dampf und über die Einrichtung des Dampferzeugers, Dampfkessels, gesprochen worden; ich kann deshalb im Allgemeinen dorthin verweisen, indeß wird es doch erforderlich sein, hier noch etwas über diesen Gegenstand, mit Rücksicht auf den vorliegenden speciellen Zweck, mitzutheilen.

Da der Siedpunkt der Zuckerlösungen in dem Grade, als sie concentrirter werden, bei einer höheren Temperatur zu liegen kommt, so muß der Wasserdampf, mit dem man die Zuckerlösungen verdampfen will, wenn dies Verdampfen beim Siedpunkte also schnell vor sich gehen soll, eine höhere Temperatur als diese siedenden Zuckerlösungen haben; man kann sich daher nicht des Dampfes von 100° Celf., wie ihn reines Wasser beim Sieden in offenen Gefäßen ausgiebt, dazu bedienen; man muß Dampf von höherer Temperatur, etwa von 120 — 135° Celf., benutzen. Da mit dieser höheren Temperatur auch die Spannung, das heißt der Druck auf die Umgebung, also auf den Dampfkessel, steigt, so muß dieser letztere von stärkerem Metallblech gearbeitet sein. Bei

$100°$ Celf. hält der Druck des Wasserdampfs dem Drucke der Atmosphäre (gleich einer Säule von Quecksilber von ohngefähr 28 Zoll Höhe, nemlich gleich dem Barometerstande, ohngefähr 15 Pfund auf den Quadratzoll Fläche betragend) das Gleichgewicht, er ist also dem Druck einer Atmosphäre gleich. Gesättigter Dampf von $121°$ Celf., kommt dem Drucke von 2 Atmosphären, von $135°$ Celf. von 3 Atmosphären gleich; man spricht deshalb von Dampf von 1, 2 oder 3 und mehren Atmosphären Druck, oder von 15, 30, 45 Pfund Druck auf den Quadratzoll.

Das Material, aus welchem der Dampferzeuger verfertigt wird, ist in der Regel gewalztes Eisenblech, das sich durch Wohlfeilheit und Dauerhaftigkeit besonders empfiehlt.

Die Größe des Dampferzeugers, besonders der dem Feuer ausgesetzten Fläche desselben, von welcher, wie a. a. O. gezeigt worden, die Menge des Dampfes abhängig ist, die sich in einer gewissen Zeit erzeugt, muß natürlich in einem bestimmten Verhältnisse zu der erforderlichen Menge Dampf stehen. Wäre der Dampferzeuger zu klein, so würde die höhere Temperatur des Dampfes nicht erhalten werden können, da diese vorzüglich von der Menge des Dampfes, welcher sich in einem gewissen Raume befindet, abhängig ist; das Verdampfen und Verkochen würde sehr vorzögert werden, wenn man nicht durch sehr heftiges Feuer, durch welches der Dampfkessel sehr leidet, die Dampfbildung vermehrt. Wäre im Gegentheil die dampfgebende Oberfläche des Kessels zu groß, so würden bei starkem Feuer mehr Dämpfe erzeugt werden, als nöthig sind, sie würden ungenutzt durch das Sicherheitsventil entweichen, aber man sieht leicht, daß man dann durch gelinderes Feuern mit großem Nutzen für das Material des Kessels die Dampfmenge beliebig vermindern kann. Es ist daher unter allen Umständen zweckmäßig, den Dampfkessel etwas größer als gerade nöthig ist, zu nehmen.

Angenommen, es soll mit einem und demselben Dampfkessel das Läutern, das Verdampfen und Verkochen vorgenommen werden, und täglich wolle man 200 Centner, (20,000 Pfund), gereinigte Rüben verarbeiten, so hat man die folgenden Data zu berücksichtigen.

20,000 Pfund gereinigte Rüben können, à 85 Procent, 17,000 Pfund Saft liefern.

Diese 17,000 Pfund Saft sollen auf 8 Läuterungen vertheilt werden; es kommen also auf jede Läuterung $\frac{17,000}{8} = 2125$ Pfund Saft.

Da der Dampf von 1 Pfund Wasser 5½ Pfund Wasser von 0° an zum Siedpunkte auf 100° Cels. erhitzen kann (siehe a. a. O.), so bedarf man zum Erhitzen von 2125 Pfund Saft, wenn man unberücksichtigt läßt, daß derselbe eine etwas höhere Temperatur als 0° hat $\frac{2125}{5,5} = 386$ Pfund Wasserdampf.

Es fragt sich nun, in welcher Zeit dies Erhitzen bewerkstelligt werden soll. Angenommen, die Läuterung soll in 30 Minuten beendet sein, so bedarf man für jede Minute $\frac{386}{30}$ = 12,9 Pfund Dampf.

Nun ist a. a. O. angegeben, daß bei Kesselfeuerungen 10 Quadratfuß dem Feuer ausgesetzter Fläche in der Minute ohngefähr 1 Pfund Wasser verdampfen; wollte man also nur die Läuterung durch Dampf in der angegebenen Zeit bewerkstelligen, so hätte man einen Dampfkessel nöthig, welcher in der Minute 12,9 Pfund Wasserdampf liefert, also 129 Quadratfuß dem Feuer ausgesetzte Fläche besäße. Soll die Läuterung in einer Stunde, also 60 Minuten, beendet sein, so braucht diese Fläche, wie leicht einzusehen, nur 65 Quadratfuß, nemlich nur halb so groß, zu sein. Wollte man aber mit dieser Fläche die Läuterung in 30 Minuten beenden, so müßte so stark geheizt werden, daß in der Minute 10 Quadratfuß Kesselfläche 2 Pfund Wasserdampf lieferten, was durch starkes Steinkohlenfeuer wohl zu erreichen ist.

Für die Läuterung des ganzen Saftes werden also

$386 \cdot 8 = 3088$ Pfund Wasserdampf geliefert werden müssen.

Die Sache wäre so einfach, als oben mitgetheilt worden ist, wenn das Erhitzen des zu läuternden Saftes auf die Weise bewerkstelligt würde, daß man den Wasserdampf direct in den zu läuternden Saft hineinleitete, und es wäre dann ganz gleich, ob der Dampf eine Spannung von einer oder mehren Atmosphären, oder, was dasselbe ist, eine Temperatur von 100° Celſ. oder eine höhere beſäße, da, wie a. a. O. erwähnt, Dampf von jeder beliebigen Temperatur eine gleiche Menge von Wärme enthält, also auch eine gleiche Menge Wärme abgeben kann.

Man leitet nun aber, wie bei der Läuterung beschrieben, den Dampf nicht in den Saft, sondern man umgiebt den Läuterkessel mit einem Mantel und leitet den Dampf in den dadurch entstehenden Zwischenraum.

Durch die Kesselwand hindurch muß also der Wasserdampf seine Wärme an den Saft abtreten; zu diesem Durchgange ist nun eine gewisse Zeit erforderlich, das heißt, eine gewisse Fläche des Kessels kann in einer gewissen Zeit nur einer bestimmten Menge Dampf die Wärme entziehen, ihn also zu tropfbarflüssigem Wasser verdichten.

Diese Menge von Dampf, welche in einer bestimmten Zeit von der Kesselfläche verdichtet ist, und von welcher also, wie leicht einzusehen, die erwärmende Kraft dieser Fläche abhängt, richtet sich nun zum Theil nach der Stärke der Kesselfläche, der wärmeleitenden Kraft des Metalls, aus dem der Kessel besteht, besonders aber nach dem Temperaturunterschiede des Dampfes und der Kesselfläche, oder, was dasselbe ist, der im Kessel befindlichen Flüssigkeit; je größer dieser Unterschied, desto schneller der Uebergang der Wärme vom Dampfe zu der Flüssigkeit durch die Kesselwand, je kleiner der Unterschied, desto langsamer die Erwärmung.

Hieraus ergiebt sich der Nutzen der Anwendung von Dämpfen von höherer Temperatur. Hat man Dampf von 100° Celſ., also von einer Atmosphäre, so beträgt die Temperaturdifferenz bei einer von 0° bis 100° zu erhitzenden Flüssigkeit durchschnittlich 50° Celf.; sie ist nemlich beim Beginn des Erhitzens 100°, beim Ende 0°. Hat man aber Dampf von 3 Atmosphären Spannung, also eine Temperatur von 135° Celf., so ist, wie leicht einzusehen, der mittlere Temperaturunterschied fast 68° Celf., und dabei muß, wie sich aus Obigem ergiebt, die Condensation des Dampfes, mit anderen Worten das Erwärmen der Flüssigkeit im Läuterkessel, schneller vor sich gehen.

Die Erfahrung hat nun gezeigt, daß 10 Quadratfuß Kesselfläche, bei einem Temperaturunterschiede von 50° Celf., in der Minute 3 Pfund Wasserdampf condensiren, also, was dasselbe ist, die latente Wärme von 3 Pfund Wasserdampf hindurchlassen. Hiernach werden 10 Quadratfuß Kesselfläche bei einem Temperaturunterschiede von 68° ohngefähr 4 Pfund Wasserdampf condensiren (50 : 68 = 3 : 4,09), in 30 Minuten also 120 Pfund. Zum Erhitzen der zu läuternden Flüssigkeit sind aber, wie oben angegeben, 886 Pfund Wasserdampf erforderlich, die daher eine Kesselfläche von 32 Quadratfuß zur Verdichtung erfordern (120 : 10 = 386 : 32) *).

Auch das Verdampfen des Rübensaftes soll durch Wasserdampf bewirkt werden. Setzen wir, daß die 17,000 Pfund Rübensaft nach der Läuterung noch eben so viel betrügen, was indeß wegen der Menge der abgeschiedenen Substanzen nicht der Fall sein kann, so müssen, um diese 17,000 Pfund Rübensaft auf 25° B. zu concentriren, ohngefähr 13,000

---

*) Ich habe hier diese Fläche nach der Angabe der besten Schriftsteller berechnet; Krause giebt die Fläche noch größer an, nemlich für eine Dauer der Läuterung von 60 Minuten bei der angeführten Menge Saft zu 21½ Quadratfuß. Diese Größe besitzen die bei der Läuterung beschriebene Läuterungskessel von Crespel, sie sind nemlich 4½ Fuß weit und das Kugelsegment ist 16 Zoll tief; gleich wohl führt Schubarth in seinem Werke an, daß eine Läuterung bei einer Spannung der Dämpfe von 2½ Atmosphären in 25 Minuten beendet sei.

Waſſer verdampft werden, wo dann 4000 Pfund Syrup von 25° B. zurückbleiben.

Um 13,000 Pfund Waſſer zu verdampfen, ſind natürlich, allen Wärmeverluſt abgerechnet, auch 13,000 Pfund Waſſerdampf erforderlich. Das Abdampfen ſoll in 12 Stunden bewerkſtelligt werden, man bedarf alſo für die Stunde $\frac{13,000}{12}$ = 1083 Pfund Waſſerdampf, für die Minute $\frac{1083}{60}$ = 18 Pfund Waſſerdampf, zu deſſen Erzeugung 180 Quadratfuß dem Feuer ausgeſetzte Fläche vom Dampfkeſſel erforderlich iſt. Sollte die Abdampfung in 16 Stunden beendet werden, ſo würde die in einer Stunde erforderliche Menge des Dampfes nur $\frac{13,000}{16}$ = 810 Pfund betragen, wozu eine dampfgebende Fläche von 130 Quadratfuß erforderlich ſein wird.

Der Dampf von 3 Atmoſphären, alſo von 135° Celſ, wird durch ein in der Flüſſigkeit liegendes Spiralrohr geleitet, und auf dieſe Weiſe ihm die Wärme entzogen; es fragt ſich nun, welche Fläche muß dieſes Rohr haben, um die Verdampfung in der gewünſchten Zeit zu bewirken. Sie muß natürlich ſo groß ſein, daß in der Stunde 1083 Pfund Waſſerdampf condenſirt werden. Der Temperaturunterſchied ſoll 35° Celſ. geſetzt werden, ſo haben wir, da bei einem Unterſchiede von 50° Celſ. 10 Quadratfuß Fläche 3 Pfund Dampf in einer Minute, in einer Stunde alſo 180 Pfund condenſiren: 50 : 35 = 180 : 126. Es werden alſo bei dem Temperaturunterſchiede von 35° Celſ. 10 Quadratfuß Fläche 126 Pfund Waſſerdampf condenſiren, oder, was daſſelbe iſt, deren Wärme hindurch zu dem Safte führen. Für die zu condenſirenden 1083 Pfund wäre alſo eine Fläche von 85 Quadratfuß erforderlich. Da nun der Saft aus einem Läuterkeſſel in zwei Pfannen vertheilt wird, ſo muß das Spiralrohr jeder Pfanne 42½ Quadratfuß Fläche beſitzen, was einer Länge von 127 Fuß bei einem Durchmeſſer von ohngefähr 1½ Zoll entſpräche. Wollte man nun das

Abdampfen auf 16 Arbeitsstunden vertheilen, so brauchte die Länge nur etwa 96 Fuß zu betragen (16:12 = 127:96), und so kann man dieselbe für jede andere Verdampfzeit berechnen.

Die 4000 Pfund Syrup von 25° B., welche bei der Filtration durch die Dumont'schen Filter auf die Temperatur der Luft abgekühlt worden sind, müssen nun wieder zum Sieden erhitzt und dann auf 42° B. (heiß gewogen) verkocht werden, um den Zucker in Kristallen abzusetzen; dabei müssen ohngefähr 1300 Pfund Wasser verdampft werden, wo dann 2700 Pfund Syrup, welcher die Proben zeigt, zurückbleiben. Vertheilt man diese Arbeit auf 12 Stunden, so sind stündlich 333 Pfund Klärsel bis zum Siedpunkte zu erhitzen, und davon 108 Pfund Wasser zu verdampfen. Da die specifische Wärme des Klärsels nur ohngefähr halb so groß ist, als die des Wassers, das heißt da man mit derselben Quantität Wärme ohngefähr noch einmal so viel Klärsel als Wasser bis zu gleicher Temperatur erhitzen kann, so bedürfen also die 333 Pfund Klärsel nur so viel Wasserdampf, um zum Sieden erhitzt zu werden, als 166 Pfund Wasser, wobei der höhere Siedpunkt desselben sich damit ausgleicht, daß er vor dem Erhitzen wenigstens schon 10° Cels. zeigt. Nach Früherem erfordern 166 Pfund Wasser, um bis zum Sieden erhitzt zu werden, $\frac{166}{5,5} = 30$ Pfund Wasserdampf. Zum Verdampfen der 108 Pfund Wasser bedarf man 108 Pfund Wasserdampf, also hat man für die Verkochpfanne stündlich 138 Pfund Dampf nöthig, in jeder Minute $\frac{138}{60} = 2,3$ Pfund, wozu eine dampferzeugende Fläche des Dampfkessels von 23 Quadratfuß erforderlich ist.

Die Röhren, welche in den Verkochpfannen liegen, müssen, wie sich leicht ergiebt, 108 Pfund Wasserdampf stündlich condensiren können. Da der Siedpunkt des Klärsels gegen das Ende des Verkochens 115° Cels. beträgt, so ist der Temperaturunterschied bei Anwendung von Dampf von

Runkelrübenzuckerfabrikation.

135° Celf. (3 Atmosphären Druck) durchschnittlich etwa 25° Celf., bei welchem 10 Quadratfuß Fläche 90 Pfund Dampf condensiren. Die Röhren müssen also, um 108 Pfund Dampf condensiren zu können, 12 Quadratfuß Fläche besitzen, was bei einem Durchmesser von 1 Zoll eine Länge von 48 Fuß gäbe.

Um daher den Saft von 200 Centnern Rüben in 12 Stunden zu läutern, zu verdampfen und zu verkochen, wäre am Dampfkessel eine dampferzeugende, das heißt eine dem Feuer ausgesetzte Fläche von 336 Quadratfuß erforderlich.

Wollte man nun dem Dampfkessel die Form eines Cylinders geben, wie sie Fig. 44 bei der Branntweinbrennerei abgebildet ist, so müßte derselbe eine so bedeutende Größe erhalten, daß die Anfertigung wegen der dazu erforderlichen Dicke des Materials sehr theuer sein würde, und daß wegen dieser Stärke eine bedeutende Abnutzung der äußeren Fläche und eine bedeutend geringere Dampfbildung erfolgen müßte.

Da aber, wie oben erwähnt, der Saft auf 8 Läuterungen vertheilt ist, und da man bei hinreichender Dampfmenge und Spannung jede Läuterung in einer halben Stunde beenden kann, so wird diese große dampfgebende Fläche nur täglich 4 Stunden, nemlich während der Dauer der 4 Läuterungen, benutzt werden; während der übrigen Zeit wäre sie zum Abdampfen und Verkochen viel zu groß.

Man kann daher, wie leicht einzusehen, auf mannichfaltige Weise dahin gelangen, daß man den Dampfkessel nicht von einer so bedeutenden Größe bedarf. So wird es z. B. zweckmäßig sein, während der Läuterung nicht gleichzeitig zu verdampfen, sondern während dieser Zeit die Entleerung der Abdampfpfanne von dem eingedampften Safte, die Reinigung und Wiederfüllung vornehmen. Das Verkochen des Syrups könnte recht gut gleichzeitig betrieben werden; nach Beendigung des Läuterprocesses wären dann, wie sich aus Obigem ergiebt, zum gleichzeitigen Verdampfen und Verkochen 208 Quadratfuß dampfgebende Fläche vollkommen hinreichend.

Man könnte aber auch die Läuterung, wie schon früher erwähnt, anstatt sie in der kurzen Zeit von 30 Minuten zu beenden, auf 60 Minuten ausdehnen, wo dann, bei gleichzeitigem Betriebe der Läuterung, des Verdampfens und Verkochens die dampfgebende Fläche 275 Quadratfuß betragen müßte; und man könnte endlich die Zeit des Verdampfens und Verkochens auf 16 Stunden ausdehnen, wofür man, nach dem Mitgetheilten, nun leicht die Größe des Dampfkessels wird berechnen können.

Bei alle dem würde ein bloßer Cylinder doch noch eine recht bedeutende Größe erlangen, deshalb bringt man in demselben nicht allein das S. 225 erwähnte und Fig. 43 abgebildete Rohr im Dampferzeuger an, sondern man verbindet den Dampfkesselcylinder noch mit 2, ja selbst 4 kleineren Cylindern, die in den Feuerraum zu liegen kommen (Fig. 75).

Angenommen, der große Cylinder B habe eine Länge von 16 Fuß und einen Durchmesser von 4 Fuß; das durch denselben gehende Rohr einen Durchmesser von 14 Zoll; die kleinen im Feuerraum liegenden Cylinder A, die mit dem großen Cylinder an beiden Enden durch Röhren a verbunden sind, 10 Zoll Durchmesser, so hat man, wenn der große Cylinder zur Hälfte vom Feuer umspielt wird, 232 Quadratfuß der Einwirkung des Feuers ausgesetzte Fläche; und nähme man statt der zwei kleinen Cylinder A deren 4 (ich habe selbst Dampfkessel dieser Art sehr gut gearbeitet gesehen), so erhöhte sich die dampfgebende Fläche auf 312 Quadratfuß. Die Stärke des Eisenblechs würde hinreichend sein, wenn sie für den großen Cylinder 5 — 6 Linien, für die kleinen 3 Linien betrüge.

Noch ist in Fig. 75 der über dem großen Cylinder des Dampferzeugers liegende Cylinder A' zu betrachten. Es ist der Wassersammler (retour d'eau), nemlich der Apparat, in welchem das nach der Wirkung des Dampfes unter den Läuterkesseln und in den Verdampf= und Verkochpfannen aus dem Dampf entstandene heiße Wasser durch das Rohr e' zu=

rückfließt und von hier ab zur Speisung des Dampfkessels verwandt wird. Das Rohr d' dient zum Ableiten der etwa in den Sammler gelangenden, nicht condensirten Dämpfe, welche man zur Heizung in geeigneten Röhren auf den Zuckerboden leitet. Der Sammler hat die Form eines kleinen Dampfkesselcylinders; er steht durch die beiden Röhren a' und b', welche durch Hähne verschlossen sind, mit dem Dampfkessel auf gezeichnete Weise in Verbindung. Sobald der Schwimmer im Dampfkessel anzeigt, daß dieser gespeis't werden muß, schließt man die Röhren c' und d' durch Hähne, und öffnet den Hahn des Rohrs b', wodurch der Dampf aus dem Dampfkessel in den Sammler tritt, in welchem dadurch der Druck mit dem Druck im Dampfkessel gleich wird.

Oeffnet man nun den Hahn der Röhre a', so fließt das Wasser aus dem Sammler in den Dampfkessel; man verschließt ihn wieder, sobald der Stand des Wassers durch den Schwimmer als der erforderliche angezeigt wird, worauf man ebenfalls den Hahn der Röhre b verschließt, die Hähne der Röhren c' und d' aber öffnet. Es leuchtet ein, daß, wenn nur der Hahn von a' geöffnet würde, der von b' aber geschlossen bliebe, das Wasser nicht in den Dampfkessel treten kann, weil der in diesem stattfindende starke Druck des Dampfes dies verhindert.

Zur Runkelrübenzuckerfabrikation in Frankreich. Es wird dem Leser interessant sein, einige Data über die Zuckerfabrikation Frankreichs zu erfahren, welche recht gut als Maßstab für unsere Verhältnisse dienen können. Ich entnehme sie dem oftermähnten Werke von Schubarth.

Die Einfuhrsteuer auf Kolonialzucker war bis zum ersten Januar 1837 durchschnittlich 45 Frcs. 21¼ Centimes für 100 Kilogrammen; für den preußischen Centner beträgt dies 6 Thlr. 6 Ggr. Seit dem ersten Januar 1337 ist, wenn man den Zeitungsnachrichten glauben darf, der Eingangszoll um

10 Frcs. erniedrigt worden, und er soll vom ersten Januar 1838 an noch um 10 Frcs. niedriger gestellt werden, wo er dann also 25 Frcs. 21½ Cent. betrüge. Im Königreich Preußen ist die Eingangssteuer 5 Thaler pro Centner, im Königreich Hannover und Herzogthum Braunschweig für die bestehenden Raffinerien 1 Thlr. 6 Sgr. pro Centner.

Anfang März waren die Nettopreise für Runkelrüben-rohzucker: blaßgelblichweißes Product 53 Frcs., bräunlich-gelbes 44 — 40 Frcs., braunes 32 Frcs. die 50 Kilogrammen (ohngefähr 114 preuß. Pfunde). Dies macht für den preuß. Centner 14 Thaler 20½ Sgr., 12 Thlr. 5 Sgr. bis 11 Thlr. 2½ Sgr. und 8 Thlr. 26 Sgr. Sehr weißer Zucker, mit stark geklärtem Decksel (Seite 515) gedeckt, wurde der preuß. Centner mit 23 Thlr. 24¾ Sgr. bezahlt. (In Schlesien bezahlte man für gedeckten Rohzucker von ausgezeichneter Qualität 27 Thaler.)

Was die Kosten der Darstellung betrifft, so macht Crespel folgende einfache Rechnung:

1000 Pfund Rüben kann man kaufen für 8 Frcs.
Den Zucker daraus darzustellen kostet . 8 »
_____
Also kosten 70 Pfund Rohzucker . . 16 »

Die Melasse und die Preßrückstände bleiben kostenfrei. Demnach kostet das franz. Pfund Rohzucker 22⁸⁄₁₀ Cent. oder 1 Sgr. 10⅙ Pf. Nimmt man den Preis des Runkelrübenzuckers durchschnittlich zu 45 Frcs. für 100 Pfund an, so wird das Pfund mit 45 Cent. verkauft, während es nur 22⁸⁄₁₀ Cent. kostet. Crespel verkaufte seinen Zucker im Jahre 1834 und 1835 für 50 Frcs., wonach sich die Rechnung noch günstiger stellt.

Wie sehr sich in wenigen Jahren die Runkelrübenzucker-fabrikation vervollkommnet hat, geht daraus hervor, daß man im Jahre 1830 noch folgende Berechnung aufstellte. Man nahm an:

Runkelrübenzuckerfabrikation.

1000 Pfund Rüben kosten . . . . 8 Frcs.
Die Fabrikationskosten betragen . . 10 "

Zuckerausbeute 5% kosten also 50 Pfund 18 Frcs.
Hierzu 5% für Tara, 5% Disconto . 2 "

Folglich in Summa . . 20 Frcs.

Die Kosten für Abnutzung, Unterhaltung, Zinsen wurden durch Preßrückstände, Dünger, Melasse gedeckt. Vom Hectare (fast 4 preuß. Morgen) Land nahm man den Ertrag zu 20 — 25,000 Kilogrammen Rüben an.

Jetzt stellt man gewöhnlich folgende Rechnung auf:

1000 Pfund Rüben kosten . . . . . . 7 Frcs.
Fabrikationskosten . . . . 10 "
Tara, Disconto . . . . 2 "

Ertrag 6 — 7% kosten also 60 — 70 Pfd. Zucker 19 Frcs. Gewinnt man also 6% Zucker, so kosten 100 Pfund Rohzucker 31 Frcs. 67 Cent., das Pfund $31^6/_{10}$ Cent.; gewinnt man 7% Zucker, so kosten 100 Pfund 27 Frcs. 14 Cent., das Pfund $27^1/_{10}$ Cent.

Nun wird aber wahrscheinlich der Rübenbau noch mehr verbessert, denn schon jetzt rechnet man von dem Hectare 30 — 40,000 Kilogr. Rüben, so daß der Preis der Rüben wohl noch um 2 Frcs. fallen kann, und die Ausbeute wird vielleicht auf 8% erhöht, wo dann das Pfund Zucker $21^1/_4$ Cent. kosten würde, und natürlich ist der Vortheil für den Landwirth, welcher selbst Zuckerfabrikant ist, noch größer.

Crespel beschäftigt zu Arras, wo täglich über 600 Centner Rüben verarbeitet werden, 51 Männer und 20 Weiber am Tage; 19 Männer und 14 Weiber des Nachts. Für die Tagarbeit wurde gezahlt $69^1/_2$ Frcs., für die Nachtarbeit 31 Frcs. 60 Cent., also an Arbeitslohn überhaupt in 24 Stunden 101 Frcs. 10 Cent.; dies giebt in 6 Tagen 606 Frcs. 60 Cent., und mit Einschluß des Lohns für einen Mechanikus in der Werkstatt und einen Schmidt, so wie des Sonntags $1/_2$ Tagschicht zum Aufarbeiten der Syrupe, Reinigen der Anstalt, einen Wochenlohn von 648 Frcs. ½ Cent. Die Contremaitres erhalten der eine 1200 Frcs. jährliches Gehalt, der andere zur kürzeren Nachtschicht 1000 Frcs. Die gewöhnlichen Arbeiter erhalten täglich 1 — 1¼ Frcs, die Weiber ¾ Frcs.

Crespel, welcher 6 Runkelrübenzuckerfabriken besitzt, erzielte im Jahre $18^{34}/_{35}$ gegen 2,200,000 Pfund Rohzucker, in Arras allein 850,000 Pfund.

Ueber die Rübenproduction auf 1 Hectare macht Crespel folgende Berechnung:

Bearbeitung des Feldes	60 Frcs.
Säen mit der Maschine	1 „
Jäten	35 „
Ausreißen der Rüben	30 „
Einbringen in die Gräben	5 „
Das Graben der Gräben	12 „
Pacht	80 „
Steuern	12 „
Dünger	55 „
20 Pfund Samen	20 „
Einfahren zur Fabrik	45 „
Summa	365 Frcs.

Rechnet man vom Hectare 32,500 Kilogr., so kosten 1000 Kilogrm. bis auf den Hof der Fabrik 11 Frcs. 24 Cent., bei 35,000 Kilogrm. nur 10 Frcs. 43 Cent., das Fuhrlohn abgerechnet nur 10 Frcs., so daß der Verdienst vom Hectare 192 Frcs. beträgt, vom preuß. Morgen gegen 50 Frcs. Crespel kosten die Rüben im Departement Aisne und Oise 10 — 11 Frcs., Pas de Calais und Somme 12 — 13 Frcs. Blanquet zu Famars kosten die Rüben aber 24 Frcs., indem die Pacht einer Hectare geackerten Landes auf 640, ja 750 Frcs. gestiegen ist, was für den preuß. Morgen also gegen 50 Thlr. beträgt.

Runkelrübenzuckerfabrikation.

Darstellung des Runkelrübenzuckers im Kleinen für ländliche Haushaltungen. Der Landwirth, welcher nicht beabsichtigt, den Zucker als Handelsartikel aus den Runkelrüben darzustellen, wird doch nicht selten mit Vortheil sich den Bedarf an Zucker und Syrup für die eigene Haushaltung bereiten. Hierzu ist es nun durchaus erforderlich, daß der nöthige Apparat so wenig kostspielig als möglich sei, daß man alle vorkommenden Operationen mit den einfachsten Apparaten ausführe, weil sonst die Interessen des Anlagecapitals leicht den ganzen Gewinn hinwegnehmen. Uebrigens ist, wie wohl kaum erwähnt zu werden braucht, der Weg zur Darstellung des Zuckers im Allgemeinen ganz derselbe, welcher im Vorhergehenden ausführlich beschrieben worden ist.

Die Ausscheidung des Saftes aus den Rüben erfordert die kostspieligsten Apparate, nemlich eine Reibemaschine und eine Presse. Es leidet wohl keinen Zweifel, daß in kurzer Zeit, wenn die Runkelrübenzuckerfabrikation allgemein werden wird, eine Thierry'sche Reibemaschine, die kleiner als die oben beschriebene und nur von Holz zu sein brauchte, für sehr mäßigen Preis zu haben sein wird. Auch verweise ich auf die S. 453 in der Anmerkung erwähnte Reibemaschine von Bähr in Bernburg.

Zum Auspressen des Rübenbreies kann man sich einer gewöhnlichen Schraubenpresse bedienen, oder der an eben angeführtem Orte erwähnten Presse. In dem polytechnischen Centralblatt 1837, 29stes Stück, findet sich eine Angabe zur Anfertigung einer sehr wohlfeilen hydraulischen Presse, die für unsern Zweck alle Aufmerksamkeit verdient; ich theile sie deshalb mit.

Um den Preßrahmen zu verfertigen, nimmt man das Stammende einer Eiche, welche 30 — 36 Zoll Durchmesser am Wurzelende hat, schneidet das Herzholz heraus, so daß zwei Bohlen von 6 — 8 Zoll Stärke bleiben, welche an der Beschlagseite 12 — 16, an der Herzseite 24 — 26 Zoll breit sind, und natürlich in geringerem Werthe stehen, als das dazwischen weggeschnittene Nutzholz. Die beiden Bohlen werden 9 — 10 Fuß lang, mit den Wehrkanten aufwärts neben einander gestellt, unten 1 Fuß vom Ende mit zwei 6 Zoll von einander abstehenden, 15 Zoll hohen, 4 Zoll breiten Zapflöchern versehen, ein 15 Zoll in Quadrat starkes Eichenholz in die Löcher eingeschlitzt und etwa 1 — 2 Zoll eingefirstet; auf gleiche Weise wird 15 Zoll vom obern freistehenden Ende mit einem Balken von gleicher Stärke verfahren. Zur bessern Befestigung kann man 4 eiserne, 3/4 Zoll starke Schraubenbolzen zur Verbindung der eingeschlitzten Stücke mit den Wangen verwenden.

Der Preßcylinder von 30 Zoll Höhe und 9 Zoll im Lichten Weite kann fertig ausgebohrt für 35 Thlr. erhalten werden; zwei Pumpen kann der Kupferschmidt für 34 Thlr. liefern. Den Preßcylinder befestigt man oben unter das Rahmenstück, versieht den Deckel des Preßstempels mit einem Gegenwicht, um, wenn das Wasser durch den Hahn abläuft, den Stempel zu heben; oder man setzt ihn mit seinem geschlossenen Ende unten auf das Rahmenstück, wo dann der Stempel nach Austritt des Wassers durch die eigene Schwere und die seines Deckels herabsinkt. Im ersteren Falle wird die Pumpe am oberen Rahmen oder einem Wangenstücke, im letzteren am unteren Theile der Presse befestigt. Um dem Zerspringen des kupfernen, von der Pumpe zum Cylinder laufenden Leitungsrohres vorzubeugen, verfertigt man diese Röhren so, daß man ein Kupferblech von der nöthigen Länge nimmt, das Rohr mit einem Eisendraht normirt, mit Kupfer- und Schlagloth verlöthet, darauf das Blech um 3/4 des Röhrenumfangs weiter umhämmert, wieder verlöthet u. s. f., bis der Kern 3—5mal umzogen ist; man zieht dann den Eisendraht aus und giebt der Röhre die erforderliche Biegung.

Eine solche Presse kostet mit Doppelpumpe 110 Thaler, noch weniger, wenn man dem Preßcylinder nur 18 Zoll Höhe geben läßt und nur eine Pumpe anbringt. (Cöln. Wochenblatt 1837, Bd. 10.)

Reibemaschinen und Pressen könnte man auch ganz vermeiden, wenn man nach dem Macerationsverfahren von Dombasle arbeitete. Zum Zerschneiden der Rüben dient dann die auf jeder Oekonomie vorhandene, mit Messern besetzte Scheibe, mit der man die Futterrüben zerschneidet. Die Rübenscheiben würden dann in einem geflochtenen Korbe in einem gewöhnlichen, ihr gleiches Gewicht heißes Wasser enthaltenden Kessel, wozu der Waschkessel dienen kann, bei einer Temperatur von ohngefähr 50° R. eine halbe Stunde erwärmt, dann in die entstandene Flüssigkeit eine neue Quantität Rüben gebracht, und so fort, bis dieselbe am Aräometer von Baumé 6 — 7° zeigt. Die einmal auf diese Weise mit Wasser behandelten Rüben können dann noch ein= oder zweimal auf gleiche Weise behandelt werden. Eine vollständige Erschöpfung an Zucker findet dann allerdings nicht statt, aber dies schadet für unsern Zweck nicht; die Rückstände geben dann ein Futtermaterial ab, welches den rohen Rüben nicht viel nachsteht und auf diese Weise sich recht gut verwerthen läßt. Angenommen, man bedarf zur Fütterung täglich 200 Pfund Rüben, so kann man, wenn man durch Maceration auch nur die Hälfte des Zuckergehalts auszieht, 10 Pfund Zucker täglich erhalten.

Der nun entweder durch Auspressen oder durch Maceration erhaltene Saft wird nun auf früher angegebene Weise geläutert; dies kann wieder recht gut in jedem vorhandenen kupfernen Kessel geschehen. Der geläuterte Saft wird, wenn er trübe ist, durch in Rahmen aufgehängte leinene Spitzbeutel filtrirt, und dann in einer Pfanne bei mäßigem Feuer auf 21 — 25° B. eingedampft. Will man nicht festen Zucker, sondern nur Runkelrübensyrup darstellen, so kann man sich zum Eindampfen ebenfalls jedes vorhandenen kupfernen Kessels bedienen; will man aber festen Zucker gewinnen, so muß das Eindampfen, wie sich aus Früherem ergiebt, vorsichtiger vorgenommen werden; es geschieht dann am besten in einer flachen Pfanne bei nicht zu starkem Feuer. Von 200 Pfund Rüben wird man ohngefähr 2 Kubikfuß (140 Pfund) einzudampfenden Saft erhalten; die Pfanne erhält also, wenn der Saft nicht höher als 6 Zoll stehen soll, ohngefähr eine Länge von 30 Zoll, eine Breite von 20 Zoll und eine Tiefe von 10 Zoll, wo dann noch viel Raum für das Steigen des Saftes übrigbleibt, ja man wird selbst den Saft von 300 Pfund Rüben verarbeiten können. Es braucht wohl kaum bemerkt zu werden, daß auch die Läuterung in dieser Pfanne vorgenommen werden kann. Man bringt dieselbe so über dem Feuerraume an, daß nur der Boden, nicht die Seitenwände, dem Feuer ausgesetzt sind, und versieht sie zweckmäßig an der Seite mit einem Ausgusse. So eingerichtet, kann sie dann auch zum Verkochen des geklärten Saftes dienen; man sammelt den eingedampften Saft von etwa 4 Läuterungen und verkocht ihn dann auf einmal, weil für das Verkochen des Saftes von einer Läuterung die Pfanne zu groß sein würde.

Der in der Pfanne bis auf 23—25° B. eingedampfte Saft muß aber vorher durch Kohle geklärt werden. Als Dumont'sches Filter läßt man sich ein hölzernes Gefäß von der Form eines gewöhnlichen Eimers vorrichten; es bekommt einen Siebboden, Hähne wie die oben S. 494 beschriebenen Filter, und wird mit angefeuchteter gröblich pulverisirter Knochenkohle oder einem Gemische von 1 Theil Knochenkohle oder 2 Theilen Flußsand gefüllt. Auf 200 Pfund Rüben sind 8—10 Pfund Kohlenpulver hinreichend, wenn man festen Zucker erhalten will; beabsichtigt man aber nur, Syrup von nicht bedeutender Farblosigkeit darzustellen, so ist viel weniger hinreichend; in diesem Falle kann man auch die Dumont'schen Filter ganz entbehren. Man schüttet, nachdem das Verdampfen einige Zeit gewährt hat, ohngefähr 2—4 Pfund feinpulverisirte Kohle zu dem Safte in die Pfanne, läßt ihn damit zu der gehörigen Consistenz einkochen, kühlt ihn auf 50° R. ab, klärt ihn dann auf S. 501 beschriebene Weise mit Eiweiß, Blut oder Milch, indem man ihn damit bis zum Sieden erhitzt, den Schaum abnimmt und dann durch Spitzbeutel filtrirt.

Lackmuspapier und Kurkumapapier, so wie eine mit 10

Theilen Wasser verdünnte Schwefelsäure müssen immer zur Hand sein, um zu starke alkalische Reactionen zu erkennen und zu vernichten

Der geklärte Saft wird nun, wie schon erwähnt, von 4 Füllungen der Pfanne gesammelt (er hält sich in diesem concentrirten Zustande recht gut einige Tage), und dann in der Pfanne verkocht, wenn man Syrup bereiten will bis zur Syrupconsistenz, wenn man festen Zucker bereiten will bis er die Probe (S. 509) zeigt. Das Verkochen muß bei mäßigem Feuer geschehen, am besten bei nicht zu hoher Temperatur unter Umrühren. Uebrigens verfährt man mit dem Füllen u. s. w., wie Seite 511 ausführlich beschrieben worden ist. Anstatt der Zuckerhutformen wird man große unglasirte Töpfe mit einer Oeffnung im Boden recht zweckmäßig anwenden können.

Bei der Läuterung des Rübensaftes wurde S. 473 auch des von Brande angewandten Gypses als Läuterungsmittel Erwähnung gethan, und schon bemerkt, daß Brande diese Methode zur Fabrikation des Runkelrübenzuckers in Haushaltungen empfiehlt. Ich kann im Interesse des Lesers nicht unterlassen, die näheren Angaben dieses Chemikers über diesen Gegenstand mitzutheilen. Sie sind der 11ten Lieferung der Mittheilungen des hannoverschen Gewerbvereins entnommen.

Der Rübensaft wird, wie a. a. O. gelehrt, mit Gyps, und dann, nach der Filtration der dadurch ausgeschiedenen Stoffe, mit Kalk geläutert. Der so gereinigte und filtrirte Saft wird dann, wie ebenfalls schon a. a. O. angeführt worden, etwas eingedampft und mit der nöthigen Menge Phosphorsäure versetzt, das heißt mit so viel, daß die Flüssigkeit Kurkumapapier nicht merklich bräunt, rothes Lackmuspapier aber entschieden wieder blau gefärbt wird. Die dadurch getrübte Flüssigkeit wird nun bis auf $1/4$ eingedampft, bis also von 100 Quart Saft 25 Quart übrig sind, dann auf ein kleines hohes Faß zum Absetzen gebracht, und nach 12stündiger Ruhe die Flüssigkeit klar abgezapft und durch einen wollenen

Spitzbeutel gegossen, auf den man zuletzt auch den Satz aus dem Fasse giebt. Das Durchgelaufene soll die Farbe des Malagaweins haben.

Um Syrup zu gewinnen, wird diese Flüssigkeit in einer flachen Pfanne unter stetem Umrühren bei mäßiger Hitze zur dünnen Syrupconsistenz abgedampft, in Steintöpfe gegossen und darin 8 Tage der Ruhe überlassen. Der dann abgegossene klare Syrup wird bei mäßiger Wärme unter Umrühren bis zur Consistenz eines dicken Syrups gebracht, der ohne allen Beigeschmack und von dunkelbrauner Farbe ist.

Zur Darstellung des Zuckers stehen zwei Wege offen. Entweder ist der Saft, wie er von der letzten Filtration ablief, ferner einzukochen, oder der Syrup ist einer weiteren Bearbeitung zu unterwerfen.

Im ersten Falle koche man die Flüssigkeit so weit ein, daß ihr Siedpunkt auf 87° steigt, gieße sie in Steinschalen aus, die man an einen kühlen Ort stellt, und rühre sie zuweilen mit einem Stabe mäßig durch. Ist der richtige Punkt der Einkochung getroffen, so tritt bald während des Erkaltens die Bildung eines kristallinischen Zuckers ein, die allmälig so fortschreitet, daß die ganze Masse die Consistenz eines körnigen, steifen Breies annimmt. Zeigt die Masse dagegen nach mehreren Tagen noch eine flüssige Beschaffenheit, so stelle man die Schalen entweder so lange in eine Darre, bis eine Probe nach dem Erkalten die erforderliche Beschaffenheit zeigt, oder man gebe die Masse wieder auf eine Pfanne, und bringe sie bei mäßigem Feuer unter Umrühren zu der nöthigen Entwässerung. Um einen guten Rohzucker zu erhalten, kommt es wesentlich darauf an, daß der durch die letzte Operation gewonnene Brei recht körnig sei. Um dies zu erreichen, muß das Umrühren der Masse sobald als der zur Ausscheidung des Zuckers erforderte Grad der Concentration eingetreten ist, mit einiger Vorsicht betrieben werden; denn während ein gemäßigtes Rühren die Bildung des körnigen Zuckers sehr fördert, wird durch anhaltendes rasches Rühren das Festwerden des Zuckers so übereilt, daß die Masse plötz=

lich eine teigartige Consistenz annehmen kann, wodurch die folgende Arbeit, die Trennung des festen Zuckers von der Melasse, unmöglich wird.

Um diese Trennung zu bewirken, fülle man den körnigen Brei in paßliche Blumentöpfe, nachdem zuvor deren Böden innerlich mit Strohgeflecht bedeckt sind, und stelle sie in schicklichen Untersätzen vorerst an einen kühlen Ort. Hat das bald eintretende Abfließen einer schwarzbraunen zähen Flüssigkeit nach 8 — 14 Tagen fast aufgehört, so stampfe man die Masse in den Töpfen etwas zusammen und setze sie, in den entleerten Untersätzen stehend, so lange an einen warmen Ort, bis ein bald eintretendes neues Abfließen allmälig wieder aufhört. Der in den Töpfen hinterbliebene Rohzucker wird auf Blechplatten vertheilt und bei mäßiger Wärme getrocknet. Der nun fertige Rohzucker erscheint als ein lehmgelbes, grobkörniges Pulver. Er erhält sich bei gewöhnlicher Aufbewahrung trocken. Ein etwas strenger Nebengeschmack begleitet seine Süßigkeit, und möchte seine unmittelbare Verwendung als Süßungsmittel in manchen Fällen beschränken.

Um auf dem andern Wege Zucker zu erhalten, setze man den fertigen Syrup in Steinschalen anhaltend einer mäßigen Wärme in einer Darre aus, und rühre dabei täglich einige Mal um. Die nach einiger Zeit eintretende Ausscheidung von körnigem Zucker schreitet allmälig so weit fort, daß die Masse in Töpfe gefüllt und in der angegebenen Weise behandelt werden kann. — Der so erhaltene Zucker ist weniger gefärbt, als der vorige, und von so reiner Süßigkeit, daß er sehr wohl unmittelbar gebraucht werden kann.

Die abgelaufenen braunen Flüssigkeiten stellt man, um einen Hinterhalt an Zucker zu gewinnen, in flachen Schalen in eine Darre, bis die auf's Neue eintretende und langsam fortschreitende Absonderung von festem Zucker zu Ende geht, fülle dann den von einer zähen Flüssigkeit umhüllten Zucker in einen Durchschlag und lasse ihn an einem feuchten Orte stehen, wobei man die Masse dann und wann umarbeitet. Indem unter dem Einflusse der Feuchtigkeit der Luft die schmierige

Flüssigkeit zum Abtröpfeln kommt, gelangt die Masse nach und nach in den Zustand, daß man sie an einen warmen Ort in einem bedeckten Topfe zum Abtröpfeln hinstellen kann.

Es scheint, daß man auf eine sehr einfache Art den Rohzucker beliebig läutern kann. Ein mit Rohzucker gefüllter Blumentopf wurde, nachdem die Melasse an einem warmen Orte abgelaufen war, feuchter Luft ausgesetzt. Nach vierzehn Tagen war der Zucker oberflächlich blässer geworden und der Topf hatte wieder angefangen, zu fließen. Vierzehn Tage später war die obere Lage des Zuckers ganz weiß, und die Entfärbung war beträchtlich in die Tiefe gedrungen. — Was bei der gewöhnlichen Deckung der feuchte Thon leistet, wurde hier durch die feuchte Luft bewirkt. Sollte dieses Verfahren sich praktisch erweisen, so würde es den Vortheil gewähren, von Ungeübten befolgt werden zu können. Es wird wahrscheinlich nur nöthig sein, die mit Rohzucker gefüllten Töpfe so lange abwechselnd im Keller und an einem warmen Orte aufzustellen, bis der gewünschte Grad der Reinigung erreicht ist.

Man sieht, daß bei dieser Vorschrift die Anwendung von Kohle ganz umgangen wird, aber ich bemerke, daß die Benutzung einer gewissen Quantität Knochenkohle die Gewinnung von festem Zucker ungemein erleichtert, und weil so kleine Quantitäten dieser Kohle leicht ohne alle Kosten von dem Landwirthe darzustellen sind, so empfehle ich, damit nicht sparsam zu sein.

Zur Darstellung dieser Knochenkohle werden die in der Haushaltung abfallenden Knochen gesammelt, zerschlagen, in unglasirte oder eiserne Töpfe geschüttet, ein Deckel mit einer kleinen Oeffnung aufgelegt und dieser mit Lehmbrei aufgekittet. So vorgerichtet, stellt man diese Töpfe in den Feuerraum der Braupfanne oder der Branntweinblase, und läßt sie daselbst stehen, bis an der Oeffnung im Deckel keine Flamme sich mehr zeigt, als Beweis, daß alles Organische verkohlt ist. Nach dem Erkalten werden die Töpfe geöffnet, die Asche abgeblasen und die schwarzgebrannten Knochen zur gewünschten Feinheit zerkleinert. Die zum Entfärben angewandte Knochenkohle hält eine bedeutende Menge organische Substanzen zurück, und giebt deshalb ein fast eben so gutes Düngungsmittel, als das rohe Knochenmehl.

Da der Zucker zu sehr vielen Anwendungen in Wasser gelös't wird, so empfehle ich vor Allem die Darstellung eines durch Knochenkohle gut gereinigten, also sehr entfärbten Syrups. Zum Einmachen von Früchten und besonders zum Versüßen eignet sich ein solcher Syrup ganz vortrefflich, und es ist nur Vorurtheil, daß derselbe nicht zum Thee oder Kaffee allgemeiner gegeben wird. Um den Gehalt an Zucker in diesem Syrup zu bestimmen, dient die S. 281 aufgeführte Tabelle. Zur Bestimmung des specifischen Gewichts nimmt man das Baumé'sche Aräometer, wenn man kein anderes besitzt, und die unter dem Artikel Aräometer im anhängenden Wörterbuche gelieferte Tabelle zeigt die den Graden desselben entsprechenden specifischen Gewichte.

Man hat in neuerer Zeit an einigen Orten angefangen, aus den Runkelrüben bedeutende Quantitäten Branntwein zu bereiten. Das im Allgemeinen einzuschlagende Verfahren ist schon bei der Branntweinbrennerei S. 257 mitgetheilt. Man kann aber den ausgepreßten Saft auch mit Kalk läutern, klar abzapfen, bis zur gehörigen Temperatur abkühlen und dann mit guter Bier- oder Preßhefe wie die Branntweinmaische anstellen. Es wird nach Beendigung der Gährung ein vortrefflicher rumähnlicher Branntwein gewonnen. 100 Pfund gute Zuckerrunkelrüben müssen ohngefähr 5 — 6 Quart Branntwein von 50% Tralles liefern.

Erläuterndes Wörterbuch.

Abdampfen wird die Operation genannt, durch welche man eine Auflösung von einem Theile ihres Auflösungsmittels befreit, indem man dasselbe in Dampf verwandelt. Die Dämpfe werden dabei in der Regel nicht aufgefangen, geschieht dies aber, so wird die Operation Destillation genannt (s. d. Art.).

Das Abdampfen geschieht entweder bei gewöhnlicher Lufttemperatur, und heißt dann auch wohl Verdunsten; oder bei etwas erhöheter Temperatur; oder endlich beim Siedpunkte der Flüssigkeit, wo man es dann auch Verkochen, Einkochen nennt.

Bei dem Verdampfen unter dem Siedpunkte richtet sich die Schnelligkeit, mit welcher eine Flüssigkeit verdampft, das heißt die Menge von Dampf, welche in einer bestimmten Zeit aus der Flüssigkeit entfernt wird, nach der Temperatur, ferner nach dem Feuchtigkeitszustande der atmosphärischen Luft, wenn Wasser der verdampfende Körper ist, und nach der Oberfläche der verdampfenden Flüssigkeit. Wasser wird also z. B. um so eher verdampfen, je höher die Temperatur, je trockner die atmosphärische Luft und je größer seine der Luft dargebotene Fläche ist. (Siehe übrigens S. 78.)

Bei dem Verdampfen über dem Siedpunkte richtet sich die Menge der verdampfenden Flüssigkeit nach der Größe der dem Feuer ausgesetzten Fläche. Bei Kesselfeuerungen rechnet man, daß 10 Quadratfuß dem Feuer ausgesetzter Fläche in der Minute 1 Pfund Wasser verdampfen, wobei angenommen wird, daß die dem Feuer ausgesetzte Fläche eine

Temperatur von nicht viel über 80° R. besitzt; wird diese stärker erhitzt, z. B. indem man das Verdampfgefäß direct auf glühende Kohle stellt, so kann die Verdampfung doppelt oder dreifach so stark werden.

Wird das Abdampfen, anstatt durch directes Feuer, durch Wasserdämpfe bewirkt, die man entweder durch, in der zu verdampfenden Flüssigkeit liegende, Röhren leitet, oder von denen man die äußere Fläche des Abdampfgefäßes bestreichen läßt, so müssen diese Wasserdämpfe, wenn das Verdampfen beim Siedpunkte vor sich gehen soll, eine höhere Temperatur, als die siedende Flüssigkeit, haben. Da gleiche Gewichte Wasserdampf von beliebiger Temperatur gleiche Mengen von Wärme enthalten, so braucht man zum Verdampfen gerade so viel Wasserdampf, als aus der Flüssigkeit entweicht, also um 10 Pfund Wasser zu verdampfen 10 Pfund Wasserdampf. Die Schnelligkeit, mit welcher die Verdampfung vor sich geht, richtet sich nach der Menge von Wärme, welche durch die Röhren oder durch die Kesselwand der Flüssigkeit in einer gewissen Zeit zugeführt wird, oder, was dasselbe ist, nach der Menge des Dampfes, welche an der Verdampffläche condensirt wird. Diese Menge ist um so größer, je größer der Unterschied zwischen der Temperatur des Dampfes und der Temperatur der zu verdampfenden Flüssigkeit ist. Die Erfahrung hat gezeigt, daß 10 Quadratfuß einer Fläche von dünnem Kupferbleche bei einem Temperaturunterschiede von 50° Celf. in der Minute 3 Pfund, also in der Stunde 180 Pfund Wasserdampf condensiren, also dessen latente Wärme hindurchlassen, woraus man die Menge von condensirtem Wasserdampf für jeden anderen Temperaturunterschied leicht berechnen kann. Gesetzt, man habe Wasserdampf von 3 Atmosphären Spannung, also einer Temperatur von 135° Celf., und man wolle damit Zuckersyrup, dessen Siedpunkt bei 115° Celf. liegt, verdampfen, so würden in der Stunde von 10 Quadratfuß erhitzter Fläche nur 72 Pfund Dampf condensirt werden (die Temperaturdifferenz ist nemlich hier 20°, also $50 : 180 = 20 : 72$) und so viel Wasser wird auch stündlich aus dem Zuckersyrup verdampft werden. (Siehe übrigens S. 525).

Aräometer. Senkwagen, Instrumente, welche durch die Tiefe des Einsinkens in Flüssigkeiten das specifische Gewicht derselben zu erkennen geben. Jeder schwimmende Körper verdrängt von der Flüssigkeit, auf welcher er schwimmt, gerade so viel, als er selbst wiegt, das heißt ein dem eingesunkenen Theile des schwimmenden Körpers gleich großes Volumen von der Flüssigkeit wiegt genau so viel, als der ganze schwimmende Körper. Hieraus geht hervor, daß ein schwimmender Körper von gleichem Gewichte, und ein solcher ist ein Aräometer, in Flüssigkeiten von verschiedenem specifischen Gewichte verschieden tief einsinken muß, nemlich um so tiefer, je geringer, um so weniger tief, je größer deren specif. Gewicht ist.

Man hat mehrere Arten von Aräometern. Man kann nemlich an die Stelle, bis zu welcher das Instrument einsinkt, das specifische Gewicht der Flüssigkeit anschreiben, wo dann ein solches Aräometer für jede Flüssigkeit anwendbar wäre. Der Punkt, bis zu welchem das Instrument in Wasser einsinkt, wird dann in die Mitte der Skale zu liegen kommen und mit 1000 bezeichnet werden (s. specif. Gew.). In Flüssigkeiten, welche leichter als Wasser sind, wird das Instrument tiefer als bis zu diesem Punkte, in Flüssigkeiten, die schwerer als Wasser sind, weniger tief einsinken. Da die Skale eines solchen Instruments sehr lang werden würde, so vertheilt man dieselbe aber in der Regel auf mehrere Instrumente, z. B. auf zwei in der Art, daß das das eine für Flüssigkeiten, die leichter als Wasser, das andere für Flüssigkeiten, die schwerer als Wasser sind; bei jenem wird der Punkt, bis zu welchem das Instrument in Wasser einsinkt (= 1,000) am unteren, bei diesem am oberen Theile der Skale liegen.

Da das specifische Gewicht einer Flüssigkeit aus dem Grunde ermittelt wird, um den Gehalt derselben an nutzbaren Stoffen zu ermitteln, da jenes von der Größe dieses Gehaltes abhängig ist, so sieht man leicht, daß außer einem wie eben beschrieben construirten Aräometer noch für jede verschiedene, mit diesem Aräometer zu prüfende Flüssigkeit eine besondere Tabelle erforderlich ist, welche die dem specif. Gewichte entsprechenden Gehalte in Procenten angiebt.

Hat man z. B. durch ein Aräometer der Art das specif. Gewicht einer Bierwürze zu 1,020 gefunden, das heißt sank das Instrument bis zu diesem Punkte in die Bierwürze ein, so wird die S. 67. aufgeführte, durch Versuche erhaltene Tabelle erforderlich; sie zeigt an, daß in einer solchen Würze 4,45 Procent Malzextract enthalten sind.

Findet man durch dasselbe Aräometer das specifische Gewicht eines Zuckersyrups zu 1,130, so zeigt die Tabelle S. 281, daß in demselben 30 Procent Zucker enthalten sind.

Findet man durch ein Aräometer für Flüssigkeiten, die leichter als Wasser sind, das specif. Gewicht eines Branntweins zu 0,933, so lehrt die S. 193 aufgeführte Tabelle, daß in demselben 50 Volumprocente Alkohol enthalten sind. Mit Hülfe der Aräometer von beschriebener Einrichtung und mitgetheilter Tabelle kann man also mit Leichtigkeit die Gehalte der verschiedenen Flüssigkeiten finden. Man sieht nun leicht ein, daß man, wenn das Aräometer stets für eine und dieselbe Flüssigkeit gebraucht werden soll, die Tabelle leicht dadurch werde verändern können, daß man an die Stelle des specif. Gewichts den diesem entsprechenden Gehalt notiren kann. Da z. B. das Aräometer in jedem Weingeist, welcher 50 Volumprocente Alkohol enthält, immer zu dem Punkte 0,933 einsinken wird, so kann, anstatt dieser Zahl, gleich die Zahl 50 angeschrieben werden, wo man dann den Gehalt in Procenten durch bloßes Absehen an der Skale erfährt. So eingerichtete Aräometer werden nun auch sehr häufig gebraucht, und sie erhalten nach der Substanz, zu deren Ermittelung sie dienen sollen, eigene Namen, wie Alkoholometer, Lutterwage, Salzwage, Laugenwage, Zuckerwage. (Ueber Alkoholometer siehe S. 190 u. f.)

Aräometer.

Nach diesem Prinzip richtig angefertigte Aräometer kann man Aräometer mit rationeller Skale nennen; ihre Darstellung bleibt in der Regel den Mechanikern überlassen; sie erfordert physikalische und mathematische Kenntnisse, besonders weil die einzelnen Grade derselben nach einem bestimmten Gesetze größer oder kleiner werden.

Man hat aber auch Aräometer mit empirischer Skale, das heißt mit einer Skale, deren Grade gleich groß sind, und die man mit 0, 1, 2, 3 ꝛc. bezeichnet. Da deren Anfertigung sehr leicht ist, so können sie für geringen Preis hergestellt werden, und werden deshalb häufig gebraucht.

Das am allgemeinsten benutzte Aräometer dieser Art ist das Aräometer von Baumé. Man hat von diesem gewöhnlich zwei, eins für Flüssigkeiten, die schwerer als Wasser sind, das andere für Flüssigkeiten, die leichter als Wasser sind. Um das erstere anzufertigen, nahm Baumé eine Aräometerspindel, und brachte in dieselbe so viel eines schweren Körpers (gewöhnlich Bleischrot), daß sie in reinem Wasser bis zum obersten Theile der Skale einsank. Dieser Punkt wurde mit 0 bezeichnet. Er bereitete nun eine Auflösung von 15 Theilen Kochsalz in 85 Theilen Wasser, senkte das Aräometer in diese Lösung, theilte den Abstand vom Nullpunkte bis zu dem so gefundenen Punkte in 15 gleich große Theile, und trug nun nach unten zu eine beliebige Anzahl gleich großer Theile auf.

Um das Aräometer für Flüssigkeiten von geringerem specifischen Gewichte herzustellen, machte Baume eine Auflösung von 10 Theilen Kochsalz in 90 Theilen Wasser, beschwerte eine Aräometerspindel so, daß sie in dieser Lösung bis zum unteren Theile der Skale einsank. Dieser Punkt wurde mit 0 bezeichnet. Er ließ dann das Instrument in reinem Wasser schwimmen; in diesem sank es natürlich tiefer ein; der Abstand zwischen diesem und jenem Punkte wurde in 10 gleiche Theile getheilt, so daß das Instrument im Wasser also bis auf 10^0 einsank. Nach oben zu wurde eine beliebige Menge gleich großer Grade aufgetragen.

Man sieht leicht ein, daß man bei alleiniger Benutzung einer so empirisch gefundenen Skale nur erfahren kann, ob eine Flüssigkeit ein größeres oder geringeres specif. Gewicht besitzt. Um das Instrument allgemein nutzbar zu machen, muß man wissen, welches specif. Gewicht jeder Grad des Baumé'schen Aräometers entspricht. Ich gebe Tabellen hierfür.

Reductions = Tabelle

der Baumé'schen Aräometergrade auf das specif. Gewicht.

(Nach Schalz's Lehrbuch der Physik, S. 743.)

Für Flüssigkeiten, welche leichter sind, als Wasser.							
Gr.	Sp. Gew.	Gr.	Sp. Gew.	Gr.	Sp. Gew.	Gr.	Sp. Gew.
62	0·7251	48	0·7866	35	0·8479	22	0·9212
61	0·7314	47	0·7911	34	0·8531	21	0·9274
60	0·7354	46	0·7956	33	8·8584	20	0·9336
59	0·7394	45	0·8001	32	0·8638	19	0·9399
58	0·7435	44	0·8047	31	0·8693	18	0·9462
57	0·7476	43	0·8093	30	0·8748	17	0·9526
56	0·7518	42	0·8139	29	0·8804	16	0·9591
55	0·7560	41	0·8186	28	0·8860	15	0·9657
54	0·7603	40	0·8233	27	0·8917	14	0·9724
53	0·7646	39	0·8281	26	0·8974	13	0·9792
52	0·7689	38	0·8329	25	0·9032	12	0·9861
51	0·7733	37	0·8378	24	0·9091	11	0·9930
50	0·7777	36	0·8428	23	0·9151	10	1·0000
49	0·7821						

Aräometer.

Für Flüssigkeiten, welche schwerer sind, als Wasser.

Gr.	Sp. Gew.	Gr.	Sp. Gew.	Gr.	Sp. Gew.	Gr.	Sp. Gew.
0	1·0000	19	1·1504	38	1·3559	57	1·6446
1	1·0070	20	1·1596	39	1·3686	58	1·6632
2	1·0141	21	1·1690	40	1·3815	59	1·6823
3	1·0213	22	1·1785	41	1·3947	60	1·7019
4	1·0286	23	1·1882	42	1·4082	61	1·7220
5	1·0360	24	1·1981	43	1·4219	62	1·7427
6	1·0435	25	1·2082	44	1·4359	63	1·7640
7	1·0511	26	1·2184	45	1·4501	64	1·7858
8	1·0588	27	1·2288	46	1·4645	65	1·8082
9	1·0666	18	1·2394	47	1·4792	66	1·8312
10	1·0745	29	1·2502	48	1·4942	67	1·8548
11	1·0825	30	1·2612	49	1·5096	68	1·8790
12	1·0906	31	1·2724	50	1·5253	69	1·9038
13	1·0988	32	1·2838	51	1·5413	70	1·9291
14	1·1071	33	1·2954	52	1·5576	71	1·9548
15	1·1155	34	1·3071	53	1·5742	72	1·9809
16	1·1240	35	1·3190	54	1·5912	73	2·0073
17	1·1326	36	1·3311	55	1·6086	74	2·0340
18	1·1414	37	1·3434	56	1·6264	75	2·0561

Der Nutzen dieser Tabellen ergiebt sich aus dem Gebrauche. Z. B. eine Zuckerlösung zeigt 25° Baumé, so zeigt diese Tabelle, daß dieselbe ein specif. Gewicht von 1,208 besitzt. Durch die S. 281 mitgetheilte Tabelle erfährt man nun, daß in dieser Lösung 46 Procent Zucker enthalten sind. Eine Bierwürze habe eine Concentration von 9° B., so ist nach der zweiten Tabelle ihr specif. Gewicht 1,066, und sie enthält nach der Tabelle S. 67 ohngefähr 75 Procent Malzextract. — Ein Weingeist zeige 27° B., so ist dessen specif. Gewicht 0,8917; durch die Tabelle S. 194 erfährt man, daß in demselben 69 Volumprocente Alkohol enthalten sind.

Man sieht leicht ein, daß die sogenannten Procent-Aräometer, wie z. B. die Alkoholometer, am schnellsten sichern Nachweis über den Gehalt einer Flüssigkeit geben; man braucht denselben nur abzulesen, aber man muß für jede verschiedene Flüssigkeit ein besonderes Instrument dieser Art haben Die Aräometer mit einer Skale, auf welcher die specif. Gewichte notirt sind, können für jede beliebige Flüssigkeit be-

nutzt werden, aber man bedarf dann für jede Flüssigkeit eine
Tabelle, welche die den specif. Gewichten entsprechenden Gehalte in Procenten angiebt, denn eine Zuckerlösung, welche
50 Procent Zucker enthält, zeigt nicht dasselbe specif. Gewicht, als eine Flüssigkeit, welche 50 Procent Kochsalz oder
50 Procent eines anderen Stoffes in Auflösung enthält.

Zu dem Gebrauche der Aräometer mit empirischer Skale
bedarf man endlich, außer diesen Tabellen, noch Tabellen,
wie die oben für das Baumé'sche mitgetheilten, und doch
wendet man sie in den Fabriken am allgemeinsten an, weil
sie, wie schon erwähnt, am wohlfeilsten sind, und weil ihre
Grade gewöhnlich sehr groß sind, daher mit Sicherheit ab-
gelesen werden können; so ist z. B. in der Runkelrübenzuckerfabrikation angeführt, daß der Rübensaft bis zu 21
oder 25° B. durch Eindampfen gebracht, und dann nach
dem Klären bis zu 42° B. verkocht werden muß. Jeder
Arbeiter kann diese Punkte mit dem Baumé'schen Aräometer leicht ausmitteln, ohne daß er zu wissen nöthig hat,
welchem specifischen Gewichte diese Grade der Concentration
entsprechen, und welchen Gehalt an Zucker die Lösung dabei
zeigt.

Außer den erwähnten Aräometern hat man auch noch
Aräometer mit einem kleinen, obenauf befestigten Teller.
Man bezeichnet den Punkt, bis zu welchem ein solches Instrument in Wasser einsinkt, wenn auf den kleinen Teller ein
bestimmtes Gewicht gelegt wird, durch eine Marke, einen
Punkt oder Feilstrich. Bringt man es nun in Flüssigkeiten,
welche schwerer sind als Wasser, so wird es mit derselben
Belastung weniger tief einsinken, und man wird Gewichte
zulegen müssen, damit es bis zu diesem Punkte einsinkt.
Bringt man es in Flüssigkeiten, die leichter als Wasser sind,
so wird man von dem ursprünglich aufgelegten Gewichte
wegnehmen müssen, damit das Instrument nicht weiter als
bis zur Marke einsinke. Aus den zugelegten oder wegge-
nommenen Gewichten ergiebt sich nun leicht das specifische
Gewicht der Flüssigkeit. Angenommen, das aufgelegte Ge-

wicht, mit welchem das Instrument in Wasser bis zur Marke einsinkt, betrage 100 Grm., und man bedürfe, um das Instrument bis zu der Marke in eine Zuckerlösung einsinken zu machen, eine Zulage von 20 Grm., so ist die ganze Belastung des Instruments 120 Grm, das specif. Gewicht der Flüssigkeit wird sich also zu dem des Wassers wie 120 zu 100 verhalten; es wird 1,200 sein.

Müßte man vom Gewichte 15 Grm. entfernen, um es in einem Weingeist bis zur Marke einsinken zu machen, wo dann die ganze Belastung 85 Grm. wäre, so würde dessen specif. Gewicht natürlich 0,850 sein. Aräometer dieser Art (Gravimeter) sind jetzt selten bei uns im Gebrauch.

Da alle Körper durch die Wärme ausgedehnt werden, das heißt bei gleichem Gewichte ihr Volum vergrößern, also specifisch leichter werden, so können natürlich nur alle Aräometer für eine bestimmte Temperatur construirt sein, und bei dieser müssen sie gebraucht werden, wenn man nicht Correctionen machen will, oder Tabellen, wie die zu S. 196 gehörige hat. (Siehe übrigens Specifisches Gewicht.)

Es braucht wohl kaum bemerkt zu werden, daß bei der Ausmittelung des Gehaltes an einer Substanz in einer Flüssigkeit es durchaus erforderlich ist, daß neben dieser Substanz keine bedeutende Menge einer anderen Substanz vorkommt. Zum Theil aus diesem Grunde kann z. B. das Aräometer (oder überhaupt das specifische Gewicht, nicht zur Bestimmung des Gehalts an Essigsäure im Essig benutzt werden; dieser enthält nemlich zu viel fremdartige Substanzen neben der Essigsäure.

Der Name Aräometer ist ein griechischer und heißt Schweremesser.

Atmosphärische Luft. Unsere Erde ist von allen Seiten mit einem Gase umgeben, das an allen ihren Bewegungen Theil nimmt; es wird die atmosphärische Luft oder die Atmosphäre der Erde genannt, und besteht aus Stickgas, Sauerstoffgas, kohlensaurem Gase und Wassergas. Stickgas und Sauerstoffgas stehen zu einander in dem Verhältniß, wie 79 : 21 dem Volum nach, und dies Verhältniß bleibt immer dasselbe. Der Gehalt an Kohlensäure ist sehr gering; er kann durchschnittlich zu $1/1000$ gesetzt werden, und ist bald größer, bald geringer. Der Gehalt an Wassergas ist ebenfalls sehr verschieden; er beträgt ohngefähr $1/100$ vom Gewichte der Luft. Der Feuchtigkeitszustand der Luft wird durch das Hygrometer ermittelt (s. d. Art.).

Die Atmosphäre drückt auf die Oberfläche der Erde mit einem Gewichte von ohngefähr 15 Pfund auf den Quadratzoll; dieser Druck ist gleich einer Quecksilbersäule von 28 Zoll und einer Wassersäule von 32 Fuß Höhe; er bleibt nicht immer gleich stark; die Schwankungen desselben werden durch das Barometer gemessen (siehe dieses).

Der Sauerstoff der atmosphärischen Luft ist derjenige Stoff, welcher beim thierischen Lebensprocesse und beim Verbrennungsprocesse verwandt wird; ohne diesen Stoff findet weder Leben noch Verbrennung statt.

Auflösung. Viele starre Körper gehen in den flüssigen Zustand über, wenn sie in verschiedene Flüssigkeiten gebracht werden; bei anderen ist dies nicht der Fall. Jene nennt man in der Flüssigkeit auflöslich, diese darin unlöslich. Schüttet man z. B. Zucker in Wasser, so verliert er seine starre Gestalt; er wird flüssig; man sagt, er löst sich in Wasser. Sand, in Wasser geschüttet, löst sich nicht auf. An sich schon flüssige Körper vertheilen sich auf ähnliche Weise in anderen Flüssigkeiten, sie lassen sich mit diesen vermischen, sind darin löslich; so lösen sich ätherische Oele in Weingeist. Andere lassen sich nicht vermischen, sie lösen sich nicht; so z. B. Fett nnd Oel in Wasser.

Die Flüssigkeit, welche in größerer Menge vorhanden ist und den starren oder selbst schon flüssigen Körper auflöst, wird das Auflösungsmittel genannt. So ist Wasser ein Auflösungsmittel für Zucker, Gummi, Eiweiß, Schleim, gummige

Farbestoffe, viele Salze; Weingeist ein Auflösungsmittel für Harze, ätherisches Oel, harzige Farbestoffe.

Die Auflöslichkeit der Substanzen wird im Allgemeinen durch eine höhere Temperatur befördert; aus einer heiß bereiteten Auflösung scheidet sich deshalb beim Erkalten derselben ein Theil des aufgelös'ten Stoffes, oft in Kristallen, aus; so z. B. aus dem concentrirten heißen Zuckersyrup beim Erkalten der Zucker.

Giebt man zu einer Auflösung eines Körpers eine Flüssigkeit, in welcher jener Körper nicht auflöslich ist, so scheidet sich ebenfalls der aufgelös'te Körper ganz oder zum Theil aus. Wird z. B. Brunnenwasser mit Weingeist gemischt, so scheidet sich Gyps aus, weil dieser zwar in reinem Wasser auflöslich, aber in weingeistigen Flüssigkeiten unlöslich ist. Aus Fuselöl enthaltendem Weingeiste wird aus ähnlichem Grunde auf Zusatz von Wasser Fuselöl abgeschieden; der Weingeist wird trübe.

Bei einer und derselben Temperatur lös't sich von den verschiedenen Substanzen eine sehr verschiedene Menge auf; lös't sich viel, so wird die Substanz leicht löslich, lös't sich wenig, so wird sie schwer löslich genannt. 1 Loth Zucker kann in weniger als 1 Loth Wasser von gewöhnlicher Temperatur aufgelös't werden, während 1 Loth Kalk gegen 700 Loth Wasser zur Auflösung erfordert.

Ausziehen (Extrahiren). Trennung der in einer Flüssigkeit auflöslichen Substanzen von den darin unlöslichen. Malz z. B. wird mit Wasser ausgezogen oder extrahirt, um eine Auflösung seiner in Wasser löslichen Bestandtheile (Zucker, Gummi, Eiweiß, Aroma) zu erhalten; diese Auflösung wird dann ein Auszug genannt; der ungelös't gebliebene Theil heißt der Rückstand. Je nach der Temperatur, bei welcher man das Auflösungsmittel auf den auszuziehenden Körper wirken läßt, ertheilt man dieser Operation noch besondere Namen. Wendet man nemlich das Auflösungsmittel kalt an, so wird sie das Maceriren genannt;

wird der Auszug bei 50 — 60 Grad bereitet, so heißt die Operation Digestion; wird er durch Uebergießen mit kochend heißem Wasser dargestellt, so nennt man dieselbe Infusion; kocht man endlich den auszuziehenden Körper mit dem Auflösungsmittel, so erhält man die Abkochung.

Die gewöhnlichsten Auflösungsmittel sind Wasser und Weingeist, und je nachdem man das eine oder das andere anwendet, wird der Auszug verschiedene Substanzen enthalten, da das Wasser vorzüglich nur gummige, der Weingeist harzige Stoffe auflös't. Die geistigen Auszüge werden häufig Tincturen oder Essenzen genannt; sie sind bei der Liqueurfabrikation häufig erwähnt worden.

Man hat besonders zwei Methoden, die Substanzen auszuziehen; entweder man übergießt dieselben, gewöhnlich im zerkleinerten Zustande, mit der ganzen Menge des Auflösungsmittels bei der erforderlichen Temperatur, und trennt nach einiger Zeit die Auflösung von dem Rückstande durch Filtriren oder Coliren, oder man befeuchtet die auszuziehenden Substanzen mit dem Auflösungsmittel, bringt sie so angefeuchtet in ein mit einem Siebboden versehenes Faß, ganz von der Einrichtung der Fässer zu den Dumont'schen Filtern (S. 494), drückt sie auf den mit Leinwand bedeckten Siebboden ziemlich fest, und gießt dann das Auflösungsmittel darüber; es sickert durch die auszuziehenden Substanzen und fließt, mit den auflöslichen Bestandtheilen gesättigt, unten ab; von dem Auflösungsmittel wird so lange aufgegossen, als die ablaufende Flüssigkeit noch etwas Auflösliches enthält. Diese zweite Methode, Auszüge zu bereiten, wird gewöhnlich die Verdrängungsmethode genannt, weil die neu aufgegossene Flüssigkeit die in der Masse enthaltene vor sich her und durch den Siebboden drängt, ohne sich mit ihr zu vermischen. Auf diese Weise wird das Wasser der angefeuchteten Kohle in den Dumontschen Filtern durch den aufgegossenen Syrup, und dieser dann wieder durch aufgegossenes Wasser verdrängt.

Barometer. Das Instrument, durch welches der Druck der atmosphärischen Luft angezeigt wird. Füllt man ein ohngefähr 30 Zoll langes, an dem einen Ende verschlossenes Glasrohr mit Quecksilber, verschließt das offene Ende mit dem Finger, und bringt es so in ein kleines Gefäß mit Quecksilber, so sinkt, nachdem der Finger von der Oeffnung entfernt wird, das Quecksilber in der Röhre bis auf einen gewissen Punkt herab, nemlich so weit, daß der Druck dieser Quecksilbersäule gleich ist dem Drucke, welchen die atmosphärische Luft durch ihr Gewicht ausübt. Da der Druck der Luft veränderlich ist, so wird natürlich auch die Höhe der Quecksilbersäule im Barometer veränderlich sein müssen; das Quecksilber wird um so höher stehen, je stärker der Druck der Atmosphäre ist. Der mittlere Barometerstand ist am Meere ohngefähr 28 Zoll, das heißt die Quecksilbersäule im Barometer hat daselbst eine Höhe von 28 Zoll; da nun eine Quecksilbersäule von 1 Quadratzoll Fläche und 28 Zoll Höhe ohngefähr 15 Pfund wiegt, so drückt also die atmosphärische Luft auf jeden Quadratzoll einer Fläche mit einem Gewichte von 15 Pfunden. Wollte man das Barometer, anstatt mit Quecksilber, mit Wasser füllen, so würde das Glasrohr ohngefähr 32 Fuß hoch sein müssen, nemlich $28 \times 13,5$ Zoll, da das specif. Gewicht des Quecksilbers 13,5 ist.

Da nun in dem Maaße, als man höher steigt, die Luftsäule niedriger wird, so wird natürlich das Quecksilber im Barometer niedriger stehen; daher ist an höher gelegenen Orten, z. B. in München, der mittlere Barometerstand ein niederer, als an tiefer liegenden Orten. Nach dem Drucke der Luft, also nach dem Barometerstande, liegt der Siedpunkt einer Flüssigkeit bei einer verschiedenen Temperatur (siehe Sieden). Als Wetterglas ist das Barometer allein höchst unzuverlässig.

Brennmaterialien, Brennstoffe, nennt man diejenigen brennbaren Substanzen, welche man zur Benutzung der freiwerdenden Wärme verbrennt. Es gehören hierher vorzüglich **Holz** und **Holzkohlen, Steinkohlen** und **Coaks, Braunkohlen, Torf** und **Torfkohlen**.

Die für unsern Zweck wichtigsten Bestandtheile aller dieser Substanzen sind: **Kohlenstoff, Wasserstoff** und **Sauerstoff.** Die ersten beiden sind die brennbaren Substanzen, und von der Menge derselben, welche in gleichen Gewichten der Brennmaterialien enthalten ist, ist deren heizende Kraft, das heißt die Menge von Wärme, welche beim Verbrennen entsteht, also ihr Brennwerth, unter sonst gleichen Umständen abhängig. Holz und Torf enthalten außerdem stets eine beträchtliche Menge Wasser, wodurch ihr Werth als Brennmaterial sehr vermindert wird.

Man bestimmt die Menge von Wärme, welche beim Verbrennen eines Brennmaterials frei wird, nach der Menge von Wasser, welche man mit einem bestimmten Gewichte desselben von 0 bis zum Siedpunkte erhitzen, oder welche man damit verdampfen kann. Da es bekannt ist, daß man, um 1 Pfund siedendes Wasser zu verdampfen, 5½ Mal so viel Wärme bedarf, als nöthig ist, um 1 Pfund Wasser von 0 bis zum Siedpunkt zu erhitzen, so läßt sich die eine Zahl aus der andern leicht berechnen. Kann man z. B. mit 1 Pfund Holz 35 Pfund Wasser von 0° bis zum Sieden erhitzen (oder, was dasselbe ist, 70 Pfund Wasser von 0° bis 50°, oder von 20° bis 70° u. s. w.), so wird man damit $\frac{35}{5,5} = 6,36$ Pfund siedendes Wasser, oder $\frac{35}{6,5} = 5,37$ Pfund Wasser von 0° verdampfen können.

Das **Holz**, welches als Brennmaterial dient, wird in **hartes** und **weiches** eingetheilt; die harten Holzarten sind fester und dichter, haben bei gleichen Volumen ein größeres Gewicht, also ein größeres specifisches Gewicht, als die weichen Holzarten; es gehören dazu das Holz der **Eichen, Roth-** und **Weißbuchen, Erlen, Birken, Ulmen (Rüstern)**; zu den weichen Holzarten gehören das Holz der **Kiefern, Fichten, Tannen, Lerchen, Linden, Weiden** und **Pappeln.**

Brennmaterialien.

Von dieser Verschiedenheit im specifischen Gewichte und von der Verschiedenheit des Wassergehaltes hängt am meisten der Werth als Brennmaterial ab, da das Holz immer nach dem Volumen, nicht nach dem Gewichte verkauft wird. Gleiche Gewichte völlig trocknen Holzes haben fast ganz gleichen Werth als Brennmaterial, das Holz mag Eichen- oder Büchen- oder Fichtenholz sein.

Um den Werth eines Holzes als Brennmaterial beurtheilen zu können, ist es daher nur nöthig, das Gewicht einer Klafter und den Wassergehalt derselben zu kennen.

Der Wassergehalt der frisch gefällten Holzarten ist sehr verschieden. Hainbüchen- enthält 20, Birken- 30, Eichen- 35, Büchen- und Kiefern- 39, Erlen- 41, Tannen- 45, Weiden- und Pappelholz 50 Procent Wasser. Haben die Holzarten 10 bis 12 Monate nach dem Schlagen und Spalten an der Luft gelegen, so enthalten sie höchstens 20 — 25 Procent Wasser. Unter 10 Procent fällt der Wassergehalt nicht, wenn das Holz auch Jahre lang an freier Luft gelegen hat, und bei starker Hitze ausgetrocknetes Holz nimmt an der Luft wieder 10 — 12 Procent Wasser auf. Wird das Holz gedörrt, so verliert es an Heizkraft, weil hier schon anfangende Verkohlung eintritt.

Als Mittel aus vielen Versuchen kann angenommen werden, daß 1 Pfund gewöhnliches, 20 — 25 Procent Feuchtigkeit enthaltendes Brennholz 26 Pfund Wasser von $0°$ bis $80°$ R. zu erhitzen vermag.

Der Wassergehalt vermindert die Heizkraft, weil er das Gewicht mit einer nicht brennbaren Substanz vermehrt, weil ein Antheil der freiwerdenden Wärme zum Verdampfen des in dem Holze enthaltenen Wassers verwendet wird, weil die Verbrennung wegen der niederen Temperatur unvollkommen ist.

Das Gewicht einer Klafter Holz ist verschieden, je nachdem die Stücke desselben größer oder kleiner, gerade oder krumm sind. Bei gut geschichtetem Scheitholze beträgt der leere Zwischenraum mindestens $1/5$ des ganzen Umfangs, bei einer Klafter Scheitholz von 108 Kubikfuß also 21³/₅ Kubikfuß, so daß dieselbe 86²/₅ Kubikfuß feste Holzmasse enthält. Sind die Scheite sehr gekrümmt, so kann man nur ²/₃ bis ³/₄ soliden Inhalt berechnen.

Bei der Verwendung des Holzes als Brennmaterial kommt es auch besonders auf die gehörige Zerkleinerung an; je kleiner die zu verbrennenden Stücke, desto größere Oberfläche bieten sie dem Sauerstoffe der Luft dar, desto schneller und vollständiger wird das Verbrennen geschehen; daher verbrennt bei gleichem Gewichte weiches Holz schneller als hartes. Im Allgemeinen gilt als Regel, daß die Holzstücke um so kleiner sein müssen, je kleiner der Feuerraum, also je geringer die beim Verbrennen entstehende Hitze. Besondere Umstände können hiervon nur Ausnahmen gestatten. Ob es zweckmäßiger sei, weiches oder hartes Holz anzuwenden, hängt ebenfalls von verschiedenen Umständen ab. Weiches Holz giebt lebhaftes, sich weitziehendes Flammenfeuer, hartes Holz giebt mehr gemäßigte, andauernde Hitze, die wegen der Kohle besonders in der näheren Umgebung wirkt.

Die Holzkohlen werden bekanntlich durch Verkohlen des Holzes gewonnen; sie geben für gleiche Gewichte eine gleiche Menge an Wärme. Man kann annehmen, daß 1 Pfund trockne Holzkohle 73 Pfund Wasser von 0° bis zum Siedpunkte erhitzen. Da die Kohlen nicht nach dem Gewichte, sondern nach dem Maaße verkauft werden, so ist zu berücksichtigen, daß sich das Gewicht der Kohlen von weichem Holze zu den von hartem Holze für gleiche Maaße wie 8 : 12 verhält. Aber auch die Größe der Kohlenstücke ist von Einfluß auf das Gewicht eines bestimmten Maaßes.

Die Kohlen werden mit Vortheil da als Brennmaterial benutzt, wo sich die heizende Kraft ganz auf die nächste Umgebung erstrecken soll.

Steinkohlen und Braunkohlen sind an einigen Orten sehr zweckmäßig zu verwendende Brennmaterialien. Man kann rechnen, daß 1 Pfund trockne Steinkohlen 60 Pfund Wasser von 0° bis 100° C. erhitzen kann. Da sie in der Regel Schwefelkies enthalten, so leiden die Kessel bei Steinkohlenfeuerungen mehr, als bei anderen Feuerungen; die Hitze, welche sie beim Verbrennen entwickeln, ist sehr intensiv.

Die verkohlten (abgeschwefelten) Steinkohlen, Coaks, stehen hinsichtlich der heizenden Wirkung noch über den Steinkohlen. 1 Pfund derselben erhitzt 65 Pfund Wasser von 0^0 bis 100^0; da sie, wie die Holzkohlen, keine Flamme geben, so erstreckt sich ihre Wirkung auch besonders auf die nächsten Umgebungen.

Der als Brennmaterial verwendete Torf ist um so vorzüglicher, je trockner er ist und je weniger er beim Verbrennen Asche hinterläßt; außerdem ist noch dahin zu sehen, daß derselbe von Schwefelkies möglichst frei sei. Guter Torf läßt ohngefähr 3 — 8 Procent Asche zurück, während schlechte Sorten 50 bis 60 Procent hinterlassen, also in diesem Verhältnisse weniger heizen müssen. Da der Torf ebenfalls nicht nach dem Gewichte verkauft wird, so ist auch bei der Berechnung des Brennwerthes das Gewicht eines Torfziegels zu berücksichtigen, da man bekanntlich sehr lockern, also leichten, und sehr dichten, also schweren, Torf hat. 1 Pfund Torf erhitzt ohngefähr 25 — 30 Pfund Wasser von $0^0 — 100^0$ Celf. Der Torf giebt bei mäßigem Luftzuge eine vortreffliche, gleichförmige Hitze; bei verstärktem Luftzuge giebt er aber auch heftiges Flammenfeuer. Aus dem Torfe wird die Torfkohle, wie die Holzkohle aus dem Holze dargestellt.

Bei der Anwendung der verschiedenen Brennmaterialien zum Heizen ist vorzüglich zu berücksichtigen, ob sie mit starker Flamme, das heißt durch die heißen brennenden Gasarten, wirken, oder durch das Ausstrahlen der Wärme von den entstehenden glühenden Kohlen. Ist Letzteres der Fall, so muß der Rost der zu heizenden Fläche viel näher gelegt werden, als im ersten Falle. Die Entfernung der Roststäbe von einander und die Größe des Rostes muß sich nach der Menge der brennbaren Substanz richten, welche in einem bestimmten Volum des Brennmaterials enthalten ist.

Destillation, Destilliren. Wenn man die aus einer siedenden Flüssigkeit entweichenden Dämpfe durch Abkühlung wieder zu einer tropfbaren Flüssigkeit condensirt, und auf diese Weise flüchtige Substanzen von nicht oder doch weniger flüchtigen Flüssigkeiten trennt, so nennt man dies Destillation oder Destilliren, und der dazu erforderliche Apparat wird Destillirapparat genannt. Der Destillirapparat muß, wie leicht einzusehen, von einer Substanz sein, die von der Flüssigkeit nicht aufgelöst wird; man hat aus diesem Grunde Destillationsapparate von Glas, Blei, Platin und Kupfer; die letzteren sind die am häufigsten gebrauchten, sie sind S. 200 ff. beschrieben. Für Destilliren wird auch häufig der Ausdruck Abtreiben gebraucht, z. B. Abtreiben der Meische.

Digeriren. Eine Substanz bei einer Temperatur von 50 — 60° R. mit einem Auflösungsmittel behandeln. Siehe Ausziehen.

Filtriren. Finden sich in einer Flüssigkeit ungelöste Substanzen, so können diese durch die Operation des Filtrirens abgeschieden werden. Man gießt die trübe Flüssigkeit auf einen porösen Körper, welcher nur der Flüssigkeit, nicht aber den ungelösten Substanzen den Durchgang verstattet; erstere läuft daher klar hindurch, letztere bleiben zurück.

Eine der gebräuchlichsten zum Filtriren benutzten Substanzen ist das ungeleimte Papier. Man wähle dazu weißes Druckpapier, niemals das dicke graue Löschpapier, falte es zusammengebrochen in die Form eines Trichters, und lege es dann in einen Trichter von Weißblech oder Glas, so daß es an die Wände desselben recht gleichförmig anschließt. Ehe die zu filtrirende Flüssigkeit auf das Filter gebracht wird, befeuchtet man dasselbe recht vollständig mit Wasser, damit seine Poren mit Wasser angefüllt werden. Versäumt man dies, so verstopfen sich die Poren mit der in der zu filtrirenden Flüssigkeit suspendirten Substanz, und das Durch=

laufen der klaren Flüssigkeit geht sehr langsam von Statten. Ist die zu filtrirende Flüssigkeit eine geistige, so muß, wie leicht einzusehen, das Filtrum mit Weingeist benetzt werden.

Ungefärbte leinene, baumwollene oder wollene Zeuge wendet man ebenfalls sehr häufig zum Filtriren an; ihre Wirkung ist der des Filtrirpapiers ganz gleich. Man verfertigt aus denselben entweder einen Beutel von der Gestalt der bekannten Kaffeefiltrirbeutel (einen Spitzbeutel), den man an der Oeffnung mit 4 Strippen versieht, um ihn in einem Rahmen aufhängen zu können; oder man spannt das Gewebe flach auf einem Rahmen aus. Das Filtriren durch Vorrichtungen dieser Art wird gewöhnlich das Coliren genannt. Da alkalische Flüssigkeiten die Wolle auflösen, so darf man dieselben nur durch Wolle coliren; man muß dann jedenfalls leinenes oder baumwollenes Zeug nehmen.

Um große Quantitäten einer Flüssigkeit zu filtriren, wendet man Gefäße von der S. 411 und 494 beschriebenen und Fig. 72 abgebildeten Einrichtung an. Auf den Siebboden wird ein Stück leinenes, baumwollenes oder wollenes Zeug oder auch zerschnittenes Stroh gelegt, und auf dieses sogleich die zu filtrirende Masse gegeben, wenn sie eine so bedeutende Menge ungelöster Substanz enthält, daß sie breiartig ist. Ist dies nicht der Fall, so giebt man darauf erst eine Substanz, welche die trüben Stoffe zurückhält; dies ist entweder reiner Flußsand oder, wenn man zugleich Entfärbung bezwecken will, Pulver von Knochen= oder Holzkohle. Auch diese Substanzen müssen vor dem Einbringen in die Filter angefeuchtet werden. Die Operationen des Filtrirens und Colirens werden besonders häufig bei der Runkelrübenzuckerfabrikation vorgenommen; ferner bei der Liqueur= und Stärkezuckerfabrikation.

Bei chemischen Untersuchungen ist das Filtriren durch Papier die am häufigsten vorkommende Operation. Will man hier die auf dem Filter gebliebene Substanz wägen, um ihr Gewicht zu erfahren, so wägt man vor dem Filtriren das bei erhöheter Temperatur, gewöhnlich bei der Tem=

peratur des siedenden Wassers, getrocknete Filter, und notirt sich das Gewicht mit Bleistift auf demselben. Dann wird nach beendeter Filtration das Filter mit dem darauf befindlichen Körper bei derselben Temperatur getrocknet und gewogen; durch Abziehen des Gewichtes des leeren Filters erfährt man das Gewicht der darauf befindlichen Substanzen. Das Trocknen des Filters bei einer bestimmten höheren Temperatur ist für diesen Zweck deshalb erforderlich, weil das Papier, als ein poröser Körper, verschiedene Mengen Wasserdampf in seinen Poren condensirt, nemlich bei feuchter Luft mehr, bei trockner weniger, daher ein und dasselbe Filter bei trockner Luft weniger als bei feuchter Luft wiegt, wodurch natürlich Unrichtigkeiten bei der Untersuchung entstehen. Bei einer Temperatnr von ohngefähr über 30° R. wird aber dies Wasser aus dem Papiere entfernt.

Gewichte. Der Druck, den ein Körper auf eine Unterlage ausübt, wird das Gewicht des Körpers genannt; man mißt ihn durch das bekannte Instrument, welches Waage genannt wird, nach gewissen Einheiten, welche man Gewichte nennt. So sagt man, ein Körper wiegt ein Pfund oder Loth, wenn er denselben Druck ausübt, als das Stück Metall, das Pfund oder Loth genannt wird. Die Gewichte waren früher häufig ganz willkürlich angenommene Einheiten, das heißt, man konnte keine Rechenschaft geben, weshalb das Pfund diese oder jene Größe besaß, und bekanntlich waren dieselben fast in jedem Lande verschieden; es mußte ein Normalgewicht deponirt werden, nach welchem man alle übrigen Gewichte des Landes normirte. Ging dies Normalgewicht verloren, so war nicht mehr zu ermitteln, wie schwer dasselbe gewesen war.

In neuerer Zeit hat man aber allgemein angefangen, Gewichtseinheiten anzunehmen, deren Größe sich immer wieder genau finden läßt. Ein solches Gewicht ist z. B. das französische Decimalgewicht. Die Gewichtseinheit ist dabei das Gramme; es ist gleich dem Gewichte eines Kubikcentimeters Wasser beim Punkte seiner größten Dichtigkeit. Da nun das Kubikcentimeter eine ganz bestimmte Größe hat (siehe Maaße), so wird natürlich auch das Gramme eine ganz bestimmte Schwere haben. 10 Grammen sind = 1 Decagrm, 100 Grm. = 1 Hectogrm., 1000 Grm. = 1 Kilogrm. (2,138 preuß. Pfunde), $1/_{10}$ Grm. = 1 Decigramme, $1/_{100}$ Grm. = 1 Centigrm., $1/_{1000}$ Grm. = 1 Milligrm.

In Preußen und in vielen anderen Ländern rechnet man nach Centnern, Pfunden, Lothen, Quentchen. 4 Quentchen = 1 Loth; 32 Loth = 1 Pfund. Der Centner hat bald 114, 110 oder 100 Pfund. Alle diese Gewichte haben nach den verschiedenen Ländern eine sehr verschiedene Größe.

Das preußische Pfund ist gleich dem Gewichte von $1/_{66}$ Kubikfuß Wasser, das heißt, der preuß. Kubikfuß Wasser wiegt bei einer bestimmten Temperatur 66 Pfund. Man sieht, daß hiezu die Länge des Fußes genau bekannt sein muß.

In einigen Ländern fängt man jetzt an, den Centner = 50 französischen Kilogrammen zu setzen, was höchst zweckmäßig ist.

Zu den chemischen Untersuchungen bedient man sich entweder des obigen französischen Gewichts, oder des sogenannten Medicinal- und Apothekergewichts. Letzteres besteht aus Granen, Skrupel, Drachmen, Unzen und Pfunden.

Vergleichung einiger Gewichte.

Pfunde	Unzen	Drachmen	Skrupel	Grane
1	12	96	288	5760
	1	8	24	480
		1	3	60
			1	20

1 Kilogramme . . .	= 2,138	preuß. Pfunde
100 ″ . . .	= 213,8	″ ″
1 preuß. Pfund . .	= 467,7	Grammen
1 Hamburger Pfund . .	= 484,17	″

1 Pfund Zollgewicht des
deutschen Zollvereins = 500 Grammen
1 Wiener (Oesterreicher)
Handelspfund . . = 560,01 „

Das braunschweigische, gothaische, hannoversche, alte köll=
nische, kurhessische, sächsische, weimarische, würtembergische
Pfund ist dem preußischen Pfunde ziemlich gleich.

1 preußischer Centner . . . . = 110 Pfund.
1 braunschw. „ Handelsgewicht = 114 „
1 „ „ Steuergewicht = 100 „
1 gothaischer Centner . = 110 Pfund.
1 hamburgischer „ . = 112 „
1 köllnischer „ . = 106 „
1 kurhessischer „ . = 110 „
1 sächsischer „ . = 110 „
1 weimarischer „ . = 106 „
1 Wiener „ . = 100 „
1 würtembergischer „ . = 104 „
1 Centner Zollgewicht des deut=
schen Zollvereins . . = 100 „
= 50 Kilogrammen.

Hygrometer werden die Instrumente genannt, welche
den verschiedenen Feuchtigkeitszustand der Atmosphäre anzei=
gen. Das gebräuchlichste Hygrometer ist das sogenannte
Haarhygrometer; es besteht aus einem Menschenhaare, das
an einer mit einem Zeiger versehenen Welle befestigt ist, und
durch seine, je nach der Feuchtigkeit der Luft, größere oder
geringere Verkürzung die Welle mit dem Zeiger dreht. Der
Zeiger legt sich auf eine Skale, welche in 100 gleiche Theile
getheilt ist. 0 ist der Punkt der größten Trockenheit, 100
der Punkt der größten Feuchtigkeit.

Der Feuchtigkeitszustand der Luft ist für das Verdam=
pfen unter dem Siedpunkte von großem Einfluß; je feuchter
nemlich die Luft, desto langsamer wird dies vor sich gehen,

Maaße.

desto langsamer wird z. B. die Bierwürze oder Branntweinmeische auf dem Kühlschiffe sich abkühlen. (Siehe S. 77.)

Maaße nennt man die Einheiten zur Ermittelung der Größe der Körper. Man unterscheidet natürlich Längs=, Flächen= und Hohl= (Volumen=, kubische) Maaße, Bezeichnungen, die sich von selbst ergeben. So willkürlich, als die Gewichtseinheiten waren, waren früher auch die Maaßeinheiten angenommen; man konnte sich keine Rechenschaft geben, weshalb ein Maaß so groß und nicht größer oder kleiner sei. Für die Längsmaaße hat man bei uns Linien, Zoll, Fuß, Ruthen ꝛc.; für die Flächenmaaße die Quadrate dieser Maaße neben besonderen Größen, z. B. Morgen, Hufe ꝛc.; für die Hohlmaaße Quartiere, Kannen, Nößel, Stübchen, Anker, Eimer, Ohm, Orhoft, Faß ꝛc. ꝛc. So verschieden die Gewichte in den einzelnen Ländern sind, so verschieden sind auch die Maaße.

Die Franzosen haben, wie ein rationelles Gewicht, so auch ein rationelles Maaß eingeführt. Dies hat eine Größe, die unabänderlich bestimmt und auszumitteln ist. Der zehnmillionentste Theil des Erdquadranten, also z. B. die Entfernung des Aequators vom Nordpole, ist das Mètre, ihre Maaßeinheit. $1/10$ Meter = 1 Decimeter, $1/100$ Meter = 1 Centimeter, $1/1000$ Meter = 1 Millimeter.

Vergleichung einiger Maaße.

1 französisches Mètre . . =	3,18 preuß. Fuß.
1 „ „ =	38,23 » Zoll.
1 preuß. Fuß . . . . =	0,3138 Mètre.
1 „ „ . . . . =	0,966 Pariser Fuß.
1 „ „ . . . . =	139,13 » Linien.
1 „ „ . . . . =	1,029 englische Fuß.
1 braunschweig. Fuß . . =	126,5 Pariser Linien.
1 preußische Ruthe . . . =	12 preuß. Fuß.
1 braunschweig. Ruthe . . =	16 braunschweig. Fuß.

Maaße.

1 preuß. Morgen	=	180 preuß. Quadratruthen.
1 französ. Are	=	7,049 „ „
1 Hectare (100 Are)	=	704,9 „ „

1 preuß. Kubikfuß Wasser bei 15° R. = 66 preuß. Pfde.
1 „ Kubikzoll „ „ „ „ = $1\tfrac{2}{9}$ „ Loth.
1 „ Scheffel = 3072 preuß. Kubikzoll ($\tfrac{16}{9}$ Kubikfuß)
              = 2770,7 Pariser Kubikzoll.

1 braunschweig. Stadthimten	=	1642 Pariser Kubikzoll.
1 Wispel	=	24 preuß. Scheffel.
1 „	=	40 Himten.
100 Himten ohngefähr	=	60 preuß. Scheffel.
100 Casseler Scheffel	=	146,23 preuß. Scheffel.
100 Darmstädter Malter	=	232,9 „ „
100 Dresdener Scheffel	=	185,5 „ „
100 Frankfurter Simmer	=	52,18 „ „
100 Boisseaux (Frankreich)	=	22,7 „ „
100 Hamburger Scheffel	=	191,7 „ „
100 Hannoversche Scheffel	=	72,1 „ „
100 Münchener Scheffel	=	404,5 „ „
100 Simmer (Stuttgart)	=	40,5 „ „
100 Wiener Metzen	=	111,8 „ „
100 Malter (Carlsruhe)	=	272,9 „ „

1 preuß. Quart = 64 preuß. Kubikzoll.
              = $78\tfrac{2}{9}$ Loth destillirten Wassers bei 15° R.

27 preuß. Quart	=	1 preuß. Kubikfuß.
1 braunschw. Stübchen	=	4 braunschweig. Quartier.
1 „ Quartier	=	64 Loth = 2 Pfund destillirten Wassers.
100 „ „	=	80,26 preuß. Quart.
100 Brüsseler Kannen	=	87,3 „ „
100 Carlsruher Maaße	=	131 „ „
100 Casseler Weinmaaße	=	173,3 „ „
100 „ Biermaaße	=	190,6 „ „
100 Darmstädter Maaße	=	194,6 „ „
100 Dresdener Kannen	=	81,7 „ „

100 Frankfurter Aichmaaß = 156,5 preuß. Quart.
100   „   Jungmaaß = 140,4 „   „
100 französische Litres = 77,3 „   „
100 Hamburger Quartier = 79 „   „
100 Leipziger Kannen = 105 „   „
100 Hannoversche Quartier = 84,8 „   „
100 Münchener Kannen = 93,3 „   „
100 Stuttgart. Schenkmaaße = 145,8 „   „
100 Wiener Maaße = 123,5 „   „

Maceriren. Einen Auszug bei gewöhnlicher Lufttemperatur bereiten. Siehe Ausziehen. Hieraus ergiebt sich, daß das bei der Runkelrübenzuckerfabrikation erwähnte sogenannte Macerationsverfahren von Dambasle nicht diesen Namen verdient; es würde richtiger Digestionsverfahren heißen.

Reagentien. Um in einem Gemisch von verschiedenen Substanzen die Gegenwart der einen oder anderen darzuthun, bedient man sich der sogenannten Reagentien oder Prüfungsmittel. Dies sind Stoffe, von denen man durch die Erfahrung weiß, daß sie mit einem gewissen anderen Stoffe bestimmte in die Augen fallende Erscheinungen hervorbringen. Diese Erscheinungen sind in der Regel eine besondere Färbung oder ein verschieden gefärbter Niederschlag, der entsteht, entweder weil das Reagens sich mit dem Stoffe zu einer unlöslichen Verbindung vereinigt, oder weil es demselben sein Auflösungsmittel entzieht. Beispiele werden dies deutlicher machen. Die Erfahrung hat gezeigt, daß Jod mit Stärkemehl eine indigblaue Verbindung eingeht. Will man daher ausmitteln, ob sich in einer Substanz oder in einer Flüssigkeit Stärkemehl findet, so wird es nur nöthig sein, Jodauflösung zuzubringen; entsteht die dunkelblaue Färbung, so ist die Gegenwart, entsteht sie nicht, so ist die Abwesenheit von Stärkemehl erwiesen. Es ist aus Erfahrung bekannt, daß kleesaurer Kalk ein, in neutralen schwach sauren oder schwach alkalischen

Flüssigkeiten fast unlösliches weißes Pulver ist. Will man daher ausmitteln, ob in einem Brunnenwasser Kalk vorkommt, so wird man nur eine Auflösung von Kleesäure oder von einem kleesauren Salze zuzusetzen haben, wo dann das Erscheinen oder Nichterscheinen eines weißes Niederschlags das Vorhandensein oder Nichtvorhandensein des Kalkes darthut. Man sagt daher, wie sich aus dem Angeführten ergiebt: Jod ist ein Reagens auf Stärkemehl, Kleesäure ist ein Reagens auf Kalk, und es braucht wohl kaum erwähnt zu werden, daß umgekehrt Stärkemehl als Reagens auf Jod, und Kalk als ein Reagens auf Kleesäure dienen kann.

Zu den für unseren Zweck wichtigen Reagentien gehören:

Lackmuspapier; es wird bereitet, indem man feines Papier mit einem Aufguß von Lackmus bestreicht, und dient als Erkennungsmittel jeder vorhandenen freien Säure; es wird durch diese die blaue Farbe in Roth umgeändert. Man ermittelt so z. B. leicht die Säure in der Bierwürze, Branntweinmeische, im Rübensafte u. s. w.; je heller die Röthung des Papiers ist, desto mehr ist Säure vorhanden. Violette Färbung deutet auf geringe Mengen von Säure. Zu berücksichtigen ist, daß auch viele Metallsalze das Lackmuspapier schwach roth färben.

Lackmuspapier, welches durch eine schwache Säure geröthet worden, dient vorzüglich als Erkennungsmittel von Alkalien; es wird durch diese die blaue Farbe des Lackmus wieder hergestellt.

Kurkumapapier, dargestellt durch Bestreichen von Papier mit einer Abkochung von Kurkumawurzel, dient für denselben Zweck, für welchen geröthetes Lackmuspapier benutzt wird; es wird durch Alkalien braun gefärbt. Rührt die Braunfärbung von Ammoniak her, so verschwindet dieselbe beim Trocknen des Papiers, weil sich dabei das Ammoniak verflüchtigt.

Baryumchlorid (salzsaurer Baryt), aufgelöst in Wasser, dient zur Erkennung vorhandener Schwefelsäure, sowohl freier als an Basen gebundener, z. B. zur Erkennung der schwefelsauren Salze in dem Brunnenwasser. Es entsteht ein weißer Niederschlag, der in Säuren unlöslich ist.

Salpetersaures Silberoxyd, in Wasser gelöst, dient zur Erkennung der Chloride (salzsauren Salze), z. B. des Kochsalzes u. s. w., in dem Wasser, durch entstehenden weißen käsigen Niederschlag, welcher vom Lichte violett gefärbt wird.

Kleesaures Kali, in Wasser gelöst; Reagens auf Kalkerde durch weißen Niederschlag.

Jod, in Wasser gelöst; Reagens auf Stärkemehl durch indigblaue Färbung.

Blutlaugensalz, in Wasser gelöst, zeigt Eisenoxyd durch berlinerblauen, Kupferoxyd durch braunrothen, Zinkoxyd durch weißen Niederschlag.

Galläpfelaufguß zeigt die Gegenwart von Eisensalzen durch schwarze Färbung (Tinte) an.

Schwefelwasserstoffwasser; Reagens auf viele Metalle, es giebt z. B. in sauren Auflösungen von Kupfer- und Bleisalzen schwarze Niederschläge, von Zinnsalzen gelbe Niederschläge; in den sauren Auflösungen von Eisen-, Mangan-, Zinksalzen aber keine Niederschläge, wohl aber nach der Neutralisation mit einem Alkali einen resp. schwarzen, fleischfarbenen und weißen Niederschlag. Alle diese Niederschläge sind Schwefelmetalle.

Die Reagentien können aus der Apotheke bezogen werden.

Sieden, Kochen. Wenn man eine Flüssigkeit in einem offenen Gefäße bis zu einer gewissen Temperatur erhitzt, so kommt sie in wallende Bewegung; man sagt dann, sie siedet oder kocht. Die wallende Bewegung wird durch Dampfblasen hervorgebracht, die sich im Innern der Flüssigkeit, und namentlich an der dem Feuer ausgesetzten Stelle des Gefäßes, entwickeln, und die aus der Flüssigkeit entweichen.

Die Temperatur, bei welcher das Sieden eintritt, ist für die verschiedenen Flüssigkeiten verschieden, für ein und dieselbe Flüssigkeit, also z. B. für Wasser, aber **unter gleichen Umständen immer gleich**. Ist das Gefäß offen, so steigt die Temperatur nicht höher, es mag noch so stark erhitzt werden; alle zugeführte Wärme wird dazu verwandt, die Flüssigkeit in Dampf zu verwandeln.

Unter verschiedenen Umständen siedet aber eine und dieselbe Flüssigkeit bei verschieden hoher Temperatur. Das Sieden tritt nemlich immer dann ein, wenn der Druck (die Spannung) des Dampfs der Flüssigkeit, den auf der Flüssigkeit lastenden Druck überwindet. Da nun der Druck der Dämpfe von deren Temperatur abhängig ist, nemlich bei höherer Temperatur größer ist, so wird das Sieden natürlich bei niederer Temperatur vor sich gehen, wenn der auf der Flüssigkeit lastende Druck geringer ist, bei höherer Temperatur, wenn der Druck größer ist.

Auf unserer Erde erleiden die Körper den Druck der Atmosphäre (siehe Barometer), die Flüssigkeiten werden also sieden, wenn ihr Dampf den Druck der Atmosphäre überwindet. Die am Boden des Kochgefäßes befindliche Flüssigkeit erleidet aber, außer dem Drucke der Atmosphäre, auch noch den Druck der über ihr stehenden Flüssigkeitssäule, und diesen Druck haben natürlich auch die am Boden des Gefäßes entstehenden Dämpfe zu überwinden; daher wird daselbst die Temperatur höher sein, als an der Oberfläche der Flüssigkeit, und zwar um so höher, je höher die Flüssigkeitssäule in dem Gefäße steht. Dies giebt uns die Regel an die Hand, die zu verkochende Flüssigkeit nicht sehr hoch in den Verkochpfannen stehen zu lassen, wenn eine höhere Temperatur derselben nachtheilig ist, wie z. B. die Zuckerlösungen.

Da der Druck der Luft verschieden groß ist (siehe Barometer), so wird auch die Temperatur der siedenden Flüssigkeiten verschieden hoch liegen müssen, und verringert man durch die Luftpumpe oder auf andere Weise den Luftdruck, so kann ihr Siedpunkt sehr herabgebracht werden; daher das Verkochen des Syrups u. s. w. im luftverdünnten Raume, um starke Erhitzung desselben zu vermeiden.

Bei gewöhnlichem Luftdrucke siedet das Wasser bei 100° Celſ., bei dem Drucke von 2 Atmosphären bei 121° Celſ., bei 3 Atmosphären Druck bei 135° Celſ.

Löſt man in einer Flüſſigkeit, wir wollen annehmen in Waſſer, Subſtanzen auf, die nicht oder doch weniger flüchtig als dies ſind, ſo erhöht ſich dadurch der Siedpunkt deſſelben, weil die Anziehung dieſer Subſtanzen zu dem Auflöſungs= mittel, alſo hier zum Waſſer, durch eine höhere Temperatur (höhere Spannung) überwunden werden muß. Um wie viel der Siedpunkt erhöht wird, richtet ſich nach der Menge der aufgelöſten Subſtanz. Concentrirte Löſungen ſieden bei hö= herer Temperatur, als verdünnte.

Specifiſches Gewicht nennt man das Verhält= niß des abſoluten Gewichts zu dem Volumen eines Körpers. Man ſagt z. B.: Blei iſt ſchwerer als Holz, und ergänzt da= bei in Gedanken: bei gleichem Volumen, bei gleichem Um= fange Beider. Vergleicht man ſo die Gewichte aller ver= ſchiedenen Körper bei gleichen Volumen derſelben, ſo erhält man ihre ſpecifiſchen Gewichte. Man ſetzt dabei für Flüſſig= keiten und ſtarre Körper das Gewicht eines gleichen Volu= mens Waſſer als Einheit, das heißt, man bezeichnet das ſpe= cifiſche Gewicht des Waſſers mit 1,000 (um Brüche zu ver= meiden, Tauſend ausgeſprochen). Das ſpecif. Gewicht des Alkohols iſt 0,791, heißt hienach alſo: ein Gefäß, in wel= 1000 Lothe, Pfunde ꝛc. Waſſer gehen, kann nur 791 Lothe, Pfunde ꝛc. Alkohol faſſen. Um das ſpecif. Gewicht einer Flüſſigkeit zu finden, kann man ſich jedes beliebigen Gefäßes bedienen; man ermittelt erſt, wie viel daſſelbe Waſſer, und dann, wie viel daſſelbe von der zu prüfenden Flüſſigkeit auf= nehmen kann; durch eine einfache Proportion erfährt man dann das ſpecifiſche Gewicht, das des Waſſers = 1,000 ge= ſetzt. Z. B. ein Gefäß wird von 850 Gran Waſſer ange= füllt, von einem Weingeiſt gehen aber nur 730 Gran in daſſelbe, ſo hat man: 850 : 730 = 1,000 : 0,859; alſo 0,859 das ſpecifiſche Gewicht des Weingeiſtes. Gehen in dasselbe Gefäß 1050 Gran Zuckersyrup, so ist dessen specif. Gewicht 1,235 (850 : 1050 = 1,000 : x = 1,235).

Die specif. Gewichte der Flüssigkeiten zu kennen, ist für den Techniker von der größten Wichtigkeit; man bedient sich zur Ermittelung derselben nun in der Regel nicht der angeführten Methode, sondern man benutzt die sogenannten Senkwaagen oder Aräometer (siehe d. Art.).

Das specif. Gewicht starrer (fester) Körper kann leicht auf die Weise bestimmt werden, daß man dieselben erst in der Luft, wie gewöhnlich, und dann an einem Menschen- oder Pferdehaare befestigt, im Wasser wägt. Der Körper wiegt nemlich im Wasser gerade um so viel weniger als in der Luft, als ein mit dem Körper gleich großes Volumen des Wassers wiegt. Durch eine einfache Proportion erfährt man so das specif. Gewicht des Körpers. Z. B. ein Stück Eisen wiegt an der Luft 560 Gran, im Wasser gewogen aber nur 487 Gran, also 73 Gran weniger, so zeigt dies an, daß ein Stück Wasser von der Größe des Stückes Eisen 73 Gran wiegt; das specif. Gewicht des Eisens ist also (73 : 560 = 1,000 : x) = 7,600, das heißt, das Eisen ist bei gleichen Volumen $7^6/_{10}$mal schwerer als Wasser u. s. w. Aus dem specif. Gewichte der Körper kann man nun leicht, wie man sieht, das Gewicht eines bestimmten Volums berechnen. Z. B. der Kubikfuß Wasser wiegt 66 preußische Pfund (siehe Gewicht); der Kubikfuß Eisen wird hienach 7,6 mal so viel, also 501,6 preuß. Pfund wiegen. Der Quadratfuß eines 1 Zoll starken Eisenblechs wiegt also $\frac{501,6}{12}$ = 41,8 Pfund; eines linienstarken Eisenblechs also fast 3½ Pfund. Das specifische Gewicht des gehämmerten Kupfers ist 8,800, woraus man leicht das Gewicht für den Quadratfuß Blech, z. B. für Dampfkessel, von jeder Stärke berechnen kann.

Thermometer, Wärmemesser, werden Instrumente genannt, deren man sich zur Ausmittelung der Temperatur bedient. Ihre Construction gründet sich auf die durch die Wärme bewirkte Vergrößerung des Volumens einer Substanz, am häufigsten des Quecksilbers. Um diese Instrumente vergleichbar zu machen, müssen auf denselben zwei Punkte, die unter gleichen Umständen leicht zu ermitteln sind, bestimmt werden, und der Abstand zwischen diesen Punkten in eine bestimmte Anzahl von Graden getheilt werden. Man wählt dazu den Gefrierpunkt und Siedpunkt des Wassers.

Das Instrument wird in siedendes Wasser getaucht und der Stand des Quecksilbers genau bemerkt; dann stellt man dasselbe in schmelzendes Eis und bemerkt diesen Punkt ebenfalls genau. Die Entfernung zwischen diesen beiden Punkten wird nun entweder in 80 oder in 100 gleiche Theile getheilt, und über und unter diesen Punkten trägt man nun eine beliebige Anzahl gleich großer Grade auf; erstere Theilung giebt die nach Réaumur benannte 80theilige, letztere die nach Celsius benannte 100theilige, die Centesimal-Skala. In beiden Skalen zeigt 0° den Gefrierpunkt des Wassers an.

Man erkennt leicht, daß nach dieser verschiedenen Eintheilung die Grade beider Skalen eine verschiedene Größe haben müssen; es werden nemlich 5 Grade nach Celsius (C.) gleich sein 4 Graden nach Réaumur (R.). Hieraus ergiebt sich, wie man die Grade der einen Skala in die der andern verwandeln kann. Um die Réaumur'schen Grade in Celsius'sche zu verwandeln, multiplicirt man dieselben mit 5 und dividirt das Product durch 4; um Celsius'sche Grade in Réaumur'sche umzuwandeln, multiplicirt man mit 4 und dividirt durch 5.

22° R. wie viel Grade nach Celf.? $\dfrac{22 \times 5}{4} = 27\frac{1}{2}$ C.

22° C. wie viel nach R. $\dfrac{22 \times 4}{5} = 17\frac{3}{5}°$ R.

Die Skala von Réaumur ist die allgemein in Deutschland im gewöhnlichen Leben gebräuchliche, die von Celsius in Frankreich und Schweden und in den meisten wissenschaftlichen Werken, mit Ausnahme der englischen.

In England hat man Thermometer mit einer andern Skala im Gebrauch, nemlich mit der Fahrenheit'schen. Fahrenheit senkte das Thermometer in ein Gemisch von Schnee und Salmiak, bezeichnete den Stand des Quecksilbers mit 0, senkte es dann in kochendes Wasser, und theilte den Abstand zwischen diesen zwei erhaltenen Punkten in 212 gleiche Theile. Da ein Gemisch aus Schnee und Salmiak eine niedere Temperatur besitzt, als schmelzendes Eis, so liegt der Nullpunkt dieser Skalen unter dem Nullpunkte der Skalen von Réaumur und Celsius; er liegt nemlich bei $14{,}2^{\circ}$ R. oder $17{,}7^{\circ}$ C. unter Null.

Die Grade über dem Nullpunkte der Thermometer bezeichnet man mit $+$ und nennt sie auch wohl Wärmegrade, die Grade unter Null bezeichnet man mit $-$ und nennt sie auch wohl Kältegrade; man hat hier also wohl zu unterscheiden zwischen $+10$ oder -10° C. oder R. oder F. (Fahrenheit).

Ein Thermometer mit der Fahrenheit'schen Skala zeigt im schmelzenden Eise also bei 0° R. oder C. $+32^{\circ}$. Man hat also

Réaumur	Celsius	Fahrenheit
14,2	$-$ 17,7	0°
0	0	$+$ 32
$+$ 80	$+$ 100	$+$ 212

Man sieht, daß die Entfernung zwischen dem Gefrierpunkte des Wassers und dessen Siedpunkte nach Fahrenheit's Skala 180 Grade enthält, welche also denselben Raum einnehmen, wie 80 Réaumur'sche und 100 Celsius'sche Grade, oder, was dasselbe ist, 9 Fahrenheit'sche Grade sind so viel, als 4 Réaumur'sche und 5 Celsius'sche. $+60^{\circ}$ F. einer Temperatur, die bei der Bestimmung des Alkoholgehalts im Branntwein oft angeführt worden sind, sind hiernach gleich $12\tfrac{4}{9}^{\circ}$ R. oder $15{,}6^{\circ}$ C.

Um Fahrenheits Grade in Celsius'sche umzuwandeln, werden davon, wenn sie über dem Gefrierpunkte sind, 32

Thermometer.

abgezogen und die übrigbleibende Zahl mit 1,8 dividirt. Ist die Fahrenheit'sche Gradzahl uner dem Gefrierpunkte, so wird dieselbe von 32 abgezogen und der Rest mit 1,8 dividirt; fällt endlich die Gradzahl unter Fahrenheits 0, so werden 32 addirt und dann mit 1,8 dividirt. In letzten beiden Fällen werden natürlich die Grade das Zeichen — erhalten.

$+$ 60 F. wie viel nach Celf.? $\dfrac{60 - 32}{1,8} = +$ 15,5 C.

$+$ 20 F. wie viel nach Celf.? $\dfrac{32 - 20}{1,8} = -$ 6,6 C,

$-$ 10 F. wie viel nach Celf.? $\dfrac{10 + 32}{1,8} = -$ 23,2 C.

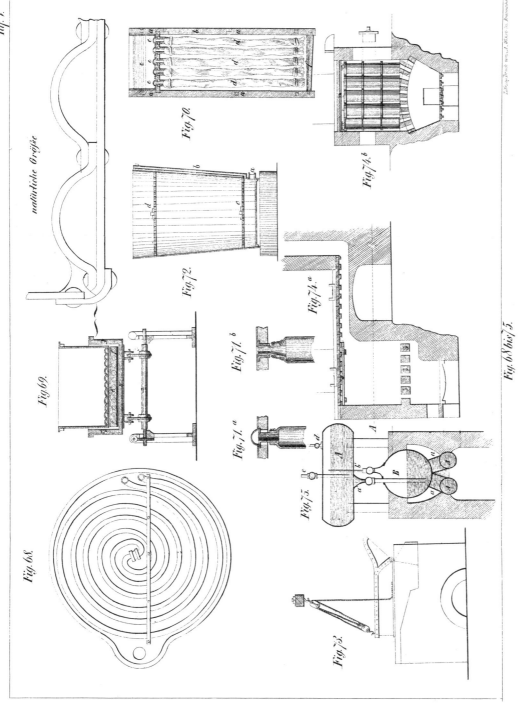

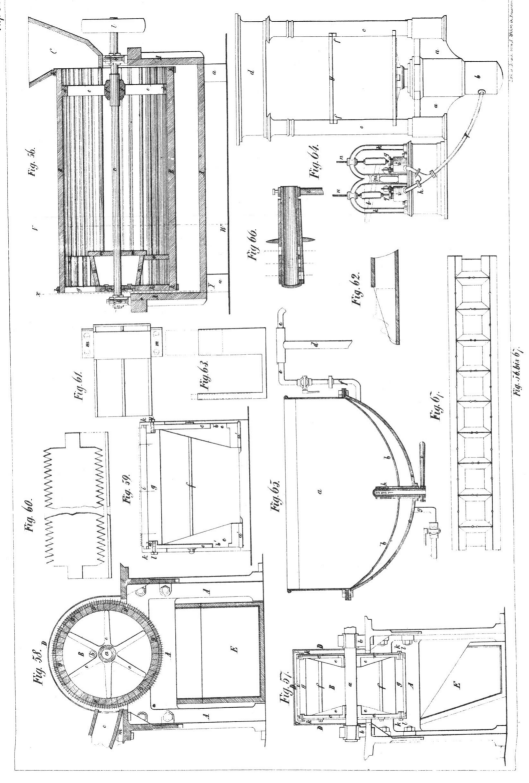

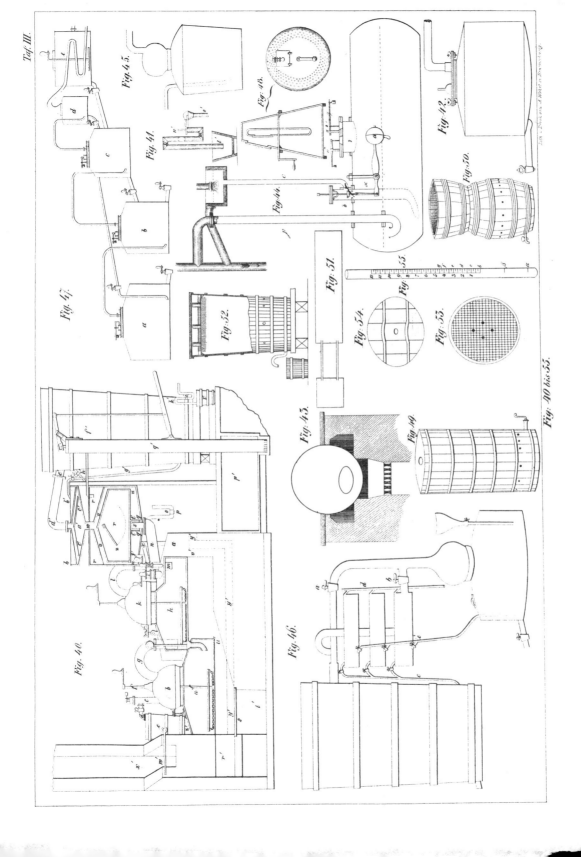

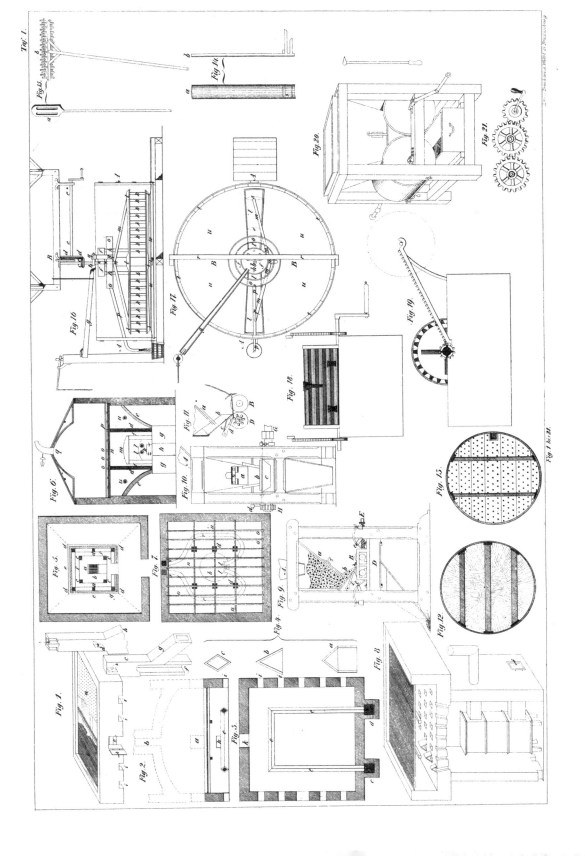

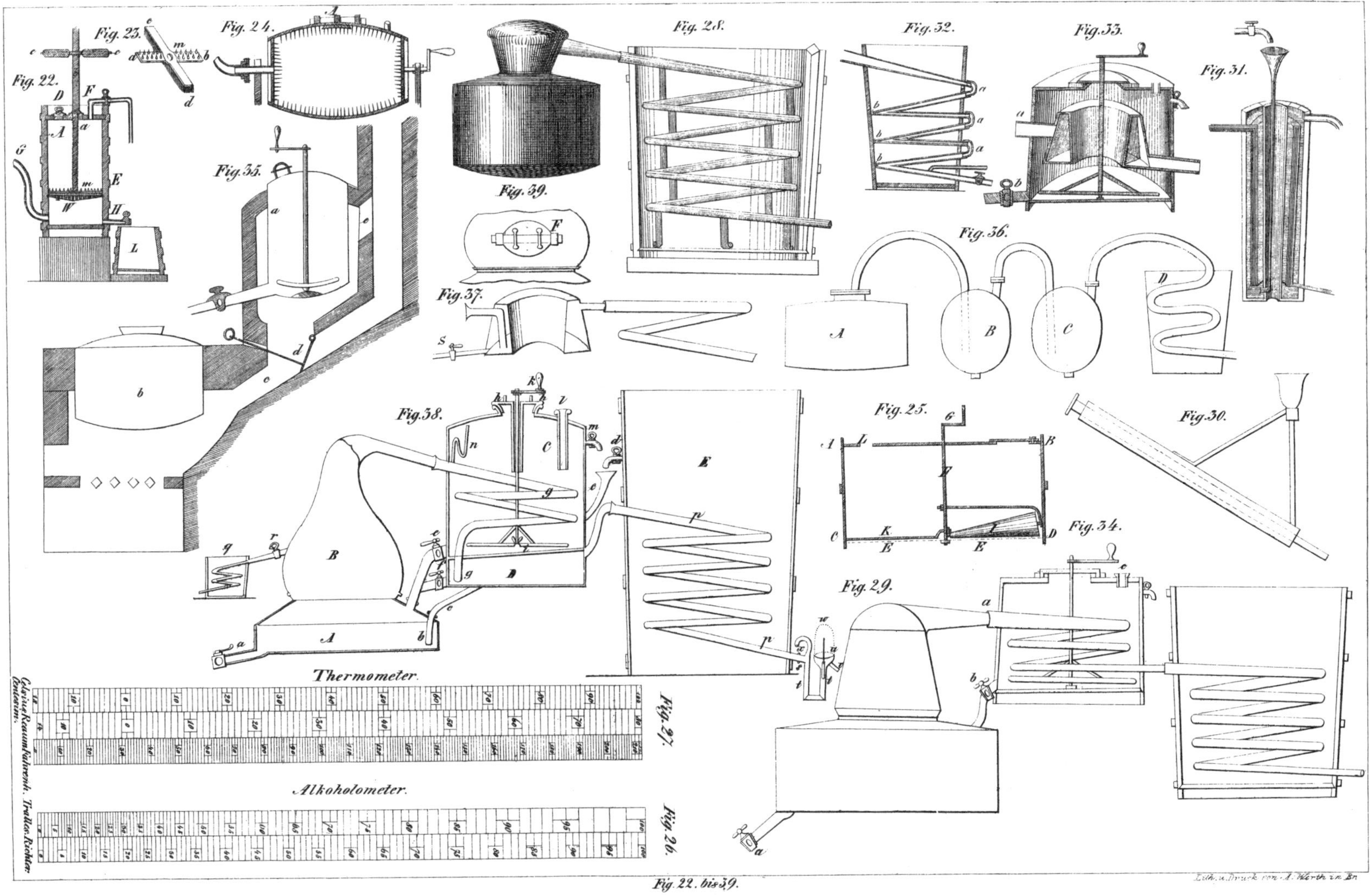

Taf. II.

Fig. 22. bis 39.

Thermometer.
Celsius Réaum. Fahrenh.
Centesim.

Alkoholometer.
Tralles. Richter.

Das vorliegende Werk ist der dreizehnte Band der Reihe
„Dokumente zur Geschichte von Naturwissenschaft,
Medizin und Technik",
die von Ernst H. Berninger, Gerd Giesler und
Otto Paul Krätz herausgegeben wird.
Es ist ein Nachdruck der Ausgabe von 1838.
Das Original befindet sich in der Universitätsbibliothek
der Technischen Universität Braunschweig

CIP-Kurztitelaufnahme der Deutschen Bibliothek

Otto, Friedrich Jul.:
Lehrbuch der rationellen Praxis der
landwirthschaftlichen Gewerbe : enth. d.
Bierbrauerei, Branntweinbrennerei, Hefefabrikation,
Liqueurfabrikation, Essigfabrikation, Staerke-
fabrikation, Staerkezuckerfabrikation u. Runkel-
ruebenzuckerfabrikation ; zum Gebrauch bei
Vorlesungen ueber landwirthschaftl. Gewerbe u.
zum Selbstunterrichte fuer Landwirthe,
Cameralisten u. Techniker / von Fr. Jul. Otto. –
Nachdr. d. Ausg. Braunschweig, Vieweg, 1838. –
Weinheim ; New York, NY : VCH, 1987.
 (Dokumente zur Geschichte von Naturwissenschaft,
 Medizin und Technik ; Bd. 13)
 ISBN 3-527-26740-9
NE: GT

© VCH Verlagsgesellschaft mbH, D-6940 Weinheim, 1987
Alle Rechte vorbehalten

Herstellerische Betreuung: Peter J. Biel
Druck: betz-druck gmbh, D-6100 Darmstadt
Bindung: Aloys Gräf, D-6900 Heidelberg
Printed in the Federal Republic of Germany